AF404669

ŒUVRES

DE

PIERRE CURIE

PUBLIÉES PAR LES SOINS

DE LA

SOCIÉTÉ FRANÇAISE DE PHYSIQUE.

PARIS,

GAUTHIER-VILLARS, IMPRIMEUR-LIBRAIRE

DU BUREAU DES LONGITUDES, DE L'ÉCOLE POLYTECHNIQUE,

Quai des Grands-Augustins, 55.

1908

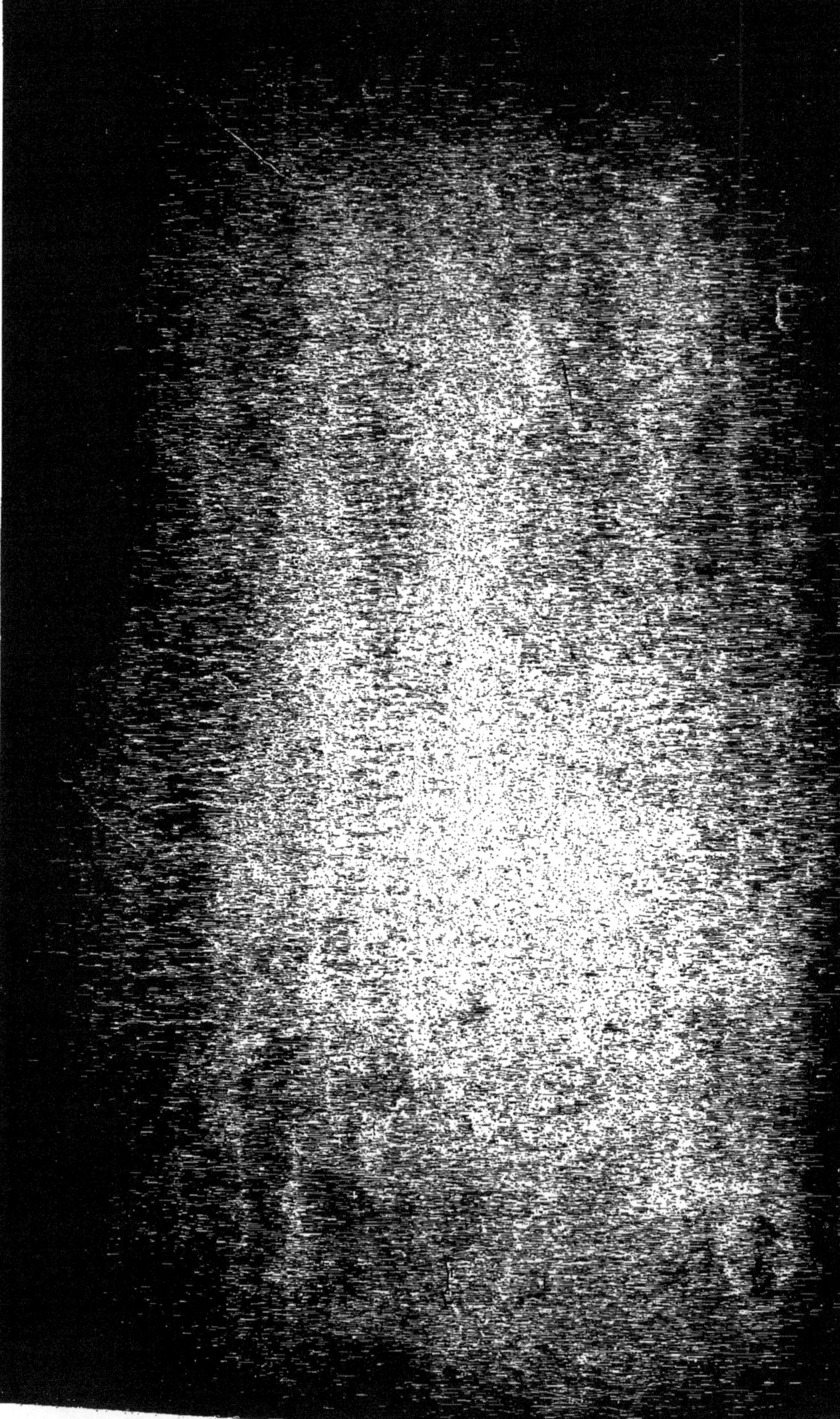

ŒUVRES

DE

PIERRE CURIE.

Res. p. R.
624

39250 PARIS. — IMPRIMERIE GAUTHIER-VILLARS,
Quai des Grands-Augustins, 55.

Héliog. Dujardin.

Imp Ch Wittmann

1859 − 1906

ŒUVRES

DE

PIERRE CURIE

PUBLIÉES PAR LES SOINS

DE LA

SOCIÉTÉ FRANÇAISE DE PHYSIQUE.

PARIS,

GAUTHIER-VILLARS, IMPRIMEUR-LIBRAIRE

DU BUREAU DES LONGITUDES, DE L'ÉCOLE POLYTECHNIQUE,

Quai des Grands-Augustins, 55.

———

1908

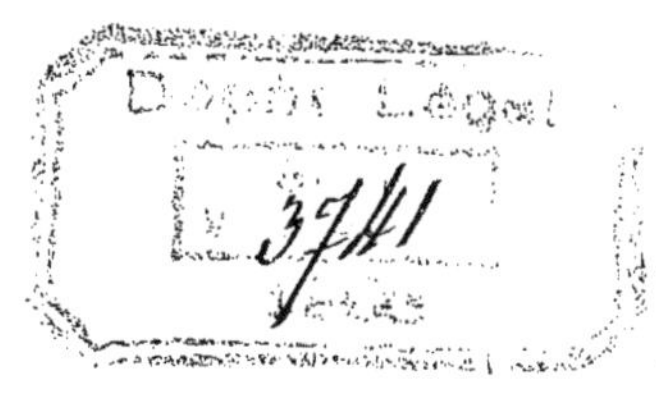

Tous droits de traduction et de reproduction réservés.

PRÉFACE.

Pierre Curie, fils du docteur Curie, est né à Paris le 15 mai 1859 ; il fut élevé avec son frère Jacques qui resta toujours son meilleur ami et fut son compagnon de travail pendant de longues années. Il ne suivit pas l'enseignement du lycée, mais après avoir pris des leçons particulières il passa son baccalauréat et continua ses études à la Faculté des Sciences, où il n'eut pas de peine à obtenir à dix-huit ans le grade de licencié. Le niveau de cet examen était d'ailleurs relativement peu élevé à cette époque, et c'est par son effort personnel que Pierre Curie acquit ensuite sa grande instruction générale et son habileté d'expérimentateur. Dans sa première jeunesse déjà, il avait appris à s'intéresser aux études expérimentales à côté de son père qui avait un goût très vif pour les sciences naturelles et s'occupait fréquemment d'expériences dans ce domaine. Dès l'âge de quinze ans il se familiarisa avec la vie de laboratoire en venant souvent à l'École de Pharmacie, où son frère était préparateur, et en prenant part à la préparation des cours de Physique et de Chimie. Le travail de laboratoire ne lui était donc point étranger lorsque, venant de passer sa licence, il fut nommé à la Sorbonne préparateur du professeur Desains. En même temps commença sa production scientifique.

Cinq ans après, il entrait comme chef des travaux de Physique à l'École de Physique et de Chimie industrielles qui venait d'être fondée, et pendant douze années il conserva la même situation. C'est seulement en 1895, alors que ses travaux l'avaient déjà fait connaître et apprécier depuis long-temps, qu'il devint professeur à cette École, où une chaire nouvelle venait d'être fondée pour lui. C'est à cette époque aussi qu'il fut reçu docteur et qu'eut lieu notre mariage; j'obtins l'autorisation de travailler avec lui à l'École. Depuis l'année 1900 il était chargé de cours à la Faculté des Sciences de Paris (enseignement du P. C. N.), lorsqu'en 1904, après l'attribution du prix Nobel pour la découverte du radium, une chaire fut créée pour lui à la même Faculté; en même temps il quitta avec regret l'École de Physique où il avait passé plus de vingt années de travail ininterrompu. Il fut nommé membre de l'Institut en 1905. Le 19 avril 1906, alors qu'il n'avait pas encore quarante-sept ans, un accident tragique mettait un terme à sa vie (¹).

*
* *

Pierre Curie eut toujours des moyens de travail très res-treints, et en réalité on peut dire qu'il n'eut jamais un labo-ratoire convenable à sa disposition complète. Chef des travaux à l'École de Physique, il pouvait utiliser pour ses recherches, dans la mesure où les besoins du service le permettaient, les ressources du laboratoire d'enseignement où il dirigeait les manipulations; il a souvent exprimé sa reconnaissance pour la liberté qui lui a été laissée à ce sujet. Mais dans ce labora-toire d'élèves aucune salle ne lui était destinée spécialement; l'emplacement qui lui servait le plus souvent d'abri était un passage exigu compris entre un escalier et une salle de mani-pulations; c'est là qu'il fit tout son long travail sur le magné-

---

(¹) Une belle image de la vie de Pierre Curie a été donnée par M. Langevin dans la *Revue du Mois* du 10 juillet 1906 (t. II, p. 5).

tisme. Plus tard il obtint l'autorisation d'utiliser un atelier vitré, situé au rez-de-chaussée de l'École et servant de magasin et de salle de machines ; c'est dans cet atelier que furent commencées nos recherches sur la radioactivité. Nous ne pouvions songer à y effectuer des traitements chimiques sans détériorer les appareils ; ces traitements ont été organisés dans un hangar abandonné situé en face de l'atelier, et ayant abrité autrefois l'installation provisoire des travaux pratiques de l'École de Médecine. Dans ce hangar au sol bitumé, dont le toit vitré nous abritait incomplètement contre la pluie, qui faisait serre en été et qu'un poêle en fonte chauffait bien mal en hiver, nous avons passé les meilleures et les plus heureuses années de notre existence, consacrant au travail nos journées entières. Dépourvus de tous les aménagements qui facilitent le travail du chimiste, nous y avons effectué avec beaucoup de peine un grand nombre de traitements sur des quantités croissantes de matière. Quand le traitement ne pouvait se faire dehors, les fenêtres ouvertes laissaient échapper les vapeurs nuisibles. Tout le matériel se composait de vieilles tables de sapin usées, sur lesquelles je disposais mes précieux fractionnements de concentration du radium. N'ayant aucun meuble pour y enfermer les produits radiants obtenus, nous les placions sur les tables ou sur des planches, et je me souviens du ravissement que nous éprouvions. lorsqu'il nous arrivait d'entrer la nuit dans notre domaine et que nous apercevions de tous les côtés les silhouettes faiblement lumineuses des produits de notre travail.

Après sa nomination de professeur à la Faculté des Sciences de Paris, Pierre Curie obtint, non sans beaucoup de peine, dans le service du P. C. N., un petit laboratoire provisoire composé de quelques pièces. Il ne put en réalité en profiter, ayant à préparer son nouvel enseignement, et ne vint y travailler régulièrement qu'après avoir achevé son cours du premier semestre 1905-1906, — le dernier mois de sa vie.

Les ressources matérielles dont il disposa pour ses travaux

pendant la presque totalité de sa carrière scientifique furent également très restreintes. Il n'eut un crédit de laboratoire suffisant qu'après sa nomination de professeur à la Sorbonne. Nos recherches si coûteuses, relatives à la découverte du radium, ont été menées à bien grâce à une subvention de l'Institut et à des dons privés.

Et cependant cet homme, qui s'est toujours montré indifférent aux conditions matérielles de la vie et totalement dépourvu d'exigences personnelles, désirait avoir un laboratoire bien installé, un abri tranquille et favorablement disposé pour sa vie laborieuse. C'était un de ses rêves qui ne devait jamais s'accomplir. Il s'en préoccupait et y pensait souvent. On sait qu'il ne voulut point accepter d'être décoré; à l'époque où cette proposition lui a été faite, il crut utile d'appeler l'attention sur l'objet de son désir, et dans une lettre qu'il écrivit pour décliner la distinction qu'on lui offrait il s'exprimait en ces termes : « Je n'éprouve pas du tout le désir d'être décoré, mais j'ai le plus grand besoin d'avoir un laboratoire. » Il était, hélas! plus facile de lui offrir ce dont il se désintéressait que ce qui l'aurait rendu heureux.

Pierre Curie fut un de ces hommes qui ont fait de leur œuvre le but principal de leur activité et la préoccupation dominante de leur vie. Déjà épris de la recherche scientifique alors qu'il n'était presque qu'un enfant, il lui voua l'effort persévérant et le labeur incessant de sa trop courte existence, lui sacrifiant toute distraction, toute relation mondaine, le repos même de ses vacances. Ainsi sa vie resta toujours en accord avec l'idéal de sa jeunesse, et, conformément à la pensée de ses vingt ans, exprimée dans des pages écrites par lui à cette époque, il réussit à « faire de la vie un rêve, et faire d'un rêve une réalité ».

Grave et silencieux, il vivait volontiers avec ses pensées et ne pouvait supporter l'agitation extérieure. En dehors de son travail, il aimait surtout les excursions dans la campagne;

extrêmement sensible à sa beauté, il en connaissait parfaitement tous les aspects et en subissait le charme tranquille et vivant. Dans les environs de Paris, dont il aimait la douce variété, aucun coin ne lui était inconnu; il savait quelles plantes et quelles fleurs on y trouve à diverses époques, et ce qui vit dans les herbes et les taillis, dans les ruisseaux et dans les mares. Plus d'une idée a germé et mûri, plus d'un projet de travail est né dans ces courses vagabondes où il lui arrivait souvent d'oublier l'heure en s'attardant dans ses rêves.

De caractère éminemment droit, loyal envers lui-même et envers les autres, il s'efforçait en toute circonstance de conformer ses actes à ses opinions. Il était convaincu que la conduite qui consiste à être toujours d'accord avec un idéal moral élevé, en écartant tout compromis et toute diplomatie compliquée, est précisément la conduite la plus raisonnable et la plus utile au point de vue social. Il lui a souvent fallu un réel courage pour se maintenir au niveau de cette conception. Toutefois sa fermeté presque intransigeante ne devenait jamais blessante; elle s'alliait par une association rare à une grande douceur de caractère; il ne s'y mêlait ni âpreté ni amour-propre, et tout froissement était ainsi exclu. Ce fonds de douceur joint à une grande bienveillance lui assurait la sympathie de ceux qui avaient l'occasion de l'approcher et l'affection de ceux qui se trouvaient souvent en rapport avec lui. Il était toutefois très réservé de nature, et sa vie intérieure n'était accessible qu'à ceux qu'il aimait.

La production scientifique était pour Pierre Curie un besoin, et la conception qu'il en avait était particulièrement pure et élevée. Il ne venait s'y mêler aucune préoccupation étrangère, de carrière, de succès, ni même d'honneur et de gloire. Il était dominé par le besoin de réfléchir à un problème, d'en poursuivre la solution sans épargner ni son temps ni sa peine, de la voir peu à peu se dégager et se préciser, et d'aboutir enfin à un ensemble de résultats certains, constituant un progrès réel dans la connaissance de la question. Bien que constamment préoccupé d'idées scientifiques d'intérêt général, il apportait à l'exécution de chaque travail le même soin consciencieux, ne jugeant aucun détail pratique indigne de son effort, n'ayant jamais pour but l'éclat du résultat ni l'effet à produire.

Ne se souciant en aucune façon de tirer parti de ses travaux pour obtenir des avantages matériels ou des satisfactions d'amour-propre, il considérait toute publication comme la consécration logique d'un résultat obtenu, la communication d'un ensemble de faits ou d'idées clairement compris et reliés. Il ne se laissait jamais entraîner à des publications hâtives destinées à prendre date, car il disait et pensait sincèrement que la qualité du travail importe plus que le nom de l'auteur. Quand on lui parlait de questions de ce genre il répondait tranquillement : « Qu'importe que je n'aie pas publié tel travail, si un autre le publie. » Bien des expériences sur lesquelles il ne s'était pas formé une opinion suffisamment claire pour le satisfaire n'ont jamais été décrites, et il lui arrivait de s'occuper d'une question pendant longtemps, non sans résultats intéressants, et de ne rien publier à ce sujet.

Aussi, dans le champ très vaste des problèmes qui l'intéressaient, aimait-il à choisir ceux vers lesquels ne se portait pas l'attention de nombreux chercheurs et dont il pouvait s'occuper en paix et sans précipitation. Après la découverte du radium et quand l'étude de la radioactivité eut été abordée par beaucoup de savants, Pierre Curie s'accommodait mal de la production fiévreuse et de la rapidité des publications. Il était souvent tenté d'abandonner pour quelque temps ce sujet où son œuvre a été cependant si prépondérante, et de se réfugier dans des régions de la Science plus calmes et plus propices à la réflexion mûrie. Il désirait surtout reprendre ses études relatives à la symétrie des milieux cristallisés.

Ce Volume de six cents pages représente l'ensemble de l'œuvre accomplie pendant une vie de travail de plus de vingt-cinq ans. J'espère que ceux qui le liront reconnaîtront dans les Mémoires qui le composent les traits caractéristiques de la mentalité de leur auteur, et qu'ils n'auront pas de peine à comprendre comment une œuvre aussi considérable peut se trouver renfermée dans cet unique Volume. Le lecteur n'y trouvera en effet rien de superflu; on y rencontre bien rarement des superpositions ou des répétitions; on n'y trouve ni discussions confuses ou peu utiles, ni descriptions détaillées de toutes les expériences exécutées. Seules sont décrites et exposées dans chaque Mémoire les expériences qui conduisent à des résultats clairs et bien établis, et l'auteur évite avec soin tout abus dans les conclusions. Je n'en puis citer de meilleur exemple que le Mémoire sur le magnétisme, si riche en résultats expérimentaux, et dont les conclusions théoriques très limpides, en vue desquelles d'ailleurs le travail a été entrepris, sont énoncées d'une manière aussi sobre que possible dans la seconde moitié de la page 233 du présent Volume. De même dans les Mémoires théoriques, seuls ont été présentés les raisonnements qui, à force d'être mûris, ont pris une forme pour ainsi dire irréprochable. Dans les deux cas, la forme d'exposition, qu'il voulait claire et simple, est extrêmement soignée, surtout quand il s'agit d'une définition ou d'une notation.

Le triage scrupuleux du texte, la perfection de la forme, la précision et la clarté des énoncés fondamentaux donnent à l'œuvre publiée de Pierre Curie un caractère pour ainsi dire classique, et permettent dans bien des cas de faire rentrer certains de ses Mémoires dans une rédaction plus vaste sans aucune modification.

La concision du texte est surtout remarquable dans les Mémoires théoriques sur les questions d'ordre et la symétrie. Bien que ces Mémoires soient courts et presque uniquement composés d'énoncés de théorèmes dont la démonstration est seulement indiquée, la rédaction est néanmoins extrêmement claire, et cela grâce au soin constant de mettre en évidence le contenu physique de chaque proposition. Le travail sur la symétrie dans les phénomènes physiques est particulièrement caractéristique à ce point de vue, et je ne puis mieux faire que d'en extraire, à titre d'exemple, l'énoncé suivant de la loi de la symétrie :

Lorsque certaines causes produisent certains effets, les éléments de symétrie des causes doivent se retrouver dans les effets produits.

Lorsque certains effets révèlent une certaine dissymétrie, cette dissymétrie doit se retrouver dans les causes qui leur ont donné naissance.

La réciproque de ces deux propositions n'est pas vraie, au moins pratiquement, c'est-à-dire que les effets produits peuvent être plus symétriques que les causes.

C'est là un énoncé complet et intuitif de la loi de la symétrie sous son aspect le plus général, qu'il est légitime d'appeler loi de Curie.

Le soin qu'il apportait à éviter dans ses publications toute affirmation et même toute présomption insuffisamment fondée ne provenait pas uniquement du désir de restreindre la possibilité d'erreurs dans son œuvre publiée. C'était là surtout l'habitude d'un esprit soucieux de conserver son indépendance et sa liberté devant l'imprévu qu'apporte chaque jour la recherche expérimentale. Il s'attachait à considérer toute question à un point de vue très général, n'adoptant comme base solide que ce qui semblait définitivement acquis ; il ne voulait pas se laisser enchaîner par une idée préconçue et aimait envisager successivement ou même simultanément diverses possibilités expérimentales. Lors des discussions qui ont eu lieu sur la nature de la radioactivité et bien que nous eûmes les premiers énoncé les diverses hypothèses possibles, il ne se prononça pour aucune d'entre elles tant que cela lui sembla prématuré; toutefois il n'en repoussait aucune *a priori* et exécutait des expériences diverses pour contrôler chacune d'elles. Voici comment il s'exprimait dans une Note publiée à cette époque :

« Dans l'étude de phénomènes inconnus on peut faire des hypothèses très générales et avancer pas à pas avec le concours de l'expérience. Cette marche méthodique et sûre est nécessairement lente. On peut, au contraire, faire des hypothèses hardies où l'on précise le mécanisme des phénomènes ; cette manière de procéder a l'avantage de suggérer certaines expériences, et surtout de faciliter le raisonnement en le rendant moins abstrait par l'emploi d'une image. En revanche, on ne peut espérer imaginer ainsi *a priori* une théorie complexe en accord avec l'expérience. Les hypothèses précises renferment presque à coup sûr une part d'erreur à côté d'une part de vérité. Cette dernière partie, si elle existe, fait seulement partie d'une proposition plus générale à laquelle il faudra revenir un jour. »

Ce passage fait comprendre l'opinion qu'il avait sur les méthodes scientifiques. Les images trop précises de phénomènes peu connus lui apparaissaient avec les caractères d'une approximation trop grossière, et il préférait les éviter. Il s'efforçait de se rapprocher progressivement de la conception correcte ; pour cela il cherchait dans des directions variées et ne reculait devant aucune expérience susceptible d'éclairer la voie.

Les Mémoires d'ensemble publiés par Pierre Curie sont très peu nombreux, je dirai même trop peu nombreux ; c'est

·là encore un résultat de sa méthode de travail. Il tenait à présenter un sujet d'une manière tout à fait satisfaisante et ne se pressait pas d'en faire l'exposé; il lui arrivait donc de se trouver devancé par un autre savant s'intéressant à la même question. Ainsi, par exemple, il n'a jamais écrit de Mémoire d'ensemble sur la piézoélectricité, phénomène qu'il avait découvert avec son frère, et dont il avait étudié avec lui les caractères et les circonstances de production d'une manière aussi complète qu'exacte. La théorie générale de la piézoélectricité a cependant été publiée par M. Voigt, ce qui amena Pierre Curie à renoncer provisoirement à son projet de publication analogue, et à le retarder jusqu'au moment où il pourrait faire paraître le Livre plus complet qu'il préparait sur la théorie des grandeurs dirigées et ses applications à la physique cristalline. Il n'a pu achever ce Livre auquel il tenait beaucoup, mais une partie en a été complètement rédigée et a fait l'objet de son enseignement à la Sorbonne en 1905. J'ai l'espoir de compléter et de publier ultérieurement ce travail qui a constitué l'une des préoccupations les plus importantes de Pierre Curie pendant ses dernières années. Les idées dominantes de cette œuvre sont celles qui le passionnaient à vingt ans, et au développement desquelles il a apporté une contribution considérable par la découverte de la piézoélectricité et par les recherches sur la symétrie dans les phénomènes physiques. Il n'a jamais cessé d'y songer, et, après sa nomination à la Sorbonne, il a cherché à introduire ces notions importantes dans l'enseignement afin de les répandre davantage. Il espérait ainsi ramener l'intérêt des physiciens vers les recherches de physique cristalline dont il déplorait souvent l'abandon.

La curiosité de son esprit et l'activité de son imagination le poussaient à s'intéresser à des sujets extrêmement variés. Il aimait s'absorber dans les recherches abstraites de pure théorie, mais il éprouvait aussi un grand plaisir à s'occuper de la construction d'appareils nouveaux; la plus grande partie de son temps était généralement consacrée aux travaux de recherche expérimentale.

Ses recherches portent sur le domaine de la Physique et sur celui de la Cristallographie. Ces deux sciences lui étaient également familières et se complétaient mutuellement dans son esprit. La symétrie des phénomènes était pour lui une notion intuitive. D'ailleurs peu de physiciens ont eu autant que lui la connaissance des formes cristallographiques et des groupes de symétrie.

Bien que ne s'étant jamais occupé de recherches de nature chimique, il n'hésita pas à s'engager dans cette voie quand cela lui parut nécessaire, et à entreprendre un long travail de recherche d'éléments nouveaux avec une confiance que le résultat a pleinement justifiée.

La variété de ses travaux apparaît encore plus grande que ne le montre le présent Volume quand on se trouve au courant des recherches qu'il n'a pas publiées, ne les ayant pas menées assez loin à son gré.

*
* *

Il n'avait que vingt et un ans quand parurent ses premières publications, et le début de sa carrière scientifique fut marqué par une belle découverte. Après avoir fait, en collaboration avec Desains, un travail sur la chaleur rayonnante, où la méthode de mesures des longueurs d'ondes calorifiques au moyen d'un réseau et d'une pile thermoélectrique était employée pour la première fois, il entreprit avec son frère, Jacques Curie, des recherches sur les corps cristallisés. Ces recherches aboutirent rapidement à la découverte d'un phénomène nouveau : la piézoélectricité. Ce phénomène consiste en un dégagement polaire d'électricité qui se produit dans les cristaux dépourvus de centre de symétrie, lors d'une déformation mécanique. Les jeunes physiciens ont fait une étude complète de l'effet piézoélectrique, ont établi les conditions de symétric nécessaires à sa production dans les cristaux, déterminé les lois du dégagement et mesuré les constantes caractéristiques en valeur absolue pour certains cristaux. Ils ont aussi étudié le phénomène connexe de la déformation électrique des cristaux.

Au point de vue expérimental c'était là un travail d'électrostatique très délicat, et pour le mener à bien ils furent conduits à apporter des perfectionnements dans la technique électrométrique. C'est à cette époque que fut établi le modèle de l'électromètre qui devint plus tard d'usage courant, sous le nom d'électromètre Curie. La découverte de la piézoélectricité conduisit à son tour à la construction de divers appareils, dont le plus remarquable est le quartz piézoélectrique, qui permet de produire une quantité d'électricité connue en valeur absolue d'une manière sûre et simple, et peut pour cette raison servir comme étalon de quantité d'électricité et comme instrument de mesure absolue des charges et des courants faibles. Cet appareil, associé à l'électromètre Curie, a rendu les plus grands services dans les recherches sur la radioactivité et continue à y être d'usage courant.

Les travaux théoriques de Pierre Curie portent principalement sur les lois de symétrie et leurs applications à la Cristallographie et à la Physique. Vivement intéressé par la classification des groupes de symétrie, il en fit une étude complète et très claire, où il introduisit la notion nouvelle de plans de symétrie rotatoire ou translatoire. L'importance capitale de son œuvre à ce sujet consiste en ce qu'il a établi la nécessité d'une généralisation des lois de symétrie par leur application aux états de l'espace créés par les agents physiques. Il a ainsi été amené à énoncer la loi générale indiquée plus haut, et dont les lois énoncées antérieurement à ce sujet ne sont qu'un cas particulier. En effet, pour prévoir les phénomènes qui peuvent se produire dans les cristaux, ces lois ne tenaient compte que de la symétrie de la matière cristallisée. Pierre Curie a montré qu'il fallait de plus tenir compte de la symétrie des agents physiques auxquels est soumise cette matière. Il a établi en particulier quelle est la symétrie caractéristique qui doit être attribuée à un état de champ électrique et à un état de champ magnétique.

Pierre Curie s'est constamment servi de ces considérations dans ses recherches expérimentales, mais il ne les a publiées qu'après y avoir longuement réfléchi. La découverte de la piézoélectricité, bien qu'antérieure à cette publication, a été amenée par des réflexions de cette nature, et c'est après avoir prévu la possibilité d'un tel phénomène dans des cristaux déterminés, que les jeunes physiciens en abordèrent la recherche.

Ainsi que je l'ai signalé plus haut, Pierre Curie avait dans les dernières années de sa vie entrepris un travail d'ensemble sur les grandeurs dirigées et la manière dont elles interviennent dans les phénomènes physiques, revenant ainsi à un sujet qui n'avait jamais cessé de le préoccuper.

Dans le même ordre d'idées, il avait commencé un travail théorique, destiné à représenter les phénomènes élastiques dans les cristaux par les propriétés de réseaux cristallins, aux nœuds desquels il supposait placées des molécules exerçant les unes sur les autres des forces et des couples à la façon d'aimants élémentaires. Il était arrivé dans ce sens à des résultats concernant certains systèmes parmi les plus réguliers.

Ne considérant pas *a priori* comme impossible l'existence de corps conducteurs du magnétisme et du magnétisme libre, il fit un certain nombre d'expériences à la recherche de ce phénomène. Ayant reconnu qu'une sphère chargée de magnétisme libre aurait les mêmes éléments de symétrie qu'une sphère remplie d'un liquide doué de pouvoir rotatoire, il effectua divers essais dans cette direction et dans d'autres. Le résultat ayant été négatif, le travail ne fut pas publié.

Il commença vers 1896 une étude sur la croissance des cristaux. Cette étude comportait la mesure de la solubilité et de la vitesse d'accroissement des diverses faces d'un cristal. La vitesse d'accroissement était appréciée par l'augmentation de poids du cristal qui était suspendu au plateau d'une balance, et se trouvait en contact avec la solution sursaturée par une seule de ses faces, les autres faces étant vernies. La vitesse d'accroissement s'est montrée différente pour différentes faces, tandis que la solubilité était la même. Alors qu'il s'occupait d'organiser une installation à température constante pour ces expériences délicates, Pierre Curie fut amené à interrompre ce travail pour entreprendre en commun avec moi la recherche des éléments radioactifs nouveaux. Le travail ainsi abandonné ne fut jamais publié. Pierre Curie comptait toujours le reprendre et le compléter. Il voulait aussi se rendre compte à quelle distance s'exercent les actions moléculaires qui déterminent la croissance d'un cristal, et pour cela il songeait à recouvrir d'un mince dépôt d'or la face en contact avec la solution.

Il comptait également étudier la symétrie de certains cristaux par l'examen des phénomènes d'absorption de la lumière et de leur variation avec la température.

Depuis 1892 jusqu'en 1895, Pierre Curie effectua une longue série de recherches sur les propriétés magnétiques des corps à diverses températures, depuis la température ambiante jusqu'à 1400°. Ce travail lui a servi de thèse de doctorat. Les recherches ont porté sur 20 corps différents; elles étaient faites en vue de préciser les liaisons et les transitions qui peuvent exister entre les propriétés des corps diamagnétiques, faiblement magnétiques et ferromagnétiques. Ce travail a présenté de grandes difficultés expérimentales. Pour connaître le coefficient d'aimantation il était nécessaire de mesurer des forces de l'ordre de grandeur d'un centième de milligramme, dans une enceinte où la température pouvait atteindre 1400°. Les résultats obtenus ont une importance fondamentale au point de vue des théories du magnétisme et du diamagnétisme. Les lois de variation trouvées établissent une liaison intime entre le ferromagnétisme et le magnétisme faible, tandis que le diamagnétisme se montre nettement indépendant. Une loi de variation simple, en raison inverse de la température absolue (loi de Curie), est établie pour le coefficient d'aimantation des corps faiblement magnétiques. Cette loi est aussi une loi limite pour le coefficient d'aimantation des corps ferromagnétiques, quand ceux-ci deviennent faiblement magnétiques aux températures élevées. Par une intuition qui paraît avoir été très heureuse, ainsi que l'indiquent les travaux récents de MM. Langevin et Weiss, il assimilait les lois de variation de l'intensité d'aimantation des corps ferromagnétiques et faiblement magnétiques en fonction du champ magnétisant et de la température, aux lois suivant lesquelles varie la densité d'un fluide en fonction de la pression et de la température. Son étude très complète du fer lui permit de trouver pour cette substance deux points de transformation magnétique en plus de celui anciennement connu.

En relation avec ce travail il chercha à plusieurs reprises s'il existait des corps fortement diamagnétiques, mais ne réussit pas à en trouver.

Il se préoccupait aussi de la nature de la conductibilité électrique et de ses relations avec les propriétés diélectriques, surtout dans les corps de pouvoir inducteur spécifique élevé, comme l'eau ou la nitrobenzine, considérés comme intermédiaires entre les isolants et les conducteurs. Les corps semi-conducteurs comme les oxydes de fer cristallisés, l'hématite, l'oligiste, la magnétite, lui paraissaient également intéressants à ce point de vue, et il a passé beaucoup de temps en recherches expérimentales dans cette direction. N'étant pas satisfait des résultats obtenus, il ne publia pas ce travail.

Dans les dernières années de sa vie il s'occupa principalement de recherches sur la radioactivité. Ces recherches, faites généralement en collaboration, ont été entreprises deux ans après la découverte du rayonnement uranique par M. Becquerel. L'œuvre de Pierre Curie en radioactivité est, comme on le sait, fondamentale. Elle comporte la découverte d'éléments chimiques nouveaux et d'une nouvelle méthode d'analyse chimique, comparable à l'analyse spectrale, et basée sur la radioactivité considérée comme propriété atomique. Cette méthode, qui a conduit à la découverte du radium, est encore actuellement la seule dont puissent se servir les savants qui poursuivent l'étude des constituants des matières et des minéraux radioactifs. La découverte du radium a provoqué un mouvement scientifique considérable, et la radioactivité constitue aujourd'hui une branche importante des sciences physico-chimiques.

Dans ce domaine le nom de Pierre Curie est encore attaché à divers travaux importants. Je dois citer d'abord la découverte de la radioactivité induite et celle du dégagement de chaleur considérable auquel donne lieu le radium; ces deux phénomènes ont une importance capitale, et l'ordre de grandeur du débit de chaleur constitue un des arguments les plus solides en faveur de la théorie de la transmutation des éléments radioactifs, qui est actuellement adoptée en radioactivité. On lui doit également des résultats importants en ce qui concerne la composition du rayonnement des corps radioactifs, — la découverte du transport de charges négatives par certains rayons du radium et par les rayons secondaires des rayons Rœntgen, — une étude approfondie des lois de l'évolution de la radioactivité induite dans le cas du radium et de la constante du temps de l'émanation du radium, — la découverte de la conductibilité provoquée dans les liquides isolants par les rayons du radium, — divers travaux sur l'émanation du radium considérée comme gaz radioactif, — des recherches sur la radioactivité des eaux minérales, — la première mesure du débit de chaleur dû au radium.

Il ne serait guère utile d'énumérer les nombreux projets de travail qui se présentaient à lui dans cette nouvelle voie, car l'évolution rapide de la question amenait souvent des modifications à ces projets.

Pierre Curie consacra une grande partie de son temps à l'étude et à la construction d'appareils nouveaux. Il y avait là une forme d'activité directe et pratique à laquelle il se livrait avec un véritable plaisir, et où il a fait souvent preuve de l'originalité de son esprit. Il ne cessait de perfectionner et d'améliorer les appareils une fois construits, et il a d'ailleurs imaginé beaucoup plus de modèles qu'il n'a pu en faire construire. On trouvera à la fin de ce Volume des indications sur les plus importants de ces appareils; pour beaucoup d'entre eux on ne disposait d'aucune publication scientifique, mais seulement de notices explicatives fournies par lui aux constructeurs. Plusieurs appareils Curie sont devenus d'usage courant dans les laboratoires, malgré le peu de souci que leur auteur a pris de les répandre. On peut signaler, en particulier, l'électromètre et le quartz piézoélectrique dont il a été question plus haut, ainsi que la balance de précision apériodique et rapide qui rend les plus grands services. Cette balance est particulièrement précieuse pour des travaux qui, comme la détermination du poids atomique du radium, comportent la pesée de substances avides d'eau. Son emploi permet d'accroître, dans une large mesure, la précision de tous les travaux qui exigent des pesées de ce genre; toute variation de poids rapide est vue et appréciée directement.

A propos de chaque appareil, Pierre Curie faisait une discussion détaillée théorique et pratique des meilleures conditions de fonctionnement. C'est ainsi que l'étude si complète qu'il a publiée sur les mouvements amortis a fait partie des travaux accompagnant la construction de ses instruments. Au laboratoire il se trouvait entouré d'appareils imaginés et construits par lui, et dont le fonctionnement n'avait pas pour lui de secrets.

Les dernières années de la vie de Pierre Curie, consacrées aux recherches sur la radioactivité et à des travaux théoriques du plus haut intérêt au point de vue de la Physique générale, ont été très fécondes. Ses facultés intellectuelles étaient en plein développement, ainsi que son habileté expérimentale. Il croyait pouvoir espérer que dans peu d'années il aurait enfin le laboratoire qu'il avait toujours désiré, afin de créer autour de lui un cercle de collaborateurs capables de partager son ardeur au travail. Certes, il avait le pouvoir d'exercer une influence profonde, non seulement par la puissance de son esprit, mais aussi par sa hauteur morale et par le charme infini qui émanait de lui et auquel il était difficile de rester insensible. Une nouvelle époque de sa vie allait s'ouvrir; elle devait être, avec des moyens d'action plus puissants, le prolongement naturel d'une carrière scientifique admirable. Le sort n'a pas voulu qu'il en fût ainsi, et nous sommes contraints de nous incliner devant sa décision incompréhensible.

Mᵐᵉ PIERRE CURIE.

ŒUVRES DE P. CURIE.

RECHERCHES

SUR

LA DÉTERMINATION DES LONGUEURS D'ONDE

DES RAYONS CALORIFIQUES A BASSE TEMPÉRATURE.

En commun avec P. DESAINS.

Comptes rendus de l'Académie des Sciences, t. XC, p. 1506,
séance du 28 juin 1880.

Dans une série de recherches récentes, M. Mouton a fait connaître une méthode par laquelle on peut déterminer avec beaucoup
de précision les longueurs d'onde des rayons calorifiques obscurs,
et il a étudié les relations qui existent entre ces longueurs d'onde
et les indices de la réfraction que les rayons qu'elles caractérisent
éprouvent à travers différentes substances, le flint, le crown et le
sel gemme.

La méthode suivie par M. Mouton suppose que les rayons sont
transmis à travers des polariseurs et des analyseurs, et jusqu'ici
les seuls polariseurs ou analyseurs qui aient paru propres à ses
expériences ne sont en aucune façon perméables à la chaleur
venant de sources qui n'ont pas une très haute température.

Dans ce cas spécial nous avons cherché à résoudre le problème par un emploi convenable des réseaux de Fraunhofer, et nous demandons à l'Académie la permission de lui soumettre nos résultats.

Le réseau que nous avons le plus souvent employé était une nappe de fils métalliques de $\frac{1}{8}$ de millimètre de diamètre. Ils étaient tendus parallèlement entre eux sur un cadre résistant et à des distances sensiblement égales aussi à $\frac{1}{8}$ de millimètre, de telle sorte que l'élément optique du réseau avait une longueur égale à $\frac{1}{4}$ de millimètre, ou plutôt, d'après l'observation directe, à $0^{mm},252$. Étudié optiquement, ce réseau a laissé peu de chose à désirer, et, en l'employant à déterminer la longueur d'onde de la lumière du sodium, nous avons obtenu les résultats ordinaires.

Pour opérer avec ce réseau, nous le placions à $0^{m},50$ environ d'une fente par laquelle passait un rayon de chaleur obscure, sensiblement homogène, dont la direction était perpendiculaire à celle du réseau. Immédiatement contre celui-ci et du côté de la fente était une lentille de sel gemme d'environ $0^{m},25$ de foyer. L'image calorifique de la fente se faisait de l'autre côté de la lentille, à une distance voisine de $0^{m},5o$, et dont la valeur rigoureuse était calculée d'après la connaissance des indices des rayons employés.

En ce point et perpendiculairement au rayon central, on plaçait une règle divisée, le long de laquelle pouvait se mouvoir une pile thermo-électrique dont les déplacements pouvaient se mesurer à $\frac{1}{10}$ de millimètre près (¹).

La fente de la pile et la fente d'admission avaient le plus souvent une largeur de $0^{mm},5$ ou de 1^{mm}; quelquefois nous avons porté cette largeur à 2^{mm}. Ces variations n'ont jamais eu d'in-

---

(¹) Quand la pile était placée de façon à recevoir le rayon central lui-même, l'effet thermoscopique produit était maximum et, en général, considérable. Il diminuait rapidement dès qu'on écartait la pile de cette position dans un sens ou dans l'autre. Bientôt l'intensité de l'action atteignait un minimum qui souvent n'avait d'autre valeur que zéro; puis, en continuant le mouvement toujours dans le même sens, on atteignait un nouveau maximum, dont la valeur atteignait environ le cinquième de l'intensité du rayon central. La pile était alors en coïncidence avec le premier spectre. En continuant à l'éloigner de l'image centrale, nous avons plus d'une fois trouvé un second minimum et un second spectre. Dans tous les cas, le phénomène s'est toujours montré symétrique par rapport au rayon central.

fluence que sur l'intensité absolue des maxima observés et nullement sur leur position.

La méthode que nous exposons suppose nécessairement l'emploi de rayons calorifiques homogènes, et, pour que les résultats aient une utilité scientifique, il faut préciser la position occupée dans le spectre par chacun des rayons employés.

On satisfait de la manière suivante à cette double condition :

On commence par faire un spectre en prenant pour source une lampe de MM. Bourbouze et Wiesnegg, à dôme de platine incandescent, et un appareil réfringent tout en sel gemme, dans lequel le prisme ait un angle bien connu, 60" par exemple. Puis, comme s'il s'agissait d'étudier la distribution de la chaleur dans le spectre, on dispose, à l'endroit où ce spectre est bien net, une pile dont le mouvement peut être exactement mesuré.

Alors on détache la pile de la plaque porte-fente contre laquelle elle est d'ordinaire fixée; mais cette plaque reste en place, attenante au pied à mouvement, et par suite la fente peut être amenée successivement en toutes les régions du spectre et dans toutes ses positions : sa distance aux rayons de la flamme sodique peut être exactement mesurée. Il est dès lors toujours possible d'isoler à travers cette fente un faisceau de rayons homogènes et de réfrangibilité connue. Il est entendu que, les choses ainsi disposées, on fixe le pied de la règle porte-fente et l'on ne déplace plus que la fente elle-même. Dans la pratique, avant de séparer la pile de la fente, il est bon de déterminer la position exacte du maximum et la valeur des intensités en quelques autres points.

Dans le spectre produit comme nous l'avons indiqué plus haut, les rayons distants du jaune d'un angle égal à $1°55'$ n'étaient plus transmissibles à travers une lame de verre de $0^m,01$ d'épaisseur, et pourtant, sans prendre de fente de largeur supérieure à $0^m,001$, nous avons pu aisément faire des déterminations de longueurs d'onde sur des rayons dont la distance aux rayons jaunes atteignait $2°43'$, et nous avons trouvé cette longueur égale à $0^{mm},0056$. Pour les rayons situés à $3°16'$ de ceux de la raie D, la faiblesse de l'intensité nous a forcés à porter les largeurs des fentes à $0^m,002$; mais les minima n'en ont pas été moins nettement accusés.

Il nous a paru convenable de faire quelques essais pour fixer les relations qui existent entre les rayons d'une longueur d'onde aussi

considérable et ceux qui sont émis par les sources franchement
obscures, par exemple une lame de cuivre noircie et chauffée à
300° ou même à 150". Dans ce but nous avons fait les expériences
suivantes :

Un spectre étant formé avec un appareil réfringent tout en sel
et la lampe Bourbouze comme source, nous l'avons étudié au point
de vue de la distribution calorifique.

Au rouge extrême l'action galvanométrique était 400, au maximum 5800, etc. Ces déterminations faites, au platine incandescent
nous avons substitué une lame de cuivre chauffée à 300". En
observant alors les indications de notre thermoscope, nous avons
constaté qu'elles étaient nulles tant que la distance de la pile à la
position qu'elle occupait quand elle recevait les rayons d'une
flamme sodique n'atteignait pas 1"; à partir de ce moment, lorsqu'on avançait vers la région de moindre réfrangibilité, les effets
thermiques marchaient rapidement vers un maximum pour décroître plus lentement ensuite. La position de la pile au moment
de l'action maximum a été prise par nous comme définissant ce
que l'on pourrait appeler l'indice moyen, ou plutôt l'indice des
rayons de plus grande efficacité de la lame.

En rétablissant alors le spectre primitif, c'est-à-dire en remet-
tant le platine incandescent à la place de la lame de cuivre, on
déterminait la longueur d'onde des rayons correspondant à cet
indice moyen, et on la prenait pour longueur d'onde moyenne
des rayons émis par la source obscure.

Nous avons cherché à contrôler l'exactitude des résultats que
nous venons de faire connaître et nous y sommes arrivés en employant comme réseaux des échantillons de toiles métalliques du
commerce. Ces toiles sont plus ou moins serrées, mais en général
elles sont bien régulières et, dans la lumière homogène, elles
donnent avec beaucoup de netteté et d'éclat les phénomènes des
franges successives. En employant des toiles de numéros différents,
nous sommes toujours arrivés aux mêmes longueurs d'onde pour
des rayons de même indice.

Enfin, dans les régions voisines du maximum, nous avons
constaté que les résultats de nos observations s'accordent d'une

manière satisfaisante avec ceux que l'étude de cette même région avait fournis à M. Mouton.

Le Tableau suivant résume l'ensemble de nos recherches.

Dans la première colonne sont simplement transcrites les divisions de la règle le long de laquelle se mouvait la pile; dans la deuxième, la distance angulaire qui séparait les rayons étudiés de ceux de la flamme sodique; dans les troisième, quatrième et cinquième, les intensités qui correspondaient à ces rayons quand on employait comme source la lampe à platine incandescent, la plaque à 300°, la plaque à 150°; dans la sixième, les longueurs d'onde. Les nombres inscrits aux troisième, quatrième et cinquième colonnes ont été obtenus avec des appareils de sensibilités différentes soigneusement comparés. Ils sont rapportés à une même unité.

Divisions de la règle.	Distance angulaire aux rayons du sodium.	Intensités.			Longueurs d'onde.
		Lampe à platine incandescent.	Cuivre noir à 300°.	Cuivre à 150°.	
0......	0	171	»	»	0,000588
4.....	13.20	256	»	»	»
9.....	30.00	399	»	»	»
14.....	46.40	1026	4	»	0,00096
19.....	1. 3.20	2494	7	»	0,00113
24.....	1.20.00	4474	18	»	0,00143
29.....	1.36.40	5785	33	2	0,00186
34.....	1.53.20	4674	53	5	0,00213
39.....	2.10.00	2123	60	9	0,00400
44. ...	2.26.40	1026	53	8	0,00460
49.....	2.43.20	557	45	7,3	0,00560
54.....	3.00.00	307	36	6,5	0,00600
59.....	3.16.40	225	26	6	0,00700
64.. ..	3.33.20	170	»	»	»
69.....	3.50.00	150	23	»	»
74.....	4.06.40	144	19	4	»
79.....	4.23.20	110	19	»	»
84.....	4.40.40	50	19	3	»

DÉVELOPPEMENT, PAR PRESSION,

DE

L'ÉLECTRICITÉ POLAIRE

DANS LES

CRISTAUX HÉMIÈDRES A FACES INCLINÉES.

En commun avec JACQUES CURIE.

Comptes rendus de l'Académie des Sciences, t. XCI, p. 294,
séance du 2 août 1880.

1. Les cristaux possédant un ou plusieurs axes dont les extrémités sont dissemblables, c'est-à-dire les cristaux hémièdres à faces inclinées, jouissent d'une propriété physique spéciale, celle de donner naissance à deux pôles électriques de noms contraires aux extrémités des axes susdits, lorsqu'ils subissent une variation de température : c'est le phénomène connu sous le nom de *pyro-électricité.*

Nous avons trouvé un nouveau mode de développement de l'électricité polaire dans ces mêmes cristaux, qui consiste à les soumettre à des variations de pression suivant leurs axes d'hémiédrie ([1]).

Les effets produits sont entièrement analogues à ceux causés par la chaleur : pendant une compression, les extrémités de l'axe sur lequel on agit se chargent d'électricités contraires ; une fois le

---

([1]) *Bulletin de la Société minéralogique,* 1880.

cristal ramené à l'état neutre, si on le décomprime, le phénomène se reproduit, mais avec une inversion des signes; l'extrémité qui se chargeait positivement par compression devient négative pendant la décompression, et réciproquement ([1]).

Pour faire une expérience, on taille deux faces parallèles entre elles et perpendiculaires à un axe d'hémiédrie dans la substance que l'on veut étudier; on les revêt de deux feuilles d'étain qu'on isole extérieurement par deux plaques en caoutchouc durci; le tout étant placé entre les mâchoires d'un étau, par exemple, on peut exercer des pressions sur les deux faces taillées, c'est-à-dire suivant l'axe d'hémiédrie lui-même. Pour constater l'électricité, nous nous sommes servis d'un électromètre Thomson. On peut montrer la différence de tension des extrémités en mettant chaque feuille d'étain en communication avec deux des couples de secteurs de l'instrument, l'aiguille étant chargée d'une électricité connue. On peut aussi recueillir séparément chacune des électricités; il suffit pour cela de mettre une des feuilles d'étain en communication avec la terre, l'autre étant en communication avec l'aiguille et les deux couples de secteurs étant chargés à l'aide d'une pile.

Quoique n'ayant pas encore abordé l'étude des lois qui régissent le phénomène, nous pouvons dire qu'il présente des caractères identiques à ceux de la pyroélectricité tels que les a définis Gaugain dans son beau travail sur la tourmaline.

2. Nous avons fait l'étude comparée des deux modes de développement d'électricité polaire sur une série de substances non conductrices, hémièdres à faces inclinées, qui comprend à peu près toutes celles qui sont connues comme pyroélectriques ([2]).

([1]) Les cristaux hémièdres à faces inclinées sont les seuls cristaux pyroélectriques; ce sont aussi les seuls capables d'acquérir l'électricité polaire par pression. Certains cristaux holoèdres, comme le spath, se chargent bien par pression, mais d'une seule électricité; c'est là un phénomène de surface, entièrement différent, et dont l'effet était insensible dans les conditions de nos expériences.

([2]) On peut prévoir qu'il en existe beaucoup d'autres parmi les substances cristallisées artificielles. Les corps actifs sur la lumière polarisée, par exemple, fournissent des cristaux dont certains diamètres ont leurs extrémités dissemblables.

L'action de la chaleur a été étudiée à l'aide du procédé indiqué par M. Friedel, procédé qui est d'une si grande commodité ([1]).

Nos expériences ont porté sur la blende, le chlorate de soude, la boracite, la tourmaline, le quartz, la calamine, la topaze, l'acide tartrique droit, le sucre, le sel de Seignette.

Pour tous ces cristaux, les effets produits par compression sont de même sens que ceux produits par refroidissement; ceux dus à une décompression sont de même sens que ceux dus à un échauffement.

Il y a là une relation évidente qui permet de rapporter dans les deux cas le phénomène à une cause unique et de les réunir dans l'énoncé suivant :

Quelle que soit la cause déterminante, toutes les fois qu'un cristal hémièdre à faces inclinées, non conducteur, se contracte, il y a formation de pôles électriques dans un certain sens; toutes les fois que ce cristal se dilate, le dégagement d'électricité a lieu en sens contraire.

([1]) *Bulletin de la Société minéralogique*, 1879.

Ce procédé de Friedel consiste à prendre une lame cristalline taillée perpendiculairement à un axe d'hémiédrie (axe non doublé) sur une face de laquelle on applique une demi-sphère de laiton chauffée. Il en résulte une polarisation électrique de la lame et une déviation de l'électromètre auquel la demi-sphère est reliée. La pyroélectricité ainsi définie et dont il est question dans les Notes de P. et J. Curie n'est pas celle que l'on considère habituellement et qui consiste dans la polarisation électrique d'un cristal par variation *uniforme* de la température dans sa masse; ce dernier phénomène se manifeste uniquement dans les cristaux hémimorphes qui ne présentent, comme la tourmaline, qu'un *seul axe de symétrie*.

Le phénomène observé par Friedel est en réalité piézoélectrique et résulte des compressions produites dans le cristal par l'échauffement non uniforme dû à la demi-sphère métallique. La découverte ultérieure de la piézoélectricité en a fourni l'explication et Friedel en a lui-même reconnu la vraie nature dans une Note publiée en commun avec J. Curie et dont voici les conclusions :

« Nous pensons pouvoir conclure de ces faits d'une manière générale que dans les substances hexagonales ayant trois axes horizontaux d'hémimorphisme et dans les substances cubiques appartenant au mode d'hémiédrie tétraédrique, lorsqu'il y a échauffement ou refroidissement régulier du cristal, c'est-à-dire lorsque les dilatations sont égales par rapport aux différents axes en question, il y a compensation au point de vue pyroélectrique et l'on n'observe aucun dégagement d'électricité. On en obtiendra au contraire lorsqu'une variation irrégulière de la température ou une compression intéressant certains axes plus que d'autres produira des dilatations inégales. » (C. FRIEDEL et J. CURIE, *Comptes rendus de l'Académie des Sciences*, t. XCVII, 1883, p. 66.)   [*Notes des Éditeurs.*]

Si cette manière de voir est exacte, les effets dus à la compression doivent être de même sens que ceux dus à l'échauffement dans une substance possédant suivant l'axe d'hémiédrie un coefficient de dilatation négatif (¹).

(¹) Ce travail a été fait au laboratoire de Minéralogie de la Faculté des Sciences.

SUR

L'ÉLECTRICITÉ POLAIRE

DANS LES

CRISTAUX HÉMIÈDRES A FACES INCLINÉES.

En commun avec JACQUES CURIE.

Comptes rendus de l'Académie des Sciences, t. XCI, p. 383,
séance du 16 août 1880.

1. Dans l'avant-dernière séance, nous avons présenté à l'Académie la description d'un nouveau mode de développement de l'électricité polaire dans les cristaux hémièdres à faces inclinées; nous avons montré pour tous les cas connus qu'une relation constante existe entre le sens des effets produits par des variations de température et le sens de ceux dus à des variations de pression, relation qui permet d'énoncer le phénomène d'une façon générale en disant que, quelle que soit la force déterminante, toutes les fois qu'un cristal hémièdre à faces inclinées se contracte, il y a formation de pôles électriques dans un certain sens; toutes les fois que le cristal se dilate, les pôles électriques se forment en sens inverse.

Nous allons montrer à présent que, dans toutes les substances non conductrices étudiées, ce sens est lié à la position des facettes hémièdres. Pour cela nous allons passer en revue les cristaux pyroélectriques, décrire pour chacun d'eux les particularités de leurs formes ainsi que la situation des pôles électriques. Les résultats contenus dans l'énumération qui va suivre ne sont pas de nous pour la plus grande partie et sont acquis depuis longtemps, mais leur rappel était nécessaire pour établir avec netteté la concordance de tous les faits connus.

2. SYSTÈME CUBIQUE. — Les cristaux hémièdres à faces inclinées appartenant à ce système ont quatre axes d'hémiédrie qui sont les quatre axes ternaires du cube; ces directions sont aussi les axes d'électricité polaire.

Blende (Friedel). — La forme hémiédrique est un tétraèdre; sur un petit tétraèdre nous avons trouvé que le pôle positif par contraction est situé vers le sommet; le pôle négatif par contraction, vers la base.

Chlorate de soude. — Ce qui vient d'être dit pour la blende lui est applicable.

Helvine. — *Idem*. Seulement nous n'avons pu étudier sur ce minéral que l'action de la chaleur, et sur la base seulement; les cristaux étant enchâssés dans leur gangue n'ont pu être comprimés.

SYSTÈME HEXAGONAL. *Tourmaline*. — L'axe principal est l'axe d'hémiédrie et d'électricité polaire; l'une des extrémités est terminée par un rhomboèdre surbaissé b^1; l'autre, par un rhomboèdre aigu e^1; le pôle positif par contraction se forme du côté du sommet e^1 (Haüy).

Quartz. — La forme hémièdre à faces inclinées est un ditrièdre; il a trois axes hémièdres horizontaux allant d'une arête du prisme hexagonal à l'arête opposée. Si l'on coupe le ditrièdre par un plan horizontal, la section est un triangle équilatéral; les trois hauteurs de ce triangle sont les trois axes d'électricité polaire qui coïncident donc avec les axes d'hémiédrie; le pôle positif par contraction est situé du côté du sommet du triangle, et le pôle négatif par contraction du côté de la base (Friedel).

SYSTÈME ORTHORHOMBIQUE. *Topaze* (Friedel). — L'axe vertical est l'axe d'hémiédrie et aussi celui d'électricité polaire. Un cristal présentait à l'une des extrémités les facettes e^1 et a^1 (parfois hémièdres), très développées, alors qu'elles l'étaient peu à l'autre ; de plus, cette dernière extrémité était polie et brillante alors que la première était rugueuse et terne ; nous avons pu constater que le pôle positif par contraction était situé vers le sommet où les facettes e^1 et a^1 étaient le plus développées ; mais, pour pouvoir certifier le sens du phénomène, cette expérience demanderait à être reprise sur des cristaux véritablement hémièdres ; ces derniers sont malheureusement rares.

Calamine. — L'axe vertical est l'axe d'hémiédrie et d'électricité polaire. L'une des extrémités est formée par la base p et les facettes hémièdres a^1 et e^1 ; l'autre extrémité est formée par l'octaèdre aigu e_3 ; le pôle positif par contraction est situé vers ce dernier sommet (Haüy).

Sel de Seignette. — La forme hémièdre la plus ordinaire est un tétraèdre $b^{\frac{1}{2}}$; les axes d'électricité polaire sont dirigés d'un sommet de ce tétraèdre à la base opposée ; ils ne coïncident donc avec aucun des axes cristallographiques ; quant à leur direction exacte, nous ne l'avons pas encore déterminée : la prévoir théoriquement ne nous a pas été possible, le tétraèdre étant irrégulier, et la trouver expérimentalement demanderait une série de mesures très délicates des quantités d'électricité développées suivant des directions voisines ; du reste, cela n'a pas d'importance pour la question qui nous occupe ; il suffit de savoir que l'axe va du sommet à un point de la base du tétraèdre ; le pôle positif par contraction est situé vers le sommet.

Système clinorhombique. *Acide tartrique droit.* — L'axe horizontal est l'axe d'hémiédrie et aussi celui d'électricité polaire. Les faces e^1 se trouvent à une extrémité et n'existent pas à l'autre ; le pôle positif par contraction se forme du côté qui porte les facettes hémièdres (Hankel).

Sucre. — Ce qui vient d'être dit pour l'acide tartrique lui est applicable.

Substance pseudocubique. *Boracite.* — Elle se présente sous la forme d'un cubododécaèdre, avec faces d'un tétraèdre. Il y a quatre axes d'électricité polaire suivant les quatre axes ternaires du cube. Les pôles positifs par contraction prennent naissance vers les bases des tétraèdres (Haüy).

3. Si l'on rapproche ces résultats les uns des autres, on voit que, pour toutes les substances étudiées, sauf une exception, celle de la boracite, le pôle positif par contraction prend naissance à l'extrémité de l'axe d'électricité polaire qui porte les facettes hémièdres formant avec lui les angles les plus aigus. La boracite, qui paraît être une exception, vient au contraire apporter au rapport ci-dessus une intéressante confirmation. M. Mallard a en effet démontré, par l'étude des propriétés optiques de cette substance, que, quoique présentant cristallographiquement la symétrie cubique, elle est en réalité formée par la juxtaposition et l'enchevêtrement de douze pyramides ; ces pyramides proviennent de six prismes orthorhombiques hémièdres dont les axes d'hémiédrie sont parallèles aux arêtes du cube ([1]).

Sans entrer ici dans la description de ce groupement, nous ferons seulement remarquer que, suivant chaque moitié d'un axe ternaire du pseudo-cube, se trouvent juxtaposées trois pyramides. Du côté où se trouve la facette pseudotétraédrique, les extrémités modifiées des axes d'hémiédrie des trois pyramides sont situées sur l'axe ternaire ; du côté qui ne porte pas de facettes tétraédriques, ce sont les extrémités non modifiées des axes d'hémiédrie des trois autres pyramides qui se trouvent sur l'axe ternaire. L'extrémité de l'axe ternaire qui porte la facette tétraédrique et qui est négative par contraction correspond aux extrémités modifiées des véritables axes d'hémiédrie.

4. Tous les faits jusqu'à présent sont donc d'accord pour montrer que, dans toutes les substances non conductrices hémièdres à faces inclinées étudiées, il y a une même liaison entre la position des facettes hémiédriques et le sens du phénomène de l'électricité polaire.

L'extrémité de l'axe d'électricité polaire qui est terminée par

---

([1]) MALLARD, *Ann. des Mines,* t. X.

les facettes hémièdres, formant avec lui les angles les plus aigus, se charge positivement par contraction, et négativement par dilatation ; l'autre extrémité, ou qui ne porte pas de facettes hémièdres, ou qui est formée par la base ou par les facettes hémièdres faisant avec l'axe les angles les plus obtus, se charge positivement par dilatation et négativement par contraction.

On sentira mieux la signification physique de ce qui précède en disant plus vulgairement, mais plus rapidement, que l'extrémité la plus pointue de la forme hémièdre correspond au pôle positif par contraction, tandis que l'extrémité la plus obtuse correspond au pôle négatif par contraction.

LOIS

DU

DÉGAGEMENT DE L'ÉLECTRICITÉ PAR PRESSION,

DANS LA TOURMALINE.

En commun avec JACQUES CURIE.

Comptes rendus de l'Académie des Sciences, t. XCII, p. 186,
séance du 24 janvier 1881.

Nous allons d'abord énoncer les lois qui résultent de nos expériences sur le dégagement par pression de l'électricité dans la tourmaline. Nous exposerons ensuite, avec la rapidité qu'exige la brièveté de cette Note, nos procédés d'expériences et les limites entre lesquelles nous avons vérifié ces lois.

I. *Les deux extrémités d'une tourmaline dégagent des quantités d'électricité de signes contraires égales entre elles.*

II. *La quantité mise en liberté par une certaine augmentation de pression est de signe contraire et égale à celle produite par une égale diminution de pression.*

III. *Cette quantité est proportionnelle à la variation de pression.*

IV. *Elle est indépendante de la longueur de la tourmaline.*

V. *Pour une même variation de pression par unité de surface, elle est proportionnelle à la surface.*

Le résultat direct des expériences d'où l'on déduit les lois IV et V peut s'énoncer d'une façon simple : *Pour une même varia-*

tion de pression la quantité d'électricité qui se dégage est indépendante des dimensions de la tourmaline.

Les tourmalines que l'on voulait étudier avaient la forme de prismes parallèles à l'axe principal. Les deux bases étaient recouvertes de deux feuilles d'étain, protégées extérieurement par deux plaques de verre très épaisses, entre lesquelles on comprimait le cristal à l'aide d'un solide levier en bois. L'une des feuilles d'étain étant en communication avec le sol, l'autre était reliée à l'aiguille d'un électromètre Thomson-Mascart. La déviation obtenue à la suite d'une variation de pression était proportionnelle à la quantité d'électricité dégagée, la capacité de la feuille d'étain, dans les conditions qui viennent d'être décrites, étant toujours négligeable devant la capacité de l'électromètre.

Les tourmalines transparentes, incolores ou légèrement colorées en vert, jaune ou rose, sont, en général, parfaitement isolantes, et ce sont celles-là seulement qui ont servi aux expériences quantitatives. Quelle que soit leur coloration, ces tourmalines semblent être à peu près équivalentes au point de vue des phénomènes électriques; les différences, s'il y en a, sont certainement très petites; cependant il serait nécessaire de passer en revue un nombre considérable d'échantillons avant de pouvoir affirmer qu'il en est toujours ainsi.

Les tourmalines plus ou moins opaques ou noires sont conductrices de l'électricité. Une tourmaline noire donnait une impulsion de l'aiguille de l'électromètre égale au cinquième environ de la déviation obtenue pour un même poids avec une tourmaline transparente; de plus, l'aiguille revenait rapidement au zéro.

Les déviations dont il était nécessaire de vérifier l'égalité ou la proportionnalité n'étaient exactes, vu les causes d'erreur négligées, qu'à un vingtième de leur valeur. Nous n'avons pas jugé nécessaire d'essayer d'atteindre une approximation plus grande, car l'exactitude des lois énoncées ressort des différences considérables entre les dimensions des tourmalines employées.

Pour une même surface, les longueurs ont varié depuis $0^{mm},5$ jusqu'à 15^{mm}, donc dans la proportion de 1 à 30. Pour une même longueur, les surfaces ont varié depuis 2^{mm^2} jusqu'à 1^{cm^2}, donc dans la proportion de 1 à 50. Étant donnée l'approximation des expériences et en supposant les lois énoncées comme étant des lois

limites, on peut donc certifier, lorsqu'on double la longueur, que
la différence avec la loi véritable est inférieure à un six-centième,
et, lorsqu'on double la surface, qu'elle est inférieure à un millième.

Une parcelle de 1^{mm^3} dégage, pour une même pression, la même
quantité d'électricité qu'un morceau volumineux de plusieurs centimètres cubes. Enfin, l'effet produit par l'addition d'un des premiers kilogrammes est sensiblement le même que celui produit par
le centième kilogramme pour une surface de 1^{cm^2}.

Dans un remarquable travail, Gaugain a montré la simplicité
des phénomènes pyro-électriques de la tourmaline. Les lois qu'il
a énoncées peuvent être placées en regard de celles qui font l'objet
de cette Note. Il est facile de voir qu'elles peuvent être calquées
l'une sur l'autre, si l'on se laisse guider par l'hypothèse que nous
avons émise, et qui consiste à admettre que les phénomènes
résultant des variations de pression ou ceux résultant des variations
de température sont dus à une seule et même cause : la contraction
ou la dilatation suivant l'axe de la tourmaline.

SUR LES

PHÉNOMÈNES ÉLECTRIQUES DE LA TOURMALINE

ET DES

CRISTAUX HÉMIÈDRES A FACES INCLINÉES.

En commun avec JACQUES CURIE.

Comptes rendus de l'Académie des Sciences, t. XCII, p. 350,
séance du 14 février 1881.

I. Quelques années après la publication de ses belles recherches sur la tourmaline, Gaugain a donné une théorie du phénomène de la pyro-électricité. D'après lui, la tourmaline serait assimilable, pendant une variation de température, à une pile thermo-électrique d'une très grande résistance et d'une très grande force électro-motrice. Pour montrer la possibilité de l'existence de semblables piles, il fit souder de petits cônes de bismuth et de cuivre alternativement les uns aux autres et cela alternativement par les pointes et par les bases; lors d'une variation de température, les soudures étroites étaient plus rapidement influencées que les soudures larges et le système constituait momentanément une pile thermo-électrique. Gaugain lui assimilait chaque file de molécules de la tourmaline; il est facile de voir en effet que cette conception rend compte des lois quantitatives qu'il avait établies. Néanmoins elle ne nous semble pas admissible : 1° elle ne rend pas compte des phénomènes électriques obtenus par pression; 2° elle n'est pas d'accord avec ce fait que le dégagement électrique n'a lieu que sur les bases des prismes de tourmaline et non sur les faces latérales, fait qui peut être établi par les expériences suivantes.

Si l'on recouvre les deux bases d'une longue tourmaline avec deux feuilles d'étain que l'on met en communication avec la terre, et si l'on provoque le dégagement de l'électricité, on n'en peut pas constater latéralement à l'aide d'un anneau métallique en communication avec un électromètre, même quand cet anneau se trouve très près d'une des extrémités du cristal. Au contraire, la quantité d'électricité dégagée sur les bases est toujours la même, que la surface latérale soit recouverte ou non par une feuille d'étain reliée à la terre.

Gaugain, mettant une des bases en communication avec la terre, laissant l'autre isolée, entourait le milieu du cristal d'un fil de platine relié à un électromètre ; il constatait, lors du refroidissement, un dégagement d'électricité de même nom que celle de la base isolée. Cette expérience n'a rien de contradictoire avec ce qui précède ; l'électricité qui se dégage sur la base isolée charge la dernière couche du cristal, et celle-ci joue le rôle de l'armature d'un condensateur dont le cristal est la lame isolante. De l'électricité de même nom se dégage par le fil de platine ; de l'électricité de nom contraire est attirée et condensée, ce qu'il est facile de montrer. Il suffit pour cela, après avoir déchargé le fil de platine et l'avoir relié à l'électromètre, de décharger la base restée isolée jusqu'alors ; l'électricité de nom contraire, qui était condensée, donne à travers le fil de platine une déviation.

11. Les hypothèses sur la polarisation des molécules qui avaient été émises plus ou moins vaguement dès 1825 (Becquerel, Forbes, etc.) peuvent, mieux que celle de Gaugain, rendre compte du phénomène. Telle est, du reste, l'opinion de M. Thomson : comme Forbes autrefois, il suppose que les molécules sont toujours polarisées et qu'une couche d'électricité condensée sur la surface de la tourmaline neutralise leur action extérieure ; la chaleur faisant varier l'état de polarisation, la neutralisation n'a plus lieu.

Notre manière de voir est analogue, car l'idée que les molécules sont polarisées est en parfait accord avec ce fait que l'électricité ne se montre libre que sur les bases. On sait en effet qu'un cylindre formé de molécules uniformément polarisées parallèlement à la génératrice peut être remplacé par deux couches électrisées sur les deux bases.

Nous essayerons de préciser davantage les causes de la polarisation et celles de sa variation, en supposant qu'entre les faces opposées de deux couches successives de molécules existe une différence de tension constante, ce qui entraîne une condensation d'électricité qui dépend de la distance des deux couches; si par une cause quelconque on change cette distance (variation de pression ou de température), la quantité condensée variera.

Un système propre à faire concevoir ce qui précède serait une pile de lames zinc-cuivre soudées (éléments de Volta), orientées de la même manière et séparées les unes des autres par d'égales épaisseurs d'air.

Soient e cette épaisseur, v la force électromotrice de contact zinc-cuivre. Toutes les lames étant d'abord réunies à la terre, il y a une quantité $q = \dfrac{vs}{4\pi e}$ d'électricité condensée sur chaque face opposée entre deux couches successives, pourvu que ces couches soient suffisamment rapprochées. Lorsque la distance entre les couches varie, cette quantité devient

$$q + \Delta q = \frac{vs}{4\pi(e + \Delta e)}.$$

Les deux lames extrêmes laisseront donc échapper des quantités d'électricité de noms contraires

$$\Delta q = \frac{vs}{4\pi}\left[\frac{\Delta e}{e^2\left(1 + \dfrac{\Delta e}{e}\right)}\right].$$

Quant aux lames intérieures, les électricités de signes opposés mises en liberté dans chacune d'elles se neutralisant, les résultats seraient les mêmes si elles étaient isolées, et c'est le cas qui nous intéresse.

Si l'on néglige dans la dernière formule $\dfrac{\Delta e}{e}$ devant l'unité, la quantité d'électricité dégagée est proportionnelle à la variation de distance de deux couches successives; elle est proportionnelle à la surface; elle est indépendante du nombre des couches et, par conséquent, de l'épaisseur de la colonne. Ces lois sont celles que fournissent les expériences faites sur la tourmaline.

III. Amenés, par la discussion des hypothèses que l'on avait émises avant nous, à formuler la manière de concevoir les phénomènes qui nous semble la plus plausible, nous en suivrons les conséquences, tout en ne nous faisant pas d'illusion sur la fragilité d'un pareil terrain.

L'hypothèse dont nous sommes partis est qu'entre les faces opposées de deux couches successives existe une différence de tension constante.

La tourmaline étant un corps composé, les diverses parties d'une molécule cristalline peuvent être formées de matières différentes, ce qui expliquerait la différence de tension des extrémités opposées de deux molécules.

Mais il est possible que, la matière étant homogène, la forme seule des molécules donne une raison suffisante pour justifier l'hypothèse; on peut même dire que l'expérience semble concorder avec cette explication bien plus qu'avec la précédente (les considérations ordinaires n'étant probablement plus applicables aux molécules elles-mêmes).

En effet, les théories cristallographiques, quelles qu'elles soient, sont d'accord pour faire remonter aux molécules mêmes l'origine de la dissymétrie qui se révèle à nous par les particularités des formes cristallines. Or nous avons montré que, pour toutes les substances hémièdres non conductrices étudiées, le sens du dégagement de l'électricité est toujours lié à la forme cristalline, de telle sorte que l'extrémité correspondant à l'angle solide le plus aigu est négative par dilatation. Cette relation constante n'étant probablement pas due au hasard, et les analogies entre la forme de la molécule et la forme hémièdre du cristal étant admises, on est conduit à remarquer que l'extrémité aiguë d'une molécule joue toujours par rapport à la base opposée de la molécule suivante le rôle du zinc par rapport au cuivre dans l'exemple d'analogie que nous avons pris, c'est-à-dire est constamment chargée d'électricité positive. La nature de la matière semble donc ne pas entrer en ligne de compte, et la forme de la molécule paraît avoir l'influence prépondérante.

LES

CRISTAUX HÉMIÈDRES A FACES INCLINÉES,

COMME SOURCES CONSTANTES D'ÉLECTRICITÉ.

En commun avec JACQUES CURIE.

Comptes rendus de l'Académie des Sciences, t. XCIII, p. 204,
séance du 25 juillet 1881.

I. Une lame convenablement taillée dans un cristal hémièdre à
faces inclinées et placée entre deux feuilles d'étain constitue un
condensateur qui est susceptible de se charger lui-même quand on
le comprime. On peut réaliser avec ce système un instrument
nouveau, une sorte de condensateur-source qui jouit de propriétés
spéciales. Nous allons indiquer ces propriétés, qui résultent des
lois que nous avons établies précédemment pour le dégagement de
l'électricité dans les cristaux hémièdres ; nous montrerons comment
cet instrument peut servir, comme étalon d'électricité statique, à
la mesure des charges et à celle des capacités.

Nous donnerons aussi dans cette Note une mesure absolue des
quantités d'électricité dégagées par la tourmaline et le quartz pour
une pression déterminée.

II. Il est nécessaire de rappeler trois des propriétés fondamentales que possède un cristal agissant comme condensateur-source :
$1°$ les deux faces se chargent de quantités d'électricité rigoureusement égales et de signes contraires ; $2°$ lorsqu'une des faces est en
communication avec la terre, l'autre fournit une quantité déterminée d'électricité pour une pression déterminée ; $3°$ il y a propor-

tionnalité entre la quantité d'électricité dégagée et la pression exercée (¹).

Il résulte de ces propositions que, tandis qu'une pile permet de porter un conducteur à un potentiel déterminé, un condensateur-source permet de fournir à un conducteur une quantité déterminée d'électricité ; de plus cette quantité peut être choisie d'avance au-dessous d'une certaine grandeur.

III. La quantité d'électricité dégagée par un poids de 1^{kg} placé sur une tourmaline est susceptible de porter une sphère de $14^{cm},2$ au potentiel d'un daniell, c'est-à-dire qu'elle est égale à $0,0531$ unité C. G. S. électrostatique.

La quantité d'électricité dégagée par un poids de 1^{kg} sur une lame de quartz perpendiculaire à un axe horizontal est capable de porter une sphère de $16^{cm},6$ au potentiel d'un daniell, c'est-à-dire qu'elle est égale à $0,062$ unité C. G. S. électrostatique.

Ces nombres mesurent ce qu'on peut appeler les pouvoirs électriques de pression de la tourmaline et du quartz.

IV. Les mesures absolues, dont nous venons de donner les résultats, ont été faites à l'aide d'une potence qui appliquait la pression directement sur le cristal ; mais, quand on veut employer le cristal comme source d'électricité, il est plus commode d'exercer la pression à l'aide d'un levier, et il est indispensable de le maintenir en même temps dans une enceinte sèche. Il vaut mieux alors ne pas s'occuper des bras de levier et déterminer directement, une fois pour toutes, la quantité d'électricité qui se dégage pour un poids de 1^{kg} placé à l'extrémité du levier ; si le cristal n'est jamais dérangé, il pourra servir d'étalon.

Voici, dans tous les cas, comment on peut évaluer la quantité d'électricité qui se dégage : l'aiguille d'un électromètre Thomson-Mascart étant chargée à l'aide d'une pile, on unit une des lames d'étain du cristal à la terre, l'autre lame à l'un des couples de

---

(¹) Pratiquement, la limite au delà de laquelle cette loi doit ne plus se vérifier n'est jamais atteinte et la proportionnalité se maintient au degré d'approximation des expériences, jusqu'à des pressions voisines de celles qui déterminent la rupture du cristal.

secteurs de l'électromètre et en même temps à un conducteur de capacité connue (sphère, condensateur à lame d'air, microfarad). Cet ensemble de conducteurs étant isolé, on met l'autre couple de secteurs de l'électromètre en communication avec l'un des pôles d'un élément Daniell (l'autre pôle étant à la terre). L'aiguille de l'électromètre dévie, et l'on ajoute des poids agissant sur le cristal jusqu'à ce que l'on ait ramené l'aiguille au zéro (cette opération se fait comme une pesée ordinaire, en plaçant et en retirant des poids, la quantité d'électricité dégagée ne dépendant que de la pression finale). La lame du condensateur-source, l'étalon de capacité et les secteurs de l'électromètre sont alors au potentiel d'un daniell, et l'on connaît le poids qui a été nécessaire pour arriver à ce résultat. On répète la même opération après avoir supprimé l'étalon de capacité. La différence des poids obtenus dans le premier et le deuxième cas représente le poids nécessaire pour porter l'étalon de capacité au potentiel d'un daniell.

V. La méthode que nous venons de décrire renferme en elle un procédé de comparaison des capacités. On peut, en effet, déterminer à l'aide de trois pesées les quantités d'électricité nécessaires pour porter deux conducteurs au même potentiel, d'où l'on tire le rapport de leurs capacités.

Au contraire, en chargeant les deux secteurs avec deux éléments différents, et en cherchant les poids nécessaires pour amener une même capacité aux potentiels de chacun d'eux, on a le rapport des forces électromotrices des deux éléments.

Enfin on peut mesurer une charge avec une grande précision : le corps chargé étant mis en communication avec le condensateur-source et avec un électromètre quelconque, ce dernier accuse la présence de l'électricité ; on ramène au zéro en mettant des poids sur le condensateur.

Ces méthodes ont l'avantage de ramener toujours l'électromètre au zéro ; il ne sert donc plus que comme électroscope, et l'on peut employer une sensibilité plus grande. La détermination des capacités et celle des charges se font ainsi avec précision. L'appareil peut encore servir comme réparateur de charge pour maintenir à un même potentiel un corps qui perd constamment de l'électricité et qui doit rester isolé.

VI. Les constantes d'un condensateur-source sont : 1° la quantité d'électricité dégagée par un poids de 1^{kg} à l'extrémité du levier; 2° sa capacité. Pour charger les corps de très petite capacité, il y a avantage à avoir un condensateur-source de très faible capacité; une tourmaline ou un quartz de $0^m,01$ de hauteur et de quelques millimètres carrés de surface peuvent ne pas atteindre la capacité d'une sphère de $0^m,01$ de rayon et fournir des quantités d'électricité capables de charger au potentiel d'un daniell une sphère de 3^m de rayon. Pour charger des corps d'une capacité un peu plus forte, il n'y a plus grand inconvénient à augmenter la capacité du condensateur-source, et l'on peut obtenir en le faisant des quantités d'électricité beaucoup plus considérables; nous avons fait construire une pile de neuf lames de quartz, taillées parallèlement entre elles et perpendiculairement à un axe horizontal dans un même canon de quartz bien homogène. Chaque lame a environ 20^{cm^2} de surface; elles sont placées les unes sur les autres en pile, séparées toutefois par des feuilles d'étain; toutes les lames de rang pair ayant été retournées, il résulte de cette disposition que, lors d'une variation de pression exercée sur la pile, toutes les feuilles d'étain de rang pair se chargent d'une électricité, toutes celles de rang impair se chargent de l'autre. En réunissant tous les éléments en surface, c'est-à-dire en réunissant d'une part toutes les feuilles d'étain de rang pair et d'autre part toutes celles de rang impair, on a un condensateur-source dont la capacité est celle d'une sphère de $3^m,5$ de rayon. Il fournit facilement de quoi charger $\frac{1}{10}$ de microfarad au potentiel d'un daniell, mais la difficulté qu'il y a à exercer des pressions fortes empêche seule de dépasser beaucoup cette valeur; d'après des expériences faites avec des lames de dimensions plus petites, la pile de quartz pourrait supporter sans inconvénient, vu sa grande surface, une pression de 6000^{kg} et donnerait alors une quantité d'électricité capable de charger 10 microfarads au potentiel d'un daniell.

CONTRACTIONS ET DILATATIONS

PRODUITES PAR DES TENSIONS ÉLECTRIQUES

DANS LES

CRISTAUX HÉMIÈDRES A FACES INCLINÉES.

En commun avec JACQUES CURIE.

Comptes rendus de l'Académie des Sciences, t. XCIII, p. 1137, séance du 26 décembre 1881.

Supposons qu'un corps solide, un prisme de verre, par exemple, ayant 1^{cm^2} de surface, éprouve une variation égale au millionième de sa longueur. Cette quantité sera très difficilement constatable par un procédé direct.

Mais, si l'on s'oppose d'une manière absolue à cette variation de longueur, le solide éprouvera une variation de pression de près de 1^{kg}. Un système sensible, permettant de constater ou de mesurer cette pression, donnerait donc la possibilité de conclure d'une façon indirecte à la variation de longueur qui aurait pu se produire. On voit que cette méthode est basée sur la faiblesse du coefficient de compressibilité des corps solides.

Nous avons réalisé un appareil remplissant ces conditions, en nous servant de la propriété que possède le quartz de dégager, lorsqu'on exerce sur lui un effort dans certaines directions, des quantités d'électricité proportionnelles aux pressions qu'on lui fait subir.

Nous décrirons cet appareil, en détaillant l'application que nous en avons faite pour mettre au jour le phénomène réciproque de la polarité électrique des cristaux hémièdres.

On sait que, lorsqu'on fait subir à un cristal hémièdre à faces inclinées une variation de pression suivant un axe d'hémiédrie, il se développe aux deux extrémités de cet axe des quantités d'électricité égales et de signes contraires, le sens du dégagement étant lié au signe de la variation de pression.

Nos expériences actuelles viennent prouver que, réciproquement, lorsqu'on charge d'électricités contraires les deux extrémités de l'axe d'un cristal hémièdre, il éprouve, suivant cet axe, soit une contraction, soit une dilatation, selon le sens dans lequel la tension électrique lui a été appliquée.

Les sens des deux phénomènes réciproques sont liés entre eux par la loi générale suivante, dont nous empruntons l'énoncé à M. Lippmann, et qui n'est autre chose qu'une généralisation de la loi de Lenz :

« Le sens est toujours tel que le phénomène réciproque tende à s'opposer à la production du phénomène primitif. »

M. Lippmann, se basant à la fois sur les principes de la conservation de l'électricité et de la conservation de l'énergie, et sur les propriétés du phénomène direct, avait pu prévoir et démontrer d'avance toutes les particularités du phénomène réciproque [1]. Il avait même donné le moyen d'en calculer d'avance la grandeur pour une différence de potentiel déterminée, lorsque l'on connaît la quantité d'électricité dégagée par une pression déterminée.

Nous avons antérieurement mesuré la quantité d'électricité dégagée par la tourmaline et par le quartz pour une pression de 1^{kg}; on trouve, en faisant le calcul, que des prismes de ces substances éprouveront des variations de longueurs d'environ $\frac{1}{20000}$ de millimètre pour une différence de potentiel correspondant à une étincelle de $0^{m},01$ dans l'air.

Voici comment les expériences ont été disposées : l'appareil est formé de deux plaques massives en bronze, unies par trois grosses colonnes qui font corps avec l'une des plaques, traversent l'autre et sont terminées par des vis munies d'écrous [2].

---

[1] *Principe de la conservation de l'électricité* (*Annales de Chimie et de Physique*, 1881, p. 145).
[2] (E) *Voir* la figure 2, page 40.

On peut ainsi, à l'aide des écrous, serrer entre les deux plaques une pile d'objets placés les uns au-dessus des autres. Les objets sont partagés en deux systèmes distincts :

Le système inférieur sert uniquement à mesurer les variations de pression : il se compose de trois lames de quartz larges et minces, séparées par des lames métalliques que l'on met en communication avec un électromètre, qui accuse l'électricité dégagée par les variations de pression subies par les lames de quartz.

Le système supérieur sert à produire le phénomène que l'on veut étudier. Dans le cas qui nous occupe, il se composait de trois cristaux hémièdres aussi volumineux que possible, et séparés les uns des autres par deux rondelles de cuivre. Les trois cristaux avaient leurs axes d'hémiédrie parallèles à la direction du serrage. Les deux cristaux des bouts étaient retournés par rapport à celui du milieu, c'est-à-dire que, sur l'une des rondelles de cuivre, se trouvaient appliquées deux bases positives par pression, sur l'autre deux bases négatives.

Les deux bases extérieures des trois cristaux communiquaient avec la terre. Les deux rondelles de cuivre pouvaient être reliées aux deux pôles d'une machine de Holtz.

Nous avons opéré sur la tourmaline et sur le quartz. Pour ces deux substances, lorsque l'on unit la branche positive d'une machine de Holtz à la rondelle de cuivre attenante aux faces des cristaux positives par pression, et la branche négative à la rondelle attenante aux faces négatives, les cristaux tendent à se dilater suivant l'axe de serrage et, par l'intermédiaire du système inférieur, qui subit une augmentation de pression, l'électromètre indique cette dilatation; quand l'action de la machine cesse, l'électromètre l'indique encore. Enfin, quand on renverse le sens de la tension, les cristaux se contractent et tous les effets se produisent en sens inverse.

Le phénomène est déjà sensible pour une tension correspondant à une étincelle d'un demi-millimètre; il semble être proportionnel à la différence de tension.

Il nous est impossible, pour le moment, de donner une mesure; mais un calcul que nous avons fait pour le quartz, calcul grossièrement approximatif, vu les données imparfaites que nous avons employées, nous a montré que le phénomène est du même ordre de grandeur que le phénomène calculé théoriquement (¹).

(¹) Les deux systèmes, celui qui servait à produire le phénomène électrique et celui qui servait à le mesurer, étaient séparés l'un de l'autre, au point de vue électrique, d'une façon parfaite; ils étaient chacun parfaitement enfermés dans des enveloppes métalliques communiquant avec la terre.

Nous n'avons pas négligé toutefois les nombreuses vérifications qui permettent de s'assurer que l'on n'a pas affaire à un phénomène d'influence. Ces précautions sont nécessaires, puisqu'il s'agit de constater de très petites quantités d'électricité qui se dégagent en présence des tensions énormes des machines de Holtz.

DÉFORMATIONS ÉLECTRIQUES DU QUARTZ.

En commun avec JACQUES CURIE.

Comptes rendus de l'Académie des Sciences, t. XCV, p. 914, séance du 13 novembre 1882.

A chaque manière (¹) de provoquer par pression le dégagement électrique dans le quartz correspond un phénomène réciproque particulier. Soit un parallélépipède ayant deux faces normales à un axe électrique et deux normales à l'axe optique; lorsqu'il y a entre les deux faces normales à l'axe électrique une différence de potentiel, le quartz se dilate suivant l'axe électrique et se contracte dans la direction normale aux axes optique et électrique, ou inversement se contracte suivant la première direction et se dilate suivant la première direction et se dilate suivant la seconde, selon le sens de la tension. La troisième direction ne varie pas. Les sens des phénomènes réciproque et direct sont liés entre eux par une loi de réaction analogue à la loi de Lenz. Chacune des déformations est proportionnelle à la différence de potentiel. Enfin, dans chaque direction, la grandeur de la dilatation est donnée en centimètres, pour une différence de potentiel égale à l'unité absolue C.G.S. électrostatique, par le même nombre que celui qui exprime en valeur absolue la quantité d'électricité dégagée par une pression d'une dyne exercée dans la direction considérée.

La dilatation suivant l'axe électrique est indépendante des dimensions de la plaque; elle est trop faible pour être constatée directement, mais, pour la mettre en évidence, on peut s'opposer

---

(¹) Voir *Journal de Physique*, 1882, p. 245.

à ce que la déformation se produise, employer de grandes surfaces
et utiliser la variation de pression assez considérable qui en résulte.
C'est ce que nous avons déjà fait. La méthode est des plus sensibles, mais la connaissance imparfaite ou nulle que l'on a des
coefficients d'élasticité ne nous a pas permis de faire des expériences quantitatives. Au contraire, la dilatation normalement à
l'axe varie avec les dimensions du parallélépipède; elle est égale à
la dilatation suivant l'axe, lorsque le rapport des dimensions actives
est égal à 1; en faisant varier ces dimensions, on peut la rendre
beaucoup plus grande; elle peut devenir visible et mesurable au
microscope, surtout après amplification à l'aide d'un levier.

L'appareil dont nous nous sommes servis était disposé de la
façon suivante : une plaque de quartz, revêtue de deux feuilles
d'étain sur les faces normales à l'axe électrique (et très peu épaisse
suivant la direction de cet axe), était fixée par l'une des extrémités
de sa grande longueur (normale aux deux axes optique et électrique) à un montant solide.

L'autre extrémité, munie d'une petite pièce rigide, retenait le
petit bras d'un levier. Le grand bras portait une petite toile
d'araignée que l'on regardait avec un microscope muni d'un micromètre oculaire.

Les variations de longueur de la plaque de quartz étaient ampli-
fiées une cinquantaine de fois. On produisait la tension électrique
en chargeant les deux feuilles d'étain à l'aide d'une machine de
Holtz reliée à une batterie de six bouteilles de Leyde. La tension
s'établissait ainsi assez lentement et l'on notait le déplacement du
levier à l'instant où l'étincelle partait entre deux boules.

La mesure se compose de deux parties distinctes :

1° On détermine expérimentalement, par les procédés que nous
avons précédemment publiés, la quantité absolue d'électricité
dégagée par la lame revêtue de ses feuilles d'étain et telle qu'elle
va être employée dans la seconde partie;

2° On mesure, à l'aide de l'appareil ci-dessus décrit, les variations de longueur correspondant à une série de différences de potentiel données par les distances explosives entre des boules
de $0^m,06$ d'après les déterminations de M. Baille.

	Lame	
	1 ([1]).	2.
Traction nécessaire pour charger une capacité de $0^m,50$ à la tension d'un daniell..................	258^g	$48^g,5$
D'où une traction de 1 dyne dégagerait une quantité absolue d'électricité égale à	$7,39.10^{-7}$	$39,3.10^{-7}$
D'où dilatation calculée en centimètres pour l'unité de différence de potentiel....................	$7,39.10^{-7}$	$39,3.10^{-7}$
D'où dilatation calculée en millimètres pour une différence de potentiel égale à 14,8, correspondant à une étincelle de 1^{mm} dans l'air, entre boules de $0^m,06$...........................	»	$0^{mm},00058$
D'où dilatation calculée en millimètres pour une différence de potentiel de 65,2 (étincelle de 6^{mm}).	$0^{mm},00048$	»
Déplacement de l'extrémité du levier exprimé en divisions du micromètre, pour tension correspondant à 1^{mm} d'étincelle...................	»	6,7
Déplacement pour tension correspondant à 6^{mm} d'étincelle.................	5,0	»
Valeurs de ces déplacements en millimètres......	$0^{mm},0206$	$0^{mm},0276$
Rapport des bras du levier................. ...	40,8	46,5
D'où dilatation mesurée..................	$0^{mm},00050$	$0^{mm},00061$

Les dilatations mesurées étant de $0^{mm},00050$ et de $0^{mm},00061$, les dilatations calculées par les quantités d'électricité dégagées sont $0^{mm},00048$ et $0^{mm},00058$. Ces résultats doivent être considérés comme satisfaisants. Sans même considérer les facteurs nombreux entrant en cause, les différences s'expliquent simplement par l'erreur de lecture dans la mesure des dilatations électriques. Ces déterminations sont donc des vérifications non seulement qualitatives, mais aussi numériques des conséquences auxquelles les principes de la conservation de l'énergie et de la conservation de l'électricité ont conduit M. Lippmann. La proportionnalité de la dilatation à la différence de potentiel se vérifie également bien; toutefois nos expériences n'ont pu être faites que sur des échelles de tension très limitées.

([1]) Les épaisseurs des lames étaient $2^{mm},4$ et $0^{mm},65$; les longueurs de l'étain environ $27^{mm},8$ et 40^{mm}.

LES PHÉNOMÈNES PIÉZO-ÉLECTRIQUES.

Bulletin des séances de la Société française de Physique,
année 1887, p. 47.

M. P. Curie pense que la conductibilité, dans la théorie de
M. Duhem, est une conductibilité fictive qui intervient comme un
artifice de calcul. Prenons une tourmaline avec circuit extérieur
conducteur réunissant ses extrémités ; en faisant varier la température du cristal, les phénomènes électriques sont absolument
différents de ceux que l'on obtient en faisant naître et disparaître
une force électromotrice dans le circuit extérieur.

M. Curie admet que les phénomènes pyro- et piézo-électriques
ont une origine commune, la déformation du cristal. Mais il ne
saurait admettre qu'ils soient identiques et que la compression
n'agisse que comme producteur de chaleur. Les effets calorifiques
mis en jeu par la compression sont beaucoup trop minimes pour
expliquer le dégagement d'électricité observé. De plus, le dégagement d'électricité par pression est instantané, ce qui ne serait
pas s'il fallait attendre le refroidissement du cristal.

M. Duhem répond que l'on sait, depuis M. Du Bois-Reymond
et Gaugain, que les phénomènes produits dans le circuit extérieur
d'une tourmaline sont identiques aux phénomènes produits dans
le circuit extérieur d'une pile de grande force électromotrice et de
grande résistance. Quant aux autres faits signalés par M. Curie,
ils sont des conséquences de la théorie de M. Duhem.

M. Vaschy fait observer qu'il semble résulter des lois expérimentales connues que l'électrisation Q prise par un cristal est proportionnelle à son *élévation de température* $(T'_1 - T'_0)$ *et se maintient* (sauf déperdition lente par conductibilité) lorsque la température finale T'_1 devient uniforme dans le cristal. D'après M. Duhem, cette électrisation serait au contraire proportionnelle à la *différence actuelle* $(T_1 - T_0)$ de température entre les faces et le milieu du cristal ; le maintien prolongé de la charge Q conduirait alors à admettre que la différence $(T_1 - T_0)$ se maintient en réalité, alors qu'il semble que la température est devenue uniforme.

M. Duhem répond que la charge Q ne se maintient, après que la température est devenue uniforme, que dans les cristaux mauvais conducteurs ; il n'a envisagé que les substances conductrices.

DILATATION ÉLECTRIQUE DU QUARTZ.

En commun avec JACQUES CURIE.

Journal de Physique, 2ᵉ série, t. VIII, 1889, p. 149.

La première partie de ce travail se rapporte à des expériences déjà anciennes (1881) [1]. Au moment où elles ont été entreprises, M. Lippmann [2], dans un travail sur les applications des principes fondamentaux de la conservation de l'énergie, de la conservation de l'électricité et du principe de Carnot, montrait en particulier qu'avec la connaissance des phènomènes de piézo-électricité que nous avions découverts, on pouvait théoriquement prévoir la dilatation électrique de ce cristal, ainsi que la grandeur, le sens et la nature du phénomène.

Nos expériences entreprises à ce moment en ont donné la consécration expérimentale.

A côté de l'intérêt particulier qu'elles peuvent avoir, elles se sont ainsi trouvées avoir l'intérêt plus général de vérifier les conséquences d'une théorie qui s'applique à un grand nombre de phénomènes.

Nous donnerons d'abord une vue d'ensemble de la nature des phénomènes.

Considérons un parallélépipède rectangle de quartz (*fig.* 1) ayant quatre arêtes, telles que AD, parallèles à l'un des axes électriques, et quatre arêtes, telles que AB, parallèles à l'axe optique.

---

[1] *Comptes rendus des séances de l'Académie des Sciences,* t. XCIII, p. 1137 et t. XCV, p. 914.

[2] *Journ. de Phys.,* 1881 ; p. 387. *Ann. de Chim. et de Phys.,* 1881.

Premier cas. — Si l'on comprime le cristal normalement aux faces ABC, DEFG, c'est-à-dire si l'on exerce l'effort dans le sens de l'axe électrique, on obtient un dégagement d'électricité sur les mêmes faces, donné par la formule

$$q = \mathrm{K}f,$$

q étant le dégagement électrique, f la force et K la constante piézo-électrique.

Nous avons trouvé qu'une force de 1^{kg} dégage, par effort direct dans ces conditions, une quantité d'électricité capable de porter

Fig. 1.

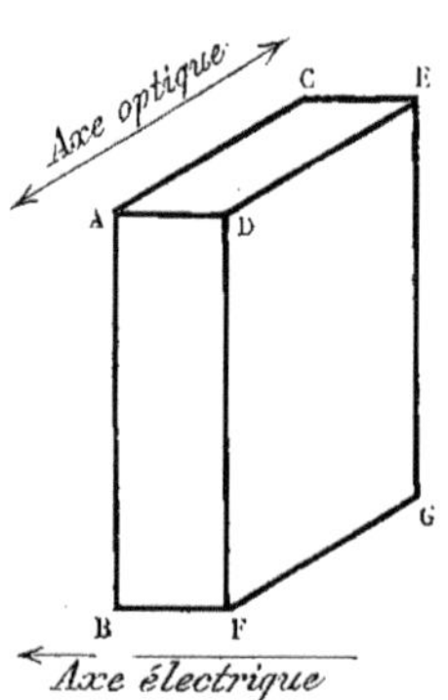

une sphère de $16^{cm},6$ au potentiel d'un daniell, d'où l'on déduit, pour la constante piézo-électrique en unités absolues C. G. S. électrostatiques,

$$\mathrm{K} = 6,32 \times 10^{-8}.$$

K est la quantité absolue d'électricité dégagée par un effort d'une dyne sur le quartz.

A ce dégagement piézo-électrique correspond un phénomène de dilatation électrique δ dans le sens de l'axe électrique, lorsque l'on établit une différence de potentiel V entre les deux faces qui lui sont normales (faces que l'on peut supposer argentées); on aura

$$\delta = \mathrm{K}v = 6,32 \times 10^{-8} \mathrm{V}.$$

δ est exprimé ici en centimètres.

On voit que la grandeur de la dilatation dans le sens de l'axe électrique est indépendante des dimensions du cristal.

Cette grandeur est du reste extrêmement petite pour les tensions dont nous disposons; pour $V = 14,8$, soit 4400 volts environ, tension correspondant à 1^{mm} d'étincelle dans l'air, on a

$$\delta = 0,935 \times 10^{-6},$$

soit $0^{\mu},00935$ en microns, $\frac{1}{100}$ de micron environ.

Deuxième cas. — Si l'on comprime le cristal dans la direction de l'axe optique, c'est-à-dire normalement aux faces ADBF, CEG, aucun dégagement électrique ne prend naissance.

Réciproquement, lorsque l'on établit une tension électrique quelconque, la longueur de l'axe optique ne varie pas.

Troisième cas. — Si l'on comprime le cristal dans une direction normale aux axes optique et électrique, c'est-à-dire normalement aux faces ADEC, BFG, un dégagement électrique se produit sur les faces ABC, DFGE normales à l'axe électrique. Le dégagement électrique est de signe contraire à celui qu'aurait donné une compression dans le sens de l'axe électrique ; il est donné par la formule

$$q = - K \frac{L}{e} f,$$

dans laquelle K est la même constante que précédemment

$$K = 6,32 \times 10^{-8} ;$$

L est la longueur AB du parallélépipède dans la direction normale aux axes optique et électrique, e est la longueur de la dimension AD parallèle à l'axe électrique dans le parallélépipède.

Réciproquement, lorsque l'on établit une différence de potentiel entre les deux faces ABC, DFG, normales à l'axe électrique, le cristal tend à se dilater ou à se contracter dans la direction normale aux axes optique et électrique. Les effets sont donnés par la formule

$$\delta = - K \frac{L}{e} V = - 6,32 \times 10^{-8} \frac{L}{e} V,$$

δ étant exprimé en centimètres et V en unités électrostatiques.

Ici le phénomène dépend de deux des dimensions du cristal et peut être considérablement amplifié en prenant une lame très mince dans le sens de l'axe électrique et très longue dans le sens normal aux axes optique et électrique.

En résumé, lorsque l'on établit une différence de potentiel entre deux faces normales à l'axe électrique du parallélépipède de quartz, le parallélépipède se déforme; l'axe optique conserve toujours une longueur invariable, mais les autres dimensions changent. Pour un certain sens de la tension, l'axe électrique se contracte et la direction normale aux axes optique et électrique se dilate. Pour une tension de sens inverse, l'axe électrique se dilate et l'autre direction se contracte.

Les phénomènes piézo-électrique et de dilatation électrique sont liés entre eux par une loi de réaction analogue à la loi de Lenz. Le sens du phénomène de dilatation est, par conséquent, en relation avec la forme cristalline du quartz. Le quartz se contracte suivant l'axe électrique lorsque la charge positive se trouve à l'extrémité de cet axe, qui correspond à une arête du prisme hexagonal portant les facettes du ditrièdre.

Cette extrémité se charge, au contraire, d'électricité négative lorsque l'on comprime le cristal dans le sens de l'axe ([1]).

Recherches avec une presse et un manomètre piézo-électrique.

Nous avons d'abord cherché à mettre en évidence les phénomènes de dilatation dans la direction de l'axe électrique. Ces phénomènes sont extrêmement faibles, d'après ce que nous avons vu plus haut; on a, pour la dilatation δ exprimée en centimètres,

$$\delta = 6,32 \times 10^{-8}\,V\,;$$

pour $V = 1$, soit 300 volts environ, on a, pour δ en microns,

$$\delta = 0^{\mu},000632\,;$$

([1]) Nous avons, par une erreur de rédaction, donné le sens inverse de celui-ci vis-à-vis des facettes du cristal dans le *Journ. de Phys.*, 1882, p. 245. Cette erreur ne se rencontre pas dans les publications antérieures, faites par nous. (*Bull. de la Soc. minér.*, 1880, et *Comptes rendus des séances de l'Académie des Sciences*, t. XCI, p. 294.)

pour une différence de potentiel correspondant à une étincelle de 1^{mm}, $V = 14, 8$, soit 4400 volts environ, et l'on a pour valeur correspondante de δ en microns

$$\delta = 0^{\mu},009\,35,$$

c'est-à-dire environ $\frac{1}{100}$ de micron ou $\frac{1}{50}$ de longueur d'onde.

De pareilles dilatations seraient à peine visibles par la méthode des anneaux colorés et l'existence du phénomène eût été extrêmement difficile à mettre hors de doute par ce procédé. Nous avons employé une autre méthode qui peut être généralisée et qui donne une sensibilité extrême à toute constatation de dilatation dans un corps solide. Elle repose sur la remarque suivante : Supposons qu'un corps solide, un prisme de verre par exemple, ayant 1^{cm^2} de base, éprouve, sous l'action d'un agent physique quelconque, une variation égale à un millionième dans sa longueur; cette quantité sera difficilement constatable par un procédé direct. Mais, si l'on s'oppose d'une manière absolue à ce que cette variation de longueur se produise en maintenant les extrémités du prisme entre deux pièces invariables, l'action de l'agent physique sera d'accroître considérablement la pression : cet accroissement atteindra en effet 1^{kg} dans l'exemple que nous avons choisi.

Un manomètre sensible, permettant dans ces conditions de mesurer les variations de pression, sera aussi extrêmement sensible à l'action de l'agent physique en question.

Comme manomètre, nous employons un quartz piézo-électrique relié, au point de vue électrique, avec un électromètre à quadrants. Voici comment ces expériences ont été disposées :

L'appareil est une presse formée de deux plaques massives en bronze unies par trois grosses colonnes qui font corps avec l'une des plaques, traversent l'autre et sont terminées par des vis munies d'écrous. A l'aide des écrous, on serre entre les deux plaques une pile d'objets placés les uns au-dessus des autres. Ces objets sont partagés en deux systèmes distincts, presque identiques entre eux (voir *fig.* 2 théorique).

Le système inférieur sert uniquement à mesurer les variations de pression; il se compose de trois lames de quartz (a, b, c) séparées par deux feuilles métalliques que l'on met en communication avec les quadrants d'un électromètre e qui accuse l'électricité dégagée par les variations de pression subies par les lames de quartz.

Ces trois lames sont taillées perpendiculairement à l'axe électrique; mais la lame du milieu a été retournée et son axe est en sens inverse de celui des deux autres.

Dans ces conditions, il est facile de se rendre compte que, lors d'une variation de pression, les trois plaques concourront à charger d'électricités de signes contraires les deux feuilles métalliques intermédiaires.

Sur la figure, les flèches donnent le sens des axes des trois plaques.

Le système supérieur (a', b', c') est identique au précédent;

Fig. 2.

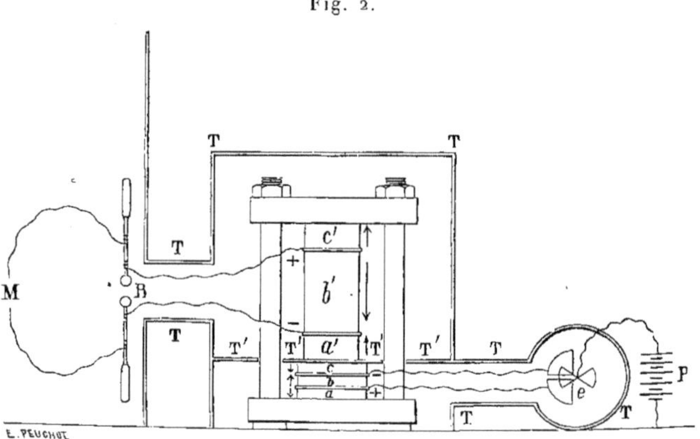

seulement les deux plaques métalliques intermédiaires communiquent avec les deux pôles d'une machine de Holtz M. Les plaques de quartz sont aussi plus épaisses que celles du système inférieur, afin de pouvoir employer des potentiels assez élevés sans avoir d'étincelles.

Lorsque l'on élève l'une des plaques métalliques intermédiaires à un potentiel positif et l'autre à un potentiel négatif, les trois cristaux obéissant à la théorie dont nous avons parlé plus haut tendent à donner une contraction ou une dilatation du système supérieur. Ces déformations ne peuvent se produire librement lorsque la presse est serrée et il en résulte des variations de pression dans toute la colonne. Le système inférieur dégage alors de l'électricité, ce qui fait dévier l'électromètre.

Certaines précautions sont nécessaires pour mener à bien ces expériences ; il s'agit en effet de mesurer de très petites quantités d'électricité dégagées par le système inférieur en présence des tensions énormes d'une machine de Holtz, agissant sur le système supérieur ; le plus petit effet d'influence venant de la machine sur les pièces communiquant avec l'électromètre masquerait le phénomène que l'on veut étudier. Aussi les deux systèmes, celui qui sert à produire le phénomène et celui qui sert à le mesurer, sont-ils séparés au point de vue électrique d'une façon parfaite. Ils sont chacun enfermés dans des enveloppes métalliques (T, T, T, ...) communiquant avec la terre.

Le système inférieur qui sert de manomètre est même situé complètement avec l'électromètre à l'intérieur d'une enceinte métallique. Le corps de la presse communique aussi métalliquement avec la terre.

Enfin une plaque de cuivre (T''T''T'T') reliée à la terre se trouve pincée par son centre entre les deux systèmes de plaques de quartz, qu'elle sépare complètement au point de vue électrique. Cette plaque, plus large que la presse, n'intervient pas dans les phénomènes élastiques, parce que les colonnes la traversent sans la toucher par de larges trous ménagés à cet effet. Le raccord métallique parfait entre les colonnes et les plaques se fait à l'aide de feuilles d'étain flexibles. On peut toujours s'assurer que ces précautions sont efficaces : il suffit pour cela de faire l'expérience à blanc sans que les écrous soient serrés. Dans ces conditions, les tensions électriques établies dans le système supérieur ne doivent influencer en rien le système inférieur.

L'ensemble de l'appareil doit être parfaitement desséché. Sur la figure, P représente la pile de charge qui donne la sensibilité à l'électromètre.

Voici maintenant la marche d'une expérience :

On commence par serrer très fortement la presse, après avoir empilé au centre les pièces dont nous venons de parler. Cette pression énorme une fois établie, il se produit un tassement des pièces qui diminue la pression, et ce n'est guère qu'au bout d'une heure que, ce tassement étant complètement terminé, l'image de l'électromètre peut rester fixe au zéro.

On peut alors charger les plaques métalliques du système de lames supérieur avec la machine de Holtz. Les deux pôles de la machine sont reliés aux armatures d'une batterie de bouteilles de Leyde, pour que la différence de potentiel s'établisse lentement et régulièrement. On a entre les deux pôles un micromètre à boules (B) qui permet de déduire le potentiel, au moment de la décharge, de la connaissance de la distance explosive.

Lorsqu'on fait tourner la machine, la différence de potentiel s'établit lentement, l'électromètre dévie également progressivement et l'on note la déviation au moment où l'étincelle part entre les deux boules du micromètre. L'étincelle partie, l'image revient brusquement vers le zéro.

Le sens du phénomène est bien celui donné par la théorie, et les déviations de l'électromètre sont proportionnelles aux différences de potentiel de la batterie données par les distances explosives.

Voici un Tableau numérique vérifiant cette dernière conclusion :

Distances explosives en millimètres.	Déviations de l'électromètre. Δ	Différences de potentiel. V	$\dfrac{\Delta}{V}$
mm			
1..............	21,5	14,8	1,45
2..............	38,7	25,6	1,51
3..............	54 »	36,1	1,49
4..............	69,5	45,7	1,52
5..............	84 »	55,1	1,52
6..............	105 »	65,3	1,60

Les explosions étaient obtenues entre des boules de 6^{cm} de diamètre et les nombres de la troisième colonne sont ceux donnés par M. Baille ([1]).

Mais la proportionnalité des déviations au potentiel est établie suivant nous d'une façon beaucoup plus rigoureuse par ce fait que l'on ne change pas la grandeur absolue de la déviation de l'électromètre en renversant les pôles de la machine de Holtz avec une

---

([1]) BAILLE, *Ann. de Chim. et de Phys.*, 1882.

même distance explosive. Il est en effet très probable que, s'il n'y avait pas proportionnalité, il y aurait en même temps une différence d'intensité dans les effets produits par les tensions électriques de sens inverses.

Nous n'avons malheureusement pu faire aucune mesure de la grandeur réelle des phénomènes, parce que les propriétés élastiques de l'appareil nous étaient absolument inconnues. En supposant que le quartz seul se comprime et que ce corps ait le même coefficient d'élasticité que le verre, on arrive par la théorie à des nombres qui sont de l'ordre de grandeur de ceux obtenus. Cette vérification est tout à fait grossière.

Nous avons répété ces expériences avec succès en opérant avec des prismes de tourmaline dont les bases étaient taillées perpendiculairement à l'axe électrique.

La sensibilité de l'appareil est extrême ; elle dépend évidemment de la surface de base des cristaux employés, qui doit être aussi grande que possible, et de la hauteur de la colonne de cristaux, qui doit être aussi faible que possible. Avec des cristaux de quartz ayant 7^{cm^2} de surface de base et une colonne ayant une hauteur totale de $0^m,10$, la sensibilité était telle que la différence de potentiel correspondant à une distance explosive de 1^{mm} entre des boules de $0^m,06$ de diamètre donnait une déviation de $0^m,25$ de l'échelle. On pouvait apprécier dans ces conditions l'effet produit par une variation de potentiel 200 fois plus faible.

D'après la théorie, si les cristaux, au lieu de se trouver dans la presse, avaient été libres, ils se seraient seulement dilatés pour cette dernière variation de potentiel de $\frac{1}{10000}$ de micron environ.

Comme nous l'avons dit plus haut, cet appareil nous semble pouvoir être utilisé dans d'autres applications. On pourrait, par exemple, étudier avec des dilatations ou des contractions que les corps éprouvent sous l'influence du magnétisme. Il suffirait de remplacer dans la presse le système supérieur de lames de quartz par le corps que l'on voudrait étudier et de conserver toujours comme manomètre les lames inférieures communiquant avec l'électromètre ([1]).

([1]) Plusieurs personnes nous ont fait remarquer que l'on aurait pu remplacer le manomètre piézo-électrique qui nous a servi par un manomètre optique

Mesures des dilatations électriques à l'aide d'un levier amplificateur et d'un microscope.

Dans la direction normale aux axes optique et électrique les dilatations doivent dépendre, comme nous l'avons vu plus haut, des dimensions du cristal. Elles sont données par la formule

$$\delta = K \frac{L}{e} V.$$

On voit qu'en prenant une lame longue et mince on peut espérer avoir des effets beaucoup plus sensibles que dans le cas de la dilatation dans le sens de l'axe électrique.

Pour la différence de potentiel correspondant à une distance explosive de 1^{mm} dans l'air avec $\frac{L}{e} = 100$, on aurait pour la dilatation en microns $\delta = 0,935$, c'est-à-dire environ 1 micron ou deux longueurs d'onde. Il est certainement possible de mesurer de pareilles dilatations. L'appareil qui nous a servi se compose essentiellement d'un levier amplificateur et d'un microscope qui sert à mesurer les déplacements de l'extrémité du levier. La lame de quartz QQ (*fig.* 3), longue et mince, recouverte de deux feuilles d'étain, était placée verticalement et maintenue fixe à la partie inférieure. L'axe électrique est horizontal et dirigé suivant l'épaisseur de la lame, et l'axe optique, également horizontal, est perpendiculaire au plan de la figure.

---

formé d'un parallélépipède de verre dont la biréfringence aurait varié sous l'influence de la pression. Cela est parfaitement exact, mais ce manomètre optique eût été incomparablement moins sensible que le manomètre piézo-électrique. En effet, d'après les travaux de Wertheim, la sensibilité du parallélépipède de verre ne dépend que de l'une des dimensions latérales, qui doit être aussi faible que possible; on n'eût pu prendre moins de 2^{cm} pour cette dimension sans compromettre la stabilité de la colonne comprimée dans la presse.

Une différence de marche d'une longueur d'onde aurait été alors produite par une pression de 320^{ks} et, en admettant que l'on puisse évaluer $\frac{1}{100}$ de frange au compensateur de Babinet, on aurait eu un manomètre sensible à 3^{ks} près.

Le manomètre piézo-électrique était environ 600 fois plus sensible et donnait des indications pour une pression de 5^{s}.

A la partie supérieure est fixée une pièce en cuivre terminée par un crochet.

Le levier amplificateur ABD est formé par une pièce en ébonite BD et par une longue aiguille AB, en carton très mince, munie d'un contrefort.

Dans la pièce d'ébonite sont enchâssés deux couteaux : le premier c repose sur un plan fixe, comme un couteau de balance ; le second, placé en sens inverse, s'appuie de bas en haut sur le crochet situé à l'extrémité de la lame de quartz.

A l'extrémité de l'aiguille est collée une lame de verre v sur

Fig. 3.

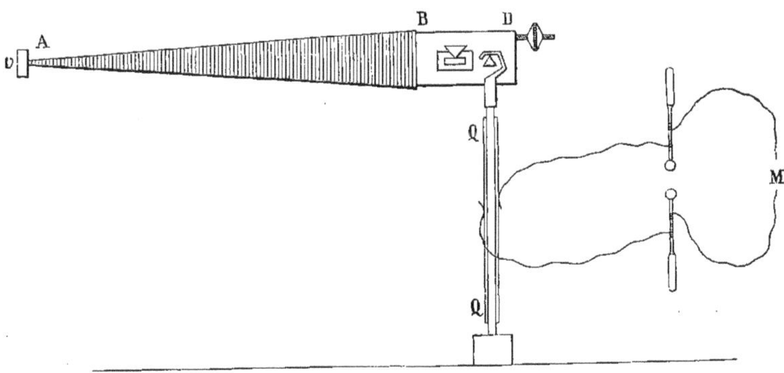

laquelle on a fixé à la gomme une petite toile d'araignée. Le microscope, placé horizontalement, est braqué sur cette lame de verre et, quel que soit l'endroit mis au point, on trouve toujours dans la toile d'araignée des repères délicats.

Les déviations sont lues à l'aide d'un micromètre oculaire qui a été préalablement comparé avec un micromètre au $\frac{1}{100}$ de millimètre placé sous l'objectif.

La distance des arêtes des deux couteaux est de 8^{mm}. La longueur de l'aiguille a varié de 30^{cm} à 60^{cm}. Pour faire une mesure on établit la communication des deux feuilles d'étain avec une machine de Holtz, une batterie et un micromètre à boule. On fait marcher la machine ; la variation de potentiel et le déplacement

de l'aiguille se font lentement et l'on note la déviation au micromètre au moment où part l'étincelle.

Les vérifications de la théorie se font bien quant au sens et à la
proportionnalité des déplacements aux potentiels ; cependant cette
dernière vérification est peu précise, étant donnée la petitesse de
l'échelle dont on dispose avec un micromètre oculaire.

Quant aux vérifications numériques, une complication résulte
des dispositions expérimentales qu'il est nécessaire de prendre
pour pouvoir opérer aux potentiels élevés d'une machine de Holtz,
sans que l'étincelle passe d'une face à l'autre des lames de quartz en
contournant la surface. Les expériences ont porté sur trois lames
différentes ; les deux premières furent recouvertes d'une mince

Fig. 4.

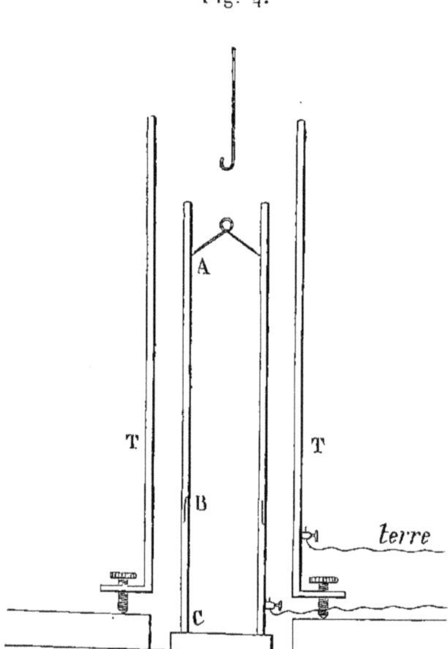

couche d'arcanson, la troisième, placée entre deux lames de mica
et extrêmement mince, noyée dans le baume. De plus, l'étain des
trois lames n'arrivait pas tout à fait jusqu'au bord.

Dans ces conditions, il n'est guère possible d'évaluer les pertes
probables dans les effets produits et de calculer la dilatation d'après

l'épaisseur de la lame, la longueur de l'étain utilisé et la valeur connue de la constante piézo-électrique.

Mais la théorie de M. Lippmann s'applique en particulier à chaque lame toute montée, et il suffit de déterminer la grandeur des phénomènes piézo-électriques de chaque lame, sans s'occuper des dimensions, pour pouvoir calculer les dilatations électriques correspondantes.

La grandeur des phénomènes piézo-électriques est déterminée en cherchant la traction nécessaire pour charger un condensateur de capacité connue au potentiel d'un daniell avec une des lames. Pour cela, la lame toute montée étant retournée le crochet en bas, on suspend directement à celui-ci les poids nécessaires pour obtenir le dégagement désiré.

Le condensateur absolu qui sert dans ces expériences est un condensateur cylindrique. Le cylindre intérieur ABC (*fig.* 4) se compose de deux parties s'emboîtant en B l'une dans l'autre. On fait une première expérience avec les deux parties, puis une seconde en supprimant la portion supérieure, et la différence des deux mesures doit correspondre à une capacité que l'on peut calculer d'après les dimensions de la partie mobile, comme si elle faisait partie d'un cylindre indéfini.

L'erreur provenant de l'extrémité libre est la même dans les deux expériences et disparaît dans la différence.

Voici les dimensions de ce condensateur :

$$
\begin{array}{ll}
\text{Longueur de la partie mobile.......} & 20,06 \text{ cm} \\
\text{Rayon extérieur du petit cylindre...} & 6,603 \\
\text{Rayon intérieur du grand cylindre...} & 8,070
\end{array}
$$

d'où

Capacité calculée de la partie mobile.... C = 49,99 [1]

---

[1] Ce même condensateur nous avait servi à déterminer la constante piézo-électrique du quartz.

Dans des expériences récentes, faites avec un condensateur plan à anneau de garde, beaucoup plus parfait, nous avons eu la satisfaction de retrouver presque exactement le même nombre pour cette constante piézo-électrique.

Voici maintenant les résultats obtenus pour les trois lames de quartz :

	Lame		
	I.	**II.**	**III.**
Longueur de l'étain utilisé approximativement.................................	$2^{cm},8$	$4^{cm},0$	$4^{cm},0$
Epaisseur..............	$0^{cm},24$	$0^{cm},065$	$0^{cm},112$
Traction nécessaire pour charger une capacité de 50^{cm} à la tension d'un daniell.	258^{g}	$48^{g},5$	$78^{g},0$
D'où une traction de 1 dyne dégage une quantité absolue d'électricité égale à (1).	$7,39 \times 10^{-7}$	$39,3 \times 10^{-7}$	$22,3 \times 10^{-7}$
D'où dilatation calculée pour l'unité de différence de potentiel...............	$7,39 \times 10^{-7}$	$39,3 \times 10^{-7}$	$22,3 \times 10^{-7}$
D'où dilatation calculée en millimètres pour une différence de potentiel égale à 14,8 (2), correspondant à une étincelle de 1^{mm} dans l'air entre boules de 6^{cm} de diamètre................................	»	0,00058	0,000330
Idem pour une différence de potentiel de 65,2 (étincelle de 6^{mm})...............	0,00048	»	»
Déplacement de l'extrémité du levier exprimée en divisions du micromètre oculaire pour tension de 1^{mm} étincelle.....	»	6,70	6,70
Déplacement pour tension de 6^{mm}........	5,0	»	»
Une division du micromètre oculaire vaut en millimètres sous l'objectif..........	0,00413	0,00413	0,00361
Déplacement en millimètres de l'extrémité du levier.............................	0,0206	0,0276	0,0242
Rapport des bras de levier........	40,8	46,5	77,3
D'où dilatation mesurée de la lame......	0,00050	0,00061	0,000313

On a donc :

	Lames.		
	I.	**II.**	**III.**
Dilatations mesurées........	0,00050	0,00061	0,000313
Dilatations calculées...... ..	0,00048	0,00058	0,000330
Différences relatives........	$+\frac{1}{25}$	$+\frac{1}{25}$	$-\frac{1}{19}$

Ces résultats doivent être considérés comme satisfaisants; les différences dépassent à peine les erreurs de lecture au micromètre oculaire.

---

(1) En prenant 0,00374 pour tension absolue de 1 daniell.
(2) D'après les mesures de M. Baille (*Ann. de Chim. et de Phys.*).

Nous avons acquis la conviction, durant cette étude, que les phénomènes piézo-électrique et de dilatation électrique doivent être classés parmi les plus réguliers, et que les mesures qui s'y rapportent pourraient utilement atteindre une précision très supérieure à celle dont nous disposions avec les appareils que nous venons de décrire.

Expériences avec deux lames de quartz accolées ; électromètre à bilame de quartz.

Nous sommes parvenus à rendre beaucoup plus sensibles les effets produits par les dilatations électriques en usant d'un artifice analogue à celui qui sert de base au thermomètre métallique de Bréguet.

Les effets obtenus doivent encore ici être attribués aux forces élastiques qui entrent en jeu lorsqu'on s'oppose à la libre dilatation des lames.

Deux plaques de quartz sont taillées parallèlement dans un même bloc de quartz et normalement à un axe électrique ; leur contour a la forme d'un rectangle allongé.

La largeur des plaques (petit côté du rectangle) est parallèle à l'axe optique, et la longueur est normale à la fois aux axes optique et électrique. Les deux plaques identiques entre elles sont amincies ensemble au tour d'optique jusqu'à ce qu'elles soient réduites à l'état de lames n'ayant que quelques centièmes de millimètre d'épaisseur ; puis ces lames sont collées l'une sur l'autre au baume de Canada.

On a eu soin, avant de faire cette dernière opération, de retourner une des lames face pour face, si bien que les axes électriques (dirigés suivant l'épaisseur) sont de sens inverses dans les deux lames. On obtient ainsi une bilame dont on argente les faces extérieures.

Si l'on établit maintenant une différence de potentiel entre les deux faces argentées, l'une des lames tend à s'allonger dans le sens de sa longueur, l'autre tend à se raccourcir. Comme elles sont collées l'une sur l'autre, la bilame se courbe et la convexité se trouve du côté de la lame qui s'allonge.

C.

4

Pour observer ce phénomène, nous fixons une des extrémités de la bilame et nous regardons le déplacement de l'autre à l'aide d'un microscope. Le déplacement peut encore être amplifié en fixant à cette extrémité une aiguille longue et légère.

On peut aussi observer la flexion à l'aide d'un petit miroir collé au bout de la bilame.

Avec des lames minces et longues et une tension électrique suffisante, la flexion est visible à l'œil nu.

On peut encore réaliser une bilame susceptible de se courber sous les actions électriques, en collant l'une contre l'autre les deux lames sans retourner l'une d'elles, mais en ayant soin d'argenter aussi les faces des lames en contact avant de les coller; on a ainsi une bilame présentant trois couches d'argent, une intérieure et deux extérieures. Ces deux dernières sont reliées entre elles et à la terre au point de vue électrique. On porte au contraire la surface argentée située entre les deux lames à un certain potentiel. Dans cette expérience les axes électriques sont de même sens dans les deux lames, mais les champs électriques auxquels elles sont

Fig. 5.

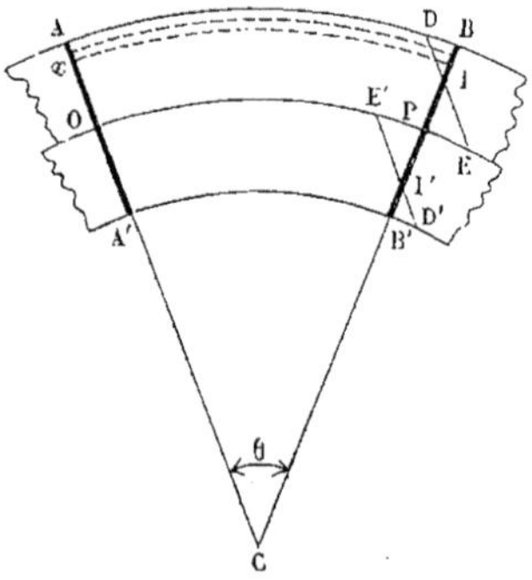

soumises sont de sens inverses. L'effet est le même que précédemment : l'une des lames se dilate, l'autre se contracte et la bilame se courbe. Cette disposition est même préférable à la première; car, pour les mêmes lames et la même tension, on a deux fois plus de sensibilité.

Il est facile d'analyser ce qui se passe dans la bilame, si l'on ne

cherche qu'une première approximation. Désignons par L la longueur commune des deux lames de quartz. Si chacune d'elles était
entièrement libre, il y aurait, lorsqu'on les place dans un champ
électrique, un allongement δ de la première et une contraction δ de
la seconde, si bien que les longueurs des deux lames différeraient
entre elles de 2δ; mais, comme les lames ne sont pas libres, il n'en
est pas ainsi et la bilame se courbe sous l'action des forces élastiques.

La figure 5 représente une coupe longitudinale et normale aux
faces d'une portion de la bilame AA'BB'.

Nous supposerons que, lorsque les filets parallèles à la longueur
de la bilame se courbent, les sections qui leur sont normales au
début leur restent toujours normales pendant la flexion (cette
condition est nécessaire si la lame est très longue par rapport à
l'épaisseur).

Soient :

AA' une section normale aux filets longitudinaux ;
BB' une section normale infiniment voisine de la première ;
l la distance comptée sur le filet médian entre les deux sections ;
R le rayon de courbure de la bilame.

Si les filets longitudinaux compris entre OA et PB étaient soustraits aux forces élastiques longitudinales et libres de se contracter
ou de se dilater en conservant leur courbure, et si à l'un des bouts
les extrémités de ces filets étaient maintenues fixes dans le plan OA,
les autres extrémités à l'autre bout viendraient toutes se placer
dans un même plan DE parallèle à OA.

Les distances comptées le long de chaque filet entre BP et DE
permettent de calculer pour chaque filet la grandeur de l'effort
mécanique qu'il exerce pendant la flexion.

De même les filets compris entre OA' et PB' viendraient aboutir
dans le plan E'D' parallèle à OA' s'ils étaient soustraits aux efforts
mécaniques.

Soient I et I' les traces des intersections des plans DE, PB d'une
part et D'E', B'P' d'autre part.

Si les lignes I et I' sont dans l'intérieur des lames, les filets venant aboutir en I et I' n'exerceront aucun effort mécanique. Dans le cas contraire, tous les filets exerceront un certain effort longitudinal.

La portion située à gauche du plan AA' est en équilibre sous l'action des forces élastiques normales agissant à travers le plan AA'; donc :

1° La somme des forces élastiques normales au plan AB est nulle et l'on a

$$\Sigma \text{ forces élastiques sur OA} = \Sigma \text{ forces élastiques sur OA}'.$$

Si les points I et I' sont à une même distance a de chaque côté de la surface OP de séparation des deux lames, il est manifeste (en supposant la flexion très faible et en négligeant les quantités du second ordre) que les filets de chacune des lames se correspondent deux à deux symétriquement et donnent des efforts égaux et de signes contraires.

Donc l'égalité ci-dessus est satisfaite dans ce cas et dans ce cas seulement.

On a donc
$$PI = PI' = a.$$

2° La somme des moments des forces élastiques s'exerçant sur AA' par rapport à un axe passant par O et normales au plan de la figure doit être nulle.

Soit x la distance variable Ox d'un filet dx à la surface médiane OP. Deux tranches d'épaisseur dx, situées à des distances $+x$ et $-x$ du plan médian OP, ont des moments égaux et de même signe. Il en résulte que la somme des moments des forces élastiques correspondant à chacune des deux lames doit être nulle séparément.

Désignons par e l'épaisseur d'une des lames, par l la longueur moyenne des filets, par θ l'angle des deux plans AA' et BB', par E le coefficient d'élasticité du quartz dans la direction considérée, la dilatation due aux forces élastiques d'un filet par unité de longueur étant

$$\frac{\theta(x-a)}{b}$$

on a

$$\frac{E\theta}{l} \int_0^e x\,(a - x)\,dx = 0 \qquad \text{ou} \qquad \frac{ae^2}{2} - \frac{e^3}{3} = 0,$$

soit

$$a = \frac{2}{3}\,e.$$

Ainsi les points I et I' sont situés dans l'intérieur des lames, aux deux tiers de l'épaisseur de chacune d'elles, à partir du plan de séparation.

Les tranches situées aux deux tiers de l'épaisseur de chaque lame ne sont soumises à aucune force élastique; elles ont donc leurs longueurs normales $L + \delta$ et $L - \delta$; sous l'action des champs électriques, on a

$$\frac{R - \frac{2}{3}\,e}{R + \frac{2}{3}\,e} = \frac{L - \delta}{L + \delta} \qquad \text{ou} \qquad \frac{1}{R} = \frac{3}{2}\,\frac{\delta}{eL}.$$

La courbure est la même partout; on voit qu'elle est indépendante de la grandeur du coefficient d'élasticité de la substance.

Supposons que nous soyons dans le cas d'une bilame à argenture intérieure où la tension est au centre; on a

$$\delta = K\,\frac{L}{e}\,V,$$

V étant la différence de potentiel entre les deux faces de la bilame; on a donc

$$\frac{1}{R} = \frac{3}{2}\,\frac{KV}{e^2}.$$

La courbure totale α, c'est-à-dire l'angle dont tournerait un miroir placé à l'extrémité de la lame, lorsqu'on établit la différence de potentiel, est donnée par

$$\alpha = \frac{3}{2}\,K\,\frac{L}{e^2}\,V,$$

et le déplacement latéral z de l'extrémité de la lame

$$z = \frac{3}{4}\,K\,\frac{L^2}{e^2}\,V.$$

Enfin, si l'on ajoute une aiguille de longueur λ à l'extrémité de la lame, cette aiguille tournera autour d'un point fixe situé à la moitié de la longueur de la lame : on aura, pour le déplacement z' de l'extrémité de l'aiguille,

$$z' = \frac{\lambda + \dfrac{L}{2}}{\dfrac{L}{2}} \; \frac{3}{4} \; K \, \frac{L^2}{e^2} \, V,$$

avec $K = 6,32 \times 10^{-8}$.

On voit qu'il est possible de prévoir d'avance la sensibilité d'un électromètre basé sur ce principe et que l'on pourra proportionner l'épaisseur de la lame à la sensibilité que l'on désire atteindre.

Fig. 6.

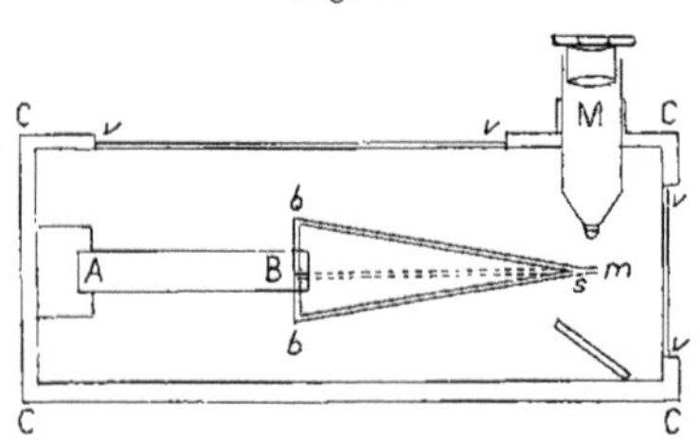

La formule qui précède ne donne qu'une première approximation. Elle est imparfaite au point de vue élastique et aussi au point de vue électrique. Nous avons négligé, par exemple, l'électricité répartie en volume dans l'intérieur des lames. Celles-ci étant en effet soumises à des déformations graduées, il en résulte une certaine densité en volume d'électricité dégagée, à cause des propriétés piézo-électriques de la substance. Cette électricité doit réagir pour modifier légèrement l'intensité du champ, et les formules précédentes ne doivent pas être absolument exactes.

Les figures 6 et 7 donnent une coupe verticale et une coupe horizontale de l'instrument que nous avons réalisé sur le principe que nous venons de décrire.

La bilame AB, maintenue fixe en A, est située dans une boîte (CCCC) portant deux vitres $vvvv$.

L'aiguille (bbs, $b'b's$) sert à amplifier le déplacement de l'extrémité de la bilame ; elle est formée d'une charpente en fils de verre disposés suivant les arêtes d'une pyramide quadrangulaire ; cette disposition la rend à la fois très légère et très rigide. L'aiguille collée en B à la bilame soutient à l'autre extrémité, en s, un micromètre (mm) au $\frac{1}{30}$ de millimètre. Ce micromètre est obtenu par un procédé photographique; il possède des traits et des chiffres.

Le microscope fixe M, muni d'un réticule, permet de lire sur le micromètre les déviations.

L'instrument est toujours destiné à mesurer des potentiels élevés. La sensibilité, comme nous l'avons vu, dépend de l'épaisseur de la bilame. Nous avons mis à contribution le grand talent d'opticien de M. Werlein, qui est parvenu à construire des bilames ayant $\frac{1}{15}$ de millimètre d'épaisseur (soit $\frac{1}{30}$ de millimètre pour chaque lame) avec 8^{cm} de longueur.

Fig. 7.

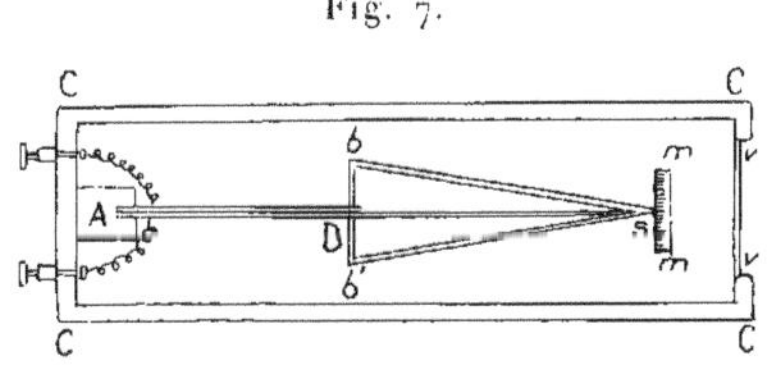

Pour rester dans des conditions pratiques, il faut se contenter de bilames ayant au moins $\frac{1}{8}$ de millimètre d'épaisseur. On obtient alors des instruments sensibles à 5 volts près et pouvant servir jusque vers 1000 ou 1500 volts.

On réalise aussi, avec des bilames ayant 1^{mm} d'épaisseur, des électromètres pouvant servir à mesurer, à 200 volts près, des tensions de 50000 volts.

La première sensibilité est appropriée à la mesure des différences de potentiel des batteries de piles, des batteries d'accumulateurs, des machines dynamos à courants continus.

La deuxième sensibilité est appropriée à la mesure des potentiels élevés donnés par les machines électrostatiques.

Les lectures sont très rapides et l'isolement est très bon, grâce à une particularité des propriétés conductrices du quartz; l'un de nous a montré en effet que le quartz, qui présente une conductibilité très notable dans le sens de l'axe optique, ne conduit pas l'électricité dans le sens normal à l'axe.

SUR

LES QUESTIONS D'ORDRE : RÉPÉTITIONS.

Bulletin de la Société minéralogique de France, t. VII, 1884, p. 89.

I.

Dans son Mémoire sur les polyèdres de forme symétrique, Bravais a groupé ceux-ci en vingt-trois familles à l'aide de considérations sur l'ordre et la symétrie du système de points formé par leurs sommets.

La classification de Bravais s'applique aussi à tout système fini, formé par un nombre fini de points.

Je me suis proposé de classer, d'après leurs types de répétition et de symétrie, un système quelconque de points doués de propriétés quelconques. Ce problème général répond directement aux besoins de la Physique, de la Chimie et de la Cristallographie.

Les points des systèmes que l'on aura à considérer pourront être en nombre illimité, ils pourront être doués de qualités n'apportant avec elles aucune idée de direction, telles que la densité, la température; ou de qualités entraînant des définitions de sens et de direction les plus variées (telles que des vitesses, des forces, des intensités de champ électrique ou magnétique, des intensités de pouvoir rotatoire, etc.).

Bien que le problème soit beaucoup plus général que celui traité par Bravais, la classification qu'il a donnée s'applique en grande partie, et il a résolu dans son travail les principales difficultés; il est toutefois nécessaire de reprendre toute la question.

L'ordre dans un système peut se manifester de deux façons

bien différentes : il y a lieu de considérer la *répétition* et la *symétrie* :

1. Les différentes parties d'un système peuvent être la répétition les unes des autres, de telle sorte que certains déplacements de tout le système laissent les choses dans un état identique à l'état primitif pour des points fixes dans l'espace. On a alors un système de *répétition*, et nous nommerons *déplacements indifférents* les déplacements dont nous venons de parler.

2. Soit un système quelconque, il existe un autre système, tel que la comparaison des deux systèmes donne lieu à la fois à des idées d'égalité et d'opposition ; les points se correspondent deux à deux, les distances des points correspondants sont les mêmes, toutes les grandeurs sont les mêmes, et pourtant les systèmes ne sont pas en général identiques et ne peuvent se superposer. Les deux systèmes sont dits *symétriques l'un de l'autre*.

Il peut se faire toutefois que les points d'un système soient tellement ordonnés et qualifiés que le système n'ait pas de symétrique ou plutôt qu'il soit identique avec le système que l'on obtient en constituant son symétrique par les méthodes ordinaires.

On dit alors que le système lui-même est *symétrique*.

Ainsi les systèmes peuvent avoir ou non des répétitions, ils sont ou ne sont pas symétriques ; ce sont là des qualités distinctes ; les systèmes peuvent être doués séparément de l'une ou de l'autre, ou des deux à la fois, et nous verrons que tous les types de répétition peuvent exister avec ou sans symétrie. Nous traiterons donc séparément les questions de répétition et celles de symétrie, quitte à les confronter ensuite. Dans le problème général qui nous occupe, cette division est particulièrement utile ; le classement des répétitions peut se faire en effet sans se préoccuper de la nature des qualités dont sont doués les points. Tout repose sur cette remarque de Bravais : que telle répétition, résultant de tel déplacement indifférent du système, entraîne toute une série d'autres déplacements indifférents et de nouvelles répétitions ; la nature de ce qui se répète n'intervient pas dans les démonstrations. Dans les questions de symétrie, au contraire, il y aura lieu de faire intervenir les qualités des points et de définir la symétrie d'un point doué de telle qualité que l'on voudra.

Ce qui suit est relatif aux répétitions autour d'un point dans un système limité ou illimité.

II. — Définitions.

3. *Système d'ordre n.* — Un système étant donné, considérons-le comme fixe dans l'espace; mais supposons un second système identique au premier, et pouvant se déplacer tout d'une pièce sans altération; il pourra se faire que, pour plusieurs positions dans l'espace, le système mobile se superpose, se confonde avec le système fixe. Il y aura coïncidence entre les deux systèmes pour ces positions.

Nous appellerons *système de répétition d'ordre n* un système pour lequel il y a coïncidence pour n positions différentes du système mobile. On pourra encore dire qu'un système de répétition d'ordre n est un système qui présente $(n - 1)$ *déplacements indifférents* distincts (n° 2).

4. *Points homologues, centres de répétition.* — Tous les points du système fixe qui se confondront avec un même point du système mobile, lors des diverses coïncidences des deux systèmes, sont des *points directement homologues.*

Si un point du système fixe se confond avec un même point du système mobile pour q positions différentes des deux systèmes, ce point sera q fois son propre homologue, il sera un *centre de répétition d'ordre q.*

Ou bien encore : un point sera un *centre de répétition d'ordre q* lorsque, déplaçant le système mobile tout en laissant le point fixe, on trouvera q positions différentes pour lesquelles les deux systèmes coïncideront.

Les points homologues, les centres de répétition homologues sont des *points de même espèce, des centres de répétition de même espèce.*

5. *Droites homologues, droites doublées, axes de répétition.*

— Toutes les droites du système fixe qui se confondront avec une même droite ayant un certain sens du système mobile, lors des coïncidences des deux systèmes, sont des *droites directement homologues*.

Il y a avantage pour l'harmonie des théorèmes à considérer *un sens* à chaque droite, c'est dans cette acception que nous emploierons le mot *droite*. Dans une *ligne droite,* nous verrons deux *droites,* ayant des sens opposés et que nous pourrons appeler *droites inverses* l'une de l'autre. Ainsi, c'est un sens déterminé d'une ligne droite qui est homologue d'un sens déterminé d'une autre ligne droite, lorsque l'on dit que les deux droites sont homologues.

Si l'on a des droites homologues entre elles, les inverses de ces droites (c'est-à-dire celles qui coïncident avec elles, mais qui sont de sens opposé) sont aussi homologues entre elles. Tandis que les droites se confondent avec une même droite du système mobile, leurs inverses se confondent avec l'inverse de la droite du système mobile.

Une droite peut être homologue de son inverse. Il suffit que, pour deux des coïncidences des deux systèmes, une même ligne du système fixe se confonde dans deux sens différents avec une même droite de sens déterminé du système mobile.

Nous appellerons alors *droite doublée* l'ensemble de deux pareilles droites homologues.

L'angle de deux droites de sens déterminé varie de 0° à 180°. Les deux droites ont une seule bissectrice.

Si une droite du système fixe se confond avec une même droite du système mobile pour n coïncidences différentes des deux systèmes, cette droite sera alors n fois sa propre homologue.

Une droite sera *un axe de répétition d'ordre q,* lorsque, faisant tourner le système mobile autour de cette droite, on trouvera q positions différentes pour lesquelles les deux systèmes coïncideront.

Des droites homologues sont des droites de même espèce.

Un point sera un *centre de répétition principal* lorsqu'il sera le point de croisement de plusieurs axes.

6. THÉORÈME. — *Les points homologues, les droites homo-*

logues jouissent de propriétés identiques, et toute qualité d'un point ou d'une droite entraîne la même qualité pour les points et les droites homologues.

Les centres de rose, les axes de rose, ont pour homologues des centres de rose, des axes de rose de même ordre et de même espèce (centres et axes homologues).

Si une droite constitue avec son inverse une droite doublée, toutes les droites homologues de la précédente constitueront avec leurs inverses des droites doublées ; donc, si l'on a p droites homologues, l'ensemble formera $\frac{p}{2}$ droites doublées, et p sera forcément pair.

7. *Axes doublés.* — Si une droite constitue un axe de répétition d'ordre q, son inverse constitue un axe de répétition également d'ordre q, mais en général d'une autre espèce. Si les deux axes sont de même espèce, c'est que l'on a affaire à une droite doublée, les deux axes constituent alors un *axe doublé*. (Exemples : L'axe ternaire du tétraèdre régulier est un axe simple, et son inverse est un axe ternaire d'une autre espèce. L'axe ternaire du cube est un axe doublé.)

C'est cette notion d'un sens dans les droites homologues qui entraîne avec elle la considération des droites doublées et des axes doublés qui nous a conduit à l'énoncé d'un théorème fondamental qui avait échappé à Bravais. Ce théorème lie entre eux le nombre et l'ordre des axes de répétition se coupant en un même point (n° 8). De plus, les énoncés de plusieurs théorèmes, de restrictifs qu'ils étaient, deviennent généraux.

III. — MARCHE SUIVIE POUR CLASSER LES RÉPÉTITIONS D'UN SYSTÈME AUTOUR D'UN POINT.

Nous donnerons d'abord la suite très détaillée des propositions qui permettent d'établir cette classification. La démonstration des propositions précédées d'un astérisque (*) sera donnée sous les mêmes numéros bissés dans la quatrième partie. Les autres propositions ne nous ont pas semblé nécessiter d'éclaircissements.

8*. Si le système d'ordre n possède p axes d'ordre q de même espèce, passant par un même point, on aura nécessairement $pq = n$.

Pour un autre système d'axes (p' d'ordre q') passant par le même point on aurait $p'q' = n, \ldots$

$$(1) \qquad n = pq = p'q' = p''q'' \cdots$$

9*. La portion du système *adhérente* à un axe (c'est-à-dire la portion contenant toutes les lignes passant par le centre, et plus rapprochées de cet axe que d'aucun autre de même espèce) est identique pour chacun des p axes, et l'axe qu'elle contient est pour elle un axe d'ordre q.

10. Lorsqu'un système possède un axe d'ordre q, les divers déplacements indifférents autour de cet axe peuvent s'obtenir successivement à l'aide de rotations successives d'angle $\frac{2\pi}{q}$ (Bravais).

11. On peut diviser l'espace autour d'un axe d'ordre q, en q portions identiques entre elles, limitées par des plans faisant entre eux successivement des angles égaux à $\frac{2\pi}{q}$.

12. Lorsqu'un système possède p axes d'ordre q de même espèce, on peut diviser chaque portion adhérente à un axe en q portions identiques (nᵒˢ 9 et 11).

Tout le système peut donc être décomposé en n portions identiques (angles polyèdres constitutifs, ou *portions constitutives*); dans les divers déplacements indifférents du système, une des portions constitutives vient successivement prendre la place de toutes les autres, sans jamais coïncider deux fois avec la même.

13*. Les différents axes du système seront nécessairement sur le contour des portions constitutives (nᵒ 12).

14. Le *plan bissecteur* ou *cloisonnement* relatif à deux axes (nous nommerons ainsi le plan normal au plan des deux axes et passant par leur bissectrice) divise le système en deux portions, chacune renfermant les points plus rapprochés de l'axe qu'elle contient que de l'autre axe.

15. Si l'on mène tous les cloisonnements relatifs à un même axe groupé successivement avec chacun des axes de même espèce, on aura constitué toutes les parois nécessaires à la délimitation de la portion adhérente à l'axe considéré.

16. Le déplacement d'un système, dont un point reste fixe, peut toujours se faire à l'aide d'une seule rotation d'un angle convenable effectuée autour d'un axe convenablement choisi passant par le point (Euler).

17. Un type de répétition sera défini entièrement par les axes qu'il contient (n° 16).

18. Pour qu'une réunion d'axes, se coupant en un même point, constitue un type de répétition, il faut, et il suffit, qu'ayant construit cette réunion d'axes, on obtienne un ensemble *cohérent*, c'est-à-dire un ensemble dans lequel on puisse effectuer tous les déplacements indifférents que font prévoir les axes, sans nécessiter l'existence de nouveaux axes (n° 17).

19*. Dans le plan bissecteur ou cloisonnement, relatif à deux axes de même espèce et d'ordre q, doivent toujours se trouver au moins q directions d'axes, c'est-à-dire $2q$ axes (n° 16).

20. Lorsqu'un même plan contient m axes d'ordre pair, les axes successifs doivent former entre eux des angles égaux valant $\frac{2\pi}{m}$ (Bravais).

21. La normale au plan de deux axes binaires est toujours un axe doublé.

22*. Tous les cas de répétition se ramènent aux trois cas suivants :

1° *Systèmes sphéroédriques.* — Systèmes ayant des axes de même espèce d'ordre supérieur à 2, formant entre eux des angles différant de π : c'est le cas général.

2° *Systèmes à axes principaux.* — Systèmes possédant un axe doublé unique de son espèce.

3° *Systèmes à une seule direction d'axes.* — Systèmes possédant seulement un axe et son inverse d'une autre espèce.

4° *Systèmes ayant des axes d'ordre infini ou une infinité d'axes.*

23. *Notations :*

KL^q, K axes d'ordre q d'une même espèce;

$K\,l^q$, inverses des précédents;

(KL^q), la parenthèse indique que les K axes d'ordre q constituent $\dfrac{K}{2}$ axes doublés;

C_n'', centre de répétition principal d'ordre n.

Cas des systèmes sphéroédriques. — (Systèmes ayant des axes de même espèce, d'ordre supérieur à 2, formant entre eux des angles différant de π).

24*. Par rotation autour d'un axe du cloisonnement relatif à cet axe, et à l'axe le plus rapproché de même espèce, on constitue autour du premier axe un angle polyèdre régulier ayant q faces.

25*. Les arêtes de ce polyèdre sont des axes d'ordre supérieur à 2, d'une autre espèce que les premiers considérés. (Appelons les axes de la première espèce les axes A et ceux de la seconde espèce les axes B.)

26*. L'angle polyèdre considéré n'est autre que la portion adhérente à l'axe A qu'il contient.

27*. La bissectrice de l'angle face du polyèdre est un axe binaire. (Appelons axes C les axes de cette espèce.)

28*. Il ne peut exister plus de trois espèces d'axes, et il doit toujours y en avoir trois, dont une binaire C, et deux A et B d'ordre supérieur à 2.

Soient p axes d'ordre q de la première espèce, p' d'ordre q' de la deuxième, p'' d'ordre 2 de la troisième

$$(1) \qquad n = pq = p'q' = p'' \times 2.$$

29. On peut aussi bien diviser le système en p portions adhérentes aux axes A, ou en p' portions adhérentes aux axes B.

Les p premières peuvent se décomposer en q trièdres isoscèles, jouant le rôle de portions constitutives du système, de même la portion adhérente à un axe B peut se décomposer en q' trièdres isoscèles distincts des précédents, jouant également le rôle de portions constitutives.

30. Évaluant l'angle solide ω d'une des portions constitutives, d'une part comme fraction de la sphère et d'autre part à l'aide des angles dièdres, on trouve

$$(2) \qquad \omega = \frac{4\pi}{n} = \left(\frac{1}{q} + \frac{1}{q'} - \frac{1}{2} \right) 2\pi \qquad \text{(Mallard)}.$$

Cet angle ω ne devant pas être nul, on tire des inégalités

$$\frac{1}{q} + \frac{1}{q'} - \frac{1}{2} > 0, \qquad q \geqq 3, \qquad q' \geqq 3,$$

des conditions de possibilité pour q et q'.

Les seuls cas possibles sont :

$$
\begin{aligned}
q' &= 3 \quad &\text{avec} \quad & q = 3, \\
q' &= 3 \quad &\text{avec} \quad & q = 4, \\
q' &= 3 \quad &\text{avec} \quad & q = 5, \\
q' &= 4 \quad &\text{avec} \quad & q = 3, \\
q' &= 5 \quad &\text{avec} \quad & q = 3.
\end{aligned}
$$

Les deux derniers cas ne se distinguent pas des deux précédents.

Dans les systèmes sphéroédriques, tous les axes sont d'ordre inférieur à 6 (Bravais).

31. En se servant des équations (2) et des équations (1)

$$n = pq = p'q' = p'' \times 2,$$

on arrive aux trois types suivants comme étant les seuls possibles :

	q	q'	n	p	p'	p''	
1er groupe....	3	3	12	4	4	6	$4\,L^3$, $4\,l^3$, $(6\,L^2)$, C_R^{12}.
2e groupe....	4	3	24	6	8	12	$(6\,L^4)$, $(8\,L^3)$, $(12\,L^2)$, C_R^{24}.
3e groupe....	5	3	60	12	20	30	$(12\,L^5)$, $(20\,L^3)$, $(30\,L^2)$, C_R^{60}.

32*. Les axes binaires des trois groupes et tous les axes des deux derniers groupes doivent être des axes doublés. Les axes ternaires du premier groupe sont au contraire des axes simples et les axes des deux espèces d'axes ternaires de ce groupe sont inverses l'un de l'autre. '

33. Pour les trois types que nous venons de considérer, on peut toujours construire l'angle polyèdre régulier, jouant le rôle de polyèdre adhérent à l'un des axes. Ce polyèdre d'angle solide $\dfrac{4\pi}{p}$ et d'angle dièdre $\dfrac{2\pi}{q'}$ sera unique.

34*. Avec l'angle polyèdre précédent, on pourra toujours construire un système cohérent. Ce système sera unique.

Les trois types précédemment considérés existent donc et il n'existe qu'un système répondant à chacun d'eux.

Systèmes à axes principaux. — (Systèmes possédant un axe doublé, unique de son espèce.)

36. Les portions adhérentes à chacun des axes comprennent toutes les directions correspondant à un hémisphère.

37. Les autres axes du système ne peuvent se trouver que dans le plan normal au premier axe qui sépare les deux hémisphères.

38. Ces axes sont tous binaires, ils doivent être en nombre $2q$ (q étant l'ordre de l'axe doublé).

Ces axes binaires sont de deux espèces, q de chaque espèce.

C.

Les axes successifs forment entre eux des angles égaux et sont
d'espèce différente.

Notation générale $(2\,L^q)$, $q\,L'^2$, $q\,L''^2$, C_R^{2q}.

Lorsque q est pair, les axes binaires sont doublés; lorsque q est
impair, ils sont simples, et un axe d'une espèce a pour inverse un
axe de l'autre.

L'axe doublé peut être d'un ordre quelconque.

39. *Systèmes à une seule direction d'axes. Systèmes possédant un axe unique et son inverse.* — Ce système, comprenant
évidemment un seul type, peut exister, et l'axe peut être d'un
ordre quelconque L^q, l^q, C_K^q.

40. *Cas des axes d'ordre infini ou d'une infinité d'axes.* —
Lorsqu'il existe deux directions d'axe d'ordre infini (*d'isotropie*)
ne constituant pas un axe doublé, toutes les droites sont des axes
d'ordre infini de même espèce. C'est le cas des systèmes sphériques (∞L^∞), C_R^∞.

41. Lorsqu'il existe un seul axe d'isotropie doublé, les autres
axes qui peuvent et doivent exister sont des axes binaires en
nombre infini, situés dans un plan normal à l'axe d'isotropie
(n° **19**).

On est évidemment dans un cas particulier des systèmes à axes
principaux $(2\,L^\infty)(\infty L^2)C_R^\infty$.

42. Il peut encore exister un seul axe d'isotropie et son inverse
d'une autre espèce. Cas particulier des systèmes à une seule direction d'axe, L^∞, l^∞, C_R^∞.

43*. Il ne peut exister une infinité d'axes d'ordre fini supérieur
à 2.

44*. Lorsqu'il existe une infinité d'axes d'ordre 2, le seul
cas possible est celui des systèmes à un seul axe d'isotropie
doublé (n° **41**).

45. *Remarques générales.* — La bissectrice de l'angle des deux axes les plus rapprochés d'une même espèce d'ordre supérieur à 2 est toujours un axe binaire (n° **27** *bis*).

46. Les équations

$$(1) \qquad n = pq = p'q' = p'' \times 2$$

et

$$(2) \qquad \omega = \frac{4\pi}{n} = \left(\frac{1}{q} + \frac{1}{q'} - \frac{1}{2} \right) 2\pi \qquad \text{ou} \qquad \frac{2}{n} = \frac{1}{q} + \frac{1}{q'} - \frac{1}{2}$$

sont générales pour tous les systèmes à plusieurs directions d'axes. On tire de ces équations les suivantes :

$$(3) \qquad p + p' - p'' = 2,$$

$$(4) \qquad p + p' = \frac{n}{2} + 2.$$

47. Réciproquement, à toutes les solutions du système d'équations indéterminées (1) et (2), ou encore du système équivalent (1) et (4), répondent des types d'axes se coupant en un même point.

Donc *la recherche des différents cas de répétitions autour d'un point peut être ramenée à la résolution des équations indéterminées*

$$(1) \qquad n = pq = p'q'$$

$$(4) \qquad p + p' = \frac{n}{2} + 2,$$

c'est-à-dire au problème suivant :

Trouver un nombre et deux de ses facteurs, tels que la somme des deux facteurs soit égale à la moitié du nombre plus deux.

48. La recherche des différents types de répétition autour d'un point se confond aussi avec la recherche des différentes manières de diviser l'espace autour du point en angles polyèdres réguliers égaux (Bravais).

49. L'équation

$$(3) \qquad p + p' = p'' + 2$$

se confond pour certains polyèdres avec la formule d'Euler

$$F + S = A + 2,$$

reliant entre eux les nombres des faces, des sommets et des arêtes.

50. *La classification établie s'applique à tout système limité.* — On peut toujours faire passer un système d'une position à une autre dans l'espace à l'aide d'une rotation autour d'une certaine droite suivie d'un glissement effectué parallèlement à cette même droite. Le glissement entraîne le déplacement de tous les points du système (Chasles).

51. Lorsqu'un déplacement indifférent peut s'obtenir par un glissement simple ou accompagné d'une rotation effectuée autour d'une droite parallèle au glissement, le système est illimité.

Les déplacements indifférents où tous les points se déplacent sont dans ce cas. *Dans un système limité, les déplacements indifférents peuvent s'effectuer par de simples rotations.*

52. Lorsqu'il existe deux axes parallèles dans un système, il existe des axes parallèles aussi éloignés que l'on veut et le système est illimité.

53. Lorsqu'il existe deux axes non situés dans un même plan dans un système, deux rotations indifférentes successives autour des deux axes donnent un déplacement où aucun point ne reste fixe, et le système est illimité (n° 51).

54. Tous les axes d'un système ne peuvent être situés dans un même plan.

55. *Un système limité possède un seul centre de répétition principal par lequel passent tous les axes.*

		ORDRE DES AXES.			ORDRE du système.	NOMBRE DES AXES.			
		q	q'	q''	n	p	p'	p''	
Systèmes sphériques.	Classe I : (∞L^∞), C_R^∞.	∞	»	»	∞	∞	»	»	Sphère.
Systèmes sphéroédriques.	Classe II : $4L^3$, $4l^3$, $(6L'^2)$, C_R^{12}.	3	3	2	12	4	4	6	Tétraèdre régulier.
	Classe III : $(6L^4)$, $(8L'^3)$, $(12L''^2)$, C_R^{24}.	4	3	2	24	6	8	12	Cube, octaèdre.
	Classe IV : $(12L^5)$, $(20L'^3)$, $(30L''^2)$, C_R^{60}.	5	3	2	60	12	20	30	Dodécaèdre régulier, icosaèdre.
Systèmes à axes principaux $(2L_o)$, qL'^2, qL''^2.	Classe V : q pair, $q = 2k$.	2	2	2	4	2	2	2	Parallélépipède rectangle
		4	2	2	8	2	4	4	Forme cristalline de l'émeraude.
		6	2	2	12	2	6	6	
		$2k$	2	2	$4k$	2	$2k$	$2k$	
	Classe VI : q impair, $q = 2k+1$.	3	2	2	6	2	3	3	Forme cristalline du quartz.
		5	2	2	10	2	5	5	
		$2k+1$	2	2	$2(2k+1)$	2	$(2k+1)$	$(2k+1)$	
	Classe VII : $q = \infty$.	∞	2	»	∞	2	∞	»	Cylindre.
Systèmes à une seule direction d'axes.	Classe VIII : L_q, l_q, C_R^q.	2	2	»	2	1	1	»	Forme cristalline de la tourmaline.
		3	3	»	3	1	1	»	
		q	q	»	q	1	1	»	
	Classe IX : L^∞, l^∞, C_R^∞.	∞	∞	»	∞	1	1	»	Tronc de cône, champ électrique.
Systèmes sans répétition.	Classe X : oL, oC.	»	»	»	0	»	»	»	»

IV.

Cette quatrième Partie comprend les démonstrations d'un certain nombre des propositions énoncées dans la troisième; elles sont classées sous les mêmes numéros bissés.

8 bis. Théorème. — *Si plusieurs axes de répétition appartenant à un ou plusieurs systèmes d'axes homologues passent par un même point, le produit du nombre d'axes de chaque espèce par l'ordre de l'axe correspondant est un nombre constant et égal à l'ordre du centre de répétition que constitue le point.*

Soient, par exemple, p le nombre d'axes homologues appartenant à une première espèce, q l'ordre de ces axes; p' et q', p'' et q'', ... le nombre et l'ordre des autres espèces d'axes; et soit n l'ordre du centre de répétition que constitue le point, on aura :

$$n = pq = p'q' = p''q'' = \ldots.$$

En effet, considérons toujours un système fixe et un système mobile identiques; choisissons un certain axe d'ordre q passant par le point dans le système mobile, et soit p le nombre d'axes de cette espèce passant par le point dans le système. Dans les différentes coïncidences des deux systèmes considérées successivement, l'axe choisi se confondra avec les p axes homologues du système fixe, d'où p groupes distincts de coïncidences; dans chacun de ces groupes on trouvera les q coïncidences distinctes que l'on obtiendrait en faisant tourner le système mobile autour de l'axe choisi; d'où pq coïncidences distinctes.

De plus, on a considéré ainsi tous les cas de coïncidences, car, pour une quelconque d'entre elles, l'axe choisi précédemment dans le système mobile se confond avec un des p axes de même espèce du système fixe, et nous avons considéré dans chacun des cas de ce genre les q coïncidences possibles. Donc, n étant l'ordre de l'axe de répétition que constitue le point, on a

$$n = pq.$$

Pour d'autres espèces d'axes, on aurait de même :

$$n = p' q',$$
$$n = p'' q'',$$
$$\dots\dots\dots \qquad\qquad \text{C. Q. F. D.}$$

Exemples.

Tétraèdre régulier. — Par le centre de figure passent : axes d'une première espèce, quatre axes d'ordre 3, $4 \times 3 = 12$;

Axes d'une deuxième espèce, quatre axes d'ordre 3 (inverses des précédents), $4 \times 3 = 12$;

Axes d'une troisième espèce, six axes d'ordre 2 (trois axes doublés), $6 \times 2 = 12$.

Le tétraèdre régulier possède un centre de répétition d'ordre 12.

Forme géométrique des cristaux de quartz. — Axes d'une première espèce, deux d'ordre 3 (un axe doublé), $2 \times 3 = 6$;

Axes d'une deuxième espèce, trois d'ordre 2, $2 \times 2 = 6$;

Axes d'une troisième espèce, trois d'ordre 2 (inverses des précédents), $3 \times 2 = 6$.

Dodécaèdre pentagonal régulier et icosaèdre régulier. — Axes d'une première espèce, douze d'ordre 5 (six axes doublés), $12 \times 5 = 60$;

Axes d'une deuxième espèce, vingt d'ordre 3 (dix axes doublés), $20 \times 3 = 60$;

Axes d'une troisième espèce, trente d'ordre 2 (quinze axes doublés), $30 \times 2 = 60$.

Cylindre circulaire droit. — Axes d'une première espèce, deux d'ordre infini (un axe doublé), $2 \times \infty = \infty$;

Axes d'une deuxième espèce, une infinité d'ordre 2 (axes doublés), $\infty \times 2 = \infty$.

9 *bis.* Un axe d'ordre q doit être un axe d'ordre q pour sa portion adhérente, puisqu'une rotation de $\dfrac{2\pi}{q}$ autour de l'axe est un mouvement indifférent. Les q portions adhérentes aux p axes

sont toutes identiques entre elles, puisque, après un mouvement indifférent amenant un axe sur un autre, la portion adhérente au premier axe doit coïncider avec celle du second.

13 *bis*. Aucun axe ne peut être situé dans l'angle solide d'une portion constitutive, car il y aurait alors n axes semblables se coupant au centre principal d'ordre n. La relation $pq = n$ donnerait alors $q = 1$.

19 *bis*. On doit trouver q déplacements indifférents distincts amenant un axe d'ordre q à coïncider avec un autre axe d'ordre q de même espèce; ces q déplacements indifférents doivent être des rotations effectuées autour d'axes faisant des angles égaux avec les deux premiers (n° **6**), c'est-à-dire situés dans le plan bissecteur relatif à ceux-ci.

21 *bis*. Deux rotations successives égales à π autour de deux axes binaires, faisant entre eux un angle égal à α, équivalent à une rotation unique d'angle 2α autour d'une droite normale aux axes binaires.

Toute normale à un axe binaire est une droite doublée.

22 *bis*. Les systèmes sphéroédriques, à axes principaux ou à une seule direction d'axes, sont les seuls cas d'axes multiples qui peuvent se présenter. En effet, un système possédant deux directions d'axes possède toujours deux axes de la même espèce (il suffit de faire tourner un des axes autour de l'autre pour montrer la nécessité d'un autre axe de même espèce que le premier).

Un système qui possède deux axes de même espèce d'ordre supérieur à 2 rentre évidemment dans les cas cités. Un système qui possède deux axes binaires de même espèce doit avoir au moins deux directions d'axes dans le plan bissecteur des deux premiers (n° **19**), l'une d'elles au moins correspond à un axe d'ordre supérieur à 2. (Le déplacement indifférent qui lui correspond étant d'un angle inférieur à π.) En faisant tourner autour d'un des axes binaires on a alors deux axes de la même espèce d'ordre supérieur à 2.

24 *bis*, 25 *bis*, 26 *bis*, 27 *bis*. *Angles polyèdres adhérents*

dans les systèmes sphéroédriques. — Nous représenterons les plans et les axes passant par un centre principal O à l'aide de leurs intersections avec une surface sphérique ayant son centre en O.

Soient OA et OA' deux axes d'ordre q $(q > 2)$ choisis parmi les plus rapprochés d'une même espèce. Nous supposerons de plus que ces axes ne constituent pas un axe doublé.

Soit $B_1 B_2$ le plan bissecteur relatif à ces deux axes, faisons tourner le système de $\dfrac{2\pi}{q}$ autour de l'axe OA et cela q fois successivement, l'axe OA_1 viendra successivement en OA_2, OA_3, OA_4, ..., OA_q et là devront se trouver des axes de même espèce ; le plan bissecteur viendra former les faces d'un angle polyèdre régulier convexe ayant q faces entourant l'axe OA.

On peut amener l'arête OB_1 en OB_2, par deux mouvements indifférents distincts, à savoir : une rotation d'angle $\dfrac{2\pi}{q}$ autour de A (B_2 vient en B_3) ou bien une rotation de même angle autour de A_1 (B_2 vient en B').

Les arêtes B *sont donc des axes de répétition,* puisque deux positions de coïncidences se rencontrent autour de l'une d'elles ; pour passer de l'une à l'autre, il suffit de tourner de l'angle $B_3 B_2 B'$.

Remarquons encore :

1° *Que les axes* B *ne sauraient être de l'espèce des axes* A, puisqu'ils sont plus rapprochés de certains axes A que ne le sont les

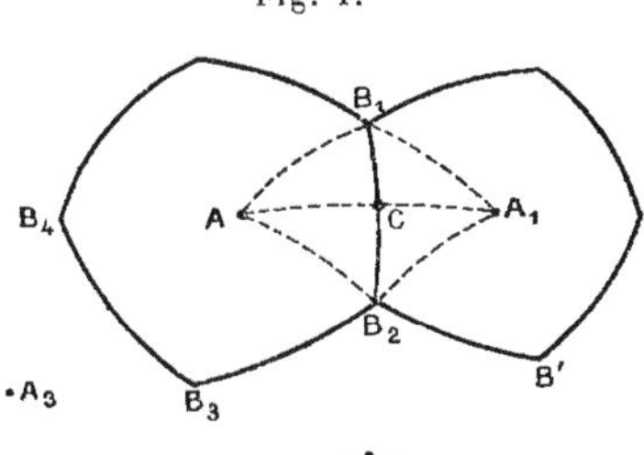

Fig. 1.

axes A_1 et A l'un de l'autre et que ceux-ci ont été choisis parmi les plus rapprochés de cette espèce. En effet, dans le trièdre $A A_1 B_1 O$, la somme des angles dièdres en A et A_1 est égale ou inférieure à 120° (la valeur de 120° répondrait au cas où $q = 3$) ; la valeur de l'angle en B de ce trièdre sera toujours plus grande que 60°, la face du trièdre opposé à l'angle B sera donc plus grande que celle opposée à un angle A, d'où $AA_1 > A_1 B_2$.

2° *Qu'il n'y a pas d'axes A plus rapprochés d'un axe B que ne l'est l'axe que contient l'angle polyèdre d'une de ses arêtes.*

En effet, si un pareil axe A' existait plus voisin de B_2, par exemple, que n'est l'axe A, il existerait au moins q' axes analogues autour de B_2 (q' étant l'ordre de l'axe B); parmi eux on en trouverait au moins un dans l'intérieur de l'angle $B' B_2 B_3$ et cet axe de l'espèce A se trouverait plus rapproché de A ou de A_1 que ne l'est B et, par conséquent, que ne le sont A et A_1 l'un de l'autre, ce qui est absurde.

Nous avons précédemment construit un polyèdre dont les faces sont les plans bissecteurs et limitent un angle solide autour d'un axe; cet angle solide est peut-être plus grand, mais il n'est pas plus petit que la portion adhérente à l'axe et doit contenir celle-ci (n° 15); nous allons montrer qu'il est justement égal à cette portion en prouvant qu'aucun autre plan bissecteur relatif à l'axe considéré ne vient le sectionner.

Revenons à notre figure sur la surface sphérique. Si un plan bissecteur P venait sectionner la portion comprise dans le polyèdre $B_1 B_2 B_3 B_4$, ce plan correspondrait à l'axe A et à un autre axe A' de même espèce. Le plan P séparerait l'angle A d'un au moins des sommets du polyèdre, de B_2 par exemple; et B_2 serait plus rapproché d'un axe de même espèce que A, que de A lui-même (n° 14); nous avons vu que c'était impossible.

Ainsi, dans les systèmes sphéroédriques, les portions adhérentes aux axes d'ordre supérieur à 2 sont limitées par les faces d'angles polyèdres réguliers.

Construisons le polyèdre adhérent à l'axe A_1 en faisant tourner $B_1 B_2$ autour de A_1; on doit pouvoir faire passer le premier angle polyèdre sur le second par q mouvements indifférents distincts. Une même face $B_2 B_3$, par exemple, du premier angle polyèdre devra coïncider dans ces q cas avec chacune des faces du second angle polyèdre.

Pour faire coïncider les deux angles solides et faire venir $B_2 B_3$

en $B_2 B_1$, il n'y a qu'à faire tourner le premier angle solide de $B_1 B_2 B_3$ autour de B_2. Cet angle $B_1 B_2 B_3$ est, du reste, le plus petit qui corresponde à un mouvement indifférent autour de B_2 (sans quoi il y aurait deux axes de l'espèce A plus rapprochés l'un de l'autre que A_1 de A); on a donc $B_1 B_2 B_3 = \dfrac{2\pi}{q'}$, q' étant l'ordre de l'axe B.

Pour faire coïncider les deux angles solides et faire venir $B_1 B_2$ en $B_2 B_1$, il n'y a qu'à faire tourner autour de OC un angle égal à π.

OC est donc un axe binaire.

THÉORÈME. — Nous venons de démontrer implicitement que *la bissectrice de l'angle des deux axes les plus rapprochés d'une même espèce d'ordre supérieur à 2 est toujours un axe binaire.*

28 *bis.* On peut décomposer chaque polyèdre adhérent en q trièdres constitutifs isoscèles, tels que $O\,A\,B_1\,B_2$.

Il ne peut exister d'autres axes que ceux des espèces A, B, C, situés respectivement aux centres, suivant les arêtes, suivant les milieux des faces des polyèdres adhérents.

D'autres axes ne permettraient pas, quels que soient leur ordre et leur position, d'amener le trièdre constitutif le plus voisin à coïncider avec un autre (n° **12**).

32 *bis.* Les axes binaires dans les systèmes sphéroédriques et tous les axes dans les systèmes des deux derniers groupes sont des axes doublés; car, s'ils étaient simples, leurs inverses constitueraient des axes de même ordre, mais d'espèce différente, qui ne se trouvent pas dans le système.

Les axes ternaires du premier groupe sont seuls divisés en deux espèces de même ordre, avec un même nombre d'axes dans chaque espèce. Ils constituent, en effet, quatre axes simples et leurs inverses, car, s'ils étaient doublés, une espèce comprendrait deux axes doublés et il ne serait pas possible de constituer les trois arêtes de l'angle polyèdre adhérent à un axe de l'autre espèce.

34 *bis. On peut toujours juxtaposer des angles polyèdres* *réguliers, égaux, d'angles* $\frac{2\pi}{q}$, *jusqu'à remplir tout l'espace autour du sommet exactement;* car, s'il restait un espace vide, cet espace vide étant limité par des faces de l'angle polyèdre, faisant entre elles des angles au moins égaux à ses angles dièdres, pourrait toujours contenir le polyèdre. De plus, on peut toujours juxtaposer les angles solides à partir d'un quelconque des axes, de façon à conserver jusqu'à la fin sa nature. (Il suffit, par exemple, de juxtaposer ensemble neuf angles solides autour de l'axe d'ordre q.) Enfin, il n'y a pas deux façons de juxtaposer les polyèdres, car chaque juxtaposition suivant une face du contour déjà formé se fait sans ambiguïté.

43 *bis*. Si un système possède une infinité d'axes, il possède des axes infiniment rapprochés.

Si un système possède deux axes infiniment rapprochés d'ordre supérieur à 2, se rencontrant en un même point, toute droite passant par le point est un axe de répétition de même espèce. En effet, s'il y a deux axes infiniment rapprochés, il y aura toujours deux axes infiniment rapprochés de même espèce. Soit une droite donnée plus éloignée, je dis qu'elle est encore un axe de même espèce.

On peut toujours, par un déplacement indifférent autour d'un des deux axes de même espèce, obtenir un troisième axe semblable plus rapproché de la droite donnée que les deux premiers. En répétant des opérations semblables autour des nouveaux axes obtenus, on approchera autant que l'on voudra de la droite donnée; chaque rapprochement sera, en effet, toujours plus grand qu'une fraction déterminée de la distance des deux premiers axes, fraction calculée par le rapprochement dans le cas le plus désavantageux. (Si les axes étaient binaires, cette fraction serait nulle et le raisonnement ne s'appliquerait plus.)

Si toutes les droites autour d'un point sont des axes de répétition, ces axes sont des axes d'isotropie, et l'on a affaire aux systèmes sphériques.

En effet, considérons deux axes OA, OA′, d'ordre q, faisant entre eux un angle voisin de π; dans le plan bissecteur relatif aux deux axes doivent se trouver $2q$ axes de répétition de même espèce, qui doivent amener OA sur OA' (n° 19), pour des angles compris dans la formule $K \frac{2\pi}{q}$, K étant entier; or, dans le cas particulier considéré, ces angles doivent tous être très voisins de π, c'est-à-dire différer très peu; il faudra donc que q soit extrêmement grand, c'est-à-dire que les axes soient d'ordre infini.

REMARQUE. — *Il peut exister normalement à un plan une infinité d'axes d'ordre fini supérieur à 2. Cette propriété* (comme nous venons de le voir) *ne s'étend pas à une surface sphérique.*

44 *bis*. Si un système possède deux axes binaires infiniment rapprochés se rencontrant en un point, toutes les droites situées dans le plan des deux premières et passant par le point sont des axes binaires; la ligne perpendiculaire au plan est un axe d'isotropie doublé, et l'on rentre dans la classe VII.

En effet, à l'aide de rotations successives, on amène un des axes dans une direction quelconque dans le plan des deux axes; de plus, une rotation quelconque, autour d'un axe perpendiculaire au plan des axes binaires, équivaut toujours à deux rotations successives de 180° autour de deux axes du plan.

SUR LA SYMÉTRIE.

Bulletin de la Société minéralogique de France, t. VII, 1884, p. 418.

I. — Axes coordonnés rectangulaires gauches ou droits.

1. *Il existe deux types distincts d'axes coordonnés rectangulaires et deux seulement.* Supposons qu'un observateur soit adossé à l'axe des z et debout sur la face positive du plan des xy.

Pour l'un des systèmes d'axes coordonnés, il faudrait, pour l'observateur, faire tourner l'axe des x en sens inverse des aiguilles d'une montre placée sous ses pieds pour l'amener vers l'axe des y par l'angle de 90°. Nous appellerons ce système le *système gauche ou direct d'axes coordonnés rectangulaires.*

Pour l'autre système d'axes coordonnés, il faudrait tourner l'axe des x dans le sens des aiguilles d'une montre pour l'amener sur l'axe des y par l'angle de 90°. Nous appellerons ce système le *système droit ou inverse d'axes coordonnés rectangulaires.*

2. Nous compterons les angles dans le plan des xy de 0° à 360°, à partir de Ox et dans le sens qui peut amener Ox sur Oy par l'angle de 90°.

II. — Deux systèmes symétriques l'un de l'autre.

3. Considérons un système limité ou illimité de points quelconques doués de qualités quelconques. Nous admettrons que nous savons définir complètement un pareil système de points et les qualités qu'ils possèdent à l'aide de données analytiques et de trois axes rectangulaires.

Établissons, par exemple, les données analytiques qui permettent de définir notre système lorsque l'on prend pour axes coordonnés trois axes rectangulaires du type gauche de position déterminée. Ces données analytiques une fois trouvées, on pourra, avec elles, construire un nouveau système, en prenant cette fois pour axes coordonnés rectangulaires trois axes du type droit.

Ces systèmes obtenus à l'aide des mêmes données analytiques, mais en prenant comme axes coordonnés des axes droits ou des axes gauches, seront dits *symétriques l'un de l'autre*.

4. Dans deux systèmes symétriques, les points se correspondent deux à deux; les distances des points correspondants et même toutes les grandeurs sont les mêmes, puisqu'elles peuvent être calculées à l'ai le des données analytiques qui sont les mêmes.

Les propriétés entraînant des notions de sens (droit ou gauche) ou de successions sont, en général, différentes pour les deux systèmes, mais encore se présentent-elles de la même manière, si l'on a soin de définir le sens à l'aide des points des systèmes. Ainsi une vitesse angulaire ω autour de ab permettant d'amener c vers d dans le premier système aura pour correspondante dans le deuxième une vitesse angulaire ω autour de $a'b'$ amenant c' vers d' (a', b', c', d' étant les points correspondants de a, b, c, d). D'une façon plus générale, toutes les propriétés d'un système se retrouveront dans le système symétrique et pourront être énoncées de la même manière si toutes les notions de sens sont indiquées par des repères tirés du système lui-même (sans se servir jamais des mots : droit, gauche, sens direct, sens inverse).

5. Il n'existe pas plus de deux systèmes qui jouissent des propriétés relatives des systèmes symétriques; c'est-à-dire qu'il n'existe pas plus de deux systèmes distincts formés de points se correspondant et dans lesquels les grandeurs correspondantes et les dispositions relatives soient les mêmes ainsi que nous venons de l'expliquer plus haut.

En effet, si nous considérons trois axes coordonnés rectangulaires dans un système quelconque, trois axes coordonnés rectangulaires correspondants se trouveront dans chacun des autres systèmes correspondants en question; les mêmes définitions analytiques serviront à définir chaque système à l'aide des axes coordonnés. Mais ceux-ci ne peuvent être que de deux types; les systèmes ne peuvent donc également être que de deux types distincts.

Le symétrique du symétrique d'un système n'est autre chose que le système lui-même.

6. Il résulte de ces propriétés que l'on peut prendre un autre point de départ pour définir les systèmes symétriques et dire que *deux systèmes symétriques l'un de l'autre sont deux systèmes distincts formés de points se correspondant deux à deux et dans lesquels les grandeurs correspondantes, les qualités correspondantes et les dispositions relatives des parties sont les mêmes, si l'on a soin de définir tout ce qui a un sens dans chaque système, à l'aide de repères pris dans le système lui-même (sans employer jamais les mots : droit, gauche, sens direct, sens inverse).*

C'est là la façon la plus générale de définir les relations qui existent entre deux systèmes symétriques l'un de l'autre.

III. — Transformations symétriques.

7. Nous appellerons *transformation symétrique* tout mode de transformation qui, appliqué à un système quelconque, donne son symétrique.

8. Théorème. — *Deux transformations symétriques appliquées successivement à un système quelconque produisent le même effet qu'un simple déplacement du système dans l'espace.*

Cela résulte immédiatement de ce fait que le symétrique du symétrique d'un système est identique au système lui-même.

Nous énoncerons plus simplement ce théorème en disant qu'*une double transformation symétrique équivaut à un déplacement.*

Une double transformation symétrique équivaut donc, dans le cas le plus général, à un mouvement héliçoïdal ; dans des cas particuliers, elle pourra donner une translation, une rotation ou même elle pourra simplement restituer le système primitif point par point.

9. THÉORÈME. — *Si un système est défini analytiquement et rapporté à des axes coordonnés gauches, par exemple :*

Opérer une transformation symétrique revient à construire un système en se servant des mêmes données analytiques et d'axes coordonnés rectangulaires droits convenablement choisis.

Répéter deux fois cette même transformation symétrique revient à construire un système en se servant des mêmes données analytiques, mais en prenant des axes gauches qui soient placés par rapport aux premiers axes transformés droits comme ceux-ci le sont par rapport aux axes gauches primitifs.

La première partie de ce théorème est évidente.

Le système ayant subi une première transformation symétrique pourra encore être défini analytiquement à l'aide des premiers axes gauches, il faudra seulement chercher pour cela quelles sont les nouvelles données analytiques nécessaires.

La deuxième transformation symétrique consistera (puisqu'elle est identique à la première) à construire un nouveau système avec ces nouvelles données analytiques et les axes droits : les axes droits se transformeront alors en axes gauches qui seront définis analytiquement de la même manière par rapport aux axes droits que ceux-ci le sont par rapport aux axes gauches primitifs. Les derniers axes gauches seront, du reste, le résultat final de la double transformation des premiers axes gauches, et les premières données analytiques qui servaient à définir le système primitif rapporté aux premiers axes gauches serviront à définir le système deux fois transformé rapporté aux derniers axes gauches.

IV. — Symétrie d'un système.

10. Il peut se faire qu'un système soit défini analytiquement de la même manière en se servant soit d'axes coordonnés rectangulaires du type gauche ayant une certaine position, soit d'axes coordonnés rectangulaires du type droit, ayant une autre position dans le système. Cette propriété caractérise un système identique à son symétrique.

Nous dirons qu'un pareil système est *symétrique*.

A un point du système défini analytiquement par rapport aux axes gauches correspond un autre point du système défini de la même manière par rapport aux axes droits; ce dernier point sera symétrique du premier dans le système.

Un point sera symétrique dans le système lorsqu'il sera défini analytiquement de la même manière par rapport aux axes gauches que par rapport aux axes droits.

11. Si dans un système symétrique on change d'axes coordonnés gauches, le système sera toujours symétrique, mais ce seront de nouveaux axes droits qui correspondront aux nouveaux axes gauches. Ces nouveaux axes droits seront aux premiers axes droits ce que les nouveaux axes gauches sont aux premiers axes gauches, afin que les formules de transformation des données analytiques soient les mêmes. Après un pareil changement d'axes coordonnés, chaque point aura toujours le même point qu'auparavant pour symétrique, car les coordonnées de même nom d'un point et de son symétrique ayant subi les mêmes transformations resteront égales entre elles.

12. Une *transformation symétrique indifférente* sera une transformation symétrique qui laisse le système dans un état identique à celui dans lequel il était auparavant. Les transformations symétriques indifférentes ne peuvent se rencontrer que dans des systèmes symétriques, et les systèmes symétriques doivent nécessairement posséder des transformations symétriques indifférentes.

THÉORÈME. — *Deux transformations symétriques indifférentes pour un système symétrique appliquées successivement à ce système donnent un déplacement indifférent du système.*

En effet, une double transformation symétrique équivaut à un déplacement (8). Puisque chaque transformation laisse le système dans un état identique à celui dans lequel il était auparavant, il en sera de même pour le déplacement résultant qui sera indifférent.

Dans le cas le plus général, une double transformation symétrique indifférente équivaut donc à un mouvement indifférent effectué autour d'un axe hélicoïdal de répétition du système ; dans des cas particuliers, la double transformation symétrique indifférente pourra être équivalente à une rotation d'angle $k\dfrac{2\pi}{q}$ (k entier) autour d'un axe de répétition d'ordre q du système, ou pourra être équivalente à une simple translation de répétition ou même elle pourra restituer le système primitif point par point.

V. — Éléments de symétrie d'un système.

13. THÉORÈME. — *Un système symétrique possède toujours :*

Soit un plan de symétrie directe à pôle d'ordre q.
Soit un plan de symétrie alterne à pôle d'ordre q.
Soit un centre de symétrie.
Soit un plan de symétrie translatoire directe.
Soit un plan de symétrie translatoire alterne (q est un nombre entier quelconque).

Un système symétrique peut, du reste, posséder conjointement plusieurs de ces éléments de symétrie.
On peut encore dire que :

Dans le cas le plus général d'une transformation symétrique indifférente, on peut obtenir les symétriques des points du système en abaissant de chaque point une perpendiculaire sur un plan déterminé, en prolongeant cette perpendiculaire d'une longueur égale à elle-même au delà du plan et en faisant tourner tout le système de points ainsi obtenus d'un angle *de $k\frac{1}{2}\frac{2\pi}{q}$ autour d'un axe de répétition d'ordre q normal au plan.*

Les cinq éléments de symétrie indiqués plus haut et seuls possibles correspondent, en effet, aux divers cas d'un même genre de transformation symétrique.

14. Considérons d'abord le cas particulier d'une transformation symétrique indifférente dans laquelle un point *o* est son propre symétrique.

Les coordonnées de même nom du point sont les mêmes par rapport aux axes gauches et par rapport aux axes droits correspondants symétriques. Changeons d'axes coordonnés gauches et choisissons de nouveaux axes gauches ayant leur origine au point *o*, les nouveaux axes droits correspondants symétriques auront aussi leur origine en *o*.

Répétons deux fois la transformation symétrique indifférente indiquée par la correspondance des axes droits aux axes gauches; le point *o* restant fixe, le mouvement indifférent qui en résultera (**12**) sera dans le cas le plus général une rotation d'angle $k\frac{2\pi}{q}$ autour d'un axe de répétition A d'ordre *q*, passant par le point *o*.

Changeons encore les axes coordonnés gauches en conservant toujours l'origine en *o*, mais en prenant comme axe des *z* l'axe de répétition A. Les axes coordonnés droits correspondant à ces nouveaux axes gauches auront toujours leur origine en *o*.

Faisons maintenant tourner le système droit autour de son axe des *z* jusqu'à ce que (le système gauche correspondant tournant aussi autour de son axe des *z*) l'axe ox' du système droit soit situé dans le plan des xy du système gauche et fasse avec ox un angle inférieur à 180°. Ce sont les deux derniers systèmes d'axes coordonnés ainsi obtenus que nous adopterons; nous avons (*fig.* 1) un système gauche d'axes coordonnés ($oxyz$) ayant pour axe des *z* l'axe de répétition A et un système droit ($ox'y'z'$) d'axes coordonnés correspondants dont l'axe des $x(ox')$ est situé dans le plan des xy du système gauche. Soient φ l'angle des deux axes des *x*, et θ celui des deux axes des *z*; φ est plus petit que 180°.

Revenons maintenant à la double transformation symétrique

indifférente ; cette double transformation ne sera en rien altérée par le changement d'axes coordonnés (11) et équivaudra toujours à une rotation effectuée autour de l'axe de répétition A, qui n'est autre chose que l'axe oz.

$(oxyz)$ devient, après la première transformation, $(ox'y'z')$ et, après la seconde transformation, $(ox_1y_1z_1)$.

Voici comment on peut construire ces derniers axes coordonnés : $(ox_1y_1z_1)$ doit être pour $(ox'y'z')$ ce que $(ox'y'z')$

Fig. 1.

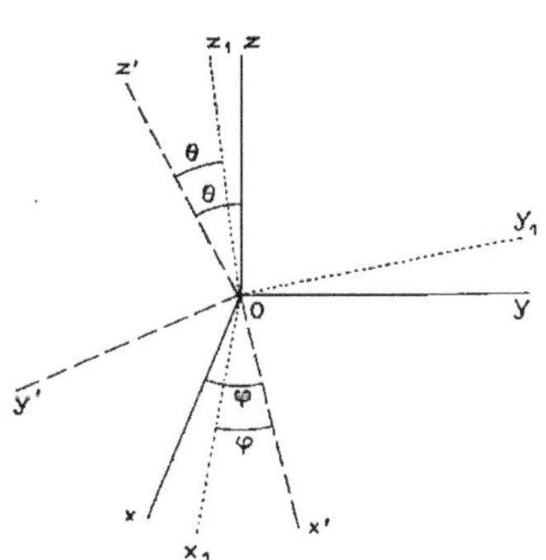

est pour $(oxyz)$ (9) ; ox' est dans le plan oxy et fait un angle φ avec ox (φ est compté dans le sens qui va de ox vers oy) ; ox_1 sera donc dans le plan $ox'y'$ et fera un angle φ avec ox' (φ sera compté dans le sens qui va de ox' vers oy').

On obtient oz' à l'aide de oz en faisant tourner cette ligne d'un angle θ autour de ox' et dans le sens qui diminue, par exemple l'angle de oz et de ox. On obtiendra donc oz_1 en faisant tourner oz' autour de ox_1 d'un angle θ et dans le sens qui diminue l'angle de oz' et de ox'.

Mais $(ox_1y_1z_1)$ doit être une transformation de $(oxyz)$ obtenue par simple rotation autour de oz ; donc oz_1 doit coïncider avec oz et le plan ox_1y_1 doit coïncider avec oxy. Ceci ne peut arriver que dans un des trois cas suivants :

1° $\theta = o$ avec φ quelconque, oz' coïncide avec oz, $(ox_1y_1z_1)$ coïncide avec $(oxyz)$;

2° $\theta = \pi$ avec φ quelconque, oz' est inverse de oz ;

$3°$ θ quelconque avec $\varphi = 0$, ox' coïncide avec ox, $(ox_1 y_1 z_1)$ coïncide avec $(oxyz)$.

$1°$ et $3°$ Les axes coordonnés droits et gauches correspondants ont un axe de même nom commun, l'axe oz par exemple; les axes ox et ox' forment entre eux un angle φ.

Faisons tourner les axes coordonnés gauches autour de oz d'un angle égal à $\frac{\varphi}{2}$, on obtiendra un nouveau système d'axes gauches. Les axes droits correspondants s'obtiendront par une rotation de $\frac{\varphi}{2}$ en sens inverse, si bien que les nouveaux axes droits et gauches auront les axes coordonnés de deux espèces communs (ici ce sont les z et les x), ceux de la troisième espèce sont inverses l'un de l'autre (ici ce sont les y).

On dit que le système possède un *plan de symétrie* (celui des zx), et chaque point du système a un symétrique que l'on obtient en changeant y en $-y$, c'est-à-dire en abaissant une perpendiculaire sur le plan de symétrie et en la prolongeant d'une longueur égale à elle-même.

Le système se confond avec son image prise par rapport au plan.

Remarquons que, dans ce cas, il n'y a pas nécessairement d'axes de répétition et que le symétrique du symétrique d'un point n'est autre chose que le premier point lui-même.

$2°$ Les axes des z du système d'axes gauches et de son correspondant symétrique sont inverses l'un de l'autre. Soit φ l'angle de ox et ox'; ox_1 fera avec ox un angle égal à 2π, et l'on aura

$$2\varphi = k\frac{2\pi}{q},$$

k étant un entier et q l'ordre de l'axe de répétition ox.

La transformation symétrique indifférente consiste à faire tourner le système d'un angle φ autour d'un axe de répétition d'ordre q, puis à prendre ensuite son image par rapport à un plan normal. A cause de l'axe de répétition d'ordre q, il y aura $(q-1)$ autres transformations symétriques possibles, les q transformations seront obtenues en faisant tourner le système d'un angle $\left(k\frac{2\pi}{q} + \varphi \right)$ autour de l'axe de répétition avec k égal à 0, 1, 2, $\ldots$, $(q-1)$,

puis en prenant son image par rapport à un plan normal à l'axe.
Nous dirons que l'on a affaire à *un plan de symétrie à pôle
d'ordre q* et qu'un pareil plan indique l'existence de q transformations symétriques indifférentes, distinctes.

On a

$$2\varphi = k\frac{2\pi}{q};$$

deux cas sont possibles : ou bien k est pair, ou bien k est impair.

Premier cas. — k est pair :

$$k = 2k', \qquad \varphi = k'\frac{2\pi}{q}.$$

Les rotations dans les q transformations symétriques seront
d'angle $k\frac{2\pi}{q}$ [avec k égal à o, 1, 2, ..., $(q-1)$]. On dit que l'on
a un *plan de symétrie directe à pôle d'ordre q*.

Une des transformations symétriques indifférentes (pour $k = 0$)
consiste à prendre l'image du système par rapport au plan sans
adjoindre aucune rotation à cette transformation.

Tout plan de symétrie ordinaire accompagné d'un axe de répétition normal d'ordre q doit être considéré comme un plan de
symétrie directe à pôle d'ordre q.

A un point correspondent $(q-1)$ autres points homologues du
premier par répétition, les q points homologues étant situés dans

Fig. 2.

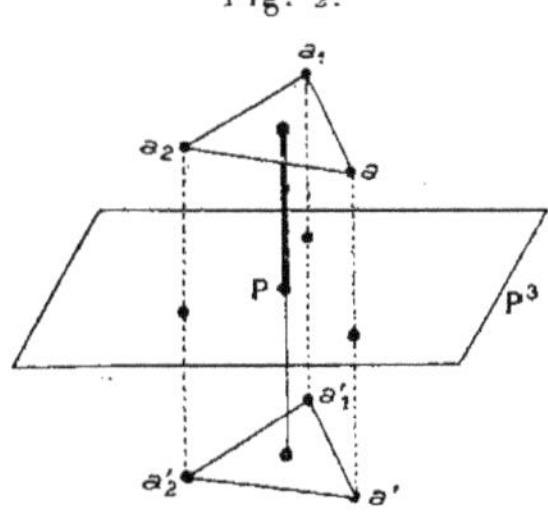

un plan normal à l'axe de répétition et aux sommets d'un polygone
régulier de q côtés; l'axe passant par le centre de figure de ce polygone. Au premier point considéré correspondent encore q points
symétriques qui ne sont autre chose que les images prises par rap-

port au plan de symétrie directe des q points homologues par répétition. La figure 2 représente les homologues par répétition et par symétrie d'un point a dans le cas où l'on a un plan de symétrie directe à pôle d'ordre 3 , P³.

Si q est pair, une des rotations dans les transformations symétriques indifférentes sera égale à π $\left(\text{lorsque l'on aura } k = \frac{q}{2}\right)$, mais on voit que le système d'axes gauche et son correspondant symétrique droit relatif à cette transformation symétrique indifférente seront alors exactement inverses, axes pour axes. Lorsqu'un pareil fait se produira, nous dirons que le système possède *un centre de symétrie.* Chaque point du système a un symétrique que l'on obtient en joignant le point au centre et en prolongeant au delà du centre d'une longueur égale. Le symétrique du symétrique d'un point par rapport à un centre n'est autre chose que le point lui-même.

Une des q transformations symétriques indifférentes d'un plan de symétrie direct à pôle d'ordre q est donc une transformation par centre de symétrie lorsque q est pair, le centre de symétrie se confondant avec le pôle du plan.

Lorsque q est impair, le pôle du plan de symétrie directe ne peut pas être un centre de symétrie.

Second cas. — k est impair :

$$k = 2k' + 1, \qquad \varphi = \left(k' + \frac{1}{2}\right)\frac{2\pi}{q}.$$

Les rotations dans les q transformations symétriques seront d'angles $\left(k + \frac{1}{2}\right)\frac{2\pi}{q}$ [avec k égal à 0, 1, 2, ..., $(q-1)$].

On dit que l'on a un *plan de symétrie alterne à pôle d'ordre q.* Un plan de symétrie alterne ne jouit plus des propriétés des plans de symétrie dans le sens ordinaire du mot, c'est-à-dire que le système ne se confond pas avec son image prise par rapport au plan.

A un point correspondent $(q-1)$ autres points homologues du premier par répétition, les q points homologues étant situés dans un plan normal à l'axe de répétition et aux sommets d'un polygone régulier de q côtés, l'axe passant par le centre de figure de ce polygone. Au premier point correspondent encore q points symétriques; ceux-ci peuvent être obtenus en prenant les images, par rapport au plan de symétrie alterne, des q points homologues par répétition et en faisant tourner ces images d'un angle égal à $\frac{1}{2}\frac{2\pi}{q}$ autour de l'axe de répétition. On voit que ces points symétriques *alternent,* dans leur position autour de l'axe, avec la position de ceux que l'on obtiendrait si l'on avait affaire à un plan de symétrie directe à pôle de même ordre, ce qui justifie la dénomination que nous avons adoptée.

La figure 3 représente les homologues par répétition et par

Fig. 3.

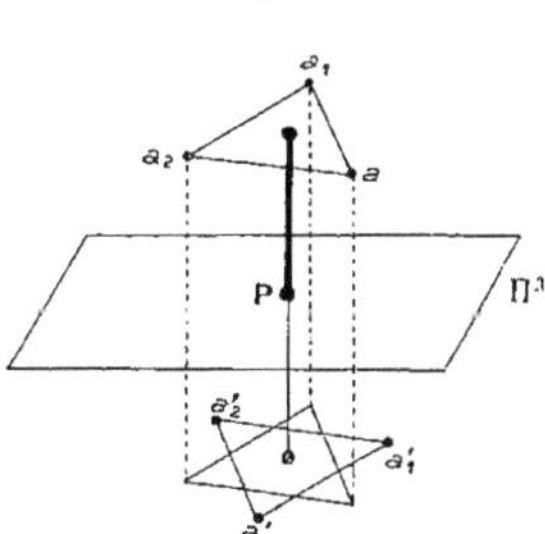

symétrie d'un point a dans le cas d'un plan de symétrie alterne à pôle d'ordre 3, Π^3.

Contrairement à ce qui arrive lorsque l'on a un plan de symétrie directe, le pôle d'un plan de symétrie alterne ne peut être un centre de symétrie lorsque son ordre q est pair, et il est, au contraire, nécessairement un *centre de symétrie lorsque q est impair.* Dans ce dernier cas, une des q transformations symétriques du plan est aussi une transformation par centre de symétrie.

Un plan de symétrie alterne à pôle d'ordre 1 comporte une seule transformation symétrique indifférente qui consiste à faire tourner le système d'un angle π autour de la normale au plan menée par le pôle, puis à en prendre l'image par rapport au plan. Cette transformation symétrique est équivalente à une transformation par centre de symétrie, le centre se confondant avec le pôle du plan.

Donc ce sont des expressions équivalentes que de dire qu'un système possède un plan de symétrie alterne à pôle d'ordre 1 ou de dire qu'il possède un centre de symétrie.

15. En résumé : lorsque, dans un système symétrique, un point o est son propre symétrique, il doit toujours y avoir, passant par ce point, soit un *plan de symétrie directe à pôle d'ordre q*, soit un *plan de symétrie alterne à pôle d'ordre q*; le point étant le pôle de ces plans.

Lorsque q est pair, l'existence d'un plan de symétrie directe d'ordre q entraîne celle d'un centre de symétrie au pôle o (les propriétés du centre étant, du reste, entièrement contenues dans les propriétés du plan à pôle d'ordre q).

Lorsque q est impair, l'existence d'un plan de symétrie alterne d'ordre q entraîne celle d'un centre de symétrie au pôle o (les propriétés du centre étant encore entièrement contenues dans les propriétés du plan de symétrie alterne).

Au contraire, l'existence d'un plan de symétrie directe à pôle d'ordre q, avec q impair, ou celle d'un plan de symétrie alterne à pôle d'ordre q, avec q pair, est incompatible avec celle d'un centre de symétrie au pôle o.

Un plan de symétrie directe d'ordre 1 est un plan de symétrie dans l'acception ordinaire du mot (tous les points du plan sont des pôles d'ordre 1).

Dire qu'un système possède un plan de symétrie alterne à pôle d'ordre 1 revient à dire qu'il possède un centre de symétrie au pôle du plan.

Dans un système qui possède un centre de symétrie, tout plan passant par le centre peut être considéré comme un plan de symétrie alterne à pôle d'ordre 1.

Normalement à un plan de symétrie directe à pôle d'ordre q ou à un plan de symétrie alterne à pôle d'ordre q, il existe toujours un axe de répétition d'ordre q passant par le pôle du plan.

16. Considérons maintenant le cas plus général où le système est défini analytiquement de la même manière pour des axes coordonnés rectangulaires gauches et pour des axes coordonnés rectangulaires droits ayant des origines distinctes.

Répétons deux fois la double transformation symétrique indiquée par la correspondance des axes droits aux axes gauches. Le mouvement indifférent qui en résultera (12) sera, dans le cas le plus général, un mouvement hélicoïdal effectué autour d'un axe hélicoïdal de répétition A du système.

Changeons maintenant les axes coordonnés gauches; transportons l'origine sur l'axe héliçoïdal A et orientons les axes coordonnés de telle sorte que l'axe des z coïncide avec cet axe héliçoïdal et que, de plus, l'axe ox' du nouveau système droit symétrique correspondant soit parallèle au plan des xy du système gauche et fasse avec ox un angle inférieur à π. On peut toujours obtenir ces derniers résultats en faisant tourner les deux systèmes d'axes coordonnés autour de leurs axes des z.

Soient $(oxyz)$ et $(o'x'y'z')$ ces nouveaux systèmes gauche et droit d'axes coordonnés.

Revenons à la double transformation symétrique avec ces nouveaux axes : $(oxyz)$ devient, après la première transformation, $(o'x'y'z')$ et, après la seconde transformation, $(o_1x_1y_1z_1)$; comme cette double transformation équivaut à un mouvement héliçoïdal autour de oz, il en résulte que o_1 est sur oz, que o_1z_1 coïncide avec la ligne oz et est de même sens que oz (mais o et o_1 sont, en général, distincts).

Occupons-nous d'abord des orientations. Par un même point O quelconque menons des axes coordonnés rectangulaires OXYZ, $OX'Y'Z$, $OX_1Y_1Z_1$ respectivement parallèles, axes pour axes, à $oxyz$, $o'x'y'z'$, $o_1x_1y_1z_1$.

Soient φ l'angle des axes OX et OX', qui est aussi celui de ox et $o'x'$; et θ l'angle des axes OZ et OZ', qui est aussi celui de oz et $o'z'$: $OX_1Y_1Y_1$ doit être pour $OX'Y'Z'$ ce que $OX'Y'Z'$ est pour OXYZ (9); OX est dans le plan $X'OY'$, et OZ_1 doit coïncider avec OZ. Nous avons déjà vu que cela ne peut arriver que dans un des trois cas suivants :

1° $\theta = o$ avec φ quelconque, $o'z'$ est parallèle à oz et de même sens, $(o_1x_1y_1z_1)$ est parallèle, axe pour axe, à $(oxyz)$;

2° $\theta = \pi$ avec φ quelconque, $o'z'$ est parallèle à oz, mais dirigé en sens inverse;

3° θ quelconque avec $\varphi = o$, $o'x'$ est parallèle à ox et de même sens; $o_1x_1y_1z_1$ est parallèle à $oxyz$.

1° et 3° Les axes coordonnés gauches et droits ont un axe parallèle et de même sens, les axes oz par exemple.

Premier changement d'axes. — Faisons tourner les axes

gauches autour de oz jusqu'à ce que (les axes droits correspondants tournant autour de $o'z'$) les axes ox et $o'x'$ soient parallèles et de même sens, les axes des y sont alors parallèles, mais de sens inverses.

Deuxième changement d'axes. — Donnons aux axes gauches une translation parallèle à oy jusqu'à ce que (les axes droits correspondants se transportant parallèlement en sens inverse) les plans des xz et des $x'z'$ se confondent.

Troisième changement d'axes. — Faisons tourner les axes gauches autour de oy jusqu'à ce que (les axes droits correspondants tournant autour de $o'y'$) les deux axes des x soient sur une même ligne passant par les deux origines.

On a donc finalement : le plan des xz commun pour les axes droits et gauches, les axes des x de même sens et coïncidant avec la même ligne, la distance des origines sur cette ligne étant τ, par exemple, les axes des y parallèles, mais de sens inverses, les axes des z parallèles et de même sens. Nous dirons que le système a un *plan de symétrie translatoire (fig. 4)*.

On obtient le symétrique d'un point pour un pareil plan en prenant le symétrique ordinaire du point par rapport au plan et en

Fig. 4.

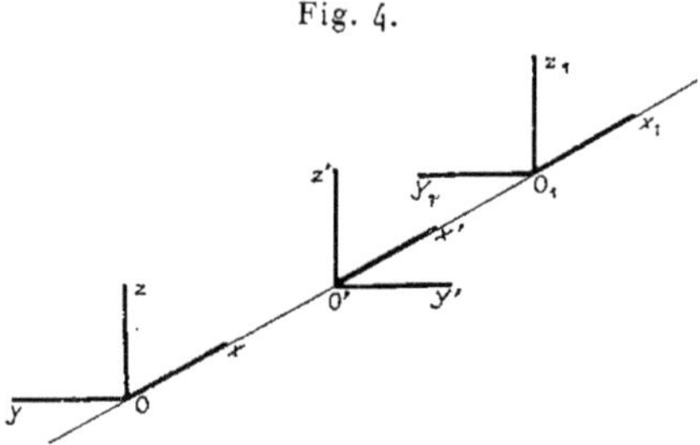

lui donnant un déplacement déterminé τ, parallèlement au plan et dans une direction déterminée. Pour qu'un plan de symétrie translatoire soit entièrement défini, il faut donc connaître, outre le plan, la grandeur et la direction de la translation τ.

Si l'on répète deux fois la transformation symétrique indifférente qui caractérise un plan de symétrie translatoire, on obtient une translation de répétition de même direction que celle de la translation du plan de symétrie et de grandeur 2τ. Cette translation de répétition entraîne, comme on sait, une infinité d'autres translations de répétition de grandeur $k\,2\tau$ (k étant un entier quelconque). Chaque translation de répétition $k\,2\tau$, jointe à une transformation symétrique indifférente de translation τ, donne une nouvelle transformation symétrique indifférente analogue à la première, mais de translation $(2k+1)\tau$; donc on a aussi une infinité de transformations symétriques indifférentes.

Si τ est la plus petite des translations de ces transformations symétriques indifférentes, il existera, comme nous l'avons vu, une translation de répétition de grandeur 2τ; deux cas pourront alors se présenter : ou bien la translation de répétition 2τ sera la plus petite parmi celles parallèles à la direction considérée; ou bien la translation de répétition la plus petite parmi celles parallèles à la direction considérée sera de grandeur τ. Aucun autre cas n'est admissible, car une translation égale à une fraction de τ entraînerait l'existence d'une transformation symétrique translatoire de translation inférieure à τ, ce qui est contre l'hypothèse.

Lorsque la translation de répétition la plus petite est τ, on a un *plan de symétrie translatoire direct*, un pareil plan n'est autre chose qu'un plan de symétrie pris dans le sens ordinaire du mot accompagné d'une translation de répétition τ, parallèle au plan. A un point correspond une infinité de points homologues par répétition situés sur une même ligne parallèle au plan et se succédant à des intervalles égaux à τ. A ce point correspond aussi une infinité de points symétriques qui sont les images prises par rapport au plan des homologues par répétition.

Lorsque la translation de répétition la plus petite est 2τ, on a un *plan de symétrie translatoire alterne*. A un point correspond une infinité d'autres points homologues par répétition situés sur une même parallèle au plan et se succédant à des intervalles égaux à 2τ. A ce point correspond aussi une infinité de points symétriques qu'on peut obtenir en prenant les images par rapport au plan des points homologues par répétition et en les faisant glisser d'une quantité τ sur la ligne sur laquelle elles se trouvent. On voit que ces points symétriques *alternent* en position sur une même droite avec ceux qui auraient existé si l'on avait eu affaire à un plan de symétrie translatoire direct.

On peut considérer un plan de symétrie translatoire direct
comme étant un plan de symétrie direct à pôle d'ordre infini, ce
pôle étant situé à l'infini dans une direction normale à la translation. On peut considérer un plan de symétrie translatoire alterne
comme étant un plan de symétrie alterne à pôle d'ordre infini, ce
pôle étant situé à l'infini dans une direction normale à la translation.

$2°$ Les axes des z du système droit et de son correspondant
symétrique sont parallèles, mais de sens inverses.

Changeons les axes coordonnés : donnons aux axes gauches une
translation parallèle aux z, jusqu'à ce que (les axes droits correspondants se transportant parallèlement en sens inverse) les plans
des xy se confondent.

Faisons tourner ensuite les axes gauches autour de oz jusqu'à
ce que oy passe par o' (les axes droits tournant autour de $o'z'$).

o_1 doit être à $(o'x')'z')$ ce que o' est à $(oxyz)$, donc il doit
être situé sur $o'y'$, mais il doit être, en outre, sur l'axe héliçoïdal A ou oz; donc, en premier lieu, o_1 ne peut être autre
chose que o.

Deux cas sont seulement possibles : ou bien la distance oo' est
nulle et nous retombons sur un cas déjà étudié de systèmes symétriques en un point; ou bien $o'y'$ et oy sont de sens inverses et
se confondent avec la ligne qui joint les origines. On peut, dans
ce cas, donner une translation aux axes gauches parallèlement
aux y jusqu'à ce que (le système droit se transportant en sens
inverse) les deux origines coïncident; on est donc encore dans
un cas déjà considéré. Les axes de même nom des systèmes droits
ou gauches sont dans le prolongement les uns des autres et de sens
inverse : on a un centre de symétrie.

17. Ainsi, outre les plans de symétrie directe à pôle d'ordre q,
les plans de symétrie alterne à pôle d'ordre q et les centres de
symétrie, un système peut encore posséder des *plans de symétrie
translatoire directe ou alterne*.

Ces derniers ne conviennent qu'à un milieu illimité.

Un système symétrique qui ne possède aucun point symétrique
(c'est-à-dire aucun point qui soit son propre symétrique) ne peut
posséder que des plans de symétrie translatoire alterne.

On a un *plan de symétrie translatoire continue* lorsque la translation τ est infiniment petite.

VI. — THÉORÈMES.

18. Quand un système possède un centre de symétrie, tout plan, passant par le centre et normal à un axe de répétition d'ordre pair ($q = 2k$) passant par le centre, est un plan de symétrie directe à pôle d'ordre q; tout plan, passant par le centre et normal à un axe d'ordre impair ($q = 2k + 1$) passant par le centre, est un plan de symétrie alterne à pôle d'ordre q.

19. Lorsqu'un système possède un plan de symétrie passant par un centre de symétrie, la droite normale au plan passant par le centre est un axe de répétition d'ordre pair. (Bravais.)

20. Lorsqu'un plan de symétrie passe par un axe de répétition d'ordre q, il y a toujours q plans de symétrie passant par l'axe. (Bravais.)

Deux plans successifs font entre eux un angle égal à $\dfrac{1}{2}\dfrac{2\pi}{q}$; si q est pair, les plans sont doublés (par répétition) et sont de deux espèces distinctes pour les répétitions que donne l'axe; si q est impair, les plans ne sont pas doublés, pour l'axe ils sont tous de même espèce, mais leurs inverses peuvent être considérés comme des plans d'une deuxième espèce pour l'axe.

21. Si deux plans de symétrie se rencontrent, leur intersection est un axe de répétition. (Bravais.)

22. On sait qu'un axe de rotation doublé d'ordre q entraîne l'existence de $2q$ axes (q axes binaires ou d'ordre pair et leurs inverses) dans un plan normal au premier axe. Ces $2q$ axes se rencontrent tous au pied de l'axe principal sur le plan normal.

THÉORÈME. — *Si un plan de symétrie directe à pôle d'ordre q contient des axes binaires ou d'ordre pair passant par le pôle (il en aura $2q$), le système possédera q plans de symétrie pas-*

sant par l'axe de répétition normal d'ordre q et par les axes binaires.

En effet, choisissons des axes coordonnés gauches $(Oxyz)$ (*fig.* 5), ayant pour axe des z l'axe de répétition d'ordre q et pour axe des y l'un des axes binaires. Soient Ox', Oy', Oz' les inverses

Fig. 5.

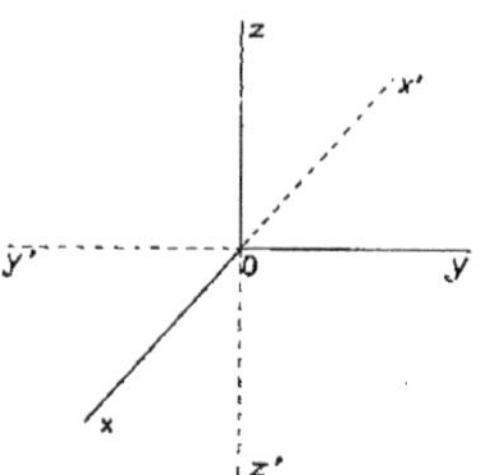

des Ox, Oy, Oz; puisque xOy est un plan de symétrie, $Oxyz'$ est un système d'axes droits symétriques de $(Oxyz)$, dans le système; puisque Oy est un axe de répétition d'ordre pair, $Ox'zy$ sera homologue par répétition de $(Oxyz')$ et, par conséquent, correspondant symétrique de $(Oxyz)$; donc le plan zOy est un plan de symétrie.

Réciproquement : si, par un axe d'ordre q et un axe d'ordre pair normal, passe un plan de symétrie, le plan normal à l'axe d'ordre q et passant par l'axe d'ordre pair est un plan de symétrie directe à pôle d'ordre q. Démonstration analogue à la précédente.

23. Théorème. — *Si un même plan de symétrie alterne à pôle d'ordre q contient des axes binaires (ou d'ordre pair) passant par le pôle, le système possédera q plans de symétrie passant par l'axe principal d'ordre q et par les bissectrices de deux axes binaires consécutifs.*

En effet, choisissons des axes coordonnés rectangulaires gauches $(Oxyz)$, ayant pour axe des z l'axe de répétition d'ordre q (*fig.* 6) et pour axe des y un axe binaire Oy.
Soient

Oz' l'inverse de Oz;

Oy' l'axe binaire le plus voisin de Oy $\left(y'Oy = \frac{1}{2}\frac{2\pi}{q} \right)$;

Oy_1 la bissectrice de yOy'.

xOy étant un plan de symétrie alterne à pôle d'ordre q, les axes coordonnés droits $(Ox'y'z')$ sont correspondants symétriques de $(Oxyz)$; Oy étant un axe binaire, $(Ox''y'z)$ est homologue par

Fig. 6.

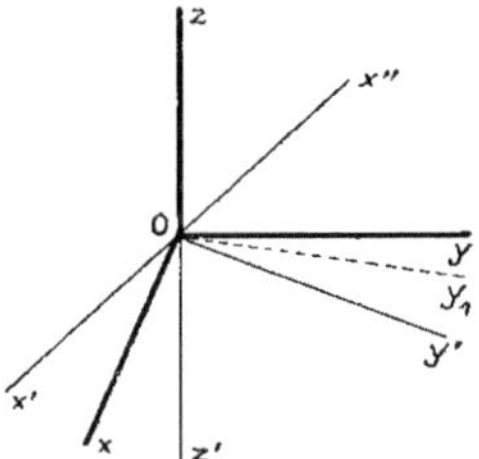

répétition de $(Ox'y'z')$ et, par conséquent, correspondant symétrique de $(Oxyz)$.

Un changement d'axes de $(Oxyz)$ amenant Oy en Oy_1 par rotation autour de Oz nécessiterait un changement d'axes du correspondant symétrique $(Ox''y'z)$ amenant aussi Oy' en Oy_1 par rotation autour de Oz.

Ces nouveaux axes symétriques montrent que zOy_1 est un plan de symétrie.

Réciproquement, si par un axe d'ordre q doublé et par la bissectrice des deux axes d'ordre pair consécutifs normaux en un même point au premier axe passe un plan de symétrie, le plan normal à l'axe principal est un plan de symétrie alterne à pôle d'ordre q. Démonstration analogue à la précédente.

24. Enfin, si un système possède un axe d'ordre q normal à un plan de symétrie ou de symétrie alterne et par lequel passent q plans de symétrie, il possédera également $2q$ axes binaires contenus dans le plan de symétrie ou de symétrie alterne, et l'axe d'ordre q sera doublé.

25. En résumé, considérons les trois groupes d'éléments d'ordre

C.   7

suivants :

1° Plan de symétrie ou de symétrie alterne à pôle d'ordre q;

2° Dans ce plan, q axes d'ordre pair passant au pôle;

3° q plans de symétrie passant par l'axe d'ordre q normal au plan.

Ces trois groupes d'éléments d'ordre peuvent exister chacun séparément avec l'axe d'ordre q; ils peuvent exister conjointement, mais deux quelconques de ces groupes ne peuvent se trouver réunis dans un système sans que le troisième s'y trouve également.

26. De même pour les trois éléments d'ordre :

1° Plan de symétrie;

2° Centre de symétrie dans le plan;

3° Axe de répétition d'ordre pair normal au plan et passant par le centre.

1°, 2° et 3° peuvent exister séparément, mais deux d'entre eux nécessitent l'existence du troisième.

27. De même encore pour :

1° Un plan de symétrie alterne;

2° Un centre de symétrie au pôle du plan;

3° Un axe de répétition d'ordre impair normal au plan et passant par le pôle.

VII.

Pour indiquer toutes les transformations symétriques que peut présenter un système, il faut indiquer tous les plans de symétrie, tous les plans de symétrie alterne, tous les plans de symétrie translatoire, tous les centres de symétrie du système.

Pour qu'un système présentant des répétitions déterminées constitue un type de système symétrique possible, il faut que, après lui avoir reconnu des éléments de symétrie, on obtienne un *système cohérent*, c'est-à-dire un ensemble dans lequel on peut effectuer toutes les transformations symétriques indifférentes et tous les déplacements indifférents indiqués, sans nécessiter l'existence de nouveaux éléments de symétrie ou de répétition.

On peut encore démontrer l'existence d'un type en donnant un exemple d'un système existant et tel qu'il ne peut se rapporter à aucun des autres types dont on peut rationnellement supposer l'existence.

VIII. — Symétrie dans les divers types de répétitions relatifs a un système limité ([1]).

Les plans de symétrie translatoire ne font jamais partie de pareils systèmes; ils ne peuvent exister que dans un système illimité et tels qu'à un point quelconque correspond toujours une infinité d'autres points homologues.

Tous les plans de symétrie ou de symétrie alterne auront pour pôle le centre de répétition principal, sans quoi ce centre de répétition principal ne pourrait être unique. Pour la même raison, tout centre de symétrie se confond avec le centre de répétition principal. Le centre de répétition principal est donc symétrique pour tous les éléments de symétrie et l'on pourrait intituler ce Chapitre : *Répétitions et symétries relatives à un point.*

Les types de répétitions que nous avons à considérer sont ceux qui se rencontrent :

1° Dans la sphère;

2° Dans l'icosaèdre régulier;

3° Dans le cube;

4° Dans le tétraèdre;

5° Dans un prisme droit à base de polygone régulier de q côtés;

6° Dans une pyramide régulière ayant pour base un polygone régulier de q côtés;

7° Dans un cylindre circulaire droit;

8° Dans un cône circulaire droit;

9° Dans un solide quelconque sans répétitions.

([1]) C'est-à-dire symétrie dans les types de répétition possédant un seul centre de répétition principal par lequel passent tous les axes.

Ces neuf types de répétitions peuvent d'abord exister sans symétrie aucune.

Nous désignerons par L^q un axe de répétition d'ordre q.

Nous considérerons un sens à chaque droite, et les droites coïncidant, mais de sens inverse, seront regardées comme distinctes; il en résulte que le nombre d'axes sera double de celui ordinairement adopté. Lorsque des axes inverses seront de même espèce par répétition, ils constitueront un *axe doublé*. Lorsque des axes inverses seront d'espèce différente pour les répétitions, ils seront désignés d'une façon distincte; (L^q, l^q), par exemple, seront des axes inverses d'ordre q d'espèces différentes ([1]).

Nous désignerons par P^q un plan de symétrie à pôle d'ordre q et par Π^q un plan de symétrie alterne à pôle d'ordre q; nous placerons généralement les P et les Π dans les symboles d'un système au-dessous des axes de répétition qui leur sont normaux.

Nous désignerons par C un centre de symétrie.

Nous n'avons pas jugé nécessaire ici de supposer un sens (une face positive) aux plans de symétrie; cette considération aurait cependant amené quelques simplifications dans les symboles de certains systèmes; elle aurait doublé le nombre de plans de symétrie dans chaque système.

1. — *Type sphérique*.

1° Type sans symétrie

$$\infty L^\infty.$$

Exemple. — Sphère remplie d'un liquide doué du pouvoir rotatoire.

2° Type symétrique. Une infinité de plans de symétrie à pôle d'ordre ∞, un centre de symétrie; exemple : surface sphérique

$$\left.\begin{array}{c} \infty L^\infty \\ \infty P^\infty \end{array}\right\} \; C.$$

([1]) *Voir* P. Curie, *Sur les questions d'ordre* (*Bulletin de la Société minéralogique*, 1884, p. 89; ce Volume, p. 56).

II. — *Type de l'icosaèdre* $12\,L^5$, $20\,L'^3$, $30\,L''^2$.

1° Pas de symétrie

$$12\,L^5, \quad 20\,L'^3, \quad 30\,L''^2.$$

2° Six plans de symétrie alterne normaux aux axes quinaires, d'où un centre de symétrie, d'où dix plans de symétrie alterne normaux aux axes ternaires.

Quinze plans de symétrie normaux aux axes binaires passant par des axes quinaires, ternaires et binaires

$$\left.\begin{array}{ccc} 12\,L^5, & 20\,L'^3, & 30\,L''^2 \\ 6\,\Pi^5, & 10\,\Pi'^3, & 15\,P''^2 \end{array}\right\} \text{ C.}$$

En considérant le polyèdre adhérent à un axe quinaire, on voit facilement que les plans de symétrie passent par l'axe et ne peuvent être que d'une seule espèce (sans quoi les plans de symétrie entraîneraient l'existence de nouveaux axes). Ces plans entraînent le cas 2°. Des plans de symétrie alterne normaux aux axes binaires doublés passeraient par des axes binaires et, par conséquent, nécessiteraient l'existence de plans de symétrie. Ce cas de 2° est donc le seul type symétrique.

III. — *Type du cube* $6\,L^4$, $8\,L'^3$, $12\,L''^2$.

1° Pas de symétrie.

Exemple. — Un hémièdre de l'hexoctaèdre

$$6\,L^4, \quad 8\,L'^3, \quad 12\,L''^2.$$

2° Trois plans de symétrie à pôle d'ordre 4, normaux aux axes quaternaires.

D'où centre de symétrie.
D'où six plans de symétrie à pôle d'ordre 2, normaux aux axes binaires.
D'où encore quatre plans de symétrie alterne à pôle d'ordre 3, normaux aux axes ternaires.

Exemple. — Cube

$$6\,\mathrm{L}^4, \quad 8\,\mathrm{L}'^3, \quad 12\,\mathrm{L}''^2 \left.\right\} \; \mathrm{C}.$$
$$3\,\mathrm{P}^4, \quad 4\,\Pi'^3, \quad 6\,\mathrm{P}''^2$$

Aucun autre cas n'est possible.

En considérant le polyèdre adhérent à un axe quaternaire, on voit que les seuls plans de symétrie possibles sont ceux qui se trouvent en 2° et qui conduisent nécessairement à ce type.

Un plan de symétrie alterne normal à un axe quaternaire ou binaire passerait par des axes binaires (puisque ces axes sont doublés) et nécessiterait des plans de symétrie (**24**).

IV. — *Type du tétraèdre* $4\,\mathrm{L}^3$, $4\mathrm{l}^3$, $6\,\mathrm{L}'^2$.

1° Pas de symétrie

$$4\,\mathrm{L}^3, \quad 4\mathrm{l}^3, \quad 6\,\mathrm{L}'^2.$$

Exemples. — Chlorate de soude. Un tétartoèdre de l'hexoctaèdre dérivé du cube.

2° Les plans normaux aux axes binaires sont des plans de symétrie à pôle d'ordre 2, d'où centre de symétrie, et quatre plans de symétrie alterne à pôle d'ordre 3, normaux aux axes ternaires

$$\underbrace{4\,\mathrm{L}^3, \quad 4\mathrm{l}^3, \quad 6\,\mathrm{L}'^2}_{4\,\Pi^3 \qquad 3\,\mathrm{P}'^2} \left.\right\} \; \mathrm{C}.$$

Exemple. — Dodécaèdre pentagonal dérivé du cube, hémièdre d'un cube pyramidé $\frac{1}{2}\,b_n^m$.

3° Les trois plans normaux aux axes binaires sont des plans de symétrie alterne à pôle d'ordre 2, d'où six plans de symétrie passant par des axes ternaires et binaires (pas de centre et rien normalement aux axes ternaires). Tétraèdre régulier

$$4\,\mathrm{L}^3, \quad 4\mathrm{l}^3, \quad 6\,\mathrm{L}'^2,$$
$$3\,\Pi'^2, \quad 6\,\mathrm{P}''.$$

V. — *Type à axe principal doublé d'ordre q* : $2\,\mathrm{L}^q$, $q\,\mathrm{L}'^2$, $q\,\mathrm{L}''^2$.

1° Pas de symétrie

$$2\,\mathrm{L}^q, \quad q\,\mathrm{L}'^2, \quad q\,\mathrm{L}''^2.$$

2° Le plan normal à l'axe principal et passant par les axes binaires est un plan de symétrie à pôle d'ordre q.

q plans de symétrie passant par l'axe principal et les axes binaires.

Exemple. — Prisme régulier droit à q pans.

Si q est pair, centre de symétrie :

$$\left.\begin{array}{ccc} 2\,\mathrm{L}^q, & q\,\mathrm{L}'^2, & q\,\mathrm{L}''^2 \\ \mathrm{P}^q, & \dfrac{q}{2}\,\mathrm{P}'^2, & \dfrac{q}{2}\,\mathrm{P}''^2 \end{array}\right\}\ \mathrm{C}.$$

Si q est impair, pas de centre :

$$\begin{array}{ccc} 2\,\mathrm{L}^q, & q\,\mathrm{L}'^2, & q\,\mathrm{l}'^2, \\ \mathrm{P}^q, & \multicolumn{2}{c}{q\,\mathrm{P}'^2.} \end{array}$$

3° Plan de symétrie alterne à pôle d'ordre q, normal à l'axe principal et passant par les axes binaires.

q plans de symétrie passant par l'axe principal et les bissectrices de deux axes binaires successifs.

Exemple. — Prisme droit régulier à $2q$ pans présentant $2q$ facettes e^n, q à l'extrémité supérieure de la moitié des arêtes et q à l'extrémité inférieure de l'autre moitié, les arêtes de chaque moitié alternant.

Si q est pair, pas de centre de symétrie :

$$\begin{array}{ccc} 2\,\mathrm{L}^q, & q\,\mathrm{L}'^2, & q\,\mathrm{L}''^2, \\ \Pi^q, & \dfrac{q}{2}\,\mathrm{P}''', & \dfrac{q}{2}\,\mathrm{P}^{iv}. \end{array}$$

Si q est impair, centre de symétrie :

$$\left.\begin{array}{ccc} 2\,\mathrm{L}^q, & q\,\mathrm{L}'^2, & q\,\mathrm{l}'^2 \\ \Pi^q & \multicolumn{2}{c}{q\,\mathrm{P}'^2} \end{array}\right\}\ \mathrm{C}.$$

Ce sont tous les cas possibles : le cas particulier où $q = 2$ semble pouvoir donner un cas à trois plans de symétrie alterne rectangulaires, mais les plans de symétrie de ce type montrent qu'un axe ternaire existe alors nécessairement dans le système ; on retombe sur le type tétraédrique.

VI. — *Type à un axe d'ordre q et son inverse L^q, l^q.*

1° Pas de symétrie

$$\mathrm{L}^q, \quad \mathrm{l}^q.$$

2° Plan de symétrie à pôle d'ordre q normal à l'axe

$$\frac{\mathrm{L}^q, \quad \mathrm{l}^q}{\mathrm{P}^q}.$$

Exemple. — Apatite. Prisme droit régulier à q faces verticales modifié sur chaque arête verticale par une face verticale non tangente et inclinée dans le même sens pour toutes les arêtes. $\left(\text{Faces } \frac{1}{2}h^n.\right)$

q pair, centre de symétrie.

q impair, pas de centre.

3° Un plan de symétrie alterne à pôle d'ordre q normal à l'axe

$$\frac{\mathrm{L}^q, \quad \mathrm{l}^q}{\Pi^q}.$$

Exemple. — Prisme régulier à q pans, les angles e aux extrémités supérieures de la moitié des arêtes portant une seule facette (b^m, b^n, h^p) ; les angles e aux extrémités inférieures des autres arêtes portent aussi une facette e ; les facettes sont toutes inclinées dans le même sens et les arêtes de chaque moitié alternent autour du prisme.

q pair, pas de centre de symétrie (cas oublié par Bravais).

q impair, centre de symétrie.

4° q plans de symétrie passant par l'axe.

Exemples. — Pyramide régulière de q faces latérales. Tourmaline.

Jamais de centre de symétrie ni de plan de symétrie normal :

$$L^q, \quad 1^q,$$
$$q\,P.$$

VII. — *Un axe d'isotropie doublé* $2\,L^\infty$, $\infty L'^2$.

1° Pas de symétrie

$$2\,L^\infty, \quad \infty L'^2.$$

Exemples. — Cylindre circulaire droit rempli d'un liquide doué de pouvoir rotatoire.

Ensemble de deux cylindres identiques, qui ont leurs axes d'isotropie situés dans le prolongement l'un de l'autre et qui tournent en sens inverse l'un de l'autre, mais avec la même vitesse, autour de leur axe commun.

2° Le plan normal à l'axe principal est un plan de symétrie.

D'où un centre de symétrie et une infinité de plans de symétrie passant par l'axe principal

$$\left. \begin{array}{ll} 2\,L^\infty, & \infty L'^2 \\ P^\infty, & \infty P'^2 \end{array} \right\} \ C.$$

Exemple. — Cylindre circulaire droit.

VIII. — *Un axe d'isotropie et son inverse* L^∞, 1^∞.

1° Pas de symétrie

$$L^\infty, \quad 1^\infty.$$

Exemple. — Cône circulaire droit tournant avec une certaine vitesse autour de son axe.

2° Un plan de symétrie normal à l'axe d'isotropie et un centre

$$\left. \frac{L^\infty, \ 1^\infty}{P^\infty} \ \right\} \ C.$$

Exemples. — Champ magnétique. Cylindre circulaire droit tournant avec une certaine vitesse autour de son axe d'isotropie.

3° Une infinité de plans de symétrie passant par l'axe d'isotropie.

Pas de centre

$$L^{\infty}, \quad l^{\infty},$$

$$\infty P.$$

Exemples. — Champ électrique. Cône circulaire droit.

IX. — *Aucune répétition.*

1° Pas de symétrie. Système désordonné quelconque.
2° Un plan de symétrie P.

Exemple. — Ensemble d'un système désordonné quelconque et de son symétrique par rapport à un plan.

3° Un centre de symétrie.

Exemples. — Parallélépipède quelconque. Ensemble d'un système désordonné quelconque et de son symétrique par rapport à un centre.

Remarque I. — Un système géométrique de points ne peut posséder d'axe d'isotropie sans avoir en même temps des plans de symétrie passant par l'axe; pour que ces plans de symétrie disparaissent, il faut que les points soient doués de qualités directoriales (c'est-à-dire entraînant avec elles des idées de sens et de direction).

Il en résulte que les trois types

$$\infty L^{\infty} \qquad 2\,L^{\infty}, \infty L'^2 \qquad L^{\infty}, l^{\infty}$$

sans symétrie et le type

$$\underbrace{L^{\infty}, \quad l^{\infty}}_{P}$$

à plan de symétrie normal à l'axe d'isotropie ne peuvent être constitués à l'aide d'un système de points géométriques.

Remarque II. — *Un système qui possède un centre de répétition principal d'ordre n, ou bien n'est pas symétrique en ce point, ou bien possède n transformations symétriques distinctes et n seulement.*

Répétitions et symétrie d'un système limité (24 types).

Types sphériques............	∞L^∞.	$\left.\begin{matrix}\infty L^\infty \\ \infty P^\infty\end{matrix}\right\}$ C.		
Types icosaédriques..........	$12 L^5,\ 20 L^3,\ 30 L^2$.	$\left.\begin{matrix}12 L^5,\ 20 L^3,\ 30 L^2 \\ 6\Pi^5,\ 10\Pi^3,\ 15 P^2\end{matrix}\right\}$ C.		
Types cubiques..............	$6 L^4,\ 8 L^3,\ 12 L^2$.	$\left.\begin{matrix}6 L^4,\ 8 L^3,\ 12 L^2 \\ 3 P^4,\ 4\Pi^3,\ 6 F^2\end{matrix}\right\}$ C.		
Types tétraédriques..........	$4 L^3,\ 4 l^3,\ 6 L^2$.	$\left.\begin{matrix}4 L^3,\ 4 l^3,\ 6 L^2 \\ \underbrace{4\Pi^3 \qquad 3 P'^2}\end{matrix}\right\}$ C.	$4 L^3,\ 4 l^3,\ 6 L^2,$ $3\Pi^2,\ 6 P''$.	
Types à axe principal doublé..	$2 L^q,\ q L'^2,\ q L''^2$.	q pair $\left.\begin{cases} 2 L^q,\ q L'^2,\ q L''^2 \\ P^q,\ \dfrac{q}{2} P'^2,\ \dfrac{q}{2} P''^2 \end{cases}\right\}$ C. q impair $\begin{cases} 2 L^q,\ q L'^2,\ q l'^2, \\ P^q, \qquad\qquad q P''. \end{cases}$	$\begin{cases} 2 L^q,\ q L'^2,\ q L''^2, \\ \Pi^q, \qquad\qquad \dfrac{q}{2} P''',\ \dfrac{q}{2} P^{iv}. \end{cases}$ $\left.\begin{cases} 2 L^q,\ \underbrace{q L'^2,\ q l'^2} \\ \Pi^q, \qquad q P^2 \end{cases}\right\}$ C.	
Types possédant un axe et son inverse...................	$L^q,\ l^q$.	$\dfrac{\overbrace{L^q,\ l^q}}{P^q}$ (C si q est pair).	$\dfrac{\overbrace{L^q,\ l^q}}{\Pi^q}$ (C si q est impair).	$L^q,\ l^q,$ $\qquad q P.$
Types à axe d'isotropie doublé.	$2 L^\infty,\ \infty L^2$.	$\left.\begin{matrix}2 L^\infty,\ \infty L^2 \\ P^\infty,\ \infty P^2\end{matrix}\right\}$ C.		
Types possédant un axe d'isotropie et son inverse.......	$L^\infty,\ l^\infty$.	$\left.\dfrac{\overbrace{L^\infty,\ l^\infty}}{P^\infty}\right\}$ C.		$L^\infty,\ l^\infty,\ \infty P.$
Types sans répétitions........	o.	P.	C.	

En effet, supposons un système symétrique rapporté à des axes coordonnés rectangulaires gauches; les mêmes données analytiques serviront à définir le système à l'aide d'axes coordonnés rectangulaires droits. Mais à ces axes droits correspondent $(n-1)$ autres systèmes d'axes coordonnés droits homologues par répétition et qui permettraient de construire le système à l'aide des mêmes données analytiques; on a donc aussi $(n-1)$ autres transformations symétriques possibles. En tout n transformations symétriques distinctes sont possibles et n seulement, parce que, s'il y avait plus de n systèmes distincts d'axes coordonnés droits permettant de définir le système à l'aide des mêmes données analytiques, il y aurait aussi plus de n répétitions distinctes.

C. Q. F. D.

Il est facile de vérifier ce qui précède sur les types symétriques que nous avons obtenus; il faut seulement avoir soin de ne pas compter plusieurs fois la transformation symétrique donnée par le centre qui se trouve faire partie des transformations symétriques de tout plan de symétrie à pôle d'ordre pair ou de tout plan de symétrie alterne à pôle d'ordre impair. On démontre du reste facilement que deux transformations symétriques définies d'une façon distincte par les éléments de symétrie, ne peuvent être identiques que si elles sont toutes deux équivalentes à une transformation par centre de symétrie.

Considérons, par exemple, le type cubique symétrique

$$\left.\begin{array}{ccc} 6\,L^4, & 8\,L^3, & 12\,L^2 \\ 3\,P^4, & 4\,\Pi^3, & 6\,P^2 \end{array}\right\}\ C;$$

le centre donne une transformation symétrique. Un plan P^4 donne trois transformations symétriques en ne comptant pas celle déjà donnée par le centre, d'où neuf transformations symétriques pour les trois plans.

De même Π^3 donne deux transformations symétriques nouvelles, d'où huit transformations pour les quatre plans de symétrie alterne. De même P^2 donne une transformation nouvelle, d'où six transformations pour les six plans P^2

$$1 + 9 + 8 + 6 = 24,$$

et 24 est justement l'ordre du centre de répétition. On a, d'après l'ordre et le nombre des axes,

$$4 \times 6 = 8 \times 3 = 12 \times 2 = 24.$$

Remarque III. — Considérons une droite quelconque passant par le centre de répétition principal; à cette droite correspondent en général $(n-1)$ autres droites homologues par répétition et n homologues par symétrie, *en tout $2n$ droites jouant les rôles analogues dans le système.*

Si les droites homologues par répétition se confondent avec leurs symétriques, elles seront alors dans des plans de symétrie; on n'aura plus que n droites analogues.

Si les droites homologues par répétition sont des axes d'ordre q, on en aura $\dfrac{n}{q}$ et l'on aura $\dfrac{2n}{q}$ droites analogues en y joignant les symétriques. Si les droites homologues par répétition sont des axes d'ordre q et se confondent avec leurs symétriques, on n'aura plus que $\dfrac{n}{q}$ droites analogues.

A chaque espèce de droites correspond une espèce de plans normaux; on peut donc facilement compter les faces des polyèdres divers à toutes faces analogues qui peuvent rentrer dans un des types de répétition et de symétrie. *Le plus compliqué de ces polyèdres aura $2n$ faces dans un type symétrique à centre de répétition d'ordre n.*

IX. — Conclusions.

Nous avons montré que, pour étudier la symétrie d'un système, il faut non seulement considérer les plans de symétrie, mais encore les plans de symétrie alterne et les plans de symétrie translatoire alterne qui ont une importance égale.

Un système symétrique limité possède un nombre déterminé de transformations symétriques indifférentes, ce sont toutes ces transformations qu'il est nécessaire d'indiquer pour connaître la symétrie du système. A chaque élément de symétrie (plan de symétrie directe ou alterne) correspond une partie de ces transformations.

Les plans de symétrie translatoire ne peuvent se rencontrer que dans un milieu illimité ; on n'a pas encore étudié la symétrie de pareils milieux (on n'a donc pas encore étudié d'une façon complète la symétrie d'une matière cristallisée qui doit être considérée comme illimitée lorsque l'on veut connaître sa constitution intime). Bravais a, au contraire, étudié les répétitions et la symétrie d'un polyèdre, mais il ne considérait que les centres et les plans de symétrie, il n'a pas fait entrer en jeu les plans de symétrie alterne. Outre le manque d'harmonie qui devait résulter de cette omission, Bravais a nécessairement oublié un des types de symétrie, celui qui ne possède ni centre, ni plan de symétrie, mais qui possède un plan de symétrie alterne.

C'est le type

$$\frac{L^q, \; l^q}{\Pi^q}$$

avec q pair

Nous avons distingué neuf types de répétitions pour les systèmes limités qui se subdivisent en vingt-quatre types, si l'on tient compte des diverses symétries.

En se plaçant au point de vue cristallographique, comme il ne peut exister d'axes d'ordre 5 ou d'axes d'ordre supérieur à 6, la *forme extérieure* pourra rentrer seulement dans quinze des types précédents.

Il y a lieu de distinguer les cas où q est égal à 2, 3, 4 ou 6 dans les types à axes principaux doublés ou simples d'ordre q ; on arriverait ainsi à trente-six modes distincts pour les formes extérieures des cristaux. Mais des considérations sur la constitution intime des corps cristallisés, que nous ne pouvons exposer ici, nous ont montré que, dans de pareils corps, il ne peut exister comme plan de symétrie alterne que ceux à pôle d'ordre 2 ou d'ordre 3, quatre des modes précédents se trouvent par cela même impossibles et le nombre de modes possibles pour la forme extérieure des cristaux se trouve finalement réduit à trente-deux, qui forment onze groupes, si l'on réunit ensemble les modes ayant même répétition. Parmi ces trente-deux modes, il n'en est qu'un seul qui possède un plan de symétrie alterne non accompagné d'un centre ou de plans de symétrie, c'est le mode

$$\frac{L^2, \; l^2}{\Pi^2}$$

(L² et l² représentent un seul axe et son inverse; Π² est un plan de symétrie alterne normal à cet axe).

Les cristaux qui s'y rapportent pourraient se présenter sous la forme d'un prisme quadratique présentant les quatre facettes tétartoédriques provenant d'une modification entièrement oblique

Fig. 7.

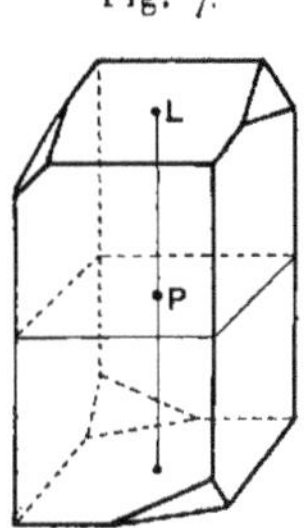

(*fig.* 7). Ces quatre facettes prolongées donneraient un tétraèdre quadratique qui, s'il était seul, rentrerait dans le mode

$$\left\{ \begin{array}{ccc} 2\,L^2, & 2\,L'^2, & 2\,L''^2 \\ \Pi^2, & P''', & P^{\mathrm{iv}} \end{array} \right\}.$$

Conformément à la théorie, on n'a jamais rencontré des cristaux ayant des plans de symétrie alterne à pôle d'un autre ordre que 2 ou 3, et il s'en rencontre, au contraire, ayant des plans de symétrie alterne d'ordre 2 ou 3 (cube, rhomboèdre, tétraèdre, etc.). Je ne crois pas que l'on ait jamais rencontré le mode

$$\frac{L^2, \quad l^2}{\Pi^2}$$

qui peut cependant exister; il serait intéressant d'en avoir un exemple, puisque les cristaux de ce genre sont les seuls dont la forme soit symétrique, tout en ne possédant ni centre, ni plan de symétrie.

Note.

On a admis, au commencement de ce Travail, que l'on pouvait toujours définir un système à l'aide de données analytiques rapportées à trois axes rectangulaires. Il semble impossible de démontrer cette proposition d'une façon générale. Il est donc nécessaire de la vérifier pour chaque cas particulier.

Lorsque l'on a affaire à un système de points géométriques, il n'y a pas de difficulté. Lorsque ces points sont doués de qualités n'entraînant avec elles aucune idée de direction ou de sens, telles qu'une température, une densité, une pression dans le cas d'un fluide, on considère ces qualités comme des fonctions des coordonnées, et, lors d'une transformation symétrique, chaque point transformé jouira de la même qualité avec une égale intensité qu'avant sa transformation.

Si un point est doué d'une qualité directoriale, c'est-à-dire entraînant avec elle une idée de direction, on a coutume de la représenter par une figure géométrique voisine du point, cette figure étant capable de définir en grandeur et en direction la qualité que l'on considère au moyen de conventions spéciales; mais les points de cette figure ne sont pas confondus avec ceux du système. Pour définir analytiquement les qualités en un point, on se sert d'axes spéciaux rectangulaires parallèles à ceux du système, et ayant leur origine au point considéré. Les données analytiques spéciales que l'on obtient pour définir la figure représentative de la qualité sont alors des fonctions des coordonnées générales du point dans le système. Il est souvent fort difficile de trouver une figure qui représente convenablement une qualité.

Une qualité est caractérisée par les effets qu'elle produit ou par les causes qui la produisent. Pour qu'une figure représente légitimement une qualité en un point, lorsqu'il s'agit de déterminer les répétitions et la symétrie d'un système, il est nécessaire qu'elle présente les mêmes éléments de répétition et de symétrie que l'ensemble des effets que produit la qualité ou mieux que l'ensemble des causes qui donnent naissance à la qualité au point considéré.

Un point doué d'une qualité particulière rentre ainsi dans un type bien déterminé de répétition et de symétrie.

Une force, une vitesse, une intensité de champ électrique peuvent être représentées par une ligne d'une certaine grandeur et d'une certaine direction ayant son origine au point, et ces qualités ont un axe d'isotropie par lequel passent une infinité de plans de symétrie.

Au contraire, dans des questions de symétrie, on commettrait des erreurs graves en représentant une intensité de champ magnétique par une droite d'une certaine longueur et d'une certaine direction. En effet, une intensité de champ magnétique en un point peut être produite par un courant électrique circulaire ayant son centre au point considéré.

Prenons le symétrique de ce courant par rapport au plan qui le contient; rien ne sera changé et le champ magnétique restera le même; cependant, si l'on représentait ce champ par une flèche dans la transformation symétrique, il aurait changé de sens. Pour représenter convenablement une intensité de champ magnétique en un point, il faut figurer une circonférence normale au champ ayant son centre au point considéré et supposer chaque point de cette circonférence doué d'une qualité spéciale qui puisse être représentée par une petite flèche tangente à la circonférence.

Un champ magnétique possède un axe d'isotropie avec un plan de symétrie normal et un centre de symétrie.

D'autres qualités seraient encore plus difficiles à représenter d'une façon légitime; il en est ainsi, par exemple, d'une intensité de pouvoir rotatoire.

Remarque. — C'est la connaissance de la symétrie du champ électrique qui a servi de point de départ pour déterminer la symétrie du champ magnétique. On peut remarquer que, si les phénomènes électro-magnétiques et les phénomènes d'induction eussent été seuls connus, il eût été tout aussi légitime d'attribuer la symétrie du champ électrique au champ magnétique; il aurait seulement été nécessaire alors de supposer au champ électrique la symétrie que nous donnons au champ magnétique. Les phénomènes en question donnent seulement des liaisons entre la symétrie des deux qualités. Pour se décider entre les deux hypothèses, il faut considérer d'autres phénomènes, tels que : production de l'électricité par des actions chimiques, phénomènes électriques de la tourmaline et pouvoir rotatoire magnétique.

———❦———

LES RÉPÉTITIONS ET LA SYMÉTRIE.

Comptes rendus de l'Académie des Sciences, t. C, p. 393,
séance du 2 juin 1885.

Dans deux Notes parues au *Bulletin de la Société minéralogique*, j'ai traité à nouveau le problème des répétitions et de la symétrie qui peuvent convenir à tout système limité.

Pour traiter le problème des répétitions, considérons un sens à chaque droite d'un système : le nombre des axes de répétition est alors doublé. Deux axes inverses, c'est-à-dire coïncidant entre eux, mais dirigés en sens inverses, peuvent être d'espèces différentes (cas des axes ternaires du tétraèdre régulier) ou de même espèce (cas des axes du cube). Deux axes inverses de même espèce constituent un *axe doublé*.

Les conventions qui précèdent conduisent immédiatement à énoncer le théorème suivant :

Lorsque plusieurs axes se coupent en un même point, le produit du nombre d'axes de chaque espèce par l'ordre de l'axe correspondant est le même pour chaque espèce d'axe et est égal au nombre de répétitions autour du point de croisement des axes.

Soient p, p', p'', ... axes d'ordre q, q', q'', ... se coupant en un même point autour duquel se présentent n répétitions ; on aura

$$(1) \qquad n = pq = p'q' = p''q'' = \ldots .$$

Exemple. — Le cube possède 6 axes d'ordre 4 (3 axes doublés),

8 axes d'ordre 3 et 12 d'ordre 2 ; on a

$$6 \times 4 = 8 \times 3 = 12 \times 2 = 24,$$

et 24 est l'ordre de répétition du centre de figure du cube.

On peut encore compter le nombre de répétitions autour d'un point d'une autre manière indiquée par Bravais. Cette méthode conduit, en se servant de (1), à l'équation

$$(2) \qquad p + p' + p'' + \ldots = (K - 2)n + 2,$$

où K désigne le nombre d'espèces d'axes.

La résolution du système d'équations indéterminées (1) et (2) permet de dresser le Tableau du nombre et de l'ordre des axes dans les divers systèmes limités possibles. Il reste ensuite à montrer géométriquement qu'un système et un seul répond à chacun d'eux.

Pour traiter les questions de symétrie, on commence par donner une définition aussi générale que possible de deux systèmes symétriques l'un de l'autre et d'un système symétrique. On démontre ensuite que *toute transformation symétrique peut être effectuée en prenant l'image du système par rapport à un certain plan, puis en faisant tourner cette image d'un certain angle autour d'une normale au plan.* Appelons *transformations symétriques indifférentes* celles qui, dans un système symétrique, restituent le système. On établit que, dans une transformation symétrique indifférente, le plan de transformation est en général normal à un axe de répétition d'ordre q, et l'angle dont on tourne l'image est égal à $K \dfrac{1}{2} \dfrac{2\pi}{q}$ (K étant entier). Deux cas sont à considérer alors, suivant que K est pair ou impair.

Si K est pair, on a simplement un plan de symétrie accompagné d'un axe de répétition normal d'ordre q. Nous dirons que nous avons affaire à *un plan de symétrie directe à pôle d'ordre q,* voulant montrer par là qu'un pareil plan indique l'existence de q transformations symétriques indifférentes. Le pôle sera le point où l'axe vient percer le plan.

Si K est impair, la rotation de l'image sera un multiple de l'angle de répétition plus la moitié de cet angle ; on aura alors *un plan de symétrie alterne à pôle d'ordre q.* Les q transformations symétriques indifférentes indiquées par un pareil plan n'avaient pas été considérées jusqu'ici; la dénomination d'*alterne* a été adoptée parce que les symétriques d'un point alternent en position autour de l'axe avec ceux que l'on aurait obtenus par symétrie directe. Les plans normaux aux axes ternaires du cube, du rhomboèdre, sont des plans de symétrie alterne à pôle d'ordre 3. Les plans normaux aux axes binaires d'un tétraèdre régulier sont des plans de symétrie alterne à pôle d'ordre 2. Un plan de symétrie alterne à pôle d'ordre 1 signifie la même chose qu'un centre de symétrie.

La considération des plans de symétrie alterne est nécessaire à un double point de vue. Elle réalise une harmonie particulière dans les théorèmes en permettant de compter les transformations symétriques : on démontre, par exemple, qu'un système symétrique limité possédant n répétitions doit aussi posséder n transformations symétriques indifférentes distinctes.

Enfin, il existe une classe particulière de solides qui sont symétriques tout en n'ayant ni centre, ni plans de symétrie; ils possèdent seulement un axe de répétition d'ordre q (avec q pair) et un plan de symétrie alterne normal à cet axe.

En appliquant les notions acquises sur la symétrie à chacun des neuf types de répétition connus, on arrive à vingt-quatre types généraux différents. Des considérations sur la constitution intime des cristaux nous ont montré que ces corps ne peuvent posséder et ne possèdent, en effet, comme plans de symétrie alterne que ceux du deuxième ordre ou du troisième ordre. On arrive ainsi à

Fig. 1.

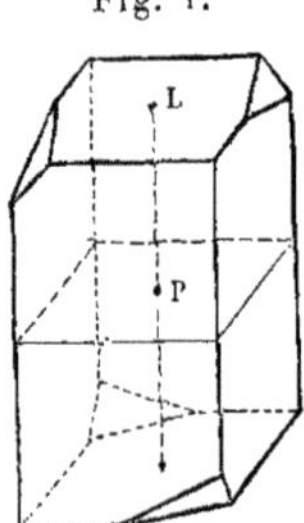

trouver que les *formes extérieures* des corps cristallisés peuvent affecter trente-deux modes distincts.

La figure ci-jointe représente une forme qui peut se rencontrer parmi les corps cristallisés, bien qu'on ne l'ait pas encore signalée. Cette forme est parfaitement symétrique, tout en n'ayant ni centre ni plan de symétrie ; elle possède un axe binaire de répétition L vertical, et un plan de symétrie alterne normal à cet axe. Le cristal se présente sous la forme d'un prisme quadratique modifié par des facettes tétraédriques entièrement obliques. Les deux transformations symétriques indifférentes possibles consistent à prendre l'image de la forme sur le plan P et à faire tourner cette image d'un angle $\frac{\pi}{2}$ ou $3\frac{\pi}{2}$ autour de l'axe L.

Dans les milieux illimités, on doit encore considérer des *plans de symétrie translatoire directe ou alterne ;* ces transformations symétriques indifférentes consistent à prendre l'image du système par rapport à un certain plan, puis à la faire glisser d'un nombre pair ou impair de fois la moitié d'une translation de répétition existant parallèlement au plan.

SUR LA SYMÉTRIE

DANS LES

PHÉNOMÈNES PHYSIQUES,

SYMÉTRIE

D'UN CHAMP ÉLECTRIQUE ET D'UN CHAMP MAGNÉTIQUE.

Journal de Physique, 3ᵉ série, t. III, 1894, p. 393.

I. Je pense qu'il y aurait intérêt à introduire dans l'étude des phénomènes physiques les considérations sur la symétrie familières aux cristallographes.

Un corps isotrope, par exemple, peut être animé d'un mouvement rectiligne ou de rotation; liquide, il peut être le siège de mouvements tourbillonnaires; solide, il peut être comprimé ou tordu; il peut se trouver dans un champ électrique ou magnétique; il peut être traversé par un courant électrique ou calorique; il peut être parcouru par un rayon de lumière naturelle ou polarisée rectilignement, circulairement, elliptiquement, etc. Dans chaque cas, une certaine dissymétrie caractéristique est nécessaire en chaque point du corps. Les dissymétries seront encore plus complexes, si l'on suppose que plusieurs de ces phénomènes coexistent dans un même milieu ou si ces phénomènes se produisent dans un milieu cristallisé qui possède déjà, de par sa constitution, une certaine dissymétrie.

Les physiciens utilisent souvent les conditions données par la symétrie, mais négligent généralement de définir la symétrie dans un phénomène, parce que, assez souvent, les conditions de symétrie sont simples et presque évidentes *a priori* ([1]).

Dans l'enseignement de la Physique, il vaudrait cependant mieux exposer franchement ces questions : dans l'étude de l'Électricité, par exemple, énoncer presque au début la symétrie caractéristique du champ électrique et du champ magnétique; on pourrait ensuite se servir de ces notions pour simplifier bien des démonstrations.

Au point de vue des idées générales, la notion de symétrie peut être rapprochée de la notion de dimension : ces deux notions fondamentales sont respectivement caractéristiques pour le milieu où se passe un phénomène et pour la grandeur qui sert à en évaluer l'intensité.

Deux milieux de même dissymétrie ont entre eux un lien particulier dont on peut tirer des conséquences physiques. Une liaison du même genre existe entre deux grandeurs de même dimension. Enfin, lorsque certaines causes produisent certains effets, les éléments de symétrie des causes doivent se retrouver dans les effets produits. De même, dans la mise en équation d'un phénomène physique, il y a une liaison de cause à effet entre les grandeurs qui figurent dans les deux membres et ces deux membres ont même dimension.

II. *Opérations de recouvrement et éléments de symétrie.* — L'établissement des divers types de symétrie peut être divisé en deux grands Chapitres, suivant qu'il s'agit de définir la symétrie d'un système limité ou d'un système qui peut être regardé comme étant illimité. Nous ne nous occuperons ici que d'un système limité ([2]).

([1]) Les cristallographes qui ont à considérer des cas plus complexes ont établi la théorie générale de la symétrie. Dans les traités de Cristallographie physique (qui sont en même temps de véritables traités de Physique) les questions de symétrie sont exposées avec le plus grand soin. *Voir* les traités de MALLARD, de LIEBISCH, de SORET.

([2]) La théorie de la constitution des corps cristallisés n'est autre chose que la théorie générale de la symétrie dans un milieu illimité ayant une constitution périodique. C'est une théorie admirable qui a été édifiée par BRAVAIS (*Recherches cristallographiques*), par JORDAN (*Annali di Matematica*, 1868, p. 167; 1869, p. 322) et par de FEDOROW (*Société minéralogique de Saint-Pétersbourg*, 1879 à

Considérons un système défini à l'aide de données analytiques et de trois axes coordonnés rectangulaires, par exemple. Le système possédera une certaine symétrie si, en se servant d'autres axes coordonnés rectangulaires, il se trouve encore défini avec les mêmes données analytiques.

Les éléments (points, droites, plans, etc.) définis avec les mêmes données analytiques et rapportés à ces divers groupes d'axes sont des éléments homologues ou de même espèce.

L'opération qui représente le passage d'un premier système à un second sera une *opération de recouvrement* ([1]).

Il existe deux espèces d'axes coordonnés rectangulaires symétriques l'un de l'autre. On aura une opération de recouvrement du premier genre dans le système, quand l'opération représente le passage d'un système d'axe à un autre identique. L'opération est alors équivalente à un simple déplacement dans l'espace. Il y a répétition des mêmes éléments dans le système.

On aura une opération de recouvrement du deuxième genre ou transformation symétrique proprement dite, lorsque l'opération représente le passage d'un système d'axes à un autre symétrique du premier. Le système est alors identique à son image obtenue par mirage.

On démontre facilement que, pendant les opérations de recouvrement d'un système limité, un point au moins reste toujours fixe dans l'espace. Il en résulte qu'établir tous les types de symétrie possibles d'un système limité revient à établir tous les types de symétrie autour d'un point qui est le centre de figure du système.

Les opérations de recouvrement du premier genre peuvent toujours être obtenues par une simple rotation autour d'un axe de

---

1884, en langue russe; *Zeitschrift für Krystallographie*, t. XX, 1892, p. 25). Récemment, SCHŒNFLIES a donné un excellent Traité didactique de cette théorie (*Krystallsysteme und Krystallstruktur;* Leipzig, 1891).

Les corps cristallisés peuvent être divisés en trente-deux groupes si l'on considère seulement la symétrie de la forme extérieure; mais la théorie prévoit, pour la structure interne de ces substances, deux cent trente types de symétrie distincts. Si tous ces types se trouvent réalisés dans la nature, c'est pour les physiciens une véritable richesse, car ils ont alors à leur disposition deux cent trente milieux doués de symétries différentes.

([1]) *Deck Operation* des cristallographes allemands.

répétition (plus généralement appelé *axe de symétrie*) passant par le point. L'axe d'ordre q (q nombre entier) donnera le recouvrement du système pour des rotations d'angles 0, 1, 2, ..., $(q-1)$ fois $\frac{2\pi}{q}$.

Nous considérerons une direction et un sens à chaque axe du système, ce qui double le nombre des axes; car, dans un axe, nous en compterons deux dirigés en sens contraires l'un de l'autre.

Si ces deux axes de sens contraires sont d'espèces différentes au point de vue des répétitions (par exemple l'axe d'une pyramide régulière) et d'ordre q, nous les désignerons par (L_q, l_q).

Si ces deux axes de sens contraires sont de même espèce par répétition (exemple : l'axe principal d'un prisme) et d'ordre q, nous les désignerons par ($2L_q$). On a alors un axe doublé. Dans ce cas, il existe nécessairement dans le système un axe de répétition d'ordre pair normal à l'axe doublé qui permet de renverser celui-ci sur lui-même par une rotation de 180° faisant partie des opérations de recouvrement du système.

Les opérations de recouvrement du deuxième genre peuvent toujours être obtenues par un mirage accompagné d'une rotation autour d'un axe normal au plan de mirage. Plusieurs cas sont à considérer :

1° La rotation est nulle; on a un simple mirage et le système a un plan de symétrie P.

2° La rotation est égale à 180°; on a un centre de symétrie C.

3° L'axe normal au plan est un axe de répétition d'ordre q et l'on a q transformations symétriques; chacune de ces opérations consiste en un mirage suivi d'une des rotations

$$0, \quad \frac{2\pi}{q}, \quad 2\frac{2\pi}{q}, \quad \cdots, \quad (q-1)\frac{2\pi}{q},$$

on a alors un plan de symétrie direct d'ordre q, nous le désignerons par P_q.

4° L'axe normal au plan est un axe de répétition d'ordre q et l'on a q transformations symétriques; chacune de ces opérations consiste en un mirage suivi d'une des rotations

$$\frac{1}{2}\frac{2\pi}{q}, \quad \left(1+\frac{1}{2}\right)\frac{2\pi}{q}, \quad \left(2+\frac{1}{2}\right)\frac{2\pi}{q}, \quad \cdots, \quad \left(q-1+\frac{1}{2}\right)\frac{2\pi}{q}$$

autour de l'axe. On a alors un plan de symétrie alterne d'ordre q; nous le désignerons par Π_q.

Le modèle représenté (*fig.* 1) a un axe d'ordre 4 avec un plan P_4 de symétrie directe d'ordre 4. Les quatre flèches inférieures sont

Fig. 1.

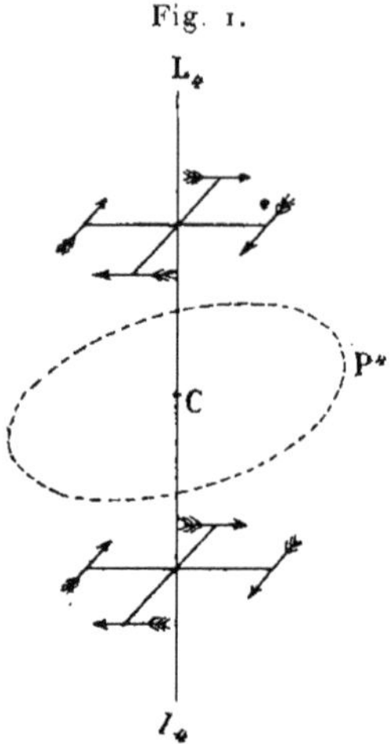

obtenues par mirage direct des quatre flèches supérieures et réciproquement. On restitue le système par mirage simple ou accompagné d'une rotation d'un certain nombre de fois 90°.

Le modèle (*fig.* 2) a un axe d'ordre 4 avec un plan Π_4 de symétrie alterne d'ordre 4 normal à sa direction. Les quatre flèches inférieures alternent en position avec les images obtenues par mirage direct des quatre flèches supérieures. On restitue le système par un mirage suivi d'une rotation d'un nombre impair de fois 45°.

On peut remarquer que le modèle de la figure 2 est superposable à son image vue dans une glace, bien qu'il ne possède ni plan ni centre de symétrie. Il a seulement un plan de symétrie alterne ([1]).

III. *Les groupes d'opérations de recouvrement.* — Toutes les

---

([1]) P. Curie, *Bulletin de la Soc. minéral.* (*Sur les questions d'ordre*), t. VII, 1884, p. 89; (*Sur la symétrie*), t. VII, 1884, p. 418.

opérations de recouvrement d'un système sont définies à l'aide des éléments de symétrie que nous venons d'énumérer.

Un groupe d'opérations de recouvrement sera une réunion d'opérations telles que deux quelconques des opérations effectuées successivement donneront le même résultat que celui qu'on obtient par une opération unique faisant partie du groupe.

Fig. 2.

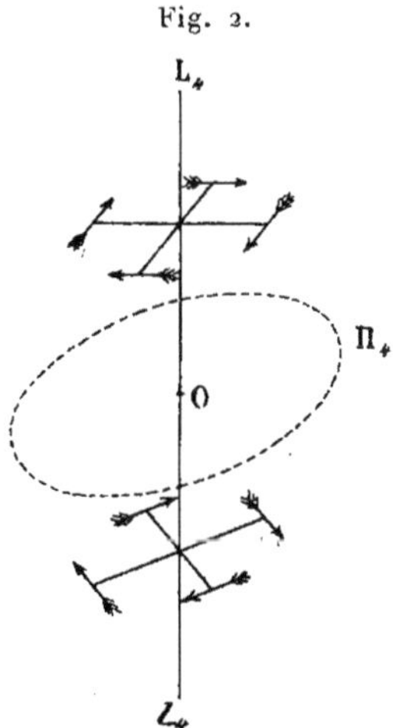

Nous donnons ici le Tableau complet de tous les groupes d'opérations de recouvrement autour d'un point. Ces opérations sont complètement spécifiées par l'énumération des éléments de symétrie.

Cl.	Axes de répétition.	f	Transformations symétriques.	N		Exemples.
I.	Pas d'axe.	1	o	1		
		2	P	2		
		3	C	2		Parallélépipède.
II.	L_q, l_q (un axe et son inverse).	4	o	q	$q = 2$	Acide tartrique.
		5	P_q	$2q$	$q = 2$	Gypse.
					$q = 6$	Apatite.
					$q = \infty$	Champ magnétique.
		6	Π_q	$2q$	$q = \infty$	
					$q = 3$	Dioptase.
		7	$q\,P$	$2q$	$q = 3$	Tourmaline.
					$q = \infty$	Champ électr., tronc de cône.
III.	$2\,L_q, q\,L_2, q\,l_2$ (un axe principal doublé).	8	o	$2q$	$q = 3$	Quartz.
					$q = \infty$	Fil tordu.
		9	$P_q, q\,P$	$4q$	$q = 3$	Prisme triangulaire régulier.
					$q = \infty$	Cylindre circulaire droit.
		10	$\Pi_q, q\,P$	$4q$	$q = \infty$	
					$q = 3$	Rhomboèdre, spath.
					$q = 2$	Sphénoèdre.
IV.	$4(L_2, l_2), 6\,L_2$ (axes du tétraèdre régulier).	11	o	12		Chlorate de soude.
		12	$4\,\Pi, 3\,P_2, C$	24		Pyrite.
		13	$3\,\Pi_2, 6\,P$	24		Tétraèdre régulier, blende.
V.	$6\,L_4, 8\,L_3, 12\,L_2$ (axes du cube).	14	o	24		Cuprite.
		15	$3\,P_4, 4\,\Pi_2, 6\,P_2, C$	48		Cube, octaèdre régulier.
VI.	$12\,L_5, 20\,L_3, 30\,L_2$ (axes de l'icosaèdre régulier).	16	o	60		Icosaèdre, dodécaèdre régulier.
		17	$6\,\Pi_5, 10\,\Pi_3, 15\,P_2, C$	120		
VII.	$\infty\,L_\infty$ (axes de la sphère).	18	o	∞		Sphère remplie de liquide doué de pouvoir rotatoire.
		19	$\infty\,P_\infty, C$	∞		Sphère.

Dans ce Tableau :

(L_q, l_q) désignent un axe d'ordre q et celui de sens contraire d'une autre espèce;
(L_q) un axe d'ordre q doublé;
C un centre de symétrie;
P un plan de symétrie;
P_q un plan de symétrie directe d'ordre q;
Π_q un plan de symétrie alterne d'ordre q.

On voit que les groupes d'éléments de symétrie peuvent être partagés en sept classes Cl se distinguant les unes des autres par la nature du groupe d'axes qu'elles contiennent. Chaque classe peut exister avec ou sans transformation symétrique proprement dite.

Il y a généralement plusieurs manières de donner la symétrie proprement dite à un groupe qui ne contient que des axes. On obtient en tout dix-neuf familles f. Considérons, par exemple, la classe III et supposons $q = 3$, on aura le groupe d'axes $2L_3$, $(3L_2, 3L_2')$, c'est-à-dire un axe principal doublé d'ordre trois, avec trois axes binaires et ceux de sens contraire d'une autre espèce $3(L_2, L_2')$; ces trois axes sont normaux à l'axe principal et forment entre eux des angles de $120°$. Ce système peut exister sans autre élément de symétrie [famille (8), forme cristalline du quartz] ou avec un plan de symétrie d'ordre 3 normal à l'axe principal (P_3) et trois plans de symétrie $3P$ passant par l'axe principal et par les axes binaires [famille (9), prisme triangulaire]. On peut encore avoir un système symétrique [famille (10), rhomboèdre] avec un plan de symétrie alterne Π_3 normal à l'axe principal, trois plans de symétrie passant par l'axe principal et normaux aux axes binaires et un centre de symétrie.

Chaque famille des classes II et III contient une infinité de groupes; q peut être un nombre entier quelconque. Les familles des autres classes ne contiennent chacune qu'un seul groupe.

Dans les familles (5) et (9) il y a un centre de symétrie quand q est d'ordre pair.

Dans les familles (6) et (10) il y a un centre de symétrie quand q est d'ordre impair.

Dans la classe III les axes L_2 et L_2' se confondent, mais sont de sens contraires l'un de l'autre si q est impair. On a, au contraire, des axes binaires doublés de deux espèces différentes si q est pair.

Les valeurs N donnent l'ordre de chaque groupe. N est le nombre de points homologues entre eux dans le système lorsque les points considérés ne sont situés sur aucun axe ni sur aucun plan de symétrie. N est encore le nombre de systèmes d'axes coordonnés rectangulaires pour lequel le système se présente sous un même aspect.

Les systèmes ayant la symétrie des familles (1), (4), (8), (11), (14), (16), (18) qui ne contiennent que des axes ne sont pas superposables à leur image obtenue par mirage, ils possèdent la dissymétrie énantiomorphe ([1]).

Une notion très importante au point de vue qui nous occupe est celle des intergroupes

Un groupe d'éléments de symétrie est un intergroupe d'un groupe de symétrie plus élevée lorsque toutes les opérations de recouvrement du premier groupe font partie des opérations de recouvrement du second.

C'est ainsi, par exemple, que le groupe (13) à symétrie tétraédrique est un intergroupe du groupe (15) à symétrie cubique. Le groupe (L_6, l_6), $6P$ de la famille (7) (symétrie d'une pyramide hexagonale régulière) est un intergroupe du groupe $\dfrac{2L_6}{P_6}, \dfrac{6L_2, 6L_2'}{6P_2}C$ de la famille (9) (prisme hexagonal régulier). Un groupe de (4) est un intergroupe des groupes (5), (6), (7), (8), (9), (10) pour une même valeur de q, etc.

IV. *Dissymétrie caractéristique des phénomènes physiques.* — Considérons maintenant un point quelconque d'un milieu dans un état physique quelconque.

La symétrie en ce point sera nécessairement caractérisée par un des groupes du Tableau qui précède ([2]).

Nous énoncerons les propositions suivantes :

La symétrie caractéristique d'un phénomène est la symétrie maxima compatible avec l'existence du phénomène.

Un phénomène peut exister dans un milieu qui possède sa

([1]) Pour détails plus complets, *voir* les Traités de Cristallographie. *Voir* aussi BRAVAIS, *Recherches cristallographiques;* JORDAN, *Sur les groupes de mouvements (Annali di Matematica,* 1888): P. CURIE, *loc. cit.*

([2]) Certains esprits peuvent hésiter à transporter à un milieu dans un état physique quelconque une classification qui a été établie d'abord au point de vue de la Géométrie pure. Nous ferons remarquer que l'on peut ramener tous les raisonnements qui servent à l'établissement des groupes à la forme suivante : soient A, B, C trois systèmes d'axes coordonnés rectangulaires pour lesquels un système se présente sous un même aspect. Soit D un quatrième système d'axes coordonnés rectangulaires qui est placé par rapport à C de la même façon que B par rapport à A; D sera encore un système d'axes coordonnés pour lequel le système se présentera sous le même aspect que pour A, B, C. Le mode de raisonnement ne préjuge rien sur la nature du système.

symétrie caractéristique ou celle d'un des intergroupes de sa symétrie caractéristique.

Autrement dit, *certains éléments de symétrie peuvent co-exister avec certains phénomènes, mais ils ne sont pas nécessaires. Ce qui est nécessaire, c'est que certains éléments de symétrie n'existent pas. C'est la dissymétrie qui crée le phénomène.*

Il serait beaucoup plus logique d'appeler *plan de dissymétrie* tout plan qui ne serait pas un plan de symétrie; *axe de dissymétrie* tout axe qui ne serait pas un axe de symétrie, etc., et, d'une manière générale, de donner la liste des opérations qui ne sont pas des opérations de recouvrement dans ce système. Ce sont ces opérations-là qui indiquent une dissymétrie et, par conséquent, une propriété possible dans le système. Mais, dans les groupes que nous avons considérés, il y a un nombre infini d'opérations n'assurant pas le recouvrement et, généralement, un nombre fini d'opérations de recouvrement : il est donc beaucoup plus simple de donner la liste de ces dernières opérations.

On peut encore voir que, quand plusieurs phénomènes de natures différentes se superposent dans un même système, les dissymétries s'ajoutent. Il ne reste plus alors comme éléments de symétrie dans le système que ceux qui sont communs à chaque phénomène pris séparément.

Lorsque certaines causes produisent certains effets, les éléments de symétrie des causes doivent se retrouver dans les effets produits.

Lorsque certains effets révèlent une certaine dissymétrie, cette dissymétrie doit se retrouver dans les causes qui lui ont donné naissance.

La réciproque de ces deux propositions n'est pas vraie, au moins pratiquement, c'est-à-dire que les effets produits peuvent être plus symétriques que les causes. Certaines causes de dissymétrie peuvent ne pas avoir d'action sur certains phénomènes ou du moins avoir une action trop faible pour être appréciée, ce qui revient pratiquement au même que si l'action n'existait pas.

Il y a intérêt, au point de vue des phénomènes physiques, à considérer à part les groupes contenant un axe d'isotropie. Ces groupes sont au nombre de cinq; nous les désignerons par (a), (b), (c), (d), (e).

$$(a) \quad \frac{2L_\infty}{P_\infty},\ \frac{\infty L_2}{\infty P_2},\ \mathrm{C.}$$

Ex. : cylindre, corps comprimé dans un sens.

$$(b) \quad 2L_\infty,\ \infty L_2.$$
Cylindre tordu.

$$(c) \quad (L_\infty l_\infty),\ \infty P_1.$$
Tronc de cône, champ électrique.

$$(d) \quad \frac{(L_\infty l_\infty)}{P_\infty},\ \mathrm{C.}$$
Cylindre tournant, champ magnétique.

$$(e) \quad (L_\infty l_\infty).$$

Le groupe cylindrique (a), le plus symétrique, possède les éléments de symétrie du cylindre circulaire droit; c'est-à-dire un axe d'isotropie doublé $2L_\infty$ avec une infinité d'axes binaires doublés ∞L_2 normaux à l'axe principal et passant par le centre de figure, un plan de symétrie directe P_∞ d'ordre ∞ normal à l'axe principal, une infinité de plans de symétrie directe ∞P_2, d'ordre 2 passant par l'axe principal, un centre de symétrie C.

Lorsque l'on comprime dans un sens un corps isotrope, il devient anisotrope et possède la symétrie du groupe cylindrique (a). On sait qu'un corps ainsi comprimé a les propriétés optiques des cristaux à un axe optique; la symétrie (a) est précisément la symétrie maxima compatible avec l'existence de ce phénomène. Les corps cristallisés à un axe optique ont des symétries qui sont des intergroupes de la symétrie (a).

Les autres groupes (b), (c), (d), (e), à axe d'isotropie, sont des intergroupes du groupe cylindrique (a).

Le groupe (b) possède toujours l'axe d'isotropie doublé et les axes binaires; mais il ne possède plus ni centre ni plans de symétric. Le groupe (b) est l'intergroupe holoaxe du groupe (a). Le groupe (b) a la symétrie d'un cylindre ou d'un fil que l'on a tordu autour de son axe.

C'est la symétrie du centre de figure d'un système formé de deux cylindres identiques ayant leurs axes dans le prolongement l'un de l'autre et tournant chacun autour de cet axe avec des vitesses angulaires égales et de signes contraires. La symétrie de torsion (b), ne contenant que des axes de répétition, possède la dissymétrie non superposable (énantiomorphie) qui est nécessaire pour le phénomène de la polarisation rotatoire ordinaire des corps actifs. On peut encore dire que la symétrie (b) est réalisée lorsqu', l'on remplit un cylindre d'un liquide doué de la polarisation rotatoire. La forme cristalline du quartz $2\,L_3,\ 3\,(L_3\,L'_2)$ a la symétrie d'un intergroupe de (b).

Le groupe (c) possède un axe d'isotropie et celui de sens contraire d'une autre espèce ($L_\infty\,l_\infty$); cet axe n'est donc plus doublé (autrement dit, l'axe ne se présente plus de la même façon par les deux bouts). Le groupe (c) a encore une infinité de plans de symétrie passant par l'axe d'isotropie; mais il ne possède plus ni le plan de symétrie normal à l'axe, ni le centre de symétrie, ni les axes binaires du groupe cylindrique. C'est la symétrie en un point quelconque de l'axe d'un tronc de cône circulaire droit. C'est la symétrie d'une force, d'une vitesse, d'un champ où s'exerce l'attraction universelle; c'est encore la symétrie du champ électrique. Tous ces phénomènes sont très convenablement représentés par une flèche au point de vue spécial de la symétrie.

Considérons, par exemple, le champ de l'attraction universelle : une sphère matérielle M, dont le centre est en un point O, agit en un point extérieur A, de manière à y créer un champ où peut s'exercer l'action de l'attraction newtonienne. Si nous supposons que la matière M n'apporte par elle-même aucune dissymétrie, nous voyons que la ligne OA est un axe d'isotropie, que tout plan passant par OA est un plan de symétrie et ce sont là les seuls éléments de symétrie passant par le point A. C'est la symétrie du groupe (c).

Donc le champ de l'attraction newtonienne pourra se rencontrer dans un milieu possédant la symétrie de (c) ou d'un de ses intergroupes; du reste, on ne peut imaginer que la symétrie puisse être supérieure à (c), car elle devrait être dans ce cas la symétrie du groupe cylindrique (a) ou celle du groupe sphérique (19) et le champ n'aurait pas de sens et il en serait de même des forces et des vitesses. Si nous plaçons en A une sphère matérielle, on aura une force agissant sur cette matière. Le corps pourra se mettre en mouvement dans la direction AO et prendre une certaine vitesse, et rien là-dedans ne troublera la symétrie du système; donc

(c) représente en même temps la symétrie d'une force agissant sur la matière pondérable et la symétrie de la matière animée d'une certaine vitesse.

Pour établir la symétrie du champ électrique, supposons que ce champ soit produit par deux plateaux circulaires de zinc et de cuivre placés en face l'un de l'autre, comme les armatures d'un condensateur à air. Considérons entre les deux plateaux un point de l'axe commun, nous voyons que cet axe est un axe d'isotropie et que tout plan passant par cet axe est un plan de symétrie. Les éléments de symétrie des causes doivent se retrouver dans les effets produits; donc le champ électrique est compatible avec la symétrie de (c) et de ses intergroupes.

Le groupe (a) à symétrie cylindrique et le groupe (19) à symétrie sphérique sont les seuls ayant pour intergroupe (c). Il n'est donc pas vraisemblable que le champ électrique puisse avoir une symétrie supérieure à (c). Ce dernier point peut, du reste, être démontré rigoureusement si l'on admet, comme nous l'avons vu plus haut, que la force agissant sur un corps pondérable a elle-même pour symétrie caractéristique le groupe (c). Supposons, en effet, qu'une sphère conductrice chargée d'électricité soit isolée dans l'espace, puis que l'on fasse naître un champ électrique par une cause quelconque. Une force agira sur la sphère dans la direction du champ. La dissymétrie des effets doit se retrouver dans les causes qui lui ont donné naissance; la force ne possédant pas d'axe de symétrie normal à sa direction, le système de la sphère chargée et du champ ne doit pas non plus posséder cet élément de symétrie. Mais la sphère chargée, considérée isolément, possède des axes d'isotropie dans toutes les directions; la dissymétrie en question provient donc du champ électrique qui ne doit pas posséder d'axe de symétrie normal à sa direction. Le champ électrique ne peut donc pas avoir la symétrie cylindrique ou sphérique, et sa symétrie caractéristique est celle du groupe (c). La symétrie du courant électrique et celle de la polarisation diélectrique sont nécessairement les mêmes que celle du champ qui donne naissance à ces phénomènes.

Les phénomènes pyroélectriques et piézoélectriques viennent apporter un nouvel appui aux conclusions qui précèdent sur la symétrie caractéristique du champ électrique. Un cristal de tourmaline, par exemple, se polarise électriquement dans la direction de son axe ternaire lorsque l'on échauffe le cristal ou lorsqu'on le comprime dans la direction de l'axe. Or l'échauffement ou cette compression ne modifient en rien la symétrie du cristal qui est $(L_3, l_3)3P$, un axe ternaire (avec l'axe de sens contraire d'une autre espèce) par lequel passent trois plans de symétrie; c'est là un intergroupe de (c) $(L_\infty, l_\infty)\infty P$, la symétrie est par conséquent compatible avec l'existence d'une polarisation diélectrique suivant l'axe.

Enfin, nous remarquerons que le champ électrique détermine dans les liquides les mêmes phénomènes optiques que ceux donnés par compression des solides (phénomène de Kerr.). La symétrie caractéristique de ces phénomènes est la symétrie cylindrique (a) dont le groupe (c) est un intergroupe; on voit donc qu'une partie seulement de la dissymétrie caractéristique du champ électrique est révélée par le phénomène de Kerr. Les phénomènes de dilatation électrique (phénomène Duter) ne révèlent de même que la dissymétrie du groupe (a).

Le groupe (d) possède un axe d'isotropie et l'axe de sens contraire d'une autre espèce (L_∞, l_∞); cet axe n'est donc pas doublé par répétition; mais le système possède un centre de symétrie et un plan de symétrie d'ordre infini normal à l'axe. Les axes L_∞ et l_∞ de sens contraires sont donc symétriques l'un de l'autre, et l'on peut dire que l'axe d'isotropie est doublé par symétrie.

Le groupe ne possède ni les axes binaires ni les plans de symétrie passant par l'axe principal du groupe cylindrique (a). Le groupe (d) donne la symétrie au centre de figure d'un cylindre circulaire droit qui tourne autour de son axe avec une certaine vitesse. C'est encore à cette symétrie qu'il faut rapporter un couple, une vitesse angulaire, un champ magnétique.

Établissons, par exemple, la symétrie caractéristique du champ magnétique. Considérons pour cela le champ magnétique qui existe au centre d'une circonférence parcourue par un courant électrique; le champ est dirigé normalement au plan de la circonférence. Cherchons la symétrie des causes, c'est-à-dire la symétrie au centre de la circonférence parcourue par le courant. On aura d'abord un axe d'isotropie normal au plan du courant. Le courant électrique est compatible avec l'existence de plans de symétrie passant par la direction du courant; le plan de la circonférence sera donc un plan de symétrie. Le courant électrique n'admet ni axe de répétition ni plan de symétrie normal à sa direction. Il n'y a donc pas d'axe dans le plan du cercle ni de plans de symétrie passant par l'axe d'isotropie. La symétrie des causes est donc le groupe (d) $\frac{(L_\infty l_\infty)}{P_\infty}$ C. Ces éléments de symétrie sont compatibles avec l'existence d'un champ magnétique passant par l'axe d'isotropie, puisque les éléments de symétrie des causes se retrouvent dans les effets produits.

On voit qu'un champ magnétique peut posséder un plan de symétrie normal à sa direction. Le champ magnétique est, au contraire, incompatible avec la présence d'un axe binaire normal à sa direction. Pour le prouver, nous allons nous servir des phénomènes d'induction. Considérons, par exemple, un fil rectiligne animé d'une certaine vitesse normale à sa direction. Un pareil système possède un axe binaire dans le sens de la vitesse. Supposons maintenant qu'un champ magnétique existe dans la direction normale au fil et à la vitesse de déplacement; une force électromotrice d'induction naîtra dans le fil. Ce phénomène est incompatible avec la présence d'un axe binaire dirigé dans le sens du déplacement, c'est-à-dire normal au fil. La dissymétrie des effets doit se retrouver dans les causes; la disparition nécessaire de l'axe binaire dont nous avons parlé ne peut provenir que de la présence du champ magnétique; celui-ci ne peut donc pas avoir d'axe binaire normal à sa direction. (La même démonstration pourrait se faire en considérant un circuit circulaire normal à un champ magnétique. On supposerait que ce circuit se dilate sans changer de forme en donnant naissance à un courant d'induction.)

Les groupes cylindrique (a) et sphérique (19) ont pour intergroupe (d), mais l'existence des axes normaux entre eux dans ces groupes montre qu'ils ne peuvent convenir pour représenter la symétrie du champ magnétique. Le champ magnétique est donc seulement compatible avec le groupe (d) et ses intergroupes [1].

---

[1] P. Curie, *loc. cit.*, 1884 et *Archives des Sc. phys. et nat.*, t. XXIX, 1893. Lord Kelvin a été amené à supposer que l'aimantation est due à une déformation d'un milieu particulier.

Cette déformation est simplement une rotation qui, dans ce milieu tout spé-

Le phénomène de la polarisation rotatoire magnétique vient encore confirmer cette conclusion ([1]).

Un corps polarisé magnétiquement possède la même symétrie que le champ magnétique.

Les phénomènes de dilatation magnétique du fer révèlent seulement la dissymétrie du groupe cylindrique (a) dont (d) est un intergroupe.

Un grand nombre de cristaux sont caractérisés par des groupes de symétrie qui sont des intergroupes de la symétrie magnétique, tels que ceux d'apatite $\dfrac{L_6\,l_6}{P_6}\,C$, de gypse, de chlorure de fer, d'amphibole $\dfrac{L_2\,l_2}{P_2}\,C$. Il pourrait se faire que ces cristaux fussent aimantés naturellement de par leur constitution; j'ai cherché sans succès à constater cette polarité par expérience.

On a coutume de représenter un champ magnétique par une flèche; cette représentation, qui n'offre souvent aucun inconvénient, est défectueuse au point de vue spécial de la symétrie, puisque le champ magnétique n'est pas modifié par un mirage par rapport à un plan normal à sa direction et qu'il est changé de sens par un mirage par rapport à un plan passant par sa direction. C'est précisément le contraire qui se passe pour la flèche représentative.

Le groupe (e) possède seulement un axe d'isotropie $(L_\infty\,l_\infty)$ non doublé. Le groupe (e) est un intergroupe commun aux quatre groupes (a), (b), (c), (d); il possède les dissymétries réunies de ces quatre groupes. Il est, par conséquent, compatible avec l'existence des phénomènes qui ont pour symétrie caractéristique l'un quelconque des quatre autres groupes.

Le groupe (e) possède la dissymétrie énantiomorphe.

Les cinq groupes (a), (b), (c), (d), (e) sont reliés entre eux à

---

cial, provoque la naissance d'un couple élastique antagoniste. Voir *Traduction des conférences de Sir W. Thomson*, Note de M. BRILLOUIN. Cette conception est en complet accord avec la symétrie qui précède.

([1]) Pour traiter convenablement la question de la polarisation rotatoire au point de vue de la symétrie, il faut faire intervenir les éléments de symétrie propres aux milieux illimités dont nous n'avons pas parlé. Un corps parcouru par un rayon de lumière polarisé circulairement possède, par exemple, un axe hélicoïdal d'isotropie.

la manière des types de symétrie d'un même système cristallin. Si nous empruntons le langage des cristallographes, nous dirons que le groupe (a) donne la symétrie complète ou holoédrique du système cylindrique. Le groupe (b) correspond à l'hémiédrie holoaxe (hémiédrie plagièdre ou hémiédrie énantiomorphe). Le groupe (c) a l'hémiédrie hémimorphe (hémiédrie à faces inclinées). Le groupe (d) a la parahémiédrie (hémiédrie à faces parallèles); enfin, le groupe (e) correspond à la tétartoédrie.

Bien que chaque groupe contienne un nombre infini de transformations de recouvrement, on peut cependant dire que les groupes (b), (c) et (d) ne renferment que la moitié et le groupe (e) que le quart des opérations de recouvrement du groupe (a).

Le modèle représenté dans les figures 3, 4, 5, 6, 7 donne pour diverses orientations des flèches les divers intergroupes à axe principal d'ordre 4 des groupes (a), (b), (c), (d), (e).

La figure 3 donne [famille (9), $q = 4$] l'intergroupe du groupe (a) cylindrique; c'est la symétrie du prisme droit à base carrée. Par l'axe principal passent quatre plans de symétrie, deux d'une première espèce passent par les flèches, les deux autres d'une

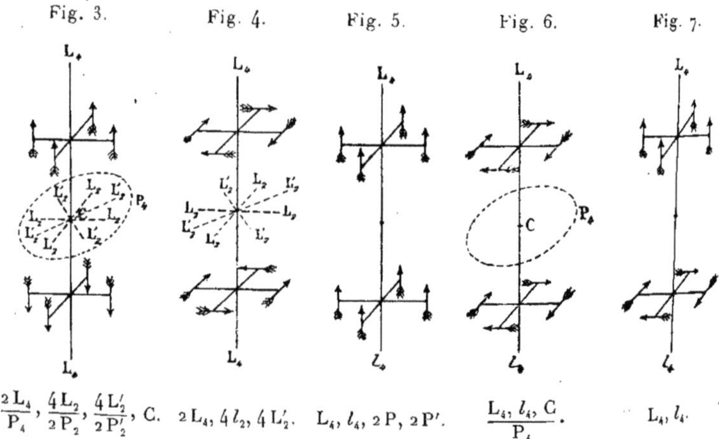

Fig. 3.   Fig. 4.   Fig. 5.   Fig. 6.   Fig. 7.

$$\frac{2\,L_4}{P_4},\ \frac{4\,L_2}{2\,P_2},\ \frac{4\,L_2'}{2\,P_2'},\ C. \qquad 2\,L_4,\ 4\,l_2,\ 4\,L_2'. \qquad L_4,\ l_4,\ 2\,P,\ 2\,P'. \qquad \frac{L_4,\ l_4,\ C}{P_4}. \qquad L_4,\ l_4.$$

deuxième espèce sont bissecteurs des angles que forment entre eux les premiers. Les positions des axes binaires doublés L_2 et L_2' et du plan P_4 normal à l'axe sont indiquées sur la figure.

La figure 4 [famille (8) énantiomorphe, $q = 4$] donne un intergroupe de la symétrie de torsion (b); c'est la symétrie d'un cristal de sulfate de strychnine.

La figure 5 [famille (7), $q = 4$] donne un intergroupe de la symétrie du champ électrique (c). Il y a quatre plans de symétrie passant par l'axe; c'est précisément le type de symétrie d'un cristal de calamine qui est à la fois piézoélectrique et pyroélectrique.

La famille 6 [famille (5), $q = 4$] donne un intergroupe de la symétrie magnétique (d); c'est la symétrie des cristaux de scheelite et d'érythrite.

Enfin la figure 7 [famille (4) énantiomorphe, $q = 4$] donne un intergroupe du groupe (e), à axe d'isotropie (cristal de penta-érythrite). Dans la figure 7 les flèches du bas entraînent la dissymétrie du champ magnétique, les flèches du haut celle du champ électrique. La réunion de ces flèches entraîne l'idée d'une dissymétrie de torsion, car un mobile qui tournerait autour de l'axe dans le sens des flèches inférieures, tout en avançant parallèlement à l'axe dans le sens des flèches supérieures, décrirait une hélice.

V. *Superposition des causes de dissymétrie dans un même milieu.* — Lorsque deux phénomènes de nature différente se superposent dans un même milieu, les dissymétries s'ajoutent. Si l'on superpose les causes de dissymétrie de deux des trois groupes (b), (c), (d), en faisant cependant coïncider les axes d'isotropie, on obtient le groupe (e), car l'axe d'isotropie sera le seul élément de symétrie commun aux deux groupes superposés. Or (e) possède les dissymétries réunies de trois groupes. Donc, en faisant coïncider, comme nous venons de le dire, les causes de dissymétrie de deux des trois groupes (b), (c), (d), on obtiendra la dissymétrie caractéristique du troisième groupe.

Supposons, par exemple, que nous superposions dans un corps un champ électrique (c) et un champ magnétique (d) de même direction, l'axe d'isotropie subsistera seul; la présence du champ électrique est incompatible avec l'existence d'un centre et d'un plan de symétrie normal à l'axe, et la présence du champ magnétique nécessite la disparition des plans de symétrie passant par l'axe. La symétrie est donc celle de (e) qui est un intergroupe de (b); on aura donc la dissymétrie de torsion dans le corps. Prenons, par exemple, un fil de fer, aimantons-le dans le sens de sa longueur; puis faisons-le parcourir par un courant, le fil se tord (expérience de Wiedemann).

Il est peut-être possible de créer un milieu capable de donner la polarisation rotatoire des corps actifs en superposant dans un corps symétrique un champ électrique et un champ magnétique. Du moins, ceci ne serait pas en contradiction avec les conditions de symétrie. Dans le sens de l'axe, on pourrait avoir superposition d'un phénomène de polarisation rotatoire magnétique (c'est-à-dire changeant de sens avec le sens de la propagation de la lumière) et d'un phénomène de polarisation rotatoire ordinaire. Normalement à l'axe, on pourrait avoir un pur phénomène de polarisation rotatoire ordinaire. Un pareil milieu à symétrie énantiomorphe permettrait peut-être encore de réaliser certaines réac-. tions chimiques dissymétriques ou de séparer les corps droits et gauches dans une combinaison racémique, ou encore de faire déposer d'une solution sous une forme unique, les corps à molécules symétriques, comme le chlorate de soude, qui se déposent ordinairement en cristaux dissymétriques droits et gauches mélangés.

Au contraire, un champ électrique ou un champ magnétique ne sauraient isolément provoquer une réaction dissymétrique, puisque ces phénomènes sont compatibles avec l'existence d'un plan de symétrie.

Supposons maintenant que nous superposions une dissymétrie de torsion (b) et une dissymétrie magnétique (a), on obtiendra encore la symétrie (e) qui est un intergroupe de la symétrie du champ électrique (c).

Prenons un fil de fer, aimantons-le et tordons-le. Au moment où la torsion se produit, une force électromotrice prend naissance dans le fil qui est parcouru par un courant s'il est placé dans un circuit fermé (expérience de Wiedemann).

. Les conditions de symétrie nous montrent qu'il pourrait se faire qu'un corps à molécules dissymétriques (doué de pouvoir rotatoire ordinaire) se polarisât diélectriquement lorsqu'on le place dans un champ magnétique.

Enfin supposons que nous superposions une dissymétrie de torsion (b) et un champ électrique (c), on aura de même la symétrie de (e) qui est un intergroupe de la symétrie magnétique.

Un fil de fer parcouru par un courant s'aimante dans le sens de sa longueur quand on le tord (expérience de Wiedemann).

Les conditions de symétrie nous permettent d'imaginer qu'un corps à molécule dissymétrique se polarise peut-être magnétiquement lorsqu'on le place dans un champ électrique.

Phénomène de Hall. — Supposons encore un champ électrique (c) et un champ magnétique (d) dans un même milieu, mais en orientant à angle droit l'un de l'autre la direction des deux champs. Dans ces conditions, le seul élément de symétrie commun aux deux champs est un plan de symétrie passant par la direction du champ électrique et normal au champ magnétique. On aura donc pour toute symétrie un plan P [groupe (4)].

De part et d'autre du plan, les phénomènes devront être symétriques, mais, dans le plan, la symétrie n'indique plus aucune condition. Considérons, par exemple, trois axes rectangulaires et une lame métallique rectangulaire normale à un axe Ox qui passe par son centre de figure, ses côtés étant parallèles aux autres axes Oy et Oz. Si un courant parcourt la lame suivant l'axe des z, il ne saurait y avoir une force électromotrice suivant l'axe des y, puisque le plan zOx est un plan de symétrie pour le courant et pour la lame. Si l'on n'a pas de courant, mais si l'on a, suivant l'axe des x, normalement à la lame, un champ magnétique, il ne peut pas non plus y avoir de courant suivant l'axe des y, puisque l'axe des x est un axe binaire pour le champ et pour la lame et que de plus il a un centre de symétrie. Si maintenant on a à la fois le champ magnétique suivant l'axe des x et le courant suivant l'axe des z, l'axe, le centre, le plan de symétrie disparaissent et rien ne s'oppose plus, au point de vue de la symétrie, à ce qu'une force électromotrice se montre suivant l'axe des y.

La théorie de la propagation de la chaleur et de l'électricité dans les corps cristallisés (Stokes, Thomson, Minnigerode, Boussinesq) montre que, pour certains cristaux, il y a lieu de tenir compte de certains coefficients dits rotationnels. Les cristaux en question sont ceux des familles (5) $\frac{L_q l_q}{P_q}$ et (6) $\frac{L_q l_q}{\Pi_q}$ et de leurs intergroupes (1), (2), (3), (4).

Ces cristaux possèdent au maximum un axe d'ordre q normal

à un plan de symétrie direct ou alterne d'ordre q, q étant un nombre entier quelconque. Un corps polarisé magnétiquement possède la symétrie $(d)\ \dfrac{L_\infty l_\infty}{P_\infty}$, qui est un cas limite des groupes (5) et (6) pour $q = \infty$. Tous les cristaux qui, d'après la théorie, peuvent avoir des coefficients rotationnels, ont pour type de symétrie un des intergroupes de la symétrie magnétique.

La théorie édifiée pour les corps cristallisés s'applique admirablement à la symétrie magnétique, et l'existence des coefficients rotationnels explique toutes les particularités du phénomène de Hall, sans qu'il soit nécessaire de faire intervenir autre chose que la symétrie du champ dans la théorie de la conductibilité.

Si l'on fait arriver l'électricité par le centre d'un disque métallique placé normalement au champ magnétique et si cette électricité est recueillie uniformément sur les bords du disque, les lignes décrites par le flux électrique doivent être des spirales (Boltzmann) ([1]).

Phénomènes pyroélectriques et piézoélectriques. — Les cristaux pyroélectriques ont nécessairement la symétrie d'un intergroupe du champ électrique, puisque l'échauffement supposé uniforme n'amène, par lui-même, aucune dissymétrie. Les cristaux piézoélectriques sont plus nombreux que les cristaux pyroélectriques. Ils comprennent en effet tous ceux-ci, puis ils renferment des cristaux qui prennent seulement, sous l'influence des efforts mécaniques, une symétrie inférieure à celle d'un champ électrique. La blende, par exemple (cristal tétraédrique), et le

---

([1]) Ce qui est fort curieux, c'est que les cristaux pour lesquels la théorie de Stokes avait été faite se montrent réfractaires. et M. Soret a sans succès recherché les effets des coefficients rotationnels dans le gypse pour la conductibilité calorifique. Le phénomène de Hall a été seulement constaté avec des métaux et le gypse est un diélectrique. Les coefficients rotationnels se feraient peut-être sentir avec un corps métallique cristallisé présentant la dissymétrie nécessaire; mais je ne crois pas que l'on possède actuellement une substance convenable pour tenter l'expérience.

Pour la théorie de la conductibilité calorifique dans les cristaux, *voir* le récent Article de M. Soret dans le *Journal de Physique*, t. II, 2e série, 1893, p. 241. Lord Kelvin a été le premier à remarquer que le phénomène de Hall donnait une démonstration de l'existence des termes rotationnels (W. Thomson, *Mathem. and. Phys. Papers*, t. I, p. 281).

quartz ont des symétries qui ne sont pas des intergroupes du champ électrique. Le quartz a la symétrie $2\,L_3$, $3(\,L_2\,L'_2\,)$, un axe principal ternaire doublé et trois axes binaires non doublés normaux à cet axe. En comprimant suivant un axe binaire par exemple, on ajoute la dissymétrie cylindrique (a) à celle du quartz; il ne reste plus comme éléments que $(L_2,\ L'_2)$, un axe binaire non doublé qui peut devenir une direction de polarité électrique.

On peut montrer de même qu'en comprimant dans la direction normale à la fois à un axe binaire et à un axe ternaire, on fera naître encore une polarité suivant l'axe binaire et que les coefficients qui interviennent pour caractériser ces deux modes de développement de la polarité sont égaux et de signes contraires, on peut ainsi prévoir certaines particularités du phénomène; mais ces conditions de symétrie ne sont pas les seules qui interviennent dans la théorie générale ([1]).

VI. *Liaisons entre les symétries caractéristiques des divers milieux*. — Nous avons supposé que la matière non cristallisée et non douée de pouvoir rotatoire n'apportait par elle-même aucune dissymétrie dans un système; nous avons fait implicitement la même supposition pour le milieu qui remplit les espaces vides de matière. Cette supposition bien naturelle, mais toute gratuite, est indispensable; elle montre bien que nous ne pouvons avoir notion de la symétrie absolue; nous devons choisir arbitrairement une symétrie pour un certain milieu et en déduire la symétrie des autres milieux. Cette symétrie relative est, du reste, la seule qui nous intéresse.

Si, par exemple, tout un système est animé d'une certaine vitesse et que nous considérions un certain corps A dans le système, il nous sera utile de connaître en général la symétrie du corps A par rapport au système, sans tenir compte de la dissymétrie commune créée par l'état de mouvement de tout le système.

Supposons que nous connaissions seulement en électricité les phénomènes généraux de l'électricité statique, de l'électricité dy-

---

([1]) La théorie générale complète des propriétés piézoélectriques des cristaux a été établie par VOIGT (*All. Ges. der Wiss.*, Göttingen, 1890. *Wied. Ann.*, t. XLV, 1892, p. 523).

namique, du magnétisme, de l'électromagnétisme et de l'induction, rien ne nous indiquerait exactement le type de symétrie qu'il convient d'attribuer au champ électrique et au champ magnétique. Nous pourrions, par exemple, choisir pour le champ magnétique la symétrie (*c*) (que nous avons attribuée plus haut au champ électrique) et, en raisonnant comme nous l'avons fait, nous serions conduit alors nécessairement à prendre pour symétrie du champ électrique le groupe (*d*) (que nous avons attribué plus haut au champ magnétique). Il n'y aurait aucune absurdité à un pareil système, ni aucune contradiction avec notre hypothèse initiale sur la symétrie complète de la matière.

Les phénomènes généraux de l'électricité et du magnétisme nous indiquent donc seulement une liaison entre les symétries du champ électrique et du champ magnétique, de telle sorte que, si l'on adopte (*c*) pour la symétrie de l'un, il faut admettre (*d*) pour la symétrie de l'autre, et réciproquement. Pour lever cette indétermination, il faut faire intervenir d'autres phénomènes, les phénomènes électrochimiques ou d'électricité de contact, les phénomènes pyro ou piézoélectriques, ou encore le phénomène de Hall, ou celui de la polarisation rotatoire magnétique.

Les dimensions des grandeurs électriques et magnétiques nous présentent un exemple d'indétermination tout à fait comparable à celui que nous venons de citer pour la symétrie des milieux électriques et magnétiques. Les phénomènes généraux de l'électricité et du magnétisme sont de même incapables de lever cette indétermination : il faudrait, pour y parvenir, faire intervenir d'autres phénomènes, les phénomènes électrochimiques, par exemple (¹).

VII. En résumé, les symétries caractéristiques des phénomènes ont un intérêt général incontestable. Au point de vue des applications, nous voyons que les conclusions que nous pouvons tirer des considérations relatives à la symétrie sont de deux sortes :

Les premières sont des conclusions fermes mais négatives, elles répondent à la proposition incontestablement vraie : *Il n'est pas*

(¹) M. Abraham a déjà fait une tentative dans ce sens (*Comptes rendus des séances de l'Académie des Sciences*, t. CXVI, 1893, p. 1123).

d'effet sans causes. Les effets, ce sont les phénomènes qui nécessitent toujours, pour se produire, une certaine dissymétrie. Si cette dissymétrie n'existe pas, le phénomène est impossible. Ceci nous empêche souvent de nous égarer à la recherche de phénomènes irréalisables.

Les considérations sur la symétrie nous permettent encore d'énoncer une deuxième sorte de conclusions, celles-ci de nature positive mais qui n'offrent pas la même certitude dans les résultats que celles de nature négative. Elles répondent à la proposition : *Il n'est pas de cause sans effets*. Les effets, ce sont les phénomènes qui peuvent naître dans un milieu possédant une certaine dissymétrie ; on a là des indications précieuses pour la découverte de nouveaux phénomènes ; mais les prévisions ne sont pas des prévisions précises comme celles de la Thermodynamique. On n'a aucune idée de l'ordre de grandeur des phénomènes prévus : on n'a même qu'une idée imparfaite de leur nature exacte. Cette dernière remarque montre qu'il faut se garder de tirer une conclusion absolue d'une expérience négative.

Considérons, par exemple, un cristal de tourmaline qui est un intergroupe de la symétrie du champ électrique. On en conclut que le cristal est peut-être polarisé électriquement. Plaçons le cristal dans un champ électrique, l'axe orienté à 90° du champ ; la polarisation ne se montre en aucune sorte, on n'a pas de couple appréciable, agissant sur le cristal, et l'on serait porté à penser que le cristal n'est pas polarisé ou que, si la polarisation existe, elle est plus petite que celle que l'on pourrait évaluer. Cependant la polarisation existe et, pour la faire apparaître, il faut modifier l'expérience, échauffer le cristal uniformément, par exemple, ce qui ne change cependant rien à sa symétrie.

SUR LA POSSIBILITÉ D'EXISTENCE

DE LA

CONDUCTIBILITÉ MAGNÉTIQUE

ET DU

MAGNÉTISME LIBRE.

Bulletin des séances de la Société française de Physique, année 1894, p. 76.
Journal de Physique, 3ᵉ série, t. III, 1894, p. 415.

Le parallélisme des phénomènes électriques et magnétiques nous amène naturellement à nous demander si cette analogie est plus complète. Est-il absurde de supposer qu'il existe des corps conducteurs du magnétisme, des courants magnétiques ([1]), du magnétisme libre?

Il convient d'examiner si des phénomènes de ce genre ne seraient pas en contradiction avec les principes de l'Énergétique ou avec les conditions de symétrie. On constate qu'il n'y aurait aucune contradiction. Un courant magnétique dégagerait de la chaleur; il aurait la symétrie du champ magnétique qui lui a donné naissance et jouirait de la curieuse propriété pour un courant d'être symétrique par rapport à un plan normal à sa direction. Le courant de magnétisme créerait un champ électrique comme le courant électrique crée un champ magnétique et suivant les mêmes lois.

Une sphère isolée dans l'espace et chargée de magnétisme libre

---

([1]) M. Vaschy a déjà posé cette question (*Traité d'Électricité et de Magnétisme*).

serait caractérisée par le groupe sphérique (18) ∞L_∞, énantio-morphe, c'est-à-dire une infinité d'axes d'isotropie doublés passant par le centre de la sphère dans toutes les directions; mais pas de centre et aucun plan de symétrie. En effet, la sphère est entourée de champs magnétiques tous orientés suivant les rayons et tous dirigés vers l'extérieur, si la sphère est chargée de magnétisme austral, ou vers l'intérieur, si elle est chargée de magnétisme boréal. Il ne peut y avoir de plan de symétrie passant par un rayon, puisque l'existence d'un champ magnétique n'est pas compatible avec celle d'un plan de symétrie passant par sa direction. Au con-traire, rien ne s'oppose à l'existence des axes d'isotropie, on a donc le groupe (18).

Si l'on pouvait placer une sphère chargée de magnétisme libre dans un champ magnétique, on aurait une force, et ceci semble à première vue en contradiction avec l'existence du plan de symétrie normal au champ. La disparition du plan de symétrie est précisé-ment due à la dissymétrie caractéristique du magnétisme libre. La symétrie du champ magnétique est (d) $\dfrac{L_\infty\, l_\infty}{P_\infty}$ C, celle de la sphère chargée (18) ∞L_∞; en superposant les dissymétries, il reste seulement $(L_\infty\, l_\infty)$ groupe (e), qui est un intergroupe de la symé-trie d'une force, groupe (c) $(L_\infty, \infty P)$.

Un corps chargé de magnétisme libre serait donc nécessairement dissymétrique énantiomorphe, c'est-à-dire non superposable à son image obtenue par mirage. Deux sphères chargées respective-ment de quantités égales de magnétisme austral et boréal seraient symétriques l'une de l'autre. On voit qu'il n'y aurait rien d'absurde, au point de vue de la symétrie, à supposer que les molécules dissy-métriques douées de pouvoir rotatoire soient naturellement char-gées de magnétisme libre (^{1}).

(^{1}) Si la conductibilité magnétique existait, un transformateur analogue aux transformateurs à courant alternatif mais à noyau annulaire conducteur du ma-gnétisme, transformerait un courant continu en un autre courant continu. J'ai essayé si le fer donnait un phénomène de ce genre, mais je n'ai obtenu aucun effet. Un tore de fer doux était recouvert de quelques couches de fil qui faisait partie du circuit d'un galvanomètre très sensible. On faisait circuler un fort courant constant dans une autre série de couches de fils. Les deux circuits étaient séparés par un tube de plomb enroulé sur le premier circuit et dans lequel passait un courant d'eau, de façon à éviter l'échauffement du premier circuit par

Ainsi, au point de vue de l'énergétique, au point de vue de la symétrie, on peut concevoir sans absurdité les courants de magnétisme et les charges de magnétisme libre. Il serait certes téméraire d'induire de là que ces phénomènes existent réellement. Si cependant il en était ainsi, ils devraient satisfaire aux conditions que nous avons énoncées.

---

le courant du second. Tant que le fer n'est pas saturé, on a des déviations au galvanomètre dues visiblement aux trépidations inévitables qui facilitent l'aimantation du fer. Quand le courant est assez intense pour que le fer soit déjà fortement aimanté, on n'a plus rien de sensible. Il convient de remarquer que cette méthode, fondée sur l'observation d'un effet dynamique, ne permettrait pas d'apprécier une très faible conductibilité magnétique.

SUR LA CRISTALLOGRAPHIE

A PROPOS

DES

ÉLÉMENTS DE CRISTALLOGRAPHIE PHYSIQUE

DE

M. Ch. SORET.

Archives des Sciences physiques et naturelles, 3ᵉ période, t. XXIX. p. 337.

La lecture de l'Ouvrage très suggestif que vient de publier M. Ch. Soret m'engage à formuler quelques remarques générales sur la cristallographie que l'on trouvera dans les lignes qui suivent.

. . . .

Sur le nombre des systèmes cristallins. — M. Soret réunit dans un seul système les cristaux hexagonaux et les cristaux rhomboédriques. Cette classification sera certainement critiquée par plusieurs cristallographes. Si, en effet, on prend comme base de classification les réseaux à mailles parallélépipédiques de Bravais et que l'on dise : il y aura autant de systèmes cristallins que de types de symétrie distincts dans les réseaux, on arrive logiquement à trouver sept systèmes cristallins ; car il existe un réseau à axe principal hexagonal et un autre à axe principal ternaire. M. Soret prend un point de départ expérimental et admet comme systèmes cristallins les divers systèmes de syngonie, c'est-à-dire les types de symétrie distincts compatibles avec la loi de dérivation et relatifs à

C.

l'ensemble de toutes les faces que l'on peut prévoir d'après cette loi. Il arrive ainsi logiquement à six systèmes cristallins.

A vrai dire, la division en systèmes cristallins est arbitraire et n'a guère d'importance théorique. En cherchant une base dans la théorie moléculaire de la constitution cristalline, on trouve que les centres de gravité des groupements de matière ne sont pas nécessairement disposés aux sommets des mailles d'un réseau parallélépipédique. Cette remarque ôte beaucoup de valeur au mode de classement en sept systèmes.

De même la division en systèmes de syngonie ne semble pas répondre à une propriété essentielle de la matière. Je suis entièrement de l'avis de M. Soret quand il dit (p. 86) que les trente-deux systèmes de symétrie possibles pour les corps cristallisés constituent la seule division rationnelle.

Au point de vue pratique, la division en systèmes cristallins a, au contraire, une grande importance. M. Soret fait remarquer que la division en systèmes de syngonie offre cet avantage : que dans chaque système l'ensemble de toutes les faces possibles est le même pour tous les types de symétrie qu'il contient.

Sur les théories de la structure interne des corps cristallisés. — M. Poincaré, dans son cours à la Sorbonne, M. Soret, dans le paragraphe que nous avons cité précédemment, nous montrent les physiciens se désintéressant peu à peu des hypothèses moléculaires trop précises, et ne prenant plus ces hypothèses comme point de départ des théories. Cependant cette tendance n'est pas absolument générale : ainsi la théorie des gaz, les théories de la stéréochimie, les théories sur la constitution des corps cristallisés semblent suivre une marche entièrement opposée. On cherche en effet à préciser dans ces théories la nature, la grandeur, la disposition et les mouvements des molécules.

On peut, il est vrai, comme le montre M. Soret, établir la liste des symétries possibles pour la matière cristallisée en se basant uniquement sur la loi de dérivation, c'est-à-dire sur un fait d'expérience. Je trouve que cette manière de présenter la question manque un peu de généralité, elle repose en effet sur la considération d'une propriété unique : celle qu'a la matière cristallisée de se limiter dans certaines circonstances par des faces planes. Supprimez par la pensée cette propriété particulière, l'ensemble des autres propriétés physiques légitimeront encore l'existence des mêmes types de symétrie.

Dans la théorie des réseaux, on part d'un fait d'expérience très général : l'homogénéité de la matière cristallisée; mais ensuite on doit faire un choix entre l'hypothèse de la continuité et celle d'une constitution périodique, l'option pour cette dernière revient à supposer que la matière est formée de molécules. On introduit donc une hypothèse avant d'arriver à former la liste des types de symétrie possibles; mais, en revanche, la théorie se présente sous une forme très générale.

M. Jordan, dans son Mémoire : *Sur les groupes de mouvements,* a, dès 1867, donné une liste complète de tous les systèmes d'axes ordinaires ou à mouvements de répétitions héliçoïdaux caractérisant les milieux illimités [1]. Il arrive ainsi à reconnaître l'existence de 172 modes distincts dont 71 peuvent convenir à des milieux cristallins [2]. Malheureusement la description de chaque mode est fort brève et la moitié seulement du problème a été traitée, puisque les axes définissent seulement les répétitions et qu'il convient encore de considérer la symétrie. Si l'on traitait complètement le problème, on trouverait en moyenne environ trois ou quatre types de symétrie distincts pour chaque mode établi par Jordan, ce qui porterait à plusieurs centaines les types de symétrie possibles pour les milieux cristallins, considérés comme milieux illimités à constitution périodique. Ces types se grouperaient sous la dépendance de chacun des trente-deux modes de symétrie d'une forme limitée. Enfin chaque type de symétrie pourrait être réalisé de bien des façons à l'aide de molécules que l'on pourrait supposer placées au point de croisement des axes, ou à l'encontre d'un axe et d'un plan de symétrie, ou en dehors des axes, etc., et dans chaque cas la molécule aurait une symétrie bien déterminée. On serait ainsi ramené aux dispositions de Sohncke, de Fedorow et de Schœnflies. On voit que la théorie, envisagée ainsi dans toute sa

---

[1] JORDAN, *Comptes rendus de l'Académie des Sciences,* t. LXIII, 1867, p. 229; *Annali di Mathematica,* 1868, p. 167, et 1869, p. 322.

[2] On arrive à ces nombres en rectifiant quelques erreurs dans l'énumération des modes qui se rapportent au système orthorhombique.

généralité, offre un nombre fini mais considérable de solutions distinctes.

Les phénomènes non prévus par la théorie des réseaux et pouvant nous donner des notions sur la constitution de la maille de Bravais sont encore peu nombreux. Cependant les recherches et les théories de Pasteur et de Mallard sur le dimorphisme donnent déjà des indications précieuses et M. Soret fait remarquer que Sohncke et Mallard arrivent par une marche bien différente à des conceptions analogues.

La pyrite de fer, la cobaltine, nous montrent qu'un même corps peut exister sous deux états cristallins qui se correspondent et jouir de propriétés physiques distinctes (propriétés thermoélectriques découvertes par Marbach), ou de propriétés cristallographiques distinctes par la position des stries (Rose, J. Curie) sans que les cristaux soient symétriques l'un de l'autre.

Les faits de ce genre sont précieux lorsque l'on cherche à pénétrer plus intimement dans la constitution interne des cristaux (traité de Soret, § 135 et § 474). Mais, en y réfléchissant, il semble qu'un grand nombre de données expérimentales de toutes sortes pourront aussi être utilisées pour résoudre le problème.

Sur les plans de symétrie alterne. — J'ai montré que la symétrie d'un système est complètement définie lorsque l'on connaît ses plans de symétrie ordinaire et d'autres plans de symétrie particuliers auxquels j'ai proposé de donner le nom de *plans de symétrie alterne.*

Un plan de symétrie alterne est en général normal à un axe, et, pour restituer le cristal par transformation symétrique, il faut prendre l'image du cristal par rapport au plan, puis faire tourner cette image autour de l'axe. L'angle dont il faut la faire tourner est égal à la moitié du plus petit angle qui donne la restitution par simple rotation autour de l'axe.

A vrai dire, cette intervention des plans de symétrie alterne n'est pas en général nécessaire. Les plans de symétrie joints à la considération du centre de symétrie suffisent en général pour définir la symétrie d'une forme cristalline. En faisant intervenir les plans de symétrie alterne, on a seulement la satisfaction un peu platonique de pouvoir énumérer toutes les transformations symé-

triques qui restituent le système; et le nombre de ces transformations est alors égal au nombre des rotations distinctes qui peuvent
de même restituer le système. Cependant il est un cas particulier
où le plan de symétrie alterne devient indispensable en cristallographie : c'est celui de cette forme quadratique tétartoédrique qui
répond au symbole oC, A_2, oL, oL', oH, oP, oP' (traité de
Soret, p. 108). Cette forme possible, mais que l'on n'a pas encore
rencontrée dans les corps cristallisés, est symétrique, sans avoir ni
centre ni plan de symétrie. Elle possède seulement un axe binaire
(qui dérive de l'axe quaternaire de la forme holoèdre) et un plan
de symétrie alterne normal à l'axe binaire. Pour restituer le cristal
par transformation symétrique, il faut prendre son image par

Fig. 1.

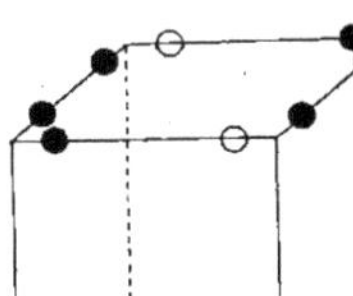

rapport à ce plan, puis la faire tourner de 90° autour de l'axe. J'ai
seulement appris dans le traité de M. Soret que Bravais avait déjà
signalé ce cas très particulier ([1]).

*Sur la symétrie du champ électrique et du champ magné-
tique* ([2]). — Un corps placé dans un champ électrique ou dans un
champ magnétique jouit des propriétés d'un corps anisotrope et
peut, à bien des points de vue, être comparé aux corps cristallisés.
On a ainsi deux nouveaux types de symétrie à ajouter à la liste des
corps anisotropes.

Un champ électrique et un corps polarisé électriquement pos-

([1]) BRAVAIS, *Études cristallographiques*, p. 229. — P. CURIE, *Bulletin de la
Société minéralogique de France*, t. VII, 1884, p. 418.
([2]) P. CURIE, *Bulletin de la Société minéralogique de France*, t. VII, p. 418.

sèdent au maximum, comme éléments dc symétrie : un axe d'isotropie L^∞ dans la direction du champ, par lequel passent une infinité de plans de symétrie P. On peut donc exprimer ceci symboliquement par l'expression suivante :

$$L^\infty, \quad \infty P.$$

Un corps placé dans un champ magnétique ou polarisé magnétiquement possède au maximum un axe principal d'isotropie $L^\bullet$
dans la direction du champ avec un plan de symétrie normal à la
direction du champ et un centre de symétrie à l'intersection de
l'axe et du plan. On peut donc représenter ceci symboliquement
par

$$C, \quad L^\infty, \quad \Pi.$$

Chaque physicien se sert journellement, d'une façon plus ou
moins explicite, de ces notions de symétrie ; aussi sommes-nous
fort étonné de ne les voir énoncées dans aucun traité de Physique.
Ces notions sont cependant fondamentales et, énoncées dès le début,
elles facilitent beaucoup aux élèves la compréhension des phénomènes. Bien des démonstrations se trouvent en effet immédiatement simplifiées lorsque l'on fait intervenir les notions de symétrie.

*Sur la conductibilité pour l'électricité et la chaleur des corps
polarisés magnétiquement.* — M. Soret montre que les expériences faites jusqu'ici ne permettent pas de décider s'il est nécessaire de faire intervenir les coefficients rotationnels, prévus par la
théorie, pour expliquer les phénomènes de conductibilité calorifique des corps cristallisés. Il est un cas connexe où les coefficients
rotationnels ont été révélés par l'expérience : c'est celui d'un corps
placé dans un champ magnétique. Ainsi l'effet de Hall pour les
phénomènes électriques indique nettement la présence des coefficients rotationnels, et cet effet se montre aussi bien avec un courant de chaleur qu'avec un courant électrique d'après Righi et
Leduc.

. Conservons les notations de M. Soret et soient F_x, F_y, F_z les
flux de chaleur suivant les axes, et U_x, U_y, U_z la variation de température par unité de longueur suivant les axes. On a dans le cas
le plus général, si l'on suppose que l'on a pris comme axes de

coordonnées les axes de conductibilité

$$F_x = -(K_x U_x - \lambda_z U_y + \lambda_y U_z),$$
$$F_y = -(\lambda_z U_x + K_y U_y - \lambda_x U_z),$$
$$F_z = -(-\lambda_y U_z + \lambda_x U_y + K_z U_z),$$

K_x, K_y, K_z étant les trois conductibilités principales, et λ_x, λ_y, λ_z trois coefficients rotationnels.

Supposons maintenant que le corps présente la symétrie du champ magnétique et que l'axe des z coïncide avec la direction du champ, les équations se simplifient et deviennent

$$F_x = -(K_x U_x - \lambda_z U_y),$$
$$F_y = -(\lambda_z U_x + K_x U_y),$$
$$F_z = -K_z U_z.$$

On n'a plus alors que trois coefficients : K_x, K_z les conductibilités principales, et λ_z un terme rotationnel.

Revenons maintenant à l'expérience de Hall; une plaque rectangulaire mince, métallique, est placée normalement à un champ magnétique; la plaque est large par rapport à son épaisseur et longue par rapport à sa largeur. L'axe des z sera dirigé suivant l'épaisseur et supposons l'axe des x parallèle à la plus grande dimension; on établit une différence de température (ou de potentiel) aux extrémités de la grande longueur, le flux calorifique (ou électrique) parcourt nécessairement la lame parallèlement à sa longueur (si celle-ci est suffisamment longue par rapport à la largeur), on a

$$F_z = 0, \qquad F_y = 0$$

et

$$\frac{U_y}{U_x} = -\frac{\lambda_z}{K_x} = \tan \alpha.$$

α est l'angle que font les lignes droites isothermes (ou isopotentielles) à la surface de la plaque avec la normale à la direction de propagation. On mesure donc ainsi le rapport du coefficient rotationnel à l'un des coefficients principaux.

Les considérations qui précèdent ne sont du reste pas nouvelles, puisque tous les physiciens qui se sont occupés du phénomène de Hall ont été conduits à dire que les corps situés dans un champ magnétique se comportent comme des corps anisotropes, et

M. Boltzmann a même montré que, si l'on faisait arriver l'électricité par le centre d'un disque métallique placé normalement au champ magnétique et si cette électricité était recueillie uniformément sur les bords du disque, les lignes décrites par le flux électrique seraient des spirales.

Nouvelle méthode pour déterminer le rapport des coefficients de conductibilité dans les corps cristallisés. — On ne peut pas conclure de ce que les termes rotationnels existent dans les corps polarisés magnétiquement qu'il en soit de même dans les corps cristallisés qui ont une symétrie analogue à celle d'un champ magnétique : mais on peut transporter aux corps cristallisés les méthodes expérimentales utilisées pour l'étude du phénomène de Hall. On est donc amené à employer des plaques parallélépipédiques longues par rapport à leur épaisseur ; on devra maintenir une différence de température entre les extrémités de la longueur et étudier la direction des lignes isothermes vers le milieu de la lame. Il serait trop long d'étudier ici tous les cas qui peuvent se présenter en considérant les divers types de symétrie pour la matière employée et en considérant les diverses manières de tailler la lame pour chacun des types. Je dirai seulement que cette méthode peut donner, dans certains cas, le rapport des coefficients principaux de conductibilité ; dans certains cas, le rapport d'un coefficient rotationnel à un coefficient principal ; enfin dans d'autres cas des expressions plus complexes.

Voici donc une deuxième méthode qui permettra de voir si les coefficients rotationnels sont ou ne sont pas nuls ; et cette méthode expérimentale semble pouvoir être pratiquée sans grandes difficultés dans le cas où l'on pourra se procurer des plaques assez étendues. Il sera seulement nécessaire de constater si les lignes isothermes sont ou ne sont pas dirigées normalement à la longueur d'une lame.

Bulletin de la Société minéralogique de France, t. VIII, 1885, p. 145.

SUR LA

FORMATION DES CRISTAUX

ET SUR LES

CONSTANTES CAPILLAIRES DE LEURS DIFFÉRENTES FACES.

Dans la théorie qu'il a donnée des phénomènes capillaires des liquides, Gauss prend comme point de départ l'hypothèse des forces centrales pour les actions intermoléculaires, il admet que les molécules n'agissent les unes sur les autres qu'à des distances excessivement petites; enfin, il fait intervenir le principe des vitesses virtuelles.

Il considère les travaux virtuels dus aux forces capillaires comme étant donnés par la dérivée d'une certaine fonction et il montre qu'une partie des termes de cette fonction ne dépend que du volume du liquide, tandis que l'autre partie est proportionnelle à la surface.

La partie qui dépend du volume est invariable si l'on suppose le liquide incompressible; l'autre partie montre que les travaux virtuels dus aux forces capillaires sont proportionnels à la variation de surface.

On peut aujourd'hui présenter ces considérations d'une façon à la fois plus élémentaire et plus générale, sans être obligé de faire intervenir l'hypothèse des forces centrales. Ce que nous allons dire pourra s'appliquer non seulement à un liquide, mais à un corps quelconque déformable, sans variation de nature, ni de volume.

Étant donné un pareil corps, en ne considérant pas les forces extérieures autres que les forces capillaires, l'énergie interne est la même pour tous les éléments de même volume suffisamment éloignés de la surface; au contraire, à la surface, il y a une couche de transition extrêmement mince, les éléments de volume de cette couche ont une énergie moyenne différant sensiblement de celle des éléments intérieurs, d'où, dans l'énergie totale, une partie est proportionnelle au volume, l'autre partie est proportionnelle à la couche de transition, c'est-à-dire à la surface.

Lorsque le corps se déforme, l'énergie en volume est constante et l'énergie totale varie proportionnellement à la variation de surface.

La constante capillaire A caractéristique de la surface de séparation de deux milieux est l'énergie qu'il faut dépenser pour augmenter d'une unité cette surface de séparation.

Si le corps est soustrait à toutes les forces autres que les forces capillaires, le système tendant à avoir une énergie minimum, la surface de séparation tend à être la plus petite possible et le corps prend la forme sphérique.

Si plusieurs surfaces de séparation S, S_1, S_2 de constante capillaire A, A_1, A_2 limitent le corps, la forme stable sera celle qui donnera un minimum pour la quantité $AS + A_1 S_1 + A_2 S_2$.

Considérons maintenant un cristal dans son eau mère saturée et supposons que certaines parties se dissolvent et viennent se déposer sur d'autres parties, le cristal est ainsi déformable sans que ni lui, ni son eau mère n'éprouvent de variations de nature ou de volume. Si l'on néglige les travaux tout à fait minimes dus à la pesanteur, l'énergie à la surface de séparation du cristal et de son eau mère sera seule variable et la forme la plus stable sera celle pour laquelle la somme des énergies à la surface est la plus petite possible.

A chaque espèce de face doit correspondre une constante capillaire distincte, car, s'il n'en était pas ainsi, le cristal, dans son eau mère, tendrait à prendre la forme sphérique.

La forme dominante doit être celle donnée par les faces dont la constante capillaire est la plus faible.

Ces principes étant admis, nous pouvons maintenant traiter un certain nombre de problèmes.

PROBLÈME. — *Supposons qu'un cristal prenne la forme d'un*

prisme quadratique dans son eau mère, quel sera le rapport du côté de la base x à la hauteur y qui caractérisera la forme la plus stable?

Désignons par A la constante capillaire des faces latérales et par B celle de la base. L'énergie sur une face latérale sera $xy\,A$, celle sur une base $x^2 B$, pour la forme stable la quantité

$$E = 4\,xy\,A + 2\,x^2\,B$$

devra être un minimum.

Du reste

$$x^2 y = V,$$

V étant le volume constant du cristal, d'où

$$\frac{E}{2} = \frac{2\,AV}{x} + B\,x^2$$

et

$$\frac{1}{4}\,\frac{dE}{dx} = -\,\frac{AV}{x^2} + B\,x;$$

pour le minimum on doit avoir

$$\frac{AV}{x^2} = B\,x,$$

d'où

$$A\,y = B\,x,$$

d'où

$$\frac{x}{y} = \frac{A}{B}.$$

On a bien dans ce cas un minimum, car alors $\frac{d^2 E}{dx^2} = 12\,B$, quantité positive.

PROBLÈME. — *Supposons qu'un cristal prenne la forme d'un cubo-octaèdre, quelle sera la forme stable? A et B étant les constantes capillaires des faces cubiques et octaédriques.*

Soit x la distance à laquelle une face octaédrique vient couper une arête du cube (distance comptée à partir du sommet de l'angle trièdre du cube reconstitué par le prolongement des arêtes b); on trouve pour la forme stable

$$x = \left(\frac{3}{2} - \frac{B}{A} \, \frac{\sqrt{3}}{2} \right) b.$$

Cette formule montre que le cristal sera entièrement cubique lorsque l'on aura

$$\frac{A}{B} < \frac{1}{\sqrt{3}},$$

qu'il sera entièrement octaédrique lorsque l'on aura

$$\frac{A}{B} > \sqrt{3},$$

qu'il prendra la forme d'un cubo-octaèdre absolument défini pour chaque valeur de $\frac{A}{B}$ comprise entre $\frac{1}{\sqrt{3}}$ et $\sqrt{3}$.

PROBLÈME. — *Considérons maintenant plusieurs cristaux possédant la forme stable, situés dans une même eau mère, que se passera-t-il?*

L'ensemble des cristaux aura une énergie minimum lorsque leur surface totale sera la plus petite possible, c'est-à-dire lorsque tous les cristaux seront réunis en un seul.

Il y aura à vrai dire un autre cas d'équilibre; c'est celui où tous les cristaux seront égaux entre eux, mais il répond à un maximum d'énergie et l'équilibre est instable.

Ainsi la réponse est en parfaite conformité avec l'expérience; on sait, en effet, que dans une eau mère saturée le *plus gros cristal mange les petits.*

La théorie qui précède permet donc de résoudre toute une série de questions; elle est uniquement basée sur des principes généraux de la science, et ne faisant pas d'hypothèse particulière elle ne nous dnnoe aucune notion précise sur le mécanisme de la formation des cristaux. Toute théorie physique particulière qui expliquera ce mécanisme devra d'abord ne pas être en contradiction avec cette théorie plus générale.

La théorie prévoit que dans une eau mère saturée tous les cristaux doivent se réunir en un seul; elle règle les dimensions des diverses faces d'un même cristal; elle montre la possibilité d'existence des plus petites facettes dans une forme parfaitement stable.

En terminant, nous ferons toutefois quelques restrictions sur la théorie qui précède.

Lorsqu'un cristal baigne dans son eau mère saturée à température constante, il est bien évident que ce cristal ne variera pas de forme s'il possède déjà celle la plus stable; mais, s'il en possède une autre, se déformera-t-il spontanément? Cela semble probable, mais c'est à l'expérience seule de répondre.

Il est certain que le cristal tend à prendre la forme qui correspond au minimum d'énergie et qu'il profitera de toutes les occasions qui se présenteront à lui pour le faire; mais il n'est pas dit qu'il puisse le faire spontanément dans son eau mère.

Toutes les fois que l'on applique le principe du travail maximum à un système dont on connaît imparfaitement le mécanisme, on doit toujours se demander si une force déterminante, si un petit travail préliminaire n'est pas nécessaire pour permettre au plus gros travail calculé de se produire. C'est ainsi qu'un objet placé sur le bord d'une table ne tombe pas nécessairement et que dans les phénomènes chimiques un grand nombre de combinaisons exothermiques ne se produisent pas spontanément.

ÉQUATIONS RÉDUITES

POUR LE

CALCUL DES MOUVEMENTS AMORTIS.

La Lumière électrique, t. XLI, 1891, p. 201, 270, 307, 56.

Dans un grand nombre de questions de Physique, on est amené à considérer une équation différentielle linéaire du second ordre qu'il suffit d'intégrer pour avoir la solution cherchée. C'est ce qui arrive en particulier, lorsque l'on étudie un appareil oscillant et que cet appareil est amorti par une force antagoniste proportionnelle à la vitesse.

C'est encore une équation différentielle de ce genre que l'on obtient, quand on se propose de calculer les mouvements oscillatoires ou apériodiques de l'électricité dans le circuit de décharge d'un condensateur.

Nous nous proposons de donner ici des *Tableaux numériques* et une méthode permettant de simplifier les calculs que l'on peut avoir à effectuer.

La discussion d'une formule doit être poussée beaucoup plus loin par les physiciens que par les mathématiciens.

Les mathématiciens peuvent se contenter d'étudier l'allure générale des courbes représentant les variations d'une fonction, de déterminer les lignes asymptotiques, les points d'inflexion, etc.

Les physiciens doivent discuter *numériquement*, s'ils veulent tirer une conclusion physique quelconque : pour eux, par exemple, une quantité qui varie d'une quantité inappréciable, dans les conditions réalisables par expérience, peut être considérée comme une constante.

La nécessité de discuter numériquement n'exclut pas la *généralité* de la discussion; il n'est pas nécessaire de prendre un cas particulier. Seulement, il faut mettre les équations sous une forme particulière, en n'y faisant figurer que des rapports de grandeurs de même nature. On a ainsi des *équations réduites* permettant de faire des discussions numériques générales et facilement applicables à tous les problèmes.

Amortissement dans les instruments de mesure employés en Physique.

Nous allons préciser tout d'abord la question en considérant un appareil particulier.

Nous choisirons, par exemple, le galvanomètre Deprez-d'Arsonval, dont les mouvements ont été étudiés théoriquement et expérimentalement par M. Ledeboer dans un travail publié dans ce journal ([1]).

Désignons par :

α l'angle de déviation compté à partir de la position d'équilibre,

t le temps,

c le couple de torsion du fil de suspension par unité d'angle (c'est-à-dire par un radian),

Σmr^2 le moment d'inertie du cadre mobile,

s la surface moyenne d'une spire de la bobine mobile,

n le nombre de tours de cette bobine,

h l'intensité du champ magnétique dans lequel oscillent les côtés du cadre,

R la résistance du cadre,

R' la résistance extérieure qui ferme le circuit du galvanomètre,

i l'intensité du courant électrique.

A un instant quelconque, on a

$$\Sigma mr^2 \frac{d^2\alpha}{dt^2} = -c\alpha + nshi,$$

([1]) *La Lumière électrique,* t. XX, p. 577.

$(-c\alpha)$ étant le couple provenant de la torsion du fil, et $(+nshi)$ celui provenant de l'action du champ magnétique sur le courant, i étant pris positivement dans le sens qui donne sous l'action du champ un couple positif.

Nous supposerons qu'il n'y a pas, dans le circuit, d'autres forces électromotrices que celles provenant des effets d'induction pendant le mouvement du cadre.

On a alors, en négligeant les effets de self-induction,

$$i(\mathrm{R}+\mathrm{R}') = -nsh\frac{d\alpha}{dt};$$

d'où l'équation du mouvement

$$(1) \qquad \Sigma\, mr^2\frac{d^2\alpha}{dt^2} + \frac{n^2 s^2 h^2}{\mathrm{R}+\mathrm{R}'}\frac{d\alpha}{dt} + c\alpha = 0.$$

Cette équation est de la forme

$$(2) \qquad \frac{d^2\alpha}{dt^2} + 2\,a\frac{d\alpha}{dt} + b^2\alpha = 0$$

en posant

$$a = \frac{n^2 s^2 h^2}{2(\mathrm{R}+\mathrm{R}')\,\Sigma\, mr^2}$$

et

$$b^2 = \frac{c}{\Sigma\, mr^2}.$$

On trouverait de même que les mouvements d'autres instruments employés en Physique sont encore parfaitement caractérisés par l'équation (1). Nous citerons, par exemple, le siphon recorder de Thomson, les galvanomètres à aimant mobile amortis par le voisinage d'une masse de cuivre, tels que les vieux modèles de galvanomètres à plaques de cuivre, le galvanomètre de Weber et le modèle à petit aimant mobile en fer à cheval de d'Arsonval.

Nous citerons encore les électromètres apériodiques de J. et P. Curie, de Carpentier, de Blondlot et Curie à amortissement magnétique et l'électromètre Bichat et Blondlot à amortissement à air.

Nous avons aussi réalisé une balance comportant un amortissement à air, dont les mouvements sont très exactement régis par l'équation (1).

Dans d'autres instruments, une équation différentielle linéaire du second ordre n'est certainement plus tout à fait suffisante pour représenter la loi élémentaire du mouvement de l'appareil, le couple d'amortissement n'étant plus exactement proportionnel à la vitesse. Mais l'équation (2) peut donner toutefois une première approximation pour guider le constructeur. Nous citerons, comme instruments de cette catégorie, les ampèremètres industriels, le galvanomètre à arête de poisson de Deprez, le galvanomètre Thomson à amortisseur à air, les électromètres à amortisseurs à palettes dans un liquide, tels que ceux de Thomson et de Mascart.

Un manomètre à liquide, à mercure, par exemple, comporte aussi un certain amortissement provenant du frottement intérieur de ce liquide sur lui-même.

Le mouvement d'un aréomètre est également amorti par le frottement du liquide dans lequel il baigne.

Enfin, les manomètres métalliques sont sans doute amortis par le frottement intérieur dans le métal lui-même.

On voit que presque tous les instruments de mesure comportant le mouvement d'un système matériel ont un certain amortissement. Il n'y a d'exception que dans des cas où les instruments fonctionnent comme instruments de zéro, au lieu de donner par la grandeur d'un déplacement la valeur de la quantité à mesurer. C'est de cette façon que fonctionnent d'ordinaire les électrodynamomètres et les balances.

En général, il est non seulement utile, mais absolument nécessaire, de régler convenablement l'amortissement d'un appareil pour qu'il puisse fonctionner. Trop amorti, l'instrument est paresseux et la partie mobile ne vient se fixer dans sa position d'équilibre qu'au bout d'un temps considérable; pas assez amorti, l'instrument oscille presque indéfiniment.

Les conditions de bon fonctionnement d'un appareil de mesure sont :

1° Qu'il soit suffisamment *sensible;*

2° Qu'il soit suffisamment *précis,* c'est-à-dire qu'il donne fidèlement plusieurs fois les mêmes indications pour les mêmes quantités à mesurer;

3° Qu'il soit suffisamment *rapide* dans ses indications.

C. 11

La troisième condition comporte comme condition nécessaire (mais pas toujours suffisante) un réglage convenable de l'amortissement.

L'amortissement paraît avoir occupé jadis une place très secondaire dans la disposition d'un grand nombre d'appareils et le constructeur semble souvent ne pas s'en être préoccupé. On peut faire remarquer toutefois que le constructeur qui est parvenu à faire bien fonctionner un instrument en lui donnant certaines dimensions a par cela même réglé jusqu'à un certain point l'amortissement.

Dans un manomètre à air libre, par exemple, il n'y a pas d'amortisseur, mais le diamètre du tube règle l'amortissement. Le frottement intérieur donne, en effet, pour un même excès de pression, une vitesse d'écoulement qui croît rapidement avec le diamètre. Si donc le tube est trop large, le liquide oscillera longtemps avant de s'arrêter. Si le tube est trop étroit, le liquide viendra très lentement se fixer dans sa position d'équilibre. On est amené à choisir convenablement le diamètre entre ces deux cas extrêmes, c'est-à-dire que l'on choisit un amortissement convenable.

Mais si par tâtonnement on arrive à réaliser pour un instrument un amortissement pratique, on arrive difficilement à avoir le *meilleur* amortissement si l'on ne se laisse pas guider par la connaissance des lois du mouvement.

Il est quelquefois très utile d'avoir exactement le meilleur amortissement au point de vue de la rapidité des lectures; soit que le phénomène que l'on étudie ne dure qu'un temps très court sans éprouver de variations, soit que l'instrument marchant déjà lentement dans les meilleures conditions possibles, il ne devienne tout à fait pénible de s'en servir avec un amortissement médiocrement réglé.

Les équations du mouvement sont encore fort utiles à connaître lorsque l'on veut modifier convenablement toutes les pièces d'un appareil pour en réaliser un nouveau d'une sensibilité différente. Enfin les équations du mouvement permettent facilement de prévoir et de calculer exactement ce qui se passera pour une modification quelconque imposée à un appareil.

Il existe quelques instruments dans lesquels une partie au moins de l'amortissement est due à un frottement de *solide* contre *solide;* un amortissement de ce genre a toujours donné des résultats médiocres ou mauvais au point de vue de la précision des indications. L'indicateur de Watt et le Cardew, par exemple, donnent des résultats d'une exactitude douteuse.

Une partie de l'amortissement provient, dans ces instruments, des frottements de corps solides les uns sur les autres, et de ces frottements doivent provenir aussi une partie des erreurs.

On admet que des frottements de cette espèce donnent des forces antagonistes de grandeur constante, c'est-à-dire que la réaction due au frottement est toujours de signe contraire à la vitesse, mais indépendante de la grandeur de celle-ci.

Prenons par exemple un système qui sans amortissement possède un mouvement pendulaire, et adjoignons-lui un frottement de corps solides. On trouve, en traitant la question par le calcul, que la durée d'oscillation est la même lorsqu'il y a un amortissement de ce genre que lorsque le mouvement est libre. A chaque demi-oscillation l'amplitude diminue d'une grandeur constante que nous désignerons par a; mais, lorsque les amplitudes successives ont décru jusqu'à une valeur égale ou inférieure à $2\,a$, le système s'arrête et la position d'arrêt comporte une incertitude égale à $2\,a$; le système peut s'arrêter dans une position quelconque, dans une portion comprise entre $-a$ et $+a$ de part et d'autre de la véritable position d'équilibre. Alors, si a est grand, l'indication n'offre aucune précision. Si a est petit, le système n'est pas suffisamment amorti puisqu'il diminue seulement de a par demi-oscillation. De toute façon le résultat est mauvais.

Dans les instruments de mesure il est donc bien préférable de disposer un système fournissant un amortissement proportionnel à la vitesse.

Déplacements électriques dans le circuit d'un condensateur.

Soient :

C la capacité du condensateur,
R la résistance du fil qui unit ses deux faces,
L le coefficient de self-induction du circuit,

i l'intensité du courant dans le fil,

q la quantité d'électricité condensée,

v la différence de potentiel entre les deux faces du condensateur.

Supposons que l'on décharge le condensateur à travers le fil. A un instant quelconque pendant la décharge on a :

$$i\,\mathrm{R} = \mathrm{V} - \mathrm{L}\,\frac{di}{dt},$$

et, d'autre part,

$$q = \mathrm{CV}$$

et

$$i = -\frac{dq}{dt},$$

d'où l'on tire

$$\mathrm{L}\,\frac{d^2 q}{dt^2} + \mathrm{R}\,\frac{dq}{dt} + \frac{1}{\mathrm{C}}\,q = 0.$$

Cette équation est encore de la forme

$$\frac{d^2 q}{dt^2} + 2\,a\,\frac{dq}{dt} + b^2 q = 0$$

en posant

$$a = \frac{\mathrm{R}}{2\,\mathrm{L}}$$

et

$$b^2 = \frac{1}{\mathrm{LC}}.$$

Cette équation montre que le problème des oscillations de l'électricité est le même que celui des oscillations de la matière.

En effet, dans un système matériel on a

$$\mathrm{M}\,\frac{d^2 x}{dt^2} + \gamma\,\frac{dx}{dt} + \mathrm{E}x = 0,$$

M étant la masse, γ le coefficient de frottement ou force antagoniste par unité de vitesse, x le déplacement et E le coefficient élastique ou force antagoniste pour l'unité de déplacement.

Les deux équations sont intéressantes à comparer : on voit que le coefficient de self-induction en électricité joue un rôle analogue à celui de la masse dans le système matériel. La résistance électrique et le coefficient de frottement ont des rôles semblables. L'inverse de la capacité intervient comme un coefficient élastique. C'est l'élasticité électrique du diélectrique du condensateur qui entre ici en jeu; et, pour une même quantité d'électricité condensée, la tension élastique est d'autant plus grande que la capacité est plus faible. Enfin, la quantité d'électricité intervient non comme une matière, mais comme un déplacement.

On voit encore que le frottement matériel joue le rôle de la résistance électrique. On doit en tenir compte au même titre que de celle-ci; il est aussi nécessaire de faire intervenir un coefficient de frottement déterminé dans un problème relatif à un système matériel que d'avoir une résistance électrique convenable dans le problème électrique correspondant.

Le problème du mouvement de l'électricité dans le circuit d'un condensateur intervient aujourd'hui dans un grand nombre de cas quand on emploie les condensateurs dans les laboratoires, dans l'industrie ou dans la télégraphie.

Le calcul précédent n'est applicable du reste que lorsque l'on ne dépasse pas une certaine limite de rapidité. Quand les oscillations sont excessivement rapides, les lois ordinaires de l'électrodynamique ne sont plus applicables sous une forme aussi simple.

Mouvement avec amortissement proportionnel à la vitesse.

Considérons de nouveau l'équation (2)

$$(2) \qquad \frac{d^2\alpha}{dt^2} + 2a\frac{d\alpha}{dt} + b^2\alpha = 0,$$

dans laquelle α, a et b ont une signification particulière pour chaque problème que l'on considère.

Dans le cas, par exemple, d'un système matériel oscillant autour d'un axe, α serait l'angle de déviation et l'on aurait

$$a = \frac{\gamma}{2\,\Sigma\, mr^2}, \qquad b^2 = \frac{c}{\Sigma\, mr^2},$$

γ représentant le couple d'amortissement pour l'unité de vitesse angulaire,

Σmr^2 le moment d'inertie,

c le couple de torsion par unité d'angle.

Nous supposerons, comme conditions initiales, qu'au temps 0 le système est abandonné à lui-même avec une vitesse nulle et une déviation angulaire α_0 comptée à partir de la position d'équilibre.

Cette équation intégrée se présente sous trois formes différentes, suivant les grandeurs respectives de a et de b.

Pour

$$a = 0$$

(*figure* 1, courbe I), on a une sinusoïde

$$(3) \qquad \alpha = \alpha_0 \cos bt.$$

Pour

$$b^2 - a^2 > 0$$

(*figure* 1, courbe II), on a

$$(4) \qquad \alpha = \alpha_0\, e^{-at} \left(\cos \sqrt{b^2 - a^2}\, t + \frac{a}{\sqrt{b^2 - a^2}} \sin \sqrt{b^2 - a^2}\, t \right).$$

Pour

$$b^2 - a^2 = 0$$

(*figure* 1, courbe III), on a

$$(5) \qquad \alpha = \alpha_0\, e^{-bt}(1 + bt).$$

Pour

$$b^2 - a^2 < 0$$

(*figure* 1, courbe IV), on a

$$(6) \qquad \left\{ \begin{aligned} \alpha = \alpha_0\, e^{-at}\, \frac{1}{2} &\left[\left(1 + \frac{a}{\sqrt{a^2 - b^2}} \right) e^{+\sqrt{a^2 - b^2}\, t} \right. \\ &\left. + \left(1 - \frac{a}{\sqrt{a^2 - b^2}} \right) e^{-\sqrt{a^2 - b^2}\, t} \right]. \end{aligned} \right.$$

Pour

$$b = 0,$$

on a la droite

$$(7) \qquad \alpha = \alpha_0.$$

Si l'on suppose que l'amortissement, d'abord nul, prend successivement des valeurs de plus en plus grandes, on réalisera successivement tous les types de mouvement, dont quelques-uns sont représentés *figure* 1 : le mouvement, d'abord représenté par une sinusoïde (courbe I), devient oscillatoire avec amplitudes successives décroissantes (courbe II); en même temps la pseudo-période va en augmentant et le point où la courbe coupe l'axe des temps s'éloigne vers l'infini.

Puis, pour le mouvement critique, pour lequel $a^2 = b^2$ (courbe III), le mouvement devient apériodique, c'est-à-dire que l'appareil se rapproche d'une façon continue de sa position d'équilibre sans la dépasser jamais. Enfin, pour des amortissements plus grands

Fig. 1.

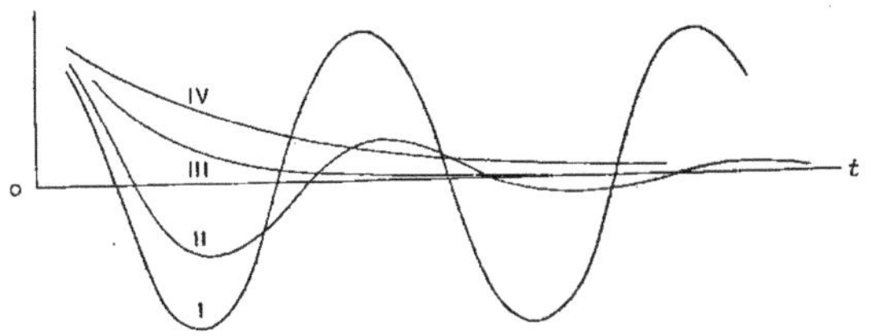

encore, le mouvement, toujours apériodique, devient de plus en plus lent (courbe IV); les courbes vont en s'étalant de plus en plus et finissent par se confondre avec une droite horizontale. On voit comment s'opère sans changement brusque la transition du mouvement périodique au mouvement apériodique lorsqu'on augmente l'amortissement. Nous rappellerons quelques-unes des propriétés de ces mouvements.

Lorsqu'il n'y a pas d'amortissement, la durée T_0 de la période du mouvement est donnée par la relation

$$T_0 = \frac{2\pi}{b}.$$

Lorsque le mouvement est oscillatoire, mais amorti, il n'y a plus, à proprement parler, de période, mais nous considérerons une *pseudo-période* T, qui est la période du terme entre parenthèses de l'équation (3); on a

$$T = \frac{2\pi}{\sqrt{b^2 - a^2}}.$$

La pseudo-période T est toujours plus grande que T_0; on a

$$\frac{T}{T_0} = \frac{b}{\sqrt{b^2 - a^2}},$$

T tend vers l'infini quand a^2 augmente jusqu'à la valeur b^2.

T jouit d'une partie des propriétés d'une période véritable de mouvement sinusoïdal. Par exemple, T représente l'intervalle de temps entre deux maxima successifs ou entre deux minima successifs. $\frac{T}{2}$ représente l'intervalle de temps entre un maximum et un minimum se succédant. $\frac{T}{2}$ représente encore l'intervalle de temps entre deux instants successifs pour lesquels la déviation s'annule.

Mais une différence essentielle avec un mouvement non amorti, c'est que l'intervalle de temps entre un maximum ou un minimum et le moment où la déviation est nulle n'est plus égal à $\frac{T}{4}$.

Les temps correspondant aux déviations nulles sont tous décalés dans le sens positif d'une quantité φT (φ représentant le décalage en fraction de pseudo-période).

On a

$$\tan 2\pi\varphi = \frac{a}{\sqrt{b^2 - a^2}}.$$

Le décalage croît progressivement jusqu'à $\frac{1}{4}$ de période lorsque a augmente de o à b.

Les temps correspondant aux points d'inflexion de la courbe (la vitesse est alors maxima) sont décalés dans le sens négatif de la même quantité φT. On voit que les jambages successifs de la courbe sont dissymétriques.

Les élongations correspondant aux maxima et minima successifs vont en décroissant; le rapport $-\frac{\alpha_n}{\alpha_{n+1}}$ de la $n^{\text{ième}}$ élongation maxima ou minima à l'élongation suivante est un nombre constant r. Soient

$$r = \frac{-\alpha_n}{\alpha_{n+1}}, \qquad \lambda = \log\,\text{nép}\,r:$$

r est le *décrément* et λ le *décrément logarithmique*, et l'on trouve facilement

$$\lambda = \frac{aT}{2}$$

ou

$$a = \frac{2\lambda}{T},$$

T étant toujours la pseudo-période.

L'étude d'un mouvement oscillatoire amorti est donc assez facile dans un système matériel ; on détermine par exemple le rapport de deux élongations successives, ce qui permet de calculer le décrément logarithmique λ ; d'autre part, on mesure la durée T de la pseudo-période. On tire a par la relation

$$a = \frac{2\lambda}{T},$$

puis de la formule

$$\frac{2\pi}{T} = \sqrt{b^2 - a^2}$$

on tire

$$b = \sqrt{\frac{4\pi^2}{T^2} + a^2}.$$

Connaissant a et b, on peut chercher la valeur de l'élongation à un instant quelconque en se servant de l'équation complète du mouvement.

Cette méthode, excellente quand l'amortissement est faible, donne des résultats peu précis lorsqu'il est considérable, parce que les amplitudes successives diminuent trop rapidement.

Enfin, quand le mouvement est apériodique, la méthode ne s'applique plus.

On doit, dans le cas des mouvements apériodiques, noter les déviations pour différents temps et essayer d'en déduire la loi du mouvement. Mais les équations ne permettent en général de faire aucun calcul directement et l'on ne peut arriver à un résultat que par des méthodes de tâtonnement, c'est-à-dire en construisant un assez grand nombre de courbes ou de Tableaux numériques et en cherchant le mouvement qui s'adapte le mieux aux expériences que l'on a faites. Les formules (4), (5) et (6) permettent de calculer a connaissant a, b, a_0 et t, mais jamais on ne peut renverser le problème et chercher à tirer directement des formules t, a ou b. On voit que l'usage de Tables ou de courbes construites d'avance s'impose, mais on ne saurait construire ces courbes et ces Tables pour chaque cas que l'on traite considéré isolément ; il convient de construire des Tables qui puissent servir pour tous les problèmes.

Équations réduites de Van der Waals.

On peut, pour rendre les équations plus générales, choisir des nouvelles variables telles que les coefficients particuliers caractérisant chaque problème particulier disparaissent. C'est un artifice de ce genre qu'emploie par exemple Van der Waals pour exprimer d'une façon générale la relation qui existe entre la pression, le volume et la température absolue d'une certaine masse fluide. Nous rappellerons ici la réduction de Van der Waals.

En désignant par :

p la pression dans le fluide (liquide ou gaz);
v le volume de l'unité de masse;
θ la température absolue.

La relation de Van der Waals peut s'écrire

$$(8) \qquad p = \frac{R\theta}{v-b} - \frac{a}{v^2},$$

R, a et b étant des constantes spécifiques caractérisant le fluide considéré.

Désignons par p_c, v_c, θ_c la pression, le volume spécifique et la température absolue au point critique. A la température critique, la courbe p fonction de v a un point d'inflexion avec tangente parallèle à l'axe des volumes pour $p = p_c$ et $v = v_c$.

On peut déduire de cette propriété la valeur des constantes critiques en fonction de R, a et b. On trouve

$$v_c = 3\,b,$$
$$\theta_c = \frac{8}{27}\,\frac{a}{Rb},$$
$$p_c = \frac{1}{27}\,\frac{a}{b^2}.$$

Ces trois relations permettent aussi de tirer a, b, R en fonction des constantes critiques

$$b = \frac{1}{3}\,v_c,$$
$$a = p_c v_c,$$
$$R = \frac{8}{3}\,\frac{p_c v_c}{\theta_c}.$$

En remplaçant dans l'équation (8) a, b et R par ces valeurs on aura substitué les trois constantes critiques p_c, v_c, θ_c aux constantes précédentes.

On pourra alors écrire l'équation (8) sous la forme

$$\frac{p}{p_c} = \frac{8}{3}\,\frac{\theta}{\theta_c}\,\frac{1}{\dfrac{v}{v_c}-\dfrac{1}{3}} - \frac{3}{\left(\dfrac{v}{v_c}\right)^2}.$$

Si nous prenons maintenant comme nouvelles variables les quantités

$$\frac{p}{p_c},\quad \frac{v}{v_c},\quad \frac{\theta}{\theta_c},$$

nous aurons entre ces trois quantités une relation purement numérique.

Ici nous prendrons l'initiative d'une notation particulière. Nous poserons

$$(9)\qquad \frac{p}{p_c}=np,\qquad \frac{v}{v_c}=nv,\qquad \frac{\theta}{\theta_c}=n\theta,$$

np, nv, $n\theta$ devant être considérés comme des symboles dans lesquels n et p, n et v, n et θ ne peuvent être séparés.

On a alors

$$(10)\qquad np = \frac{8}{3}\,n\theta\,\frac{1}{nv-\dfrac{1}{3}} - \frac{3}{nv^2}.$$

C'est l'*équation réduite* de la formule de Van der Waals. np peut être considéré comme représentant la pression, lorsque l'on prend comme unité de pression la pression critique; nv est le volume spécifique en prenant comme unité le volume spécifique critique; $n\theta$ est la température absolue comptée en prenant pour unité la température absolue critique.

La notation symbolique que nous avons adoptée présente certains avantages. Dans la désignation np, par exemple, p rappelle qu'il s'agit d'une pression, la lettre n rappelle que l'on a affaire à un rapport de deux quantités de même dimension, à un nombre; par conséquent, l'équation (10) est une relation entre des nombres.

L'équation réduite ne contient plus de constantes spécifiques caractérisant la nature du fluide. Il en résulte qu'en choisissant des unités spéciales pour chaque fluide que l'on peut avoir à con-sidérer, la relation entre la pression, la température et le volume est la même pour tous les corps. L'importance de ce résultat, au point de vue de la théorie de la constitution des corps, est évidente. L'importance de ce résultat au point de vue pratique n'est pas moindre.

Si l'on admet, ce qui n'est pas absolument vrai, que l'équation de Van der Waals est bien exacte, on peut en déduire une méthode pratique pour faire une fois pour toutes les calculs nécessaires pour retrouver facilement tous les états que peut prendre un fluide quelconque lorsque l'on connaît ses constantes critiques p_c, v_c, θ_c.

Il suffit pour cela de construire des courbes ou d'avoir des Tableaux numériques donnant les diverses valeurs de np fonction de nv pour diverses valeurs de nt suffisamment rapprochées.

Les problèmes que l'on pourrait résoudre seraient ensuite des plus variés. Si l'on voulait, par exemple, connaître le volume spécifique d'un fluide à la température T et à la pression p, connaissant ses constantes p_c, T_c, θ_c, on calculerait d'abord $n\theta = \dfrac{T}{T_c}$ et $np = \dfrac{p}{p_c}$, puis, dans les Tableaux ou sur les courbes, on chercherait nv correspondant à nt et np, et l'on déduirait le volume spécifique cherché $v = nv\,v_c$.

Équations réduites pour l'étude d'un mouvement amorti.

Nous pouvons appliquer une réduction analogue à nos équations (3), (4), (5), (6), (7). Nous considérerons comme variables l'élongation θ, le temps t et l'amortissement a, et nous choisirons comme unités, pour chacune de ces quantités, des grandeurs de même nature et ayant une signification physique aussi simple que possible.

Nous prendrons comme unité d'élongation α_0 qui représente dans tous les cas la déviation à l'origine du mouvement, alors que la vitesse est nulle, et nous poserons

$$\frac{\alpha}{\alpha_0} = n\alpha.$$

Nous prendrons comme unité de temps la durée T_0 de la période, lorsque, toute autre chose égale d'ailleurs, l'amortissement est nul et le mouvement représenté par l'équation (3) :

$$\alpha = \alpha_0 \cos bt$$

et nous poserons

$$\frac{t}{T_0} = nt.$$

On a, du reste, la relation

$$\frac{2\pi}{T_0} = b;$$

d'où

$$t = T_0 nt = \frac{2\pi}{b} nt.$$

Enfin, nous prendrons comme unité d'amortissement, l'amortissement qui donne le mouvement critique, équation (4),

$$\alpha = \alpha_0 e^{-\alpha t}(1 + at).$$

On a, dans ce cas, $a = b$. b nous servira d'unité d'amortissement et nous poserons

$$\frac{a}{b} = na.$$

Les notations $n\alpha$, nt, na sont des symboles dans lesquels les lettres associées ne peuvent être séparées.

En substituant les valeurs de α, t, a dans les équations (3), (4), (5), (6), (7), on obtient

$$(11) \qquad n\alpha = \cos 2\pi nt,$$

$$(12) \qquad n\alpha = e^{-na 2\pi nt}\left[\cos\left(\sqrt{1 - na^2}\,2\pi nt\right) + \frac{na}{\sqrt{1 - na^2}}\sin\left(\sqrt{1 - na^2}\,2\pi nt\right)\right],$$

$$(13) \qquad n\alpha = e^{-2\pi nt}(1 + 2\pi nt),$$

$$(14) \qquad \left\{ \begin{aligned} n\alpha = \frac{1}{2}e^{-na 2\pi nt}&\left[\left(1 + \frac{na}{\sqrt{na^2 - 1}}\right)e^{+\sqrt{na^2 - 1}\,2\pi nt}\right.\\ &\left. + \left(1 - \frac{na}{\sqrt{na^2 - 1}}\right)e^{-\sqrt{na^2 - 1}\,2\pi nt}\right], \end{aligned}\right.$$

$$(15) \qquad n\alpha = 1.$$

On voit que α_0 et b disparaissent de ces équations et que l'on a des relations purement numériques entre $n\alpha$, nt, na.

Ces équations sont des *équations réduites* indépendantes du problème particulier que l'on considère, qu'il s'agisse d'une oscillation rectiligne ou autour d'un axe, que l'on ait un système matériel ou de l'électricité, que les oscillations soient lentes ou rapides; ces équations réduites sont toujours applicables, quitte à revenir de la valeur réduite à la valeur réelle à l'aide de coefficients particuliers à chacun des problèmes.

C'est donc pour les équations prises sous cette forme qu'il convient de faire les Tableaux numériques et de construire les courbes. On aura à chercher une série de valeurs de $n\alpha$ pour diverses valeurs de nt et cela pour diverses valeurs de na suffisamment rapprochées les unes des autres.

Nous appellerons na le *degré d'amortissement* du système; il caractérise le genre du mouvement. Pour $na = 0$, équation (11), mouvement oscillatoire pendulaire.

Pour $na < 1$, mouvement oscillatoire amorti, équation (12).

Pour $na = 1$, mouvement apériodique critique.

Pour $na > 1$, mouvement apériodique de plus en plus lent, quand na tend vers l'infini.

Généralités sur les équations réduites.

La méthode inaugurée par Van der Waals avec son équation réduite applicable à tous les fluides nous semble devoir être très féconde en Physique, tant au point de vue théorique qu'au point de vue pratique. Nous ferons ici quelques remarques générales sur ces équations.

Toute mise en équation d'un phénomène naturel doit nécessairement donner une relation homogène par rapport à un système quelconque d'unités fondamentales.

On peut toujours amener une relation à une forme telle que chacun des termes de la relation ait une dimension nulle par rapport aux unités fondamentales.

Du reste, la présence dans un pareil terme d'une grandeur ayant certaines dimensions entraîne nécessairement dans le même terme une autre grandeur de mêmes dimensions pour que les dimensions puissent s'annuler les unes les autres.

Il est vrai que la coexistence de ces grandeurs de même nature peut n'être pas directement visible. Il peut se faire, par exemple, que, considérant une première grandeur, la seconde de même espèce soit contenue dans une autre de dimensions plus complexes. Mais cette grandeur de même espèce que la première n'en existe pas moins, quoique sous forme implicite, et l'on doit toujours pouvoir par transformation ramener le terme considéré à ne plus contenir que des rapports de grandeurs de mêmes dimensions. On met ainsi sous une forme tangible cette proposition que toute relation mécanique ou physique résulte de la comparaison des grandeurs de même espèce.

En considérant les rapports des grandeurs dont nous venons de parler, au lieu de s'occuper des primitives, on diminue notablement le nombre des quantités entrant dans une équation. On obtient donc une *équation réduite* plus générale que la première, qui doit être du reste considérée comme une relation purement numérique, puisque toutes les quantités qui y entrent ont des dimensions nulles.

On peut constituer une infinité d'équations réduites différentes pour une même équation. Soit

$$F\left(\frac{x}{x_0}, \frac{y}{y_0}, \frac{z}{z_0}\right) = 0,$$

$\frac{x}{x_0}, \frac{y}{y_0}, \frac{z}{z_0}$ étant des rapports de grandeurs de même espèce.

On peut poser

$$\frac{x}{x_0} = A\,n\,x$$

$$\frac{y}{y_0} = B\,n\,y$$

$$\frac{z}{z_0} = C\,n\,z,$$

A, B, C étant des *coefficients numériques* que l'on peut choisir d'une façon absolument arbitraire. L'équation réduite sous la forme

$$F(A\,n\,x,\ B\,n\,y,\ C\,n\,z) = 0$$

contient une infinité d'équations distinctes différant entre elles par les valeurs adoptées pour les nombres A, B et C.

Voici, par exemple, l'équation de Van der Waals (8) (p. 170):

$$(8) \qquad p = \frac{R\theta}{v-b} - \frac{a}{v^2};$$

en prenant p, v, θ comme types de dimension on voit que :

a a les dimensions de $v^2\, p$,

b » v,

R » $\dfrac{pv}{\theta}$

donc, en désignant par p_0, v_0, θ_0 une certaine pression, un certain volume spécifique et une certaine température absolue, on peut poser

$$(16) \qquad \begin{cases} a = A\, v_0^2\, p_0 \\[4pt] b = B v_0 \\[4pt] R = C\, \dfrac{p_0 v_0}{\theta_0} \end{cases}$$

A, B, C étant des nombres choisis arbitrairement, et l'équation de Van der Waals devient

$$\frac{p}{p_0} = C \frac{\theta}{\theta_0} \, \frac{1}{\dfrac{v}{v_0} - B} - \frac{A}{\left(\dfrac{v}{v_0}\right)^2},$$

ou, en prenant p_0, v_0, θ_0 comme unités,

$$(17) \qquad np = \frac{C\, n\theta}{nv - B} - \frac{A}{(nv)^2}\cdot$$

Dans cette équation réduite A, B et C peuvent être choisis à volonté et les unités particulières employées p_0, v_0, θ_0 sont tirées des équations (16), soit

$$(18) \qquad \begin{cases} p_0 = \dfrac{B^2}{A}\, a \\[8pt] v_0 = \dfrac{1}{B}\, b \\[8pt] \theta_0 = \dfrac{CB}{A}\, \dfrac{ab}{R}\cdot \end{cases}$$

Pour un autre fluide caractérisé par d'autres constantes a', b', R' l'équation réduite sera la même (17) à condition de conserver les mêmes valeurs numériques pour A, B, C dans des équations analogues aux équations (18) servant à déterminer les nouvelles unités p_0', v_0', θ_0'.

Lorsque l'on prend comme unités la pression critique p_c, le volume spécifique v_c et la température absolue critique θ_c, cela revient à considérer le cas particulier où l'on pose

$$A = 3, \qquad B = \frac{1}{3}, \qquad C = \frac{8}{3}.$$

Il y a donc une infinité d'équations réduites pour représenter les transformations de tous les fluides. Non seulement il n'est pas nécessaire de choisir les constantes critiques comme unités, mais il n'est pas même nécessaire de choisir comme unités des valeurs p_0, v_0, θ_0 correspondant à un même état du corps, c'est-à-dire satisfaisant à l'équation (8). On peut, par exemple, prendre $A = 1$, $B = 1$, $C = 1$, et l'équation réduite sera simplement

$$np = \frac{n\theta}{nv - 1} - \frac{1}{nv^2}.$$

Toutefois, si théoriquement les valeurs à donner à A, B, C sont indifférentes, pratiquement il vaut évidemment mieux choisir des unités ayant une signification physique particulière et importante.

C'est précisément ce que nous avons fait pour les équations réduites du mouvement d'un système amorti (1). Nous aurions pu choisir des unités différentes, mais en tenant toujours compte de ce que a et b ont mêmes dimensions et que ces dimensions sont l'inverse d'un temps, puis en tenant compte également de ce que α a les mêmes dimensions que α_0.

Des états correspondants.

Van der Waals remarque qu'à une solution np, nv, $n\theta$ de l'équation réduite des fluides correspond pour chaque fluide un certain état.

On a ainsi des *états correspondants* pour les divers fluides et deux corps pris dans des états correspondants ont des propriétés *analogues*.

C. 12

Dans l'étude d'un mouvement amorti nous pouvons considérer de même des *états correspondants de mouvement* pour deux systèmes différents lorsque ces états de mouvement seront représentés par une même solution ($n\alpha$, na, nt) de l'équation réduite.

Pour que dans les *états correspondants* il y ait une analogie mécanique ou physique véritable, il faut que les états qui se correspondent soient les mêmes, quelle que soit l'équation réduite adoptée; c'est ce qui a lieu. En effet, si deux états se correspondent avec une première équation réduite, on aura par exemple

$$n x = \frac{x}{x_0} = \frac{x'}{x'_0},$$

x, x' étant une même grandeur sous deux états correspondants dans deux systèmes différents, x_0, x'_0 les unités relatives à ces deux systèmes.

Si l'on prend une autre équation réduite, cela revient à changer d'unités en faisant varier dans le calcul de celles-ci les coefficients numériques tels que A, B, C considérés plus haut, mais cette variation sera la même quel que soit le système; donc les nouvelles unités s'obtiennent en multipliant x_0 et x'_0 par un même facteur K: on aura pour la nouvelle équation réduite

$$N x = \frac{x}{K x_0} = \frac{x'}{K x'_0} = N x'.$$

La grandeur réduite sera encore la même pour les deux systèmes, donc les états se correspondent encore.

A propos des états correspondants, on peut remarquer que, pour obtenir une même équation réduite avec deux systèmes différents, il est nécessaire de prendre comme unités les grandeurs de deux états correspondants des deux systèmes.

Ces *états correspondants* peuvent du reste être *réels* ou *imaginaires*. Ils sont réels quand les grandeurs servant d'unités correspondent à un état pouvant exister dans le système. Ils sont imaginaires dans le cas contraire.

Calculs numériques et courbes.

Des élèves de l'École de Physique et de Chimie de la Ville de

Paris ont effectué avec soin des calculs numériques et construit les courbes représentant les équations réduites (11), (12), (13), (14) (p. 173), relatives à un mouvement amorti.

M. Langevin a fait les calculs relatifs aux mouvements apériodiques pour divers degrés d'amortissement ($na > 1$).

Voici comment il a posé les calculs relatifs à l'équation (14). Soit

$$A = \left(1 + \frac{na}{\sqrt{na^2 - 1}} \right) e^{-(na - \sqrt{na^2 - 1})2\pi nt},$$

$$B = \left(\frac{na}{\sqrt{na^2 - 1}} - 1 \right) e^{-(na + \sqrt{na^2 - 1})2\pi nt},$$

l'équation (14) devient

$$(19) \qquad n\alpha = \frac{1}{2}(A + B).$$

Or B décroît assez rapidement quand nt va en augmentant. Si bien que, si l'on se donne une précision déterminée, $\frac{1}{2000}$ par exemple, pour les valeurs de $n\alpha$, le terme B est négligeable à partir de certaines valeurs de nt et le calcul se simplifie.

En prenant les logarithmes, on trouve pour $\log A$ et $\log B$ des expressions de la forme

$$(20) \qquad \begin{cases} \log A = m - p\,nt, \\ \log B = h - q\,nt. \end{cases}$$

m, p, h, q étant des constantes. Le Tableau I donne les valeurs de ces constantes pour divers degrés d'amortissement na.

TABLEAU I.

$na.$	$m.$	$p.$	$h.$	$q.$
1,5	0,36951	1,04230	$\bar{1},53357$	7,1448
2	33339	0,73119	$\bar{1},18950$	10,1835
3	31401	46818	$\bar{2},78290$	15,9043
4	30809	34660	$\bar{2},51581$	21,4833
6	30410	22900	$\bar{2},15184$	32,5180
8	30274	17122	$\bar{3},89792$	43,4890
10	30212	13678	$\bar{3},70224$	54,4380
20	30131	06826	$\bar{3},09773$	109,0830
100	30105	01364	$\bar{5},69900$	545,74

TABLEAU II.

Valeurs de na pour diverses valeurs de na et de nt ($na > 1$).

nt.	na = 1.	na = 1,5.	na = 2.	na = 3.	na = 4.	na = 6.	na = 8.	na = 10.	na = 20.	na = 100.
0,00	1,00000	1,00000	1,00000	1,0000	1,0000	1,00000	1,00000	1,0000	1,00000	1,00000
01	99810	0,99811	0,99819	0,99825	0,9983	0,9984	0,9985	0,9986	0,9991	0,9997
02	99275	99301	99330	99377	9942	9949	9955	9960	9976	9994
03	98430	98517	98599	98743	9880	9905	9919	9931	9959	9991
04	97325	97516	97689	97983	9822	9857	9887	9900	9943	9988
05	95990	96335	96645	97140	9753	9809	9843	9868	9928	9985
06	94450	95011	95485	96242	9680	9757	9805	9837	9912	
07	92750	93572	94260	95306	9607	9707	9766	9806	9897	
08	90900	92046	92974	94357	9532	9655	9727	9775	9881	
09	88930	90449	91627	93393	9459	9604	9690	9745	9866	
10	86870	88803	90298	92425	9384	9554	9651	9714	9850	9969
12	82525	85409	87563	9049	9235	9453	9575	9653	9819	
15	75690	80236	83460	87649	9017	9305	9463	9562	9773	
17	71070	76812	80771	85780	8874	9207	9388	9502	9742	
20	64225	71808	76861	83050	8662	9063	9278	9413	9697	9938
22	59795	68593	74370	81278	8527	8968	9205	9354	9666	
25	53441	63976	7072	78692	8325	8827	9097	9266	9621	
27	49436	61041	6843	77013	8194	8735	9025	9208	9590	
30	43806	56867	6501	74562	8000	8597	8920	9121	9545	9907
32	40314	54318	62860	72972		8507	8850	9064	9515	
35	35479	50545	59763	70650		8374	8745	8979	9471	
37	32518	48176	57785	69143		8286	8672	8922	9441	
40	28458	44829	54940	66943	7386	8156	8575	8838	9397	9875
42	25996	42728	53120	65015		8070	8507	8783	9367	
45	22645	39760	50500	63430		7943	8407	8700	9323	
47	20627	37891	48831	62077		7860	8341	8646	9294	
50	17898	35265	46427	60101	6820	7737	8243	8564	9250	9844
55	14084	31276	44670	56948		7535	8082	8430	9178	9814
60	[illegible]	[illegible]	[illegible]	54070		7380	7925	8299	9106	

75	031517	19554	30477	45903		6781	7470	7916	8894	
80	039543	17165	28016	43494	5367	6605	7323	7792	8824	9752
85	030387	15224	25755	41212		6433	7181	7670	8755	
90	023295	13502	23675	39049	4956	6265	7040	7551	8686	9721
95	017817	11975	21763	37000		6102	6903	7433	8618	
1,00	013600	10621	20007	35058	4576	5944	6798	7316	8551	9691
05	010362	09420	18391	33219		5789	6635	7202	8484	
10	007880	08355	16901	31476	4225	5639	6506	7090	8417	
15	005985	07410	15541	29824		5492	6380	6976	8351	
20	004540	06572	14286	28259	3901	5349	6255	6870	8289	
25	003437	05856	13133	26776		5210	6133	6762	8221	
30	002600	05170	12072	25371	3601	5074	6013	6652	8157	
35		045854	11098	24040		4942	5896	6503	8093	
40	00148	040670	10202	22778	3325	4814	5781	6450	8030	
45		036070	09378	21583		4688	5668	6350	7967	
50	000867	031991	08621	20450	3070	4565	5557	6250	7905	9540
55		028373	07925	19377		4447	5449	6153	7843	
60	000471	025165	07285	18360	2834	4332	5342	6056	7781	
65		022320	06697	17397		4219	5238	5962	7720	
70	000267	019795	06056	16434	2617	4109	5136	5869	7660	
75		017557	05659	15619		4004	5036	5777	7600	
80	000148	015571	05202	14799	2416	3898	4937	5687	7540	
85		013811	04782	14023		3797	4841	5598	7481	
90	000085	012250	04396	13287	2231	3698	4747	5511	7423	
95		010864	04041	12590		3602	4654	5425	7360	
2,00	000048	009635	03715	11929	2060	3508	4563	5340	7307	9391
10		007580	03139	10710	1902	3328	4387	5174	7193	
20	000015	005965	02653	096157	1756	3157	4217	5014	7081	
30		004695	02242	086331	1621	2995	4054	4858	6971	
40	0000042	003690	01894	077508	1497	2841	3897	4708	6862	
50		002902	01601	069591	1382	2695	3747	4562	6755	9245
60		002283	01353	062476	1276	2555	3602	4420	6650	
70		001796	01143	056091	1178	2425	3462	4283	6546	
80		001412	00966	050359	1088	2301	3329	4150	6444	
90		001111	00816	045212	1002	2182	3200	4022	6343	
3,00		000874	00690	040592	0927	2070	3076	3897	6244	9103
3,50						1590		3329	5770	

Les valeurs de ce Tableau permettraient de calculer à l'aide des équations (20) et (19) les valeurs de $n\alpha$ pour des valeurs de nt ne faisant pas partie du Tableau II.

Le Tableau II, à double entrée, donne les valeurs de $n\alpha$ pour diverses valeurs de na et de nt.

Les courbes ($fig.$ 2) se rapportent à ce Tableau (ordonnées $n\alpha$, abscisses nt).

Fig. 2.

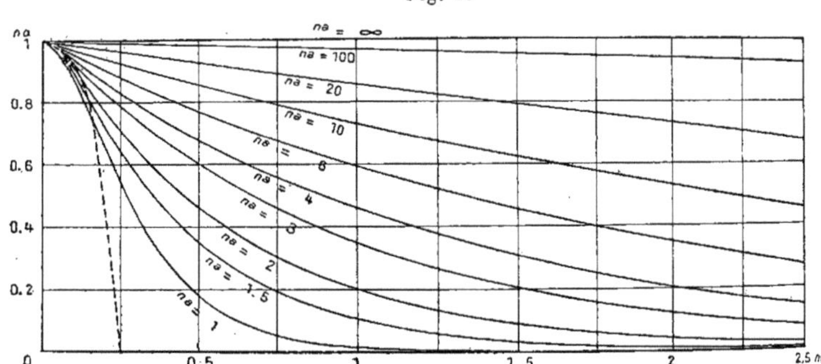

$n\alpha$ fonction de nt pour diverses valeurs de l'amortissement $na = 1$.

Les Tableaux I et II et les courbes ($fig.$ 2) se rapportent aux degrés d'amortissement 1, 1,5, 2, 3, 4, 6, 10, 20, 100.

M. Cathelin a fait les calculs concernant des mouvements oscillatoires amortis, $na < 1$, équation (12)

$$n\alpha = e^{-2\pi n a n t}\left(\cos 2\pi\sqrt{1-na^2}\,nt + \frac{na}{\sqrt{1-na^2}}\sin 2\pi\sqrt{1-na^2}\,nt\right).$$

Les calculs des Tableaux III et IV et les courbes ($fig.$ 3) se rapportent à des valeurs particulières de na choisies de manière à simplifier les calculs.

Courbe I.................... $na = 0$

Courbe II................. $na = \dfrac{1}{4}$ $= 0,25$

Courbe III .... $na = \dfrac{1}{2}$ $= 0,50$

Courbe IV................. $na = \dfrac{1}{\sqrt{2}}$ $= 0,70711$

Courbe V . ... $na = \dfrac{\sqrt{15}}{4} = 0,96824$

Courbe VI .... $na = 1$

Le Tableau III, à double entrée, donne les valeurs de $n\alpha$ pour

Fig. 3.

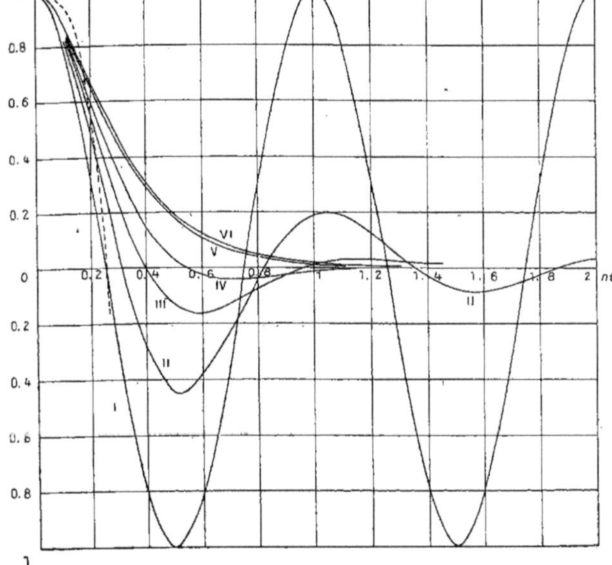

$n\alpha$ fonction de nt pour diverses valeurs de l'amortissement na.

diverses valeurs de nt et na.

Dans le Tableau IV :

$n\mathrm{T}$ est la pseudo-période réduite $n\mathrm{T} = \dfrac{\mathrm{T}}{\mathrm{T}_0}$;

λ est le décrément logarithmique ;

r est le rapport de deux élongations successives ;

nt_1, nt_2, nt_3, nt_4 sont les temps réduits donnant les moments où l'élongation s'annule la 1re, 2me, 3me, 4me fois ;

$n\alpha^{I}$, $n\alpha^{II}$, $n\alpha^{III}$, $n\alpha^{IV}$, $n\alpha^{V}$ sont les cinq premières élongations maxima ou minima.

TABLEAU III. — *Valeurs de $n\alpha$ pour diverses valeurs de na et de nt ($na < 1$).*

$nt.$	$na = 0.$	$na = \dfrac{1}{4} = 0,25.$	$na = \dfrac{1}{2} = 0,5.$	$na = \dfrac{1}{\sqrt{2}}$ $= 0,7071.$	$na = \dfrac{\sqrt{15}}{4}$ $= 0,968245.$	$na = 1.$
0	+1,00000	+1,00000	+1,00000	+1,00000	+1,00000	+1,00000
0,05	+0,95106	+0,95430	+0,95550	+0,9576		+0,95990
10	+ 80902	+ 8274	+ 8433	+ 85467	+0,86728	+ 86870
15	+ 58778	+ 6446	+ 6902	+ 7212		+ 75690
20	+ 30902	+ 4301	+ 5203	+ 57854	+ 63618	+ 64225
25	00000	+ 2078	+ 3527	+ 4414		+ 53441
30	− 30902	− 0110	+ 2005	+ 32450	+ 42707	+ 43806
35	− 58778	− 1795	+ 0715	+ 2270		+ 35479
40	− 80902	− 3202	− 0269	+ 1309	+ 27069	+ 28456
45	− 95106	− 3996	− 0932	+ 06697		+ 22645
0,50	−1,00000	− 4419	−0,1406	+0,02060	+0,17136	+0,17898
55	− 95106	− 4343	− 1604	− 01070		+ 14064
60	− 80902	− 38928	− 1616	− 02990	+ 09669	+ 10996
65	− 58778	− 3025	− 1485	− 03994		+ 08561
70	− 30902	− 2233	− 1223	− 04315	+ 05522	+ 06639
75	00000	− 1245	− 0999	− 04180		+ 05132
80	+ 30902	− 0287	− 0722	− 03768	+ 03073	+ 03954
85	+ 58778	+ 0509	− 0449	− 03203		+ 03039
90	+ 80902	+ 1227	− 0232	− 02587	+ 1667	+ 02329
95	+ 95106	+ 1651	− 0039	−		+ 01782
1,00	+1,00000	+0,1931	+0,0075	−0,01447	+0,008830	+0,01362
05	+0,95106		+ 0193			+ 01036
10	+ 80902	+ 1812	+ 02482	− 00612	+ 004552	+ 00788
15	+ 58778		+ 026569	− 00257		+ 00598
20	+ 30902	+ 1131	+ 02560	− 00113	+ 002291	+ 00454
25	00000		+ 0227			+ 00344
30	− 30902	+ 02730	+ 0188	+ 00119	+ 00110	+ 00260
35	− 58778		+ 01282			
40	− 80902	− 04575	+ 009191	+ 00185	+ 00051	+ 00148
45	− 95106		+ 006446			
1,50	−1,00000	−0,08337	+0,002221	+0,00165	+	+0,00087
55	−0,95106		− 000638			+ 00047
60	− 80902	− 08352	− 002499	+ 00115	+	
65	− 58778		− 004031			+ 00027
70	− 30902	− 05626	− 004239	+ 00065	+	
75	00000		− 004306			+ 00015
80	+ 30902	− 01793	− 003994	+ 00028	+0,00000	
85	+ 58778		− 003431		− 00000	+ 00008
90	+ 80902	+ 01599	− 002761	+ 00006	−	
95	+ 95106		− 002069	− 00000	−	+ 00005
2,00	+1,00000	+ 03549	− 001778	− 00002	−	

Tableau IV.

	$na = 0.$	$na = 0,25.$	$na = 0,50.$	$na = \dfrac{1}{\sqrt{2}}$ $= 0,70711.$	$na = 0,96824.$
nT	1	1,03280	1,15470	1,41422	4,00000
λ	0	0,811	1,816	3,14159	12,168
r	1	2,25	6,14	23,15	190700
nt_1	0,25	0,29974	0,3849	0,53033	1,83914
nt_2	0,75	0,81614	0,9622	1,23744	3,83914
nt_3	1,25	1,33254	1,5396	1,94455	5,83914
nt_4	1,75	1,84894	2,1169	2,65166	7,83914
$n\alpha^{I}$	$+1$	$+1$	$+1$	$+1$	$+1$
$n\alpha^{II}$	-1	$-0,444$	$-0,1628$	$-0,043212$	$-0,000005$
$n\alpha^{III}$	$+1$	$+0,1974$	$+0,0265$	$+0,001867$	$+0,000000$
$n\alpha^{IV}$	-1	$-0,0877$	$-0,0043$	$-0,000081$	$-0,000000$
$n\alpha^{V}$	$+1$	$+0,0390$	$+0,0007$	$+0,000003$	$+0,000000$

Les coordonnées $(n\alpha)$, (nt) des points d'inflexion sont données, dans le cas où $na < 1$, par les formules

$$(nt) = \frac{\text{arc tang} \dfrac{\sqrt{1 - na^2}}{na}}{2\pi \sqrt{1 - na^2}},$$

$$(n\alpha) = 2\,n\,a\,e^{-2\pi na(nt)},$$

et, dans le cas où $na > 1$, par

$$(nt) = \frac{\log \text{nép}\left(na + \sqrt{na^2 - 1}\right)}{2\pi \sqrt{na^2 - 1}},$$

$$(n\alpha) = 2\,n\,a\,e^{-2\pi na(nt)};$$

dans le cas où $na = 1$, on a, pour le point d'inflexion :

$$(nt) = \frac{1}{2\pi} = 0,159155,$$

$$(n\alpha) = \frac{2}{e} = 0,736.$$

Les points d'inflexion caractérisent le moment où les vitesses sont maxima dans le cas d'une oscillation matérielle, où le courant est le plus intense dans le problème des oscillations électriques.

On a, pour la vitesse au point d'inflexion,

$$\left(\frac{dn\,\alpha}{dn\,t}\right) = -\,2\,\pi\,e^{-2\pi n a n t}.$$

Les courbes en pointillé (*fig.* 2 et 3) donnent la première branche du lieu des points d'inflexion.

Le coefficient angulaire de la tangente à cette branche pour $(n\alpha) = 0$ est égal à $(-\,4\pi)$.

Le Tableau V donne les coordonnées des points d'inflexion et la vitesse en ces points pour diverses valeurs de na.

TABLEAU V. — Coordonnées des points d'inflexion.

$na.$	$nt.$	$n\alpha.$	$\dfrac{dn\,\alpha}{dn\,t}.$
0	0,25	0	−6,28319
0,25	2167	0,3558	−4,47131
0,50	1924	54656	−3,43403
0,70711	1768	64550	−2,86731
0,96824	1609	72789	−2,36127
1	159155	73591	−2,31210
1,5	137	82508	−1,72836
2	12101	87450	−1,37366
3	099189	92568	−0,96938
4	084795	95000	−0,74683
6	066666	97284	−0,509277
8	055516	98327	−0,386154
10	04788	98800	−0,310621
20	029388	99785	−0,156746
100	0,0084322	1,00000	−0,031470

La connaissance du décrément logarithmique et de la pseudo-période $(n\mathrm{T})$ du mouvement réduit étant souvent des données suffisantes pour la solution de certains problèmes, nous avons calculé dans le Tableau VI ces quantités, ainsi que le rapport absolu (r) de deux élongations successives pour des degrés d'amortissement variant de $\frac{1}{20}$ en $\frac{1}{20}$ de 0 à 1.

Ces valeurs sont calculées à l'aide des formules

$$n\mathrm{T} = \frac{1}{\sqrt{1 - na^2}},$$
$$\lambda = \pi\,na\,n\mathrm{T},$$
$$r = e^{\lambda}.$$

TABLEAU VI. — *Valeurs du décrément, du décrément logarithmique, de la pseudo-période réduite pour diverses valeurs de l'amortissement.*

$na.$	$n\,T.$	$\lambda.$	$r.$	$\sqrt[3]{\dfrac{1}{na}}.$	$\sqrt[4]{\dfrac{1}{na}}.$
0,00	1,00000	0,00000	.1,00000	∞	∞
05	0,0127	0,15723	1703	2,71438	2,11471
10	00502	31574	3713	15440	1,77828
15	01140	47663	6108	1,88204	60681
20	02060	64123	89891	70996	49534
25	03280	81116	2,2505	58737	41419
30	0483	98848	6858	49378	35118
35	0675	1,1733	3,2343	41896	30011
40	0911	37109	9395	35718	25741
45	1198	58307	4,8702	30493	22091
50	1547	8137	6,1343	25991	18918
55	1973	2,0689	7,9160	22050	16121
60	2500	3561	10,5505	18563	13621
65	3173	6902	14,73	15440	11368
70	4003	3,0794	21,745	12623	09325
75	5118	5622	35,2408	10062	07456
80	6666	4,1884	65,95	07720	05735
85	8983	5,0692	159,04	05565	04145
90	2,2942	6,4866	656,8	03573	02669
95	3,2025	9,558	14160,0	01723	01290
1,00	∞	∞	∞	1,000000	1,000000

La courbe 1 (*fig*. 4) donne les variations du décrément r pris en ordonnées en fonction du degré d'amortissement na pris en abscisse. r tend vers ∞ pour na tendant vers 1. La courbe II représente la même fonction avec une échelle cent fois plus faible pour les ordonnées.

La figure 5 donne la courbe représentant les valeurs de la pseudo-période réduite $n\,T$ prise en ordonnée en fonction du degré d'amortissement na pris en abscisse. L'origine des ordonnées est d'une unité au-dessous de la limite inférieure de la figure. La figure 6 donne la courbe représentant les variations de la pseudo-période réduite $n\,\mathrm{T}$ prise en ordonnée en fonction du décrément r pris en abscisse; cette courbe présente un point d'inflexion.

La figure 5 montre combien varie peu pour des amortissements faibles la durée de la période; il faut atteindre le degré d'amor-

Fig. 4.

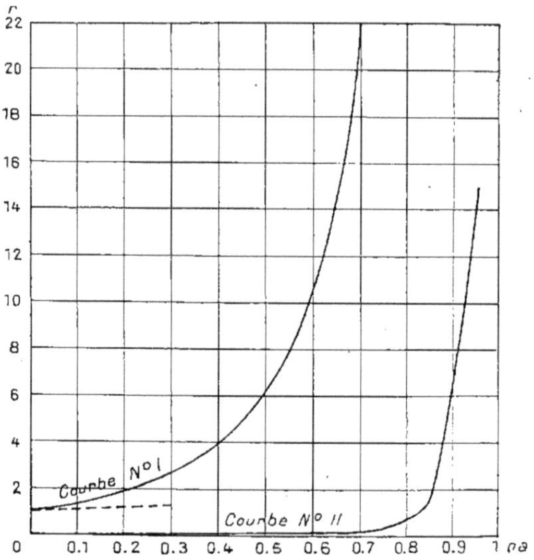

Décrément r en fonction du degré d'amortissement na.

tissement $0,43$ pour avoir une variation de $\frac{1}{10}$ dans la période. Pour $na = 1$, $n\,\mathrm{T} = \infty$.

On voit (*fig.* 6) qu'il faut un décrément supérieur à $1,5$ pour que la période augmente de $\frac{1}{100}$ de la valeur qu'elle a pour un amortissement nul.

Nous avons fait également figurer dans le Tableau VI les valeurs de $\sqrt[3]{\dfrac{1}{na}}$ et $\sqrt[4]{\dfrac{1}{na}}$ qui donnent des facteurs commodes à employer pour calculer les variations de dimensions à donner à certains amortisseurs lorsque l'on veut passer d'un mouvement oscillatoire donné par expérience au mouvement critique que l'on voudrait réaliser.

On peut se demander quel sera le degré d'amortissement le plus profitable pour que, toutes les autres données restant les mêmes, le mouvement s'arrête le plus rapidement possible. La déviation

Fig. 5.

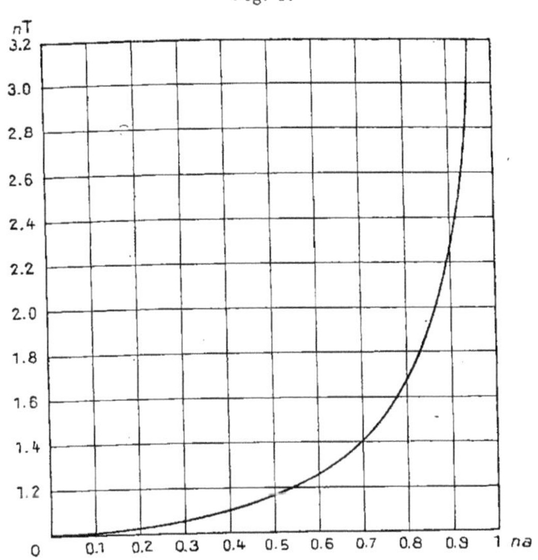

Pseudo-période réduite $n\mathrm{T}$ en fonction du degré d'amortissement na.

n'étant jamais définitivement rigoureusement nulle, on doit seulement chercher le degré d'amortissement qui amène définitivement

Fig. 6.

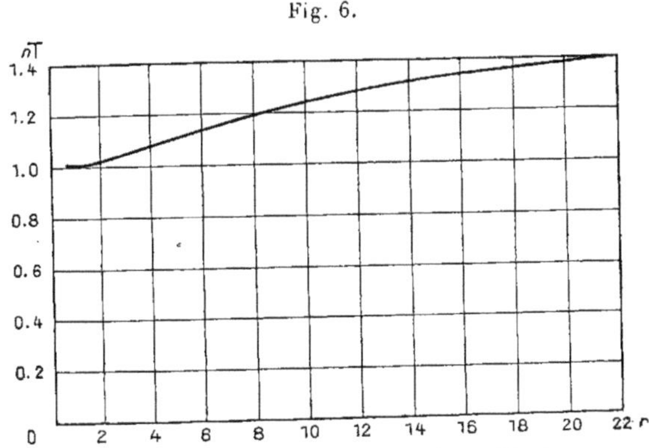

Pseudo-période réduite $n\mathrm{T}$ en fonction du décrément r.

le plus vite possible la déviation à être inférieure en valeur absolue à une certaine fraction de la déviation initiale.

On voit facilement que le mouvement le plus profitable est un certain mouvement oscillatoire, mais que ce mouvement, correspondant à un degré d'amortissement un peu inférieur à 1, est d'autant plus voisin du mouvement critique que la fraction de déviation finale a été choisie plus petite. Si l'on veut que la déviation soit réduite le plus vite possible à une petite fraction de la déviation primitive, à $\frac{1}{100}$, $\frac{1}{1000}$, ou $\frac{1}{10000}$, par exemple, on pourra pratiquement chercher simplement à réaliser le mouvement critique.

Si l'on ne peut réaliser ce mouvement, il est intéressant de savoir quelle perte de temps il en résultera dans les lectures.

TABLEAU VII. — *Temps réduit nécessaire pour amener la déviation au $\frac{1}{10}$, au $\frac{1}{100}$, au $\frac{1}{1000}$, au $\frac{1}{10000}$ de la déviation initiale pour divers degrés d'amortissement.*

$na.$	$n\alpha = \frac{1}{10}.$	$n\alpha = \frac{1}{100}.$	$n\alpha = \frac{1}{1000}.$	$n\alpha = \frac{1}{10000}.$
0	∞	∞	∞	∞
0,1	3,66*	7,32*	11,0*	14,6*
0,25	1,324	2,93*	4,40*	5,86*
0,50	0,750	1,389	2,20*	2,93*
0,707	0,424	1,053	1,633	1,88*
0,968	0,595	0,985	1,317	
1,000	0,619	1,058	1,478	1,862
1,500	1,025	1,984	2,944	3,90
2,000	1,413	2,780	4,150	5,52
3,000	2,162	4,30	6,430	8,56
4,000	2,907	5,79	8,67	11,55
6,000	4,375	8,75	13,12	17,46
10,000	7,32	14,62	21,91	29,20
20,000	14,62	29,26	43,90	58,60
100,000	73,3	146,5	220	293
∞	∞	∞	∞	∞

Le Tableau VII donne le temps réduit (nt) nécessaire pour amener définitivement la déviation à être inférieure au $\frac{1}{10}$, au $\frac{1}{100}$, au $\frac{1}{1000}$ de la déviation initiale, et cela pour divers degrés d'amortissement.

Pour des degrés d'amortissement faibles inférieurs à 0,5 par exemple, on peut, pour ce calcul, substituer à la fonction vraie la fonction exponentielle

$$n\alpha = e^{-2\pi nant},$$

donnant une courbe passant par les maxima successifs de la courbe de la fonction vraie. On n'a ainsi qu'une solution approchée, mais pratiquement suffisante. Les nombres du Tableau VII marqués d'un (*) ont été calculés de la sorte; ils ne sont donc pas tout à fait exacts.

Pour les amortissements d'un degré supérieur à 1 on s'est servi pour calculer les nombres du Tableau VII des formules (19) et (20). B est ici négligeable, et l'on a simplement

$$n\alpha = \tfrac{1}{2}\,A$$

et

$$\log A = m - pnt.$$

Les valeurs de n et p se trouvent dans le Tableau I pour divers

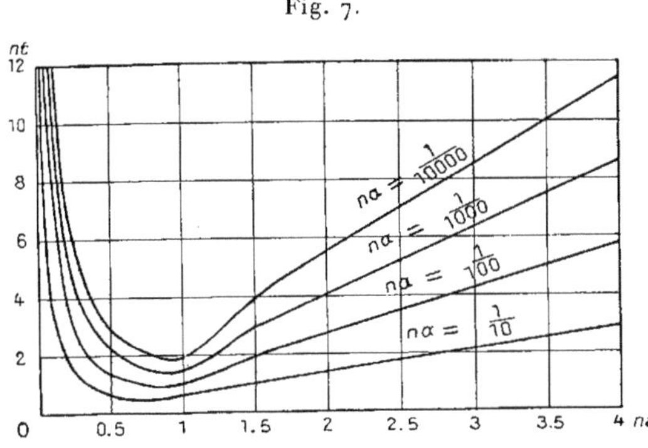

Fig. 7.

Temps réduit nécessaire pour l'arrêt d'un instrument
en fonction du degré d'amortissement.

degrés d'amortissement; on pose $n = \tfrac{1}{10},\ \tfrac{1}{100},\ \tfrac{1}{1000}$ ou $\tfrac{1}{10000}$ et l'on tire les valeurs de nt correspondantes.

Les courbes de la figure 7 donnent le temps réduit nécessaire pour l'arrêt à une approximation de $\tfrac{1}{10},\ \tfrac{1}{100},\ \tfrac{1}{1000}$ et $\tfrac{1}{10000}$.

On voit qu'avec un amortissement voisin de l'amortissement critique on peut admettre pratiquement que l'instrument sera arrêté au bout d'un temps réduit égal à une période du mouvement non amorti.

On voit que pour un amortissement deux fois trop fort l'instrument mettra environ trois fois plus de temps à s'arrêter.

Usage des Tables.

Nous allons donner un exemple numérique relatif à un problème d'électricité.

Soit un condensateur de capacité de 1 microfarad, chargé au potentiel de 100 volts (V_0) et que l'on décharge à travers un circuit de coefficient de self-induction égal à $\frac{1}{100}$ de quadrant.

Quelle sera la loi de charge du condensateur en fonction du temps pour diverses résistances données au circuit de décharge, le coefficient de self-induction restant constant?

Nous avons vu plus haut que l'équation différentielle du mouvement de l'électricité sera

$$L \frac{d^2 q}{dt^2} + R \frac{dq}{dt} + \frac{1}{C} q = 0;$$

ici

$$L = 0,01 \quad \text{et} \quad C = 10^{-6},$$

on a

$$a = \frac{R}{2L}, \qquad b^2 = \frac{1}{CL}$$

et

$$na = \frac{a}{b} = \frac{R}{2} \sqrt{\frac{C}{L}} = \frac{1}{200} R,$$

q doit être substitué à α dans l'interprétation des Tableaux numériques.

Soit q_0 la quantité d'électricité initiale, on a

$$q_0 = CV_0, \quad V_0 = 100, \quad C = 10^{-6} \quad q_0 = 10^{-4} \text{ coulombs}$$

et

$$n\alpha = nq = \frac{q}{q_0},$$

q_0 est l'unité adoptée pour évaluer l'électricité dans l'équation réduite.

Enfin la durée d'oscillation, lorsque R est nul, serait

$$T_0 = \frac{2\pi}{b} = 2\pi\sqrt{CL} = 6{,}2832 \times 10^{-4} \text{ secondes.}$$

L'on a

$$nt = \frac{t}{T_0},$$

T_0 est l'unité de temps à adopter pour interpréter les Tableaux relatifs aux équations réduites.

Si, par exemple, la résistance R est de 300^ω on aura un mouvement apériodique avec un degré d'amortissement $na = 1{,}5$.

On trouve, Tableau II (p. 180) et figure 2 (p. 182), les variations de (nq) (substitué à $n\alpha$) en fonction de nt.

En général, pour avoir le temps t et la quantité q d'électricité, il suffit de multiplier les valeurs de nt par $6{,}2832 \times 10^{-4}$ et celles de nq par 10^{-4}.

Quelle sera la charge restant dans le condensateur au bout de $\frac{1}{1000}$ de seconde?

On a

$$t = 0{,}001 \text{ seconde,}$$

$$nt = \frac{0{,}001}{6{,}2832 \times 10^{-4}} = 1{,}59.$$

Cette valeur de nt est comprise entre les nombres $1{,}55$ et $1{,}60$ qui figurent dans le Tableau II.

Par interpolation on obtient

$$n\alpha = nq = 0{,}02580,$$

c'est-à-dire que $0{,}02580$ de la charge primitive restent encore dans le condensateur.

Soit une charge

$$q = 10^{-4} \times 0{,}02580 = 2{,}58 \times 10^{-6} \text{ coulomb.}$$

Le Tableau VII montre que la décharge sera complète à $\frac{1}{10}$, $\frac{1}{100}$, $\frac{1}{1000}$ près au bout de

$$nt_1 = 1{,}025, \qquad nt_2 = 1{,}984, \qquad nt_3 = 2{,}944,$$

soit

$$t_1 = 0{,}000644 \text{ seconde,} \qquad t_2 = 0{,}00122, \qquad t_3 = 0{,}00185.$$

C. 13

Enfin le Tableau V nous montre que l'intensité du courant circulant dans le fil sera maxima au bout de

$$nt = 0,137, \qquad \text{soit} \qquad t = 0,000861 \text{ seconde,}$$

après le commencement de la décharge.

Cette intensité maxima se trouve dans le même Tableau. On a en effet

$$\frac{dn\alpha}{dnt} = \frac{dnq}{dnt} = \frac{d\dfrac{q}{q_0}}{d\dfrac{t}{T_0}} = \frac{T_0}{q_0}\frac{dq}{dt},$$

ou

$$\frac{dq}{dt} = \frac{q_0}{T_0}\frac{dn\alpha}{dnt}.$$

Ici

$$\frac{q_0}{T_0} = \frac{10^{-4}}{6,2832 \times 10^{-4}} = \frac{1}{6,2832}, \qquad \frac{dn\alpha}{dnt} = 1,7284,$$

soit

$$\frac{dq}{dt} = 0,2740.$$

Donc l'intensité du courant est, au moment où elle est la plus forte, égale à $0,2740$ ampère.

Si la résistance du circuit extérieur était de 200^ω, on aurait le mouvement critique $na = 1$.

Si $R = 100^\omega$, on a $na = \frac{1}{2}$, le mouvement est oscillatoire, et l'on trouve dans les Tableaux III, IV et VI toutes les données sur ce mouvement.

Si l'on désire que le condensateur soit déchargé le plus rapidement possible, il convient de réaliser le mouvement critique $(R = 200^\omega)$. La décharge sera alors complète à $\frac{1}{100}$ près au bout de $0,000665$ seconde.

Il est bien évident que le problème de la charge d'un condensateur est le même que celui de la décharge. La quantité condensée à chaque instant pendant la charge sera $(q_0 - q)$, q étant calculé comme précédemment, q_0 étant la charge du condensateur.

Il convient toutefois de prendre quelques précautions avant de calculer comme il précède des mouvements très rapides de l'électricité. On sait, en effet, que, si les conducteurs ont un diamètre suffisamment fort, la résistance qui figure dans les formules est une résistance fictive, supérieure à celle que l'on mesure par les méthodes ordinaires, et, pour être rigoureux, des formules beaucoup plus complexes doivent être employées. Toutefois, nous ne croyons pas que cette cause d'erreur ait une influence notable dans les problèmes qui se sont présentés jusqu'à ce jour dans la pratique.

Les problèmes que l'on peut avoir à résoudre sont très variés. Voici par exemple un cas que j'ai eu souvent à considérer dans la construction des balances apériodiques.

Une balance étant construite, on désire savoir quels amortisseurs il convient de lui adjoindre pour avoir le mouvement critique, c'est-à-dire un degré d'amortissement égal à 1, ce mouvement ayant été reconnu comme étant celui qui donne les indications les plus rapides. On commence par adjoindre à l'instrument des amortisseurs quelconques, en ayant soin toutefois de les prendre plutôt trop faibles. On observe alors les élongations de la balance, lorsqu'elle oscille, pour déterminer le rapport r de deux élongations successives. Le Tableau VI donne le degré d'amortissement na correspondant à r.

D'autre part les amortisseurs à cloche qui servent dans la balance donnent un amortissement proportionnel à la quatrième puissance des dimensions homologues. Il convient donc d'avoir des amortisseurs $\frac{1}{na}$ fois plus forts, c'est-à-dire de choisir une cloche semblable à la précédente, mais telle que les dimensions homologues soient dans le rapport 1 à $\sqrt[4]{na}$. On arrive ainsi sans tâtonnement à l'amortissement que l'on désire. Le Tableau VI donne aussi la pseudo-période réduite nT; si l'on mesure la pseudo-période T en secondes, on aura la période T du mouvement non amorti par la relation

$$\frac{T}{T_0} = nT.$$

Il sera alors possible, en se servant du Tableau II, de connaître exactement le mouvement de la balance pour l'amortissement critique que l'on veut lui donner. On saura en particulier, d'après le Tableau VII, que la balance mettra un temps égal à $1,3\,T_0$ pour revenir à sa position d'équilibre, à $\frac{1}{1000}$ près de l'élongation primitive.

L'étude expérimentale d'un mouvement apériodique est plus difficile que celle d'un mouvement périodique, parce que l'on n'a pas les points de repère faciles donnés par les oscillations successives. Voici toutefois comment on peut procéder lorsque l'on a à étudier un mouvement apériodique.

On détermine, à partir d'une certaine déviation α_0 pour laquelle la vitesse est nulle, les temps t_1 et t_2 nécessaires pour arriver à des déviations α_1 et α_2.

Les déviations réduites correspondantes seront

$$n\alpha_1 = \frac{\alpha_1}{\alpha_0} \qquad \text{et} \qquad n\alpha_2 = \frac{\alpha_2}{\alpha_0}.$$

D'autre part, le rapport des temps est le même que le rapport des temps réduits

$$\frac{nt_2}{nt_1} = \frac{t_2}{t_1},$$

d'où la méthode suivante. Sur la figure 2 on mène des parallèles à l'axe des temps à des distances $n\alpha_1$ et $n\alpha_2$ de cet axe, on cherche ensuite par tâtonnements quelle est la courbe qui coupe ces parallèles en des points dont les abscisses nt_1 et nt_2 soient entre elles dans le rapport connu $\frac{t_2}{t_1}$.

Lorsqu'on sait quelle est la courbe réduite qui représente le mouvement, on a le degré d'amortissement $n\alpha$ correspondant. De plus, la relation

$$\frac{t_2}{T_0} = nt_2$$

permet de calculer T_0 par lequel il faut multiplier le temps réduit pour interpréter les indications des courbes ou des Tableaux numériques. Le problème est alors résolu. Cette manière de procéder peut recevoir encore un perfectionnement. L'origine du temps est en effet un peu douteuse, par cette raison précisément que la vitesse est nulle au départ.

On peut éliminer l'origine du temps en faisant une troisième détermination α_3 au temps t_3. On mènera alors trois parallèles au lieu de deux dans la construction précédente aux distances $n\alpha_1$, $n\alpha_2$, $n\alpha_3$ de l'axe des temps et l'on cherchera la courbe pour laquelle

$$\frac{nt_2 - nt_1}{nt_3 - nt_2} = \frac{t_2 - t_1}{t_3 - t_2}.$$

On trouvera ainsi le degré d'amortissement na et l'on tirera T_0 de la relation

$$(21) \qquad \frac{t_3 - t_1}{T_0} = nt_3 - nt_1.$$

En procédant par ces méthodes graphiques, on ne tombera pas, en général, exactement sur une des courbes construites pour représenter exactement le mouvement cherché; mais on pourra trouver les deux courbes les plus voisines de part et d'autre de celle qui satisferait complètement au problème. On conçoit que l'on puisse facilement ensuite, par interpolation, reconstituer les valeurs des temps réduits correspondant aux intersections de cette courbe qui n'est pas construite avec les lignes parallèles à l'axe des temps que l'on a tracées.

Cas où l'on change l'élasticité du système.

Nous avons considéré précédemment quels divers types de mouvements on obtient successivement lorsqu'on change l'amortissement d'un système sans altérer la force élastique et l'inertie. Voyons maintenant quelles transformations subit la loi du mouvement lorsqu'on donne diverses valeurs à la force élastique sans altérer en rien l'inertie et l'amortissement. Pratiquement, cela répond, par exemple, au cas où, dans un instrument à fil de torsion, on change le diamètre du fil.

Dans un problème d'électricité sur la décharge des condensateurs, c'est le cas où l'on change la capacité du condensateur sans altérer la résistance et la self-induction du circuit de décharge.

On peut toujours se servir des Tableaux et des courbes précédemment établis; toutefois il convient de remarquer que l'unité de temps T_0 nécessaire pour interpréter les formules réduites, varie avec l'élasticité du système; le degré d'amortissement varie également, si bien qu'on doit à la fois changer de courbe et d'unité de temps, quand on fait varier l'élasticité. Il est alors moins facile d'avoir une vue d'ensemble sur les effets de cette variation, et il convient de mettre les équations réduites sous une forme un peu différente pour ensuite tracer des courbes d'une interprétation plus facile.

Fig. 8.

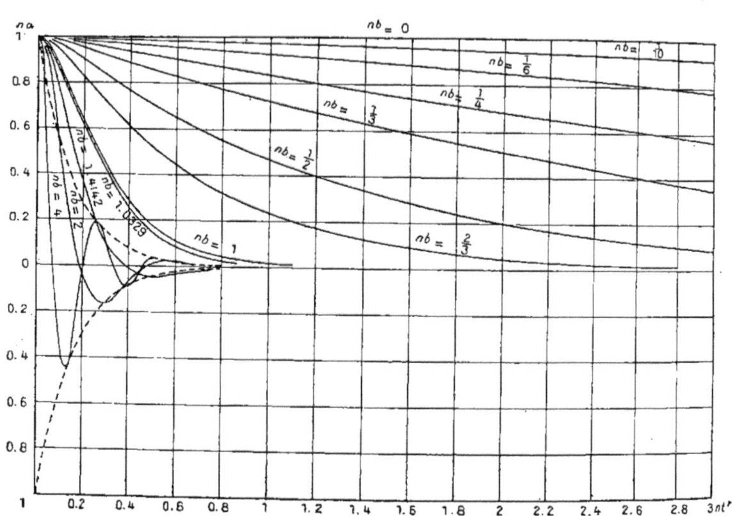

$n\alpha$ fonction de nt' pour diverses valeurs de l'élasticité.

Si nous considérons des quantités a et b de la formule (2), nous remarquons que b varie proportionnellement à la racine carrée de l'élasticité du système, tandis que a est une quantité constante quelle que soit cette élasticité. Pour généraliser le problème et avoir les équations réduites, nous choisirons a comme unité pour évaluer la valeur de b et nous poserons

$$(22) \qquad \frac{b}{a} = nb,$$

nb caractérisant l'élasticité du système, nous pourrons l'appeler le *degré d'élasticité*.

Comme unité de temps, nous ne pouvons plus prendre la durée d'oscillation du mouvement non amorti, puisque l'amortissement a n'est jamais nul. a étant constant et ayant pour dimension l'inverse d'un temps, nous pourrions prendre $\frac{1}{a}$ comme unité de temps. Mais nous préférons prendre comme unité de temps $\frac{2\pi}{a}$, parce que, de cette façon, le mouvement critique se trouve représenté par la même équation réduite que celle considérée plus haut, équation (3). Nous posons donc

$$(23) \qquad nt' = \frac{t}{\dfrac{2\pi}{a}} = \frac{at}{2\pi},$$

nt' étant le temps réduit.

Enfin nous aurons toujours

$$(24) \qquad n\alpha = \frac{\alpha}{\alpha_0}.$$

Les équations (7), (5), (4), (3), (6), convenablement transformées, donnent alors les divers mouvements à l'aide de nouvelles équations réduites pour les degrés d'élasticité :

$$nb = 0, \qquad nb < 1, \qquad nb = 1, \qquad nb > 1, \qquad nb = \infty.$$

On obtient ainsi

$$(25) \qquad n\alpha = 1,$$

$$(26) \quad \left\{ \begin{aligned} n\alpha = \frac{1}{2} e^{-2\pi nt'} &\left[\left(1 + \frac{1}{\sqrt{1-nb^2}}\right) e^{+2\pi\sqrt{1-nb^2}\,nt'} \right. \\ &\left. + \left(1 - \frac{1}{\sqrt{1-nb^2}}\right) e^{-2\pi\sqrt{1-nb^2}\,nt'} \right], \end{aligned} \right.$$

$$(27) \qquad n\alpha = e^{-2\pi nt'}(1 + 2\pi nt'),$$

$$(28) \quad \left\{ \begin{aligned} n\alpha = e^{-2\pi nt'} &\left[\cos\left(2\pi\sqrt{nb^2-1}\,nt'\right) \right. \\ &\left. + \frac{1}{\sqrt{nb^2-1}} \sin\left(2\pi\sqrt{nb^2-1}\,nt'\right) \right], \end{aligned} \right.$$

$$(29) \qquad n\alpha = \cos(\infty nt').$$

On peut voir sur les courbes (*fig.* 8) les transformations successives du mouvement lorsque l'élasticité seule varie. Ces courbes correspondent aux valeurs suivantes de nb :

$$0 \quad \frac{1}{10} \quad \frac{1}{6} \quad \frac{1}{4} \quad \frac{1}{3} \quad \frac{1}{2} \quad \frac{2}{3} \quad 1 \quad 1{,}0329 \quad 1{,}4142 \quad 2 \quad 4.$$

On peut déduire facilement les courbes de ce deuxième système d'équations réduites en se servant des Tableaux numériques calculés pour les courbes du premier système.

On a en effet, dans l'ancien système,

$$na = \frac{a}{b},$$

$$nt = \frac{t}{T_0} = \frac{bt}{2\pi},$$

et dans le nouveau

$$nb = \frac{b}{a},$$

$$nt = \frac{at}{2\pi}.$$

On tire de là

$$nb = \frac{1}{na}$$

et

$$\frac{nt'}{nt} = \frac{a}{b} = na.$$

Donc on aura une courbe du deuxième système en changeant l'échelle des temps dans les Tableaux précédents; il faudra multiplier la colonne des temps réduits par le degré d'amortissement na.

Puis on saura que le degré d'élasticité de cette nouvelle courbe sera $\frac{1}{na}$.

On voit (*fig.* 8) que pour une élasticité faible le mouvement est lent et apériodique (26); la rapidité de ce mouvement s'accroît en même temps que nb jusqu'à ce que l'on ait $nb = 1$, qui donne le mouvement critique (27); puis le mouvement devient oscillatoire (28) et la durée de la pseudo-période tend vers zéro lorsque nb tend vers l'infini. Il faut remarquer que la courbe exponentielle (30) (courbe en pointillé, *fig.* 8)

$$(30) \qquad\qquad n\alpha' = \pm\, e^{\pi nt'}$$

passe par tous les maxima et minima de toutes les courbes oscillatoires (28), quel que soit nb.

Il en résulte les conséquences pratiques suivantes : si l'on augmente le diamètre du fil de suspension d'un appareil à torsion, par exemple, ou si l'on baisse le centre de gravité d'une balance à amortissement, tant que nb sera inférieur à 1 on diminuera beaucoup le temps nécessaire pour que l'instrument ne s'écarte plus de sa position d'équilibre que de $\frac{1}{1000}$ de sa déviation initiale, par exemple. On augmente donc ainsi la rapidité des lectures. Lorsque nb augmentera au delà de 1 on aura, tout d'abord, encore un peu plus de rapidité, mais bientôt tout se passera, quel que soit nb, comme si l'on avait affaire à la courbe exponentielle (30). Ainsi, si l'on augmente l'élasticité d'un instrument à partir d'une certaine valeur de nb, on n'aura plus de variations sensibles dans le temps nécessaire pour les lectures. Le mouvement oscillatoire deviendra, il est vrai, de plus en plus rapide, mais, en même temps, le rapport des élongations de deux oscillations successives devient de plus en plus voisin de 1 et, finalement, il n'y a ni bénéfice ni perte pour la rapidité des indications.

Dans le problème de la décharge d'un condensateur, on voit qu'en diminuant la capacité supposée d'abord très grande on diminue la durée de la décharge, qui est tout d'abord apériodique.

Pour une capacité suffisamment faible du condensateur, la décharge devient oscillante, et, si la capacité diminue encore, la durée des oscillations sera de plus en plus courte. La capacité et la durée d'oscillation tendent à la fois vers zéro.

Il faut remarquer que la durée de la décharge complète et définitive du condensateur décroît lorsque la capacité décroît tant que le mouvement est apériodique; mais, lorsque le mouvement devient oscillatoire, il n'y a bientôt plus ni bénéfice ni perte dans la durée de la décharge lorsque la capacité diminue. La durée d'oscillation diminue, mais le décrément diminue en même temps, et, finalement, on a un plus grand nombre d'oscillations moins amorties qui mettent le même temps à s'éteindre.

Les calculs qui précèdent ne s'appliquent plus lorsque les capacités sont excessivement faibles, mais nous pouvons cependant, en les supposant exacts, nous en servir pour nous faire une idée approximative de ce qui se passe dans ce cas.

On voit que, dans un condensateur de capacité très faible, une bouteille de Leyde par exemple, les oscillations doivent être excessivement rapides, mais elles doivent s'éteindre en un temps

TABLEAU VIII.

$nt.$	$e^{-\pi nt}.$	$e^{-2\pi nt}.$
0,00	1,00000	1,0000
005		0,96908
010	0,96905	93910
02	93910	88191
03	91005	82820
04	88190	
05	85463	73040
06	82828	
07	80269	64416
08	77775	
09	75370	
10	73040	53350
12	68593	4705
15	62422	38966
17	58620	34365
20	53350	28462
22	50100	
25	45593	20788
27	42816	
30	38967	15183
32	36593	
35	33301	11090
37	31273	
40	28462	08100
42	26787	
45	24323	05916
47	22844	
50	20789	04321
52	19521	
55	17765	03156
57	16683	
60	15181	02305
63	13818	
65	12977	01684
67	12186	
70	11090	01230
72	10414	
75	09478	
77	08901	
80	08100	00656
85	06923	
87	06502	
90	05917	00350
92	05556	
95	05056	
97	04748	
1,00	04322	00186

tout à fait comparable au temps nécessaire à la décharge complète d'un condensateur de capacité beaucoup plus grande (un microfarad par exemple). Par conséquent, le nombre d'oscillations avant extinction complète doit aussi être considérable.

Le Tableau VIII donne les valeurs des ordonnées de la courbe exponentielle $e^{-2\pi nt}$ pour diverses valeurs de nt'. On peut dire que ce Tableau donne la loi unique suivant laquelle s'éteint l'amplitude des oscillations lorsque le mouvement est oscillatoire.

Le Tableau IX est une transformation du Tableau VII; il donne les temps réduits nécessaires pour le retour définitif du système oscillant à $\frac{1}{10}$, $\frac{1}{100}$, $\frac{1}{1000}$, $\frac{1}{10000}$ près de l'élongation initiale pour divers degrés d'élasticité; il donne encore le temps nécessaire pour la décharge d'un condensateur pour diverses valeurs de la capacité et aux mêmes fractions près de la charge initiale.

TABLEAU IX. — *Temps réduit nécessaire pour amener la déviation au $\frac{1}{10}$, $\frac{1}{100}$, $\frac{1}{1000}$, $\frac{1}{10000}$ de l'élongation initiale pour divers degrés d'élasticité.*

$nb.$	$n\alpha' = \frac{1}{10}.$	$n\alpha' = \frac{1}{100}.$	$n\alpha' = \frac{1}{1000}.$	$n\alpha' = \frac{1}{10000}.$
o	∞	∞	∞	∞
0,01	733o	1465o	22000	293oo
0,05	292	585	878	1172
0,10	73,2	146,2	219,1	292,0
0,166	26,25	52,5	78,6	104,7
0,250	11,628	23,16	34,68	46,2
0,333	6,486	12,90	19,29	25,68
0,5oo	2,826	5,56o	8,3o	11,04
0,666	1,538	2,975	4,43	5,85
1,009	0,619	1,058	1,478	1,862
1,033	0,576	0,954	1,276	
1,414	0,3oo	0,745	1,155	1,33
2	0,375	0,694	1,10*	1,46*
4	0,331	0,732*	1,10*	1,46*
10	0,366*	0,732*	1,10*	1,46*
∞	0,366	0,732	1,10	1,46

Les différentes courbes de la figure 9 donnent en ordonnées les temps du Tableau IX en fonction de nb, pris en abscisses pour un retour à $\frac{1}{10}$, $\frac{1}{100}$, $\frac{1}{1000}$, $\frac{1}{10000}$ près de la déviation initiale.

On voit que le temps nécessaire pour l'arrêt décroît quand nb augmente et tend à prendre une grandeur constante, qui est déjà

Fig. 9.

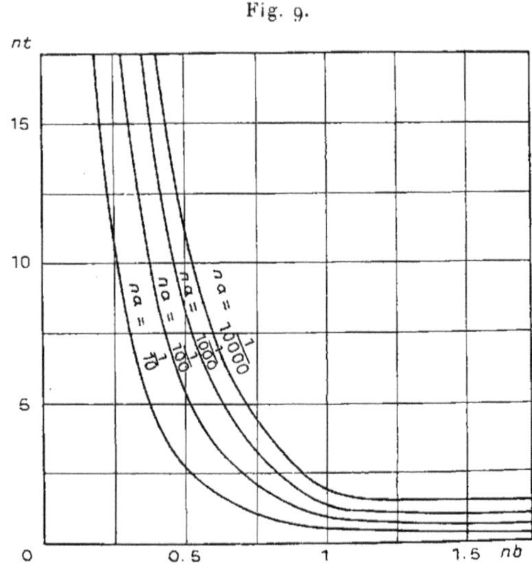

Temps réduit nécessaire pour amener la déviation au $\frac{1}{10}$, au $\frac{1}{100}$, au $\frac{1}{1000}$, au $\frac{1}{10000}$ de la déviation initiale pour divers degrés d'élasticité.

pratiquement atteinte pour $nb = 1,2$. Nous rappellerons que nb est proportionnel à la racine carrée de l'élasticité (c) du système matériel ou à l'inverse de la racine carrée de la capacité du condensateur

$$ nb = \frac{b}{a} = \frac{2\sqrt{\Sigma\,mr^2}}{\gamma}\sqrt{c} = \frac{\mathrm{I}}{\mathrm{R}}\sqrt{\frac{\mathrm{L}}{\mathrm{C}}}. $$

Cas où l'on change l'inertie du système.

Considérons maintenant le cas où l'inertie du système prend diverses valeurs, la force élastique et le coefficient d'amortissement restant les mêmes.

Pratiquement, cela répondra, par exemple, au cas où, toutes

choses égales d'ailleurs, on alourdira la partie mobile d'un appareil oscillant. Dans le problème des oscillations électriques, ce sera le cas où la self-induction varie seule dans le circuit.

Les quantités a et b considérées précédemment sont toutes deux variables et il convient de changer de notation pour faire une discussion facile.

Soit l'équation

$$\Sigma \, mr^2 \frac{d^2\alpha}{dt^2} + \gamma \frac{d\alpha}{dt} + c\alpha = 0.$$

Posant

$$(31) \qquad \frac{2\,\Sigma\,mr^2}{\gamma} = i, \qquad \frac{2\,c}{\gamma} = \rho,$$

on a

$$(32) \qquad i\frac{d^2\alpha}{dt^2} + 2\frac{d\alpha}{dt} + \rho\alpha = 0,$$

i croît proportionnellement à l'inertie du système et ρ est au contraire invariable.

Dans le problème des oscillations électriques on a

$$\mathrm{L}\frac{d^2q}{dt^2} + \mathrm{R}\frac{dq}{dt} + \frac{1}{\mathrm{C}}q = 0.$$

On pose ici

$$(33) \qquad \frac{2\,\mathrm{L}}{\mathrm{R}} = i, \qquad \frac{2}{\mathrm{R}\,\mathrm{C}} = \rho,$$

et l'on a une équation analogue à (32), soit

$$(34) \qquad i\frac{d^2q}{dt^2} + 2\frac{dq}{dt} + \rho q = 0.$$

On peut obtenir facilement les équations du mouvement dans les divers cas.

On a du reste les relations

$$(35) \qquad a = \frac{1}{i}, \qquad b = \sqrt{\frac{\rho}{i}}, \qquad \rho = \frac{b^2}{a}.$$

Établissons les équations réduites.

ρ étant une quantité constante, nous nous en servirons pour former les unités à employer. ρ a les dimensions de a et de b, c'est-à-dire celles de l'inverse d'un temps. Nous prendrons alors comme unité de temps $\dfrac{2\pi}{\rho}$. On a, pour le temps réduit nt'',

$$nt'' = \frac{t}{\dfrac{2\pi}{\rho}} = \frac{\rho\, t}{2\pi}.$$

De cette façon l'équation réduite du mouvement critique sera la même que dans les deux cas considérés précédemment.

ρ ayant les dimensions de $\dfrac{1}{i}$, nous prendrons $\dfrac{1}{\rho}$ comme unité pour exprimer i sous forme réduite.

On aura

$$ni = \frac{i}{\dfrac{1}{\rho}} = \rho\, i;$$

ni caractérise l'inertie et peut être appelé le *degré d'inertie* du système. Enfin, on pose comme antérieurement

$$n\alpha = \frac{\alpha}{\alpha_0}.$$

Les équations réduites peuvent alors s'écrire comme il suit, en prenant toujours les mêmes conditions initiales que précédemment.

Les équations se rapportent aux cas suivants :

$$ni = 0, \qquad ni < 1, \qquad ni = 1, \qquad ni > 1, \qquad ni = \infty,$$

$$(36) \qquad n\alpha = e^{-\pi nt''},$$

$$(37) \quad \left\{ \begin{aligned} n\alpha = \frac{1}{2}\, e^{-\frac{2\pi}{ni}\, nt''} &\left[\left(1 + \frac{1}{\sqrt{1-ni}}\right) e^{+\sqrt{1-ni}\,\frac{2\pi}{ni}\, nt''} \right. \\ &\left. + \left(1 - \frac{1}{\sqrt{1-ni}}\right) e^{-\sqrt{1-ni}\,\frac{2\pi}{ni}\, nt''} \right], \end{aligned} \right.$$

$$(38) \qquad n\alpha = e^{-2\pi nt''}(1 + 2\pi nt''),$$

$$(39) \quad \left\{ \begin{aligned} n\alpha = e^{-\frac{2\pi}{ni}\, nt''} &\left[\cos\left(\sqrt{ni-1}\,\frac{2\pi}{ni}\, nt''\right) \right. \\ &\left. + \frac{1}{\sqrt{ni-1}} \sin\left(\sqrt{ni-1}\,\frac{2\pi}{ni}\, nt''\right) \right], \end{aligned} \right.$$

$$(40) \qquad n\alpha = 1.$$

Enfin il convient de se rappeler que l'on a, pour les oscillations matérielles,

$$ni = \rho i = \frac{4c \Sigma m r^2}{\gamma^2},$$

et l'unité de temps

$$\frac{2\pi}{\rho} = \frac{\pi\gamma}{c}.$$

Pour les oscillations électriques

$$ni = \rho i = \frac{4L}{R^2 C},$$

et l'unité de temps

$$\frac{2\pi}{\rho} = \pi RC.$$

Les relations numériques et les courbes pour ce troisième système peuvent être facilement déduites des Tableaux numériques établis pour le premier système d'équations réduites que nous avons considéré.

On a, en effet,

$$ni = \rho i = \frac{b^2}{a^2} = \frac{1}{na^2},$$

$$nt'' = \frac{\rho t}{2\pi} = \frac{\rho T nt}{2\pi} = nt\frac{\rho}{b} = nt\frac{1}{na}.$$

Ainsi, étant donné le Tableau numérique relatif à une courbe $n\alpha$ fonction de nt pour le degré d'amortissement na, il faudra multiplier la colonne des temps réduits nt par $\frac{1}{na}$ pour avoir les temps réduits nt'' du troisième système d'équations pour les mêmes valeurs de $n\alpha$.

Le degré d'inertie ni correspondant à cette courbe sera donné par

$$ni = \frac{1}{na^2}.$$

On voit que, pour une inertie nulle, le système prend un mouvement représenté par une courbe exponentielle [courbe I, *fig.* 10, équation (36), Tableau VIII] dans laquelle la vitesse va constamment en diminuant. Ce cas limite ne peut jamais être réalisé, puisque l'inertie d'un système ne peut jamais s'annuler complètement; il est, du reste, en opposition avec la condition initiale que nous nous sommes donnée d'avoir une vitesse nulle au temps zéro.

Mais, pour un degré d'inertie très faible, on peut se rapprocher autant que l'on voudra de cette courbe exponentielle. La vitesse, dans ce cas, sera nulle à l'origine, mais au bout d'un temps très

Fig. 10.

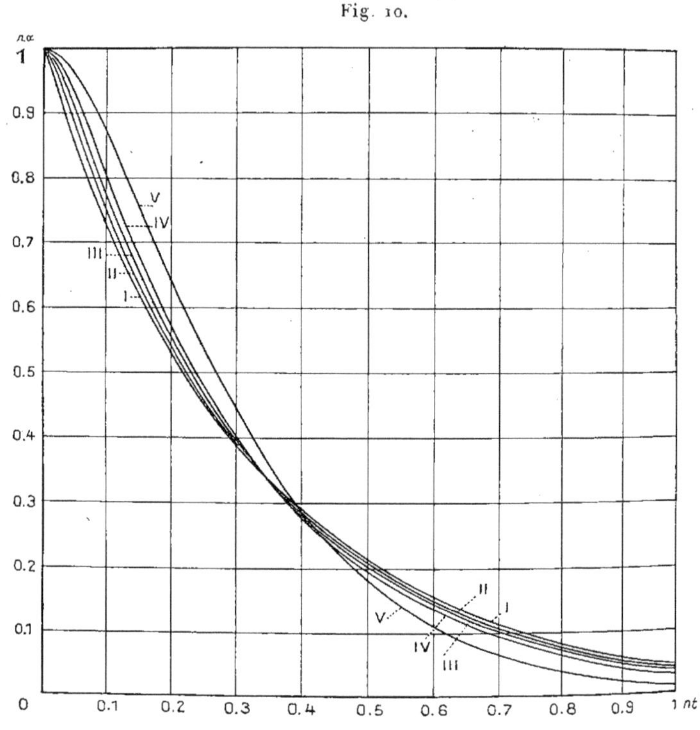

$n\alpha$ fonction de nt'' pour diverses valeurs de l'inertie.

court la vitesse aura déjà fortement varié, la courbe aura passé par un point d'inflexion et, à partir de cet instant, elle se développera en affectant presque exactement l'allure d'une simple courbe exponentielle.

Pour des degrés d'inertie allant en croissant, la première portion de la courbe s'accentue, le point d'inflexion ayant lieu de plus en plus tard. Le mouvement apériodique, tant que $ni < 1$, passe par le mouvement critique (courbe V), puis devient périodique pour $ni > 1$ (*fig.* 11).

Le degré d'amortissement décroît quand l'inertie prend des

valeurs de plus en plus grandes, et le rapport de deux élongations successives, d'abord infini pour $ni = 1$, tend vers l'unité pour ni tendant vers l'infini.

La durée d'oscillation passe par un minimum pour une certaine valeur de l'inertie. On a, en effet, pour la pseudo-période réduite $n\mathrm{T}''$:

$$n\,\mathrm{T}'' = \frac{ni}{\sqrt{ni - 1}}\cdot$$

Cette quantité, d'abord infinie pour $ni = 1$, passe par un mini-

Fig. 11.

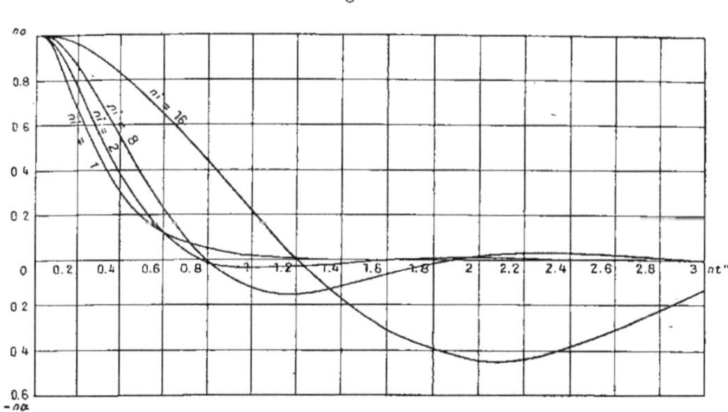

$n\alpha$ fonction de nt'' pour diverses valeurs de l'inertie.

mum pour $ni = 2$, pour croître de nouveau vers l'infini lorsque ni tend vers l'infini.

L'inertie donnant le maximum de vitesse pour les oscillations est donc caractérisée par

$$ni = 2,$$

soit

$$n\alpha = \frac{1}{\sqrt{2}},$$

soit

$$r = 23,15,$$

courbe $(ni = 2)$ (*fig.* 1). C'est, comme l'on voit, un mouvement déjà très amorti et tendant à s'éteindre au bout de peu d'oscillations; donc, pratiquement, pour des oscillations qui ne sont pas

C.   14

excessivement amorties, la durée d'oscillation augmente avec l'inertie du système.

On voit (fig. 10) que, tant que l'on a $ni < 1$, les diverses courbes s'écartent peu les unes des autres; il en résulte que la marche d'un instrument est peu influencée par la valeur de l'inertie tant que celle-ci est inférieure à une certaine valeur correspondant à $ni = 1$.

Le temps nécessaire pour amener l'arrêt de l'instrument (ou la

Fig. 12.

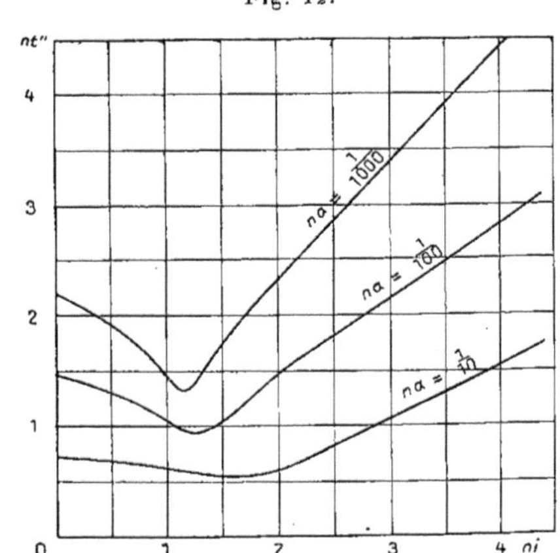

Temps réduit nécessaire pour amener la déviation au $\frac{1}{10}$, au $\frac{1}{100}$, au $\frac{1}{1000}$
de la déviation initiale pour divers degrés d'inertie.

décharge du condensateur) à $\frac{1}{10}$, $\frac{1}{100}$, $\frac{1}{1000}$ près de l'élongation primitive est donné Tableau X et (fig. 12) pour diverses valeurs attribuées à ni.

TABLEAU X. — *Temps réduit nécessaire pour amener la déviation au $\frac{1}{10}$, au $\frac{1}{100}$, au $\frac{1}{1000}$, au $\frac{1}{10000}$ de la déviation initiale pour divers degrés d'inertie.*

ni.	$n\alpha'' = \frac{1}{10}$.	$n\alpha'' = \frac{1}{100}$.	$n\alpha'' = \frac{1}{1000}$.	$n\alpha'' = \frac{1}{10000}$.
0	0,733	1,466	2,20	2,93
0,0001	0,733	1,465	2,20	2,930
0,0025	0,731	1,463	2,195	2,930
0,0100	0,732	1,462	2,191	2,92
0,0276	0,729	1,460	2,187	2,91
0,0625	0,727	1,448	2,168	2,89
0,111	0,721	1,433	2,143	2,85
0,250	0,706	1,390	2,075	2,76
0,444	0,684	1,322	1,962	2,60
1,000	0,619	1,058	1,478	1,862
1,070	0,614	1,017	1,360	
2	0,600	1,490	2,310	
4	1,500	2,778	4,40*	5,86*
16	5,296	11,72*	17,6*	23,44*
100	36,6*	73,2*	110*	146*
∞	∞	∞	∞	∞

On voit que le minimum de temps a lieu pour un mouvement voisin du mouvement critique pour lequel $ni = 1$.

Mais il n'y a pas de grosse perte de temps lorsque ni est compris entre 0 et 2. Ainsi, pratiquement, il importe peu au point de vue de la rapidité des lectures de donner une valeur déterminée à l'inertie pourvu que l'on ait $ni < 1$.

Pour des valeurs plus grandes de ni, la durée pour l'arrêt va en augmentant et tend vers l'infini lorsque ni tend vers l'infini.

La figure 10 donne les courbes $n\alpha$ fonction de nt'' relatives aux degrés d'inertie suivants :

$$
\begin{aligned}
&\text{Courbe I} \dots\dots\dots\dots\dots\dots\dots && ni = 0 \\
&\text{Courbe II} \dots\dots\dots\dots\dots\dots && ni = \tfrac{1}{9} = 0,111 \\
&\text{Courbe III} \dots\dots\dots\dots\dots\dots && ni = \tfrac{1}{4} = 0,25 \\
&\text{Courbe IV} \dots\dots\dots\dots\dots\dots && ni = 0,444 \\
&\text{Courbe V} \dots\dots\dots\dots\dots\dots && ni = 1
\end{aligned}
$$

Les courbes (*fig.* 11) représentent $n\alpha$ fonction de nt'' pour ni égal à 1, 2, 8, 16.

Nous rassemblerons finalement les formules et les relations nécessaires pour l'interprétation des Tableaux et des courbes que nous avons donnés.

Équation différentielle du mouvement.

$$\frac{d^2\alpha}{dt^2} + 2a\frac{d\alpha}{dt} + b^2\alpha = 0.$$

Cas du mouvement autour d'un axe d'un système matériel.

$$\Sigma\, mr^2\, \frac{d^2\alpha}{dt^2} + \gamma\frac{d\alpha}{dt} + c\alpha = 0,$$

$$a = \frac{\gamma}{2\,\Sigma\, mr^2}, \qquad b^2 = \frac{c}{\Sigma\, mr^2}.$$

Cas du mouvement de l'électricité dans le circuit de décharge d'un condensateur.

$$L\frac{d^2q}{dt^2} + R\frac{dq}{dt} + \frac{1}{C}q = 0,$$

$$q = \alpha, \qquad a = \frac{R}{2L}, \qquad b^2 = \frac{1}{CL}.$$

Conditions initiales :

$$\text{Pour } t = 0 : \qquad \alpha = \alpha_0, \qquad \left(\frac{d\alpha}{dt}\right) = 0.$$

Premier système d'équations réduites (amortissement ou résistance électriques varient) :

$$n\alpha = \frac{\alpha}{\alpha_0} = \frac{q}{q_0},$$

$$n\alpha = \frac{a}{b} = \frac{\gamma}{2\sqrt{c}\,\sqrt{\Sigma\, mr^2}} = \frac{R\sqrt{C}}{2\sqrt{L}},$$

$$nt = \frac{t}{T_0}.$$

Unité de temps T_0, période du mouvement non amorti

$$T_0 = \frac{2\pi}{b} = \frac{2\pi\sqrt{\Sigma\, mr^2}}{\sqrt{c}} = 2\pi\sqrt{CL}.$$

$T =$ pseudo-période, $n T$ pseudo-période réduite, $n T = \dfrac{T}{T_0}$;

$r = \dfrac{\alpha_2}{\alpha_1} =$ décrément, $\lambda = \log$ nép. $r =$ décrément logarithmique.

Deuxième système d'équations réduites (force élastique ou capacité électrique varient) :

$$n\alpha = \frac{\alpha}{\alpha_0} = \frac{q}{q_0},$$

$$nb = \frac{b}{a} = \frac{1}{na},$$

$$nt' = \frac{\alpha t}{2\pi} = na\,nt.$$

Unité de temps

$$\frac{2\pi}{a} = \frac{4\pi\,\Sigma\,mr^2}{\gamma} = \frac{4\pi L}{R}.$$

Troisième système d'équations réduites (inertie ou self-induction varient) :

$$i\frac{d^2\alpha}{dt^2} + 2\frac{d\alpha}{dt} + \rho\alpha = 0,$$

$$i = \frac{2\,\Sigma\,mr^2}{\gamma} = \frac{2L}{R}, \qquad \rho = \frac{2c}{\gamma} = \frac{2}{CR},$$

$$n\alpha = \frac{\alpha}{\alpha_0},$$

$$ni = \rho i = \frac{1}{na^2},$$

$$nt'' = \frac{\rho t}{2\pi} = \frac{1}{na}\,nt.$$

Unité de temps

$$\frac{2\pi}{\rho} = \frac{\pi\gamma}{c} = \pi\,CR.$$

QUELQUES REMARQUES

RELATIVES A

L'ÉQUATION RÉDUITE DE VAN DER WAALS.

Archives des Sciences physiques et naturelles, 3ᵉ période, t. XXVI, p. 13.

La méthode donnée par M. Van der Waals pour comprendre dans une formule unique les propriétés fondamentales de tous les fluides nous semble pouvoir être généralisée et devenir, appliquée à des propriétés très diverses de la matière, une méthode féconde.

Les formules et les idées de M. Van der Waals ont été exposées dans les *Archives* par M. Guye (¹).

La formule générale de M. Van der Waals, relative aux fluides, peut s'écrire

$$\left(p + \frac{a}{v_2} \right) (v - b) = R\,\theta,$$

ou encore

$$(1) \qquad p = \frac{R\,\theta}{v - b} - \frac{a}{v^2},$$

dans cette équation :

p est la pression,

v le volume spécifique,

θ la température absolue,

R, a, b, des constantes qui caractérisent le fluide que l'on considère.

(¹) Guye, *Archives des sciences physiques et naturelles* (3), 1889, t. XXII, p. 540.

L'équation (1) étant nécessairement homogène :

b a les dimensions de v,

a a les dimensions de pv^2,

R a les dimensions de $\dfrac{pv}{\theta}$.

On peut substituer aux trois constantes a, b, R trois autres constantes p_0, v_0, θ_0 ayant respectivement les dimensions des unités p, v, θ; il suffit de poser pour cela

$$(2) \qquad \left\{ \begin{aligned} b &= \mathrm{B}\, v_0 \\ a &= \mathrm{A}\, p_0\, v_0^2, \\ \mathrm{R} &= \mathrm{C}\, \frac{p_0\, v_0}{\theta_0}, \end{aligned} \right.$$

où

$$(2\ bis) \qquad \left\{ \begin{aligned} v_0 &= \frac{1}{\mathrm{B}}\, b, \\ p_0 &= \frac{\mathrm{B}^2}{\mathrm{A}}\, \frac{a}{b^2}, \\ \theta_0 &= \frac{\mathrm{BC}}{\mathrm{A}}\, \frac{a}{b\,\mathrm{R}}. \end{aligned} \right.$$

A, B, C sont des constantes purement numériques qui sont déterminées par ces équations (2) lorsque a, b, R, p_0, v_0, θ_0 sont déterminés. On voit aussi que les quantités p_0, v_0, θ_0 peuvent être choisies d'une façon absolument arbitraire tout en vérifiant les équations (2) pourvu que l'on donne des valeurs convenables aux nombres A, B, C. En remplaçant a, b, R dans l'équation (1) on obtient

$$(3) \qquad \frac{p}{p_0} = \frac{\mathrm{C}\, \dfrac{\theta}{\theta_0}}{\dfrac{v}{v_0} - \mathrm{B}} - \frac{\mathrm{A}}{\left(\dfrac{v}{v_0}\right)^2}.$$

Ici nous adopterons une notation particulière en posant

$$(4) \qquad \left\{ \begin{aligned} \frac{p}{p_0} &= \mathrm{N}p, \\ \frac{v}{v_0} &= \mathrm{N}v, \\ \frac{\theta}{\theta_0} &= \mathrm{N}\theta, \end{aligned} \right.$$

$\mathrm{N}p$, $\mathrm{N}v$, $\mathrm{N}\theta$ sont des symboles ou lettres liées.

L'équation (3) devient

$$(5) \qquad \mathrm{N}p = \frac{\mathrm{CN}\theta}{\mathrm{N}v - \mathrm{B}} - \frac{\mathrm{A}}{\mathrm{N}v^2},$$

$\mathrm{N}p$, $\mathrm{N}v$, $\mathrm{N}\theta$ ne sont autre chose que la pression, le volume spécifique, la température absolue du corps évalués en prenant respectivement comme unités les quantités p_0, v_0, θ_0.

Considérons maintenant un autre fluide caractérisé par ses constantes a', b', R', on pourra toujours choisir comme unités, pour évaluer la pression, le volume spécifique, la température absolue, des quantités p_0', v_0', θ_0', satisfaisant aux équations analogues aux équations (2) pour les mêmes valeurs de A, B, C, que pour le premier fluide. L'équation est alors tout aussi bien applicable au second fluide qu'au premier.

L'équation (5) peut donc être appliquée à tous les fluides, c'est une *équation réduite indépendante de la nature du corps*, pourvu que l'on adopte pour chaque corps des unités particulières dans l'évaluation de la pression, du volume spécifique et de la température.

Il y a une infinité d'équations réduites (5) différant entre elles par les valeurs attribuées aux nombres A, B, C. A chaque système de valeurs pour A, B, C correspond un système d'unités pour évaluer la pression, le volume spécifique et la température de chaque fluide; ces unités sont données par les équations (2 *bis*).

On peut, par exemple, poser

$$\mathrm{A} = \mathrm{B} = \mathrm{C} = 1;$$

l'équation réduite est alors

$$\mathrm{N}p = \frac{\mathrm{N}\theta}{\mathrm{N}v - 1} - \frac{1}{\mathrm{N}v^2}$$

et les unités à adopter sont, pour un fluide caractérisé par a, b, R :

$$p_0 = \frac{a}{b^2}, \qquad v_0 = b, \qquad \theta_0 = \frac{a}{b\,\mathrm{R}}.$$

Si l'on désigne par P_c, V_c, θ_c les constantes critiques d'un fluide, on a

$$b = \frac{1}{3}\,\mathrm{V}_c,$$

$$d = 3\,\mathrm{P}_c\,\mathrm{V}_c,$$

$$\mathrm{R} = \frac{8}{3}\,\frac{\mathrm{P}_c\,\mathrm{V}_c}{\theta_c};$$

ce sont précisément les équations (2) dans lesquelles on a

$$A = 3, \qquad B = \frac{1}{3}, \qquad C = \frac{8}{3};$$

pour ces valeurs de A, B, C, l'équation (5) devient

$$(6) \qquad N p = \frac{8}{3} \frac{N \theta}{N v - \frac{1}{3}} - \frac{3}{N v^2},$$

qui est l'équation réduite de M. Van der Waals, celle pour laquelle on prend comme unités les constantes critiques du corps pour évaluer la pression, le volume spécifique et la température.

Ainsi il y a une infinité d'équations réduites représentant les transformations des fluides; l'équation (6) de M. Van der Waals est cependant la meilleure parmi celles à adopter parce que les constantes critiques qui servent d'unités sont des données physiques bien caractéristiques du corps.

M. Van der Waals considère comme *états correspondants* des états de divers fluides correspondant à une même solution de l'équation réduite. Il est assez facile de voir que, quelle que soit l'équation réduite adoptée, les états qui se correspondent sont les mêmes; ce qui montre bien la généralité du principe des états correspondants.

Les pressions, les volumes spécifiques, les températures qui servent d'unités ne répondent pas nécessairement à un état du corps physiquement réalisable. C'est-à-dire que les unités p_0, v_0, θ_0 adoptées ne vérifient pas nécessairement l'équation (1).

Lorsque l'équation (1) est vérifiée on a une relation particulière entre les nombres A, B, C

$$(1 + A)(1 - B) = C.$$

. Les pressions, les volumes spécifiques, les températures qui servent d'unités pour un même type d'équation réduite sont pour divers fluides des pressions, des volumes spécifiques, des températures se correspondant; c'est-à-dire se rapportant à des états correspondants *réels* ou *imaginaires du corps*.

Ce que nous venons de dire relativement aux équations réduites s'appliquant aux fluides peut être généralisé et adapté à une relation physique ou mécanique quelconque. Cette question des équations réduites touche du reste de très près la question des unités et de l'homogénéité des formules.

Toute mise en équation d'un phénomène naturel doit nécessairement donner une relation homogène par rapport à un système quelconque d'unités fondamentales. On peut toujours amener une équation à une forme telle que chacun des termes de la relation ait une dimension nulle par rapport aux unités fondamentales.

Du reste la présence dans un terme d'une grandeur ayant certaines dimensions entraîne alors nécessairement dans le même terme une autre grandeur de mêmes dimensions, de telle sorte que les dimensions puissent s'annuler.

Il est vrai que la coexistence de ces grandeurs de même nature peut n'être pas directement visible. Il peut se faire par exemple que, considérant une première grandeur, la seconde de même espèce soit contenue dans une autre de dimensions plus complexes. Mais cette grandeur de même espèce que la première n'en existe pas moins, quoique sous forme implicite et l'on doit toujours pouvoir par une transformation ramener le terme considéré à ne plus contenir que des rapports de grandeur de mêmes dimensions.

C'est une transformation de ce genre qu'a subie l'équation (1) de M. Van der Waals pour être mise sous la forme (3).

On met ainsi sous forme tangible cette proposition que toute relation mécanique ou physique résulte de la comparaison de grandeurs de même espèce.

En considérant les rapports de grandeurs dont nous venons de parler, au lieu de raisonner sur les grandeurs primitives on diminue notablement le nombre des quantités entrant dans une équation. On obtient alors une *équation réduite* plus générale que la première qui doit être du reste considérée comme une relation numérique puisque toutes les quantités qui y entrent ont des dimensions nulles.

On peut construire une infinité d'équations réduites différentes pour une même relation.

Soit

$$(7) \qquad F\left(\frac{x}{x_0}, \frac{y}{y_0}, \frac{z}{z_0}\right) = 0$$

une équation dans laquelle $\dfrac{x}{x_0}$, $\dfrac{y}{y_0}$, $\dfrac{z}{z_0}$ sont des rapports de grandeurs de même espèce.

Posons

$$N\,x = \frac{x}{A\,x_0},$$

$$N\,y = \frac{y}{B\,y_0},$$

$$N\,z = \frac{z}{C\,z_0}.$$

A, B et C étant des nombres que l'on peut choisir d'une façon absolument arbitraire.

L'équation réduite sous la forme

(8)
$$F(A N\,x,\ B N\,y,\ C N\,z) = 0$$

comprend une infinité d'équations distinctes différant entre elles par les valeurs adoptées pour les nombres A, B, C.

Les équations réduites peuvent avoir une grande importance théorique et pratique.

Leur importance théorique résulte de la généralisation à laquelle elles conduisent. Leur importance pratique n'est pas moindre, on peut par exemple faire une étude complète de l'équation réduite (8) en se donnant A, B, C et dresser des Tableaux numériques permettant de supprimer tout calcul, puis on peut se servir de cette étude et de ces Tableaux numériques dans tous les problèmes donnant une équation ayant la forme (7). Il suffit de multiplier les résultats des Tableaux numériques par un facteur convenable pour qu'ils puissent servir à un problème particulier.

La notation symbolique $N\varphi$, $N p$, $N\theta$, $N x$, que nous avons adoptée pour les équations réduites, nous semble avantageuse, elle permet d'abord de voir à première vue que l'on a affaire à une équation réduite et qui par conséquent n'est pas en général homogène. Elle a de plus l'avantage de ne pas fatiguer l'esprit par l'introduction de lettres nouvelles dont il faut ensuite se rappeler la liaison avec les grandeurs initiales des formules. Enfin la lettre N rappelle que l'on a affaire à des nombres ou termes de dimensions nulles.

SUR LA CONDUCTIBILITÉ

DES

DIÉLECTRIQUES SOLIDES.

Bulletin des séances de la Société française de Physique, p. 261 et 277
(séances du 17 juin et du 1er juillet 1892).

M. P. Curie entretient la Société des recherches faites par
M. J. Curie *sur la conductibilité des diélectriques solides.*
MM. Warburg et Tegetmeier se sont aussi occupés de cette question, et il est intéressant de comparer entre eux les résultats de
ces travaux. M. J. Curie établit que l'on doit séparer complètement ce phénomène de la charge brusque d'un diélectrique (correspondant au pouvoir inducteur spécifique de la substance) et
celui de la charge lente (désignée sous le nom de *charge résiduelle*). Il y a au contraire continuité parfaite entre le courant
d'intensité décroissante qui correspond à la charge résiduelle et le
courant constant de conductibilité de la substance. Ces courants
résultent vraisemblablement de la présence d'une matière étrangère dans le diélectrique. MM. Warburg et Tegetmeier ont montré
que les courants qui traversent un diélectrique sont des courants
d'électrolyse obéissant aux lois de Faraday. Il semble dès lors que
l'on assiste à la genèse de l'électrolyse. Lorsqu'un diélectrique
est pur, il donne seulement des charges brusques. Lorsqu'un diélectrique contient une petite quantité d'une matière électrolysable, il se polarise probablement dans toute sa masse sous l'action
du courant. Cette polarisation en volume peut au besoin atteindre
plusieurs milliers de volts et le courant se trouve arrêté. Si la
matière électrolysable est en quantité suffisante dans le diélectrique, on a finalement un courant continu. M. J. Curie se servait

dans ses mesures d'un électromètre fonctionnant comme électro-scope et d'un quartz piézo-électrique.

Ce dernier instrument est présenté à la Société; il donne un dégagement électrique sensible pour un poids de quelques déci-grammes dans son plateau, et peut supporter une charge de 3^{kg}; le dégagement électrique est proportionnel à la charge. Les lames diélectriques à étudier sont argentées sur les deux faces. Sur une des faces, on sépare, à l'aide d'un simple trait dans l'argenture, une portion centrale seule utilisée dans les mesures et un anneau de garde qui rend le champ uniforme et met à l'abri de toute erreur provenant d'une conductibilité superficielle.

On mesure des charges électriques ou des courants en provo-quant, à l'aide de poids placés dans le plateau du quartz piézo-électrique, des charges ou des courants connus égaux et de signes contraires. La méthode permet de mesurer des résistances spéci-fiques s'élevant jusqu'à 10^{18} ohms-centimètres.

M. J. Curie a étudié les pouvoirs diélectriques et la conductibi-lité à diverses températures pour le soufre, le sel gemme, la fluorine, le quartz, le spath, le mica, la topaze, le gypse, l'alun, la barytine, l'ébonite, le mica, le verre et le cristal.

Les courants d'intensité variable qui traversent les corps diélec-triques obéissent à une loi simple désignée sous le nom de *loi de superposition*. Cette loi indique une indépendance complète dans les effets produits par diverses variations de force électromotrice. La conductibilité apparente c, à force électromotrice constante, est généralement bien représentée en fonction du temps par une loi hyperbolique de la forme $c = at^n$, a et n étant des con-stantes....

Le quartz donne des résultats particulièrement intéressants. Tandis que le pouvoir inducteur est sensiblement le même et égal à 4,50 dans la direction de l'axe ou normalement à l'axe, la con-ductibilité est de 1000 à 10000 fois plus forte dans la première direction que dans la seconde. Le pouvoir inducteur est le même pour tous les échantillons, tandis que la conductibilité varie dans le rapport de 1 à 2. Le pouvoir inducteur ne varie pas avec la température. La conductibilité augmente quand la température s'élève dans des proportions énormes et tend vers une conductibi-lité constante en fonction du temps.

On trouve pour les autres diélectriques des résultats analogues.

M. J. Curie a trouvé 8,o pour pouvoir inducteur du mica après une demi-seconde de charge ; pour des charges très rapides, il lui sembla que le pouvoir inducteur diminuait. Mais son appareil se prêtait mal à ce genre d'expérience. M. Bouty, dans ses expériences récentes, a montré que le pouvoir inducteur était toujours égal à 8,o, même pour des temps excessivement courts. Sauf pour ce point particulier, les recherches de MM. Bouty et J. Curie sont en parfait accord et conduisent aux mêmes conclusions générales.

M. J. Curie a essayé de reconnaître sous quelle influence se révèlent les propriétés conductrices particulières qu'il a rencontrées dans les diélectriques. Une plaque diélectrique fêlée absorbe des traces d'eau dans ses fissures, une plaque de porcelaine dégourdie se comporte de même dans une atmosphère humide. On trouve que la conductibilité qui résulte des traces d'eau contenues dans ces plaques est tout à fait du même genre que la conductibilité des diélectriques. Lorsque ces plaques sont dans une atmosphère presque sèche, elles montrent une conductibilité apparente qui diminue avec le temps à partir du moment où l'on établit la différence de potentiel. On retrouve la loi de superposition, et la polarisation en volume qui naît pendant le passage du courant peut atteindre plusieurs centaines de volts.

Lorsque l'on a chauffé le quartz à une haute température, on constate qu'il a perdu ensuite, à la température ambiante, ses propriétés conductrices dans le sens de l'axe optique. La perte de conductibilité est d'autant plus complète que le temps de chauffe a été plus long et la température plus élevée. Il semble dès lors vraisemblable qu'une matière étrangère volatile, de l'eau par exemple, intervient dans des phénomènes de conductibilité du quartz.

Les expériences de MM. Warburg et Tegetmeier ne confirment pas cette dernière hypothèse. Ces expérimentateurs ont opéré vers 200° ou 300°. Un courant traverse des plaques de verre ou de quartz. Une couche de mercure pur et une couche d'amalgame de sodium sont employées comme électrodes sur les faces des plaques. Lorsque le mercure pur est employé comme anode, le courant ne tarde pas à s'arrêter et il se forme une couche de silice onn conductrice. Avec l'amalgame de sodium comme anode, le courant persiste et devient constant; le sodium traverse la lame et l'on peut très exactement vérifier la loi de Faraday. Avec l'amalgame de lithium comme anode, le courant passe encore; mais, avec l'amalgame de potassium, le courant s'éteint assez rapidement.

Le verre a une conductibilité électrolytique normale et constante et la plus grande partie du sodium qu'il contient intervient dans le phénomène et peut être remplacée par du lithium lorsque l'on emploie de l'amalgame de lithium comme anode.

Le quartz conduit seulement dans le sens de l'axe optique. D'après M. Tegetmeier, il contient naturellement de $\frac{3}{10000}$ à $\frac{8}{10000}$ de lithium ou de soude et, malgré cette faible quantité de matière électrolysable, il conduit autant que le verre. La conductibilité d'une plaque de quartz augmente en même temps que la différence de potentiel entre les faces.

M. Tegetmeier, après avoir chauffé des plaques de quartz à une température très élevée, trouve que la conductibilité à 220° n'a pas été modifiée par cette opération. Ce résultat semble opposé à celui trouvé par M. J. Curie. M. P. Curie pense que le désaccord n'est qu'apparent : les expériences des deux auteurs inspirent une égale confiance. Suivant lui, le quartz doit avoir perdu ses propriétés conductrices quand il a été porté à une haute température, mais il doit redevenir conducteur lorsqu'il est mis à la température de 220° au contact de l'amalgame de sodium qui contient toujours un peu de soude.

SUR L'EMPLOI

DES

CONDENSATEURS A ANNEAU DE GARDE

ET DES

ÉLECTROMÈTRES ABSOLUS.

Journal de Physique, 3ᵉ série, t. II, 1893.

Condensateur à anneau de garde. — Nous nous sommes servis, mon frère et moi, dans diverses recherches, d'un condensateur à anneau de garde, dans lequel on employait comme plateaux deux plaques de verre argentées.

Les plateaux PP, P′P′ (*fig.* 1) étaient séparés par trois cales de

Fig. 1.

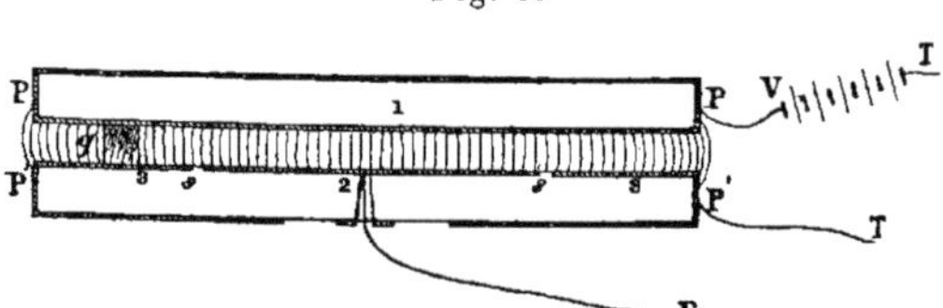

quartz q. L'argenture de la face intérieure de l'un des plateaux était divisée en une portion centrale (2) et un anneau de garde (3) à l'aide d'un trait circulaire de quelques dixièmes de millimètre de large ss tracé dans l'argenture. Ce trait constituait le sillon de l'anneau de garde. L'avantage de cet appareil est de réaliser d'une façon à peu près parfaite, et sans qu'il soit nécessaire de faire aucune correction, le condensateur théorique ([1]).

Nous avons d'abord employé cet instrument dans des recherches d'électricité statique, en portant P (*fig.* 1) à un certain potentiel V avec une pile, l'anneau de garde étant à la terre, et en mesurant la quantité d'électricité nécessaire pour maintenir la portion centrale de P' au potentiel zéro.

Mais, dans ces conditions, l'appareil est mal isolé. Le sillon s, qui sépare l'anneau de garde de la portion centrale du plateau P', devient conducteur sous l'influence de l'humidité de l'air, et cette conductibilité est généralement accompagnée d'une petite force électromotrice; enfin, la conductibilité du verre lui-même n'est pas négligeable ([2]).

Pour éviter ces inconvénients, nous avons employé le condensateur (*fig.* 2) en chargeant au potentiel V la portion centrale du plateau P', l'anneau de garde étant toujours à la terre, et en mesurant l'électricité qu'il fallait fournir au plateau P pour qu'il reste au potentiel zéro.

En vertu d'un théorème connu d'électricité statique, les quantités d'électricité mesurées sont les mêmes dans les deux modes opératoires, bien que dans le second la distribution des lignes de force

---

([1]) L'axe optique des cales de quartz est horizontal, c'est-à-dire parallèle aux plateaux. Dans la direction normale à l'axe, la conductibilité du quartz est en effet extrèmement faible, tandis que le quartz conduit presque aussi bien que le verre dans la direction de l'axe (J. CURIE, *Annales de Chimie et de Physique,* 1889.)

Nous employons cet appareil depuis 1883 (*voir* J. CURIE, *Comptes rendus des séances de l'Académie des Sciences,* 1886 et Journal *La Lumière électrique,* 1888). M. Abraham s'est servi récemment de cet instrument et a donné une méthode très précise pour mesurer la distance des plateaux. [*Comptes rendus des séances de l'Académie des Sciences,* 1892 (Thèse de la Faculté des Sciences.)]

([2]) Les armatures du condensateur communiquant d'abord avec la terre, on isole la portion centrale de P'; on constate avec un électromètre de faible capacité qu'il n'y a pas tout d'abord de force électromotrice; mais celle-ci prend naissance lentement. On peut admettre que les deux portions d'argenture du plateau P', reliées par l'humidité à la surface du sillon de l'anneau de garde, forment un couple. Ce couple, complètement polarisé quand tout est relié à la terre, se dépolarise lentement quand une des parties argentées est isolée. Ces causes de trouble, qui peuvent avoir une influence appréciable dans des expériences d'électricité statique, ne peuvent évidemment produire aucun effet dans des expériences avec un galvanomètre. M. Abraham a du reste vérifié par expérience qu'il en était bien ainsi.

C.   15

soit très compliquée (nous avons représenté d'une manière schématique sur les figures 1 et 2 la disposition des lignes de force).

En opérant par la seconde méthode, c'est le plateau P, très bien

Fig. 2.

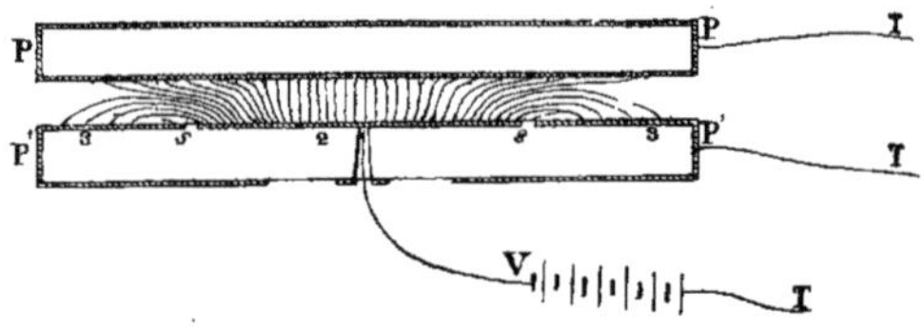

isolé par les cales de quartz parallèle, qui est en relation avec les appareils de mesure et l'instrument fonctionne parfaitement.

Électromètre absolu à anneau de garde

Je me suis demandé si le même artifice pouvait être employé avec l'électromètre absolu à anneau de garde, c'est-à-dire si l'on pouvait indifféremment l'employer par la méthode ordinaire ou bien charger la portion centrale du plateau P′ (*fig.* 2), laisser l'anneau de garde et le plateau P en relation avec la terre et mesurer l'attraction du plateau P.

La pression électrostatique étant proportionnelle au carré de la densité électrique, il semble, au premier abord, que les forces d'attraction doivent être assez différentes dans les deux cas. On parvient cependant à se rendre compte qu'elles ne diffèrent que d'une quantité extrêmement petite lorsque le rapport du diamètre de la portion centrale du plateau P′ à la distance des plateaux est suffisamment grand. De plus, le terme de correction très petit qui pourrait être nécessaire peut être évalué d'une façon rigoureuse dans une étude préalable. Il suffit, pour cela, de faire trois mesures : la première avec la portion centrale seule du plateau P′ au potentiel V, l'anneau de garde et le plateau P étant à la terre ; la deuxième avec tout le plateau P′ au potentiel V ; la troisième avec l'anneau de garde au potentiel V, la portion centrale de P′ et le plateau P étant à la terre.

Désignons par F_1, F_2, f les forces d'attraction obtenues respectivement dans ces trois expériences.

Désignons par C la capacité réciproque (ou coefficient d'induction) entre le plateau P et la portion centrale du plateau P'; par c la capacité réciproque du plateau P et de l'anneau de garde de P'; par γ la capacité réciproque entre la portion centrale et l'anneau de garde du plateau P'. Désignons par e la distance des plateaux. On a, en supposant que l'on écarte de de les plateaux et en appliquant le principe de la conservation de l'énergie,

$$F_1 = -\frac{1}{2} V^2 \frac{dC}{de} - \frac{1}{2} V^2 \frac{d\gamma}{de},$$

$$F_2 = -\frac{1}{2} V^2 \frac{dC}{de} - \frac{1}{2} V^2 \frac{dc}{de},$$

$$f = -\frac{1}{2} V^2 \frac{dc}{de} - \frac{1}{2} V^2 \frac{d\gamma}{de},$$

$$F_1 + F_2 - f = 2 \left(-\frac{1}{2} V^2 \frac{dC}{de} \right).$$

Désignons par φ la force que donnerait l'attraction de la portion centrale du plateau P' si l'électromètre était employé par la méthode habituelle pour le même potentiel électrique

$$F_1 + F_2 - f = 2\varphi,$$

ce qui permet de calculer φ.

Soit

$$\varepsilon = \frac{\varphi - F_1}{F_1},$$

on aura

$$\varphi = F_1 (1 + \varepsilon)$$

et ε sera un coefficient de correction toujours très petit qui sera le même, quel que soit le potentiel, pour une même distance des plateaux et qui pourra être déterminé d'avance.

Le calcul qui précède rend légitime le nouveau mode opératoire, qui, au point de vue pratique, semble plus avantageux que l'ancien. On pourrait en effet employer les plateaux en verre argentés comme pour les condensateurs, puisque les deux portions conductrices du plateau P' sont solidaires. Le desideratum de la théorie serait obtenu d'une manière plus parfaite, le sillon qui sépare ces deux portions argentées étant très étroit et ces deux portions étant très exactement dans le même plan.

Je pense qué, si l'on réalisait cet instrument, la meilleure disposition pour mesurer la force d'attraction serait de suspendre le plateau continu PP à l'extrémité d'une balance ([1]), le plateau PP' étant fixe. Il faudrait employer une balance permettant d'apprécier un déplacement très petit du plateau. Les balances avec micromètre mobile et microscope fixe conviendraient pour cet usage ([2]).

Enfin, la sensibilité étant fortement augmentée par la présence du champ électrique, il faudrait, pour que l'équilibre fût stable, abaisser le centre de gravité du fléau d'une quantité qui dépendrait de l'intensité du champ. Une masse mobile le long de l'aiguille de la balance serait fort utile pour obtenir ce résultat.

Ces diverses dispositions rendraient moins pénible l'emploi de l'électromètre absolu et les mesures faites avec une balance et un équilibre stable seraient beaucoup plus précises que celles faites avec un ressort.

Voici le résultat d'un calcul numérique qui montre que les conditions requises pour un bon fonctionnement peuvent être réalisées pratiquement.

Soit un électromètre de 1^{dm^2} de surface de plateau, et supposons un champ de 200 volts par millimètre et une distance de 5^{mm} entre les plateaux.

La balance employée aurait 10^{cm} de longueur de bras et le micromètre serait à 20^{cm} du couteau central; on pourrait apprécier au microscope $\frac{1}{500}$ de millimètre. Le fléau aurait une masse de 300^g (en y comprenant une masse de 100^g mobile le long de l'aiguille).

On remarque d'abord que dans ces conditions la balance est folle tant que le centre de gravité du fléau n'est pas plus bas que $2^{mm},4$ au-dessous de l'arête du couteau central.

L'attraction étant de 177 dynes, supposons que l'on veuille apprécier le $\frac{1}{10}$ de milligramme, il faudra pour cela abaisser le centre de gravité du fléau jusqu'à $5^{mm},7$.

([1]) M. Baille a déjà fait usage de la balance dans des mesures faites avec l'électromètre à anneau de garde (*Journal de Physique*, 2ᵉ série, t. I, 1882, p. 169).

([2]) P. CURIE, *Journal de Physique*, 2ᵉ série, t. IX, 1890, p. 138.

Électromètre sphérique. — Le même principe peut servir à transformer tous les instruments employés en électricité statique. Ce principe consiste essentiellement à séparer au point de vue du potentiel électrique et à rendre solidaires au point de vue mécanique certains conducteurs qui, dans le fonctionnement normal, étaient solidaires au point de vue électrique et réciproquement.

L'électromètre sphérique de M. Lippmann est particulièrement intéressant à considérer avec ce nouveau mode de fonctionnement. Avec la nouvelle disposition, la sphère conductrice intérieure (*fig.* 3) serait simplement suspendue sous le plateau d'une

Fig. 3.

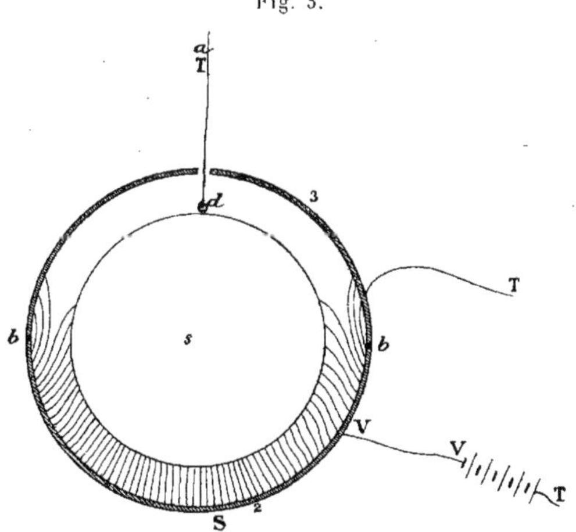

balance par le fil métallique *ad*. La sphère extérieure fixe serait formée de deux hémisphères métalliques matériellement solidaires et réunis par une substance isolante tout le long d'un grand cercle *bb*. On porterait l'hémisphère inférieur au potentiel V, l'hémisphère supérieur étant mis à la terre, ainsi que toute la sphère intérieure et l'on mesurerait, par une pesée, la force résultante des actions électriques sur la sphère intérieure. Les lignes de forces (grossièrement représentées figure 3) seraient réparties d'une façon fort complexe; cependant la force d'attraction verticale F est donnée par une formule simple d'une façon rigoureuse. Désignons par *de* un déplacement infiniment petit de la sphère intérieure suivant la verticale.

Soit C la capacité réciproque entre la moitié de la sphère extérieure et la sphère intérieure. Soit c la capacité réciproque des deux moitiés de la sphère extérieure.

On a

$$F = -\frac{1}{2} V^2 \frac{dC}{de} - \frac{1}{2} V^2 \frac{dc}{de}.$$

Mais, lorsque les deux sphères sont concentriques, c, par raison de symétrie, passe par un minimum : donc $\frac{dc}{de} = 0$ pour les deux sphères concentriques et il reste

$$F = -\frac{1}{2} V^2 \frac{dC}{de}.$$

Pour avoir $\frac{dC}{de}$, il faut faire usage des images électriques en suivant la méthode de Murphy.

On cherche la capacité $C + dC$ d'un hémisphère lorsque les deux centres des deux sphères sont à une distance de infiniment petite (la direction e étant normale au plan de séparation des deux hémisphères). C est la capacité de la moitié d'un hémisphère du condensateur sphérique lorsque les sphères sont concentriques; on a donc par différence dC, ce qui permet de calculer F. On trouve ainsi, lorsque, comme dans le cas considéré plus haut, c'est une des moitiés de la sphère extérieure qui est portée au potentiel V,

$$(1) \qquad F = \frac{3}{8} V^2 \frac{r}{R-r} \frac{R^3}{R^3-r^3},$$

R étant le rayon de la sphère extérieure,
r celui de la sphère intérieure.

Dans le cas où la sphère intérieure serait divisée au point de vue électrique en deux hémisphères portés aux potentiels zéro et V et où la sphère extérieure serait au potentiel zéro, on aurait

$$(2) \qquad F = \frac{3}{8} V^2 \frac{R}{R-r} \frac{r^3}{R^3-r^3};$$

ces deux formules diffèrent de celle de l'électromètre sphérique employé sous sa forme normale. On a, en effet, dans ce cas,

$$(3) \qquad F = \frac{V^2}{8} \frac{R^2}{(R-r)^2}.$$

Les formules (1) et (2) montrent que, lorsque l'on augmente le rayon R, le rayon r restant constant, la force diminue plus vite avec le nouveau mode de fonctionnement qu'avec l'ancien. Avec l'ancien mode, la force tend vers $\frac{1}{8}$ V^2 lorsque R tend vers l'infini, tandis qu'elle tend vers zéro avec la nouvelle méthode. Ceci pouvait se prévoir *a priori*.

Au contraire, si $(R - r)$ est petit par rapport à r, les formules (1), (2), (3) donnent sensiblement les mêmes résultats.

L'électromètre sphérique présente, à certains points de vue, des avantages très sérieux. Cet électromètre absolu serait peut-être le meilleur, si l'on parvenait à surmonter les grosses difficultés que l'on rencontre dans sa construction. L'usage de cet instrument sera plus pratique en employant le nouveau mode opératoire que nous venons d'indiquer. Signalons, en particulier, que l'on pourra vérifier la coïncidence des centres des deux sphères en utilisant les phénomènes électriques, en constatant par exemple que la force agissant sur la sphère intérieure est nulle lorsque, cette sphère restant en relation avec la terre, on porte toute la sphère extérieure à un certain potentiel.

PROPRIÉTÉS MAGNÉTIQUES DES CORPS
A DIVERSES TEMPÉRATURES.

Annales de Chimie et de Physique, 7ᵉ série, t. V, 1895, p. 289.

Introduction.

Les corps se divisent, au point de vue de leurs propriétés magnétiques, en trois groupes distincts :

1° Les corps *diamagnétiques,* qui comprennent le plus grand nombre des corps simples et composés ;

2° Les corps *faiblement magnétiques,* parmi lesquels se trouvent l'oxygène, le bioxyde d'azote, le palladium, le platine, le manganèse, enfin les sels de manganèse, de fer, de nickel, de cobalt, de cuivre, de didyme ;

3° Les corps *ferro-magnétiques,* qui comprennent le fer, le nickel, le cobalt, la magnétite (Fe^3O^4), et encore l'acier, la fonte et divers alliages.

A première vue, ces trois groupes sont absolument tranchés; cette séparation supporte-t-elle un examen plus approfondi? Existe-t-il des transitions entre ces groupes? S'agit-il de phénomènes entièrement différents, ou avons-nous affaire seulement à un phénomène unique plus ou moins déformé? Ces questions préoccupaient beaucoup Faraday qui y revient souvent dans ses Mémoires. On lui doit sur ce sujet une expérience importante : on savait depuis fort longtemps que le fer perd à la chaleur rouge ses propriétés magnétiques; Faraday a montré qu'aux températures élevées le fer reste encore magnétique, bien que faiblement.

Un même corps peut donc appartenir successivement au troisième et au second groupe.

Indépendamment de toute théorie, on sent qu'un phénomène est connu dans les grandes lignes lorsque nos connaissances forment un tout continu, lorsque nous pouvons, entre deux cas donnés, imaginer toute une série de cas intermédiaires aussi rapprochés que l'on voudra. On n'en est pas encore là pour les phénomènes magnétiques, et l'on doit faire de nouvelles expériences.

Pour résoudre le problème, il faut, je pense, étudier les propriétés magnétiques de divers corps dans des conditions aussi différentes que possible de température, de pression, d'intensité de champ magnétique. Je me suis proposé dans ce travail de faire varier la température dans des limites très étendues, et je suis parvenu à étudier certains corps depuis la température ambiante jusqu'à 1370°.

J'ai étudié à diverses températures, parmi les corps diamagnétiques : l'eau, le sel gemme, le chlorure de potassium, le sulfate de potasse, l'azotate de potasse, le quartz, le soufre, le sélénium, le tellure, l'iode, le phosphore, l'antimoine et le bismuth ; parmi les corps faiblement magnétiques : l'oxygène, le palladium, le sulfate de fer ; parmi les corps ferro-magnétiques : le fer, le nickel, la magnétite et la fonte.

Mes expériences n'ont amené aucun rapprochement entre les propriétés des corps diamagnétiques et celles des corps paramagnétiques, et les résultats sont favorables aux théories qui attribuent le magnétisme et le diamagnétisme à des causes de natures différentes.

Au contraire, les propriétés des corps ferro-magnétiques et celles des corps faiblement magnétiques sont reliées intimement. Un corps ferro-magnétique se transforme progressivement, quand on le chauffe, en corps faiblement magnétique et l'on peut donner une image générale des phénomènes en remarquant que la façon dont l'intensité d'aimantation varie sous l'influence de la température et de l'intensité du champ magnétisant rappelle la façon dont la densité d'un fluide varie sous l'influence de la température et de la pression.

Bien que ce travail comporte un nombre considérable de mesures, il doit surtout être considéré comme une recherche d'investigation générale. Les mesures ne sont pas très précises, l'incertitude des coefficients d'aimantation déterminés est, en effet, de l'ordre de grandeur de 1 à 2 pour 100, même au point de vue des valeurs relatives. Enfin, j'ai pu examiner assez complètement les propriétés magnétiques de quelques corps, mais l'étude de plusieurs autres a été à peine ébauchée, et les nombres que j'ai déterminés pour ceux-ci doivent être considérés comme le résultat d'une simple reconnaissance destinée à rendre compte de la manière générale dont ils se comportent au point de vue de leurs propriétés magnétiques lorsque la température varie.

La variation du coefficient d'aimantation des corps diamagnétiques avec la température n'avait été l'objet jusqu'ici d'aucune étude systématique, cependant Plücker ([1]) avait remarqué que, lorsque la température augmente, le diamagnétisme de la stéarine, du soufre et du mercure reste invariable, tandis que le diamagnétisme du bismuth diminue.

Les sels magnétiques ont été l'objet d'une étude de Wiedemann; il est arrivé à cette conclusion importante que leur coefficient d'aimantation diminue quand la température augmente et que le coefficient de variation est le même pour tous les sels magnétiques. Ce coefficient a une valeur absolue voisine de celle du coefficient de dilatation des gaz. M. Plessner a repris le travail de Wiedemann et il est arrivé aux mêmes conclusions ([2]).

Rowland, en 1874, a étudié la susceptibilité du nickel, du cobalt et du fer à 0° et à 230°. Il a montré que la susceptibilité du nickel diminue lorsque la température augmente et que le champ magnétique est intense et commence au contraire par augmenter en même temps que la température lorsque le champ est faible.

M. Bauer, en 1880, et M. Berson ([3]) ont repris cette question. M. Berson a construit les courbes de l'intensité d'aimantation d'un barreau de nickel jusqu'à la température de 340° à laquelle cette intensité d'aimantation tombe à des valeurs extrêmement faibles.

([1]) Wiedemann, *Traité d'Électricité et de Magnétisme.*
([2]) Wiedemann, *Traité d'Électricité* et *Pogg. Ann.*, t. CXXVI, 1865, p. 1. — Plessner, *Wiedem. Ann*, t. XXXIX, 1890, p. 336.
([3]) Ewing, *Magnetic induction,* p. 163. — Berson, *Journal de Physique,* 1886, p. 437.

M. Ledeboer ([1]) a étudié, jusqu'à la température de transformation magnétique, l'induction dans un barreau de fer par une méthode élégante, fondée sur la mesure du coefficient de self-induction d'une bobine dont le barreau du fer constitue le noyau. Il chauffait le morceau de fer dans l'intérieur de la bobine à l'aide d'un courant électrique, et mesurait la température avec un couple Le Chatelier. La bobine était préservée de l'échauffement par un courant d'eau. Nous avons, dans notre travail, utilisé ces excellents procédés de chauffage et d'évaluation des températures. Le courant électrique permet de porter une partie inaccessible d'un appareil délicat à des températures très élevées; toute autre méthode ne saurait résoudre un pareil problème.

M. Hopkinson a fait un travail considérable sur les propriétés des corps ferro-magnétiques jusqu'à leur tempéraure de transformation. Il a étudié le fer, le nickel, l'acier et toute une série d'alliages de fer et nickel ou de fer et manganèse qui lui ont donné des résultats inattendus ([2]).

M. Hopkinson a étudié les propriétés du fer et du nickel jusqu'à leur transformation magnétique (vers 770" pour le fer et 340" pour le nickel); il a fait une étude détaillée des phénomènes, et il n'y aurait pas eu d'intérêt à reprendre pour ces corps un pareil travail, si ce n'eût été pour étendre les limites de champs et de températures entre lesquelles il avait opéré. M. Hopkinson avait utilisé des champs magnétisants variant de 2 à 40 unités : j'ai pu me servir de champs variant de 25 à 1350 unités et j'ai pu suivre les propriétés du fer après sa transformation magnétique jusqu'à 1370°; enfin, je me suis attaché à analyser la nature des phénomènes aux températures où se produit la transformation.

Le fer passe encore, quand on le chauffe, par d'autres transformations qui ont été signalées par un grand nombre d'observateurs et dont l'étude a une grande importance au point de vue de la

---

([1]) *Journal de Physique,* 2ᵉ série, t. VII, 1888, p. 199.
([2]) *Philos. Trans.,* 1889, p. 443 (fer).— *Proceed. R. S.,* t. XLIV, 1888, p. 317 (nickel). — *Proceed. R. S.,* 1889, 1890. — M. Hopkinson a trouvé que le ferro-nickel à 25 pour 100 de nickel était faiblement magnétique à la température ambiante; refroidi à — 40°, il devient ferro-magnétique et conserve cette propriété lorsqu'il revient à la température ambiante. Pour ramener le ferro-nickel à l'état primitif, il faut chauffer au-dessus de 600°.

métallurgie du fer. Nos expériences sur le magnétisme sont venues joindre leur témoignage à ceux qu'avaient donnés d'autres propriétés physiques, et ce témoignage est singulièrement probant, parce que les propriétés magnétiques éprouvent des perturbations considérables lorsque le fer se transforme ([1]).

Ce travail a été exécuté à l'École de Physique et de Chimie industrielle, où j'ai trouvé toutes les facilités pour le mener à bien. Je tiens à remercier bien sincèrement M. Schützenberger, directeur de l'École, et M. le professeur Dommer, dans le laboratoire duquel j'ai travaillé; je suis aussi fort reconnaissant envers M. le professeur Baille et M. Féry, chef des travaux, qui m'ont prêté l'électro-aimant qui m'a servi dans ces expériences pendant plusieurs années.

Disposition des expériences.

Méthodes de mesure. — La méthode que j'ai utilisée ne diffère pas en principe de celles qui ont été employées par Becquerel et Faraday. Le corps est placé dans un champ magnétique qui n'est pas uniforme et l'on mesure la force résultant des actions magnétiques en utilisant la torsion d'un fil.

EEEE (*fig.* 1) représentent les bras horizontaux d'un électro-aimant de Faraday. Les axes de ces deux bras forment un certain

---

([1]) Les recherches de M. Osmond sur les transformations du fer et du carbone sont aujourd'hui classiques (OSMOND, *Mémorial de l'Artillerie de Marine*, 1888). Cette question a été l'objet d'un grand nombre de Mémoires : GORE, *Variations de longueur avec température* (*Proceed. of the Royal Soc.*, 1889). — BARETT, *Récalescence* (*Philos. Mag.*, t. XLVI, 1873, p. 473). — TAIT, *Propriétés thermo-électriques* (*Royal Soc. Édimb.*, t. XXVII, p. 125). — PIONCHON, Thèse, Paris, 1886, *Mesures calorimétriques* (*Journal de Physique*, 1887, p. 269). — H. LE CHATELIER, *Propriétés thermo-électriques* (*Bull. Soc. Chim.*, 1886, t. XLV, p. 482). — KOHLRAUSCH, *Variations de résistance électrique* (*Wiedemann. Ann.*, t. XXXIII, 1888). — HOPKINSON, *Variations de résistance électrique* (*Philos. Trans.*, 1889, p. 443). — H. LE CHATELIER, *Résistance électrique* (*Journal de Physique*, t. VII, 1891, p. 199). — BALL, *Effet de la trempe* (*Proceedings of the iron and Steel Institute*, t. I, 1890, et t. I, 1891). — ARNOLD, *Structure au microscope. Vitesse de refroidissement* (*Proceedings of the Iron and Steel Institute*, mai 1894). — CHARPY, *Essais de traction* (*Comptes rendus*, t. II de 1893, 19 février, 16 avril et 4 juin 1894). — HADFIELD, *Iron and Steel Institute*, mai 1894.

angle. On place le corps en un certain point O de la ligne Ox, intersection du plan horizontal passant par les axes des bras de l'électro-aimant (plan de la figure 1) et du plan de symétrie vertical. Lorsque l'électro-aimant est excité, la force agissante f est dirigée suivant Ox.

Désignons par H_y l'intensité du champ magnétique en O. Ce

Fig. 1.

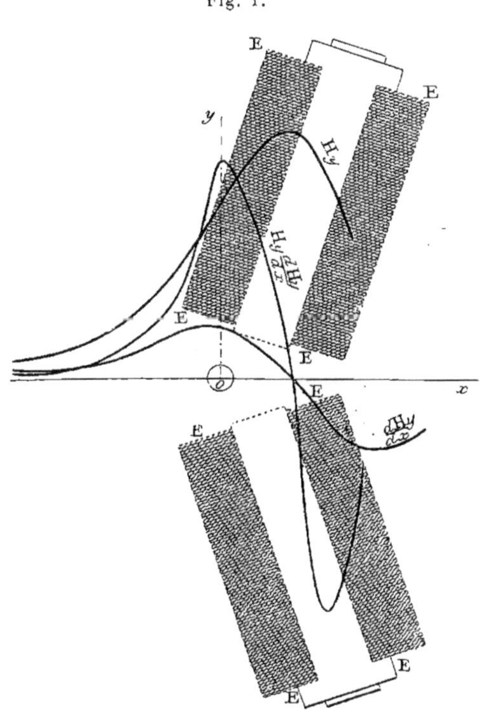

champ est dirigé par raison de symétrie suivant Oy normal à Ox. Soient I *l'intensité d'aimantation spécifique* (c'est-à-dire le moment magnétique divisé par la masse) et M la masse du corps, on a

$$f = \mathrm{MI}\,\frac{d\mathrm{H}_y}{dx}.$$

Les expériences étaient surtout disposées pour l'étude des corps diamagnétiques ou faiblement magnétiques. La force démagnétisante provenant de l'aimantation du corps est alors insignifiante et, si l'on désigne par K *le coefficient d'aimantation spécifique*, on a

$$I = KH_y$$

et

$$f = MKH_y \frac{dH_y}{dx}.$$

On choisit, pour placer le centre de figure du corps le long de Ox, le point O pour lequel le produit $H_y \frac{dH_y}{dx}$ passe par un maximum. Pour la plupart des corps étudiés, K est en effet constant; la force f est alors proportionnelle au produit ci-dessus : elle passe donc par un maximum au point O. Cette position du corps offre, au point de vue pratique, plusieurs avantages. On peut, en effet, prendre des corps assez volumineux et les déplacer de plusieurs millimètres suivant Ox sans que la force agissante soit sensiblement différente de ce qu'elle serait si le corps était concentré en O. On peut aussi se contenter d'un réglage approximatif suivant Ox pour la position initiale du corps. Enfin on peut, en faisant usage de la balance de torsion, laisser, sans inconvénient, le corps se déplacer suivant Ox lorsqu'on établit le champ. On évalue ensuite la grandeur des déplacements sans être obligé de ramener le corps à sa position initiale.

Les courbes de la figure 1 sont obtenues en portant en ordonnées à partir de Ox des valeurs de H_y, $\frac{dH_y}{dx}$ et $H_y \frac{dH_y}{dx}$ aux divers points de Ox. On a commencé par construire ces courbes par une étude préliminaire de l'état du champ; puis, le point O une fois choisi, on a pu vérifier, par des mesures d'attraction magnétique, que la force passait par un maximum dans cette région du champ.

Le corps est le plus souvent placé en petits fragments dans une ampoule de verre, de porcelaine ou de platine; il fait partie d'un équipage mobile soutenu par un fil dont la torsion est utilisée dans les mesures. La direction du fil vient percer le plan horizontal de la figure 1 en un point situé sur la ligne Oy normale à Ox à $5^{cm},42$ du point O dans notre appareil. L'ampoule se déplace donc suivant Ox en tournant autour du fil. Les déplace-

ments utilisés ont toujours été fort petits et n'ont jamais dépassé
$0^{cm},15$.

Appareil de chauffage. — Il s'agit de mesurer les attractions
et les répulsions exercées sur le corps, tout en le maintenant à
diverses températures. A cet effet, l'ampoule a (*fig.* 2) est placée

Fig. 2.

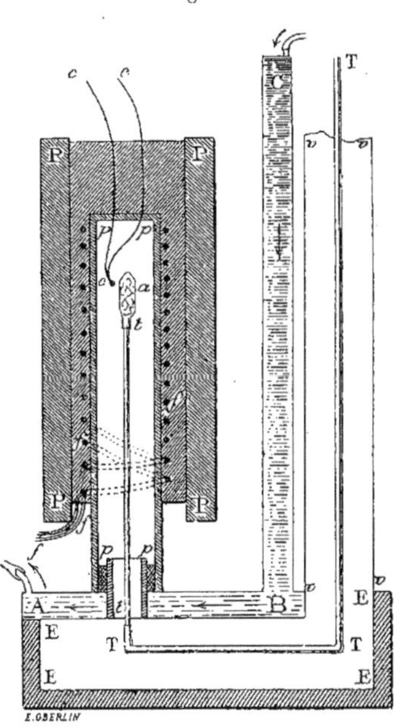

E.OBERLIN

a, ampoule contenant le corps à étudier. — tt, tige de porcelaine soutenant
l'ampoule. — TTT, tube métallique formant charpente et faisant partie de
l'équipage mobile de la balance de torsion. — ppp, PPP, four en porcelaine. —
fff, fil de platine pour le courant qui sert à chauffer le four. — ccc, couple Le
Chatelier. — ABC, écran à circulation d'eau. — EEE et vvv, caisse en bois et
tube de verre pour protéger des courants d'air.

dans un petit four en porcelaine que l'on peut chauffer à l'aide
d'un courant électrique. Ce mode de chauffage est le seul prati-
cable, étant donnée la situation inaccessible de l'ampoule placée
entre les branches d'un électro-aimant et soutenue par l'équipage
mobile d'une balance de torsion.

Pour construire le four, on prend un premier tube de porcelaine réfractaire *pppp* fermé à la partie supérieure. Sur ce tube, de 12^{cm} de hauteur environ, on enroule (en fil double pour éviter toute action magnétique) un fil de platine de $\frac{7}{10}$ à $\frac{8}{10}$ de millimètre de diamètre et de quelques mètres de longueur. Les fils de la double spirale ne se touchant pas et, pour maintenir avec certitude leur écartement, on commence par remplir les intervalles, puis par recouvrir les spires elles-mêmes par une faible couche de pâte de kaolin; on chauffe le fil par le courant, le kaolin durcit, se fendille, mais devient adhérent au tube de porcelaine, et l'on est sûr ensuite que les fils ne pourront plus se déranger. On place un deuxième tube de porcelaine PPPP de plus grand diamètre autour du premier, et l'intervalle entre les deux tubes est rempli de pâte de kaolin ou de magnésie calcinée. On garantit ainsi partiellement le four contre le refroidissement de l'extérieur.

On évalue la température à l'aide d'un couple Le Chatelier *ccc*, dont la soudure est placée à la hauteur de l'ampoule. Le fond du tube *pppp* est percé de deux petits trous par lesquels passent les fils du couple. L'ampoule A est soutenue par une tige de verre ou de porcelaine *tt*; cette tige sort du four par un trou sans toucher aux parois. La tige *tt* vient s'emmancher à l'extrémité du tube métallique TTT, qui constitue une sorte de charpente faisant partie de l'équipage mobile de la balance de torsion. Il est indispensable que le trou nécessaire pour la sortie de la tige de l'ampoule soit situé à la partie inférieure du four, sinon l'air chaud, plus léger, s'échapperait constamment et déterminerait des courants d'air, des remous qui rendraient toute mesure impossible ([1]).

Lorsque l'on opère à une température élevée, on préserve de l'échauffement l'électro-aimant et la cage de la balance de torsion à l'aide d'écrans métalliques à doubles parois et à circulation d'eau continue CBA.

La caisse en bois EEE et le tube *vvv* protègent la tige TTT contre les courants d'air venant de l'extérieur.

([1]) Nous avons emprunté à M. Blondlot la disposition expérimentale qui consiste à ouvrir un four par la partie inférieure pour éviter les courants d'air. [BLONDLOT, *Conductibilité de l'air chaud* (*Journal de Physique*, t. VI, p. 109).]

Il faut environ 1500 watts pour arriver à maintenir vers 1350°
un volume de 14^{cm3} environ à l'intérieur du four. Le four a tendance à être plus chaud à la partie supérieure qu'à la partie inférieure; on remédie d'avance en partie à ce défaut en mettant les
spires du fil de platine plus serrées à la partie inférieure (¹).

Le four, arrivé à un certain état d'équilibre de température,
peut être maintenu dans cet état aussi longtemps que l'on voudra,
chaque portion du four demeurant à température constante à
$\frac{1}{10}$ de degré près. Il suffit pour cela qu'un observateur agisse sur
un rhéostat tout en regardant constamment les indications du
couple mis en relation avec un galvanomètre suffisamment sensible. L'observateur peut facilement corriger les petites variations
qui tendent à se produire. C'est là un des principaux avantages
des méthodes de chauffage par courant électrique. Bien entendu,
on peut seulement maintenir la température constante à $\frac{1}{10}$ de
degré près dans chaque partie du four; mais la température n'est
pas parfaitement uniforme, et on ne la connaît guère qu'à 10° ou
20° près lorsqu'elle est très élevée.

Équipage mobile (représenté figure 3 dans sa boîte, le four
électrique est retiré). — L'équipage mobile accroché après le fil
de torsion FA se compose essentiellement d'une charpente en
cuivre EABC, qui soutient d'un côté l'ampoule D, du côté opposé
une grande palette P verticale d'aluminium servant d'amortisseur,
et une aiguille portant à son extrémité un micromètre M. Un
microscope fixe, muni d'un réticule, est braqué sur le micromètre,
dont les déplacements permettent d'évaluer ceux de l'ampoule.
Près du crochet de suspension A, l'équipage mobile a encore une
plate-forme horizontale π en cuivre, sur laquelle se trouvent deux
poids en cuivre; en déplaçant ces poids sur la plate-forme, on
parvient toujours à établir l'équilibre, quel que soit le poids de
l'ampoule.

La portion AM de la charpente est dans le plan vertical, passant

---

(¹) On arriverait peut-être à une température uniforme en divisant en deux
circuits le fil de platine; l'un des circuits chaufferait le bas du tube, l'autre le
haut, et l'on pourrait, par une dérivation sur le fil du haut, régler le meilleur
rapport à adopter entre les intensités de courant dans les deux circuits.

par le fil et l'ampoule, plan qui a sa trace suivant Oy (*fig.* 1).

La charpente ABC (*fig.* 3), qui soutient l'ampoule, a une forme un peu compliquée. Cela provient de diverses causes : il faut d'abord, pour la stabilité de l'équipage, que le crochet de suspension en A soit dans un plan horizontal plus élevé que celui de l'ampoule; de plus, l'ampoule, nous l'avons vu, doit être soutenue par en dessous, d'où la forme en U de l'extrémité de la charpente en C (*fig.* 3) ou TTTu (*fig.* 2). Enfin, il faut éviter

Fig. 3.

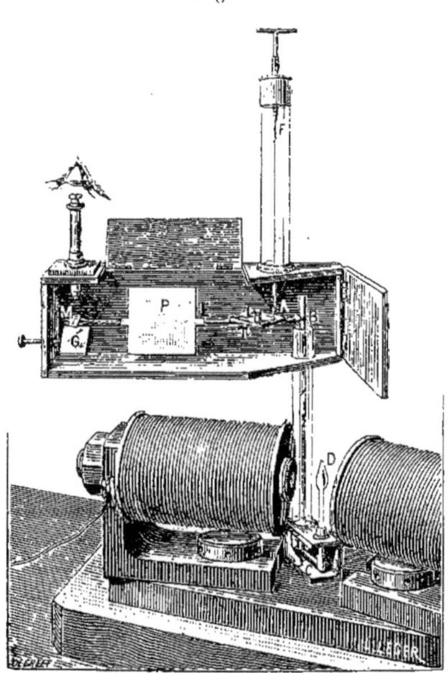

autant que possible que la branche descendante de la charpente BC (*fig.* 3) soit sous l'influence des forces magnétiques, et pour cela il faut éloigner notablement cette branche de l'électro-aimant. C'est dans ce but que la portion AB s'écarte d'abord horizontalement du plan vertical passant par le fil et l'ampoule. BC est vertical, un bras horizontal en C ramène la charpente dans le plan vertical en question; mais cette branche est bien en dessous du champ et l'électro-aimant n'a pas non plus sur elle une action sensible.

La palette verticale P, en aluminium (*fig*. 3), a une surface de 40^{cm^2}; néanmoins, elle ne suffirait pas, à l'air libre, pour amortir les oscillations; pour augmenter l'amortissement, on place de part et d'autre de la palette, à quelques millimètres, deux plateaux fixes en aluminium (non représentés sur la figure) parallèles à la palette et ayant environ les mêmes dimensions. Lorsque la palette s'approche de l'un des plateaux et s'éloigne de l'autre, les variations de pression temporaires dans l'air suffisent pour amortir les mouvements de l'équipage.

L'équipage mobile tout entier est entièrement abrité des courants d'air par une boîte en bois tapissée d'étain intérieurement. L'étain, là charpente et toutes les pièces métalliques de l'instrument sont reliés métalliquement à la terre pour éviter les effets qui pourraient résulter des charges électriques accidentelles.

Mesure des déplacements de l'ampoule. — Les déplacements de l'ampoule se déduisent de ceux du micromètre. Les distances à l'axe de rotation du centre de l'ampoule et du micromètre sont respectivement $5^{cm},42$ et $24^{cm},0$. Le micromètre obtenu par un procédé photographique porte 400 divisions; chaque division a une longueur de $0^{cm},00252$ ($\frac{1}{40}$ de millimètre environ). Les lectures sont exactes sans correction (l'erreur maximum dans la position des traits est inférieure aux erreurs de lecture). Enfin on peut apprécier avec certitude $\frac{1}{5}$ de division, ce qui correspond à 1^{μ} de déplacement pour l'ampoule.

Fils de torsion. — Trois fils différents sont employés dans les mesures. Ces trois fils permettent de changer, dans le rapport de 1 à 3,6 et à 42,8, le couple correspondant à une division du micromètre. On peut donc faire varier la sensibilité dans d'assez larges limites en substituant simplement les fils l'un à l'autre. Les fils (1) et (2) sont en platine recuit, le fil (3) est en laiton.

On détermine les couples par unité d'angle, par la méthode dynamique, en mesurant les durées d'oscillations avec des masses de moment d'inertie connu. On emploie pour cela trois cylindres en cuivre, allongés suivant l'axe, soigneusement travaillés et dont les dimensions et le poids ont été déterminés avec précision. Les cylindres ont leur axe bien horizontal, ils sont suspendus par le milieu de leur longueur pendant les mesures de durées d'oscillations ; un miroir léger permet d'utiliser les lectures optiques et d'employer des oscillations d'amplitude très petite. Les cylindres avaient 16^{cm} de long et respectivement des masses de 30^g, 50^g et 100^g environ. Les moments d'inertie étaient respectivement de 30313, 53236, 108770 en unités C.G.S. L'équipage mobile de notre appareil avait une masse variant de 50^g à 100^g. C'est donc aux résultats obtenus avec les deux dernières masses que nous avons donné la préférence. Les couples sont exprimés en unités. C.G.S.

Fils.	Diamètre environ.	Longueur utile.	Couple cylindre			$f.$
			de 30^g.	de 50^g.	de 100^g.	
	mm	cm				
(1)....	0,15	22,4	144,0	144,4	144,6	0,00280
(2)....	0,20	18,1	529,0	526,6	527,5	0,01022
(3)....	0,40	20,2	640,7	618,1	619,0	0,1197

Les résultats obtenus avec les fils (1) et (2) sont très satisfaisants ; la durée d'oscillation était la même, quelle que fût l'amplitude. Les expériences avec le fil de cuivre (3), de gros diamètre, n'ont donné des résultats réguliers qu'en employant des oscillations très petites. Avec des amplitudes plus grandes, le décrément était plus fort que pour les petites oscillations.

La dernière colonne donne la force en dynes (agissant sur l'ampoule) nécessaire pour obtenir une division de déviation du micromètre. On peut, dans de bonnes conditions, apprécier des forces cinq fois plus faibles. A $1300°$, avec le fil (2), on peut encore faire des mesures à une division près, c'est-à-dire que l'on peut encore évaluer, avec une précision de l'ordre de grandeur des $\frac{1}{100}$ de milligramme, les forces qui agissent sur un corps placé dans le four à cette température élevée. On a $f = \dfrac{cd}{lL}$, c étant le couple de torsion par unité d'angle, d la longueur d'une division du micromètre ($0,00252$), l la distance du centre de l'ampoule à l'axe de rotation ($5^{cm},42$), L la distance du micromètre à l'axe de rotation ($24^{cm},0$).

Réglage de la position de l'ampoule. — On a choisi un point déterminé dans le champ pour placer le centre de figure de l'ampoule. Pour retrouver à coup sûr la position de ce point, on a construit une petite planchette qui vient s'emmancher exactement sur les extrémités libres des bras de l'électro-aimant; des repères permettent de placer cette planchette horizontalement; elle est alors dans le plan de la figure 1. La planchette est percée d'un trou circulaire d'un diamètre un peu plus grand que celui de l'ampoule et dont le centre est exactement au point zéro choisi. Le réglage de l'instrument est alors facile : le four étant retiré, on déplace les poids sur la plate-forme de l'équipage mobile jusqu'à ce que l'ampoule soit au milieu du trou de la planchette, l'équipage étant parfaitement libre et équilibré. On retire ensuite la planchette et l'on recouvre l'ampoule avec le four. Dans une étude préalable, on a déterminé la distance entre le fil de suspension de l'équipage et un autre fil vertical passant par le centre du trou de la planchette mise en place sur l'électro-aimant; c'est la distance $l = 5^{cm},42$ dont il est question plus haut.

Mesure de l'intensité du champ magnétique. — Dans une étude préalable, on étudie l'intensité du champ au point choisi pour les mesures, en fonction de l'intensité du courant circulant dans l'électro-aimant; mais on sait que le champ n'a une valeur définie, pour un courant donné, que si l'on spécifie exactement la loi de variation de l'intensité du courant. Aussi, après avoir désaimanté une fois pour toutes l'électro-aimant par la méthode des renversements successifs avec courants décroissants, on s'astreint à constamment faire varier le courant dans le fil d'une façon cyclique toujours la même. Le courant passe toujours graduellement de — 8 ampères à + 8 ampères, puis de + 8 ampères à — 8 ampères. De la sorte, le champ est défini par l'intensité du courant, pourvu que l'on indique si l'on est dans la période croissante ou dans celle décroissante.

A vrai dire, cette méthode qui consiste à définir l'intensité du champ par le courant circulant dans les bobines de l'électro-aimant est encore, même employée rationnellement, fort critiquable. Elle serait inadmissible pour des mesures un peu précises. On sait, en effet, que les trépidations jouent un rôle dans l'aimantation du fer tant qu'il n'est pas saturé, et il est certain qu'on n'a jamais deux fois de suite rigoureusement la même aimantation en répétant les cycles; mais, pour des mesures d'investigation générale, avec une précision de 1 à 2 pour 100 pour les mesures, il n'y a aucun danger à employer ce procédé, qui a l'avantage d'être fort pratique lorsqu'on a à exécuter un grand nombre d'expériences. Du reste, en faisant plusieurs mesures, les erreurs accidentelles dues aux trépidations disparaissent dans les moyennes.

Pour déterminer l'intensité du champ, on a employé la méthode de Weber : on retourne face pour face une bobine dont le plan des spires est normal au champ. La bobine est dans le circuit d'un galvanomètre balistique, qui permet d'évaluer le courant induit. On se sert d'un galvanomètre Thomson, étalonné et placé très loin de l'électro-aimant.

La bobine est seulement composée de quelques spires roulées sur un cylindre de bois de diamètre connu. On peut calculer la section moyenne des spires. Cette section était de l'ordre de grandeur de la section verticale des ampoules sur lesquelles on opérait le plus généralement.

Pour étalonner le galvanomètre balistique, on utilise le champ magnétique connu, créé par un courant connu circulant dans les spires d'un long solénoïde. Au milieu du solénoïde, on place une bobine formée d'une seule couche de fils roulés sur un cylindre de bois. Le flux créé par le courant du solénoïde dans cette bobine de section connue sert à étalonner le galvanomètre. Les deux bobines, celle utilisée pour le champ de l'électro-aimant et celle employée pour le champ du solénoïde, sont du reste toutes les deux constamment dans le circuit passant par le galvanomètre. Enfin, le courant dans le solénoïde est mesuré par l'évaluation de la force électromotrice aux bornes d'un étalon de $\frac{1}{10}$ d'ohm parcouru par le courant. Pour évaluer la force électromotrice, on s'est servi d'un élément Daniell, cet élément étant monté avec une solution saturée de sulfate de cuivre et une solution de densité 1,4 de sulfate de zinc. La force électromotrice de cet élément est 1,09 à 20°.

Les résultats obtenus ont permis de tracer des courbes et de dresser un Tableau numérique donnant pour chaque intensité du courant i dans l'électro-aimant le champ correspondant H. Pendant la période croissante et pendant la période décroissante du courant, l'électro-aimant était parfaitement symétrique au point de vue du sens de l'aimantation. Voici quelques nombres extraits du Tableau en question (i est exprimé en unités arbitraires, H en unités C.G.S.) :

i.	0.	20.	40.	60.	80.	100.	120.	143.
H courant croît.......	—20	177,0	376	572	769,0	960	1145	1356
H courant décroît.....	+20	217,0	414	607	802,0	990	1160	1356

Le courant qui circule dans l'électro-aimant passe au travers d'un rhéostat, d'un commutateur et d'une résistance de maille-chort d'environ $\frac{1}{20}$ d'ohm. L'intensité du courant i est donnée par les déviations d'un galvanomètre de d'Arsonval shunté (monté avec aiguille, micromètre mobile et microscope fixe) et placé dans un circuit dont les points d'attache sont situés de part et d'autre de la résistance de $\frac{1}{10}$ d'ohm.

Mesure de la dérivée du champ. — La formule donnée plus haut

$$f = \mathrm{KMH}_y \frac{d\mathrm{H}_y}{dx}$$

montre qu'il faut encore mesurer la dérivée du champ $\frac{d\mathrm{H}_y}{dx}$ pour chaque intensité de courant dans l'électro-aimant pour pouvoir évaluer K. A cet effet, on place encore une bobine en O (*fig.* 1) avec le plan des spires normal au champ et l'on déplace brusquement cette bobine, parallèlement à elle-même, d'une très petite quantité Δx, suivant la ligne Ox normale au champ. Le flux φ à travers la bobine varie de $\Delta\varphi$, et l'on a

$$\Delta\varphi = s \frac{d\mathrm{H}_y}{dx} \Delta x,$$

s étant la section totale des spires. On mesure $\Delta\varphi$ à l'aide du galvanomètre balistique. Il faut seulement déplacer la bobine d'une très petite quantité; on utilise des déplacements variant de $0^{mm},5$ à $1^{mm},5$. Pour produire rapidement ces déplacements, on se sert du mouvement rapide à crémaillère d'une monture de microscope; l'objectif est retiré et l'on emmanche dans le tube mobile une tige de bois qui soutient la bobine à l'endroit du champ que l'on veut étudier. Pour mesurer les déplacements, un micromètre est soli-

daire du tube mobile; il est fixé latéralement le long de ce tube.
Un microscope fixe, muni d'un réticule et braqué sur ce micromètre, permet de regarder, avant et après le mouvement, la position du micromètre et d'en déduire le déplacement avec une
bonne exactitude.

Il s'agit de mesurer non plus le flux total à travers la bobine,
mais bien une petite variation dans la grandeur de ce flux. On ne
peut plus prendre comme bobine quelques spires enroulées sur
un cylindre de diamètre connu, il faut une véritable bobine pleine
de fils pour avoir des impulsions convenables au galvanomètre.

En opérant comme nous venons de l'indiquer, les résultats ne
sont pas bien satisfaisants; la nouvelle bobine est, en effet, très
sensible aux variations de flux qui tendent à se produire accidentellement. Dans ces expériences, les trépidations font varier constamment de très petites quantités l'intensité du champ. Il en
résulte des variations de flux qui se traduisent par des déplacements continuels et irréguliers de l'image du galvanomètre. Il est
préférable d'employer une méthode un peu différente pour mesurer
la dérivée du champ. On a en chaque point d'un champ magnétique la relation

$$\frac{d\mathrm{H}_y}{dx} = \frac{d\mathrm{H}_x}{dy}.$$

Il revient alors au même de déterminer la deuxième quantité. Il
faut pour cela placer la bobine en O (*fig.* 1), mais avec le plan
des spires parallèle au champ et normal à Ox. Le déplacement
doit se produire suivant la direction du champ Oy. On a alors
pour la variation de flux $\Delta\varphi'$

$$\Delta\varphi' = s\,\frac{d\mathrm{H}_x}{dy}\,\Delta y.$$

$\Delta\varphi'$ est le même que $\Delta\varphi$ pour un déplacement Δy égal à Δx; mais
φ' est nul en moyenne, puisque la bobine a pour sa position
moyenne ses spires parallèles au champ. Les variations du flux
dues aux trépidations ne se font plus sentir, et l'on a la même
sensibilité avec une stabilité bien plus grande de l'image du galvanomètre. L'expérience a montré que ces deux méthodes, pour
déterminer la dérivée, donnaient sensiblement les mêmes résultats moyens, mais les mesures faites par la seconde méthode

étaient plus concordantes entre elles que celles faites par la première.

Le déplacement Δy se produit et se mesure de la même manière dans la deuxième méthode que dans la première, seulement la tige de bois qui soutient la bobine doit être coudée à angle droit, parce que la présence des deux bras de l'électro-aimant ne permet pas de placer le tube mobile dans la direction du déplacement suivant le prolongement de Oy. Le tube se déplace donc parallèlement à Oy à une certaine distance de l'électro-aimant, et la bobine, soutenue par la tige de bois coudée, se déplace suivant Oy.

On a pu déterminer ainsi les points de la courbe de $\dfrac{d\mathrm{H}_y}{dx}$ ($fig.$ 1), mais cette courbe ne sert pas dans les mesures définitives; ce qu'il faut avoir, ce sont les valeurs de la dérivée pour le point O et pour diverses intensités de courants dans l'électro-aimant. Au lieu de refaire des mesures absolues, il a paru préférable de déterminer pour le même courant le rapport de la dérivée du champ au champ lui-même. On place, pour cela, constamment dans le circuit du galvanomètre la bobine qui sert à déterminer la dérivée et celle qui sert à déterminer le champ accouplées en tension. On fait d'abord une série complète de mesures du champ pour diverses valeurs de l'intensité du courant, puis, substituant les bobines l'une à l'autre, on fait une série de mesures concernant la dérivée; enfin, replaçant la première bobine, on recommence une série analogue à la première. Soit δ la déviation lorsque l'on retourne dans le champ la bobine pour évaluer le champ, et soit s la surface de cette bobine; soit δ' la déviation obtenue avec la bobine dérivée de surface S; pour un déplacement l, pour le même état du champ, on a

$$\frac{\text{dérivée}}{\text{champ}} = \frac{\delta'}{\delta}\,\frac{1}{l}\,\frac{2s}{S}.$$

Nous avons trouvé que, pour des champs variant de 150 à 1350 unités, le rapport de la dérivée au champ était un nombre à peu près constant et égal à 0,188, aussi bien pendant la période croissante que pendant la période décroissante du courant dans l'électro-aimant. Les écarts de part et d'autre de la moyenne sont irréguliers et inférieurs à 1,5 pour 100. Le fer de l'aimant était loin d'être saturé.

Pour des champs inférieurs à 100 unités, les mesures de la dérivée devenaient moins précises : nous avons admis un peu arbitrairement que pour ces champs le rapport de la dérivée au champ restait encore exactement le même. On voit que le champ varie de $\frac{1}{5,3_2}$ de sa valeur par centimètres comptés le long de Ox. C'est à dessein que l'on a réalisé une chute aussi faible, malgré le désavantage très sérieux qui en résulte d'avoir à mesurer des forces très petites. On trouve une compensation dans le fait que l'on a plus de latitude pour régler la position de l'ampoule; enfin, quand l'ampoule n'est pas trop grosse, on peut admettre que le corps est tout entier à peu près dans les mêmes conditions dans toutes ses parties, au point de vue de l'intensité du champ magnétisant.

Mesure de la surface totale des spires d'une bobine. — Il est nécessaire de connaître la surface totale des spires de la bobine qui a servi à déterminer la dérivée du champ. Il est absolument impossible d'évaluer cette surface par la mesure des dimensions géométriques des spires, car la petite bobine est remplie de fils. Pour déterminer la surface totale des spires, on la compare par une méthode électrique de comparaison à la surface connue d'une autre bobine.

La bobine (A), de surface connue, est formée d'une seule couche de fil enroulée sur un tube cylindrique de diamètre connu supérieur au diamètre extérieur de la bobine (B) dont on veut déterminer la surface. On assujettit ensemble les deux bobines tout contre l'une de l'autre, ou l'une dans l'autre, de telle sorte que leurs spires soient parallèles et que leurs axes coïncident. On cherche ensuite à annuler, l'un par l'autre, les effets d'induction produits par la naissance d'un champ magnétique uniforme normal aux spires des deux bobines.

A cet effet, les bobines sont accouplées en tension dans le circuit d'un galvanomètre balistique, mais de manière que les courants d'induction se contrarient lors de la naissance d'un champ. Pour avoir un champ magnétique uniforme, on utilise la partie centrale à l'intérieur d'un long solénoïde dans lequel on peut faire circuler un fort courant. Pour amener les deux bobines à peu près à se compenser, on fait varier le nombre de spires sur la bobine (A).

On arrive ainsi à trouver que pour n spires le galvanomètre dévie dans un sens et que pour $(n + 1)$ spires il dévie dans l'autre. Par une proportion à l'aide des déviations obtenues dans les deux cas, on évalue la fraction de spires qu'il faudrait ajouter aux n spires de A pour que la compensation se fasse exactement, c'est-à-dire pour que les deux bobines aient même surface (¹).

Cette méthode électrique de comparaison des surfaces de deux bobines donne d'excellents résultats, et elle pourrait, je crois, être utilisée dans d'autres occasions, même pour des mesures de précision.

Données numériques relatives aux bobines et au galvano-mètre balistique. — La bobine A qui a servi à déterminer le champ était formée de huit spires de 2^{cm} de diamètre donnant une surface totale de $25^{cm^2},13$. La bobine B placée dans le solénoïde et destinée à étalonner le galvanomètre, 87 spires de $3^{cm},54$ de diamètre, surface totale $856^{cm^2},4$. Solénoïde pour étalonner le champ dans lequel on place la bobine B : longueur du solénoïde, $49^{cm},2$; nombre de spires par centimètre de longueur, $4,940$; diamètre des spires, $6^{cm},8$. D'où, en tenant compte de ce que le solénoïde n'est pas indéfini, le champ au centre du solénoïde est de $6,148$ pour un courant de 1 ampère circulant dans le fil, et le flux dans la bobine B pour un courant de 1 ampère dans le solénoïde est égal à 5264.

Le galvanomètre balistique était un galvanomètre Thomson de faible résistance intérieure ; l'inertie de l'aiguille avait été augmentée en ajoutant une masse additionnelle pour que les oscillations fussent assez lentes. Les bobines A et B étant accouplées en tension dans le circuit du galvanomètre, on a trouvé qu'il fallait une variation de flux de 2448 unités par impulsion de 1^{cm} lue à l'échelle du galvanomètre. Pour des déviations supérieures à 15^{cm},

---

(¹) Dans toutes les expériences d'induction, les fils qui relient les bobines au galvanomètre ou les bobines entre elles sont toujours accouplés en fils doubles bien isolés et tordus l'un autour de l'autre ; de la sorte, on n'a pas d'autres effets d'induction que ceux qui se produisent dans les bobines.

il n'y avait plus proportionnalité entre le flux et les déviations (les déviations augmentent alors plus vite que le flux).

La bobine c pour mesurer la dérivée du champ a été comparée à une autre comme nous l'avons expliqué plus haut; sa surface a été trouvée équivalente à 55,6 spires d'une bobine formée d'une seule couche de fil, chaque spire ayant $2^{cm},51$ de diamètre. La surface de la bobine c est, d'après cette comparaison, égale à 276^{cm^2}.

Couple Le Chatelier. — Nous nous sommes basés, pour la construction de la courbe de cet excellent instrument, sur les données suivantes :

Comparaison avec des thermomètres à mercure en verre de Baudin et de Delaunay, jusqu'à..................	300°
Ébullition du soufre.............	445
Fusion du chlorure de sodium...........	780
» de l'argent..	960
» de l'or........................ ..	1052
» du palladium	1500 (Violle).

M. Violle a trouvé pour point de fusion de l'argent et de l'or $954°$ et $1035°$. MM. Holborn et Wien ont donné pour les mêmes corps $968°$ et $1070°$. Nous avons pris pour l'argent et l'or la moyenne des résultats obtenus dans ces deux travaux [1].

Avec ce couple, nous avons déterminé quelques points de fusion :

Antimoine pur du commerce............	622° [2]
Magnétite (Fe^3O^4) cristallisée...........	1377
Fer doux.............................	1460
Nickel...............................	1460
Soudure du couple...................	1690

Le galvanomètre de d'Arsonval qui servait avec le couple était monté avec un fil un peu plus fin que de coutume et l'on mettait une résistance en tension dans le circuit pour diminuer les dévia-

---

[1] VIOLLE, *Comptes rendus*, t. LXXXIX, 1879, p. 702. — HOLBORN et WIEN, *Wiedem. Ann.*, t. XLVII, 1892, p. 187.

[2] Dans tous les recueils on donne une température beaucoup moins élevée.

tions. Lorsque l'on voulait non plus mesurer la température, mais régler sa constance, on retirait la résistance pour avoir plus de sensibilité.

Marche des expériences. — On a donc déterminé par des mesures préliminaires :

1° La force nécessaire pour provoquer une déviation du micromètre avec chacun des fils de torsion;

2° La valeur de l'intensité du champ pour chaque intensité du courant qui passe dans les bobines de l'électro-aimant pendant la période croissante et pendant la période décroissante du courant;

3° Le rapport de la dérivée du champ au champ lui-même;

4° La courbe du couple Le Chatelier donnant la température.

Lorsque l'on veut faire une détermination des propriétés magnétiques d'un corps, il faut d'abord régler la position de l'ampoule et placer le four.

On fait faire ensuite à blanc plusieurs cycles complets à l'électro-aimant afin de l'amener toujours au même état avant de commencer les lectures.

Enfin, on observe à la température ambiante les déviations au micromètre pour diverses intensités de courant en faisant constamment parcourir des cycles d'aimantation à l'électro-aimant et en faisant seulement une ou deux lectures à chaque cycle. Cette manière d'opérer permet d'éviter l'erreur qui provient du déplacement du zéro de la balance de torsion et maintient toujours l'électro-aimant dans le même état. On fait ensuite varier la température en faisant passer le courant dans le four et l'on fait de nouvelles observations de déviations lorsque la température a été maintenue constante pendant 20 à 30 minutes.

L'équilibre de température semble s'établir d'autant plus rapidement pour une même variation de température que le four est plus chaud. La porcelaine devient probablement plus conductrice aux températures élevées.

Lorsqu'une série complète est finie, on vide l'ampoule contenant le corps et l'on recommence ensuite avec l'ampoule vide tout ce que l'on a fait avec l'ampoule pleine pour corriger les résultats de l'action du champ magnétique sur l'ampoule et sur la tige de l'ampoule.

Cette correction pénible double presque le travail pour une série de mesures. En revanche, elle offre peut-être l'avantage d'éliminer quelques petites erreurs systématiques qui peuvent se produire par suite de l'échauffement du four et qui tendent à se reproduire de la même façon dans deux échauffements successifs.

Déterminations absolues. — Les expériences n'avaient pas été montées spécialement en vue d'une bonne mesure absolue, aussi les déterminations comportent, je pense, à ce point de vue, une incertitude de 3 ou 4 pour 100.

Toutefois une détermination précise n'ayant pas encore été faite de la valeur d'un coefficient d'aimantation, les nombres que j'ai trouvés ont encore un certain intérêt.

Les erreurs qui affectent le plus les mesures absolues dans mes expériences sont, je crois : d'abord l'incertitude sur la position de l'ampoule et la grandeur du bras de levier qui lui correspond, puis l'incertitude sur la position relative de la bobine qui a servi à mesurer le champ et de celle qui a permis de mesurer la dérivée; on n'est pas sûr que ces déterminations aient été faites bien exactement pour la même région du champ. Enfin, une incertitude générale résulte du très grand nombre de mesures d'une précision limitée qui influencent directement les résultats.

Déterminations relatives. — L'incertitude des valeurs relatives dans la comparaison des coefficients d'aimantation de deux corps différents est encore de 1 à 2 pour 100; la plus grande cause d'erreur provenant probablement de petites différences dans le réglage de la position de l'ampoule qui font varier la grandeur du bras de levier moyen qui lui correspond.

L'incertitude des valeurs relatives pour la comparaison des nombres des séries faites à diverses températures sans déranger l'ampoule est généralement inférieure à 1 pour 100 quand on se trouve dans de très bonnes conditions. Mais l'évaluation de la correction de l'ampoule diminue souvent la précision des résultats définitifs. Souvent aussi la détermination de la température n'est pas assez exacte.

Les mesures préliminaires ont été faites une seule fois au début des expériences. Il était à craindre que l'appareil n'éprouvât certains dérangements, que la sensibilité du galvanomètre ne subît des variations, que la température ne modifiât un peu l'état de l'électro-aimant. Pour parer d'un coup à toutes ces causes de troubles, on a fait dès le début une détermination sur une ampoule remplie d'eau, qui a été conservée pendant toute la durée des mesures. En répétant assez souvent cette détermination et en la comparant à la première, on a pu établir un facteur de correction pour les mesures faites avec les autres corps. Cette précaution n'était pas inutile et l'on a eu quelquefois, dans le cours de ces expériences qui ont duré plusieurs années, un facteur de correction dépassant 3 pour 100; encore fallait-il s'astreindre à n'opérer qu'à des températures ne s'écartant pas de plus de $4°$ de la moyenne prise égale à $20°$.

Les mesures peuvent être toutes considérées comme des mesures relatives rapportées à l'eau pour laquelle on aurait adopté $0,79 \times 10^{-6}$ comme valeur du coefficient d'aimantation spécifique.

Corrections dues au magnétisme de l'air ambiant. — Nous avons fait une étude des propriétés de l'oxygène à diverses températures qui nous a permis d'évaluer exactement cette correction à toute température; nous en parlerons à propos de l'oxygène.

Pureté des corps étudiés. — Les propriétés magnétiques du fer sont tellement énergiques devant celles des corps diamagnétiques, que l'on doit s'appliquer à opérer avec des corps diamagnétiques aussi purs de fer que possible et l'on peut craindre de ne jamais avoir une pureté suffisante. Cependant souvent on ne rencontre pas là une difficulté insurmontable : cela provient de ce que le fer, lorsqu'il est combiné, perd généralement en grande partie ses propriétés violemment magnétiques; il suffit alors d'avoir une pureté relative (telle que celle que l'on a quand on ne trouve que des traces de fer, par les procédés analytiques usuels par exemple). Des quantités insignifiantes de fer peuvent au contraire modifier profondément les propriétés magnétiques, lorsqu'il est à l'état de métal, d'oxyde, de sulfure. Dans ce cas, il révèle quelquefois sa présence par des effets d'hystérésis marqués ou en donnant tout au moins une courbe d'allure compliquée pour l'intensité d'aimantation I en fonction du champ H. Au contraire, pour tous les corps faiblement magnétiques purs, $I = f(H)$ est une droite passant par l'origine.

J'ai fait quelques essais avec de la cire blanche imprégnée de quantités connues de fer métallique en poussière. Voici les conclusions que l'on peut tirer de ces expériences, en supposant que l'on ait affaire à un corps qui aurait les propriétés diamagnétiques de l'eau : $\frac{1}{100\,000}$ de poussière de fer (en poids) annule *en moyenne* le diamagnétisme, mais donne des effets d'hystérésis énormes; $\frac{1}{200\,000}$ de fer diminue de moitié le diamagnétisme et donne encore des effets d'hystérésis très énergiques; $\frac{1}{1\,000\,000}$ de fer donne en moyenne une erreur de $\frac{1}{10}$ dans l'évaluation de K, les effets d'hystérésis ne sont plus sensibles, mais la courbe $I = f(H)$ est nettement courbe et convexe vers l'axe des H.

Les effets d'hystérésis ne se montrent d'ordinaire que pour les champs faibles. On a cependant des effets de ce genre pour des champs énergiques avec la poussière de fer répandue dans un autre corps. Cela provient de ce que le champ magnétisant dans l'intérieur de grains de fer est, en réalité, très petit, à cause du champ démagnétisant dû à l'aimantation.

Les poussières répandues dans une pièce d'un laboratoire sont ferrifères, mais produisent un effet différent de celui des poussières de fer pur. Cet effet, dû, je suppose, à l'oxyde de fer, est de transporter la droite que donnerait le corps faiblement magnétique pur $I = f(A)$, de telle sorte que cette droite ne passe plus par l'origine.

Corps diamagnétiques.

Nous avons étudié ces corps en les plaçant dans des ampoules de verre généralement assez volumineuses (plusieurs centimètres cubes), parce que les quantités à mesurer sont très petites. Les coefficients d'aimantation sont, en effet, beaucoup plus faibles en valeurs absolues pour les corps diamagnétiques que pour les corps faiblement magnétiques. On a opéré avec un four en verre dur plus large que le four de porcelaine et l'on n'a pas dépassé la température de 460°.

Pour opérer aux températures plus élevées, il aurait fallu mettre le corps dans des ampoules de platine ou de porcelaine ; mais alors la correction due à l'ampoule aurait été beaucoup plus grande que la quantité à mesurer.

Nous avons étudié l'eau, le sel gemme, le chlorure de potassium, le sulfate de potasse, l'azotate de potasse, le quartz, le soufre, le sélénium, le tellure, le brome, l'iode, le phosphore, l'antimoine et le bismuth. Ce dernier corps a été l'objet d'une assez longue étude.

Pour tous ces corps, le coefficient d'aimantation s'est montré constant, quel que soit le champ pour des champs variant de 50 à 1350 unités.

Enfin, aucun d'eux n'a donné lieu à des phénomènes de magnétisme rémanent ; sauf pour un ou deux cas particuliers que nous

Fig. 4.

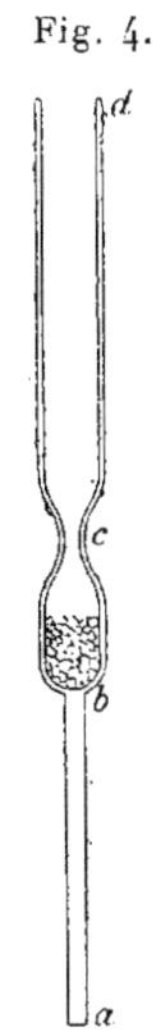

signalerons, nous avons obtenu une droite pour $I = f(H)$. Les points donnés par expériences présentaient par rapport à cette droite des écarts irréguliers dépassant rarement 1 pour 100. Nous ne parlerons pas de ces vérifications dans ce qui suit, mais nous dirons une fois pour toutes qu'elles ont été faites pour chaque corps à chaque température.

Nous ne parlerons pas non plus généralement de la correction due à l'oxygène de l'air, qui a toujours été faite.

On construit les ampoules en prenant un tube bouché de 1^{cm} à 2^{cm} de diamètre, on soude une tige ab (*fig.* 4) de verre sur le fond bouché : ce sera la tige de l'ampoule destinée à la soutenir dans le four. A 2^{cm} ou 3^{cm} du fond, on étrangle le tube bouché en c sans le fermer complètement et l'on introduit la substance sur laquelle on veut opérer.

Si l'on veut opérer à l'air, on coupe le tube en c; il faudra alors connaître la densité de la substance pour faire la correction due à la présence de l'air. Si l'on veut opérer dans une ampoule fermée, on commence par rétrécir beaucoup le tube en c, puis on fait le vide et l'on ferme en c l'ampoule vide d'air. Après avoir fait les mesures avec la substance, on fait une nouvelle série avec l'ampoule ouverte remplie d'air. On voit que, pour évaluer l'influence de l'air, il faut, dans le cas où l'on a fait d'abord le vide, connaître le volume intérieur de l'ampoule. Ce volume s'évalue soit directement en remplissant d'eau l'ampoule et en prenant le poids, soit indirectement en mesurant le volume extérieur de l'ampoule fermée et en retranchant le volume du verre. On fait le vide dans l'ampoule, quand on la ferme, parce que l'on ne peut savoir sans cela combien on a laissé d'air dedans au moment de la fermeture; car, à ce moment, on échauffe l'ampoule et la correction devient incertaine.

Eau. — L'eau, plusieurs fois distillée, était renfermée dans des ampoules en verre terminées par une pointe effilée fermée. Après les mesures, on ouvrait la pointe de l'ampoule et l'on faisait évaporer l'eau en plaçant l'ampoule dans une étuve à une température un peu supérieure à $110°$. La vapeur d'eau s'échappait lentement par la pointe effilée et l'ampoule mettait plusieurs heures à se vider.

Dans ces conditions, toute poussière ou impureté contenue dans l'eau avait grande chance de rester dans l'ampoule. On reportait ensuite l'ampoule dans l'appareil pour déterminer la correction due à sa présence dans le champ. Les résultats étaient aussi corrigés de l'action de l'air, correction qui atteignait 4 pour 100 environ de la grandeur mesurée, lorsque l'on opérait à la température ambiante.

Cinq déterminations faites à la température ambiante et avec des ampoules différentes ont donné pour $(-K\,10^6)$ respectivement $0,790$, $0,798$, $0,786$, $0,795$, $0,770$, dont la moyenne est $0,788$.

Nous adopterons $(-K\,10^6) = 0,79$ pour l'eau, et cette valeur peut être considérée comme le point de départ de toutes les autres déterminations.

M. Quincke a trouvé pour l'eau $(-K\,10^6) = 0,815$ (calculé par Du Bois).

M. Du Bois [1] a trouvé $-K\,10^6 = 0,837$ par la méthode de Quincke.

Pour déterminer l'effet d'une variation de température, nous avons fait une première série d'expériences en plaçant l'eau dans une ampoule de verre mince.

	$t.$	$-K\,10^6.$
Avant la chauffe	20^0	$0,775$
»	103	$0,785$
Après la chauffe	20	$0,788$

Une deuxième série a été faite à une température plus élevée dans une ampoule épaisse pouvant supporter de fortes pressions. Malheureusement, la correction due à l'ampoule devient alors assez considérable.

	$t.$	$-K\,10^6.$
Avant la chauffe	$21,0^0$	$0,758$
»	$115,0$	$0,789$
»	$189,0$	$0,845$
Après la chauffe	$20,7$	$0,860$

On voit que les valeurs obtenues à chaud sont intermédiaires entre celles obtenues à la température ambiante avant et après l'échauffement. Il faut en conclure que le coefficient d'aimantation de l'eau ne varie pas d'une façon sensible. Les nombres de la première série varient peu ; cependant, dans les deux séries, on remarque que les valeurs de K vont constamment en augmentant depuis le début de chaque expérience. Ceci est surtout manifeste

---

[1] Du Bois, *Wied. Ann.*, t. XXXV, 1888, p. 137.

dans la deuxième série. Cet effet est dû, je pense, à l'attaque progressive du verre. Les mesures destinées à donner la correction de l'ampoule à diverses températures ont été faites après évaporation de l'eau dans l'étuve; la correction ne doit donc convenir que pour les dernières expériences de chaque série; l'ampoule était dans un autre état au début. La comparaison la plus digne de confiance est celle du dernier nombre à chaud avec la valeur à froid après refroidissement. Or, dans les deux séries, les nombres ainsi comparés sont très voisins.

Je crois que l'on peut en conclure que la variation du coefficient d'aimantation avec la température est très faible et probablement inférieure à $1,5$ pour 100 entre $20°$ et $199°$.

Sel gemme. — On a opéré dans une ampoule ouverte contenant le sel gemme en petits fragments. On a trouvé, à $20°$, $(- K\,10^6) = 0,573$; une série faite en vue de la température a donné :

	$t.$	$- K\,10^6.$
Avant la chauffe	$16,5$	$0,575$
»	$240,0$	$0,578$
»	$455,0$	$0,586$
Après la chauffe	$16,1$	$0,580$

Il faut en conclure qu'entre $16°,5$ et $455°$ le coefficient d'aimantation reste invariable. Il semble y avoir une petite indication en faveur d'une augmentation de 1 pour 100 dans la valeur de K, mais les expériences ne sont pas assez précises pour pouvoir affirmer une variation aussi faible.

Pour la correction due à l'air, on a admis une densité de $2,10$ pour le sel.

Chlorure de potassium. — Il devait y avoir quelques traces de poussière d'oxyde de fer, parce que $I = f(H)$ donnait à froid une droite ne passant pas tout à fait par l'origine. A chaud, au contraire, $I = f(H)$ donne une droite passant par l'origine.

$t.$	$- K\,10^6.$
$17,9$	$0,550$
$240,0$	$0,562$
$465,0$	$0,564$

On doit en conclure que K ne varie pas d'une façon sensible. Pour la correction due à l'air, on a admis une densité de 1,98.

Azotate de potasse.

	t.	$- K\,10^6$.
Avant la chauffe	18°	0,329
»	230	0,330
»	420	0,331
Après la chauffe	18	0,335

Le coefficient d'aimantation reste invariable entre 18° et 420°. Cela est fort remarquable, car à 350° l'azotate fond et, en suivant les déviations quand la température augmente progressivement, il ne se produit aucun changement brusque. La valeur du coefficient d'aimantation est indépendante de l'état physique. Pour la correction due à l'air, on a admis une densité de 2,10.

Sulfate de potasse.

t.	$- K\,10^6$.
17°	0,430
260	0,431
460	0,446

Un accident a empêché de faire de nouveau une détermination à froid après chauffe, ce qui est cependant un contrôle utile. On doit conclure de cette série que le coefficient est sensiblement invariable.

Pour la correction due à l'air, on a admis une densité de 2,60.

Quartz (cristal de l'Isère). — Prisme hexagonal, bien formé, allongé suivant l'axe optique. Le cristal était soutenu au bout d'une tige de verre par une sorte de coupelle en verre.

Pour le cristal entier placé verticalement, normalement au champ magnétique, on a trouvé $- K\,10^6 = 0,443$.

Le cristal entier était trop long pour occuper une autre position. Le cristal ayant été convenablement taillé, on a trouvé :

	$- K\,10^6$.
Axe optique normal au champ et vertical	0,439
» horizontal	0,444
Axe optique suivant le champ	0,437

Les différences sont de l'ordre de grandeur des erreurs de réglage; nous admettons que le coefficient d'aimantation est sensiblement le même dans toutes les directions et que

$$(- \mathrm{K}\, 10^6) = 0,441.$$

Effet des variations de température. Axe optique vertical, normal au champ :

$t.$	$- \mathrm{K}\, 10^6.$
$22,3^{\circ}$	$0,443$
$210,0$	$0,446$
$430,0$	$0,449$

Effet des variations de température. Axe optique suivant le champ :

$t.$	$- \mathrm{K}\, 10^6.$
17°	$0,438$
405°	$0,446$

Il semble y avoir une petite augmentation de K quand la température s'élève; mais elle est si faible que l'on doit conclure qu'à l'approximation des expériences le coefficient d'aimantation reste invariable.

Pour la correction due à l'air, on a admis une densité de 2,65.

M. Tumlirz [1] a trouvé que le quartz donnait des effets sensibles de magnétisme rémanent.

Nous n'avons rien observé de semblable; mais nos expériences indiquent seulement que l'aimantation rémanente est inférieure en valeur absolue au $\frac{1}{500}$ de l'aimantation due à un champ de 1350 unités. Nos expériences ne sont pas disposées de manière à déceler un effet très faible du magnétisme rémanent.

Soufre. — L'état allotropique ne semble pas avoir d'influence notable. Tout au moins il ne se produit pas de différence atteignant 1 pour 100.

---

[1] *Wied. Ann.*, t. XXVII, 1886, p. 33. — *Wien. Akad.*, 1886, p. 93.

Le soufre octaédrique a donné à froid, immédiatement après avoir été fondu, la même valeur pour le coefficient d'aimantation qu'avant d'avoir été chauffé : il devait être alors transformé en soufre prismatique.

Cette valeur commune est $(-\,K\,10^6) = 0,51$.

Le soufre en fleur (lavé au sulfure de carbone et à l'acide chlorhydrique) a donné un nombre notablement différent, $0,55$; mais, après fusion, on a retrouvé la même valeur; ce qui indique nettement que le soufre insoluble a le même coefficient que les autres variétés allotropiques; seulement la mesure était peu précise, parce que l'on n'avait pu opérer que sur une quantité très petite de matière.

Effet de la température, 1re série :

$t.$	$-\,K\,10^6.$
19	$0,507$
100	$0,514$
125	$0,517$

À $125°$, bien que resté assez longtemps à température constante, le soufre octaédrique n'était qu'en partie fondu. On le fond à la lampe, puis nouvelle série :

$t.$	$-\,K\,10^6.$
19	$0,507$
Fondu 142	$0,530$
» 225	$0,512$

Ainsi, le coefficient d'aimantation n'est pas notablement modifié par la fusion et les diverses transformations qu'il éprouve entre $19°$ et $225°$. Peut-être, après fusion à $142°$, y a-t-il une augmentation passagère qui disparaîtrait à $225°$. Les expériences ne sont pas assez précises ni assez nombreuses pour pouvoir affirmer une variation aussi faible.

Sélénium noir vitreux (*du commerce*). — Par la réaction du sulfocyanure de potassium, on distinguait des traces de fer dans cet échantillon. A diverses températures, on a :

$t.$	$-\mathrm{K}\,10^6.$
19	0,320
89	0,320
160	0,321
240	0,307
340	0,308
415	0,305
19	0,321

Il semble y avoir une petite baisse d'environ 4 pour 100 entre 160° et 240°. Cette baisse correspondrait à la fusion, qui a lieu vers 240°. Une nouvelle série de mesures serait désirable pour mettre ce point hors de doute.

Tellure. — Cet échantillon contenait des traces de fer. On a trouvé :

$t.$	$-\mathrm{K}\,10^6.$
20,6	0,311
157	0,311
305	0,310

Donc le coefficient reste invariable entre 21° et 305°.

M. Ettingshausen ([1]) a trouvé pour le tellure à la température ambiante, pour le coefficient d'aimantation en volume x, la valeur $(-x\,10^6) = 1,60$ pour un échantillon de tellure de densité 6,16. Cette valeur donnerait, pour le coefficient d'aimantation spécifique,

$$(-\mathrm{K}\,10^6) = 0,242,$$

nombre inférieur de 22 pour 100 à celui que j'ai trouvé.

Au contraire, les expériences de M. Ettingshausen et les miennes sont bien en accord pour le bismuth, comme on le verra plus loin.

Brome. — On a fait une seule série de mesures à la température ambiante.

([1]) *Beiblätter zu den Ann. der Phys. und Chem.*, 1888, p. 280.

Elle a donné

$$(-\mathrm{K}\,10^6) = 0{,}410.$$

Pour faire la correction de l'ampoule, on a évaporé très lentement le brome à l'étuve, il a laissé dans l'ampoule quelques crasses très faibles, mais magnétiques; cependant, à l'analyse, on n'a pas pu trouver de fer.

(On a trouvé seulement un peu de bromure de potassium et des traces de sulfate de potasse en faisant évaporer, dans une grosse ampoule, comme précédemment, 30^g de brome.)

Iode plusieurs fois sublimé. — Cependant, après l'évaporation, l'iode, évaporé lentement à l'étuve, a encore laissé des crasses à peine visibles, mais donnant un léger effet magnétique.

$t.$	$-\mathrm{K}\,10^6.$
18°	0,385
107	0,380
164	0,389
18	0,385

Le coefficient reste invariable même au moment de la fusion, qui a lieu vers $104°$.

Mercure. — Expériences inachevées faites sur un échantillon parfaitement pur. Je ne puis donner de nombres, mais j'ai pu constater qu'entre $20°$ et $300°$ le coefficient d'aimantation ne variait pas d'une façon notable.

Phosphore. — On introduit le phosphore fondu sous l'eau dans l'ampoule encore munie de son appendice CD (*fig.* 4). On fait ensuite évaporer la plus grande partie de l'eau, puis on chasse les dernières portions en faisant le vide. On ferme l'ampoule avec le phosphore sec dans le vide.

On a obtenu les valeurs suivantes :

$t.$	$-\mathrm{K}\,10^6.$
20°	0,918
40	0,914
70,5	0,928
20	0,928

On voit que le coefficient d'aimantation reste invariable quand la température passe de 20° à 70°. Au moment de la fusion, à 44°, il n'y a pas de variation.

L'ampoule, remplie de phosphore, est ensuite chauffée à l'étuve à 270° pendant 240 heures. Le phosphore blanc est, par cette opération, transformé en partie en phosphore rouge. L'ampoule est reportée dans l'appareil magnétique. On obtient les valeurs suivantes pour le coefficient d'aimantation K' du mélange de phosphore rouge et de phosphore blanc :

$t.$	$-K' 10^6.$
17°	0,789
275	0,800
17	0,795

La valeur de K' est indépendante de la température.

L'ampoule est ensuite cassée et le phosphore blanc est épuisé par le sulfure de carbone. On a trouvé que 0,68 du poids primitif du phosphore blanc s'était transformé en phosphore rouge.

Désignons par K_1 le coefficient d'aimantation du phosphore rouge, on a, entre 20° et 275°,

$$K_1 = \frac{K' - 0,32\,K}{0,68},$$

d'où, pour le phosphore rouge,

$$- 10^6 K = 0,73.$$

Ce nombre est plus faible que celui de 0,92 trouvé pour le phosphore blanc. La différence est de 20 pour 100. Malheureusement, on a dû briser en miettes l'ampoule pour en détacher le phosphore rouge. Il a fallu faire la correction avec une autre ampoule à peu près pareille à la première, mais non identique. Il en résulte une certaine incertitude pour les valeurs numériques des coefficients d'aimantation des deux variétés de phosphore. Enfin, il convient de faire quelques réserves lorsque des nombres sont donnés par une expérience unique, surtout quand cette expérience a été longue et compliquée. Nous pensons cependant pouvoir affirmer que le coefficient d'aimantation du phosphore rouge est plus faible que celui du phosphore blanc, et que les deux coefficients ne varient ni l'un ni l'autre avec la température.

Antimoine. — L'antimoine pur du commerce contient des quantités très notables de fer. On a employé, pour ces mesures, un échantillon d'antimoine préparé par voie électrolytique (en solution chlorhydrique). On sait que l'antimoine se dépose de cette façon dans un état allotropique particulier; en le chauffant, on le ramène à la variété ordinaire. Voici les résultats obtenus se succédant dans l'ordre dans lequel les expériences ont été faites :

		$- 10^6$ K.
Température ambiante........	18°	0,683
	240	0,676
	255	0,691
Température ambiante........	18	0,850

Appareil réglé à nouveau :

Température ambiante..	18	0,865
	270	0,721
	432	0,583
	540	0,468
Température ambiante........	19	0,936
	580	l'ampoule éclate

On voit facilement qu'une double cause de variation entre en jeu. L'antimoine se transforme, éprouve un changement dans sa constitution, puisque, après échauffement, la valeur du coefficient mesuré à la température ambiante a augmenté et passé ainsi successivement de 0,683 à 0,850 et à 0,936. D'autre part, le coefficient d'aimantation diminue fortement quand la température s'élève ; à 540°, par exemple, le coefficient d'aimantation est presque deux fois plus faible qu'à la température ambiante.

Un accident a mis fin aux expériences. L'étude de ce corps serait à reprendre et donnerait à coup sûr des résultats intéressants.

Bismuth. — Le bismuth pur du commerce, en baguettes, dont les baguettes ont été grattées avec soin à la surface avec un morceau de verre, ne semble contenir que des traces de fer. Nous avons d'abord fait des mesures avec du bismuth de cette provenance. Quatre échantillons nous ont donné, à 20° pour $(- K\, 10^6)$, les valeurs suivantes : 1,30, 1,04, 1,25, 1,22, avec une moyenne de 1,20 ou de 1,25 en éliminant la valeur 1,04.

Nous nous sommes servi ensuite de bismuth obtenu par voie électrolytique, qui nous a donné les valeurs suivantes pour quatre échantillons : 1,38, 1,351, 1,36, 1,34 avec une moyenne de 1,358.

La valeur plus forte pour les échantillons obtenus par voie électrolytique ne peut être attribuée à un état allotropique particulier du métal, car, après fusion, le coefficient d'aimantation de ces échantillons n'avait pas changé. La valeur plus forte doit donc vraisemblablement être attribuée à une pureté plus grande du corps.

Nous adopterons, pour coefficient d'aimantation K, la valeur

$$- K\, 10^6 = 1,35;$$

la mesure sur le deuxième échantillon de bismuth électrolytique ayant été particulièrement bien soignée et cette valeur s'écartant peu de la moyenne.

M. Ettingshausen ([1]) a trouvé pour le bismuth

$$(- K\, 10^6) = 1,37.$$

Lorsque l'on augmente la température, le coefficient d'aimantation du bismuth diminue en valeur absolue et la loi de variation est linéaire, si bien que, de la température ambiante à la température de fusion, entre 20° et 273°, on peut représenter la valeur K_t du coefficient d'aimantation à $t°$ par une formule de la forme

$$10^6 K_t = 10^6 K_{20} [1 - \alpha (t - 20)].$$

Deux échantillons de bismuth du commerce ont donné pour α la valeur 0,00105.

Cinq échantillons de bismuth électrolytique ont donné pour α les valeurs : 0,001178, 0,001150, 0,001190, 0,001110, 0,001144,

---

([1]) *Wiedem. Ann.*, 1881 et 1888.

dont la moyenne est $0,00154$. Cette valeur est plus forte que celle trouvée pour les échantillons du commerce; différence 10 pour 100 environ. Nous adopterons pour α la valeur $0,00115$. On a alors, entre $20°$ et $273°$,

$$10^6 K_t = 1,35[1 - 0,00115(t - 20)].$$

Voici, par exemple, pour une série d'expériences, les valeurs trouvées.

t.	$-10^6 K_t$.	$\dfrac{K_t - K_{20}}{K_{20}(t - 20)}$.
20	$1,355$	
83	$1,258$	$0,001136$
137	$1,165$	$0,001196$
200	$1,086$	$0,001102$
256	$0,989$	$0,001144$

La dernière colonne donne les valeurs de α calculées en combinant la mesure relative à chaque température avec celle relative à la température de $20°$. On voit par ce Tableau et à l'inspection des points marqués sur la figure 5 que l'on a une loi de variation linéaire. Du moins, on peut dire que les expériences ne sont pas assez précises pour indiquer pour $K = f(t)$ une courbure dans un sens ou dans l'autre. Il convient encore de remarquer que la température n'est connue qu'à quelques degrés près, que les erreurs relatives sur K sont de l'ordre de grandeur de $\frac{1}{200}$ et donnent des erreurs relatives bien plus fortes pour α.

A la température de fusion $(273°)$ le coefficient d'aimantation du bismuth solide est $(-10^6 K_{273}) = 0,957$, c'est-à-dire que ce coefficient est alors les $\frac{7}{10}$ de ce qu'il était à $20°$. Par fusion du bismuth, le coefficient d'aimantation devient brusquement 25 fois plus faible.

Le bismuth fondu est, parmi les corps diamagnétiques étudiés, celui qui a le plus faible coefficient d'aimantation spécifique. Ce coefficient d'aimantation du bismuth fondu reste invariable pour des températures comprises entre $273°$ et $408°$. Nous avons trouvé pour $(-10^6 K)$ les valeurs suivantes pour trois échantillons de bismuth pur du commerce, à l'état de fusion, $0,040$, $0,035$, $0,030$, dont la moyenne est $0,035$. Pour trois échantillons de bismuth électrolytique à l'état de fusion, nous avons trouvé $0,037$, o,o38, o,o42 (le dernier nombre se rapporte à une détermination peu précise avec une quantité de matière trop faible); nous adopterons pour le coefficient d'aimantation du bismuth fondu entre 273° et 400°

$$(- K \, 10^6) = o,38.$$

État particulier du bismuth au moment de la fusion. — Nous nous sommes appliqués, dans certaines séries d'expériences, à faire des déterminations extrêmement rapprochées de la température de transformation magnétique (voir *fig.* 5). Nous avons vu

Fig. 5.

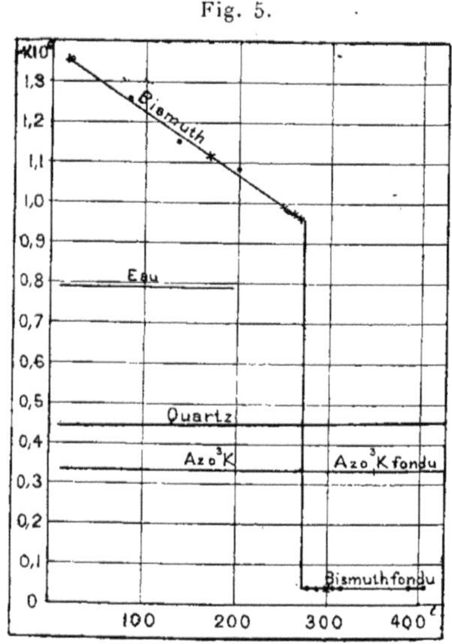

ainsi que la chute des valeurs de K est parfaitement brusque à 273° ou tout au moins qu'elle se fait complètement dans un intervalle de température inférieur à 2°. Nous avons constaté aussi que la variation se fait à la même température par échauffement ou refroidissement.

Nous nous sommes aussi assuré que ce phénomène brusque de variation du coefficient d'aimantation correspond exactement au phénomène brusque de la fusion. C'est du moins la conclusion que nous croyons pouvoir tirer d'expériences assez curieuses, et qui semblent à première vue conduire à une conséquence précisément opposée à celle-là. Voici ce dont il s'agit : Le bismuth est placé en petits fragments de quelques millimètres de côté dans une ampoule où l'on fait le vide. On chauffe ensuite dans l'appareil pour l'étude des phénomènes magnétiques et l'on fait croître avec précaution la température jusqu'au-dessus de celle de transformation magnétique, en ayant soin de dépasser à peine cette température. Lorsque la transformation magnétique est complète, c'est-à-dire lorsque le coefficient d'aimantation ne varie plus et a atteint la valeur correspondant au bismuth liquide, on laisse l'appareil se refroidir. On est alors fort étonné de retrouver les morceaux de bismuth intacts, leur aspect extérieur ne diffère en rien de ce qu'il était avant la chauffe et ils sont disposés les uns sur les autres sans qu'un effondrement se soit produit. Il semble, d'après cela, que le bismuth n'a pas fondu, bien que sa transformation magnétique se soit produite; mais, en examinant chaque petit fragment, on trouve que la structure interne est complètement modifiée. Si l'on a employé, par exemple, des fragments de baguettes de bismuth de commerce constituées par des cristaux rayonnants à partir de l'axe de chaque baguette, on trouve après chauffe des clivages parallèles entre eux dans chaque morceau, au lieu de la structure rayonnée. Si l'on a fait usage de petits morceaux de bismuth déposés par électrolyse, dont la structure interne est grenue, on retrouve après chauffe dans chaque morceau les grands clivages parallèles du bismuth fondu.

Il est vraisemblable, d'après les faits qui précèdent, que la fusion du bismuth s'est produite réellement, quand on a chauffé au delà de la température de transformation magnétique, mais que les morceaux ont gardé leur forme. Doit-on admettre que la viscosité du bismuth liquide est très grande, lorsque la température est voisine de celle de la fusion? Faut-il penser que la couche presque imperceptible d'oxyde qui recouvre la surface joue un rôle et se comporte comme une croûte solide à la surface? Je ne sais quelle explication il convient de donner à ce phénomène.

Voici encore quelques essais faits dans le but d'avoir quelques renseignements complémentaires sur cette question. On chauffe dans un bain de glycérine du bismuth baignant dans la glycérine ou placé dans des ampoules. Un thermomètre à mercure indique

266° pour la température normale de fusion (¹). On amène le
bismuth à quelques degrés au-dessus de la température de fusion.
Il semble d'abord ne pas fondre lorsqu'il est en petits fragments;
mais à la longue les arêtes des morceaux s'arrondissent, les faces
se plissent et finissent par s'effondrer; les morceaux mettent plus
de trois quarts d'heure à se réunir complètement, si la température ne dépasse pas de 1° celle de fusion. En remuant le bismuth
dans la glycérine avec un fil de platine, on réunit tous les morceaux assez rapidement. L'expérience est moins concluante que
dans l'appareil magnétique, parce que l'on ne sait pas exactement
le moment où l'on peut être certain que chaque morceau atteint
la température de fusion.

Corps faiblement magnétiques.

J'ai étudié l'oxygène et le palladium et fait quelques expériences
sur l'air et sur le sulfate de fer dissous dans l'eau. On trouvera
aussi dans ce Chapitre quelques renseignements sur les propriétés magnétiques du verre et de la porcelaine à diverses températures.

Les corps faiblement magnétiques ont un coefficient d'aimantation indépendant de l'intensité du champ, pour des champs
compris entre 100 et 1350 unités.

OXYGÈNE.

L'oxygène est enfermé sous pression dans des ampoules de
verre dur à parois épaisses. L'ampoule (A) est représentée (*fig.* 6)
avec la tige aa qui servira à la soutenir dans le four électrique.
La pointe effilée est ouverte. Pour remplir et fermer l'ampoule
sous pression, on la place dans un tube plus large à parois très
épaisses TTTT, on comprime l'oxygène dans ce tube (après y
avoir fait le vide pour chasser l'air); l'ampoule se remplit de gaz,
on ferme la pointe effilée o en faisant rougir le fil de platine f à

(¹) La valeur 273°, indiquée par le couple au moment de la fusion du bismuth
dans l'appareil aux mesures magnétiques, est probablement un peu trop élevée.

l'aide d'un courant électrique ([1]). On sort du tube l'ampoule fermée et sous pression.

Pour entrer et sortir l'ampoule du tube TT, on retire le tube bouché *tttt* qui est mastiqué dans l'intérieur du premier. Le tube bouché est traversé par deux gros fils de platine FF, F′F′ qui amènent le courant au fil de platine plus fin *f* légèrement tendu et qui seul doit rougir. Au moment où l'on mastique le tube *tt* après avoir introduit l'ampoule, on s'arrange pour que la partie effilée de l'ampoule vienne toucher et même appuyer légèrement sur le fil *f*. Il est nécessaire qu'il y ait contact entre le fil et le verre ([2]).

Fig. 6.

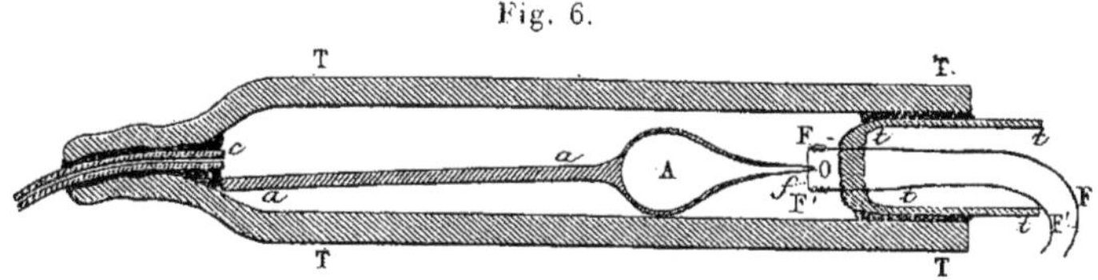

Le gaz est introduit par le tube *c* mastiqué à l'autre extrémité du tube TT.

On fait les mesures magnétiques comme d'ordinaire avec une ampoule remplie d'oxygène ; mais, au lieu de retirer ensuite l'ampoule de l'appareil pour la vider, on chauffe sur place l'extrémité de la pointe effilée avec une flamme minuscule. La pointe s'ouvre, la plus grande partie du gaz s'échappe, la pression de l'intérieur se met en équilibre avec celle de l'atmosphère et l'on referme la pointe avec la petite flamme. Le poids du gaz qui s'est échappé est trop faible pour que l'équipage de la balance de torsion soit déséquilibré. On peut alors procéder aux expériences avec l'ampoule et le gaz restant, sans qu'il soit nécessaire de régler l'am-

---

([1]) M. Pérot a déjà employé un artifice semblable pour fermer dans l'intérieur d'une marmite un ballon rempli de vapeur (*Journal de Physique*, t. VII, p. 132).

([2]) On peut fermer sous la pression atmosphérique la pointe effilée à l'aide d'une petite spirale de platine, chauffée par un courant, et qui entoure la pointe sans la toucher ; mais, dans un gaz sous pression, il se produit des remous qui amènent un refroidissement suffisant pour empêcher le verre de fondre dans ces conditions.

poule à nouveau; c'est un grand avantage au point de vue de la précision des résultats.

On évalue, par différence, l'effet produit par le gaz qui s'est échappé; on évalue, par différence également, en pesant l'ampoule avant et après l'opération, la masse du gaz qui s'est échappée.

La masse du gaz a varié de $0^g,040$ à $0^g,090$ dans ces expériences; on apprécie le $\frac{1}{20}$ de milligramme, ce qui donne une exactitude suffisante.

Enfin, dans les deux séries, l'ampoule a subi la même action provenant du magnétisme de l'air extérieur; cette action disparaît dans les différences : il n'y a pas de corrections à faire de ce chef.

On a employé l'oxygène sous pression que l'on trouve dans le commerce; on fait passer le gaz à travers un tampon d'ouate pour qu'il n'entraîne pas de poussière du réservoir en fer dans lequel il est enfermé.

Le gaz oxygène du commerce contient une assez grande quantité d'azote, 9 pour 100 environ. On recueille une certaine quantité de gaz s'échappant du réservoir (dans les mêmes conditions que pour le remplissage de l'ampoule) et l'on dose volumétriquement, à l'aide de l'acide pyrogallique et de la potasse, la proportion d'oxygène.

L'azote, d'après Faraday, Becquerel et Quincke, a un coefficient d'aimantation au moins cent fois plus faible en valeur absolue que celui de l'oxygène, il en résulte que l'azote contenu dans l'ampoule ne doit pas intervenir pour $\frac{1}{1000}$ dans la valeur de la force exercée sur le gaz. On peut donc ne tenir compte que de l'oxygène. Dans une mesure, par exemple, on a trouvé $0,912$ pour la proportion volumétrique de l'oxygène dans le gaz employé. La proportion en poids est $0,921$. On admet que $0,921$ du poids de gaz est la quantité d'oxygène qui intervient dans l'expérience et l'on néglige l'effet de l'azote.

Nous avons trouvé pour le coefficient d'aimantation spécifique de l'oxygène à la température de $20°$:

$$10^6\,K_{20} = 115.$$

C'est le résultat de notre mesure la plus soignée, faite avec de l'oxygène sous la pression de 18 atmosphères.

Deux autres mesures sous la même pression ont donné 114 et 113,5. Deux mesures, sous une pression de 5 atmosphères, ont donné une valeur plus forte de 5 pour 100; mais elles ont été faites avec une ampoule trop grosse pour notre appareil et les expériences avaient surtout pour but d'étudier l'effet des variations de température. A la précision près de ces dernières mesures, on peut dire que le coefficient d'aimantation spécifique est indépendant de la pression.

La valeur de l'aimantation de l'oxygène à la température de 20", sous la pression de 1 atmosphère, rapportée à celle de l'eau prise sous le même volume dans le même champ, est d'après notre mesure $(-0,193)$; ce nombre est voisin de ceux trouvés par Becquerel $(-0,182)$ et par Faraday $(-0,180)$.

Les déterminations faites par la méthode de Quincke par divers auteurs ne sont pas concordantes entre elles. Nous avons calculé les valeurs auxquelles elles conduisent pour le coefficient spécifique d'aimantation, en admettant, pour ramener les mesures à la température de 20°, la loi de variation avec la température que nous indiquons plus loin.

D'après Quincke : $10^6 K_{20} = 116$.

D'après une mesure de Du Bois [1] (faite à 15°) : $10^6 K_{20} = 87$.

MM. Tœpler et Hennig (1888) et M. Hennig [2] ont déterminé la valeur absolue de la différence des coefficients d'aimantation en volume de l'oxygène et de l'air, sous une même pression. Dans le premier travail, les auteurs ont trouvé $0,131 \times 10^{-6}$ à la température de 20°. Dans le second, M. Hennig a trouvé $0,096 \times 10^{-6}$ à 25°. Ces deux nombres conduisent respectivement aux valeurs $10^6 K_{20} = 125$ et $10^6 K_{20} = 94$ pour le coefficient d'aimantation spécifique de l'oxygène à 20°.

J'ai fait deux séries de déterminations à diverses températures. La première avec une ampoule en verre ordinaire de 7^{cm^3} de capacité, remplie d'oxygène sous une pression de 5 atmosphères envi-

---

[1] Du Bois, *Wiedemann's Ann.*, t. XXXV, 1888, p. 137.
[2] *Wiedemann's Ann.*, t. XXXIV, 1888, p. 790; et t. L, p. 485.

ron, à la température ambiante. On a (^{1}) (*fig.* 7) (points X) :

t.	10^6 K.	$\dfrac{33700}{T}$.	Différence.
25°	113	113	0
185	73,3	73,5	—0,2
345	53,7	54,5	—0,8

La deuxième série a été faite avec une ampoule de verre dur, de 3^{cm^3} de capacité, remplie d'oxygène, à la température ambiante sous une pression de 18 atmosphères environ; à 450° la pression devait être de 45 atmosphères; l'ampoule ne s'est pas déformée à

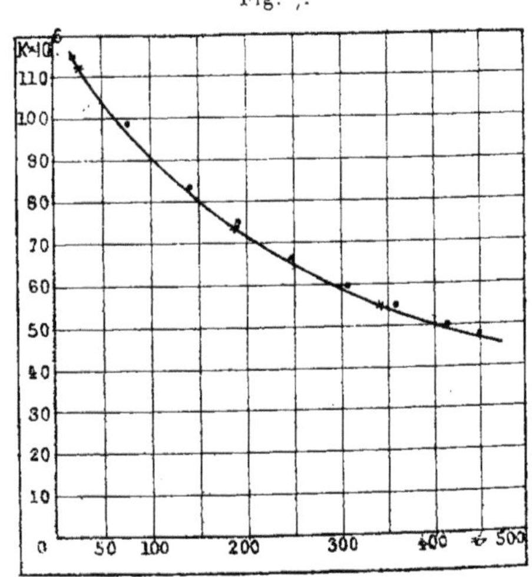

cette température, sous cette assez forte pression. On a trouvé [Tableau I (*fig.* 7)] :

(^{1}) La valeur à 25° a été trouvée égale à 119; on a ramené arbitrairement à 113 pour faire coïncider le point de départ des deux séries. Les valeurs à 185° et 345° ont été de même réduites dans le rapport de 118 à 113. La première série n'avait pas été faite, en effet, en vue d'une détermination exacte de K à la température ambiante, mais seulement exécutée dans le but de constater la loi de variation avec la température.

TABLEAU I.

t.	$10^6\,\mathrm{K}$.	$\dfrac{33700}{\mathrm{T}}$.	Différence.	t'.	$t - t'$.
$20,5^\circ\ldots$	114,8	114,8	0	$20,5^\circ$	0
$75\ldots$	98	96,8	$+1,2$	71	$+\ 4$
$138\ldots$	82,8	82,0	$+0,8$	134	$+\ 4$
$188\ldots$	74,7	73,2	$+1,5$	178	$+10$
$249\ldots$	61,2	64,6	$+1,6$	236	$+13$
$306\ldots$	59,6	58,2	$+1,4$	292	$+14$
$362\ldots$	54,0	53,1	$+0,9$	351	$+11$
$411\ldots$	50,1	49,3	$+0,8$	400	$+11$
$452\ldots$	46,9	46,5	$+0,4$	446	$+\ 6$
$188\ldots$	74,5	73,1	$+1,4$	179	$+\ 9$
$21,2\ldots$	114,7	114,8	$+0,1$	20,7	$+\ 0,5$

On voit que le coefficient d'aimantation varie suivant une loi hyperbolique; la courbe (*fig.* 7) représente les valeurs de K calculées par la formule

$$10^6\,\mathrm{K}_t = \frac{33700}{\mathrm{T}},$$

où $\mathrm{T} = 273 + t$ représente la température absolue.

La simple inspection de la courbe et des points marqués montre que cette courbe représente, à peu de chose près, les données de l'expérience. La courbe en LK fonction de LT (*fig.* 12, p. 316) est une droite de coefficient angulaire égal à -1. La loi de variation de K est donc extrêmement simple : *Entre 20° et 450° le coefficient d'aimantation spécifique de l'oxygène varie en raison inverse de la température absolue.*

Avec quelle précision cette loi se trouve-t-elle vérifiée? Les expériences permettent-elles de certifier un écart dans un sens déterminé? Il m'est bien difficile de répondre à ces deux questions. La première série indique une vérification excellente. Les écarts sont certainement inférieurs à ceux auxquels on doit s'attendre d'après la précision probable des expériences. La deuxième série donne au contraire pour K des valeurs toujours un peu plus fortes que celles calculées par la formule. L'écart est surtout sensible vers 200° et 300"; les valeurs trouvées sont alors de 2,4 pour 100 plus fortes que les valeurs calculées. Cependant la précision des mesures d'attraction est au moins de 1 pour 100 lorsqu'il s'agit de comparaisons sans dérangement de l'ampoule.

Si l'on acceptait comme parfaitement corrects les résultats de ces expériences, on conclurait que pour des pressions faibles la loi se vérifie rigoureusement et que, pour les pressions fortes, il y a des écarts notables, la courbure de la courbe représentative étant moins accentuée. Je ne crois pas que l'on puisse tirer de pareilles conclusions. L'incertitude du résultat provient de la possibilité d'une erreur systématique dans l'évaluation des températures. On n'est jamais sûr en effet que l'indication du couple donne exactement la température moyenne de l'ampoule. On se trouve, dans les deux séries, dans des conditions bien différentes à ce point de vue. Dans la première, l'ampoule était assez volumineuse et à parois peu épaisses. Dans la deuxième, l'ampoule était plus petite, mais avec des parois beaucoup plus fortes. On a fait figurer, dans le Tableau de la deuxième série, les valeurs de t' et de $(t - t')$. t' est la valeur de la température qui vérifierait la formule pour des valeurs de K données par expérience. L'écart atteint 14° au maximum : il me paraît bien grand pour être attribué à une erreur systématique ; cependant il ne m'est pas possible d'affirmer que cet écart ne puisse, dans certains cas, se rencontrer entre la température du couple et la température moyenne de l'ampoule ([1]).

Nous nous contenterons donc de dire que la formule

$$10^6 \, K_t = \frac{33\,700}{T}$$

convient pour calculer le coefficient d'aimantation spécifique de l'oxygène avec une précision probablement supérieure à 2 pour 100 entre 20° et 450°.

([1]) J'ai eu souvent à déplorer, pendant ce travail, cette incertitude sur la précision de l'évaluation des températures. Je n'ai pas cru devoir multiplier le nombre de ces expériences sur l'oxygène. Ces expériences sont longues et demandent beaucoup de soins et, comme les causes d'erreur sont systématiques, j'aurais, dans les mêmes conditions, fait un gros travail, pour ne pas acquérir une certitude beaucoup plus grande dans les résultats. Pour avoir une précision plus grande, il faudrait commencer par perfectionner la construction de l'appareil de chauffage.

AIR.

Les déterminations faites sur l'oxygène permettent de calculer les propriétés magnétiques de l'air à diverses températures, si l'on admet (d'après les expériences de Becquerel, Faraday et Quincke) que l'azote a une influence négligeable. La valeur ainsi calculée pour le coefficient d'aimantation spécifique K de l'air est donnée par la formule ([1])

$$10^6 K_t = \frac{7830}{T}.$$

On a fait une mesure sur l'air pris à la pression atmosphérique et à la température de 24°. Dans ce but, on a pris une ampoule volumineuse à pointe très effilée, dans laquelle on a fait le vide en la plaçant dans le même tube (*fig.* 6) que celui qui a servi à remplir les ampoules d'oxygène et en la fermant avec le vide par le même procédé. L'ampoule vide était placée dans l'appareil aux mesures magnétiques; on a fait une série de déterminations, puis, sans rien déranger, on a cassé les extrémités de la pointe avec une pince en cuivre; l'air est rentré et l'on a fait une nouvelle série de mesures. Les déviations étaient faibles, mais les mesures peuvent se faire à froid à $\frac{1}{10}$ de division près pour les petites déviations. Enfin le poids de l'air, $0^g,0126$, se calcule d'après le volume $10^{cm^3},26$ et la variation de pression 750^{mm}.

Il est impossible de se servir des constantes du champ avec une ampoule aussi grosse, mais on peut faire une série avec l'ampoule remplie d'eau; on a une valeur relative de l'air par rapport à l'eau et l'on calcule la valeur absolue en admettant pour l'eau $- 10^6 K = 0,79$. On trouve ainsi pour l'air à 24° : $10^6 K_{24} = 26,6$. Par la formule donnée plus haut, on trouve pour la même température $26,3$. La vérification est aussi satisfaisante que possible, meilleure même que celle que l'on pouvait prévoir, d'après la précision probable des expériences. On peut considérer cette expérience comme une confirmation de ce fait que l'influence de l'azote est insensible.

([1]) En admettant $22,23$ pour 100 d'oxygène en poids dans la composition de l'air (LEDUC, *Journal de Physique*, 1890, p. 231).

Si l'on suppose que l'azote a un coefficient d'aimantation spécifique de l'ordre de grandeur de la plupart des autres corps diamagnétiques, de l'ordre de grandeur de celui de l'eau par exemple, il en résulterait qu'à 20° le coefficient d'aimantation de l'air serait environ de 2 pour 100 plus faible que celui calculé en tenant compte seulement de l'oxygène. Vers 400° l'influence serait de 4 pour 100 environ, etc., c'est-à-dire qu'il est probable que la formule donne des résultats d'autant plus inexacts que la température est plus élevée.

Il est nécessaire de connaître le coefficient d'aimantation de l'air à diverses températures pour pouvoir corriger les mesures magnétiques faites dans l'air. Heureusement il n'est pas nécessaire de connaître le coefficient avec une grande précision pour cet usage.

C'est le coefficient d'aimantation en volume x dont on a besoin. Il est donné, en tenant compte seulement de l'oxygène, par la formule

$$10^6 x_t = \frac{2760}{T^2}.$$

Le coefficient d'aimantation en volume de l'air varie en raison inverse du carré de la température absolue si l'on néglige l'influence de l'azote; à 20° on a $10^6 x_{20} = 0,0322$. Sur l'eau de coefficient spécifique $10^6 K = 0,79$ et de densité 1, la correction due à la présence de l'air est de 4 pour 100. Pour un corps de densité d, la correction est $\frac{0,0322}{d}$.

A 300° on a $10^6 x_{300} = 0,0084$, la correction devient négligeable pour la plupart des corps. Ainsi, aux températures élevées, les valeurs de x données par la formule deviennent moins certaines; mais la correction due à l'air devient négligeable [1].

SELS MAGNÉTIQUES.

Expériences de MM. Wiedemann et Plessner [2]. —

---

[1] J'ai admis arbitrairement que, dans un four ouvert par en bas et porté à une température élevée, la composition de l'air ne change pas.

[2] WIEDEMANN, *Pogg. Ann.*, t. CXXVI, 1865, p. 1. — PLESSNER, *Wied. Ann.*, t. XXXIX, 1890, p. 336.

M. Wiedemann a découvert que le coefficient d'aimantation de tous les sels magnétiques dissous diminue quand la température augmente; que le coefficient de variation du coefficient d'aimantation est le même pour tous les sels; que ce coefficient de variation est en valeur absolue voisin du coefficient de dilatation des gaz. Les expériences plus récentes de M. Plessner ont confirmé ces résultats.

M. Wiedemann représente le coefficient d'aimantation K_t à t^0 dans le voisinage de la température ambiante par une formule linéaire de la forme

$$(1) \qquad K_t = K_0(1 - \alpha t).$$

$\alpha = 0,00325$, d'après M. Wiedemann, pour des températures comprises entre 15° et 80°.

$\alpha = 0,00355$, d'après M. Plessner, pour des températures comprises entre 15° et 60°.

M. Wiedemann a trouvé la même valeur de α pour des solutions de sulfate de protoxyde de fer, des chlorures ferreux et ferrique, de sulfate de nickel, d'azotate de cobalt, de ferricyanure de potassium. M. Plessner a trouvé une même valeur pour α pour les solutions de perchlorure de fer, de sulfate de manganèse, de sulfate de nickel, d'azotate de cobalt.

Les résultats de MM. Wiedemann et Plessner montrent que la loi de variation du coefficient d'aimantation est une fonction de la température seule, où n'entre aucun coefficient propre à la substance que l'on considère. Si, de plus, l'on admet que le fait que le coefficient de variation est voisin du coefficient de dilatation des gaz n'est pas dû au hasard et est au contraire l'expression d'une loi naturelle, on en conclut que ce fait doit se reproduire si l'on prend comme point de départ toute autre température que la température de la glace fondante. Le coefficient de dilatation des gaz est du reste, pour chaque température prise comme point de départ, l'inverse de la température absolue T; on a

$$\frac{1}{K_t}\frac{dK_t}{dt} = \alpha = -\frac{1}{T};$$

si ceci est vrai à toute température, on en déduit

$$(2) \qquad K_t = \frac{A}{T},$$

A étant une constante qui dépend de la nature du sel. Le coefficient d'aimantation doit varier en raison inverse de la température absolue, c'est-à-dire suivant la même loi que celle que nous avons constatée pour l'oxygène. C'est la conséquence logique des découvertes de M. Wiedemann, si le voisinage de la valeur de α et de la valeur du coefficient de dilatation des gaz n'est pas une coïncidence purement fortuite.

Nous allons discuter de plus près les expériences de MM. Wiedemann et Plessner, pour voir si elles s'accordent avec la formule ci-dessus. On remarque tout d'abord que les valeurs trouvées pour α sont plus faibles que $0,00367 = \dfrac{1}{273}$, ce qui doit être d'après la formule (2). Ces coefficients sont même trop forts pour la loi inverse de la température absolue.

Pour les limites de température dans lesquelles ont eu lieu les expériences, cette loi indiquerait un coefficient α voisin de 0,0030.

Nous reproduisons ici, Tableau II, une des séries d'expériences de M. Wiedemann relative au sulfate de protoxyde de fer en solution dans l'eau : la première colonne indique la température t, la deuxième les coefficients d'aimantation, exprimés à l'aide d'une unité entièrement arbitraire ; la troisième colonne donne les températures absolues, et la quatrième le produit KT, qui devrait être constant, si la loi inverse de la température absolue était exactement vérifiée.

TABLEAU II.

t.	K.	T.	KT 10^3.
15°	952	288	274
21	928	294	273
27	906	300	272
33	895	306	274
39	870	312	272
45	854	318	272
51	834	324	270
58,5	814	331,5	270
68	795	341	271
81	750	354	266

On voit qu'entre 15° et 68° le produit KT est constant, les différences étant certainement de l'ordre de grandeur des erreurs possibles dans les observations. La valeur obtenue à $81°$ est un peu plus faible.

Voici de même une des séries d'expériences de M. Plessner (Tableau III) sur le sulfate de cobalt en solution dans l'eau :

TABLEAU III.

t.	K.	$\alpha\,10^6$.	T.	$KT\,10^{-4}$.
$8,9$........	26052	»	281,9	734
$44,3$........	22619	3603	317,3	718
$45,8$........	22500	3576	318,8	717
$47,7$........	22201	3685	320,7	712
$56,9$........	21548	3490	329,9	711
$59,0$........	21463	3409	332,0	712
$60,9$........	21421	3324	333,9	715

La troisième colonne donne les valeurs de α calculées par l'auteur en combinant la détermination faite à la température ambiante $(8°,9)$, avec chacune des autres déterminations. On voit que les valeurs obtenues pour α sont de plus en plus petites à mesure que la température finale est plus élevée. La loi de variation n'est donc pas linéaire : K fonction de t donne une courbe convexe vers l'axe des températures.

Le produit KT peut être considéré comme constant pour les déterminations comprises entre $44°,3$ et $60°,9$; mais, si l'on compare ce produit constant à celui obtenu à la température ambiante, on trouve une différence notable de $2,6$ pour 100.

Les mêmes remarques peuvent être faites pour chacune des mesures de M. Plessner. D'après ces expériences, la loi de variation K serait donc un peu plus rapide que la loi inverse de la température absolue ([1]).

([1]) Je signalerai une remarque que je trouve dans le Mémoire de M. Plessner. Les solutions magnétiques étaient contenues dans une ampoule en verre, au milieu de laquelle se trouvait le réservoir d'un thermomètre à mercure. L'auteur a admis dans ses calculs que l'eau, le verre et le mercure avaient des propriétés diamagnétiques qui diminuaient en valeur absolue de la même façon que les propriétés magnétiques des sels magnétiques. Il estime que, si les propriétés diamagnétiques de ces corps étaient invariables, les valeurs qu'il a trouvées pour α seraient trop fortes en valeurs absolues de $0,3$ à $0,8$ pour 100.

D'après mes expériences, l'eau et le mercure ont des propriétés diamagnétiques

Expériences avec le sulfate de protoxyde de fer. — J'ai fait quelques expériences avec ce sel magnétique en solution dans l'eau, dans des limites de température un peu plus étendues que celles employées par MM. Wiedemann et Plessner. Je n'ai fait que quelques essais, parce que mon appareil ne se prêtait pas à des mesures précises de température ; cependant j'ai pu constater que la loi de variation est loin d'être linéaire et que la loi inverse de la température absolue convient, au moins en première approximation, pour représenter le phénomène.

La solution de sulfate de protoxyde de fer dans l'eau, préalablement purgée d'air, contenait $5,35$ de sel anhydre et $94,65$ d'eau pour 100 de solution. On a calculé le coefficient d'aimantation spécifique K du sulfate anhydre en supposant que l'eau avait, à toute température dans la solution, un coefficient d'aimantation égal à $(-0,79 \cdot 10^{-6})$.

Les mesures sont faites à 15°, 46° et 108°.

$t.$	$10^6 K.$	$T.$	$KT \, 10^6.$
12°	$85,8$	285	$24\,500$
46	$75,6$	319	$24\,100$
$14,5$	$84,1$	$287,5$	$24\,200$
108	$63,2$	381	$24\,100$
15	$83,0$	288	$23\,900$

Le produit KT du coefficient d'aimantation par la température absolue est un nombre constant ([1]).

En admettant la loi inverse de la température absolue, on a, pour le sulfate de fer,

$$K \, 10^6 = \frac{24\,200}{T}.$$

La valeur de la constante n'est pas très certaine.

---

invariables, et les propriétés diamagnétiques du verre augmentent fortement avec la température, comme nous le verrons plus loin.

L'erreur possible signalée par M. Plessner existe donc réellement et est encore plus forte qu'il ne le prévoyait. La correction de cette cause d'erreur est de nature à diminuer l'écart existant entre les résultats des mesures et la loi inverse de la température absolue ; toutefois je ne pense pas qu'elle soit suffisante pour amener un accord complet.

([1]) Pendant les expériences, il s'est formé un peu de peroxyde de fer, l'eau n'ayant probablement pas été parfaitement purgée d'air.

Expériences de M. Plessner sur les sels magnétiques à l'état solide. — M. Plessner a encore étudié quelques sels à l'état solide, préalablement desséchés à 250°. J'ai calculé, d'après ces expériences, le produit KT du coefficient d'aimantation par la température absolue. On trouve, par exemple, KT étant exprimé en unités arbitraires :

Pour le sulfate de manganèse

t	19°,3	51°,5	60°,6
KT	1013	1018	1013

Pour le sulfate de cobalt

t	12°,5	49°,1	58°,8	59°,5
KT	1213	1228	1228	1227

On peut dire que, pour ces deux solides, la loi inverse de la température se vérifie exactement.

Pour le sulfate de nickel, on trouve

t	12°,2	39°,6	48°,3	59°,7
KT	590	589	580	551

Pour ce dernier sel, la loi de variation est plus rapide que ne l'indique la loi inverse de la température absolue.

PALLADIUM.

Le palladium qui a servi dans ces expériences était parfaitement pur ([1]). On a étudié les propriétés magnétiques de ce métal depuis la température ambiante jusqu'à 1370°.

On place le palladium en petits fragments dans une ampoule de porcelaine (telle que celle représentée figure 8, p. 303). Cette disposition permet de conserver le corps parfaitement pur, ce qui pourrait ne pas avoir lieu si on le chauffait dans une ampoule de platine. Malheureusement les ampoules de porcelaine sont à parois épaisses et sont assez notablement magnétiques. Le palladium ne donnant pas des effets magnétiques bien intenses, il en résulte

---

([1]) M. Fink, qui a fait une étude chimique des composés de ce métal, a bien voulu me donner un échantillon parfaitement pur, qu'il a préparé lui-même.

que les corrections dues à l'ampoule sont du même ordre de grandeur que les quantités à mesurer. Cette circonstance défavorable a beaucoup nui à la précision des résultats. Ce sont surtout les mesures faites aux températures peu élevées qui ont été rendues incertaines, parce que les propriétés magnétiques de la porcelaine sont alors fortement modifiées par les variations de température.

Voici les déterminations faites dans l'ordre où elles ont été obtenues :

TABLEAU IV.

θ.	$K\,10^6$.	T.	$TK\,10^6$.
22°............	5,3	295	1560
134...	3,85	407	1570
23.............	5,3	295	1560
312.............	2,78	585	1620
435............	1,97	708	1400 ?
697............	1,563	970	1520
22,5...........	5,62	295,5	1660
1108.....	1,10	1381	1520
1310...........	0,92	1583	1460
1370	0,875	1643	1440
24,6	5,62	297,6	1670

En construisant la courbe K, fonction de θ, d'après ces résultats, on voit que les expériences ne sont pas très satisfaisantes. Elles semblent indiquer une petite perturbation vers 400°; mais cela est douteux, une nouvelle série serait nécessaire. Les valeurs de la dernière colonne du Tableau montrent que la loi inverse de la température absolue est tout au moins applicable comme première approximation assez grossière. Ceci est encore visible sur la figure (*fig.* 12, p. 316). On a représenté (points) les valeurs de logarithme de K, données par expérience, prises en ordonnées en fonction des valeurs de logarithme de T pris en abscisses, et la droite

$$LK = L\,0,00152 - LT$$

correspondant à la formule

$$K_\theta = \frac{0,00152}{T}.$$

Les valeurs de K semblent diminuer, quand la température

s'élève, plus vite que ne l'indique la loi inverse de la température absolue; mais il est fort remarquable que cette loi convienne pour représenter approximativement les variations du coefficient d'aimantation dans l'énorme intervalle de température de 1350°.

Avant de faire cette série d'expériences sur du palladium très pur, j'avais fait quelques mesures avec un échantillon de palladium impur qui contenait, entre autres impuretés, une quantité notable de fer. Les résultats obtenus avec cet échantillon ont donné presque le même coefficient d'aimantation à la température ambiante que pour le palladium pur; mais les variations de température produisaient un effet tout différent.

θ.	$K\,10^6$.	T.	$TK\,10^6$.
15,6	5,64	288,6	1630
231	4,02	504,0	2030
398	3,23	671,0	2170
15,6	5,67	288,6	1640
469	3,0	742,0	2230

Le coefficient d'aimantation diminue beaucoup moins rapidement quand la température augmente que pour le palladium pur. La loi inverse de la température absolue ne s'applique plus : on voit dans le Tableau que le produit KT n'est pas constant ([1]).

VERRE ET PORCELAINE.

Le *verre* est le plus souvent diamagnétique, mais quelquefois magnétique à la température ambiante; cela dépend évidemment de la proportion d'oxydes magnétiques qui entrent dans sa composition. Dans le cas où il est magnétique, le verre devient cependant diamagnétique lorsqu'on élève la température. Dans tous les cas, les propriétés diamagnétiques s'accentuent quand la température s'élève. La vitesse de variation est d'autant plus rapide que la température est plus basse. Nous n'avons pas fait d'étude spé-

---

([1]) Il convient peut-être de rapprocher ce fait de celui que donne l'étude de la conductibilité métallique. La conductibilité des métaux purs varie à peu près en raison inverse de la température absolue, tandis que la conductibilité des métaux impurs varie moins rapidement avec la température.

ciale; voici cependant trois nombres déterminés sur un échantillon de verre provenant d'un tube à essai. La deuxième ligne donne les coefficients d'aimantation exprimés dans une unité arbitraire :

$$\theta \ldots\ldots\ldots\ldots\quad 20° \qquad 196° \qquad 428°$$
$$K \ldots\ldots\ldots\ldots\quad (-43) \quad (-70) \quad (-78)$$

Les variations des propriétés magnétiques du verre avec la température s'expliquent simplement en admettant que le verre est formé en majeure partie d'une substance diamagnétique dont les propriétés restent invariables à toute température. Il contient en outre une petite quantité d'une substance relativement fortement magnétique, dont les propriétés diminuent en suivant une loi voisine de la loi inverse des températures absolues. Les effets produits par ces deux substances se détruisent en grande partie à la température ambiante; aux températures élevées, la substance magnétique ne produit plus d'effet sensible et le verre tend à devenir une substance diamagnétique à propriétés invariables avec la température.

Nous avons eu à étudier les variations de propriétés magnétiques avec la température d'un grand nombre d'ampoules de verre, généralement faiblement diamagnétiques à la température ambiante. Les variations avec la température sont fort gênantes. Supposons que l'on étudie, par exemple, un corps diamagnétique de coefficient d'aimantation constant à toute température, on ne peut déduire cette constance que de la différence de deux séries de mesures (l'une avec *ampoule + corps*, l'autre avec *ampoule seule*), variant toutes deux de la même façon avec la température. La constance du coefficient serait constatée bien plus facilement et bien plus sûrement si l'on avait des ampoules de propriétés magnétiques invariables.

La *porcelaine* se conduit d'une façon analogue. Nous n'avons de renseignements que sur des ampoules de porcelaine de Bayeux émaillées. Ces ampoules sont assez fortement magnétiques à la température ambiante et deviennent seulement diamagnétiques entre 600° et 800°. Voici des nombres (2ᵉ colonne) proportionnels à l'action magnétique à diverses températures pour une ampoule de porcelaine émaillée :

θ.

	$^{\circ}$
19	+ 520
75	+ 380
155	+ 280
235	+ 174
503	+ 93
714	+ 26
810	0
1030	— 37
1200	— 55

A la température ambiante, la variation des propriétés magnétiques est extrêmement rapide.

Corps ferro-magnétiques.

J'ai étudié le fer, de la température ambiante jusqu'à 1360°, pour des champs variant de 25 à 1350 unités. J'ai encore étudié la magnétite et le nickel, mais seulement aux températures supérieures à celle de transformation magnétique. Enfin j'ai fait quelques expériences sur la fonte.

FER DOUX.

Disposition des expériences. — On sait que, dans le cas d'une substance très fortement magnétique, l'intensité d'aimantation dépend de la forme du corps placé dans le champ magnétique. La disposition la plus avantageuse est celle d'un cylindre très allongé dont l'axe est dirigé suivant le champ. Lorsque l'on donne les valeurs de l'intensité d'aimantation en fonction de l'intensité de champ magnétique, on sous-entend que l'on rapporte les résultats au cas d'un cylindre infiniment allongé dans le sens du champ.

Je me suis servi, aux températures où le fer est fortement magnétique, de fils de diamètre très petit, dont la longueur (1^{cm} environ) était dirigée suivant le champ (suivant Oy, *fig.* 1, le milieu du fil est en O). Le fil était situé dans un tube de verre ou

C. 19

de platine qui le protégeait contre l'oxydation. Le tube, avec le fer, était soutenu par l'équipage mobile de la balance de torsion, comme l'était l'ampoule dans les expériences décrites précédemment. On ne se sert ainsi que d'une quantité très petite de matière; mais il n'y a pas à cela d'inconvénient, les effets magnétiques étant très puissants. L'appareil n'avait pas été disposé en vue de l'étude d'un corps fortement magnétique et les résultats des expériences doivent être modifiés par certains termes de corrections.

Couple perturbateur. — Si la direction de l'aimantation n'est pas parallèle à celle du champ et forme avec celle-ci un certain angle Θ, le corps sera soumis à une force f et à un couple; ce couple contribuera à faire tourner l'équipage mobile et pourra, dans certains cas, n'être pas négligeable devant celui qui résulte de l'action de la force f agissant au bout du bras de levier l de la balance de torsion. Avec les corps faiblement magnétiques, l'aimantation est toujours parallèle au champ; avec le fil de fer, l'aimantation tend à s'orienter dans la direction du fil.

Soient m la masse du fil de fer, I_1 l'intensité d'aimantation rapportée à l'unité de masse, H l'intensité du champ. On a toujours, en ne tenant pas compte des quantités petites du second ordre, qui sont négligeables :

$$(1) \qquad f = m\, I_1 \frac{dH}{dx},$$

et le couple perturbateur sera $(m\, I_1\, H \Theta)$.

Désignons par β l'angle de déviation de la balance de torsion et par c le couple de torsion par unité d'angle du fil de cette balance, on aura

$$(2) \qquad c\,\beta = fl - m\, I_1\, H \Theta,$$

d'où

$$I_1 = \frac{c\,\beta}{m\,\dfrac{dH}{dx}\,l\left(1 - \dfrac{H\Theta}{\dfrac{dH}{dx}\,l}\right)}.$$

Désignons par I l'intensité d'aimantation apparente sans correction, on aura

$$I_1 = \frac{I}{\left(1 - \dfrac{H\,\Theta}{\dfrac{dH}{dx}\,l}\right)} \cdot$$

On avait avec notre appareil (*voir* p. 249)

$$\frac{H}{\dfrac{dH}{dx}} = \text{const.} = 0,188 \qquad \text{et} \qquad l = 5^{\text{cm}},42,$$

d'où

(3)
$$I_1 = \frac{I}{1 - 0,981\,\Theta} \cdot$$

Désignons par n le nombre de divisions du micromètre, qui correspond à l'angle Θ. On avait avec notre appareil

$$\Theta = 0,000105\,n,$$

et l'équation (3) peut encore s'écrire approximativement

(4)
$$I_1 = I(1 + 0,000104\,n).$$

L'angle Θ peut provenir des déviations qui se produisent pendant les mesures : il peut alors être calculé et l'on évalue la correction indiquée par l'équation (4). Mais une partie de Θ peut provenir d'un défaut de réglage, si le fil de fer n'est pas dirigé exactement suivant le champ pour la position moyenne de l'équipage.

Il en résulte une correction inconnue, qui le plus souvent n'apporte comme erreur que l'omission d'un facteur constant pour toutes les mesures.

On règle la direction du fil de fer le mieux possible en se servant de repères marqués sur la planchette qui a été utilisée pour le réglage des ampoules; mais ce réglage n'est pas très précis.

Correction due au changement de position du corps dans le champ. — Avec un corps dont le coefficient d'aimantation est constant ou à peu près constant quel que soit le champ, nous avons vu que la force agissante est constante, quelle que soit la position du corps dans les limites de déplacement correspondant à la division du micromètre. Cela résulte de ce que la position moyenne choisie pour le corps est telle que le produit $H\dfrac{dH}{dx}$ est maximum. Ceci n'a plus lieu pour le fer, puisque K varie avec H.

Soient (H_1), $\left(\dfrac{dH}{dx}\right)_1$ les éléments du champ correspondant à la position moyenne 1 et donnés par les expériences préliminaires. Soient (H_2), $\left(\dfrac{dH}{dx}\right)_2$ les mêmes éléments pour la position 2 occupée par le corps après un petit déplacement x. On a

$$(5) \qquad\qquad H_2 = H_1 + x\left(\frac{dH}{dx}\right)_1$$

et

$$(5)' \qquad\qquad \left(\frac{dH}{dx}\right)_2 = \left(\frac{dH}{dx}\right)_1 + x\left(\frac{d^2H}{dx^2}\right)_1 .$$

Soient β l'angle de déviation, I_2 l'intensité d'aimantation du corps dans sa position 2 et I_1 l'intensité d'aimantation *apparente* calculée avec les Tableaux numériques comme si le corps était en 1; on a

$$I_1 = \frac{c\,\beta}{lm\left(\dfrac{dH}{dx}\right)_1} \qquad \text{et} \qquad I_2 = \frac{c\,\beta}{lm\left(\dfrac{dH}{dx}\right)_2},$$

d'où, en tenant compte de $(5)'$,

$$(6) \qquad\qquad I_2 = I_1\frac{\left(\dfrac{dH}{dx}\right)_1}{\left(\dfrac{dH}{dx}\right)_2} = \frac{I_1}{1+\dfrac{\left(\dfrac{d^2H}{dx^2}\right)_1}{\left(\dfrac{dH}{dx}\right)_1}x} .$$

Mais on sait que $\left(\dfrac{dH}{dx}\right)H$ est maximum pour la position 1; on en déduit

$$(7) \quad \left(\frac{dH}{dx}\right)_1^2 + H_1\left(\frac{d^2H}{dx^2}\right)_1 = 0 \qquad \text{ou} \qquad \frac{\left(\dfrac{dH}{dx}\right)_1}{H_1} = -\frac{\left(\dfrac{d^2H}{dx^2}\right)_1}{\left(\dfrac{dH}{dx}\right)_1}$$

et (6) peut s'écrire

$$(8) \qquad\qquad I_2 = I_1\frac{1}{1-\left(\dfrac{dH}{dx}\right)_1\dfrac{x}{H_1}} .$$

Les formules (5) et (6) permettent d'effectuer les corrections pour I et H. Avec notre appareil, on a

$$(9) \qquad \frac{1}{H_1}\frac{dH_1}{dx} = 0,188 \qquad \text{et} \qquad x = 0,000\,570\,n,$$

n étant le nombre des divisions du micromètre correspondant au déplacement x dans le champ. (5) et (8) deviennent

$$(10) \qquad H_2 = H_1[1 + 0,000\,107\,n]$$

et

$$(11) \qquad I_2 = I_1[1 + 0,000\,107\,n].$$

On a dans tous les cas la relation

$$(12) \qquad \frac{I_2}{H_2} = \frac{I_1}{H_1}.$$

Calcul des corrections. — Supposons que le rapport de la longueur au diamètre soit très grand pour les petits fils cylindriques de fer employés; supposons de plus que l'intensité d'aimantation soit toujours parallèle au champ magnétisant dans l'intérieur du fer (cela revient à négliger la composante du magnétisme rémanent dans la direction normale à l'axe du fil cylindrique); désignons comme précédemment par Θ l'angle du champ et de la direction de l'aimantation et par ω l'angle du champ et de l'axe du fil, on trouve facilement

$$\frac{\omega}{\Theta} = 1 + \frac{H}{2\pi ID},$$

D étant la densité de la substance.

Une discussion simple conduit aux conclusions suivantes, en supposant $D = 7,8$:

1^0 On peut *toujours* faire pour H et I les corrections indiquées par les équations (10) et (11). Ces corrections sont exactes, mais cependant inutiles lorsque le coefficient d'aimantation est constant quel que soit H, parce que les valeurs corrigées donnent le même nombre pour K que les valeurs primitives.

2^0 Si $K < 0,0023$, il n'y a pas d'autres corrections à faire.

3^0 Si $K > 0,2$ (on a alors sensiblement $\Theta = \omega$, l'aimantation est dirigée suivant la longueur du fil) il faut faire en outre la correction indiquée par l'équation (4). [Les corrections des équations (4) et (11) sont de même signe]. Il peut y avoir une autre correction *inconnue* provenant d'un défaut de réglage de la direction du fil. Cette correction, que l'on néglige nécessairement, se produit par l'omission d'un *facteur constant* quels que soient K et n, pourvu que l'on ait toujours K $>$ 0,2.

4° Si 0,0023 $<$ K $<$ 0,2, on appliquera toujours les corrections de (10) et (11); mais la correction de (4) s'appliquera sous une forme atténuée; on a, au lieu de (4), la relation (13)

$$(13) \qquad I_1 = I\left(1 + \frac{0,000\,104\,n}{1 + \dfrac{H}{2\pi ID}}\right).$$

Mais il peut y avoir une autre correction *inconnue* provenant d'un défaut de réglage du fil; cette correction, que l'on néglige nécessairement, se traduit par l'omission d'un *facteur variable* en même temps que K. C'est donc dans ce dernier cas que la correction présente le plus d'incertitude si la position du fil de fer est mal réglée.

n désigne, dans ce qui précède et dans le Tableau qui suit, la différence du nombre lu au micromètre au moment où l'on fait la mesure, et du nombre lu quand l'équipage occupe sa position moyenne. n a rarement dépassé 120 divisions.

On a cherché à déterminer expérimentalement le facteur de correction pour I. Pour cela on a opéré avec un fil de fer et des champs assez forts pour que de petites différences d'évaluation pour H ne modifient pas I, et l'on a déterminé pour chaque état du champ les valeurs des déviations, lorsqu'on déplace le point de départ sur l'échelle du micromètre.

Voici quelques nombres du Tableau de corrections pour I :

φ est le facteur de correction total calculé d'après les formules (4) et (11). Dans le cas 3° où la correction est complète, φ' est le même facteur de correction déterminé expérimentalement.

n.	φ.	φ'.
40	1,008	1,012
80	1,017	1,024
120	1,025	1,036
140	1,030	1,042

On voit que le facteur déterminé par expérience est plus grand que celui donné par le calcul. Comme ces expériences sont un peu incertaines, on a pris la moyenne des valeurs de φ et φ' pour faire les corrections ([1]).

Champ démagnétisant dû à l'aimantation. — On peut amincir les extrémités du fil en le frottant avec du papier de verre et essayer de lui donner grossièrement la forme d'un ellipsoïde. Soient H le champ extérieur et H' le champ magnétisant efficace $H' = H - \lambda ID$; I étant l'intensité spécifique d'aimantation, D la densité du fer, λ un facteur qui, si le fil est d'une grande longueur a, par rapport à son diamètre b, peut être calculé par la formule ([2])

$$\lambda = 4\pi \left(\frac{b}{a}\right)^2 \left(\log_e \frac{2b}{a} - 1\right).$$

Je ne me suis rendu compte qu'après avoir fait les expériences qu'il était nécessaire, pour pouvoir appliquer cette formule, que la forme de l'ellipsoïde fût parfaitement réalisée. J'ai dû en conséquence rejeter des séries d'expériences pour lesquelles la correction était importante. Dans les cas où la correction était très petite, je l'ai faite en me servant de cette formule. Dans le cas où la forme du fil se rapproche beaucoup de celle du cylindre, le facteur λ, calculé ainsi comme pour un ellipsoïde, m'a semblé beaucoup trop fort, lorsque l'on suppose que le rapport du grand axe au petit axe est égal au rapport de la longueur au diamètre du cylindre.

Expériences avec un fil de fer doux de $0^{cm},002$ de diamètre ([3]) *(échantillon A).* — Le fil a été assez mal recuit. On l'a chauffé alors qu'il était tendu légèrement dans un tube capillaire

---

([1]) Peut-être eût-il mieux valu prendre simplement pour les corrections les données de l'expérience. (Les calculs qui précèdent auraient toutefois été nécessaires pour se rendre compte de la fraction de la correction totale à appliquer dans les divers cas.) Si la correction avait été un peu plus forte, les courbes $I = f(H)$ (*fig.* 9) continueraient à s'élever un tant soit peu pour les champs forts aux basses températures, au lieu d'être absolument horizontales.

([2]) EWING, *Magnetic induction in iron;* Londres, 1892.

([3]) M. Gaiffe a bien voulu tréfiler spécialement pour moi ce fil dans les filières en diamant dont il se sert pour les fils en platine.

en verre où l'on avait fait le vide. Le morceau qui a servi dans ces expériences a $1^{cm},37$ de long et $0^{cm},00210$ de diamètre. Le diamètre a été mesuré à l'aide d'un microscope muni d'un micromètre oculaire qui avait été comparé préalablement à un micromètre étalon placé sous l'objectif. Le rapport de la longueur au diamètre étant égal à 653, il n'y avait pas de correction à faire provenant du champ démagnétisant dû à l'aimantation.

La masse $37,05 \times 10^{-6}$ grammes est déduite du volume et de la densité supposée égale à 7,8. Le fil est monté dans un tube capillaire de verre complètement fermé.

On a fait avec cet échantillon des mesures à la température ambiante (à 26°), puis à 222°, à 418°, à 563°, et ensuite de nouveau à 26°. Après chauffe, on a obtenu une valeur plus faible à froid; je ne sais s'il faut attribuer cela à un défaut de recuit. Les expériences sur cet échantillon ne présentent pas un bien grand intérêt. parce qu'il n'a pas été possible de chauffer au delà de 563°. On ne sait, en effet, comment abriter une masse aussi petite sans danger d'altération aux températures élevées.

Les courbes obtenues sur cet échantillon A présentent cette particularité intéressante que l'intensité d'aimantation croît plus brusquement pour les champs faibles qu'avec l'échantillon B étudié plus loin (¹) (Tableau V).

On a d'abord inscrit, pour chaque série, le résultat des expériences faites pendant la période croissante du champ; puis, au-dessous du trait horizontal, les résultats relatifs à la période décroissante du champ.

(¹) Un autre échantillon du même fil, étudié dans les mêmes limites de température, a donné des résultats tout à fait analogues, que nous croyons inutile de reproduire ici.

TABLEAU V.

25°.		221°.		418°.	
H.	I.	H.	I.	H.	I.
99 (?)	195	71 (?)	183	86 (?)	182
313	207	1564	196	158	188
562	214	565	206,7	319	189
781	214,4	796	208	560	190
961	215,3	1360	208,5	1339	191
1376	217,8				
		841	210	602 (?)	192
993	216,3	607	208	360	190
816	216,7	199 (?)	204		
594	214,6				
354	211				
195	205				

563°.		Après chauffe. 25°.	
H.	I.	H.	I.
71 (?)	147	99	186
127	154	313	202
314	160	787	209
782	161,4	1349	212
960	160,7		
1315	160	828	210
		357	204
996	160,8	139	198
827	161,6		
356	160		
195	159		
111 (?)	157		

Expériences faites avec un fil de fer doux de $0^{cm},014$ *de diamètre (échantillon* B). — C'est avec cet échantillon que nous avons obtenu les résultats les plus complets pour les températures inférieures à celles de transformation magnétique. Le fil a $0^{cm},87$ de longueur et une masse de $0^{g},0010$. On s'est servi de fil de fer doux du commerce; sa teneur en carbone est très faible (0,44 pour 100). Il ne renferme pas de carbone à l'état graphitoïde; il ne contient pas non plus de soufre, de phosphore ni d'arsenic.

Le fil a d'abord été chauffé pendant une journée à une température élevée (1200° environ). Il était chauffé dans un creuset en porcelaine émaillée, au milieu d'une masse de fer porphyrisé qui le préservait de l'oxydation. Le fil fut ensuite placé dans l'intérieur d'un tube de platine dont les extrémités furent fermées par soudure autogène. C'est ce tube contenant le fil qui a servi dans les mesures. A la fin des expériences, le fil de fer a été retrouvé en bon état, peut-être légèrement platiné à la surface.

Le rapport de la longueur au diamètre est égal à 62 et le champ démagnétisant dû à l'aimantation est encore généralement assez petit (¹). On peut, sans grande erreur, déterminer la courbe $I = f(H)$ pour la température ambiante, et cependant la masse est encore assez notable pour que l'on puisse (en prenant les fils de torsion de plus en plus fins) étudier les propriétés magnétiques jusqu'à 780°.

Ci-joint le Tableau des résultats (Tableau VI et *fig.* 9), toutes corrections faites.

Les séries sont numérotées dans l'ordre successif des expériences. Dans chaque série, les nombres après le trait horizontal se rapportent à la période décroissante du champ. On est revenu fréquemment à la température ambiante et les résultats obtenus ne se sont pas modifiés sensiblement pendant le cours des expériences. On a fait aussi deux séries concordantes à 688°. Après la série (2), on a élevé la température jusqu'à 770°; on voit que la série (3), faite ensuite à 22°, est en accord avec les autres séries faites à la température ambiante.

On a représenté (*fig.* 1), entre les courbes relatives à 748° et à 752°,2, une courbe obtenue avec un fil de torsion plus fin qui permet de préciser un peu mieux la forme de la courbe pour les champs faibles dans le voisinage de la température de transformation. Seulement, nous n'avons pas indiqué de température, parce que l'appareil, ayant été démonté et remonté entre cette expé-

---

(¹) La correction est importante cependant aux températures peu élevées pour les champs faibles; la valeur de ceux-ci présente donc une certaine incertitude, puisque la correction est mal connue. Pour un champ de 100 unités, la correction est de 16 unités.

rience et les premières, la température indiquée par le couple n'est plus comparable à ce qu'elle était avant cette température critique. Il suffit, en effet, d'une variation de quelques degrés pour produire un changement énorme dans les propriétés magnétiques.

A partir de 760°, le coefficient d'aimantation ne varie plus; I fonction de H est une droite. On a pu continuer les mesures jusqu'à 780°, mais les déterminations deviennent incertaines, parce que la correction due au tube de platine qui renferme le fil devient aussi grande que la quantité à mesurer. On a, toutefois, trouvé les valeurs suivantes pour le coefficient d'aimantation spécifique K aux températures θ ([1]):

θ.	$K \cdot 10^6$.
756,4	7400 (?)
760,5	4500
764,4	3400
767,9	2700
780,4	1450

TABLEAU VI.

1. 22°.		2. 688°.		3. 22°.		4. 275°.	
H.	I.	H.	I.	H.	I.	H.	I.
307	204	312	124	12 (?)	97	12 (?)	109
804	216	795	126	28 (?)	137	28 (?)	140
996	217	978	127	55	157	56	154
		1346	127	136	183	83	164
				297	202	136	181
				777	216	297	200
				973	216	770	207
				1348	216	965	207
						1330	207
				812	217		
				337	205	804	208
						336	204

([1]) Un autre échantillon du même fil B a été étudié seulement jusqu'à 450°. Nous ne donnerons pas les résultats, qui sont en accord avec ceux fournis par le premier échantillon.

Tableau VI (suite).

5. — 447°.

H.	I.
11 (?)	116
27 (?)	141
55	157
82	169
135	179
298	187
772	188
964	190
1340	190
803	190
337	188

6. — 601°.

H.	I.
11 (?)	115
26 (?)	145
56	149
83	154
137	157
296	163
771	164
955	164
1318	164
806	165
337	164

7. — 21°.

H.	I.
294	202
764	216
961	216

8. — 688°.

H.	I.
13 (?)	94
29 (?)	110
58	116
87	119
140	121
311	125
773	127
954	128
1305	127
805	128
343	126

9. — 720°.

H.	I.
14 (?)	83
32 (?)	87
63	89
90	93
145	94
302	98,2
764	100,0
950	100,3
1310	100,7
794	100,8
343	98,7

10. — 740°,4.

H.	I.
18	43 (?)
36	52 (?)
66	54
94	53
150	57,4
305	58,3
763	61,0
952	62,2
1289	63,0
1284	65,0
799	61,1
345	59,5

11. — 744°,6.

H.	I.
38	28 (?)
311	39,8
765	45,5
1296	50,2
347	40,0

12. — 748°,2.

H.	I.
310	20,0
765	29,3
1282	370
348	20,3

13. — 752°,2.

H.	I.
308	5,3 (?)
761	12,5
1279	17,9
346	5,8

14. — 756°,4.

H.	I.
310	2,6 (?)
752	5,85
1262	9,45

15. — 760°,5.

H.	I.
310	17,2 (?)
755	3,50
1256	5,89

16. — 21°.

H.	I.
295	201
758	215
953	215

Expériences faites avec un fil de fer doux de $0^{cm},035$ *de diamètre (échantillon* C). — Avec cet échantillon, de même provenance que l'échantillon B, mais de masse un peu plus forte $(0^g,0067)$, on a cherché à préciser autant que possible la forme de la courbe $I = f(H)$ dans le voisinage de la température de transformation. Vers cette température, les expériences sont difficiles et se font dans des conditions particulièrement défavorables, parce que l'intensité d'aimantation varie avec la température avec une extrême rapidité. A $737°$, par exemple, la température doit être maintenue constante à $\frac{1}{10}$ de degré près, pendant toute une série d'expériences pour que les résultats puissent être utilisés. Un observateur, en agissant à l'aide d'un rhéostat sur le courant qui chauffe le four, s'occupe exclusivement de maintenir parfaitement constante la température, pendant qu'un second observateur fait les mesures magnétiques.

Les résultats de ces expériences sont consignés Tableau VII et figure 10.

On peut admettre qu'au-dessus de $744°$, on a à peu près une droite pour la courbe $I = f(H)$. Les coefficients d'aimantation sont alors :

θ.	$K\,10^6$.
$744,2$	9700
$749,9$	3810
$775,4$	1092
$820,0$	366

Les degrés et dixièmes de degré indiqués ont seulement de l'intérêt pour définir les différences de température dans des expériences successives faites avec un même échantillon et sans déranger la position relative du couple et du corps. Mais les températures indiquées ne sont comparables entre elles qu'à $15°$ près, pour des expériences faites avec des échantillons différents tels que B et C par exemple.

TABLEAU VII.

$737°,3.$		$740°,5.$		$744°,2.$	
H.	**I.**	**H.**	**I.**	**H.**	**I.**
5,2 (?)	21,4	42	2,04	103	1,13
11,5 (?)	22,9	152	3,40	159	1,82
31	24,0	158	4,60	322	3,21
61	26,6	321	7,10	569	4,76
90	24,1				
		113	3,60	84	0,98
73	23,4	54	2,18	55	0,72
44	24,9				

$749°,9.$		$775°,4.$		$820°.$	
H.	**I.**	**H.**	**I.**	**H.**	**I.**
101	0,407	101	0,12	766	0,28
160	0,654	324	0,36	1150	0,42
323	1,27	571	0,626	1333	0,50
570	2,18	573	0,882		
789	2,88	1327	1,422		
362	1,50	363	0,411		
143	0,67	143	0,168		
114	0,53				

Expériences faites au-dessus de la température de transformation (échantillons D, E, F, G*).* — Aux températures supérieures à 770°, le champ démagnétisant dû à l'aimantation est insensible quelle que soit la forme du corps. On peut alors prendre des masses de fer beaucoup plus considérables, ce qui est du reste nécessaire parce que l'aimantation devient de plus en plus petite. D'autre part, à partir de 760°, et jusqu'à 1375°, on obtient des droites pour la courbe $I = f(H)$. Il nous suffit donc de donner les valeurs de K pour chaque température.

Aux températures supérieures à 1100°, il devient difficile de mener les expériences à bonne fin. A ces températures élevées, l'émail du four est fondu, la porcelaine est ramollie et la tige de l'ampoule a tendance à fléchir; le moindre contact accidentel entre l'ampoule et les parois du four amène une adhérence et il faut démonter tout l'appareil; enfin, les forces que l'on évalue sont de l'ordre de grandeur des $\frac{1}{10}$ de milligramme.

Les échantillons (D, E, F, G) sont de même provenance. Ils ont été taillés dans une tige de fer doux du commerce très pur contenant 0,04 pour 100 de carbone et qui ne paraissait pas renfermer en quantité sensible d'autres corps étrangers.

Les échantillons D, E, G ont été chauffés dans un creuset vers 1200° avant d'être montés dans l'appareil (comme pour le fer de l'échantillon B).

L'échantillon D avait encore une forme allongée dans le sens du champ (longueur $0^{cm},55$, diamètre $0^{cm},10$ environ, masse $0^{g},0324$). Il était monté dans un tube de platine et protégé autant que possible contre la cémentation par une faible couche de magnésie calcinée. On a pu opérer entre 760° et 924°. Les résultats sont consignés Tableau VIII.

L'échantillon E avait une masse déjà beaucoup plus forte

Fig. 8.

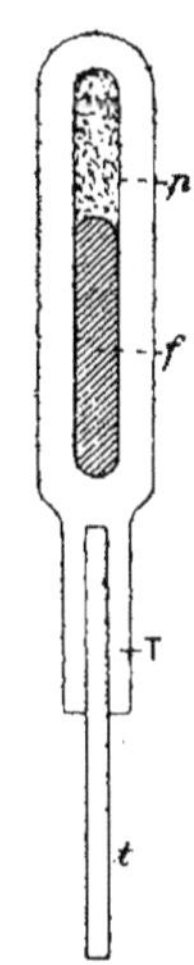

f, fer placé dans l'ampoule. — *p,* poussière de porcelaine. — T, tube de porcelaine soudé à l'ampoule. — *t*, tige de porcelaine qui soutient l'ampoule dans le four.

$(0^{g},44)$. Il avait la forme d'un petit cylindre de $1^{cm},2$ de long sur $0^{cm},27$ de diamètre. Il était enfermé dans un tube de platine dont il touchait les parois.

Enfin, avant de procéder aux expériences, on a chauffé plusieurs heures le fer dans sa gaine de platine vers 1000° ou 1100°. Cette manière de procéder est défectueuse; examinant le fer après les mesures, on l'a trouvé blanc et brillant à la surface et imprégné de platine intérieurement par cémentation.

Le tube de platine était aussi imprégné de fer et devenu assez fortement magnétique (le platine avait gagné 0^g,028 perdus par le fer). Les résultats sont consignés Tableau IX et figure 13, courbe 4, points o. Les résultats sont intéressants au point de vue des modifications dans les propriétés du fer apportées par l'introduction du platine.

L'échantillon F (masse 0^g,351) était monté dans un tube de platine, mais séparé du métal par une faible couche de magnésie calcinée. On a pu opérer entre 753° et 1365°; après l'opération, le fer n'avait rien perdu de son poids. Les résultats sont consignés Tableau X et figure 13, courbe 3, points ..

L'échantillon G avait une masse beaucoup plus forte (2^g,03), il était monté dans une ampoule de porcelaine émaillée (*fig.* 8) fermée au chalumeau oxhydrique.

Après l'opération, le fer avait perdu 0^g,044, soit environ 2 pour 100 de son poids qui, réagissant sur la porcelaine, s'était transformé en silicate. Les résultats sont relatifs à des températures comprises entre 1015° et 1355°. Ils sont consignés Tableau XI et *fig.* 13, points 6 marqués X.

TABLEAU VIII.

Échantillon D.

θ.	$K\,10^6$.	θ.	$K\,10^6$.
763°	4270	855°	292
797	950	794	1023
843	358	768	3310
924	32,5	760	6940 (?)
758	7330 (?)		

TABLEAU IX.

Échantillon E.

θ.	K 10⁶.	θ.	K 10⁶.
853°	68,1	1234°	26,8
817	197	1287	27,0
784	1810	1292	29,9
773	6090 (?)	—	
772	10080 (?)	889	30,4
—		992	29,4
823	189	1082	27,9
845	93,7	1147	27,0
883	32,6	1225	26,5
1015	29,1	1084	27,6
1160	27,0	887	30,0

TABLEAU X.

Échantillon F.

θ.	K 10⁶.	θ.	K 10⁶.
753°	4340 (?)	1162°	25,3
777	1320	—	
797	728	933	27,4
816	491	942	27,4
845	295	1175	25,7
900	50,1	1222	24,9
933	28,6	1245	24,6
—		1295	35,8
797	705	1300	38,5
844	278	1353	32,8
865	197	1365	32,2
899	47,6	—	
933	28,8	1360	32,2
985	28,4	1336	34,2
1039	27,7	1315	34,8
1097	27,0	1308	35,0
1137	26,9	1297	34,2
—		1271	21,8
1151	26,2	1254	23,0
1159	25,6	933	25,6

C.

TABLEAU XI.

Échantillon G.

θ.	K 10⁶.	θ.	K 10⁶.
1015°	28,2	1225	26,6
1179	25,4	1234	27,6
1182	25,2	1253	31,0
1175	25,6	1265	33,0
1191	25,5	1287	36,1
1199	25,7	1310	36,6
1205	25,7	1319	36,0
1215	26,1	1329	34,6

Exposé des résultats obtenus avec le fer doux aux températures inférieures à 770°. — Les courbes (*fig.* 9) et le Tableau VI,

Fig. 9.

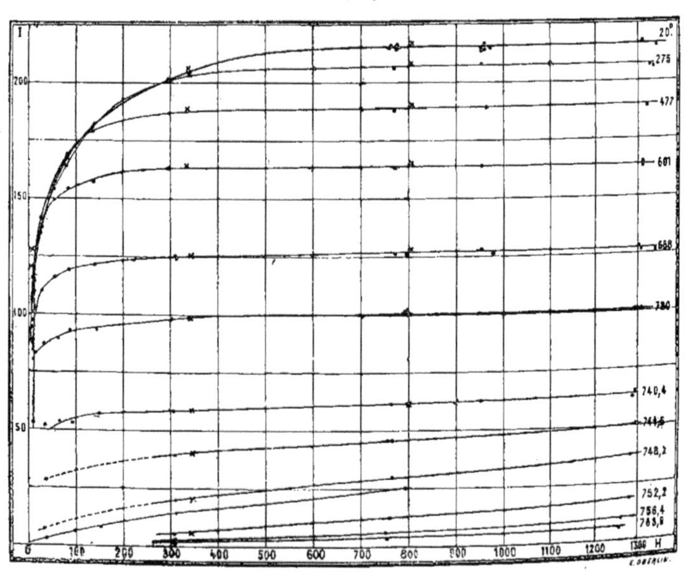

relatifs à l'échantillon B, nous ont permis de dresser le Tableau XII que nous considérons comme donnant le résultat le plus probable de nos mesures au-dessous de la température de 770°.

TABLEAU XII.

Champs magnétisants.

Tempéra-ture.	1300.	1000.	750.	300.	150.	100.	75.	50.	25.	15.	10.
20,0.....	216,3	216,2	215,7	201,3	183,7	171,8	164,3	153,7	136,0	123(?)	»
275,0....	207,5	207,5	207,1	200,3	184,3	171,1	162,0	151,8	138,0	126(?)	117(?)
477,0......	189,6	189,5	188,9	186,8	180,3	173,0	166,2	155,0	140,5	129(?)	117(?)
601,0.....	164,0	164,0	164,0	162,9	158,8	154,9	152,0	147,8	137,0	129	114(?)
688,0.....	127,1	127,1	126,8	124,7	121,8	119,9	117,9	114,7	108,6	100	89(?)
720,0.....	100,7	100,4	100,1	97,8	94,4	92,9	91,0	88,4	84,5	82	»
740,4.....	64,0	62,3	61,3	58,5	57,1	55,2	53,0	50,5	46,0(?)	»	»
744,6....	50,1	47,6	45,4	39,2	34,6(?)	32,5(?)	31,0(?)	29,5(?)	27,0(?)	»	»
748,2.....	37,3	31,1	29,2	19,4	14,0(?)	11,5(?)	10,0(?)	8,7(?)	6,5(?)	»	»
752,2.. ...	18,2	15,0	12,2	5,3	3,5(?)	»	»	»	»	»	»
756,4.....	9,62	7,4	5,55	2,22	1,11	0,74	»	»	»	»	»
760,5.....	5,85	4,5	3,38	1,35	0,67	0,45	»	»	»	»	»
764,4.....	4,42	3,4	2,55	1,02	0,51	0,34	»	»	»	»	»
767,9.....	3,51	2,7	2,03	0,81	0,40	0,27	»	»	»	»	»
780,4.....	1,88	1,45	1,09	0,43	0,20	0,145	»	»	»	»	»

Les expériences donnent les valeurs de l'intensité d'aimantation lorsque le champ magnétisant varie alternativement d'une manière continue de — 135o à + 135o. Les effets de l'hystérésis se font très peu sentir lorsque l'on opère avec des champs aussi intenses.

Pour ne pas compliquer la figure, on a représenté seulement les branches correspondant à la période croissante de H. Les branches ascendantes sont probablement presque identiques avec ce qu'auraient donné les courbes de première aimantation dans les limites de champs utilisés. La branche correspondant à la période décroissante se confond presque, du reste, avec la branche de la période croissante; il n'y a de différence sensible que pour les champs inférieurs à 1oo et lorsque la température est peu élevée.

L'observation des courbes suggère quelques remarques :

Lorsque le champ croît de o à 13oo, les courbes relatives à deux températures différentes s'écartent d'abord peu l'une de l'autre, sans toutefois se confondre, pendant toute une portion de leur tracé; puis ces courbes se séparent franchement. C'est ainsi que la courbe relative à 275° se sépare à peine de la courbe de 2o° tant que le champ est inférieur à 3oo unités. De même, la courbe de 477° s'écarte peu des courbes de 2o° et de 275° tant que le champ est inférieur à 1oo unités, etc. On peut imaginer une *courbe limite* qui serait celle vers laquelle tendent les autres courbes lorsque la température absolue tend vers zéro. La courbe d'une température quelconque s'écarterait peu de cette courbe limite sur une portion de son tracé d'autant plus longue que la température serait plus basse. On peut admettre que la courbe à 2o° donne, à peu de chose près, pour les champs inférieurs à 45o unités, la première partie du tracé de cette courbe limite.

Pour faciliter les explications, nous distinguerons, dans une des courbes, trois parties : une portion initiale dont nous venons de parler, une dernière portion pour laquelle l'intensité d'aimantation est presque constante, quel que soit le champ ([1]); enfin une portion qui sert à raccorder les deux autres. Pour la courbe de 6o1°, par exemple, la portion initiale est relative aux champs inférieurs à 4o unités, la portion intermédiaire suit jusqu'à un champ voisin

---

([1]) *Voir* la note (1), p. 295.

de 400 unités ; de 400 à 1300, l'intensité d'aimantation est presque
constante. A 740°, et pour des températures supérieures à celle-là,
la dernière portion a disparu.

A partir de 756° et jusqu'à 1375°, les courbes ne sont plus que
des droites passant par l'origine. Cela signifie que, pour les températures supérieures à 756°, le fer a un coefficient d'aimantation
constant (pour des champs magnétisants compris entre 25 et 1300
unités).

Le fer passe donc progressivement de l'état de corps ferro-
magnétique à l'état de corps faiblement magnétique à coefficient
d'aimantation constant.

La figure 10 et le Tableau VII se rapportent à des expériences
faites avec l'échantillon C, dans le but de préciser, autant que
possible, la forme de la courbe $I = f(H)$ aux températures voisines
de son changement d'allure.

A 737°,3 (expériences non représentées sur la figure), I augmente progressivement de 22 à 24 pour des champs variant de 7

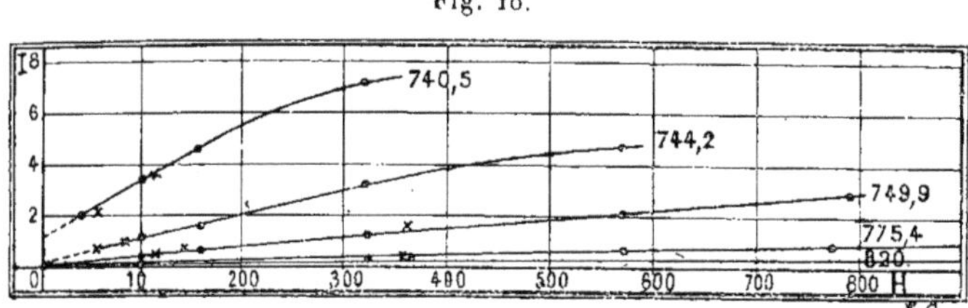

Fig. 10.

à 90 unités. Les courbes doivent passer par l'origine et y avoir un
point d'inflexion ; on voit alors nettement, d'après les expériences
faites à 737",3 et à 740°,5 et 744", que l'on doit avoir une augmentation très rapide de I pour les champs faibles, suivie d'un changement de direction absolument brusque. La quantité $\left(-\dfrac{d^2 I}{dH^2}\right)$
doit passer nécessairement par un maximum pour un champ plus
faible que ceux qui ont été utilisés dans les mesures. A 775°,4 et
à 820°, le coefficient d'aimantation est constant.

On peut chercher à se faire une idée du mécanisme de la transformation des courbes quand la température s'élève. Nous proposons l'interprétation suivante : Nous avons distingué trois portions
dans les courbes relatives à l'état ferro-magnétique. Dans la pre-

mière portion on a, pour les champs faibles, un coefficient d'aimantation énorme (en faisant abstraction des phénomènes d'hystérésis). Ce coefficient est du même ordre de grandeur, quelle que
soit la température, et semble plutôt augmenter quand la température s'élève. La longueur de cette première portion est de plus
en plus courte lorsque la température est de plus en plus élevée, si
bien que, vers 750°, cette première portion disparaît. D'autre part,
lorsque la température s'élève, la troisième portion à intensité
d'aimantation constante des courbes ne se présente plus pour les
limites des champs employés. Toute la courbe est alors constituée
par une partie de la deuxième portion intermédiaire, et cette partie
ne présente bientôt plus de courbure sensible dans les limites des
champs employés. Ainsi, on est amené à la conception suivante :
aux températures élevées, le fer commence par s'aimanter avec un
coefficient initial énorme ; mais il se fait, presque dès le début, un
brusque changement dans la direction de la courbe $I = f(H)$, le
champ et l'intensité d'aimantation étant encore extrêmement
faibles ; la courbe se présente ensuite comme une droite beaucoup
moins inclinée et qui semble passer par l'origine.

Les expériences de M. Hopkinson semblent particulièrement
propres à éclaircir ce qui se passe pour les champs faibles dans le
voisinage de la température de transformation, d'autant plus qu'il
a étudié de très près la question. Mais les phénomènes d'hystérésis
magnétique viennent compliquer singulièrement les résultats. Si
l'on essaye de faire abstraction de ces phénomènes d'hystérésis et
de reconstituer ce que serait la courbe $I = f(H)$ s'ils n'existaient
pas, on arrive de même, d'après ces expériences de M. Hopkinson,
aux conclusions que nous venons de formuler.

M. Ewing ([1]) a montré qu'en plus de la courbe de première
aimantation et de la courbe d'hystérésis, on pouvait constituer une
troisième courbe que l'on pourrait, je pense, appeler *courbe d'aimantation stable*.

On obtient l'intensité d'aimantation correspondant à cette
courbe en donnant des trépidations mécaniques à un fil de fer tout
en le plaçant dans un champ magnétique (ou bien encore en lui
donnant des trépidations électriques, d'après MM. Gerosa et Finzi,

---

([1]) *Magnetic induction of iron*, p. 3ɪ7.

en le faisant parcourir par un courant alternatif). La courbe d'aimantation stable passe par l'origine; c'est, en quelque sorte, la courbe médiane entre les deux branches de la courbe d'hystérésis. Pour le fer doux, on obtient la même courbe à l'aide des champs magnétisants pendant que ceux-ci sont dans leur période croissante ou lorsqu'ils sont dans leur période décroissante. C'est de cette aimantation stable que je veux parler, lorsque je dis plus haut d'essayer de reconstituer l'intensité d'aimantation en faisant abstraction des phénomènes d'hystérésis.

On a représenté (*fig.* 11, partie gauche), à un autre point de vue, les résultats du Tableau XII, en portant les températures θ en abscisses et les intensités d'aimantation I en ordonnées pour des champs de 25, 50, 75, 100, 150, 300, 750, 1000 et 1300 unités. De 720° à 760°, les courbes sont tellement resserrées que l'on a seulement représenté alors celles relatives aux champs de 25, 300, 1000 et 1300 unités.

Pour des champs compris entre 300 et 1300 unités, l'intensité d'aimantation augmente constamment, quand la température s'abaisse de 760° à 20°.

Mais on voit déjà, sur la courbe relative à un champ de 300 unités, que l'intensité d'aimantation tend à devenir constante lorsque la température devient suffisamment basse. Le même fait se dégage de l'examen des courbes obtenues avec les champs moins intenses de 150, 100, 75, 50 unités. (Il semble y avoir des fluctuations dans les courbes avec tendance vers une valeur moyenne, mais ceci n'a pu être établi avec certitude.) Pour un champ de 25 unités et pour les champs plus faibles, l'intensité d'aimantation passe par un maximum à une température peu inférieure à celle de la température de transformation, puis décroît constamment en même temps que la température. Ce dernier effet était très important dans les recherches de M. Hopkinson, qui a utilisé des champs peu intenses. Il est dû, je pense, en grande partie, à une action indirecte provenant de ce que les phénomènes d'hystérésis magnétiques augmentent beaucoup quand la température s'abaisse.

Les courbes relatives aux champs de 1000 et 1300 unités se confondent entre 20° et 730°; puis, pour des températures plus élevées, la courbe pour le champ de 1000 unités tombe plus rapidement que l'autre à des valeurs extrêmement faibles.

La courbe pour $H = 750$ unités se confond avec la courbe pour $H = 1300$ sur une portion un peu moins longue de son tracé; les

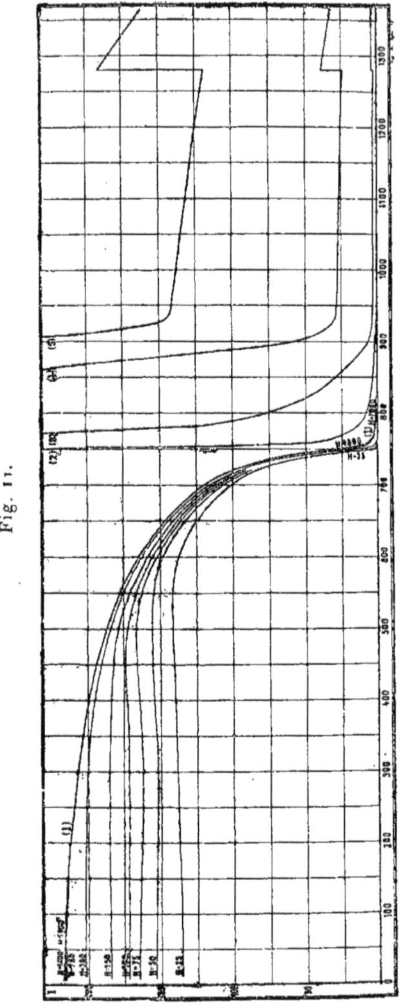

Fig. 11.

courbes tendent à se détacher à 20° d'une part et à 720° de l'autre. La courbe pour $H = 300$ se rapproche de la courbe pour $H = 1300$ entre 477° et 720°, et s'en détache fortement aux températures supérieures à 720" ou inférieures à 477°. On est conduit à imaginer qu'il existe une *courbe limite* $I' = f(\theta)$ vers laquelle tendraient les courbes $I = f(\theta)$ dont nous venons de parler, si l'on utilisait des champs magnétisants d'une intensité considérable. Cette courbe limite serait probablement peu différente de la courbe relative à un champ de 1300 unités pour des températures comprises entre 20° et 730°. Pour des températures supérieures à 750", si la courbe existait toujours, elle devrait se détacher fortement de la courbe pour $H = 1300$, et devrait nécessairement avoir un point d'inflexion entre 730" à 800". Pour une intensité de champ supérieure à 1300°, une courbe quelconque $I = f(\theta)$ se rapprocherait beaucoup de la courbe limite $I' = f(\theta)$ sur une portion de son tracé d'autant plus longue que le champ serait plus fort. Une courbe $I = f(\theta)$ se détacherait de la courbe limite : aux températures basses pour donner une branche presque horizontale; aux températures élevées pour donner une branche fortement inclinée.

L'examen des courbes montre qu'il n'y a pas une température déterminée pour laquelle le fer se transforme. D'une manière générale, l'intensité d'aimantation baisse d'abord lentement, puis de plus en plus vite quand la température s'élève, et la chute du magnétisme atteint son maximum de vitesse vers 740° ou 750"; les courbes ont alors un point d'inflexion. L'expression *température de transformation magnétique du fer*, qui est d'un usage très commode, a donc une signification un peu vague; il convient, je pense, de désigner ainsi la température moyenne des points d'inflexion des courbes.

Exposé des résultats obtenus aux températures supérieures à 770". — Les résultats obtenus avec les échantillons B, C, D, F, G sont en accord d'une manière générale et se complètent mutuellement. Cependant, pour amener les courbes $K = f(\theta)$ à coïncider autant que possible, il faut les déplacer par rapport à l'échelle des températures d'un certain nombre de degrés, ne dépassant pas du reste celui qui représente l'incertitude probable dans l'évaluation des températures. Nous avons ainsi déplacé la courbe de l'échantillon C de ($+ 11°$), celle de l'échantillon D de ($- 3°$), celle de l'échantillon F de ($+ 5°$) pour ramener ces courbes dans le prolongement de la courbe de l'échantillon C; puis nous avons construit une courbe moyenne qui nous a servi à dresser le Tableau XIV qui peut être considéré comme le résumé de nos mesures au-dessus de 760°. Ce n'est pas cependant la courbe $K = f(\theta)$ qui nous a servi entre 760° et 900° pour cet usage. K varie tellement vite avec la température dans cette région qu'il faut représenter logI en fonction de la température θ si l'on veut avoir une vue d'ensemble des phénomènes.

TABLEAU XIII.

θ.	$K\,10^6$.	θ.	$K\,10^6$.	θ.	$K\,10^6$.
756	7500	820	509	1100	26,3
758	5800	840	348	1150	25,6
760	4680	860	238	1200	25,0
765	3270	880	138	1250	24,3
770	2420	900	61	1280	{ 23,9
780	1480	920	33,9	1280	{ 38,3
790	1023	940	28,4	1300	36,9
800	776	1000	27,6	1330	34,8
810	625	1050	27,0	1336	32,3

On a représenté (*fig.* 11) les courbes $I = f(\theta)$. Au-dessus de 760°, le coefficient d'aimantation est constant, I est proportionnel au champ; on n'a plus alors représenté, pour les températures supérieures à celle-là, que la courbe $I = f(\theta)$ relative à un champ de 1000 unités. Cette courbe (1), à l'échelle indiquée, s'évanouit vers 770°. Pour suivre le phénomène, on a représenté la même fonction : courbes (2), (3), (4), (5) avec des échelles respectivement 10, 100, 1000, 5000 fois plus grandes pour I. Comme le champ relatif à ces courbes est égal à 1000, on peut encore dire que les courbes (1), (2), (3), (4), (5) donnent respectivement, à l'échelle indiquée, les valeurs de $K\,10^3$, $K\,10^4$, $K\,10^5$, $K\,10^6$, $5K\,10^6$ pour $H = 1000$ et même pour toutes les valeurs de H comprises entre 25 et 1300 unités, lorsque la température est supérieure à 760°.

Aux températures supérieures à 750° et jusqu'à 1280°, l'intensité d'aimantation continue à décroître avec une vitesse de plus en plus faible. Mais, de 750° à 950°, la variation relative de l'intensité d'aimantation $\left(\frac{1}{I}\,\frac{dI}{d\theta} \right)$ est toujours considérable. L'intensité d'aimantation diminue de la moitié de sa valeur d'abord pour quelques degrés, puis pour 20" ou 30" d'élévation de la température.

De 950° à 1280°, le coefficient d'aimantation est presque constant, il diminue un peu avec la température.

Vers 1280°, le coefficient d'aimantation augmente brusquement de la moitié de sa valeur, puis de nouveau, de 1280° à 1365", il se remet à diminuer quand la température augmente.

Le fer doux présente une autre singularité dans le voisinage de la température de 860". Cette singularité n'est guère apparente sur la figure 11, mais elle devient manifeste si l'on construit la courbe de $\log I$ (ou de $\log K$) en fonction de la température θ. Le coefficient angulaire des tangentes à cette courbe donne les valeurs de $\frac{1}{I}\frac{dI}{d\theta}$, expression qui, changée de signe, est la vitesse relative de chute de l'intensité d'aimantation avec la température.

La courbe en $\log I$ a d'abord un premier point d'inflexion vers 750", à une température voisine du point de transformation indiquant alors un maximum de vitesse relative de chute, puis la courbe a deux autres points d'inflexion, l'un à 840° et l'autre à 880", qui indiquent respectivement pour ces températures un minimum et un maximum pour $\frac{1}{I}\frac{dI}{d\theta}$.

On a représenté (*fig.* 12) les valeurs des logarithmes des coefficients d'aimantation (LK) en fonction des logarithmes de la température absolue (LT); cette représentation est très avantageuse : l'échelle logarithmique pour le coefficient d'aimantation permet d'avoir une représentation d'ensemble des propriétés magnétiques d'un corps ferro-magnétique; cette échelle permet encore de réunir sur une même figure les courbes relatives aux divers corps magnétiques et de les comparer entre eux. L'échelle logarithmique des températures absolues est l'échelle de température la plus naturelle pour tous les phénomènes ([1]).

Enfin, lorsque, pour un corps comme l'oxygène, le palladium,

([1]) Avec cette échelle une température infiniment basse est ($-\infty$) comme une température infiniment élevée est ($+\infty$). Les rapports des nombres exprimant des températures absolues sont seuls déterminés sans convention spéciale. (*Voir* Lippmann, *Journal de Physique,* 2ᵉ série, t. III, p. 227.) Les différences des logarithmes sont de même déterminées.

les sels magnétiques, on a la relation $K = \dfrac{A}{T}$ (où K est une constante), la représentation est une droite de coefficient angulaire égal à (-1).

Les phénomènes qui se passent vers 750° pour le fer (*fig.* 12, point a) sont normaux ; ce sont des phénomènes qui se rencontrent chez tous les corps ferro-magnétiques aux températures voisines de celles de transformation magnétique.

On voit nettement (*fig.* 12) que l'allure de la courbe de a en b entre 760° et 860° ne se poursuit pas au delà. Entre 860° et 900°

Fig. 12.

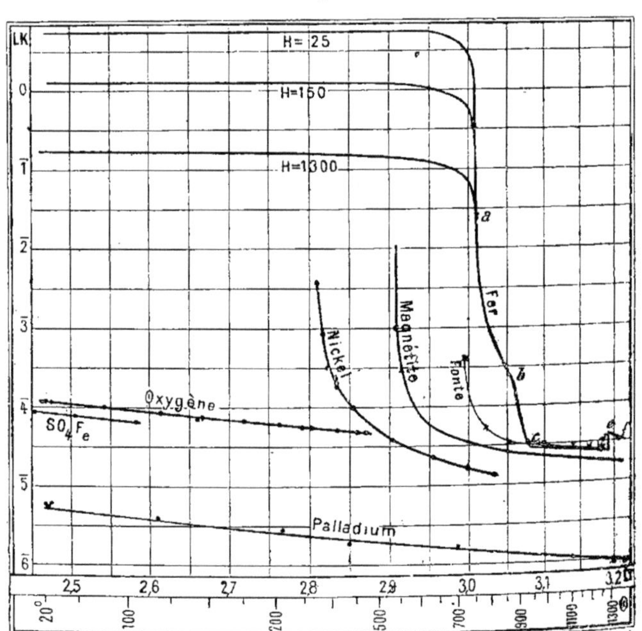

la chute est beaucoup plus brusque ; de part et d'autre de 860° (point b) on a des points d'inflexion. Sur la courbe (*fig.* 11), au contraire, la perturbation est à peine visible et se traduit seulement par un léger aplatissement de la courbe vers 860°.

On peut maintenant chercher à se faire une idée de ce qui se produit dans le fer. L'explication suivante me paraît séduisante ;

je la donne toutefois sous toute réserve : on pourrait admettre que jusqu'à 860°, le fer se comporte normalement comme tout autre corps ferro-magnétique. Vers 860° (*fig.* 12) le fer commence à se transformer en une deuxième variété allotropique, la transformation est complète vers 920° (*e*) et le fer reste dans cet état jusqu'à 1280° (*d*); le fer est alors analogue à un corps faiblement magnétique, au palladium, à l'oxygène. Enfin, à 1280°, le fer revient à son premier état et la ligne *ef* (1280° à 1366°) semble être le prolongement de la ligne *ab*. La ligne *ab* prolongée jusqu'en *f* constituerait bien une courbe analogue à celle que donne la magnétite ou le nickel ([1]).

Examen plus détaillé des expériences. — Il convient de se rendre compte du degré de certitude des faits qui viennent d'être décrits et de préciser certains détails qui peuvent donner des indications sur la nature des phénomènes. *La transformation magnétique vers* 750° n'est pas brusque, tout au moins pour les champs intenses. La diminution de l'intensité d'aimantation, quand la température s'élève, est seulement très rapide, d'autant plus rapide que le champ est plus faible; il y a tendance à transformation brusque lorsque les champs deviennent très faibles. Il n'est pas admissible, par exemple, que des inégalités de température dans le fil de fer masquent une chute brusque sensible. Les échantillons F et C sont, en effet, des fils de masse très petite; ils sont placés dans des tubes de platine dirigés horizontalement dans le four. Les différences de température doivent être extrêmement petites dans les diverses parties des fils et ne sauraient masquer que des chutes brusques insignifiantes.

([1]) J'ai émis cette hypothèse pour donner une image des résultats de mes expériences et pour chercher à quelles conséquences ils semblent conduire lorsqu'on les considère isolément. Je ne me fais pas d'ailleurs l'illusion de croire que ces résultats soient suffisants pour résoudre à eux seuls la difficile question des transformations du fer. Cette question a été l'objet de nombreux travaux en ces dernières années. M. Le Chatelier a remarqué (*Société de Physique*, séance du 20 avril 1894) que la transformation magnétique vers 750° et le changement d'allure vers 860° correspondent respectivement aux transformations Ar^2 et Ar^3 de M. Osmond, et que la transformation de 1280° correspond à un changement dans les propriétés du fer qui avait été signalé vers 1300° par M. Ball, mais dont l'existence avait été contestée (Osmond, *Transformation du fer et du carbone*, 1888. Ball, *Proceedings of the Iron and Steel Institute*, t. I, 1891, p. 103).

La transformation qui se produit à partir de 860° m'avait échappé lorsque je fis les mesures, parce que je n'avais pas employé les coordonnées logarithmiques pour représenter les valeurs de K. Le changement de direction de la courbe en LK est absolument nécessaire pour expliquer la baisse considérable qui se produit entre 855° et 900° d'après les mesures faites sur l'échantillon D et sur l'échantillon E. Cette baisse du coefficient d'aimantation avec la température ne me paraît pas non plus être tout à fait brusque bien qu'elle soit fort rapide.

La transformation qui se produit vers 1280° et se traduit par une augmentation brusque a d'abord été pressentie avec l'échantillon E platiné qui, à la limite des températures atteintes dans les expériences (1290°), indiquait une tendance à l'augmentation pour K (*fig.* 13). L'existence de l'augmentation est, je pense, mise hors de doute par les expériences avec l'échantillon F. On peut suivre (*fig.* 13) la marche de ces expériences (on a représenté les valeurs de LI en fonction de LT et l'on a indiqué sur l'échelle de LT la position de quelques températures θ exprimées en degrés centigrades). La courbe (4) points (o) se rapporte à l'échantillon E platiné. La courbe (3) points (.) se rapporte à l'échantillon F. Toutes les mesures ont été faites après avoir laissé la température constante un temps suffisant pour que le morceau de fer soit en équilibre de température avec le four et le couple. Avec l'échantillon E, on a commencé par chauffer jusqu'à 1162° en faisant des mesures; on est revenu à 933°, ce qui a permis de constater une baisse des valeurs de K à une même température. On a ensuite chauffé jusqu'à 1365°; une hausse brusque des valeurs de K s'est produite entre 1245° et 1295°. A partir de 1300° jusqu'à 1365° K diminue. On a fait des déterminations pendant le refroidissement qui montrent que K éprouve, en sens inverse, les mêmes variations que pendant l'échauffement. Les courbes par échauffement et refroidissement auraient été probablement identiques si les expériences n'avaient été troublées par une baisse lente et progressive dans les valeurs de K qui semble avoir été proportionnelle au temps, qui s'est produite constamment, mais dont nous n'avons pas su pénétrer la cause.

L'échantillon F était en bon état à la fin des mesures et son poids n'avait pas varié. Nous avons voulu toutefois nous assurer, en nous mettant dans des conditions très différentes, que la varia-

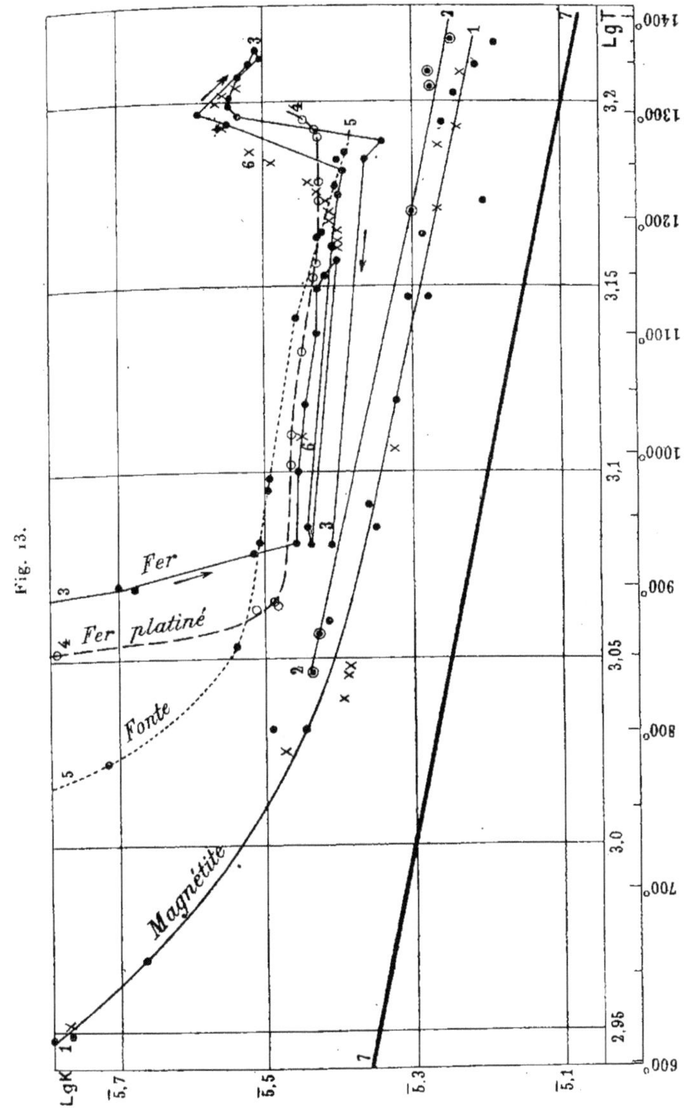

tion reconnue à 1280° n'était pas due à quelque action secondaire, cémentation du fer par le platine, formation d'oxyde, déréglage de l'appareil, etc. Les expériences ont été faites dans ce but avec l'échantillon G, points (6) marqués X (*fig.* 13). Cet échantillon était situé dans une ampoule de porcelaine. Il avait une masse six fois plus grande que celle de l'échantillon F. Les résultats de l'expérience sont en accord avec ceux donnés par l'échantillon F. Les valeurs numériques pour K sont aussi à peu près les mêmes et à peu près la même aussi la grandeur de la variation à 1280°. Un accident a mis fin aux expériences et l'on n'a pas pu voir ce qui se passait pendant le refroidissement. Les expériences avec le fer F indiquent que le changement de 1280° est brusque. Les expériences avec le fer G indiquent, au contraire, une augmentation progressive de K avec la température; mais cette augmentation progressive résulte évidemment de ce que la température du morceau de fer G n'était pas uniforme. Ce morceau, en effet, était assez volumineux et sa plus grande dimension était dirigée verticalement; il était situé dans une grosse ampoule de porcelaine qui occupait une place très grande dans le four.

D'une manière générale *nous n'avons pas trouvé d'hystérésis dans la relation entre l'intensité d'aimantation et la température pour le fer doux* ([1]). C'est-à-dire que les valeurs obtenues pour l'intensité d'aimantation à chaque température ont été retrouvées *à peu près* les mêmes pendant la période d'échauffement et celle de refroidissement. Il convient de rappeler que les morceaux de fer employés ont subi une cuisson prolongée vers 1200° avant d'être portés dans l'appareil magnétique. Comme vérification de cette concordance dans les résultats obtenus à chaque température, nous citerons, pour l'échantillon B, les quatre séries à la température ambiante et deux séries à 688°. Pour l'échantillon D les valeurs obtenues lorsque les températures successives vont en augmentant sont en accord avec celles obtenues lorsque les températures successives allaient en diminuant.

Nous avons vu qu'avec l'échantillon F le coefficient d'aimantation aux températures supérieures à 1000° a baissé d'une façon continue pendant le cours des expériences.

([1]) L'acier présente au contraire des phénomènes d'hystérésis de ce genre très marqués, M. Hopkinson a décrit ces phénomènes dont j'ai pu vérifier l'existence.

Ce n'est pas là un effet d'hystérésis, mais bien plutôt une sorte *de viscosité dans l'action de la chaleur*. Cette viscosité, nous l'avons encore rencontrée plus accentuée dans un autre échantillon ([1]); mais, au contraire, les échantillons B, D, F, G ne nous ont rien donné de semblable. Il y a là une contradiction que nous n'avons pas su expliquer.

Propriétés du fer platiné. — On a obtenu avec l'échantillon D, qui avait été platiné, des résultats qui diffèrent sensiblement de ceux trouvés avec les autres échantillons. Les deux premières transformations se sont rapprochées au point presque de se confondre. En effet, le maximum de vitesse de chute de K, constituant la transformation magnétique proprement dite, a lieu vers 773° au lieu de remonter vers 750°, et la baisse rapide qui, avec le fer doux, a lieu entre 860" et 900°, a lieu entre 817° et 860°. Le fer est dans un état comparable aux corps faiblement magnétiques entre 915° et 1280° (*cd, fig.* 12); cet état s'étend de 870" à 1290° (*fig.* 13) pour le fer platiné.

FONTE.

J'ai fait des expériences sur un échantillon de *fonte blanche* très impure ([2]).

J'avais pour but principal de voir quel trouble la fusion apporte dans les phénomènes magnétiques. La fonte était placée dans une ampoule de porcelaine. Les résultats sont consignés Tableau XIV, figure 12 (points X) et figure 13, courbe 5, points ..

La fusion ne semble avoir aucune influence; la température de transformation magnétique a lieu vers 670" à une température inférieure à celle du fer doux. La deuxième transformation du fer doux n'existe plus. De 930° à 1267°, les résultats sont très voisins de ceux donnés par le fer. De 850" à 1267°, les résultats peuvent

---

([1]) Nous ne donnons pas les résultats obtenus avec cet échantillon parce qu'un accident nous a empêché d'avoir une série complète.

([2]) Je n'ai pas d'analyse quantitative. Cette fonte contenait beaucoup de carbone combiné et de carbone graphitoïde, beaucoup de phosphore, beaucoup de soufre, un peu d'arsenic.

C.   21

être représentés approximativement en coordonnées logarithmiques par une droite de coefficient angulaire égal à -1 (¹).

On aurait alors

$$10^6\,K_t = \frac{38\,500}{T}.$$

On voit que la fonte blanche est assimilable à un corps faiblement
magnétique sur un intervalle de température plus grand que le fer
doux. La présence du carbone contribue donc à maintenir le fer à
plus basse température dans l'état où il se trouve entre 930°
et 1280°.

NICKEL.

La température de transformation magnétique du nickel est
voisine de 340°; nous avons étudié ce corps entre 373° et 806°. Le
coefficient d'aimantation est alors indépendant de l'intensité du
champ. Il décroît régulièrement et très rapidement quand la température augmente. Le nickel était renfermé dans un tube de platine. Les résultats obtenus sont consignés dans le Tableau XV et
figure 12.

MAGNÉTITE.

La magnétite (fer-aimant Fe^3O^4) est le corps ferro-magnétique
qui se prête le mieux à une étude complète des propriétés magnétiques au-dessus de la température de transformation. C'est un
corps stable que l'on peut chauffer à des températures très élevées
dans des ampoules de platine sans l'altérer. Les trois échantillons
sur lesquels ont porté les expériences ont été pris dans un même
cristal de magnétite octaédrique (provenance d'Essex, États-Unis).
La température de fusion a été trouvée à 1377°. La température de
transformation magnétique a lieu vers 535°. De 550° à 370°, le
coefficient d'aimantation est indépendant du champ et décroît très
régulièrement quand la température s'élève.

Les déterminations relatives aux trois échantillons sont respectivement données par les Tableaux XVI, XVII et XVIII, et les
courbes des figures 12 et 13.

(¹) Le gros trait placé dans le bas de la figure 13 indique la direction des
droites de coefficient angulaire égal à (-1).

Les résultats obtenus avec les deux premiers échantillons sont convenablement représentés par la courbe (1) (*fig.* 13) [points ● et points X]. Les résultats obtenus avec le troisième sont un peu plus forts et sont représentés par la courbe (2), points ◉.

On voit qu'aux températures supérieures à 850° les résultats sont convenablement représentés en coordonnées logarithmiques par une droite ayant un coefficient angulaire égal à (— 1), c'est-à-dire que, à ces températures élevées, la magnétite se comporte comme les corps faiblement magnétiques, comme l'oxygène, comme le fer. *Le coefficient d'aimantation de la magnétite varie en raison inverse de la température absolue entre 850° et 1360°.* Ceci semble être une loi limite vers laquelle tend le coefficient d'aimantation de la magnétite lorsque la température s'élève. Cette loi se vérifie avec une approximation comparable aux incertitudes des expériences qui, à vrai dire, sont peu précises à ces températures (voir *fig.* 13). On a, entre 850° et 1360°,

$$K\,10^6 = \frac{28\,000}{T}.$$

Le Tableau XIX a été dressé d'après l'ensemble de nos déterminations pour représenter les propriétés magnétiques de la magnétite.

Je désirais beaucoup savoir si le coefficient d'aimantation variait au moment de la fusion. Tous les essais, dans ce sens, sont demeurés infructueux et, en atteignant la température de fusion, 1377°, quelque accident mettait chaque fois fin aux expériences. Dans la dernière série, la température étant montée accidentellement au-dessus de 1400°, le four de porcelaine s'est boursouflé et a fondu, enveloppant dans une sorte de gangue tout ce qu'il contenait.

TABLEAU XIV.

Fonte.

θ.	$K\,10^6$.	θ.	$K\,10^6$.
717	400,0	1186	26,2
780	51,6	1230	25,1
858	34,0	1267	24,5
932	32,2	—	—
972	31,2	1254	25,1
981	31,0	1183	26,7
1110	28,6		

Tableau XV.

Nickel.

θ.	$K\,10^6$.	θ.	$K\,10^6$.
373°	3650,0	531°	37,6
384	802,0	626	22,6
392	665,0	724	16,5
410	200,0	806	13,2
445	97,0		

Tableau XVI.

Magnétite.

θ.	$K\,10^6$.	θ.	$K\,10^6$.
550°	362,0	959°	22,9
564	159,6	1041	21,0
586	92,7	1130	20,3
616	63,4		
658	46,6	802	28,1
804	30,9	1130	18,8
		1218	16,1
566	166,0		
550	376,0	616	59,6
542	822,0 (?)	945	22,4
540	1500,0 (?)	1187	19,4
		1284	18,2
615	60,7	1322	17,5
803	27,8	1349	16,5
875	26,0	1369	15,3

Tableau XVII.

Magnétite.

θ.	$K\,10^6$.	θ.	$K\,10^6$.
562°	315,0 (?)	823°	24,9 (?)
621	59,8		
788	29,7	837	24,5
1003	22,5	1209	18,6
1268	18,5	1277	17,4
		1341	17,2
842	24,4		

TABLEAU XVIII.

Magnétite.

θ.	$K\,10^6$.	θ.	$K\,10^6$.
839	27,2	1326	18,8
865	26,9	1341	18,9
1209	20,0	1375	17,6 (?)

TABLEAU XIX.

Magnétite.

θ.	$K\,10^6$.	θ.	$K\,10^6$.
536	10000,0 (?)	660	45,6
540	11500,0 (?)	700	38,7
542	822,0 (?)	760	31,7
550	369,0	800	28,4
565	162,8	900	24,3
586	92,7	1000	22,0
615	62,5	1200	19,3
630	54,8	1350	17,3

Conclusions.

Mesures absolues. — Notre appareil n'était pas disposé spécialement en vue des mesures absolues. Nous pensons que les déterminations absolues faites pour l'eau et le bismuth présentent une incertitude de 3 pour 100. Nous avons trouvé pour coefficient d'aimantation spécifique K de l'eau $K\,10^6 = -0,79$, pour celui du bismuth $K\,10^6 = -1,35$ [1].

Les autres déterminations peuvent être considérées comme des déterminations relatives par rapport à l'eau, ramenées aux valeurs absolues en adoptant pour l'eau $K\,10^6 = -0,79$.

---

[1] Les mesures de Quincke pour l'eau $K\,10^6 = -0,815$ et de Du Bois pour l'eau $K\,10^6 = -0,837$, et celles d'Ettingshausen pour le bismuth $K\,10^6 = -1,38$ présentent, je pense, le même degré d'incertitude que les nôtres. Il serait bien utile d'avoir une bonne mesure absolue pour l'eau par une méthode plus directe. La méthode indiquée par M. Gouy (*Comptes rendus*, t. CIX, 1889, p. 985), employée avec une balance très sensible, donnerait, je crois, d'excellents résultats.

Résultats numériques. — Le Tableau XX donne les valeurs des coefficients d'aimantation spécifiques pour divers corps à diverses températures et pour des champs compris entre 25 et 1350 unités.

TABLEAU XX.

	Températures.		10^6 K.
Bismuth solide	20°	—	1,35
» solide	273	—	0,957
» liquide....................	273° à 405	—	0,038
Antimoine déposé par électrolyse...	20	—	0,68
» solide	540	—	0,47
» à la température ambiante après chauffe à 535°....................	20	—	0,94
Phosphore ordinaire, solide ou liquide....................	19 à 71	—	0,92
Phosphore rouge (valeur grossièrement approchée)....................	20 à 189	—	0,73
Eau....................	15 à 189	—	0,79
Sel gemme....................	16 à 455	—	0,580
Chlorure de potassium	18 à 465	—	0,55
Sulfate de potasse	17 à 460	—	0,43
Azotate de potasse, solide ou liquide (fusion à 350°)....................	18 à 420	—	0,330
Quartz parallèlement ou normalement à l'axe	18 à 430	—	0,441
Soufre octaédrique, prismatique, en fleur, solide ou liquide....................	15 à 225	—	0,51
Sélénium, solide ou liquide........	20 à 200	—	0,320
	240 à 415	—	0,307
Tellure	20 à 305	—	0,311
Brome	20	—	0,41
Iode, solide ou liquide (fusion à 104°).	18 à 164	—	0,385
Palladium....................	20	+	5,3
	1370	+	0,87
Air....................	20	+	26,7
Oxygène....................	20	+	115,0
	452	+	46,5
Fer. Champ de 1300 unités.......	20	+	166000,0
Champ de 25 unités........	20	+	5440000,0
Champ de 25 à 1300 unités..	1000	+	27,6

Le coefficient d'aimantation du *bismuth* varie en fonction de la température θ entre 15° et la température de fusion 273° suivant une loi linéaire; on a, dans ces limites de température,

$$10^6\,K_\theta = -1,35[1 - 0,00115(\theta - 20)].$$

Le coefficient d'aimantation spécifique des *corps faiblement magnétiques* est donné à diverses températures par la formule

$$10^6\,K_t = \frac{A}{T},$$

où A est une constante et T la température absolue. Cette loi se vérifie sensiblement pour les corps suivants :

L'oxygène, entre 15° et 452°, avec A = ... 33700

Le palladium, entre 20° et 1370°, avec A = ... 1520

Le sulfate de protoxyde de fer (dissous), entre 12°
et 108°, avec A = ... 2400

> *Les chlorures ferreux et ferriques, le sulfate de nickel, l'azotate de cobalt, le ferricyanure de potassium, le sulfate de manganèse* dissous dans l'eau (d'après les expériences de MM. Wiedemann et Plessner) entre 12° et 70°.
>
> *Le sulfate de manganèse et le sulfate de cobalt* desséchés (d'après M. Plessner) entre 12° et 60°.

La magnétite, entre 850° et 1360°, avec A = ... 28000

La fonte blanche, entre 850° et 1267°, avec A = . . . 38500

Le fer ([1]), entre 930° et 1280°, avec A = ... $\left\{\begin{array}{c} 34000 \\ \text{à} \\ 37000 \end{array}\right.$

Aux nombres qui précèdent, il faut joindre, pour avoir l'exposé de nos résultats :

Les Tableaux XII et XIII, qui résument nos expériences sur le *fer doux* (p. 307 et 314);

Le Tableau XIV relatif à la *fonte* (p. 323);

Le Tableau XV relatif au *nickel* (p. 324);

Le Tableau XIX qui résume nos expériences sur la *magnétite* (p. 325).

([1]) L'échantillon G (entre 1015° et 1182°) est bien en accord avec cette loi; pour les échantillons E et F entre 930° et 1280, les résultats sont grossièrement représentés par la formule; la loi de variation est, en réalité, moins rapide.

Comparaisons des propriétés magnétiques des corps étudiés.
— Le coefficient d'aimantation spécifique des corps diamagné-
tiques est indépendant de l'intensité du champ. Il est aussi
généralement indépendant de la température : c'est ce qui
arrive pour l'eau, le sel gemme, le chlorure de potassium, le sulfate de potasse, l'azotate de potasse, le quartz, le soufre, le sélénium, le tellure, l'iode, le mercure, le phosphore, le bismuth
fondu. Du moins, on peut dire que le coefficient de variation du
coefficient d'aimantation de ces corps est fort petit, de l'ordre de
grandeur du coefficient de dilatation des corps solides, par
exemple.

L'antimoine et le bismuth font exception à cette règle; le coefficient d'aimantation de ces corps diminue assez rapidement en
valeur absolue, quand la température augmente. *Pour le bismuth,*
qui a été étudié spécialement, *la loi de variation est linéaire.*

Les changements d'états physique ou chimique n'ont souvent
qu'une influence insignifiante sur les propriétés diamagnétiques;
celles-ci se révèlent alors comme des propriétés dépendant seulement de l'état des dernières particules de la matière et indépendantes de leur arrangement. Nous citerons, comme n'ayant pas
d'influence, la fusion de l'azotate de potasse à $350°$, celle du phosphore blanc à $44°$, celle de l'iode à $104°$, celle du soufre; les
transformations diverses qu'éprouve le soufre quand on le chauffe,
les changements d'états allotropiques, tels que ceux du soufre
prismatique et du soufre en fleur, se transformant en soufre octaédrique. Cependant il n'en est pas toujours ainsi : le coefficient
d'aimantation du sélénium semble diminuer en valeur absolue de
3 à 4 pour 100 par la fusion; le coefficient d'aimantation du phosphore blanc éprouve une diminution bien plus considérable
quand ce corps se transforme en phosphore rouge; l'antimoine se
dépose par électrolyse dans un état allotropique beaucoup moins
diamagnétique que la variété ordinaire; enfin, *le coefficient d'ai-*
mantation du bismuth devient, par fusion, vingt-cinq fois plus
faible.

Les corps faiblement magnétiques ont aussi un coefficient
d'aimantation indépendant de l'intensité du champ; mais ces
corps se comportent tout autrement au point de vue des changements produits par la température. La loi de variation du coeffi-

cient d'aimantation a une allure hyperbolique et le plus souvent *le coefficient d'aimantation spécifique varie simplement en raison inverse de la température absolue.*

C'est au moins comme première approximation ce qui arrive pour l'oxygène, pour le palladium, pour les sels magnétiques dissous et desséchés.

La différence d'action de la température sur le coefficient d'aimantation des corps magnétiques et diamagnétiques est absolument tranchée et *ces résultats sont en faveur des théories qui attribuent le magnétisme et le diamagnétisme à des causes de natures différentes* (¹).

Les propriétés des corps ferromagnétiques et des corps faiblement magnétiques sont, au contraire, intimement reliées. *Un corps ferromagnétique se transforme progressivement quand on le chauffe et prend les propriétés d'un corps faiblement magnétique.* Nous avons étudié sur le fer la transformation continue des courbes $I = f(H)$ reliant l'intensité d'aimantation à l'intensité du champ, depuis la température ambiante jusqu'à 760°, température à partir de laquelle ces courbes ne sont plus que des droites passant par l'origine pour les limites des champs employés.

Lorsque l'on élève la température d'un corps ferromagnétique, et lorsque les propriétés magnétiques ont subi la première baisse rapide caractéristique qui correspond à ce que l'on appelle point de transformation magnétique (baisse qui a lieu vers 745° pour le fer, vers 530° pour la magnétite, vers 340° pour le nickel), le coefficient d'aimantation est indépendant du champ magnétisant pour des champs inférieurs à 1350 unités. Mais les coefficients d'aimantation sont encore considérables, si on les compare à ceux des

---

(¹) Si ces causes de natures différentes se superposent dans un même corps, on peut s'attendre à trouver une loi de variation avec la température sous la forme

$$K_t = \frac{A}{T} - K_1,$$

A et K_1 étant deux constantes, K_1 caractérisant les propriétés diamagnétiques généralement invariables. En général, les propriétés magnétiques sont assez fortes pour masquer complètement l'existence d'un terme tel que K_1; mais ceci n'a peut-être plus lieu pour des corps très faiblement magnétiques, comme le palladium, par exemple, auquel semble correspondre pour K une loi de variation un peu plus rapide que la loi inverse de la température absolue.

corps faiblement magnétiques. Si l'on augmente encore la température, les coefficients baissent rapidement. Prenons comme type
la magnétite, qui a été étudiée jusqu'à 1370° et ne présente pas
d'anomalies : nous verrons le coefficient d'aimantation finir par
varier de 850° à 1370° sensiblement en raison inverse de la température absolue; c'est la loi trouvée pour les corps faiblement
magnétiques. De plus le coefficient d'aimantation de la magnétite
est alors précisément de l'ordre de grandeur des coefficients
d'aimantation de ces corps. Les expériences sur la fonte, sur le
nickel et même celles sur le fer (¹), convenablement interprétées,
tendent à prouver la généralité des conclusions qui précèdent. Il
semble donc *probable* que, lorsque l'on élève la température, *la
loi inverse de la température absolue est une loi limite vers
laquelle tend la loi de variation du coefficient d'aimantation
spécifique d'un corps ferromagnétique, lorsque la température
est suffisamment éloignée de celle de transformation.*

*Analogie entre la manière dont augmente l'intensité d'ai-
mantation d'un corps magnétique sous l'influence de la température et de l'intensité du champ, et la manière dont augmente la densité d'un fluide sous l'influence de la température
et de la pression.* — Il y a des analogies entre la fonction
$f(\mathrm{I}, \mathrm{H}, \mathrm{T}) = 0$ relative à un corps magnétique et la fonction
$f(\mathrm{D}, p, \mathrm{T}) = 0$ relative à un fluide. L'intensité d'aimantation I
correspond à la densité D, l'intensité du champ H correspond à la
pression p, la température absolue T joue le même rôle dans les
deux cas. Pour un corps faiblement magnétique ou un corps ferro-
magnétique à une température suffisamment élevée au-dessus de
celle de transformation, on a la relation

$$\mathrm{I} = \mathrm{A}\,\frac{\mathrm{H}}{\mathrm{T}},$$

(¹) Prolongeons (*fig.* 12) la droite qui représente en coordonnées logarithmiques
les lois de variations du coefficient d'aimantation de l'oxygène. Cette droite prolongée conviendra approximativement pour représenter les coefficients d'aimantation du fer entre 925° et 1280°. Si l'on admet que la loi de variation de l'oxygène
entre 15° et 450° se vérifie aux températures élevées, il en résulte qu'entre 925°
et 1280° l'oxygène et le fer ont presque les mêmes coefficients d'aimantation spécifique.

où A est une constante. De même pour un fluide suffisamment éloigné de sa température de liquéfaction, on a la relation

$$D = \frac{1}{R}\,\frac{p}{T},$$

où $\frac{1}{R}$ est une constante. La loi de la constance du coefficient d'aimantation, quand le champ varie, et la loi inverse de la température absolue pour le coefficient d'aimantation sont les lois qui correspondent aux lois de Mariotte et de Gay-Lussac.

La manière dont varie l'intensité d'aimantation en fonction de

Fig. 14.

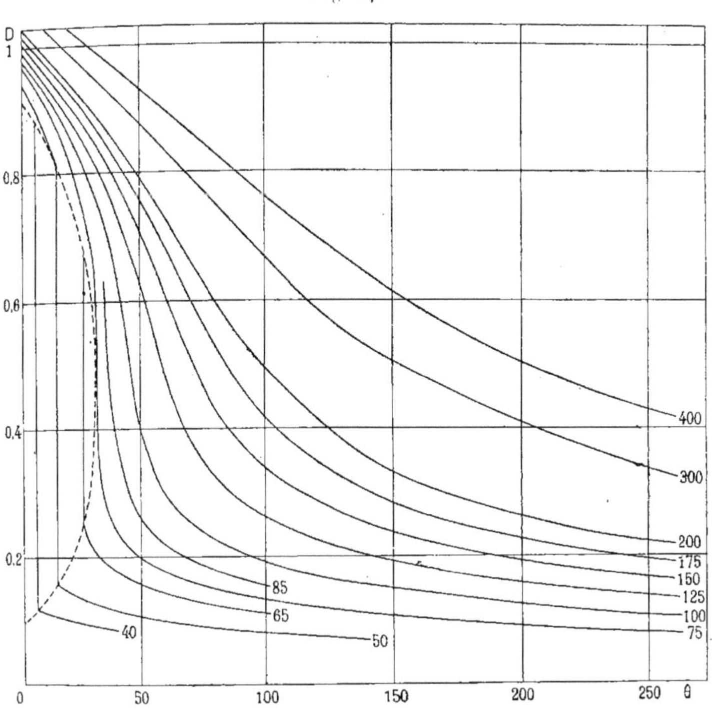

la température dans le voisinage de la température de transformation, le champ restant constant, rappelle la façon dont varie la densité d'un fluide en fonction de la température dans le voisinage de la température critique (la pression restant constante). L'analogie a lieu entre les courbes $I = \varphi(T)$, que nous avons obtenues, et les courbes $D = \varphi(T)$ correspondant aux pressions critiques. La figure 14, construite avec les données déterminées par M. Amagat sur l'acide carbonique, et la figure 15, construite d'après mes expériences sur le fer, permettent de saisir cette analogie.

Les courbes de la figure 14 donnent, d'après les expériences de M. Amagat, les densités par rapport à l'eau de l'acide carbonique

Fig. 15.

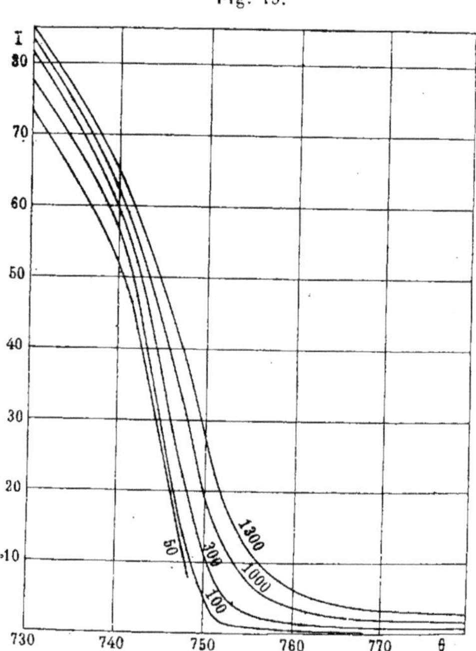

en fonction de la température (entre $0°$ et $258°$); chaque courbe correspond à une pression différente indiquée en atmosphères sur la figure. La courbe de liquéfaction est tracée en pointillé. Les courbes (*fig.* 15) représentent la relation entre les intensités d'aimantation et la température pour le fer (entre $730°$ et $780°$) pour des champs de 50, 100, 300, 1000 et 1300 unités.

Les courbes $I = f(t)$, relatives aux phénomènes magnétiques du fer pour des champs de 50 à 1300 unités, sont analogues entre $740°$ et $780°$ aux courbes $D = f(t)$ relatives à la densité de l'acide carbonique entre $0°$ et $258°$ pour des pressions voisines de 75^{atm} à 200^{atm}.

Lorsque la température s'abaisse, le faisceau des courbes $I = f(t)$ pour le fer se resserre de $750°$ à $740°$, puis, aux températures inférieures à $740°$, le faisceau tend à s'épanouir. En général, pour les fluides, dans les limites de température utilisées jusqu'ici, le faisceau des courbes $D = f(t)$ se resserre constamment quand la température s'abaisse. Cependant pour l'eau (expériences de M. Amagat), les courbes se resserrent seulement entre $200°$ et $45°$ pour s'écarter ensuite légèrement les unes des autres lorsque la température passe de $45°$ à $0°$.

La comparaison peut être utile, car elle peut suggérer quelques expériences nouvelles. La densité d'un fluide, par exemple, augmente d'autant plus brusquement, lors d'un abaissement de température, que la pression est plus basse. Lorsque la pression est plus faible que la pression critique, la contraction est brusque et l'on a le phénomène de la liquéfaction. De même l'intensité d'aimantation augmente d'autant plus brusquement lors d'un abaissement de température que le champ est plus faible. On peut se demander si l'augmentation serait brusque avec un champ suffisamment faible. On peut encore se demander s'il existe un point critique et des constantes critiques pour les phénomènes magnétiques, etc.

A un point de vue plus général, on peut penser que les transformations magnétiques telles que celles du fer à $745°$, de la magnétite à $530°$, etc., sont des phénomènes nécessaires à une température déterminée chez tous les corps magnétiques, comme sont nécessaires, pour les fluides, les contractions rapides, qui finissent toujours par se produire à une certaine température pendant le refroidissement.

Enfin, au point de vue des théories moléculaires, on pourrait dire, par analogie avec les hypothèses que l'on fait sur les fluides, que l'augmentation rapide de l'intensité d'aimantation se produit quand l'intensité d'aimantation des particules magnétiques est assez forte pour qu'elles puissent réagir les unes sur les autres.

Cependant je ne crois pas qu'il faille exagérer l'importance d'analogies entre phénomènes aussi dissemblables. Il faut surtout ne pas se laisser aveugler par ces analogies au point de ne pas donner de l'importance aux faits caractéristiques qui sont en désaccord avec eux. Si l'on compare, par exemple, les courbes $I = \psi(H)$ avec les courbes $D = \psi(p)$ à température constante, la ressemblance est douteuse (¹). *La courbe d'aimantation stable*, par exemple, dont nous avons parlé plus haut, n'a pas d'analogue chez les fluides, et cette courbe me semble avoir une grande importance puisque c'est elle qui correspond à l'état d'équilibre du magnétisme.

Points de transformation du fer. — En plus du premier point de transformation magnétique normal de 745°, qui a son analogue chez tous les corps ferro-magnétiques, nos expériences indiquent entre 860° et 890° une baisse très rapide et anomale des propriétés magnétiques; à 1280°, un accroissement brusque du coefficient d'aimantation. Entre 925° et 1280°, le fer est un corps comparable aux corps faiblement magnétiques, tels que l'oxygène ou le palladium. Ces résultats me semblent favorables à la théorie de M. Osmond, qui admet qu'au-dessus de 860° le fer se trouve dans un nouvel état allotropique (²) (fer β).

(¹) La comparaison serait plus exacte en disant qu'il y a seulement analogie entre les courbes $I = \varphi(T)$ à H constant et les courbes $D = \varphi(T)$ à p constant.

(²) M. Arnold et M. Hadfield admettent que c'est à un carbure particulier que sont dues les nouvelles propriétés du fer au-dessus de 860°, le fer n'étant jamais rigoureusement pur.

SUBSTANCE NOUVELLE RADIOACTIVE,

CONTENUE DANS LA PECHBLENDE ([1]).

En commun avec Mme CURIE.

Comptes rendus de l'Académie des Sciences, t. CXXVII, p. 175,
séance du 18 juillet 1898.

Certains minéraux contenant de l'uranium et du thorium (pechblende, chalcolite, uranite) sont très actifs au point de vue de
l'émission des rayons de Becquerel. Dans un travail antérieur, l'un
de nous a montré que leur activité est même plus grande que celle
de l'uranium et du thorium, et a émis l'opinion que cet effet était
dû à quelque autre substance très active renfermée en petite quantité dans ces minéraux ([2]).

L'étude des composés de l'uranium et du thorium avait montré,
en effet, que la propriété d'émettre des rayons qui rendent l'air
conducteur et qui agissent sur les plaques photographiques est
une propriété spécifique de l'uranium et du thorium qui se retrouve dans tous les composés de ces métaux, d'autant plus affai-
blie que la proportion du métal actif dans le composé est elle-même
plus faible. L'état physique des substances semble avoir une im-

---

([1]) Ce travail a été fait à l'École municipale de Physique et Chimie industrielles.
Nous remercions tout particulièrement M. Bémont, chef des travaux de Chimie,
pour les conseils et l'aide qu'il a bien voulu nous donner.

([2]) Mme SKLODOWSKA CURIE, *Comptes rendus*, t. CXXVI, p. 1101.

portance tout à fait secondaire. Diverses expériences ont montré que l'état de mélange des substances ne semble agir qu'en faisant varier la proportion des corps actifs et l'absorption produite par les substances inertes. Certaines causes (telles que la présence d'impuretés) qui agissent si puissamment sur la phosphorescence ou la fluorescence sont donc ici tout à fait sans action Il devient dès lors très probable que si certains minéraux sont plus actifs que l'uranium et le thorium, c'est qu'ils renferment une substance plus active que ces métaux.

Nous avons cherché à isoler cette substance dans la pechblende, et l'expérience est venue confirmer les prévisions qui précèdent.

Nos recherches chimiques ont été constamment guidées par le contrôle de l'activité radiante des produits séparés à chaque opération. Chaque produit est placé sur l'un des plateaux d'un condensateur, et la conductibilité acquise par l'air est mesurée à l'aide d'un électromètre et d'un quartz piézoélectrique, comme dans le travail cité ci-dessus. On a ainsi non seulement une indication mais un nombre qui rend compte de la richesse du produit en substance active.

La pechblende que nous avons analysée était environ deux fois et demie plus active que l'uranium dans notre appareil à plateaux. Nous l'avons attaquée par les acides, et nous avons traité la liqueur obtenue par l'hydrogène sulfuré. L'uranium et le thorium restent dans la liqueur. Nous avons reconnu les faits suivants :

Les sulfures précipités contiennent une substance très active en même temps que du plomb, du bismuth, du cuivre, de l'arsenic, de l'antimoine.

Cette substance est entièrement insoluble dans le sulfure d'ammonium qui la sépare de l'arsenic et de l'antimoine.

Les sulfures insolubles dans le sulfure d'ammonium étant dissous dans l'acide azotique, la substance active peut être incomplètement séparée du plomb par l'acide sulfurique. En épuisant le sulfate de plomb par l'acide sulfurique étendu, on parvient à dissoudre en grande partie la substance active entraînée avec le sulfate de plomb.

La substance active se trouvant en solution avec le bismuth et le cuivre est complètement précipitée par l'ammoniaque, ce qui la sépare du cuivre.

Finalement le corps actif reste avec le bismuth.

Nous n'avons encore trouvé aucun procédé exact pour séparer la substance active du bismuth par voie humide. Nous avons cependant effectué des séparations incomplètes basées sur les faits suivants :

Dans la dissolution des sulfures par l'acide azotique, les portions les plus faciles à dissoudre sont les moins actives.

Dans la précipitation des sels par l'eau les premières portions précipitées sont de beaucoup les plus actives.

Nous avions observé qu'en chauffant la pechblende on obtenait par sublimation des produits très actifs. Cette remarque nous a conduits à un procédé de séparation fondé sur la différence de volatilité du sulfure actif et du sulfure de bismuth. On chauffe les sulfures dans le vide dans un tube de verre de Bohême vers 700°. Le sulfure actif se dépose sous forme d'enduit noir dans les régions du tube qui sont à 250°-300°, tandis que le sulfure de bismuth reste dans les régions plus chaudes.

En effectuant ces diverses opérations, on obtient des produits de plus en plus actifs. Finalement nous avons obtenu une substance dont l'activité est environ 400 fois plus grande que celle de l'uranium.

Nous avons recherché, parmi les corps actuellement connus, s'il en est d'actifs. Nous avons examiné des composés de presque tous les corps simples; grâce à la grande obligeance de plusieurs chimistes, nous avons eu des échantillons des substances les plus rares. L'uranium et le thorium sont seuls franchement actifs, le tantale l'est peut-être très faiblement.

Nous croyons donc que la substance que nous avons retirée de la pechblende contient un métal non encore signalé, voisin du bismuth par ses propriétés analytiques. Si l'existence de ce nouveau métal se confirme, nous proposons de l'appeler *polonium*, du nom du pays d'origine de l'un de nous.

M. Demarçay a bien voulu examiner le spectre du corps que nous étudions. Il n'a pu y distinguer aucune raie caractéristique en dehors de celles dues aux impuretés. Ce fait n'est pas favorable à l'idée de l'existence d'un nouveau métal. Cependant M. Demarçay nous a fait remarquer que l'uranium, le thorium et le tantale offrent des spectres particuliers, formés de lignes innombrables, très fines, difficiles à apercevoir (^{1}).

Qu'il nous soit permis de remarquer que, si l'existence d'un nouveau corps simple se confirme, cette découverte sera uniquement due au nouveau procédé d'investigation que nous fournissent les rayons de Becquerel.

(^{1}) La singularité de ces trois spectres est signalée dans la belle publication de M. Demarçay : *Spectres électriques,* 1895.

NOUVELLE SUBSTANCE FORTEMENT RADIOACTIVE,

CONTENUE DANS LA PECHBLENDE ([1]).

En commun avec Mme CURIE et G. BÉMONT.

Comptes rendus de l'Académie des Sciences, t. CXXVII, p. 1215,
séance du 26 décembre 1898.

Deux d'entre nous ont montré que, par des procédés purement chimiques, on pouvait extraire de la pechblende une substance fortement radioactive. Cette substance est voisine du bismuth par ses propriétés analytiques. Nous avons émis l'opinion que la pechblende contenait peut-être un élément nouveau, pour lequel nous avons proposé le nom de *polonium* ([2]).

Les recherches que nous poursuivons actuellement sont en accord avec les premiers résultats obtenus; mais, au courant de ces recherches, nous avons rencontré une deuxième substance fortement radioactive et entièrement différente de la première par ses propriétés chimiques. En effet, le polonium est précipité en solution acide par l'hydrogène sulfuré; ses sels sont solubles dans les acides, et l'eau les précipite de ces dissolutions; le polonium est complètement précipité par l'ammoniaque.

La nouvelle substance radioactive que nous venons de trouver a toutes les apparences chimiques du baryum presque pur : elle n'est précipitée ni par l'hydrogène sulfuré, ni par le sulfure d'am-

---

([1]) Ce travail a été fait à l'École municipale de Physique et Chimie industrielles.
([2]) M. P. Curie et Mme P. Curie, *Comptes rendus*, t. CXXVII, p. 175.

monium, ni par l'ammoniaque; le sulfate est insoluble dans l'eau et dans les acides; le carbonate est insoluble dans l'eau; le chlorure, très soluble dans l'eau, est insoluble dans l'acide chlorhydrique concentré et dans l'alcool. Enfin cette substance donne le spectre du baryum, facile à reconnaître.

Nous croyons néanmoins que cette substance, quoique constituée en majeure partie par le baryum, contient en plus un élément nouveau qui lui communique la radioactivité et qui, d'ailleurs, est très voisin du baryum par ses propriétés chimiques.

Voici les raisons qui plaident en faveur de cette manière de voir:

1° Le baryum et ses composés ne sont pas d'ordinaire radioactifs; or, l'un de nous a montré que la radioactivité semblait être une propriété atomique, persistant dans tous les états chimiques et physiques de la matière (¹). Dans cette manière de voir, la radioactivité de notre substance n'étant pas due au baryum doit être attribuée à un autre élément.

2° Les premières substances que nous avons obtenues avaient, à l'état de chlorure hydraté, une radioactivité 60 fois plus forte que celle de l'uranium métallique (l'intensité radioactive étant évaluée par la grandeur de la conductibilité de l'air dans notre appareil à plateaux). En dissolvant ces chlorures dans l'eau et en en précipitant une partie par l'alcool, la partie précipitée est bien plus active que la partie restée dissoute. On peut, en se basant sur ce fait, opérer une série de fractionnements permettant d'obtenir des chlorures de plus en plus actifs. Nous avons obtenu ainsi des chlorures ayant une activité 900 fois plus grande que celle de l'uranium. Nous avons été arrêtés par le manque de substance, et, d'après la marche des opérations, il est à prévoir que l'activité aurait encore beaucoup augmenté, si nous avions pu continuer. Ces faits peuvent s'expliquer par la présence d'un élément radioactif, dont le chlorure serait moins soluble dans l'eau alcoolisée que celui de baryum.

3° M. Demarçay a bien voulu examiner le spectre de notre substance, avec une obligeance dont nous ne saurions trop le remercier. Les résultats de son examen sont exposés dans une Note

---

(¹) Mᵐᵉ P. Curie, *Comptes rendus,* t. CXXVI, p. 1101.

spéciale à la suite de la nôtre. M. Demarçay a trouvé dans le spectre
une raie qui ne semble due à aucun élément connu. Cette raie, à
peine visible avec le chlorure 60 fois plus actif que l'uranium, est
devenue notable avec le chlorure enrichi par fractionnement
jusqu'à l'activité de 900 fois l'uranium. L'intensité de cette raie
augmente donc en même temps que la radioactivité, et c'est là,
pensons-nous, une raison très sérieuse pour l'attribuer à la partie
radioactive de notre substance.

Les diverses raisons que nous venons d'énumérer nous portent
à croire que la nouvelle substance radioactive renferme un élément
nouveau, auquel nous proposons de donner le nom de *radium*.

Nous avons déterminé le poids atomique de notre baryum actif,
en dosant le chlore dans le chlorure anhydre. Nous avons trouvé
des nombres qui diffèrent fort peu de ceux obtenus parallèlement
avec le chlorure de baryum inactif; cependant les nombres pour
le baryum actif sont toujours un peu plus forts, mais la différence
est de l'ordre de grandeur des erreurs d'expérience.

La nouvelle substance radioactive renferme certainement une
très forte proportion de baryum; malgré cela, la radioactivité est
considérable. La radioactivité du radium doit donc être énorme.

L'uranium, le thorium, le polonium, le radium et leurs composés
rendent l'air conducteur de l'électricité et agissent photographi-
quement sur les plaques sensibles. A ces deux points de vue, le
polonium et le radium sont considérablement plus actifs que l'uranium et le thorium. Sur les plaques photographiques on obtient
de bonnes impressions avec le radium et le polonium en une demi-
minute de pose; il faut plusieurs heures pour obtenir le même
résultat avec l'uranium et le thorium.

Les rayons émis par les composés du polonium et du radium
rendent fluorescent le platinocyanure de baryum; leur action, à
ce point de vue, est analogue à celle des rayons de Röntgen, mais
considérablement plus faible. Pour faire l'expérience, on pose sur
la substance active une feuille très mince d'aluminium, sur laquelle
est étalée une couche mince de platinocyanure de baryum; dans
l'obscurité, le platinocyanure apparaît faiblement lumineux en face
de la substance active.

On réalise ainsi une source de lumière, à vrai dire très faible, mais qui fonctionne sans source d'énergie. Il y a là une contradiction, tout au moins apparente, avec le principe de Carnot.

L'uranium et le thorium ne donnent aucune lumière dans ces conditions, leur action étant probablement trop faible ([1]).

([1]) Qu'il nous soit permis de remercier ici M. Suess, correspondant de l'Institut, Professeur à l'Université de Vienne. Grâce à sa bienveillante intervention, nous avons obtenu du gouvernement autrichien l'envoi, à titre gracieux, de 100^{kg} d'un résidu de traitement de pechblende de Joachimsthal, ne contenant plus d'urane, mais contenant du polonium et du radium. Cet envoi facilitera beaucoup nos recherches.

SUR LA RADIOACTIVITÉ

PROVOQUÉE PAR LES RAYONS DE BECQUEREL (¹).

En commun avec Mme CURIE.

Comptes rendus de l'Académie des Sciences, t. CXXIX, p. 714,
séance du 6 novembre 1899.

En étudiant les propriétés des matières fortement radioactives, préparées par nous (le polonium et le radium), nous avons constaté que les rayons émis par ces matières, en agissant sur des substances inactives, peuvent leur communiquer la radioactivité, et que cette radioactivité induite persiste pendant un temps assez long.

Voici comment les expériences sont disposées. La matière radioactive en poudre se trouve sur un plateau horizontal; au-dessus de cette matière l'on place, à quelques millimètres de distance, la plaque que l'on étudie, soutenue par des cales. De temps en temps, l'on enlève la plaque supérieure, on la porte immédiatement dans l'appareil de mesures électriques et l'on détermine sa radioactivité par la conductibilité qu'elle communique à l'air (²).

On constate ainsi que la plaque exposée a acquis une radioactivité qui augmente avec le temps de l'exposition; au bout de quelques heures, toutefois, cette augmentation ne se fait plus que très lentement, et la radioactivité induite semble tendre vers une limite.

(¹) Ce travail a été fait à l'École municipale de Physique et de Chimie industrielles.

(²) *Comptes rendus*, t. CXXVI, p. 1101; *Revue générale des Sciences*, 30 janvier 1899.

Si l'on soustrait la plaque activée à l'influence de la substance radioactive, elle reste radioactive pendant plusieurs jours. Toutefois, cette radioactivité induite va en décroissant, d'abord très rapidement, ensuite de moins en moins vite et tend à disparaître suivant une loi asymptotique.

Pour observer le phénomène, il est nécessaire de faire agir des substances fortement radioactives. Nous avons fait nos expériences avec des substances de 5000 à 50000 fois plus actives que l'uranium; les activités induites observées immédiatement après l'exposition variaient alors entre 1 et 50 fois celle de l'uranium (¹). Ces activités étaient réduites au dixième de leur valeur primitive 2 à 3 heures après le moment où la substance impressionnante a cessé d'agir.

Nous avons examiné ainsi l'effet des rayons de Becquerel sur diverses substances : le zinc, l'aluminium, le laiton, le plomb, le platine, le bismuth, le nickel, le papier, le carbonate de baryum, le sulfure de bismuth. Nous avons été très surpris de ne point trouver des différences d'ordre de grandeur dans les radioactivités induites dans ces différentes substances qui se comportent toutes d'une manière analogue.

Le but du présent travail a été surtout de rechercher si la radioactivité induite n'était pas due à des traces de matière radioactive qui se seraient transportées sous forme de vapeur ou de poussière sur la lame exposée. La façon analogue dont se comportent les diverses substances impressionnées semble favorable à une pareille supposition. Cependant, nous croyons pouvoir affirmer qu'il n'en est pas ainsi et qu'il existe une *radioactivité induite*.

La disparition graduelle et régulière de l'activité induite, quand la plaque impressionnée est au repos, semble exclure l'hypothèse des poussières non volatiles, et il est bien difficile d'admettre que les sels de baryum radifères soient volatils. En lavant à l'eau les plaques impressionnées par le chlorure de baryum radifère, on ne fait pas disparaître leur activité, quoique ce sel soit soluble.

(¹) Certains échantillons de chlorure de baryum radifère ont donné lieu à des activités induites d'intensité très variable, bien que, au courant des expériences, l'activité propre de ces échantillons n'ait pas varié sensiblement. Ces irrégularités semblent être en relation avec les variations de la température ambiante et de l'état hygrométrique de l'air; ce point n'est pas encore élucidé.

Enfin nous avons organisé avec le plus de soin possible une expérience qui nous semble décisive. Nous avons enfermé une substance très fortement radioactive (50000 fois plus active que l'uranium) dans une boîte métallique complètement close, dont le fond est fermé par de l'aluminium très mince. Les plaques en contact avec le fond de la boîte sont rendues radioactives; l'activité provoquée était de 10 fois à 17 fois plus grande que celle de l'uranium.

On obtient des effets de radioactivité induite très intenses en posant la substance impressionnante directement sur la plaque à impressionner. On peut employer comme substance impressionnante le chlorure de baryum radifère, dont on peut retirer les dernières traces par un lavage à l'eau. On arrive ainsi à avoir des radioactivités induites plusieurs centaines de fois plus grandes que celles de l'uranium.

Le phénomène de la radioactivité induite est une sorte de rayonnement secondaire dû aux rayons de Becquerel. Cependant ce phénomène est différent de celui que l'on connaît pour les rayons de Röntgen. En effet les rayons secondaires des rayons de Röntgen étudiés jusqu'ici prennent naissance brusquement au moment où le corps qui les émet est frappé par les rayons de Röntgen et cessent brusquement avec la suppression de ces derniers.

Devant les faits dont nous venons de parler, on peut se demander si la radioactivité, en apparence spontanée, n'est pas pour certaines substances un effet induit.

EFFETS CHIMIQUES
PRODUITS PAR LES RAYONS DE BECQUEREL.

En commun avec Mme CURIE.

Comptes rendus de l'Académie des Sciences, t. CXXIX, p. 823,
séance du 20 novembre 1899.

Les rayons émis par les sels de baryum radifères très actifs sont capables de transformer l'oxygène en ozone.

Lorsqu'on conserve le sel radioactif dans un flacon bouché, on perçoit en ouvrant le flacon une odeur d'ozone bien nette. C'est M. Demarçay qui a découvert ce phénomène avec du chlorure de baryum radifère très actif que nous lui avions envoyé, pour ses études spectroscopiques, dans un petit flacon bouché. Le flacon étant ouvert, l'odeur se dissipe incomplètement; pour qu'elle reprenne son intensité primitive, il suffit de refermer le flacon pendant une dizaine de minutes.

Nous avons vérifié le dégagement d'ozone avec un papier à l'iodure de potassium amidonné qui, placé devant l'ouverture du flacon, se teint légèrement. La teinte est plus foncée si l'on amène du chlorure de baryum radifère au contact du papier, tandis que le chlorure de baryum ordinaire ne produit dans les mêmes conditions aucun effet.

Les produits radifères nécessaires pour la production de l'ozone sont très actifs et tous lumineux. Le phénomène semble plus directement relié à la radioactivité qu'à la luminosité. C'est ainsi qu'un carbonate de radium très lumineux produit moins d'ozone qu'un chlorure de radium bien moins lumineux mais bien plus fortement radioactif.

Nous avons également remarqué une action colorante des rayons de Becquerel sur le verre. Si l'on conserve pendant quelque temps un sel de radium dans un flacon de verre, on aperçoit une coloration violette qui apparaît peu à peu en se propageant de l'intérieur du flacon vers l'extérieur. Avec un produit très actif au bout d'une dizaine de jours le fond du flacon regardé de côté est presque noir au contact du sel. Cette teinte va en dégradant à mesure qu'elle pénètre dans le verre et, à quelques millimètres du fond, elle paraît violette. Avec un produit moins actif la teinte est moins intense et demande plus de temps pour se produire. Le verre des flacons où s'est produit le phénomène ne noircit pas à la flamme réductrice, il ne doit pas renfermer de plomb.

La modification produite dans le platinocyanure de baryum par les rayons du radium est probablement aussi un effet chimique. Soumis à l'action des rayons du radium, le platinocyanure de baryum commence à jaunir, ensuite il devient brun, et cette variété brune est moins sensible à l'excitation de fluorescence. Pour régénérer le platinocyanure, il suffit de l'exposer à la lumière solaire. Ce phénomène est le même que celui qui a été décrit pour les rayons de Röntgen par M. Villard [1].

Quand on place dans l'obscurité une couche de platinocyanure de baryum au-dessus d'une couche d'un sel radioactif recouvert par une lame d'aluminium, le platinocyanure devient fortement lumineux sous l'effet des rayons de Becquerel; mais peu à peu le platinocyanure se transforme en la variété brune et la luminosité diminue graduellement. En exposant le système à la lumière, le platinocyanure est partiellement régénéré, et si alors on reporte le système dans l'obscurité, la lumière émise est de nouveau très brillante.

On réalise donc ainsi la synthèse d'un corps phosphorescent à longue durée de phosphorescence au moyen d'un corps fluorescent et d'un corps radioactif.

M. Giesel a réalisé un platinocyanure de baryum radifère, très lumineux au moment de sa préparation, lequel, sous l'action de ses propres rayons de Becquerel, se transforme en la variété brune moins lumineuse [2].

---

[1] *Soc. de Phys.*, 18 mai 1898.
[2] *Wied. Ann.*, t. LXIX, p. 91.

Quand le chlorure de baryum et de radium se dépose dans une solution qui a été saturée à chaud, les cristaux sont incolores au moment du dépôt. Peu à peu ces cristaux prennent une coloration rose de plus en plus prononcée. Cette coloration apparaît d'autant plus rapidement et est d'autant plus intense que le sel contient plus de radium. Si l'on dissout les cristaux roses, la solution est incolore, et, si on la fait cristalliser, elle dépose des cristaux incolores au début. Le développement de la coloration semble accompagner celui de la radioactivité, laquelle, après le dépôt, augmente avec le temps.

Le chlorure de baryum et de radium sec est tout d'abord blanc, il jaunit graduellement en même temps que sa radioactivité se développe.

Il est probable que ces changements de coloration correspondent à des modifications moléculaires qui se produisent dans les sels de baryum radifère sous l'effet des rayons du radium.

La transformation de l'oxygène en ozone nécessite une dépense d'énergie utilisable. La production d'ozone sous l'effet des rayons émis par le radium est donc une preuve que ce rayonnement représente un dégagement continu d'énergie.

ACTION DU CHAMP MAGNÉTIQUE

SUR

LES RAYONS DE BECQUEREL.

RAYONS DÉVIÉS ET RAYONS NON DÉVIÉS ([1]).

Comptes rendus de l'Académie des Sciences, t. CXXX, p. 73,
séance du 8 janvier 1900.

L'hétérogénéité la plus importante dans le rayonnement des corps radioactifs est celle qui vient d'être révélée par l'action du champ magnétique ([2]).

MM. Mayer et v. Schweidler ont constaté que les rayonnements d'un bromure de baryum radifère préparé par M. Giesel et d'un carbonate préparé par nous n'étaient pas modifiés dans la même proportion par le champ magnétique.

M. Giesel a obtenu la déviation des rayons du polonium dans un champ magnétique avec un échantillon qu'il avait récemment préparé; tandis que M. Becquerel n'a obtenu aucune déviation avec du polonium préparé par nous depuis un mois.

J'ai étudié l'action du champ magnétique sur les rayons de Becquerel en employant une méthode qui permet de faire des mesures quantitatives.

([1]) Ce travail a été fait à l'École municipale de Physique et de Chimie industrielles.

([2]) La déviation des rayons de Becquerel par le champ magnétique a été constatée d'une façon indépendante et à peu de temps d'intervalle par M. GIESEL (*Wied. Ann.*, t. LXIX, p. 834), par MM. MEYER et v. SCHWEDLER (*Acad. Vienne,* 3 et 9 novembre 1899) et par M. BECQUEREL (*Comptes rendus,* 11 décembre 1899).

Le corps radioactif A (*fig.* 1) envoie des radiations suivant la
direction AD entre les plateaux P et P'. Le plateau P est maintenu au potentiel de 5oo volts, le plateau P' est relié à un électromètre et à un quartz piézoélectrique. On mesure à l'aide du quartz
l'intensité du courant qui passe dans l'air sous l'influence des radiations. On peut à volonté établir le champ magnétique d'un
électro-aimant normalement au plan de la figure dans toute la

Fig. 1.

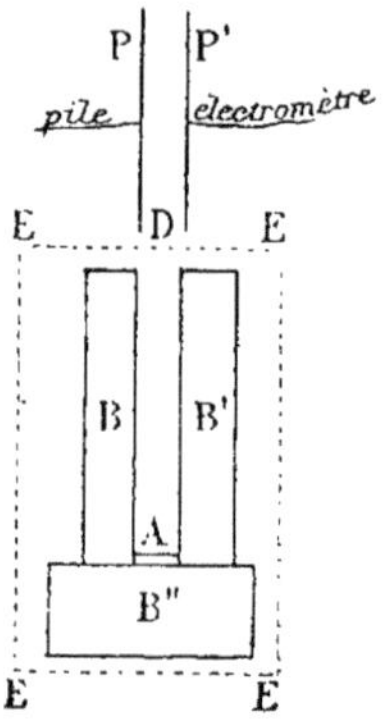

région EEEE. Si les rayons sont déviés même faiblement, ils ne
pénètrent plus entre les plateaux, et le courant est supprimé. La
région où passent les rayons est entourée par les masses de
plomb B, B', B" et par les armatures de l'électro-aimant; quand
les rayons sont déviés, ils sont absorbés par les masses de plomb
B et B'.

Les résultats obtenus dépendent essentiellement de la distance AD du corps radiant A à l'entrée du condensateur en D. Si
la distance AD est assez grande (supérieure à o^m,o7), tous les
rayons du radium qui arrivent au condensateur sont déviés et
supprimés par un champ de 25oo unités. Si la distance AD est
plus faible que o^m,o65, une partie seulement des rayons est déviée
par l'action du champ; cette partie est d'ailleurs déjà complètement déviée par un champ de 25oo unités, et la proportion de
rayons supprimés n'augmente pas si l'on fait croître le champ de
25oo à 7000 unités.

La proportion des rayons non déviés est d'autant plus grande que la distance AD entre le corps radiant et le condensateur est plus petite. Pour des distances faibles, les rayons qui peuvent être déviés ne constituent plus qu'une très faible fraction du rayonnement total.

Voici pour un échantillon de carbonate de baryum radifère les résultats obtenus :

Dans la première ligne figure la distance AD en centimètres. En supposant égal à 100 le courant obtenu sans champ magnétique pour chaque distance, les nombres de la deuxième ligne indiquent le courant qui subsiste quand le champ agit. Ces nombres peuvent être considérés comme donnant le pourcentage de rayons non déviables.

Distance	7,1	6,9	6,5	6,0	5,1	3,4
Pour 100 de rayons non déviés.	0	0	11	33	56	74

Les rayons déviables sont les plus pénétrants.

Lorsque l'on tamise le faisceau au travers d'une lame absorbante (aluminium ou papier noir), les rayons qui passent sont tous déviables par le champ, de telle sorte qu'à l'aide de l'écran et du champ magnétique, tout le rayonnement est supprimé dans le condensateur. Une lame d'aluminium de $\frac{1}{100}$ de millimètre d'épaisseur suffit pour supprimer tous les rayons non déviables, quand la substance est assez loin du condensateur ; pour des distances plus petites ($0^m,034$ et $0^m,051$), deux feuilles d'aluminium au $\frac{1}{100}$ me sont nécessaires pour obtenir ce résultat.

J'ai fait des mesures semblables sur quatre substances radifères (chlorures ou carbonates) d'activité très différente ; le rapport des activités des produits extrêmes était au moins 300. Cependant, les résultats ont été très analogues. Il est fort remarquable que la distance à laquelle s'étendent dans l'air les rayons non déviables se soit montrée à peu près la même pour ces quatre produits ; elle est voisine de $0^m,067$. Cependant, pour le produit le moins actif (encore 200 fois plus actif que l'uranium), cette distance était peut-être un peu plus faible, et la proportion de rayons pénétrants déviables à l'aimant était plus forte que pour les autres.

On peut remarquer que, pour tous les échantillons, les rayons pénétrants déviables à l'aimant ne sont qu'une faible partie du rayonnement total; ils n'interviennent que pour une faible part dans les mesures où l'on utilise le rayonnement intégral pour produire la conductibilité de l'air.

Les composés de polonium que j'ai étudiés n'émettent que des rayons non déviables, comme l'avait déjà trouvé M. Becquerel. Quand on fait varier la distance AD du polonium au condensateur, on n'observe d'abord aucun courant tant que la distance est assez grande; quand on rapproche le polonium, on observe que pour une certaine distance, qui était de $0^m,04$ pour l'échantillon étudié, le rayonnement se fait très brusquement sentir avec une très grande intensité; le courant augmente ensuite régulièrement si l'on continue à rapprocher le polonium, mais le champ magnétique ne produit aucun effet. Il semble que le rayonnement non déviable du polonium soit délimité dans l'espace et dépasse à peine dans l'air une sorte de gaine entourant la substance sur l'épaisseur de quelques centimètres.

Dans le rayonnement du radium, les rayons non déviables par le champ paraissent entièrement analogues aux rayons du polonium. Comme eux ils sont peu pénétrants, comme eux ils occupent dans l'air une région délimitée autour de la substance.

Le polonium de M. Giesel émet des rayons déviables par le champ magnétique. Il se peut cependant que ce produit ne soit pas essentiellement différent du nôtre. Il est possible que le polonium récemment préparé émette des rayons déviables et que ces rayons soient les premiers à disparaître quand l'activité du produit diminue.

SUR LA CHARGE ÉLECTRIQUE

DES

RAYONS DÉVIABLES DU RADIUM (¹).

En commun avec Mme CURIE.

Comptes rendus de l'Académie des Sciences, t. CXXX, p. 647,
séance du 5 mars 1900.

Les expériences de MM. Giesel, Meyer et v. Schweidler et Becquerel ont montré que les rayons du radium sont déviés dans un champ magnétique comme les rayons cathodiques (²). Nous avons montré d'autre part que le rayonnement du radium comprend deux groupes de rayons bien distincts : les rayons déviés dans un champ magnétique et les rayons non déviés dans un champ magnétique (³).

Or les rayons cathodiques sont, comme l'a montré M. Perrin, chargés d'électricité négative (⁴). De plus, ils peuvent, d'après les expériences de MM. Perrin et Lenard, transporter leur charge à travers des enveloppes métalliques réunies à la terre et à travers des lames isolantes (⁵). En tout point où les rayons cathodiques

---

(¹) Ce travail a été fait à l'École municipale de Physique et de Chimie industrielles.

(²) Giesel, *Wied. Ann.*, t. LXIX, p. 834. — N. Meyer et v. Schweidler, *Physikalische Zeitschrift*, t. I, p. 113. — Becquerel, *Comptes rendus*, t. CXXIX, p. 996.

(³) *Comptes rendus*, t. CXXX, p. 73 et 76.

(⁴) *Comptes rendus*, t. CXXI, p. 1130, et *Annales de Chimie et de Physique*, 7ᵉ série, t. XI, 1897, p. 433. Dans les expériences de M. Perrin, l'ordre de la charge était de 10^{-6} coulombs pour une interruption de la bobine.

(⁵) Lenard, *Wied. Ann.*, t. XLIV, p. 279.

sont absorbés, se fait un dégagement continu d'électricité négative. Nous avons constaté qu'il en est de même pour les rayons déviables du radium. *Les rayons déviables du radium sont chargés d'électricité négative.*

Étalons la substance radioactive sur l'un des plateaux d'un condensateur, ce plateau étant relié métalliquement à la terre; le second plateau est relié à un électromètre; il reçoit et absorbe les rayons émis. Si les rayons sont chargés, on doit observer une arrivée continue d'électricité à l'électromètre. Cette expérience, réalisée dans l'air, ne nous a pas permis de déceler une charge des rayons, mais l'expérience ainsi faite n'est pas sensible. L'air entre les plateaux étant rendu conducteur par les rayons, l'électromètre n'est plus isolé et ne peut accuser que des charges assez fortes.

Pour que les rayons non déviables ne puissent apporter de trouble dans l'expérience, on peut les supprimer en recouvrant la source radiante d'un écran métallique mince; le résultat de l'expérience n'est pas modifié ([1]).

Nous avons sans plus de succès répété cette expérience dans l'air en faisant pénétrer les rayons dans l'intérieur d'un cylindre de Faraday en relation avec l'électromètre ([2]).

On pouvait déjà se rendre compte, d'après les expériences qui précèdent, que la charge des rayons du produit radiant employé était considérablement plus faible que celle des rayons cathodiques.

Pour constater un faible dégagement d'électricité sur le conducteur qui absorbe les rayons, il faut le mettre à l'abri de l'air, soit en le plaçant dans un tube avec un vide très parfait, soit en l'entourant d'un bon diélectrique solide. C'est ce dernier dispositif que nous avons employé.

Un disque conducteur MM (*fig.* 1) est relié par la tige métal-

---

([1]) A vrai dire, dans ces expériences, on observe toujours une déviation à l'électromètre, mais il est facile de se rendre compte que ce déplacement est un effet de la force électromotrice de contact qui existe entre le plateau relié à l'électromètre et les conducteurs voisins; cette force électromotrice charge l'électromètre grâce à la conductibilité de l'air soumis au rayonnement du radium.

([2]) Le dispositif du cylindre de Faraday n'est pas nécessaire, mais il pourrait présenter quelques avantages dans le cas où il se produirait une forte diffusion des rayons par les parois frappées. On pourrait espérer ainsi recueillir et utiliser ces rayons diffusés, s'il y en a.

lique *t* à l'électromètre; disque et tige sont complètement entourés de matière isolante *iii*; le tout est recouvert d'une enveloppe métallique EEE qui est en communication électrique avec la terre. Sur l'une des faces du disque, l'isolant *pp* et l'enveloppe métallique sont très minces. C'est cette face qui est exposée au rayon-

Fig. 1.

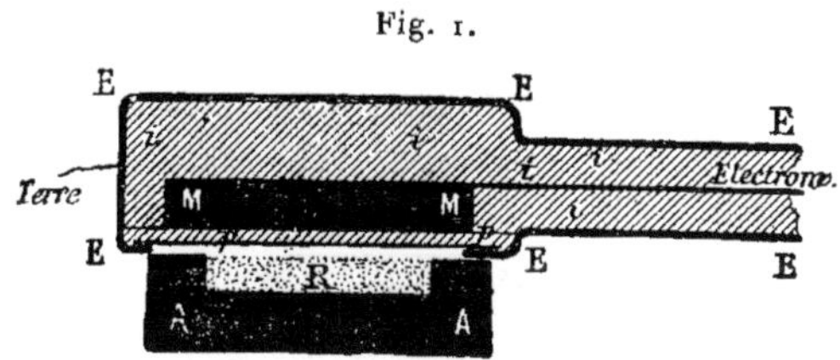

nement du sel de baryum radifère R placé à l'extérieur dans une auge en plomb ([1]). Les rayons émis par le radium traversent l'enveloppe métallique extérieure et la lame isolante *pp* et sont absorbés par le disque métallique MM. Celui-ci est alors le siège d'un dégagement continu et constant d'électricité négative que l'on constate à l'électromètre et que l'on mesure à l'aide du quartz piézoélectrique.

Le courant ainsi créé est très faible. Avec du chlorure de baryum radifère très actif formant une couche de $2^{cm^2}, 5$ de surface et $0^{cm}, 2$ d'épaisseur, on obtient un courant de l'ordre de grandeur de 10^{-11} ampères (les rayons utilisés ayant traversé, avant d'être absorbés par le disque MM, une épaisseur d'aluminium de $0^{mm}, 01$ et une épaisseur d'ébonite de $0^{mm}, 3$).

Nous avons employé successivement du plomb, du cuivre et du zinc pour le disque MM, de l'ébonite et de la paraffine pour l'isolant; les résultats obtenus ont été les mêmes.

Le courant diminue quand on éloigne la source radiante R, ou quand on emploie un produit moins actif.

Nous avons encore obtenu les mêmes résultats en remplaçant le disque MM par un cylindre de Faraday rempli d'air, mais enveloppé

([1]) L'enveloppe isolante doit être parfaitement continue. Toute fissure remplie d'air allant du conducteur intérieur jusqu'à l'enveloppe métallique est une cause de courant dû aux forces électromotrices de contact utilisant la conductibilité de l'air par l'effet du radium.

extérieurement par une matière isolante. L'ouverture du cylindre, fermée par la plaque isolante mince pp, était en face de la source radiante.

Enfin, nous avons fait l'expérience inverse qui consiste à placer l'auge de plomb avec le radium au milieu de la matière isolante et en relation avec l'électromètre (*fig.* 2), le tout étant enveloppé par l'enceinte métallique reliée à la terre.

Dans ces conditions, on observe à l'électromètre que le radium

Fig. 2.

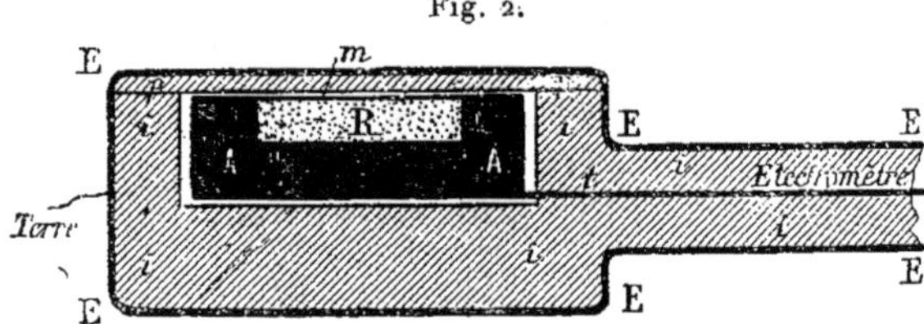

prend une charge positive et égale en grandeur à la charge négative de la première expérience. Les rayons du radium traversent, en effet, la plaque diélectrique mince pp et quittent le conducteur intérieur en emportant de l'électricité négative.

Les rayons non déviables du radium n'interviennent pas dans les expériences précédentes, puisqu'ils sont absorbés par une épaisseur extrêmement mince de matière. La méthode qui vient d'être décrite ne convient pas non plus pour l'étude de la charge des rayons du polonium, ces rayons étant également très peu pénétrants. Nous n'avons observé aucun indice de charge avec du polonium qui émet seulement des rayons non déviables, mais, pour la raison qui précède, on ne peut tirer de cette expérience aucune conclusion.

Ainsi, dans le cas des rayons déviables du radium, comme dans le cas des rayons cathodiques, les rayons transportent de l'électricité. Or, jusqu'ici, on n'a jamais reconnu l'existence de charges électriques non liées à la matière pondérable. On est donc amené à considérer comme vraisemblable que le radium est le siège d'une émission constante de particules de matière électrisée négativement, capables de traverser sans se décharger des écrans conducteurs ou diélectriques. Si le rapport de la charge électrique à la masse était le même que dans l'électrolyse, le radium, dans l'expérience précédente, perdrait 3 équivalents en milligrammes en un million d'années.

Un échantillon de radium qui serait isolé électriquement d'une façon parfaite, se chargerait spontanément en peu de temps à un potentiel extraordinairement élevé. Dans l'hypothèse balistique, le potentiel augmenterait jusqu'à la création d'un champ suffisamment intense pour empêcher l'éloignement des particules électrisées émises.

Nous avons répété avec les rayons de Röntgen les expériences dont il a été question dans cette Note. Les effets obtenus sont extrêmement faibles, nous pouvons seulement conclure de ces expériences que, si ces rayons sont chargés, ils le sont donc encore bien moins que les rayons déviables du radium.

ÉLECTRISATION NÉGATIVE

DES

RAYONS SECONDAIRES

PRODUITS AU MOYEN DES RAYONS RÖNTGEN.

En commun avec G. SAGNAC.

Comptes rendus de l'Académie des Sciences, t. CXXX, p. 1013,
séance du 9 avril 1900.

Nous avons recherché si les rayons Röntgen et si les rayons secondaires moins pénétrants qu'ils excitent en frappant les divers corps transportent avec eux des charges électriques. Nous avons trouvé ces charges inappréciables dans le cas des rayons Röntgen. Au contraire, *les rayons secondaires* issus de la transformation des rayons Röntgen ([1]) *transportent avec eux des charges électriques négatives* à la manière des rayons cathodiques, comme le font les rayons du radium ([2]).

I. Pour étudier les rayons Röntgen, nous employons une enceinte de Faraday en plomb *épais* de forme cubique ayant 23^{cm} de côté, reliée à un électromètre à quadrants. Un large faisceau de rayons X y pénètre par une ouverture circulaire de 10^{cm} de diamètre, placée à 7^{cm} seulement de la lame focus du tube à rayons

---

([1]) G. Sagnac, *Transformation des rayons X par les métaux* (*Comptes rendus* du 26 juillet et du 6 décembre 1897; *loc. cit.*, 1898, 1899 et 1900).

([2]) P. Curie et Mme P. Curie, *Sur la charge électrique des rayons déviables du radium* (*Comptes rendus* du 5 mars 1900, p. 647).

Röntgen. L'enceinte de plomb, y compris son ouverture, était complètement enveloppée par une couche continue d'un *diélectrique solide* (paraffine ou ébonite) recouverte elle-même d'aluminium mince en communication électrique avec la terre. *L'enveloppe continue de diélectrique solide est nécessaire pour maintenir l'isolement parfait du cylindre,* qui, sans cette précaution, ne demeurerait pas isolé dans l'air ambiant rendu conducteur de l'électricité par l'action des rayons Röntgen.

Les résultats ont été négatifs. Nous pouvons seulement conclure que, si les rayons Röntgen transportent de l'électricité, les courants qu'ils pouvaient produire dans nos expériences étaient inférieurs à 10^{-12} ampère.

II. Pour étudier les rayons secondaires des métaux, il fallait éviter que ces rayons, souvent très peu pénétrants, ne fussent absorbés au voisinage immédiat du métal qui les émet. Nous avons

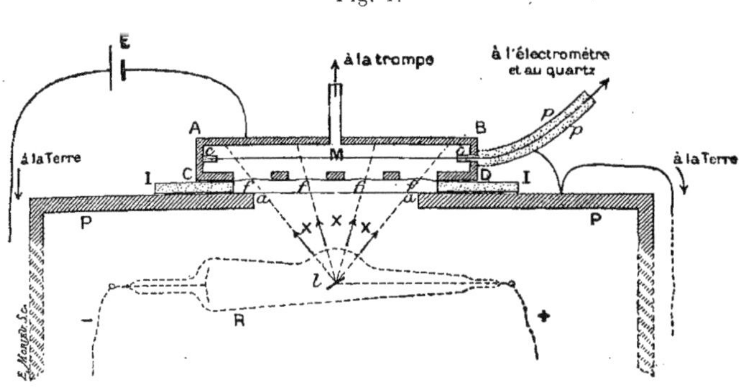

Fig. 1.

été amenés à placer les métaux dans l'air raréfié et à opérer à des pressions de plus en plus faibles, jusqu'au vide de Crookes ($0^{mm},001$ de mercure) afin de rendre à l'air ses propriétés isolantes, malgré l'action des rayons Röntgen et des rayons secondaires qui le traversent.

Une feuille métallique mince M (*fig.* 1), reliée à l'électromètre et au quartz piézoélectrique, est maintenue isolée au milieu et à 3^{mm} seulement des parois d'une boîte métallique plate ABCD, qu'on peut mettre en relation avec la terre. La face inférieure CD de cette boîte est formée, comme la face supérieure AB, d'une plaque épaisse d'un autre métal N, mais percée de fenêtres f que recouvre une mince feuille du métal N. A 6^{cm} au-dessous de la face AB, se trouve la lame focus l, source des rayons Röntgen. Le système producteur de ces rayons (tube focus R, bobine Ruhmkorff et interrupteur électrolytique de Wehnelt) est enfermé dans une grande caisse de plomb épais dont la paroi PP est mise à la terre. Les rayons Röntgen sortent de la caisse PP par une ouverture circulaire de 10^{cm} de diamètre recouverte seulement d'une mince feuille d'aluminium aa. On peut faire le vide de Crookes dans la boîte étanche ABCD reliée à la trompe à mercure.

Quand on opère à la pression atmosphérique, la conductibilité de l'air sous l'influence des rayons est considérable. Lorsque le métal M de la feuille intérieure est différent du métal N des fenêtres f et des faces internes de la boîte ABCD, le système (M|N) fonctionne comme une pile dont la force électromotrice fait dévier l'électromètre. On peut, par la méthode d'opposition du quartz piézoélectrique de M. P. Curie, mesurer le courant électrique nécessaire pour maintenir l'électromètre au potentiel zéro; ou bien on peut, sans agir sur le quartz, ramener l'électromètre à demeurer au zéro en intercalant en E, entre la boîte ABCD et la terre, une force électromotrice convenable e_0 prise en dérivation sur le circuit d'un daniell.

Dans ces conditions, si l'on fait le vide dans l'appareil, l'équilibre de l'électromètre se maintient d'abord avec la même force électromotrice e_0 de compensation, tant que la pression ne s'est pas abaissée jusqu'à l'ordre de grandeur du millimètre (seulement le courant qui prend naissance en l'absence de e_0 devient de plus en plus faible). Pour des pressions inférieures, la force électromotrice de compensation est modifiée. Elle dépasse bientôt celle d'un daniell, augmente constamment et semble croître au delà de toute limite à mesure qu'on se rapproche du vide de Crookes. Si l'on rétablit en E la force électromotrice primitive e_0 qui compensait le phénomène à la pression atmosphérique, on peut, à l'aide du quartz, mesurer le courant nécessaire pour maintenir l'électromètre au zéro. Ce courant, qui apparaît aux pressions de l'ordre du millimètre, augmente d'abord légèrement avec la raréfaction de l'atmosphère, puis devient sensiblement constant pour le vide de Crookes.

Si, par exemple, le métal intérieur M est du *platine,* et si le métal N des parois internes de la boîte ABCD est de l'*aluminium,* il faut maintenir l'aluminium à un potentiel négatif (inférieur en valeur absolue à 1 daniell) pour obtenir la compensation à la pression atmosphérique.

Dans le vide de Crookes, cette force électromotrice n'est plus suffisante, et il faudrait porter l'aluminium à un potentiel négatif supérieur en valeur absolue à 20 volts si l'on voulait obtenir la compensation. Si l'on maintient la force électromotrice e_0 qui compensait le phénomène à la pression atmosphérique, on constate que, dans le vide de Crookes, sous l'action des rayons Röntgen, le platine se charge positivement. Le courant de charge, mesuré à l'aide du quartz, est de l'ordre de grandeur de 10^{-10} ampère, quand on utilise, à travers les fenêtres f recouvertes d'aluminium mince, une surface d'environ 30^{cm^2} placée à 6^{cm} de la source l des rayons Röntgen.

Nous avons obtenu des résultats peu différents en employant une autre disposition (*fig.* 2) qui permet d'obtenir plus aisément

Fig. 2.

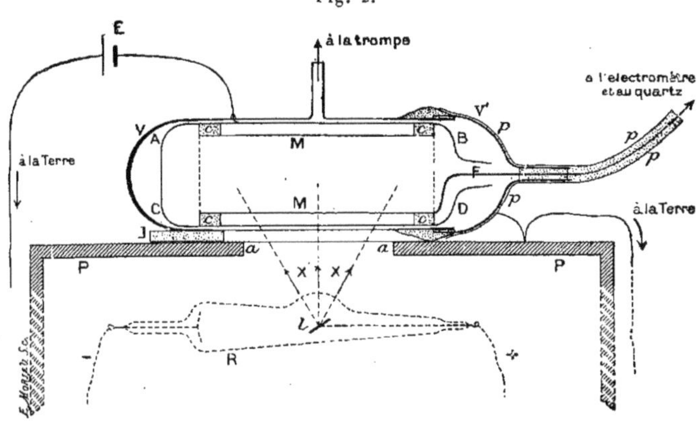

le vide de Crookes : la feuille M est alors enroulée en cylindre, et la boîte plate est remplacée par un second cylindre métallique ABCD de même axe que MM. On fait alors le vide dans le récipient V de verre léger et mince, après y avoir introduit le système MMABCD, puis fermé le récipient avec le couvercle de verre V'.

Ces faits pourraient, à la rigueur, s'expliquer par une variation continue de la force électromotrice de contact qui croîtrait dans d'énormes proportions avec le degré de vide. Cette manière de voir est peu vraisemblable. On explique, au contraire, nettement les phénomènes en admettant que les rayons secondaires émis par les métaux en expérience emportent avec eux de l'électricité négative et libèrent dans le métal la quantité complémentaire d'électricité positive. Le platine transformant les rayons Röntgen considérablement plus que l'aluminium, son émission d'électricité négative est de beaucoup plus considérable que l'émission opposée de l'aluminium, et le platine se charge positivement.

On peut renverser le phénomène en mettant l'aluminium en M à l'intérieur et le platine mince autour de M en ABCDf (*fig.* 1) ou ABCD (*fig.* 2). On constate alors que l'aluminium intérieur M, soumis à l'émission secondaire du platine, recueille de l'électricité négative.

Nous avons fait varier la nature des métaux et constaté, en particulier, que le plomb et le platine sont parmi les métaux qui émettent le plus de charges négatives sous l'action des rayons X. Viennent ensuite l'étain et le zinc. Quant à l'aluminium, l'expérience déjà faite avec l'enceinte de Faraday tapissée extérieurement d'aluminium semble montrer que les rayons secondaires assez pénétrants de ce corps sont, comme les rayons Röntgen générateurs, dont ils diffèrent peu, sensiblement dépourvus de charge électrique. Ces résultats concordent ainsi avec ce que l'on sait sur la transformation des rayons Röntgen par les différents corps ([1]).

----

[1] G. Sagnac, *Sur la transformation des rayons X par les différents corps* (*Comptes rendus, loc. cit.*, 1897, 1898, 1899 et *L'Éclairage électrique*, t. XIX, p. 201-208; 13 mai 1899.)

M. E. Dorn a annoncé que les rayons secondaires des métaux lourds sont déviés par le champ magnétique, et dans le même sens que les rayons cathodiques (*Abhand. d. Naturf. Gesell. zu Halle*. Bd. XXII, 1900, p. 40-42).

L'un de nous avait antérieurement émis l'opinion *que les rayons secondaires très absorbables des métaux lourds peuvent renfermer des rayons analogues à ceux de Lenard et déviables comme eux par l'aimant* [G. Sagnac, *Recherches sur les transformations des rayons Röntgen*, Chap. I, 3ᵉ paragraphe: *Rayons secondaires, rayons X et rayons de Lenard* (*L'Éclairage électrique* du 12 mars 1898)].

ÉLECTRISATION NÉGATIVE

DES

RAYONS SECONDAIRES

ISSUS DE LA TRANSFORMATION DES RAYONS X.

En commun avec G. SAGNAC.

Bulletin des séances de la Société française de Physique, année 1901, p. 179.
Journal de Physique. 4ᵉ série, t. I, 1902, p. 13.

Le faible pouvoir de pénétration des rayons secondaires des
métaux lourds fait penser aux rayons cathodiques de Lenard, lesquels peuvent seulement parcourir quelques centimètres à peine
dans l'air atmosphérique, où ils sont énergiquement diffusés. Cette
analogie conduit à rechercher si les rayons secondaires, très absorbables par l'air, transportent avec eux des charges électriques
négatives, puisque tel est le caractère fondamental des rayons
cathodiques; la déviation des rayons par le champ magnétique ([1])
ou par le champ électrique sera une conséquence probable de leur
électrisation. Il n'y a pas de contradiction entre cette hypothèse
et celles qui ont été développées par l'un de nous, puisque le
faisceau émis spontanément par le *radium* de M. et de Mᵐᵉ Curie
est un mélange de rayons électrisés négativement analogues aux
rayons cathodiques, déviables par le champ magnétique et par le
champ électrique, et de rayons non déviables analogues aux
rayons X, sensiblement dépourvus de charges électriques.

([1]) P. Curie et G. Sagnac, *Comptes rendus,* t. CXXX, 9 avril 1900, p. 1013.

Pour préciser d'abord jusqu'à quel point les rayons X se montrent dépourvus d'électrisation ([1]), nous employions une enceinte de Faraday en plomb épais de forme cubique, ayant 23^{cm} de côté, reliée à un électromètre à quadrants de Curie. Un large faisceau de rayons X y pénétrait par une ouverture circulaire de 10^{cm} de diamètre, placée à 7^{cm} seulement de la lame focus du tube producteur de rayons X.

L'enceinte de plomb, y compris son ouverture, était complètement enveloppée par une couche continuë d'un *diélectrique solide* (paraffine ou ébonite), recouverte elle-même d'une enveloppe d'aluminium mince en communication avec la terre. *L'enveloppe continue de diélectrique solide est nécessaire pour maintenir l'isolement parfait* du cylindre qui, sans cette précaution, ne demeurerait pas isolé dans l'air ambiant rendu conducteur de l'électricité par l'action des rayons de Röntgen.

Dans ces conditions, l'électromètre ne se chargeait pas sensiblement. Nous avons pu ainsi conclure qu'en admettant l'hypothèse de rayons X électrisés, le courant, équivalent à la circulation de l'électricité dans le faisceau large et intense de rayons X employé, était certainement inférieur à 10^{-12} ampère.

Nous avons pu, au contraire, conclure à l'électrisation négative des rayons secondaires des métaux lourds. A la pression atmosphérique, les rayons X et les rayons secondaires communiquent à l'air une conductibilité telle que le métal rayonnant n'est plus isolé; il est alors impossible de recueillir l'électricité des rayons secondaires. Il fallait éviter en même temps que les rayons secondaires des métaux lourds, souvent très peu pénétrants, ne fussent absorbés au voisinage immédiat du métal qui les émet. Nous avons été ainsi amenés à placer les métaux dans l'air raréfié et à opérer

---

([1]) Le professeur E. Dorn a annoncé que les rayons secondaires des métaux lourds sont déviés par le champ magnétique et dans le même sens que les rayons cathodiques (*Abhand. d. Naturf. Gesell. zu Halle*, Bd. XXII, 1900, p. 40-42).

L'un de nous avait antérieurement émis l'opinion que *les rayons secondaires très absorbables des métaux lourds peuvent renfermer des rayons analogues à ceux de Lenard et déviables comme eux par l'aimant* [G. SAGNAC, *Recherches sur les transformations des rayons de Röntgen*, Chap. I, § 3 : *Rayons secondaires, rayons X et rayons de Lenard* (*L'Éclairage électrique* du 12 mars 1898)].

à des pressions de plus en plus faibles, jusqu'au vide de Crookes
($0^{mm},001$ de mercure), afin de rendre à l'air ses propriétés isolantes, malgré l'action des rayons de Röntgen et des rayons secondaires qui le traversent. Nous avons réduit à 3^{mm} ou 4^{mm} seulement
la couche d'air raréfié comprise entre le métal rayonnant et les
parois métalliques voisines. Dans cette mince couche d'air très
raréfié, la force électromotrice entre le métal rayonnant et les
parois qui l'entourent produit seulement, sous l'influence des
rayons, un courant inférieur, par exemple, à $\frac{1}{100}$ du courant dû à
l'électricité négative des rayons secondaires d'un métal, tel que le
platine, le plomb. Le dispositif est celui-ci :

Une feuille métallique mince M (*fig.* 1), reliée à un électromètre
à quadrants et à un quartz piézo-électrique de M. P. Curie, est
maintenue isolée au milieu et à 3^{mm} seulement des parois d'une

Fig. 1.

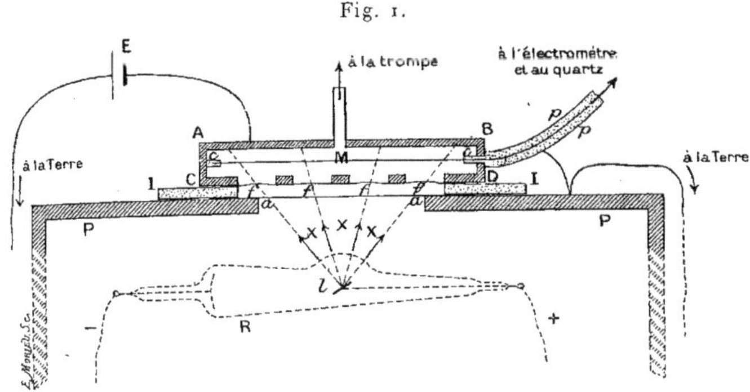

boîte métallique plate ABCD, qu'on peut mettre en relation avec la
terre. La face inférieure CD de cette boîte est formée, comme la
face supérieure AB, d'une plaque épaisse d'un autre métal N,
mais percée de fenêtres *f* que recouvre une mince feuille du
métal N. A 6^{cm} au-dessous de la face AB se trouve la lame focus *l*,
source des rayons de Röntgen. Le système producteur de ces
rayons (tube focus R, bobine Ruhmkorff et interrupteur électrolytique de Wehnelt) est enfermé dans une grande caisse de plomb
épais dont la paroi PP est mise à la terre. Les rayons de Röntgen
sortent de la caisse PP par une ouverture circulaire de 10^{cm} de
diamètre recouverte seulement d'une mince feuille d'alumi-

nium aa. On peut faire le vide de Crookes dans la boîte étanche ABCD, reliée à la trompe à mercure.

Quand on opère à la pression atmosphérique, la conductibilité de l'air sous l'influence des rayons est considérable. Lorsque le métal M de la feuille intérieure est différent du métal N des fenêtres f et des faces internes de la boîte ABCD, le système (M | N) fonctionne comme une pile dont la force électromotrice fait dévier l'électromètre. On peut, par la méthode d'opposition du quartz piézo-électrique de M. J. Curie, mesurer le courant électrique nécessaire pour maintenir l'électromètre au potentiel zéro ; ou bien on peut, sans agir sur le quartz, ramener l'électromètre à demeurer au zéro en intercalant en E, entre la boîte ABCD et la terre, une force électromotrice convenable e_0 prise en dérivation sur le circuit d'un daniell.

Dans ces conditions, si l'on fait le vide dans l'appareil, l'équilibre de l'électromètre se maintient d'abord avec la même force électromotrice e_0 de compensation, tant que la pression ne s'est pas abaissée jusqu'à l'ordre de grandeur du millimètre (seulement, le courant qui prend naissance en l'absence de e_0 devient de plus en plus faible). Pour des pressions inférieures, la force électromotrice de compensation est modifiée. Elle dépasse bientôt celle d'un daniell, augmente constamment et semble croître au delà de toute limite à mesure qu'on se rapproche du vide de Crookes. Si l'on rétablit en E la force électromotrice primitive e_0 qui compensait le phénomène à la pression atmosphérique, on peut, à l'aide du quartz, mesurer le courant nécessaire pour maintenir l'électromètre au zéro. Ce courant, qui apparaît aux pressions de l'ordre du millimètre, augmente d'abord légèrement avec la raréfaction de l'atmosphère, puis devient sensiblement constant pour le vide de Crookes.

Si, par exemple, le métal intérieur M est du *platine* et si le métal N des parois internes de la boîte ABCD est de l'*aluminium*, il faut maintenir l'aluminium à un potentiel négatif (inférieur en valeur absolue à 1 daniell) pour obtenir la compensation à la pression atmosphérique.

Dans le vide de Crookes, cette force électromotrice n'est plus suffisante, et il faudrait porter l'aluminium à un potentiel négatif de valeur absolue égale à 3o volts environ, si l'on voulait obtenir la compensation. Si l'on maintient la force électromotrice e_0 qui compensait le phénomène à la pression atmosphérique, on constate que, dans le vide de Crookes, sous l'action des rayons de Röntgen, le platine se charge positivement. Le courant de charge, mesuré à l'aide du quartz, est de l'ordre de grandeur de 10^{-10} ampère quand on utilise, à travers les fenêtres f recouvertes d'aluminium mince, une surface d'environ 30^{cm^2} placée à 6^{cm} de la source l des rayons de Röntgen.

Ce courant est assez faible pour qu'on puisse dire : Tant qu'on n'opère pas dans un gaz raréfié, les rayons secondaires provoquent la conductibilité des gaz en y libérant d'*égales* quantités d'électricité positive et négative. Mais, dans un gaz raréfié, l'on voit que l'influence des charges négatives des rayons secondaires apparaît ; alors les rayons X déchargent les corps négatifs plus rapidement que les corps positifs, ou même ils augmentent la charge des corps positifs. Il est remarquable que cette dissymétrie de la décharge, produite *dans le vide* par les rayons de Röntgen qui frappent un métal lourd, est de même sens que la dissymétrie de la décharge des conducteurs frappés par les rayons ultra-violets de Hertz et de Hallwachs.

Des résultats peu différents sont obtenus à l'aide de la disposi-

Fig. 2.

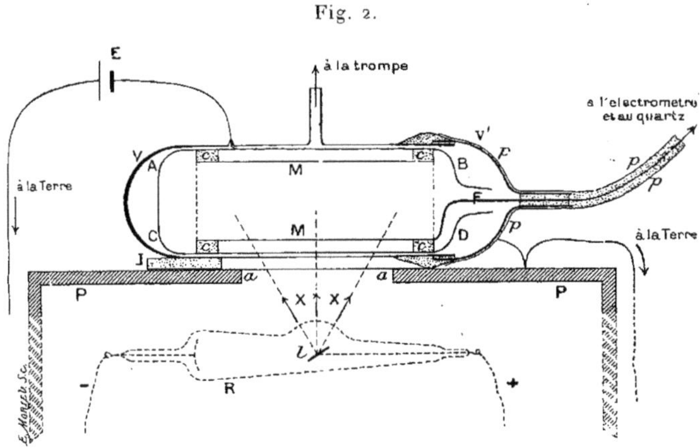

tion représentée par la figure 2 : la feuille métallique mince M est alors enroulée en cylindre, et la boîte plate est remplacée par un second cylindre métallique ABCD de même axe que MM. On introduit le système MMABCD dans le récipient V de verre relié à la trompe à mercure, puis on ferme le récipient V avec le couvercle de verre V' mastiqué au golaz. Avec ce second dispositif, on évite les rentrées d'air plus facilement qu'avec le premier.

Ces faits pourraient, à la rigueur, s'expliquer par une variation continue de la force électromotrice de contact, qui croîtrait dans d'énormes proportions avec le degré de vide. Cette manière de voir est peu vraisemblable ([1]). On explique, au contraire, nettement les phénomènes en admettant que les rayons secondaires émis par les métaux en expérience emportent avec eux de l'électricité négative et libèrent, dans le métal, la quantité complémentaire d'électricité positive. Le platine transformant les rayons de Röntgen considérablement plus que l'aluminium, son émission d'électricité négative est de beaucoup plus considérable que l'émission opposée de l'aluminium, et le platine se charge positivement.

On peut renverser le phénomène en mettant l'aluminium en M à l'intérieur et le platine mince ($\frac{1}{100}$ de millimètre) autour de M, en ABCDf (*fig.* 1) ou ABCD (*fig.* 2). On constate alors que l'aluminium intérieur M, soumis à l'émission secondaire du platine, recueille de l'électricité négative.

Nous avons fait varier la nature des métaux et constaté en particulier que le plomb et le platine sont parmi les métaux qui émettent le plus de charges négatives sous l'action des rayons X. Viennent ensuite l'étain et le zinc. Quant à l'aluminium, des expériences faites avec une enceinte de Faraday tapissée extérieurement d'aluminium et recevant des rayons de Röntgen semblent montrer que les rayons secondaires assez pénétrants de ce corps sont, comme les rayons de Röntgen générateurs, dont ils diffèrent peu, sensiblement dépourvus de charge électrique.

L'intensité des charges électriques négatives des rayons secon-

---

([1]) On a démontré que, si l'on fait le vide de Crookes dans un récipient renfermant un condensateur dont les armatures sont formées de deux métaux M et N, la force électromotrice du couple MN n'en est pas altérée; elle est même indépendante de la nature du gaz ambiant, raréfié ou non, tant que l'on ne chauffe pas les métaux M et N dans le vide de manière à en faire dégager les gaz inclus et à les remplacer par un autre gaz (BOTTOMLEY, *B.-A. Report*, 1885; SPIERS, *Phil. Mag.*, t. XLIX, janvier 1900, particulièrement p. 70).

daires du métal M, étudiées avec la disposition de la figure 2, ne s'affaiblit pas considérablement lorsqu'on compare un appareil dont l'enveloppe de verre V est relativement mince (1^{mm}) à un autre où elle est plus épaisse (3^{mm}). Avec le dispositif de la figure 1, les rayons X pénétrant dans la boîte ABCD par les fenêtres à travers une feuille d'aluminium d'épaisseur de $\frac{1}{10}$ de millimètre, l'interposition d'une glace de verre de 5^{mm} sur le trajet des rayons de Röntgen affaiblit le phénomène, mais en le laissant comparable à ce qu'il était d'abord ; l'interposition d'une lame d'aluminium d'un demi-millimètre sur le trajet des rayons de Röntgen réduit à peine (de moins de $\frac{1}{100}$) l'électrisation négative des rayons secondaires du platine. Les charges négatives des rayons secondaires proviennent donc surtout de l'action exercée sur le métal M par les rayons X les plus pénétrants du faisceau incident. Ce fait est analogue à celui qui a été signalé à propos de l'activité électrique des rayons secondaires ([1]), mais il est ici encore bien plus marqué.

Le rapprochement précédent est en accord avec celui que l'on peut faire au sujet du pouvoir de pénétration des charges négatives lancées par le métal M. Quand, au lieu d'opérer dans le vide, nous avons opéré en plongeant le condensateur MN dans un diélectrique tel que la paraffine, l'ébonite, le phénomène de l'émission d'électricité négative de M en N disparaissait sensiblement. Dans le cas seulement où M et N n'étaient séparés que par une fraction de millimètre de paraffine, l'électromètre accusait encore une faible charge correspondant à des courants de l'ordre de 10^{-12} ampère ; les variations de ces faibles courants avec la nature des métaux M et N s'accordaient à faire penser qu'ils étaient dus à l'émission par les métaux lourds de charges négatives rapidement absorbées par la paraffine au voisinage du métal.

Une expérience directe a d'ailleurs montré le faible pouvoir de transmission ([2]) de l'émission électrique du plomb, par exemple :

---

[1] G. Sagnac, *De l'optique des rayons de Röntgen et des rayons secondaires qui en dérivent.* Paris, Gauthier-Villars, 1900, p. 105 et 132.

[2] La transmission étudiée ici peut avoir lieu en partie ou en totalité par diffusion postérieure ; la même remarque s'applique d'ailleurs à la transmission de l'action électrique de décharge ou de l'action radiographique des rayons secondaires des métaux lourds, telle qu'elle a été, dans certains cas, étudiée par l'un de nous (G. Sagnac, *loc. cit.*, p. 89 et 94).

C.   24

une moitié longitudinale du plomb épais MM (*fig.* 2) est recouverte d'une feuille d'aluminium battu, dont l'épaisseur, calculée d'après la surface, le poids et la densité 2,7, est de $0^\mu,46$. Les rayons X frappant le côté nu du cylindre, on observe, à la pression $0^{mm},001$ de mercure, un courant de l'ordre de 10^{-10} ampère dû au bombardement d'électricité négative issue du plomb nu MM; c'est-à-dire que le plomb MM se charge de la quantité complémentaire d'électricité positive, et il faut, pour le maintenir au potentiel zéro pendant $32^s,2$, disposer sur le plateau du quartz piézo-électrique une masse de 500^g en l'abandonnant progressivement à l'action de son poids. L'appareil VV' une fois retourné de $180°$ autour de son axe, de manière que les rayons X frappent maintenant la face de plomb recouverte d'aluminium battu, l'émission d'électricité négative par le plomb à travers cette feuille d'aluminium correspond à un poids de 500^g pour $53^s,5$, c'est-à-dire n'est plus que les $\frac{3}{5}$ de celle du plomb nu. Ce coefficient de transmission des charges électriques est assez peu différent de celui que présenteraient les rayons cathodiques extérieurs à un tube à vide dans les expériences de Lenard. Il est aussi comparable à celui de l'action électrique de décharge des rayons secondaires, déjà étudié, et à celui de l'action radiographique (¹).

Il importe de remarquer que les mesures des courants d'électricité négative issus des métaux lourds frappés par les rayons X ont, pour des conditions expérimentales données, un sens absolu; la quantité d'électricité transportée par les rayons secondaires est, dans un vide suffisamment poussé, indépendante de la distance parcourue par les rayons secondaires; au contraire, on sait que les intensités des actions électriques radiographiques ou radioscopiques des rayons secondaires et aussi des rayons X dépendent du mode d'utilisation des rayons et, en particulier, de l'épaisseur d'air du condensateur électrique et de la couche photographique ou luminescente qui les reçoit (²). Il ne paraît, d'ailleurs, y avoir aucun lien simple entre l'énergie des rayons secondaires, telle qu'on pourrait la mesurer au moyen d'un bolomètre fondé sur l'échauffement d'un métal par ces rayons, et la quantité

(¹) G. Sagnac, *loc. cit.*, p. 94.
(²) G. Sagnac, *loc. cit.*, p. 131.

d'électricité négative qu'ils transportent. L'ensemble des faits observés conduit à penser que l'*émission électrique secondaire* des métaux lourds possède des propriétés analogues à celles des rayons cathodiques et des rayons déviables du radium : les particules d'électricité négative des rayons sont capables de dissocier l'électricité neutre des particules des gaz en quantités d'électricité positive et négative, considérablement supérieures à la quantité d'électricité négative des rayons, tant du moins que le gaz étudié n'est pas trop raréfié. Il ne faut pas confondre la production de ces rayons cathodiques, qui, dans le vide et même en l'absence de tout champ électrique, émanent du métal M frappé par les rayons X, avec la production déjà signalée par l'un de nous ([1]) d'un flux d'électricité soit positive, soit négative, dans un gaz soumis au champ électrique.

L'action des rayons X et des rayons secondaires sur les gaz n'est pas essentiellement différente de l'action des rayons ultra-violets étudiés par Lenard ([2]). D'autre part, l'émission des rayons cathodiques par un métal lourd que frappent les rayons X n'est pas plus étrange que le phénomène analogue produit par les rayons ultra-violets : le professeur Righi ([3]), et, plus récemment, le professeur P. Lenard ([4]), les professeurs E. Merritt et O.-M. Stewart ([5]), ont en effet trouvé qu'un métal frappé par les rayons ultra-violets émet un flux d'électricité négative, même lorsque la surface métallique frappée par les rayons n'est pas électrisée. Cette émission a les caractères de rayons cathodiques particulièrement absorbables et l'étude n'a pu en être faite par le professeur Lenard que dans le vide de Crookes.

([1]) SAGNAC, *Comptes rendus* du 5 février 1900 et l'article précédent : *Nouvelles recherches sur les rayons de Röntgen*, § 5 et 6; — *Journ. de Phys.*, 3ᵉ série, t. X, 1901, p. 677 et 680.

([2]) Cf., *loc. cit.*, § 7. *Journ. de Phys.*, 3ᵉ série, t. X, p. 683.

([3]) A. RIGHI, *Atti d. R. Acc. d. Lincei*, 1900, p. 81.

([4]) P. LENARD, *Erzeugung von Kathodenstrahlen durch ultra-violetes Licht* (*Drude's Annalen d. Physik*, t. II, 1900, p. 359-370). Cette émission d'électricité négative permet au professeur Lenard d'expliquer la déperdition d'électricité négative sous l'action des rayons ultra-violets.

([5]) E. MERRITT, O.-M. STEWART, *The development of Kathode Rays by ultra-violet light* (*The Physical Review*, octobre 1900, p. 220, et *Journ. de Phys.*, 3ᵉ série, t. X, 1901, p. 578).

L'électrisation négative des rayons secondaires fournit donc une analogie nouvelle entre les rayons X et les rayons ultra-violets. Il devient alors de plus en plus probable qu'il y a, dans les rayons secondaires, des rayons non électrisés de l'espèce même des rayons X incidents qui les produisent en se diffusant ou se transformant.

REMARQUES

NOTE RÉCENTE DE M. G. LE BON (¹).

———

Comptes rendus de l'Académie des Sciences, t. CXXX, p. 1072,
séance du 17 avril 1900.

———

M. Le Bon a remarqué que le bromure de baryum radifère lumineux, préparé à l'usine de List (Hanovre) sur les indications de M. Giesel, a la propriété de perdre sa luminosité quand on le chauffe et de la reprendre par refroidissement. Cette propriété a déjà été signalée par M. Giesel lui-même (²).

Ont été de même l'objet de publications antérieures de M. Becquerel, de M. Giesel, de Mme Curie et de moi :

La propriété des sels de baryum lumineux de perdre en partie leur luminosité à l'humidité (³), les propriétés du phosphore humide (⁴), l'émission possible de matière par les corps radioactifs (⁵), l'absence de polarisation des rayons du radium (⁶).

M. Le Bon parle, dans sa Note, de la *lumière noire ;* les rayons qu'il désigne ainsi et qu'il a utilisés dans certaines expériences (⁷) sont des rayons calorifiques infra-rouges. Graham Bell a montré en 1880 que l'ébonite est transparente pour ces rayons (⁸).

———

(¹) *Comptes rendus*, 2 avril 1900, p. 891.
(²) *Wied. Ann.*, t. LXIX, p. 91.
(³) GIESEL, *Wied. Ann.*, t. LXIX, p. 91.
(⁴) Mme CURIE, *Revue gén. des Sciences*, 31 janvier 1899.
(⁵) CURIE, *Comptes rendus*, 5 mars 1899 et 8 janvier 1900.
(⁶) H. BECQUEREL, *Comptes rendus*, 27 mars 1899.
(⁷) *Revue scientifique*, 11 février 1899.
(⁸) *Ann. de Chim. et de Phys.*, 5ᵉ série, t. XXI, p. 394, et t. XXIII, p. 430.

LES

NOUVELLES SUBSTANCES RADIOACTIVES

ET LES

RAYONS QU'ELLES ÉMETTENT.

En commun avec Mme CURIE.

Rapports présentés au Congrès international de Physique, 1900, t. III, p. 79.

Rayons uraniques. — Les recherches sur les substances radio-actives ont leur point de départ dans la découverte des rayons uraniques par M. Becquerel. L'émission de rayons particuliers par les composés d'urane et les propriétés de ces rayons ont été exposées par M. Becquerel dans son Rapport. Nous rappellerons donc seulement que les rayons uraniques ou *rayons de Becquerel* sont caractérisés par les propriétés suivantes : ils se propagent rectilignement; ils agissent sur les plaques photographiques comme la lumière, mais à un degré extrêmement faible; ils peuvent traverser des écrans de diverses natures, mais seulement sous très faible épaisseur; ils ne sont ni réfléchis, ni réfractés, ni polarisés; en traversant les gaz, ils les rendent faiblement conducteurs de l'électricité.

Le rayonnement uranique est spontané et constant; il n'est entretenu par aucune cause excitatrice connue; il semble insensible aux variations de température et d'éclairement.

Si l'on fait abstraction de l'origine inconnue du rayonnement uranique et si l'on n'en considère que les propriétés, on constate qu'il y a analogie entre les rayons uraniques d'une part, les rayons cathodiques et les rayons de Röntgen d'autre part ; il y a aussi analogie avec les rayons secondaires produits par les métaux à forte masse atomique sous l'action des rayons de Röntgen.

Nous appellerons *radioactives* les substances qui émettent des rayons de Becquerel.

Méthode de mesure. — Pour étudier la radioactivité de diverses substances, nous employons la méthode électrique. On mesure la conductibilité acquise par l'air sous l'influence de la substance radioactive. Voici l'appareil qui sert à cet effet :

Un condensateur (*fig.* 1) se compose de deux plateaux A et B.

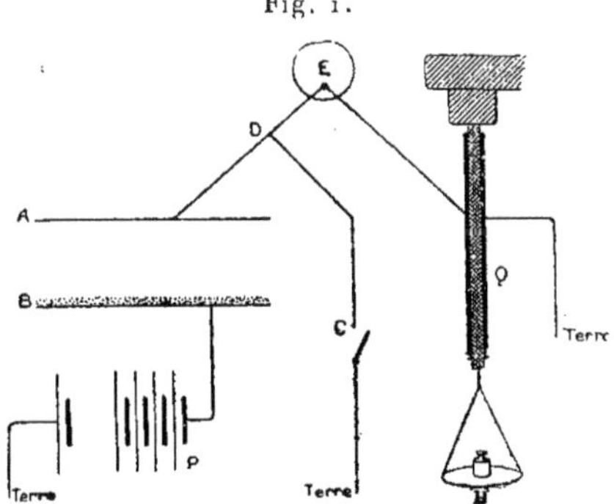

Fig. 1.

La substance active pulvérisée est étalée sur le plateau B ; elle rend conducteur l'air entre les plateaux. Pour mesurer cette conductibilité, on porte le plateau B à un potentiel élevé en le reliant à l'un des pôles d'une pile d'un grand nombre d'éléments P dont l'autre pôle est à la terre. Le plateau A étant maintenu au potentiel de la terre par le fil CD, un courant électrique s'établit entre les deux plateaux.

Le potentiel du plateau A est indiqué par un électromètre E. Si l'on interrompt en C la communication avec la terre, le plateau A se charge, et cette charge fait dévier l'électromètre. La vitesse de la déviation est proportionnelle à l'intensité du courant et peut servir à la mesurer. Mais il est préférable de faire cette mesure en compensant la charge que prend le plateau A de manière à maintenir l'électromètre au zéro. Les charges dont il est question ici sont extrêmement faibles; elles peuvent être compensées au moyen d'un quartz piézo-électrique Q dont une armature est reliée au plateau A et l'autre armature est à la terre. On soumet la lame de quartz à une tension connue produite par des poids placés dans un plateau H; cette tension est établie progressivement et a pour effet de dégager progressivement une quantité d'électricité connue pendant un temps qu'on mesure. L'opération peut être réglée de telle manière qu'il y ait à chaque instant compensation entre la quantité d'électricité qui traverse le condensateur et celle de signe contraire que fournit le quartz (¹). On peut ainsi mesurer en *valeur absolue* la quantité d'électricité qui traverse le condensateur pendant un temps donné, c'est-à-dire l'*intensité du courant*. La mesure est indépendante de la sensibilité de l'électromètre.

Radioactivité des composés d'urane. — En effectuant un certain nombre de mesures de ce genre on voit que la radioactivité des composés d'urane est un phénomène susceptible d'être mesuré avec une certaine précision. Elle varie peu avec la température, elle est à peine influencée par les oscillations de la température ambiante; elle n'est pas influencée par l'éclairement de la substance active, et elle ne semble pas subir de variation avec le temps. L'épaisseur de la couche de substance active employée a peu d'influence, pourvu que la couche soit continue et qu'elle ait une épaisseur supérieure à quelques dixièmes de millimètre.

L'étude de la conductibilité de l'air sous l'action des rayons de Becquerel a été faite par divers physiciens. Une étude très complète du sujet a été publiée par M. Rutherford; on en trouvera les résultats principaux dans le Rapport de M. Becquerel.

Pour un condensateur donné et une substance donnée, le courant augmente avec la différence de potentiel qui existe entre les plateaux, avec la pression du gaz qui remplit le condensateur et avec la distance des plateaux (pourvu que cette distance ne soit

---

(¹) On arrive très facilement à ce résultat en soutenant le poids à la main et en ne le laissant peser que progressivement sur le plateau H, de manière à maintenir l'image de l'électromètre au zéro. Avec un peu d'habitude, on prend très exactement le tour de main nécessaire pour réussir cette opération. Cette méthode de mesure des faibles courants a été décrite par M. J. Curie dans sa Thèse.

pas trop grande par rapport au diamètre). Toutefois, pour de fortes différences de potentiel, le courant tend vers une valeur limite qui est pratiquement constante. C'est le *courant de saturation* ou *courant limite*. De même pour une certaine distance des plateaux assez grande, le courant limite ne varie plus guère avec cette distance. C'est le courant obtenu dans ces conditions qui a été pris comme mesure de la radioactivité dans nos recherches (le condensateur étant placé dans l'air à la pression atmosphérique).

Les lois de la conductibilité produite dans l'air par les rayons de Becquerel sont les mêmes que celles trouvées avec les rayons de Röntgen ; le mécanisme du phénomène paraît être le même dans les deux cas. La théorie de l'ionisation de l'air par les rayons de Röntgen ou de Becquerel rend bien compte des faits observés. Dans cet ordre d'idées, le nombre d'ions produits par seconde dans le gaz est d'autant plus grand que le rayonnement absorbé par ce gaz est plus fort. Pour obtenir le courant limite relatif à un rayonnement donné, il faut, d'une part, faire absorber intégralement ce rayonnement par le gaz, en employant une masse absorbante suffisante, et, d'autre part, utiliser pour la production du courant tous les ions produits, en établissant un champ électrique assez fort pour que le nombre d'ions qui se recombinent devienne une fraction insignifiante du nombre total des ions produits.

L'ordre de grandeur des courants que l'on obtient avec les composés d'urane est de 10^{-11} ampère pour un condensateur dont les plateaux avaient 8^{cm} de diamètre et 3^{cm} de distance.

Voici les nombres relatifs à divers composés d'urane ; i désigne le courant en ampères :

	$i \cdot 10^{11}$.
Uranium métallique (contenant un peu de carbone)......	2,3
Oxyde d'urane noir U^2O^5....................	2,6
Oxyde d'urane vert U^3O^4....................	1,8
Acide uranique hydraté....................	0,6
Uranate de soude....................	1,2
Uranate de potasse....................	1,2
Uranate d'ammoniaque....................	1,3
Sulfate uraneux....................	0,7
Sulfate d'uranyle et de potassium....................	0,7
Azotate d'uranyle....................	0,7
Phosphate de cuivre et d'uranyle....................	0,9
Oxysulfure d'urane....................	1,2

Substances radioactives. — Il était naturel de se demander si d'autres corps que les composés d'urane émettent des rayons de Becquerel. M. Schmidt examina à cet effet beaucoup de substances et trouva qu'il existe un autre groupe de corps radioactifs, à savoir les composés du thorium (¹). L'un de nous a fait en même temps un travail analogue, dont les résultats ont été publiés quand nous ne connaissions pas encore le travail de M. Schmidt. Dans ce travail, divers composés de presque tous les corps simples actuellement connus ont été passés en revue; les composés du thorium se sont montrés radioactifs.

Ce travail a établi que la radioactivité des composés d'urane et de thorium est une *propriété atomique.* Elle semble liée à la matière qui en est douée et ne peut être détruite ni par un changement d'état physique, ni par une transformation chimique. Les combinaisons chimiques ou les mélanges contenant de l'uranium et du thorium sont, en première approximation, d'autant plus actifs qu'ils contiennent une plus forte proportion de ces métaux; toute matière inactive ajoutée diminue l'activité, agissant à la fois comme matière inerte et comme matière absorbante.

La radioactivité des composés du thorium est du même ordre de grandeur que celle des composés d'urane; les oxydes des deux métaux ont une activité très analogue.

La radioactivité atomique est-elle un phénomène général? Il semble peu probable que cette propriété appartienne à une certaine espèce de matière à l'exclusion de toute autre. Cependant nos mesures permettent de dire que, pour les éléments actuellement considérés comme tels, y compris les plus rares et les plus hypothétiques, l'activité, si elle existe, est au moins 100 fois plus faible que pour l'uranium métallique dans notre appareil à plateaux.

Chaque élément a été examiné, quand c'était possible, dans diverses combinaisons chimiques. Ont figuré dans l'étude :

1° Tous les métaux et métalloïdes que l'on trouve facilement et quelques-uns des plus rares, produits purs provenant de la collection de M. Étard;

2° Les corps rares suivants : gallium, germanium, néodyme,

(¹) Schmidt, *Wied. Ann.*, t. LXV, 1898, p. 141.

praséodyme, niobium, scandium, gadolinium, erbium, samarium, rubidium, échantillons prêtés par M. Demarçay; yttrium, ytterbium avec nouvel erbium, holmium, échantillons prêtés par M. Urbain;

3° Un grand nombre de roches et de minéraux ([1]).

Le phosphore humide placé entre les plateaux du condensateur rend l'air conducteur. Toutefois, nous ne considérons pas ce corps comme radioactif à la façon de l'uranium et du thorium. En effet, le phosphore dans ces conditions s'oxyde et émet des rayons lumineux, tandis que les composés d'urane et de thorium sont radioactifs sans éprouver aucune modification appréciable par les moyens connus; de plus, le phosphore n'est actif ni à l'état de phosphore rouge, ni à l'état de combinaison.

Rayons thoriques. — Notre étude des composés du thorium a montré :

1° Que l'épaisseur de la couche active employée a une action considérable, surtout avec l'oxyde; le courant augmente avec l'épaisseur de la couche;

2° Que le phénomène n'est régulier que si l'on emploie une couche active mince ($\frac{1}{4}$ de millimètre); au contraire, quand on emploie une couche épaisse (6^{mm}), on obtient des nombres oscillant entre des limites étendues, surtout dans le cas de l'oxyde;

3° Que les rayons thoriques sont bien plus pénétrants que les rayons uraniques, et que les rayons émis par l'oxyde de thorium sous couche épaisse sont bien plus pénétrants que ceux qu'il émet en couche mince ([2]).

Les particularités de la radiation thorique ont été récemment l'objet de publications très complètes. M. Owens ([3]) a montré que la constance du courant n'est obtenue qu'au bout d'un temps assez long en appareil clos; il a également montré que, dans le cas des composés du thorium, le courant pouvait être fortement réduit

---

([1]) L'uranium métallique employé dans cette étude a été obligeamment donné par M. Moissan.

([2]) CURIE, *Comptes rendus*, t. CXXVI, avril 1898, p. 1101.

([3]) OWENS, *Phil. Mag.*, octobre 1899.

par un courant d'air, ce qui n'a pas lieu pour les composés d'urane, et il a étudié en détail ce phénomène. Bientôt après, M. Rutherford [1] a publié des résultats analogues et a fait l'hypothèse que les composés du thorium émettent non seulement des rayons analogues aux rayons uraniques, mais qu'ils émettent en plus une *émanation* constituée par des particules matérielles extrêmement ténues qui sont elles-mêmes radioactives.

Minéraux radioactifs. — Parmi les substances dont nous avons mesuré la radioactivité se trouvait un grand nombre de minéraux [2]. Certains d'entre eux se sont montrés actifs. Voici les nombres obtenus, toujours avec le même appareil à plateaux :

	$i.10^{11}$ en ampères.
Pechblende de Johanngeorgenstadt	8,3
» Joachimsthal	7,0
» Pzibran	6,5
» Cornwallis	1,6
Clévéite	1,4
Chalcolite	5,2
Autunite	2,7
Thorite	1,4
Orangite	2,0
Monazite	0,5
Xénotime	0,03
Æschynite	0,7
Fergusonite	0,4
Samarskite	1,1
Niobite	0,3
Carnotite	6,2

Tous ces minéraux contiennent de l'uranium et du thorium; leur activité n'a donc rien d'étonnant, mais l'intensité du phénomène pour certains minéraux est inattendue. Ainsi l'on trouve des pechblendes (minerais d'oxyde d'urane) qui sont quatre fois plus actives que l'uranium métallique; la chalcolite, phosphate cristallisé de cuivre et d'urane, est deux fois plus active que l'ura-

---

[1] RUTHERFORD, *Phil. Mag.*, janvier 1900.
[2] Plusieurs échantillons de minéraux provenaient de la collection du Muséum et ont été obligeamment mis à notre disposition par M. Lacroix.

nium; l'autunite, phosphate de chaux et d'urane, est aussi active que l'uranium. Or, d'après les considérations qui précèdent, aucun minéral n'aurait dû se montrer plus actif que l'uranium et le thorium. Pour éclaircir ce point, l'un de nous a préparé de la chalcolite artificielle par le procédé de Debray, en partant de produits purs. Cette chalcolite artificielle avait une activité tout à fait normale, étant donnée sa composition; elle était deux fois et demie moins active que l'uranium.

Il devenait dès lors très probable que, si la pechblende, la chalcolite, l'autunite ont une activité si forte, c'est que ces minéraux contiennent, en petite quantité, une substance fortement radioactive différente de l'uranium, du thorium et des corps simples actuellement connus.

Nous nous sommes proposé d'extraire cette substance de la pechblende et nous sommes en effet parvenus à montrer qu'il est possible, par les méthodes ordinaires de l'analyse chimique, d'extraire de la pechblende des substances dont la radioactivité est environ *cent mille* fois plus grande que celle de l'uranium métallique.

Méthode de recherches. — Notre unique guide, dans cette recherche, était la radioactivité, et voici comment nous nous en servions : on mesurait l'activité d'un certain produit; on effectuait sur ce produit une séparation chimique; on mesurait l'activité de tous les produits obtenus, et l'on se rendait compte si la substance active cherchée était restée intégralement avec l'un d'eux ou bien si elle s'était séparée entre eux et dans quelle proportion. On avait ainsi une indication qui était analogue, jusqu'à un certain degré, à celle que pourrait fournir l'analyse spectrale. Pour avoir des nombres comparables, il faut mesurer l'activité des substances à l'état solide et bien desséchées. La difficulté principale de cette recherche provenait de ce que la pechblende est un minerai extrêmement compliqué, qui renferme en quantité notable presque tous les métaux connus.

Gaz temporairement actif. — Nous avons reconnu d'abord que la pechblende chauffée dans le vide fournit des produits de sublimation très actifs, mais en très petite quantité. En recueillant les produits gazeux de la sublimation, nous avons obtenu un gaz, lequel, enfermé dans un tube de verre, agissait encore à l'extérieur comme un corps notablement radioactif. Pendant un mois, le rayonnement issu de ce gaz nous donna des impressions photographiques et provoqua la décharge des corps électrisés; puis l'activité diminua peu à peu, jusqu'à disparaître complètement. Au spectroscope, le gaz actif montrait les raies de l'oxyde de carbone. La pechblende contient d'ailleurs de l'argon et de l'hélium. Nous nous sommes assurés que l'oxyde de carbone n'est pas radioactif. L'argon et l'hélium extraits de la fergusonite ne le sont pas non plus. Les conditions de production de ce gaz actif et la disparition de son activité restent à éclaircir.

Polonium, radium, actinium. — L'analyse de la pechblende par voie humide, avec le concours de la méthode exposée plus haut, a conduit à établir l'existence, dans ce minéral, de trois substances fortement radioactives, chimiquement différentes : le *polonium*, trouvé par nous ([1]); le *radium,* que nous avons découvert avec M. Bémont ([2]), et l'*actinium,* qui a été découvert par M. Debierne ([3]).

Le *polonium* est une substance qui accompagne le bismuth que l'on retire de la pechblende et qui en est très voisine par ses propriétés analytiques. On obtient du bismuth de plus en plus riche en polonium par l'un des procédés de fractionnement suivants :

1° Sublimation des sulfures dans le vide; le sulfure actif est beaucoup plus volatil que le sulfure de bismuth ordinaire;

2° Précipitation des solutions azotiques par l'eau; le sous-nitrate précipité est bien plus actif que le sel resté dissous;

3° Précipitation par l'hydrogène sulfuré d'une solution chlorhydrique extrêmement acide; les sulfures précipités sont considérablement plus actifs que le sel qui reste dissous.

Le *radium* est une substance qui accompagne le baryum retiré de la pechblende; il suit le baryum dans ses réactions et s'en sépare

---

([1]) *Comptes rendus,* t. CXXVII, juillet 1898, p. 175.
([2]) *Id.,* décembre 1898, p. 1215.
([3]) *Id.,* t. CXXIX, octobre 1899, p. 593, et t. CXXX, avril 1900, p. 906.

par différence de solubilité du chlorure dans l'eau, l'eau alcoolisée ou l'eau chlorhydrique. Nous le concentrons et le séparons du baryum par cristallisation fractionnée du chlorure, le chlorure de radium étant moins soluble que celui de baryum. Des trois nouvelles substances radioactives, le radium seul a été isolé à l'état de sel à peu près pur.

L'actinium accompagne certains corps du groupe du fer, contenus dans la pechblende; il semble surtout voisin du thorium, dont il n'a pas encore été séparé. Il n'est même pas facile de séparer le thorium actinifère des autres éléments du groupe du fer; les séparations sont généralement incomplètes. M. Debierne a utilisé les procédés de séparation suivants :

1° Précipitation des solutions bouillantes, légèrement acidulées par l'acide chlorhydrique, par l'hyposulfite de sodium en excès; la propriété radioactive se trouve presque entièrement retenue par le précipité;

2° Action de l'acide fluorhydrique et du fluorure de potassium sur les hydrates fraîchement précipités en suspension dans l'eau; la portion dissoute est peu active et l'on peut séparer le titane par ce procédé;

3° Précipitation de la solution neutre des azotates par l'eau oxygénée; le précipité entraîne le corps radioactif;

4° Précipitation des sulfates insolubles; chaque fois que l'on précipite un sulfate insoluble, le sulfate de baryte, par exemple, dans une solution renfermant du thorium actinifère, celui-ci est entraîné et le précipité est fortement radioactif. On retire ensuite le thorium actinifère en transformant les sulfates en chlorures et en précipitant la dissolution de ces derniers par l'ammoniaque. Ce procédé très simple est, comme on voit, très différent de ceux employés généralement pour la séparation des éléments.

Toutes les trois substances radioactives nouvelles se trouvent dans la pechblende en quantité absolument infinitésimale. Pour arriver à les obtenir à l'état de concentration actuel, nous avons été obligés d'entreprendre le traitement de plusieurs tonnes de résidus de minerai d'urane. Le gros traitement se fait dans une usine, il est suivi de tout un travail de purification et de concentration. Nous arrivons ainsi à extraire de ces milliers de kilogrammes de matière première quelques décigrammes de produits qui sont prodigieusement actifs par rapport au minerai dont ils proviennent. Il est bien évident que l'ensemble de ce travail est long, pénible et coûteux ([1]).

M. Giesel, à Brunswick, est aussi parvenu à préparer des produits de bismuth à polonium et de baryum radifère déjà très actifs.

D'après les recherches toutes récentes de MM. Debierne, Giesel, Crookes, Becquerel ([2]), on peut, à la suite de certains traitements, extraire des sels d'urane une très petite quantité d'une substance très active, qui contient probablement de l'actinium. L'uranium ainsi purifié est moins actif qu'auparavant et peut-être même pourra-t-on faire disparaître ainsi toute sa radioactivité. L'uranium ne serait plus alors un élément radioactif. Ce fait, s'il était démontré, ne serait pas cependant en contradiction avec l'idée que la radio-activité est une propriété atomique; seulement, c'est à l'actinium qu'il faudrait reporter la propriété attribuée à l'uranium. S'il est difficile d'obtenir de l'uranium exempt d'actinium, alors on comprend que l'uranium doit avoir l'apparence d'un élément atomiquement radioactif. Le raisonnement qui a conduit à la découverte des nouvelles substances radioactives conserve sa validité.

Spectre du radium. — Il était de première importance de contrôler par tous les moyens possibles l'hypothèse, faite dans ce travail, de l'existence d'éléments nouveaux radioactifs. L'analyse spectrale a, dans le cas du radium, confirmé d'une façon complète cette hypothèse.

([1]) Nous avons de nombreuses obligations et des remercîments à adresser à tous ceux qui nous sont venus en aide dans ce travail. Le Gouvernement autrichien a mis gracieusement à notre disposition la première tonne de résidu traitée (provenant de l'usine de l'État, de Joachimsthal en Bohème). L'Académie des Sciences de Paris, la Société d'Encouragement pour l'Industrie nationale, un donateur anonyme nous ont fourni les moyens de faire traiter une certaine quantité de produit. Notre excellent ami M. Debierne a établi une méthode très avantageuse pour le traitement du résidu et a organisé ce traitement, qui a été effectué dans l'usine de la Société centrale de Produits chimiques. Cette Société a consenti à effectuer le traitement et une partie des fractionnements dans des conditions onéreuses pour elle.

A tous nous adressons nos remercîments bien sincères.

([2]) GIESEL, *Berichte der chem. Gesell.*, juin 1900; CROOKES, *Proc. roy. Soc.*, mai 1900; BECQUEREL, *Comptes rendus,* juin et juillet 1900.

M. Demarçay a bien voulu se charger de l'examen de nos substances par les procédés rigoureux qu'il emploie dans l'étude des spectres photographiques.

Le concours d'un savant aussi compétent a été pour nous un grand bienfait, et nous le remercions bien sincèrement d'avoir bien voulu faire ce travail. Les résultats de l'analyse spectrale sont venus nous donner l'assurance, la certitude, alors que nous avions encore des doutes sur l'interprétation des résultats de notre travail.

Les premiers échantillons de chlorure de baryum radifères médiocrement actifs, examinés par M. Demarçay, lui montrèrent, en même temps que les raies du baryum, une raie nouvelle (3814,7) d'intensité notable dans le spectre ultraviolet. Avec des produits plus actifs préparés ensuite, M. Demarçay vit la raie (3814,7) se renforcer; en même temps d'autres raies nouvelles apparurent et, dans le spectre, les raies nouvelles et celles du baryum avaient des intensités comparables. Dans les derniers échantillons examinés, le nouveau spectre domine et les trois plus fortes raies du baryum, seules visibles, indiquent seulement la présence de ce métal à l'état d'impureté. Ces échantillons peuvent être considérés comme formés de chlorure de radium à peu près pur.

Voici, d'après M. Demarçay (¹), la liste des raies principales du radium pour la portion du spectre comprise entre $\lambda = 5000$ et $\lambda = 3500$. La force de chaque raie est indiquée par un chiffre, la plus forte raie étant marquée 16.

λ.	Force.	λ.	Force.
4826,3	10	4600,3 (?)	3
4726,9	5	4533,5	9
4699,8	3	4436,1	8
4692,1	7	4340,6	12
4683,0	14	3814,7	16
4641,9	4	3649,6	12

Toutes les raies sont nettes et étroites, les trois raies 3814,7, 4683,0, 4340,6 sont fortes; elles atteignent l'égalité avec les raies

---

(¹) *Comptes rendus*, t. CXXVII, 26 décembre 1898, p. 1218; t. CXXIX, 1899, p. 116, et t. CXXXI, 23 juillet 1900, p. 258.

les plus intenses actuellement connues. On aperçoit également dans le spectre deux bandes nébuleuses fortes.

La première, symétrique, s'étend de 4631,0 à 4621,9 avec maximum à 4627,5. La deuxième, plus forte, est dégradée vers l'ultra-violet; elle commence brusquement à 4463,7, passe par un maximum à 4455,2; la région du maximum s'étend jusqu'à 4453,4, puis une bande nébuleuse, graduellement dégradée, s'étend jusque vers 4390.

Dans la partie la moins réfrangible non photographiée du spectre, la seule raie notable est la raie 5665 (environ), bien plus faible cependant que 4826,3.

L'aspect général du spectre est celui des métaux alcalino-terreux; on sait que ces métaux ont des spectres de raies fortes avec quelques bandes nébuleuses.

M. Demarçay pense que le radium peut figurer parmi les corps ayant la réaction spectrale la plus sensible. Cependant il faut une activité initiale de 5o fois celle de l'uranium ordinaire environ, pour apercevoir nettement la raie principale du radium sur les spectres photographiques. Avec un électromètre sensible, on peut déceler la radioactivité pour des activités n'atteignant que le $\frac{1}{100}$ de celle de l'uranium ordinaire; on voit que, pour déceler la présence du radium, la radioactivité est un caractère plusieurs milliers de fois plus sensible que la réaction spectrale.

Le bismuth à polonium très actif, examiné par M. Demarçay, n'a encore donné au spectroscope que les raies du bismuth. De même, le thorium à actinium très actif préparé par M. Debierne n'a encore donné que les raies du thorium.

Masse atomique du radium. — A mesure que nous obtenions des produits de baryum radifère de plus en plus riches en radium, l'un de nous a fait des déterminations successives de la masse atomique du métal contenu dans le chlorure de radium radifère exempt de toute impureté (¹). On dosait le chlore par le chlorure d'argent en partant du chlorure anhydre. En chauffant le chlorure hydraté à 13o°, il perd toute son eau de cristallisation et l'on n'obtient plus ensuite de variation de poids même en chauffant plusieurs

---

(¹) *Comptes rendus,* t. CXXIX, p. 76o, et t. CXXXI, p. 382; nov. 1899 et août 1900.

heures le chlorure anhydre à 150", ce qui indique qu'il n'y a aucune perte sensible de chlore. La masse atomique trouvée est sensiblement celle du baryum (137,5) pour les produits médiocrement actifs. Mais, pour des produits de plus en plus actifs, la masse atomique va en augmentant. Avec un produit riche en radium pour lequel les raies du radium ont une intensité plutôt un peu plus forte que celle du baryum, on a trouvé la masse atomique 174. Malheureusement, il a été impossible de faire une détermination sur le produit à peu près pur examiné au spectroscope par M. Demarçay, parce que nous ne possédons de ce produit que quelques centigrammes, quantité trop faible pour faire un dosage. On peut donc seulement conclure que la masse atomique du radium est très supérieure à 174, et tout semble indiquer que ce corps est l'homologue supérieur du baryum dans la série des métaux alcalino-terreux.

La quantité de radium contenue dans les minerais d'urane est malheureusement prodigieusement faible. Pour obtenir quelques centigrammes de chlorure de radium pur et quelques décigrammes de produits moins concentrés, il a fallu faire traiter deux tonnes de résidu de minerai d'urane. Pour pouvoir faire une détermination de la masse atomique du radium pur et étudier les propriétés physiques et chimiques de ce nouveau métal, il faudrait pouvoir faire traiter encore un certain nombre de tonnes de résidu de minerai d'urane, ce qui nécessiterait de nouvelles dépenses.

Rayons émis par les nouvelles substances radioactives. — Le rayonnement de Becquerel émis par les nouvelles substances radioactives est considérablement plus intense que celui de l'uranium ordinaire; ce rayonnement est *au moins* 100000 fois plus fort. Mais il n'est, à vrai dire, plus possible d'évaluer cette intensité de rayonnement par la méthode électrique décrite ci-dessus. En effet, avec ces substances très actives le courant entre les deux plateaux du condensateur continue à croître avec la différence de potentiel, et l'on n'atteint jamais le courant limite pour les tensions utilisées dans les mesures. De plus, pour les composés de radium et d'actinium, une partie du rayonnement est formée de rayons très pénétrants qui traversent le condensateur et les plateaux métalliques et qui ne sont nullement utilisés à ioniser l'air entre les plateaux.

Les rayons du polonium sont très intenses, mais très peu pénétrants ; ils n'agissent pas dans l'air au delà d'une distance de quelques centimètres, et un écran solide même très mince n'en laisse passer qu'une très faible partie.

Le rayonnement du radium comporte à la fois des rayons peu pénétrants et des rayons très pénétrants. Ces derniers sont capables de traverser plusieurs centimètres de métal ; ils peuvent aussi se propager dans l'air à plus de 1^m de distance du radium. Pour ces rayons pénétrants, le plomb, le platine sont les corps les plus opaques ; l'aluminium, le verre, la paraffine sont relativement transparents.

L'action photographique des nouvelles substances est extrêmement rapide à petite distance. A grande distance on peut obtenir des *radiographies* avec le radium avec un temps de pose suffisant. On peut, par exemple, obtenir la radiographie d'une boîte de compas, d'un porte-monnaie, en utilisant quelques centigrammes de chlorure de baryum radifère placés dans une ampoule de verre. En opérant à 20^{cm} de distance, quelques heures de pose sont nécessaires ; en opérant à 1^m de distance il faut une pose de quelques jours, mais les images sont alors très fines.

Le rayonnement des sels de baryum radifères augmente avec le temps à partir du moment où on les a préparés à l'état solide. Ce rayonnement semble tendre toutefois vers une certaine limite. Ce phénomène d'augmentation du rayonnement est particulièrement intense avec le chlorure de baryum radifère (¹). Quand on évapore à sec une solution de chlorure de baryum radifère, l'activité du produit sec augmente d'abord très rapidement, puis plus lentement, et devient quatre ou cinq fois plus forte que l'activité initiale. Voici, par exemple, les activités que nous avons obtenues avec un produit faiblement actif (activité initiale 95 fois celle de l'uranium ordinaire) : activité initiale 95, après 1 jour 120, après 2 jours 165, après 3 jours 210, après 9 jours 310, après 24 jours 381, après 300 jours 410. Quand on dissout du chlorure actif et qu'on le sèche de nouveau, l'activité initiale obtenue, immédiatement après desséchement, est d'autant plus faible que le sel est resté plus

---

(¹) Ces phénomènes ont été décrits tout d'abord par M. Giesel (*Wied. Ann.*, t. LXIX, 1899, p. 91).

longtemps en solution, mais elle semble tendre vers une valeur constante qui est pratiquement atteinte lorsque le sel est resté quatre ou cinq jours en solution. On voit de quelles précautions il faut s'entourer lorsque l'on veut caractériser une de ces substances par son activité. Nous prenions généralement comme repère le plus pratique l'activité initiale après dessèchement d'une substance laissée quelques jours à l'état de dissolution.

Au contraire, l'activité des composés du polonium décroît lentement avec le temps (Giesel), et cette activité perdue ne semble pas pouvoir être régénérée sans faire, tout au moins, intervenir une action étrangère.

Les rayons des nouvelles substances radioactives ionisent l'air fortement. On peut, comme avec les rayons cathodiques et les rayons de Röntgen, provoquer facilement la condensation de la vapeur d'eau sursaturée.

Sous l'influence des rayons émis par les substances radioactives la distance explosive de l'étincelle entre deux conducteurs métalliques est diminuée ([1]).

Effets de fluorescence, effets lumineux. — Les rayons émis par les nouvelles substances radioactives provoquent la fluorescence de certains corps. Nous avons tout d'abord découvert ce phénomène en faisant agir le polonium et le radium au travers d'une feuille d'aluminium sur une couche de platinocyanure de baryum. Mais un grand nombre d'autres substances sont susceptibles de devenir phosphorescentes sous leur action ; le papier de verre, etc. M. Becquerel a étudié l'action sur les sels d'urane, le diamant, la blende, etc. M. Bary ([2]) a montré que les sels des métaux alcalins et alcalino-terreux, fluorescents sous l'action des rayons lumineux et des rayons de Röntgen, sont également fluorescents sous l'action des rayons du radium.

Tous les composés du baryum radifère sont spontanément lumineux ([3]), mais les sels haloïdes, anhydres et secs, émettent une

---

([1]) ELSTER et GEITEL, *Wied. Ann.*, t. LXIX, p. 673.

([2]) BARY, *Comptes rendus*, t. CXXX, 1900, p. 776.

([3]) CURIE, *Société de Physique*, Paris, 3 mars 1899. — GIESEL, *Wied. Ann.*, t. LXIX, p. 91.

lumière particulièrement intense. Cette luminosité ne peut être vue à la grande lumière du jour, mais on la voit déjà facilement dans une demi-obscurité ou dans une pièce éclairée à la lumière du gaz. La lumière émise peut être assez forte pour que l'on puisse lire en s'éclairant avec un peu de produit. La lumière émise émane de toute la masse du produit, tandis que, pour un corps phosphorescent ordinaire, la lumière émane surtout de la partie de la surface qui a été éclairée. A l'air humide les produits radifères perdent en grande partie leur luminosité, mais ils la reprennent par desséchement (Giesel). La luminosité semble se conserver. Au bout de plus d'un an, aucune modification sensible ne semble s'être produite dans la luminosité des produits faiblement actifs, gardés en tubes scellés, à l'obscurité. Avec du chlorure de baryum radifère, très actif et très lumineux, la lumière change de teinte au bout de quelques mois, elle devient plus violacée et s'affaiblit quelque peu; en même temps le produit subit certaines transformations; mais en redissolvant le sel dans l'eau et en le séchant de nouveau on obtient la luminosité primitive.

Lorsqu'on est dans l'obscurité, on obtient un effet lumineux sur l'œil fermé, en plaçant dans le voisinage de la paupière ou de la tempe un sel de baryum radifère très actif (Giesel). Cet effet s'obtient encore quand le sel radifère est recouvert d'aluminium. On peut attribuer cet effet à une phosphorescence des milieux de l'œil sous l'action des rayons invisibles du radium.

Effets chimiques, coloration du verre. — Les radiations émises par les substances fortement radioactives sont susceptibles de provoquer certaines transformations, certaines réactions chimiques. Les rayons émis par les produits radifères exercent des actions colorantes sur le verre et la porcelaine ([1]).

La coloration du verre, généralement brune ou violette, est très intense; elle se produit dans la masse même du verre, elle persiste après l'éloignement du radium. Tous les verres se colorent en un temps plus ou moins long et la présence du plomb n'est pas nécessaire. Il convient de rapprocher ce fait de celui, observé récem-

---

([1]) Curie, *Comptes rendus*, t. CXXIX, nov. 1899, p. 823.

ment, de la coloration des verres des tubes à vide producteurs des rayons de Röntgen après un long usage.

M. Giesel a montré que les sels haloïdes cristallisés des métaux alcalins (sel gemme, sylvine) se colorent sous l'influence du radium, comme sous l'action des rayons cathodiques. M. Giesel montre que l'on obtient des colorations du même genre en faisant séjourner les sels alcalins dans la vapeur de sodium (¹).

Le papier est altéré et coloré par les rayons du radium. Dans certaines circonstances il y a production d'ozone *dans le voisinage des composés très actifs*.

Les composés radifères semblent s'altérer avec le temps, peut-être sous l'action de leur propre radiation. Ainsi les cristaux de chlorure de baryum radifère sont incolores au moment où ils se déposent dans une solution; mais, au bout de quelques jours, ils prennent souvent une coloration tantôt jaune, tantôt d'un beau rose; cette coloration disparaît par dissolution. Le chlorure de baryum radifère dégage une odeur d'eau de Javel; le bromure dégage du brome. Ces transformations lentes s'affirment généralement quelque temps après la préparation du produit solide, lequel en même temps change d'aspect et de couleur en prenant une teinte jaune ou violacée. La lumière émise devient aussi plus violacée.

Les rayons du radium transforment le platinocyanure de baryum en une variété brune moins lumineuse; ils altèrent également le sulfate d'uranyle et de potasse en le faisant jaunir. Le platinocyanure de baryum transformé est régénéré partiellement par l'action de la lumière. Plaçons le radium au-dessous d'une couche de platinocyanure de baryum étalée sur du papier; le platinocyanure devient lumineux; si l'on maintient le système dans l'obscurité, le platinocyanure s'altère et sa luminosité baisse considérablement. Mais exposons le tout à la lumière, le platinocyanure est partiellement régénéré, et si l'on reporte le tout dans l'obscurité la luminosité reparaît assez forte. On a donc, au moyen d'un corps fluorescent et d'un corps radioactif, réalisé un système qui fonctionne comme un corps phosphorescent à longue durée de phosphorescence.

_____

(¹) Giesel, *Soc. de Phys. allemande,* janvier 1900.

M. Giesel a préparé du platinocyanure de baryum radifère. Quand ce sel vient de cristalliser, il a l'aspect du platinocyanure de baryum ordinaire, et il est très lumineux. Mais peu à peu le sel se colore spontanément et prend une teinte brune, en même temps que les cristaux deviennent dichroïques. A cet état le sel est bien moins lumineux, quoique sa radioactivité ait augmenté (¹).

Action de la température. — Les substances radioactives conservent leurs propriétés après avoir été portées à une température élevée. L'uranium qui a été fondu au four électrique est radioactif. Le chlorure de baryum radifère qui a été fondu (vers 800°) est actif et lumineux. On sait qu'au contraire la phosphorescence acquise par éclairement s'épuise par l'action de la chaleur.

On a encore peu de renseignements sur la manière dont varie l'émission des rayons par les corps radioactifs avec la température. Nous savons cependant que l'émission subsiste aux basses températures. Nous avons placé dans l'air liquide un tube qui contenait du chlorure de baryum radifère. Nous avons constaté que la luminosité persiste dans ces conditions; il est difficile d'apprécier le degré de luminosité tant que le tube plonge dans l'air liquide, mais, au moment où l'on retire le tube de l'enceinte froide, il paraît bien plus lumineux qu'à la température ambiante. Nous avons remarqué aussi qu'à la température de l'air liquide le radium continue à exciter la fluorescence du sulfate d'uranyle et de potassium (²).

Action du champ magnétique sur les rayons de Becquerel. Rayons déviés et non déviés. — On a vu que les rayons émis par les substances radioactives ont un grand nombre de propriétés qui sont communes aux rayons cathodiques et aux rayons de Röntgen. Aussi bien les rayons cathodiques que les rayons de Röntgen ionisent l'air, agissent sur les plaques photographiques, excitent la fluorescence, n'éprouvent pas de réflexion régulière. Mais les rayons cathodiques diffèrent des rayons de Röntgen en

---

(¹) Giesel, *Wied. Ann.*, t. LXIX, p. 91.
(²) Curie, *Société de Physique*, 2 mars 1900.

ce qu'ils sont déviés de leur trajet rectiligne par l'action du champ magnétique et en ce qu'ils sont chargés d'électricité négative.

Les travaux de MM. Giesel, Meyer et v. Schweidler et Becquerel ont montré que les rayons des nouvelles substances radioactives sont déviés par le champ magnétique de la même façon que les rayons cathodiques.

On trouvera dans le Rapport de M. Becquerel un exposé complet de l'action du champ magnétique sur le rayonnement des corps radioactifs; nous nous bornerons ici à donner quelques détails sur les expériences qui nous ont montré que ce rayonnement comprend deux groupes de rayons très distincts : les rayons déviés et les rayons non déviés (¹). Ces expériences ont été faites par la méthode électrique.

Le corps radioactif A (*fig.* 2) envoie des radiations suivant la

Fig. 2.

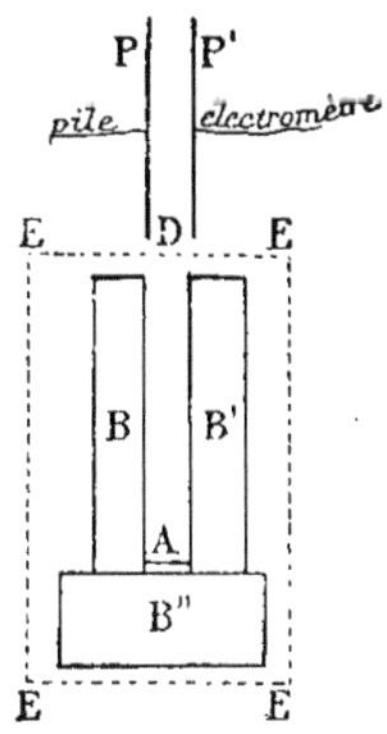

direction AD entre les plateaux P et P'. Le plateau P est maintenu au potentiel de 5oo volts, le plateau P' est relié à un électromètre et à un quartz piézoélectrique. On mesure l'intensité du courant qui passe dans l'air sous l'influence des radiations. On peut à volonté établir le champ magnétique d'un électro-aimant normalement au plan de la figure dans toute la région EEEE. Si les rayons sont déviés, même faiblement, ils ne pénètrent plus entre les plateaux, et le courant est supprimé. La région où passent les rayons est

---

(¹) Curie, *Comptes rendus*, t. CXXX, 8 janvier 1900, p. 73.

entourée par les masses de plomb B, B', B″ et par les armatures de l'électro-aimant; quand les rayons sont déviés, ils sont absorbés par les masses de plomb B et B'.

Les résultats obtenus dépendent essentiellement de la distance AD du corps radiant A à l'entrée du condensateur en D. Si la distance AD est assez grande (supérieure à 7^{cm}), tous les rayons du radium qui arrivent au condensateur sont déviés et supprimés par un champ de 2500 unités. Si la distance AD est plus faible que 65^{mm}, une partie seulement des rayons est déviée par l'action du champ; cette partie est d'ailleurs déjà complètement déviée par un champ de 2500 unités, et la proportion de rayons supprimés n'augmente pas si l'on fait croître le champ de 2500 à 7000 unités.

La proportion des rayons non déviés est d'autant plus grande que la distance AD entre le corps radiant et le condensateur est plus petite. Pour des distances faibles, les rayons qui peuvent être déviés ne constituent plus qu'une très faible fraction du rayonnement total.

Voici, pour un échantillon de carbonate de baryum radifère, les résultats obtenus :

Dans la première ligne figure la distance AD en centimètres. En supposant égal à 100 le courant obtenu sans champ magnétique pour chaque distance, les nombres de la deuxième ligne indiquent le courant qui subsiste quand le champ agit. Ces nombres peuvent être considérés comme donnant le pourcentage des rayons non déviables.

Distance AD	7,1	6,9	6,5	6,0	5,1	3,4
Pour 100 rayons non déviés.	0	0	11	33	56	74

Les rayons déviables sont les plus pénétrants.

Lorsque l'on tamise le faisceau au travers d'une lame absorbante (aluminium ou papier noir), les rayons qui passent sont tous déviables par le champ, de telle sorte qu'à l'aide de l'écran et du champ magnétique tout le rayonnement est supprimé dans le condensateur. Une lame d'aluminium de $\frac{1}{100}$ de millimètre d'épaisseur suffit pour supprimer tous les rayons non déviables, quand la substance est assez loin du condensateur; pour des distances plus petites (34^{mm} et 51^{mm}), deux feuilles d'aluminium de $\frac{1}{100}$ de millimètre sont nécessaires pour obtenir ce résultat.

On a fait des mesures semblables sur quatre substances radifères (chlorures ou carbonates) d'activité très différente; le rapport des activités des produits extrêmes était au moins de 300. Cependant, les résultats ont été très analogues.

On peut remarquer que, pour tous les échantillons, les rayons pénétrants déviables à l'aimant ne sont qu'une faible partie du rayonnement total; ils n'interviennent que pour une faible part dans les mesures où l'on utilise le rayonnement intégral pour produire la conductibilité de l'air.

M. Becquerel a montré que les composés de polonium préparés par nous n'émettent que des rayons non déviables. On peut étudier la radiation émise par le polonium par la méthode électrique. Quand on fait varier la distance AD du polonium au condensateur on n'observe d'abord aucun courant tant que la distance est assez grande; quand on rapproche le polonium, on observe que, pour une certaine distance, qui était de 4^{cm} pour l'échantillon étudié, le rayonnement se fait très brusquement sentir avec une assez grande intensité; le courant augmente ensuite régulièrement si l'on continue à rapprocher le polonium, mais le champ magnétique ne produit aucun effet. Il semble que le rayonnement non déviable du polonium soit délimité dans l'espace et dépasse à peine dans l'air une sorte de gaine entourant la substance sur l'épaisseur de quelques centimètres.

Le polonium de M. Giesel émet des rayons déviables par le champ magnétique, quand il est récemment préparé. De tous les échantillons de polonium préparés par nous, aucun n'en émettait. Nous ne connaissons pas la raison de cette différence.

M. Debierne a trouvé que l'actinium émet des rayons déviables par le champ magnétique; le rayonnement de l'actinium semble présenter une grande analogie avec celui du radium.

Il convient toutefois de faire des réserves générales importantes sur la signification des expériences que nous venons de décrire. Lorsque nous donnons la proportion des rayons déviés par l'aimant il s'agit seulement des radiations susceptibles d'actionner un courant dans le condensateur. En employant comme réactif des rayons de Becquerel, la fluorescence ou l'action sur les plaques photographiques, la proportion serait probablement très différente. Il y a pour le moment, dans la définition de l'intensité d'une radiation, quelque chose de purement conventionnel et cette intensité n'a de sens que pour la méthode de mesure employée.

M. Villard a trouvé, en se servant de la plaque photographique, que les composés radifères émettent des rayons non déviables extrêmement pénétrants. Ces rayons non déviables n'agissent qu'à la longue sur la plaque photographique et, même avec le réactif de la plaque sensible, ils ne constituent qu'une faible partie du rayonnement total. Dans les expériences par la méthode électrique, ces rayons se faisaient peu ou ne se faisaient point sentir.

Le rayonnement du radium se compose donc : 1° des rayons non déviables par l'action du champ magnétique et très peu pénétrants; 2° d'une petite proportion de rayons non déviables très pénétrants; 3° de rayons déviables de diverses natures et, comme M. Becquerel l'a montré, d'autant moins déviables qu'ils sont plus pénétrants.

Pouvoir pénétrant des rayons non déviables. — L'absorption par les écrans de l'ensemble du rayonnement du radium a été étudiée par MM. Meyer et v. Schweidler, et par M. Becquerel qui en rend compte dans son Rapport. Nous ne nous occuperons ici que des particularités curieuses que l'on observe avec les rayons peu pénétrants du polonium et avec les rayons les plus absorbables du radium.

Tandis que, pour les rayons pénétrants du radium, le coefficient d'absorption va en décroissant quand croît l'épaisseur de matière traversée, au contraire, les rayons non déviables peu pénétrants sont d'autant plus absorbables que l'épaisseur de matière qu'ils ont déjà traversée est plus grande ([1]). Cette loi d'absorption singulière est contraire à celle que l'on connaît pour les autres rayonnements.

L'un de nous a employé pour cette étude notre appareil de mesures de la conductibilité électrique avec le dispositif suivant :

Les deux plateaux d'un condensateur PP et P'P' (*fig.* 3) sont horizontaux et abrités dans une boîte métallique BBBB en relation avec la terre. Le corps actif A, situé dans une boîte métallique épaisse CCCC faisant corps avec le plateau P'P', agit sur l'air du

---

([1]) Mme Curie, *Comptes rendus*, t. CXXX, 8 janvier 1900, p. 76.

condensateur au travers d'une toile métallique T; les rayons qui traversent la toile sont seuls utilisés pour la production du courant, le champ électrique s'arrêtant à la toile. On peut faire varier la distance AT du corps actif à la toile. Le champ entre les plateaux est établi au moyen d'une pile; la mesure du courant se fait au moyen d'un électromètre et d'un quartz piézoélectrique.

En plaçant en A sur le corps actif divers écrans et en modifiant

Fig. 3.

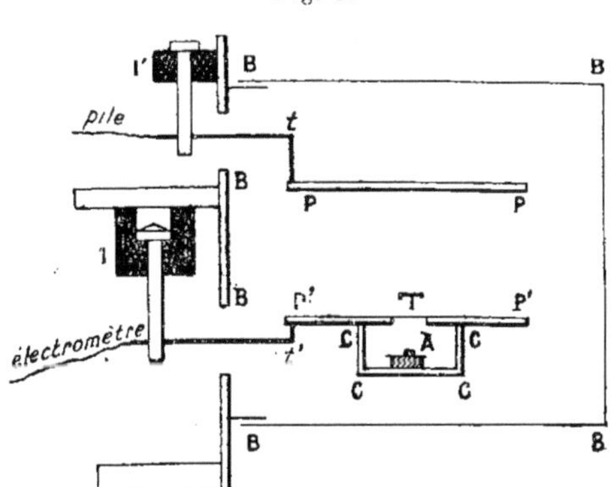

la distance AT, on peut mesurer l'absorption des rayons qui font dans l'air des chemins plus ou moins grands.

Le polonium se prête particulièrement à l'étude des rayons non déviables, puisque les échantillons que nous possédons, quoique très actifs, n'émettent pas du tout de rayons déviables.

Voici les résultats obtenus avec le polonium :

Pour une certaine valeur de la distance AT (4^{cm} et au-dessus), aucun courant ne passe : les rayons ne pénètrent pas dans le condensateur. Quand on diminue la distance AT, l'apparition des rayons dans le condensateur se fait d'une manière assez brusque, de telle sorte que, pour une petite diminution de la distance, on passe d'un courant très faible à un courant très notable; ensuite le courant s'accroît régulièrement quand on continue à rapprocher le corps radiant de la toile T.

Quand on recouvre la substance radiante d'une lame d'aluminium laminé de $\frac{1}{100}$ de millimètre d'épaisseur, l'absorption produite par la lame est d'autant plus forte que la distance AT est plus grande.

Si l'on place sur la première lame d'aluminium une deuxième lame pareille, chaque lame absorbe une fraction du rayonnement qu'elle reçoit, et cette fraction est plus grande pour la deuxième lame que pour la première, de telle façon que c'est la deuxième lame qui semble plus absorbante.

Dans le Tableau qui suit, nous avons fait figurer : dans la première ligne, les distances en centimètres entre le polonium et la toile T ; dans la deuxième ligne, la proportion de rayons pour 100 transmise par une lame d'aluminium ; dans la troisième ligne, la proportion de rayons pour 100 transmise par deux lames du même aluminium.

Distance AT	3,5	2,5	1,9	1,45	0,5
Pour 100 de rayons transmis par une lame..	o	o	5	10	25
Pour 100 de rayons transmis par deux lames.	o	o	o	o	0,7

Dans ces expériences la distance des plateaux P et P' était de 3^{cm}. On voit que l'interposition de la lame d'aluminium diminue l'intensité du rayonnement en plus forte proportion dans les régions éloignées que dans les régions rapprochées.

Cet effet est encore plus marqué que ne l'indiquent les nombres qui précèdent. Ainsi, la pénétration de 25 pour 100, pour la distance $o^{cm},5$, représente la moyenne de pénétration pour tous les rayons qui dépassent cette distance, les rayons extrêmes ayant une pénétration très faible. Si l'on ne recueillait que les rayons compris entre $o^{cm},5$ et 1^{cm}, par exemple, on aurait une pénétration plus grande encore. Et, en effet, si l'on rapproche le plateau P à une distance $o^{cm},5$ de P', la fraction de rayonnement transmise par la lame d'aluminium (pour $AT = o^{cm},5$) est de 47 pour 100 et à travers deux lames elle est de 5 pour 100 du rayonnement primitif.

Les rayons non déviables du radium se comportent comme les rayons du polonium. On peut étudier les rayons non déviables seuls en renvoyant les rayons déviables de côté par l'emploi d'un champ magnétique. Voici les résultats d'une expérience de ce genre, toujours avec la même lame d'aluminium :

Distance AD (*fig.* 2)	6,0	5,1	3,4
Pour 100 de rayons transmis par Al..	3	7	24

Ce sont encore les rayons qui allaient le plus loin dans l'air qui sont les plus absorbés par l'aluminium. Il y a donc une grande analogie entre les rayons non déviables du radium et ceux du polonium; les rayons déviables, au contraire, seraient de nature différente.

Si l'on utilise l'ensemble des rayons émis, le phénomène se trouve compliqué par la présence des rayons déviables et pénétrants, dont la loi d'absorption est différente. Si l'on observe à grande distance, ces derniers rayons dominent et l'absorption est faible; si l'on observe à petite distance, les rayons non déviables dominent et l'absorption est d'autant plus faible qu'on se rapproche plus de la substance; pour une distance intermédiaire, l'absorption passe par un maximum et la pénétration par un minimum.

Dans ces diverses expériences, l'écran est toujours placé à la même distance du radium.

Distance AD......................	7,1	6,5	6,0	5,1	3,4
Pour 100 de rayons transmis par Al..	91	82	58	41	48

Devant des propriétés si particulières des rayons non déviables des corps radioactifs on pouvait se demander si ce sont bien là véritablement des rayons possédant la propagation rectiligne.

M. Becquerel a élucidé cette question par une expérience directe. Le polonium émettant les rayons non déviables était placé dans une cavité linéaire très étroite, creusée dans une feuille de carton. On avait ainsi une source linéaire de rayons. Un fil de cuivre de $1^{mm},5$ de diamètre était placé parallèlement en face du fil à une distance de 5^{mm}. Une plaque photographique était placée parallèlement à une distance de 8^{mm} au delà. Après une pose de 10 minutes, l'ombre géométrique du fil était reproduite d'une façon parfaite avec les dimensions prévues et une pénombre très étroite de chaque côté correspondant bien à la largeur de la source. La même expérience réussit également bien en plaçant contre le fil une double feuille d'aluminium battu que les rayons sont obligés de traverser.

Il s'agit donc bien de rayons capables de donner des ombres géométriques parfaites. L'expérience avec l'aluminium montre que ces rayons ne sont pas fortement diffusés en traversant une lame d'aluminium battu et que cette lame n'émet pas en quantité importante des rayons secondaires analogues aux rayons secondaires des rayons de Röntgen.

Charge électrique des rayons du radium. — Les rayons cathodiques sont, comme l'a montré M. Perrin, chargés d'électricité négative [1]. De plus, ils peuvent, d'après les expériences de M. Perrin et de M. Lenard [2], transporter leur charge à travers des enveloppes métalliques réunies à la terre et à travers des lames isolantes. En tout point où les rayons cathodiques sont absorbés se fait un dégagement continu d'électricité négative. Nous avons constaté qu'il en est de même pour les rayons déviables du radium. Les rayons déviables du radium sont chargés d'électricité négative.

Étalons la substance radioactive sur l'un des plateaux d'un condensateur, ce plateau étant relié métalliquement à la terre; le second plateau est relié à un électromètre, il reçoit et absorbe les rayons émis par la substance. Si les rayons sont chargés, on doit observer une arrivée continue d'électricité à l'électromètre. Cette expérience, réalisée dans l'air, ne nous a pas permis de déceler une charge des rayons. Mais l'expérience ainsi faite n'est pas sensible. L'air entre les plateaux étant rendu conducteur par les rayons, l'électromètre n'est plus isolé et ne peut accuser que des charges assez fortes.

Pour que les rayons non déviables ne puissent apporter de trouble dans l'expérience, on peut les supprimer en recouvrant la source radiante d'un écran métallique mince; le résultat de l'expérience n'est pas modifié [3].

Nous avons sans plus de succès répété cette expérience dans l'air

---

[1] *Comptes rendus,* t. CXXI, p. 1130, et *Ann. de Ch. et de Phys.,* 7e série, t. II, 1897, p. 433. Dans les expériences de M. Perrin, l'ordre de grandeur de la charge était de 10^{-6} coulomb pour une interruption de la bobine.

[2] LENARD, *Wied. Ann.,* t. LXIV, 1898, p. 279.

[3] A vrai dire, dans ces expériences, on observe toujours une déviation à l'électromètre, mais il est facile de se rendre compte que ce déplacement est un effet de la force électromotrice de contact qui existe entre le plateau relié à l'électromètre et les conducteurs voisins; cette force électromotrice fait dévier l'électromètre, grâce à la conductibilité de l'air soumis au rayonnement du radium.

en faisant pénétrer les rayons dans l'intérieur d'un cylindre de
Faraday en relation avec l'électromètre (¹).

On pouvait déjà se rendre compte, d'après les expériences qui
précèdent, que la charge des rayons du produit radiant employé
était considérablement plus faible que celle des rayons cathodiques.

Pour constater un faible dégagement d'électricité sur le conducteur qui absorbe les rayons, il faut que ce conducteur soit bien
isolé électriquement; pour obtenir ce résultat, il est nécessaire de
le mettre à l'abri de l'air, soit en le plaçant dans un tube avec un
vide très parfait, soit en l'entourant d'un bon diélectrique solide.
C'est ce dernier dispositif que nous avons employé.

Un disque conducteur MM (*fig.* 4) est relié par la tige métal-

Fig. 4.

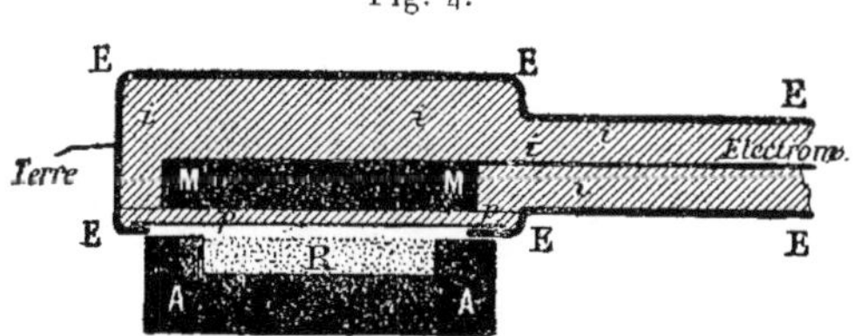

lique *t* à l'électromètre; disque et tige sont complètement entourés
de matière isolante *iiii*; le tout est recouvert d'une enveloppe
métallique EEEE qui est en communication électrique avec la
terre. Sur l'une des faces du disque, l'isolant *pp* et l'enveloppe
métallique sont très minces. C'est cette [face qui est exposée au
rayonnement du sel de baryum radifère R, placé à l'extérieur dans
une auge en plomb (²). Les rayons émis par le radium traversent
l'enveloppe métallique et la lame isolante *pp* et sont absorbés par
le disque métallique MM. Celui-ci est alors le siège d'un dégage-

---

(¹) Le dispositif du cylindre de Faraday n'est pas nécessaire, mais il pourrait
présenter quelques avantages dans le cas où il se produirait une forte diffusion
des rayons par les parois frappées. On pourrait espérer ainsi recueillir et utiliser
ces rayons diffusés, s'il y en a.

(²) L'enveloppe isolante doit être parfaitement continue. Toute fissure remplie d'air allant du conducteur intérieur jusqu'à l'enveloppe métallique est une
cause de courant dû aux forces électromotrices de contact utilisant la conductibilité de l'air sous l'action du radium.

ment continu et constant d'électricité négative que l'on constate à l'électromètre et que l'on mesure à l'aide du quartz piézoélectrique.

Le courant ainsi créé est très faible. Avec du chlorure de baryum radifère très actif formant une couche de $2^{cm^2},5$ de surface et de $0^{cm},2$ d'épaisseur, on obtient un courant de l'ordre de grandeur de 10^{-11} ampère, les rayons utilisés ayant traversé, avant d'être absorbés par le disque MM, une épaisseur d'aluminium de $0^{mm},01$ et une épaisseur d'ébonite de $0^{mm},3$.

Nous avons employé successivement du plomb, du cuivre et du zinc pour le disque MM, de l'ébonite et de la paraffine pour l'isolant; les résultats obtenus ont été les mêmes.

Le courant diminue quand on éloigne la source radiante R, ou quand on emploie un produit moins actif.

Nous avons encore obtenu les mêmes résultats en remplaçant le disque MM par un cylindre de Faraday rempli d'air, mais enveloppé extérieurement par une matière isolante. L'ouverture du cylindre, fermée par la plaque isolante mince pp, était en face de la source radiante.

Enfin nous avons fait l'expérience inverse, qui consiste à placer l'auge de plomb avec le radium au milieu de la matière isolante et en relation avec l'électromètre (*fig.* 5), le tout étant enveloppé par l'enceinte métallique reliée à la terre.

Dans ces conditions, on observe à l'électromètre que le radium

Fig. 5.

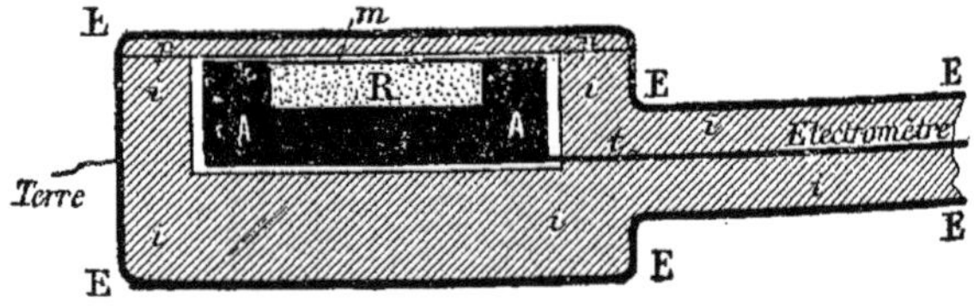

prend une charge positive et égale en grandeur à la charge négative de la première expérience. Les rayons du radium traversent la plaque diélectrique mince pp et quittent le conducteur intérieur en emportant de l'électricité négative.

Les rayons non déviables du radium n'interviennent pas dans ces expériences, étant absorbés presque totalement par une épaisseur extrêmement faible de matière. La méthode qui vient d'être décrite ne convient pas non plus pour l'étude de la charge des rayons du polonium, ces rayons étant également très peu pénétrants. Nous n'avons observé aucun indice de charge avec du polonium, qui émet seulement des rayons non déviables, mais, pour la raison qui précède, on ne peut tirer de cette expérience aucune conclusion.

Ainsi, dans le cas des rayons déviables du radium, comme dans le cas des rayons cathodiques, les rayons transportent de l'électricité. Or, jusqu'ici on n'a jamais reconnu l'existence de charges électriques non liées à la matière. On est donc amené à se servir, dans l'étude de l'émission des rayons déviables du radium, de la même théorie que celle actuellement en usage dans l'étude des rayons cathodiques. Dans cette théorie balistique, qui a été formulée par Sir W. Crookes, puis développée et complétée par M. J.-J. Thomson, les rayons cathodiques sont constitués par des particules matérielles extrêmement ténues qui sont lancées par la cathode avec une très grande vitesse et qui sont chargées d'électricité négative. On peut de même concevoir que le radium envoie dans l'espace des particules matérielles chargées négativement.

Un échantillon de radium qui serait isolé électriquement d'une façon parfaite se chargerait spontanément en peu de temps à un potentiel extraordinairement élevé. Dans l'hypothèse balistique, le potentiel augmenterait jusqu'à ce que la différence de potentiel avec les conducteurs environnants devînt suffisante pour empêcher l'éloignement des particules électrisées émises et amener leur retour à la source radiante.

Si le radium rayonne de la matière pondérable, il doit éprouver une perte de masse. Si le rapport de la charge électrique à la masse était le même que dans l'électrolyse, le radium, dans notre expérience, perdrait trois équivalents en milligrammes en un million d'années. Cette perte ne pourrait être appréciée à la balance.

Radioactivité induite. — Nous avons trouvé que toute substance placée dans le voisinage du radium acquiert elle-même une radioactivité qui peut persister pendant plusieurs heures et même plusieurs jours après l'éloignement du radium. Le même effet a été observé bien plus faible avec le polonium ([1]).

---

[1] Curie, *Comptes rendus*, t. CXXIX, nov. 1899, p. 714.

La *radioactivité induite* croît avec le temps pendant lequel
agit le radium jusqu'à une certaine limite. Après que l'on a retiré
le radium, elle décroît de même d'abord rapidement, puis de plus
en plus lentement, en suivant une loi asymptotique; elle tend à
disparaître ou tout au moins à devenir très faible pour des temps
suffisamment grands.

En exposant des disques métalliques divers à l'action du radium,
on constate que la nature du métal ne semble pas avoir une importance prépondérante; on obtient des résultats de même ordre de
grandeur avec le zinc, le laiton, le bismuth, le nickel, l'aluminium,
le plomb.

Voici une courbe (*fig.* 6) qui montre comment varie la radio-

Fig. 6.

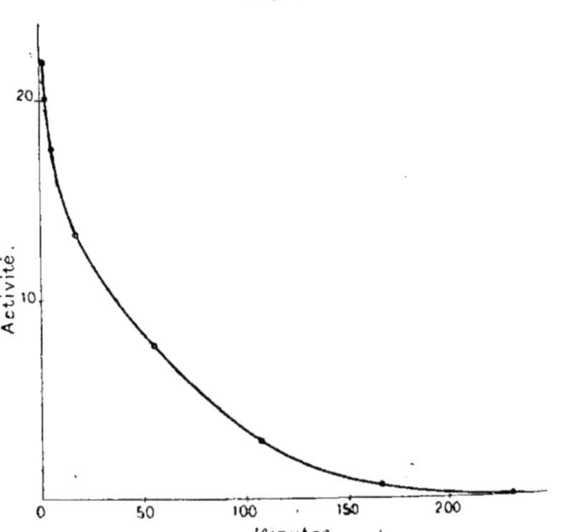

activité induite en fonction du temps quand on a soustrait la
substance activée à l'action du radium. Cette courbe se rapporte
à un disque en zinc de 8^{cm} de diamètre, qui s'est activé étant
placé en regard d'une surface de chlorure de baryum radifère
de 4^{cm} de diamètre et à 3^{cm} de distance. L'échantillon de chlorure
employé était environ 2000 fois plus actif que l'uranium; la radioactivité induite maximum est 20 fois celle de l'uranium ordinaire; elle décroît rapidement à partir du moment où l'on a éloigné
le radium et, au bout de 2 heures, elle est devenue 8 fois plus
faible.

On peut se demander si la radioactivité induite n'est pas due simplement au transport de la matière active sur la matière inactive voisine, ce transport pouvant se faire sous forme de poussières ou de vapeurs. Cette explication est improbable pour diverses raisons. Le transport de poussières ne semble pas compatible avec la disparition régulière et progressive de l'activité. D'autre part, on peut employer comme matière active le chlorure de baryum radifère, qui est soluble; on peut alors s'assurer que la radioactivité induite n'est pas détruite par un lavage soigné, à l'eau, du disque activé; elle ne l'est pas davantage par un chauffage du disque, même à la température du rouge.

Il est possible de produire la radioactivité induite dans une substance en la soumettant à l'action du radium, ce dernier étant complètement enfermé dans une boîte métallique, et cela rend encore bien moins probable l'hypothèse d'un transport de matière ordinaire.

Les intensités des effets de radioactivité induite varient beaucoup avec l'échantillon du corps actif utilisé, à activité égale; le chlorure de baryum radifère produit plus fortement cet effet que le carbonate. Certains échantillons de chlorure produisaient des effets très irréguliers, l'activité induite variant d'un jour à l'autre dans de très fortes proportions sans que nous ayons pu reconnaître la cause de ces variations.

Nous avons aussi opéré en établissant des différences de potentiel entre le corps activant et le corps activé; les résultats irréguliers obtenus ne nous permettent pas de dire si le champ électrique modifie l'intensité de la radioactivité induite.

Nous avons obtenu des effets de radioactivité induite très intenses en mettant des disques métalliques directement au contact du chlorure de baryum radifère; au bout d'un certain temps, on retirait les disques, on les lavait soigneusement et l'on étudiait leur courbe de radioactivité à l'électromètre. Nous avons obtenu ainsi des radioactivités qui, à la première mesure, étaient jusqu'à 100 fois plus grandes que celle de l'uranium.

Les substances inactives que l'on introduit dans une dissolution renfermant un sel de radium très actif prennent généralement une forte radioactivité induite et la conservent après avoir été séparées du radium. Ce fait a été observé aussi bien par nous que par M. Giesel, qui a ainsi activé du bismuth (¹). La difficulté de ces expériences consiste dans les soins extrêmes qu'il faut prendre pour éliminer le radium de la dissolution. L'expérience réussit très bien avec le bismuth.

M. Villard (²) a soumis à l'action des rayons cathodiques un morceau de bismuth placé comme anticathode dans un tube de Crookes; ce bismuth a été ainsi rendu actif, à vrai dire, d'une façon extrêmement faible, car il fallait huit jours de pose pour obtenir une impression photographique. On pourrait donc ainsi créer la radioactivité sans faire intervenir une substance radioactive.

M. Rutherford (³) a obtenu des effets de radioactivité induite en se servant du thorium comme substance activante. Les résultats généraux sont les mêmes que ceux obtenus avec le radium. Cependant, d'après M. Rutherford, on obtient des effets particulièrement intenses en plaçant dans le voisinage du thorium un corps métallique de petite dimension (un fil de platine, par exemple) porté à un potentiel négatif de 5oo volts tandis que le thorium est à la terre. L'activité induite se concentre sur le fil. En traitant celui-ci par l'acide sulfurique et en évaporant à sec, M. Rutherford obtient un résidu bien plus actif que le thorium.

M. Debierne (⁴) a obtenu des effets de radioactivité induite très intenses en utilisant comme substance activante l'actinium fortement actif, qui semble particulièrement propre à produire des effets de ce genre. Il a activé les sels de baryum en les maintenant en dissolution avec les sels d'actinium. Il a obtenu une activation encore plus grande en entraînant l'actinium dans un précipité de sulfate de baryte et en laissant les corps longtemps en contact. En retirant ensuite l'actinium comme il a été dit plus haut, le baryum reste actif si le contact a été suffisamment prolongé. On obtient ainsi des *sels de baryum activés.*

On peut se demander si les substances ainsi activées sont analogues aux substances radioactives ordinaires. Il y a là une question

---

(¹) *Société de Physique de Berlin,* janvier 1900.
(²) VILLARD, *Société de Physique,* juillet 1900.
(³) RUTHERFORD, *Phil. Mag.,* février 1900.
(⁴) *Comptes rendus,* t. CXXXI, 3o juillet 1900, p. 333.

à résoudre d'une très grande importance étant donné le caractère atomique de la radioactivité ordinaire. M. Debierne a su aborder cette question et lui faire faire un grand pas en utilisant le chlorure de baryum activé par l'actinium dont nous venons de parler.

Le *baryum activé* possède en partie, mais en partie seulement, les propriétés du *radium*.

Le *baryum activé* reste actif après diverses transformations chimiques; son activité est donc une propriété atomique. Le chlorure de baryum activé se fractionne comme du chlorure de baryum radifère, les parties les plus actives étant les moins solubles dans l'eau et l'acide chlorhydrique. M. Debierne a ainsi obtenu par fractionnement des produits 1000 fois plus actifs que l'uranium ordinaire. Le chlorure sec est spontanément lumineux. Il émet des rayons semblables aux rayons du radium. Ces rayons sont déviés dans le champ magnétique et provoquent la fluorescence.

Cependant ce *baryum activé* se distingue du radium en ce qu'il ne possède pas le spectre du radium ; à cette différence fondamentale vient s'en joindre une autre : l'activité du produit diminue avec le temps comme pour toutes les substances activées et, au bout de trois semaines, l'activité est trois fois plus faible qu'au début et continue à décroître.

M. Debierne obtient donc ainsi une substance qui a des propriétés intermédiaires entre celles du baryum et celles du radium.

Les résultats obtenus par M. Debierne sont très suggestifs au point de vue des idées que l'on peut se faire sur la nature des éléments chimiques.

Malheureusement, l'actinium qui sert dans ces recherches est encore plus rare que le radium dans les minerais d'urane, et la séparation en est encore plus pénible. Pour obtenir la petite quantité de thorium à actinium très actif dont il s'est servi, M. Debierne a utilisé les produits provenant d'une tonne de résidu d'urane dans le traitement dont nous avons parlé plus haut.

Dissémination des poussières radioactives. — Lorsque l'on fait des études sur les substances fortement radioactives, il est nécessaire de prendre des précautions particulières si l'on veut pouvoir continuer à faire des mesures délicates. Les divers objets employés dans le laboratoire de Chimie ne tardent pas à être tous radioactifs et à agir sur les plaques photographiques au travers du papier noir. Les poussières, l'air de la pièce, les vêtements sont radioactifs. Dans la salle d'études physiques, l'air de la pièce devient conducteur; MM. Elster et Geitel attiraient dernièrement l'attention sur ce point [1]. Dans le laboratoire où nous travaillons, le mal est arrivé à l'état aigu et nous ne pouvons plus avoir un appareil bien isolé.

Il y a donc lieu de prendre des précautions particulières pour éviter autant que possible la dissémination des poussières actives et pour éviter aussi les phénomènes d'activité induite.

Les objets employés en Chimie ne doivent jamais être emportés dans la salle d'études physiques, et il faut autant que possible éviter de laisser séjourner inutilement dans cette salle les substances actives. Avant de commencer ces études nous avions coutume, dans les travaux d'électricité statique, d'établir la communication entre les divers appareils par des fils métalliques isolés protégés par des cylindres métalliques en relation avec le sol, qui préservaient les fils contre toute influence électrique extérieure. Dans les études sur les corps radioactifs, cette disposition est absolument défectueuse; l'air étant conducteur, l'isolement entre le fil et le cylindre est mauvais et la force électromotrice de contact inévitable entre le fil et le cylindre tend à produire un courant à travers l'air et à faire dévier l'électromètre. Il vaut mieux mettre tous les fils de communication à l'abri de l'air en les mettant, par exemple, au milieu de cylindres remplis de paraffine ou d'une autre matière isolante. Nous pensons qu'il y aurait aussi avantage à faire usage, dans ces études, d'électromètres *rigoureusement* clos.

Nature des rayons de Becquerel. — Le rayonnement de Becquerel est constitué par un mélange de rayons chargés d'électricité, déviables dans le champ magnétique, analogues aux rayons cathodiques, et de rayons non déviables par le champ magnétique et analogues aux rayons de Röntgen. Ce mélange n'a rien qui doive nous étonner. Dans les tubes à vide, les rayons X naissent à toute paroi frappée par les rayons cathodiques. D'autre part les rayons X en frappant les corps donnent naissance aux rayons secondaires

---

[1] *Ann. der Physik,* juillet 1900.

étudiés par M. Sagnac, et ces rayons secondaires semblent formés eux-mêmes par un mélange de rayons non déviables et de rayons chargés d'électricité analogues aux rayons cathodiques (¹). L'analogie est donc grande entre l'émission spontanée des corps radioactifs et les rayons secondaires des rayons de Röntgen. Cette analogie nous avait frappés dès le début de cette étude, et depuis elle n'a fait que s'accentuer.

Mais la spontanéité du rayonnement est une énigme, un sujet d'étonnement profond.

Quelle est la source de l'énergie des rayons de Becquerel ? Faut-il la chercher dans les corps radioactifs eux-mêmes ou bien à l'extérieur ?

Conformément à ce qui vient d'être dit, on pourrait considérer les rayons de Becquerel comme une émission secondaire due à des rayons analogues aux rayons X traversant tout l'espace et tous les corps.

Si l'émission, prise dans son ensemble, n'était pas une émission secondaire, cela pourrait être encore vrai pour l'un des deux groupes de rayons; on pourrait considérer comme rayons primaires soit les rayons non déviables, soit les rayons déviables.

Dans le premier cas, l'énergie pourrait être empruntée au milieu ambiant sous forme de chaleur, mais une semblable hypothèse serait en contradiction avec le principe de Carnot.

Dans le second cas, on pourrait avoir recours à l'hypothèse balistique telle qu'elle a été édifiée par Sir W. Crookes et M. J.-J. Thomson pour l'explication des propriétés des rayons cathodiques. Le radium émettrait d'une façon continue des particules extrêmement petites chargées d'électricité négative. L'énergie utilisable emmagasinée sous forme d'énergie potentielle se dissiperait peu à peu, et cette manière de voir conduirait nécessairement à ne plus admettre l'invariabilité de l'atome.

(¹) Curie et Sagnac, *Comptes rendus,* t. CXXX, p. 1013; 9 avril 1900.

LA RADIOACTIVITÉ INDUITE

PROVOQUÉE PAR LES SELS DE RADIUM.

En commun avec A. DEBIERNE.

Comptes rendus de l'Académie des Sciences, t. CXXXII, p. 548,
séance du 4 mars 1901.

M. et Mme Curie ont établi qu'une substance quelconque, placée dans le voisinage d'un sel de baryum radifère, devient elle-même radioactive. Cette radioactivité induite persiste pendant longtemps après l'éloignement du sel de baryum radifère; cependant elle diminue avec le temps, d'abord rapidement, puis de plus en plus lentement, et semble tendre asymptotiquement vers zéro. M. A. Debierne a montré que les sels de baryum mis en contact intime avec les sels d'actinium acquièrent temporairement une partie des propriétés des sels de baryum radifère et conservent cet état pendant plusieurs mois.

D'autre part, Mme Curie avait constaté, en mesurant la radioactivité de l'oxyde de thorium, des irrégularités qui n'avaient pu être expliquées à ce moment. M. Owens fit les mêmes remarques et montra que les courants d'air suppriment, en quelque sorte, une partie de l'activité de l'oxyde de thorium. M. Rutherford, étudiant à nouveau ce phénomène, montra que l'air ayant séjourné dans le voisinage de l'oxyde de thorium, et entraîné au loin, conserve pendant environ 10 minutes ses propriétés conductrices. Il observa également que l'oxyde de thorium était capable de produire des phénomènes de radioactivité induite analogues à ceux provo-

qués par les sels de radium. Enfin il constata ce fait important
que les corps chargés d'électricité négative s'activaient plus énergiquement que les autres. M. Rutherford explique ces phénomènes
en admettant que l'oxyde de thorium dégage une émanation radioactive particulière, susceptible d'être entraînée par l'air et chargée
d'électricité positive par les ions positifs de l'air. Cette émanation
serait la cause de la radioactivité induite. M. Dorn a reproduit,
avec les sels de baryum radifères, les expériences que MM. Owens
et Rutherford avaient faites avec l'oxyde de thorium.

Enfin rappelons que, dès le début de leurs recherches sur les
corps radioactifs, M. et Mme Curie ont pu obtenir, en chauffant
la pechblende, un gaz qui est resté radioactif pendant un mois [1].

Nous avons entrepris de nouvelles recherches sur cette radioactivité induite, qui se présente sous des aspects très variés et dont
la nature nous paraît loin d'être élucidée.

La radioactivité était étudiée par la méthode électrique. Nous
citerons les expériences suivantes :

1° La radio-activité induite est beaucoup plus intense lorsqu'on
opère en vase clos. La matière active est placée dans une petite

Fig. 1.

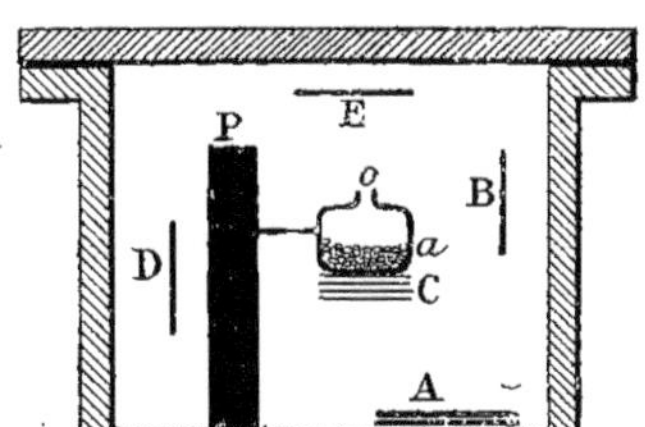

ampoule en verre mince *a* ouverte en *o* et placée au milieu d'un
vase complètement clos (*fig.* 1). Diverses plaques B, D, E, suspendues dans le vase en différentes régions, s'activent à peu près

---

(1) M. et Mme CURIE, *Comptes rendus*, novembre 1899. — A. DEBIERNE,
Comptes rendus, juillet 1900. — Mme CURIE, *Comptes rendus*, avril 1898. —
OWENS, *Phil. Mag.*, octobre 1899. — RUTHERFORD, *Phil. Mag.*, janvier et fé-
vrier 1900. — DORN, *Abh. Naturforsch. Gesell. Halle*, juin 1900. — M. et
Mme CURIE, *Congrès de Physique*, 1900.

également au bout d'un jour d'exposition. La lame D, placée à l'abri du rayonnement derrière l'écran en plomb PP, est activée autant que B et E. Une plaque telle que A, appuyée sur une paroi, est fortement activée sur la face exposée à l'air de la boîte; la face posée contre la paroi ne l'est sensiblement pas. Dans une série de plaques au contact C, placées contre l'ampoule, c'est seulement la face extérieure de la dernière plaque exposée à l'air qui est activée fortement. Toutes les substances semblent s'activer à peu près de la même manière (plomb, cuivre, aluminium, verre, ébonite, carton, paraffine).

Avec du chlorure de baryum radifère très actif (poids atomique du métal : 174), les plaques exposées pendant quelques jours prennent une activité 8000 fois plus forte qu'une plaque d'uranium métallique de mêmes dimensions. Exposées à l'air libre, elles perdent la plus grande partie de leur activité en un jour. L'activité disparaît beaucoup plus lentement lorsque les plaques sont laissées dans l'enceinte fermée après avoir retiré la matière active.

Enfin, si l'on répète les expériences précédentes avec l'ampoule a complètement fermée, on n'obtient aucune activité induite.

2° La petite chambre C ($fig.$ 2) contenant le corps actif communique avec les chambres C′ et C″ contenant les corps A et B à activer, par des tubes capillaires (diamètre intérieur, o^{mm},1; longueurs,

Fig. 2.

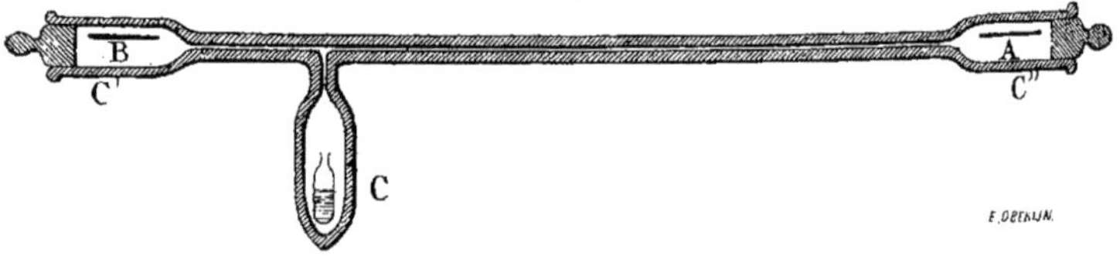

5^{cm} et 75^{cm}). Les chambres C, C′ et C″ étant très petites, l'activation se fait très rapidement et aussi fortement que si A et B étaient dans la même chambre que le corps actif.

Ces phénomènes ont été constatés avec divers sels de baryum radifère (chlorure, sulfate, carbonate). Les composés d'actinium produisent également la radioactivité induite. Au contraire, les sels de polonium, même très actifs, ne produisent aucune activation. Comme on sait, du reste, que le polonium n'émet pas de rayons déviables par le champ magnétique, il convient peut-être de rapprocher ces deux faits l'un de l'autre.

On peut conclure, de ces premières expériences, que le rayonnement du radium n'intervient pas dans le phénomène de radioactivité induite. Seuls pourraient intervenir des rayons extrêmement absorbables qui agiraient sur l'air en contact immédiat avec la matière radiante.

La radioactivité induite se transmet dans l'air de proche en proche, depuis la matière radiante jusqu'au corps à activer; elle peut même se transmettre par des tubes capillaires très étroits. Les corps s'activent progressivement, d'autant plus rapidement que l'enceinte dans laquelle ils se trouvent est plus petite, et tendent à prendre une activité induite limite comme dans un phénomène de saturation. L'activité limite est d'autant plus élevée que le produit agissant est plus actif.

La théorie de l'émanation de M. Rutherford permet d'expliquer assez bien ces différents résultats; mais, comme on peut concevoir facilement d'autres explications satisfaisantes, il nous semble prématuré d'adopter une théorie quelconque. De nouveaux faits sont nécessaires pour élucider la question.

Quoi qu'il en soit, ce phénomène se présente comme une des propriétés les plus importantes des corps radioactifs. Peut-être est-il le complément nécessaire du rayonnement déviable.

SUR

LA RADIOACTIVITÉ INDUITE

ET

LES GAZ ACTIVÉS PAR LE RADIUM.

En commun avec A. DEBIERNE.

Comptes rendus de l'Académie des Sciences, t. CXXXII, p. 768,
séance du 25 mars 1901.

Dans une précédente Communication, nous avons établi que la radioactivité induite n'est pas produite par le rayonnement direct des sels de radium, mais qu'elle se communique par l'air de proche en proche, depuis le sel de radium jusqu'aux corps qui s'activent[1]. Nous avons cherché à préciser le rôle des gaz dans ce phénomène, et voici les résultats nouveaux que nous avons obtenus.

La matière active, contenue dans une petite ampoule ouverte, est placée avec le corps à activer (une lame de cuivre, par exemple) dans un tube scellé, rempli d'air à la pression atmosphérique. Le corps s'active peu à peu et finit par prendre une activité limite, toujours la même pour la même matière radioactive. En remplaçant, dans cette expérience, l'air par l'hydrogène, on observe la même activation limite. On peut encore répéter cette expérience avec de l'air en faisant varier la pression dans le tube; nous avons constaté qu'avec une pression assez basse (1^{cm} de mercure) la limite de l'activation est encore la même. Par conséquent, la quan-

---

[1] *Comptes rendus*, février 1901.

tité et la nature des gaz en présence n'ont pas d'influence sur la radioactivité induite.

Le résultat n'est pas le même lorsque, au lieu de faire un vide partiel dans le tube, on y fait un vide très parfait (pression mesurée à la jauge inférieure à $\frac{1}{1000}$ de millimètre de mercure), et *lorsqu'on maintient ce vide pendant toute la durée de l'expérience*, en faisant marcher la trompe à mercure d'une façon continue. Dans ces conditions le corps ne s'active pas ; bien plus, s'il a déjà été activé, son activité disparaît. Ainsi la radioactivité induite ne se propage plus lorsqu'on supprime toute pression dans l'appareil.

Si, après avoir fait un vide très parfait, on isole l'appareil de la trompe, on constate, au bout d'un temps plus ou moins long, que la lame de cuivre s'est activée aussi fortement que dans l'air. Mais, en même temps que la lame s'active, des gaz occlus se dégagent de la substance active et déterminent dans le tube une faible pression dont la grandeur varie avec l'échantillon étudié. On peut recueillir les gaz occlus dont l'apparition coïncide avec celle de la radioactivité induite. Pour cela on fait d'abord un vide aussi parfait que possible sur la substance radioactive, puis on chauffe celle-ci, et les gaz dégagés sont extraits à l'aide de la trompe à mercure. En même temps, au moyen d'un petit tube de Geissler soudé sur l'appareil, on examine le spectre de ces gaz. Nous n'avons trouvé dans ce spectre aucune raie nouvelle. Généralement le spectre des gaz carbonés domine ; on aperçoit aussi les raies de l'hydrogène, celles de l'azote et celles de la vapeur de mercure provenant de la trompe.

Les gaz recueillis, dont le volume est petit, sont, malgré leur faible masse, violemment radioactifs. Ces gaz, agissant au travers du verre de l'éprouvette qui les contient, impressionnent en un instant une plaque photographique enveloppée de papier noir, et déchargent très rapidement les corps électrisés. Leur activité est telle qu'elle provoque la fluorescence du verre de l'éprouvette, qui est lumineux dans l'obscurité. Ce verre noircit rapidement comme lorsqu'il est exposé au rayonnement des corps les plus fortement radioactifs. L'activité du gaz activé diminue constamment, mais avec une lenteur extrême : du gaz recueilli depuis 10 jours est toujours très fortement actif.

L'air du laboratoire dans lequel nous travaillons depuis plusieurs

années est devenu progressivement de plus en plus conducteur; il
n'est plus possible d'avoir un appareil bien isolé et l'on ne peut plus
faire que des mesures grossières à l'électromètre. Cet état déplo-
rable ne nous semble pas pouvoir s'expliquer par le rayonnement
direct des poussières radioactives disséminées dans le laboratoire;
il est probablement dû en grande partie à la formation continue
de gaz radioactifs analogues à ceux dont nous venons de parler (¹).

En chauffant du chlorure de radium hydraté dans le vide, nous
avons obtenu une certaine quantité d'eau distillée qui a été recueillie dans une ampoule. L'eau s'est montrée radioactive; cette eau
évaporée ne laissait aucun résidu radioactif; si on la conserve en
tube scellé, son activité ne disparaît que très lentement.

Nous ne pensons pas encore avoir élucidé le mécanisme de la
propagation de la radioactivité induite. On peut, il est vrai, supposer que des gaz ordinaires contenus dans l'air s'activent au contact de la matière radioactive et se diffusent ensuite en communiquant, par contact, leur activité aux autres corps; mais bien des
faits ne sont pas expliqués avec cette manière de voir. En effet,
l'activation limite est sensiblement indépendante de la pression et
de la nature du gaz; de plus, la propagation de l'activité par les
tubes capillaires semble beaucoup trop rapide pour pouvoir être
produite par une simple diffusion des gaz.

(¹) C'est ainsi que l'air confiné dans toute boîte close qui séjourne dans le laboratoire finit par devenir très fortement conducteur, et sa conductibilité est très
supérieure à celle de l'air de la pièce. Il suffit d'ouvrir la boîte pour faire tomber
cette conductibilité.

ACTION PHYSIOLOGIQUE

DES

RAYONS DU RADIUM.

En commun avec HENRI BECQUEREL.

Comptes rendus de l'Académie des Sciences, t. CXXXII, p. 1289,
séance du 3 juin 1901.

Les rayons du radium agissent énergiquement sur la peau ; l'effet
produit est analogue à celui qui résulte de l'action des rayons de
Röntgen.

On doit à MM. Walkoff et Giesel les premières observations de
cette action ([1]).

M. Giesel a placé sur son bras, pendant 2 heures, du bromure
de baryum radifère enveloppé dans une feuille de celluloïd.
Les rayons agissant au travers du celluloïd ont provoqué sur la
peau une légère rougeur. Deux ou trois semaines plus tard, la
rougeur augmenta, il se produisit une inflammation et la peau finit
par tomber.

M. Curie a reproduit sur lui-même l'expérience de M. Giesel en
faisant agir sur son bras, au travers d'une feuille mince de gutta-
percha, et pendant 10 heures, du chlorure de baryum radifère,
d'activité relativement faible (l'activité était 5000 fois celle de l'uranium métallique). Après l'action des rayons, la peau est devenue
rouge sur une surface de 6^{cm^2} ; l'apparence est celle d'une brûlure,

---

([1]) WALKOFF, *Photogr. Rundschau,* octobre 1900. — GIESEL, *Berichte der
deutschen chemischen Gesellschaft,* t. XXXIII, p. 3569.

mais la peau n'est pas ou est à peine douloureuse. Au bout de quelques jours, la rougeur, sans s'étendre, se mit à augmenter d'intensité ; le vingtième jour, il se forma des croûtes, puis une plaie que l'on a soignée par des pansements ; le quarante-deuxième jour, l'épiderme a commencé à se reformer sur les bords, gagnant le centre, et, 52 jours après l'action des rayons, il reste encore à l'état de plaie une surface de 1^{cm^2} qui prend un aspect grisâtre indiquant une mortification plus profonde.

M. H. Becquerel, en transportant un petit tube scellé contenant quelques décigrammes de chlorure de baryum radifère très actif [activité 800 000 fois celle de l'uranium (^{1})], a subi des actions du même ordre. La matière était enfermée dans un tube de verre scellé et occupait un volume cylindrique ayant environ 10^{mm} à 15^{mm} de hauteur sur 3^{mm} de diamètre ; le tube, enveloppé de papier, était contenu dans une petite boîte de carton. Le 3 et le 4 avril, cette boîte a été placée à plusieurs reprises dans un coin d'une poche de gilet pendant un temps dont la durée totale peut être évaluée à 6 heures. Le 13 avril, on s'aperçut que le rayonnement, au travers du tube, de la boîte et des vêtements, avait produit sur la peau une tache rouge qui devint plus foncée les jours suivants, marquant en rouge la forme oblongue du tube et affectant une forme ovale de 6^{cm} de long sur 4^{cm} de large. Le 24 avril, la peau tombait, puis la partie la plus attaquée se creusa en se mettant à suppurer ; la plaie fut soignée pendant un mois avec des pansements au liniment oléo-calcaire, les tissus mortifiés furent éliminés, et le 22 mai, c'est-à-dire 49 jours après l'action des rayons, la plaie se ferma, laissant une cicatrice dans la région qui marquait la place du tube.

Pendant que l'on donnait des soins à cette brûlure, on vit apparaître, vers le 15 mai, une seconde tache rouge, oblongue, en regard de l'autre coin de la poche de gilet où avait été placée la matière active. L'action remontait, soit à la même date que plus haut, soit vraisemblablement au 11 avril, mais elle avait été de très courte durée, 1 heure au plus. L'érythème apparaissait donc 34 jours

---

(^{1}) Les activités que nous citons sont celles que donne l'appareil de mesure de M. Curie. Elles permettent de classer et de caractériser les produits, mais le rayonnement du radium est si complexe que ces nombres n'ont pas de valeur absolue. Avec un autre dispositif expérimental on obtiendrait des nombres différents.

au moins après l'action excitatrice; l'inflammation se développa, présentant l'aspect d'une brûlure superficielle; le 26 mai, la peau commençait à tomber; soignée comme la première, cette brûlure paraît en voie de guérison plus rapide.

Dans l'intervalle de ces observations, les 10, 11 et 12 avril, le même tube de matière active, enfermé dans un tube de plomb dont les parois avaient environ 5^{mm} d'épaisseur, a été conservé pendant 40 heures dans une autre poche de gilet et n'a produit jusqu'ici aucune action.

Ajoutons encore que Mme Curie, en transportant dans un petit tube scellé quelques centigrammes de la même matière très active qui a donné les effets décrits ci-dessus, a eu des brûlures analogues, bien que le petit tube fût enfermé dans une boîte métallique mince. En particulier, une action ayant duré moins d'une demi-heure a produit au bout de 15 jours une tache rouge qui donna une ampoule semblable à celle d'une brûlure superficielle et mit ensuite 15 jours à guérir.

Ces faits montrent que la durée de l'évolution des altérations varie avec l'intensité des rayons actifs et avec la durée de l'action excitatrice.

En dehors de ces actions vives, nous avons eu sur les mains, pendant les recherches faites avec les produits très actifs, des actions diverses. Les mains ont une tendance générale à la desquamation; les extrémités des doigts qui ont tenu les tubes ou capsules renfermant des produits très actifs deviennent dures et parfois très douloureuses; pour l'un de nous, l'inflammation des extrémités des doigts a duré une quinzaine de jours et s'est terminée par la chute de la peau, mais la sensibilité douloureuse n'a pas encore complètement disparu au bout de 2 mois.

RADIOACTIVITÉ DES SELS DE RADIUM.

En commun avec A. DEBIERNE.

Comptes rendus de l'Académie des Sciences, t. CXXXIII, p. 276,
séance du 29 juillet 1901.

Nous avons montré précédemment qu'on peut communiquer temporairement des propriétés radioactives à un corps quelconque à l'aide des sels de radium, et qu'en particulier on peut les communiquer à l'eau distillée.

Cette eau peut être rendue radioactive par divers procédés.

On peut, par exemple, comme nous l'avons déjà indiqué, séparer par distillation en vase complètement clos l'eau d'une dissolution de chlorure de radium faite depuis plusieurs jours; l'eau distillée ainsi obtenue est fortement radioactive.

Un second procédé encore plus simple consiste à mettre dans une enceinte parfaitement close deux cristallisoirs renfermant, l'un une dissolution d'un sel de radium, l'autre de l'eau distillée; au bout d'un temps suffisant, l'eau distillée est devenue active, la communication de la radioactivité se faisant par l'intermédiaire des gaz de l'enceinte.

Enfin, un troisième procédé consiste à enfermer une solution de sel de radium dans une capsule de celluloïd complètement fermée ([1]) et à plonger cette capsule dans l'eau à activer, placée elle-même dans un flacon fermé. Dans ces conditions le celluloïd joue

---

([1]) Cette capsule se fabrique facilement avec de la feuille de celluloïd; les bords de la feuille se soudent en les humectant d'acétone.

le rôle d'une membrane semi-perméable parfaite, et aucune trace de sel ne traverse les parois, tandis que l'activité de la dissolution se communique très bien à l'eau extérieure ([1]).

L'eau activée peut avoir une activité aussi forte et même, dans certaines conditions, plus forte que celle du corps qui a servi à la rendre radioactive. Conservée en tube scellé, elle perd la plus grande partie de son activité en quelques jours; laissée en vase ouvert, la perte d'activité est beaucoup plus rapide et est d'autant plus rapide que la surface de contact avec l'air ambiant est plus grande.

Les dissolutions de sels de radium se comportent d'une façoı analogue. Si on laisse une dissolution en vase ouvert, elle diminue considérablement d'activité, et l'on abaisse cette activité autant que l'on veut en augmentant la surface de contact de la dissolution avec l'air libre ([2]). Mais, contrairement à ce qui se passe pour l'eau activée, la perte d'activité n'est pas définitive; si l'on met cette solution désactivée en tube scellé, elle reprend peu à pcu, au bout d'une dizaine de jours, son activité primitive.

Voici une théorie qui permet de coordonner assez bien ces phénomènes de radioactivité : on peut admettre que chaque atome de radium fonctionne comme une source continue et constante d'énergie radioactive sans qu'il soit nécessaire, d'ailleurs, de préciser d'où vient cette énergie ([3]). L'énergie radio-active accumulée dans un corps par le radium tend à se dissiper de deux façons différentes : 1° par rayonnement (rayons chargés et non chargés d'électricité); 2° par conduction, c'est-à-dire par transmission de proche en proche aux corps environnants par l'intermédiaire des gaz et des liquides (radioactivité induite).

La perte d'énergie radioactive d'un corps, tant par rayonne-

([1]) L'activité induite ne peut pas être transmise par l'air au travers d'une paroi de celluloïd sec, mais elle se transmet facilement si l'on humecte la paroi avec une goutte d'eau.

([2]) On peut facilement avoir ainsi une dissolution 5oo fois moins active que la solution initiale.

([3]) Cette énergie peut avoir été emmagasinée antérieurement; elle peut être produite par une modification du radium lui-même; elle peut provenir de la transformation d'un rayonnement extérieur inconnu; elle peut enfin être empruntée à la chaleur du milieu ambiant, contrairement au principe de Carnot (*voir* l'article de Mme Curie dans la *Revue générale des Sciences*, janvier 1899).

ment que par conduction, est d'autant plus grande que la quantité de cette énergie accumulée dans le corps est plus considérable. On comprend alors qu'un équilibre de régime s'établit nécessairement, l'énergie radioactive accumulée dans le corps allant en augmentant jusqu'à ce que la double perte dont nous venons de parler compense l'apport continu fait par le radium.

On peut considérer cette manière de voir comme analogue à celle qui est en usage dans l'étude des phénomènes calorifiques. Si, dans l'intérieur d'un corps, il se fait, par une cause quelconque, un dégagement continu et constant de chaleur, la chaleur s'accumule dans le corps et la température s'élève jusqu'à ce que la perte de chaleur du corps par rayonnement et par conduction fasse équilibre à l'apport continu de chaleur.

En poursuivant cette analogie, il y aurait lieu de considérer une tension de radioactivité analogue à la température, et caractérisée par l'intensité du rayonnement (que nous avons considéré jusqu'ici comme donnant la mesure de l'intensité de la radioactivité). On pourrait aussi définir une capacité de radioactivité analogue à la capacité calorifique.

La théorie qui précède permet d'interpréter diverses expériences :

En général, excepté dans des conditions spéciales, l'activité ne se communique pas de proche en proche à travers les corps solides. Lorsqu'on conserve une dissolution en tube scellé, la perte par rayonnement subsiste seule, et l'activité radiante de la dissolution prend une valeur très élevée. Si, au contraire, la dissolution se trouve dans un vase ouvert, la perte d'activité de proche en proche par conduction devient considérable, et, lorsque l'état de régime est établi, l'activité radiante de la solution est très faible.

Remarquons encore que l'activité radiante d'un corps radioactif solide laissé à l'air libre ne diminue pas sensiblement, parce que, la propagation de la radioactivité par conduction ne se faisant pas à travers les solides, c'est seulement une couche superficielle extrêmement mince qui produit la radioactivité induite. On constate, en effet, que la dissolution du même sel produit des phénomènes de radioactivité induite beaucoup plus intenses (20 fois plus forts environ). Avec un sel solide l'énergie radioactive s'accumule dans le sel et ne se dissipe guère que par rayonnement. Au contraire, lorsque le sel est en dissolution depuis plusieurs jours, l'énergie radioactive est répartie entre l'eau et le sel, et, si on les sépare par distillation, l'eau entraîne une grande partie de l'activité et le sel solide est beaucoup moins actif (10 ou 15 fois, par exemple) qu'avant dissolution (¹). Ensuite le sel solide reprend peu à peu son activité primitive.

La communication de l'activité du sel de radium à l'eau de dissolution se fait d'ailleurs assez lentement, et l'équilibre n'est obtenu qu'au bout d'une dizaine de jours ; si, par exemple, on évapore la dissolution aussitôt après l'avoir faite, le sel garde une portion beaucoup plus considérable de son activité.

(¹) La diminution d'activité a été observée pour la première fois par M. Giesel (*Wied. Ann.*, t. LXIX, 1899, p. 91).

LA RADIOACTIVITÉ INDUITE

PROVOQUÉE PAR DES SELS DE RADIUM.

En commun avec A. DEBIERNE.

Comptes rendus de l'Académie des Sciences, t. CXXXIII, p. 931,
séance du 2 décembre 1901.

On sait que tous les corps deviennent radioactifs lorsqu'ils sont enfermés en vase clos avec un sel solide de baryum radifère ([1]). Cette radioactivité, dite *induite*, s'obtient encore en remplaçant le sel de radium solide par sa solution aqueuse. Cette disposition est préférable, parce que les effets obtenus sont à la fois plus réguliers et beaucoup plus intenses (40 fois plus, par exemple).

Les divers corps solides (cuivre, platine, plomb, étain, aluminium, verre, papier, cire, sulfure de zinc, etc.) acquièrent la même activité induite lorsqu'ils sont placés dans les mêmes conditions dans une même enceinte activante. Et le rayonnement de ces corps activés est, comme celui du sel de radium lui-même, composé de rayons déviables et non déviables dans un champ magnétique.

L'activité induite est indépendante de la pression et de la nature du gaz qui existe dans l'enceinte activante. Si l'on active au moyen d'une solution de baryum radifère sous diverses pressions, depuis la pression atmosphérique jusqu'à celle de la tension de vapeur saturée de la solution, on trouve que l'activation limite est la

---

([1]) Voir *Comptes rendus*, 4 mars et 29 juillet 1901.

même, et qu'elle s'établit avec la même vitesse, quelle que soit la pression. Quand la substance activante est un sel solide, on peut opérer soit à la pression atmosphérique, soit avec un vide très parfait (pression mesurée à la jauge 2 ou 3 millièmes de millimètre de mercure); dans les deux cas l'activation limite semble être la même ([1]).

Certaines substances (celles phosphorescentes à la lumière et quelques autres) deviennent lumineuses lorsqu'on les place dans une enceinte activante. On peut alors réaliser de très belles expériences. On peut, par exemple, avec l'appareil représenté (*fig.* 1),

Fig. 1.

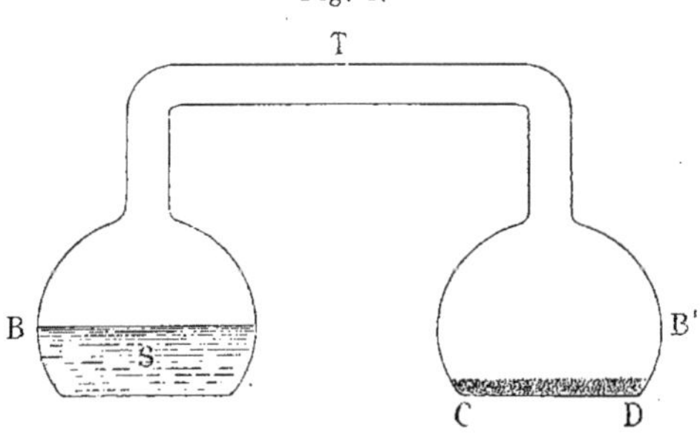

placer dans le premier ballon B une solution d'un sel de baryum radifère contenant quelques milligrammes de radium et mettre la substance phosphorescente étalée au fond du deuxième ballon B′ en communication avec le premier par le tube T.

Le sulfure de zinc phosphorescent est particulièrement brillant dans ces conditions : il est aussi lumineux que lorsqu'il vient d'être exposé à une lumière intense, et la luminosité se maintient constante tant que la communication subsiste avec la solution radioactive. La luminosité ainsi obtenue est due à la radioactivité induite qui s'est communiquée par le tube T et ne provient pas du rayonnement du radium. D'ailleurs, l'intensité du rayonnement de Becquerel du sulfure de zinc activé dans cette expérience est exactement la même que celle d'un morceau de cuivre

---

([1]) Pendant que l'on fait un vide aussi parfait à la trompe à mercure, l'enceinte se désactive partiellement et l'activation se rétablit ensuite très lentement lorsqu'on a interrompu la communication avec la trompe.

ou d'une autre substance quelconque placé dans les mêmes conditions dans le ballon B′ (¹).

Le verre aussi devient phosphorescent par radioactivité induite (le verre de Thuringe est alors plus lumineux que les autres espèces de verre).

L'activité induite des corps placés dans une enceinte activante dépend essentiellement de l'espace libre existant devant eux. Si, dans l'enceinte, on place une série de lames de cuivre parallèles entre elles, mais à des distances successives de plus en plus grandes, on constate que lorsque la distance entre les lames est petite (1^{mm} par exemple) les surfaces en regard s'activent faiblement. Au contraire, si la distance entre les lames est grande (3^{cm} par exemple), les surfaces en regard s'activent fortement. Les mesures précises sont difficiles, mais on peut dire en première approximation que l'activation de ces lames placées parallèlement est proportionnelle à la distance qui les sépare.

Si l'enceinte activante est en verre, elle est entièrement illuminée, mais elle ne l'est pas également partout. D'une façon générale, les tubes d'une même enceinte sont d'autant plus lumineux et plus radioactifs qu'ils sont plus larges. Avec l'appareil (*fig.* 1), lorsque l'équilibre est atteint, le verre du tube de communication T est moins lumineux et moins radioactif que celui des ballons B et B′. Mais la paroi en contact avec le gaz est également lumineuse et radioactive dans ces deux ballons de mêmes dimensions; cette égalité d'activité subsisterait encore si le tube de communication était très long et très étroit. On voit que dans une même enceinte les parois des parties de forme identique ont même activité, qu'elles soient ou non dans le voisinage immédiat de la solution activante.

Il semble donc qu'il y ait, répandu dans l'espace d'une enceinte activante, un pouvoir d'activation en équilibre dans les diverses parties, mais que les parois s'activent proportionnellement à la grandeur de l'espace libre situé devant elles.

L'activité limite dans une même enceinte dépend seulement de la quantité de radium qui a été introduite à l'état de solution. Ainsi

---

(¹) Nous devons à l'obligeance de M. Verneuil le très bel échantillon de sulfure de zinc utilisé dans ces expériences.

les deux enceintes en verre identiques (*fig.* 2) contiennent des quantités égales d'une même solution radioactive; dans la première enceinte, la solution est dans le tube étroit BC; dans la deuxième enceinte, la solution est dans le ballon D'. La deuxième enceinte s'active d'abord beaucoup plus rapidement que la pre-

Fig. 2,

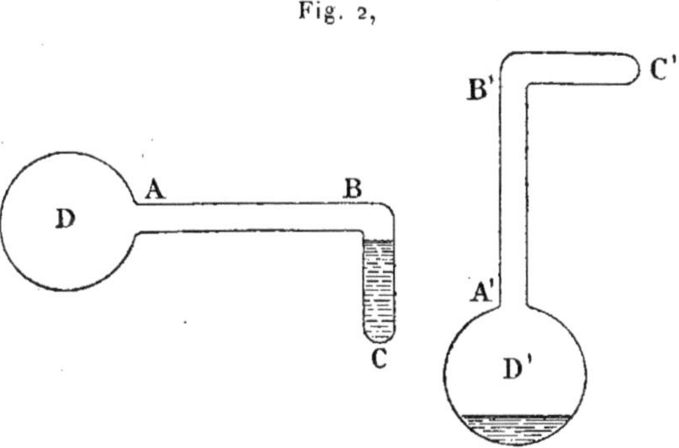

mière, mais l'activité finale, lorsque l'équilibre est obtenu au bout de trois semaines, est la même dans les deux enceintes. Les tubes AB, A'B' d'une part, les ballons D et D' d'autre part, sont alors également actifs et également lumineux.

Enfin l'activité augmente dans une enceinte lorsqu'on augmente la quantité de solution activante. Le pouvoir d'activation d'une solution n'est donc pas analogue à une tension de vapeur.

LES CORPS RADIOACTIFS.

En commun avec Mme CURIE.

Comptes rendus de l'Académie des Sciences, t. CXXXIV, p. 85,
séance du 13 janvier 1902.

Dans une Note récente, M. Becquerel a fait certaines hypothèses
sur la nature des phénomènes radioactifs; nous exposerons ici
quelles sont les idées qui nous ont guidés dans nos recherches.

Nous pensons qu'il y a avantage à donner une forme très générale aux hypothèses nécessaires dans toute recherche physique.

Dès le début de nos recherches, nous avons admis que la radioactivité était une *propriété atomique* des corps. Cette supposition est suffisante pour créer la méthode de recherches d'éléments
radioactifs ([1]).

Chaque atome d'un corps radioactif fonctionne comme une
source constante d'énergie. On peut tirer de cette hypothèse
des conséquences très variées que l'on peut soumettre au contrôle
de l'expérience, sans qu'il soit nécessaire de préciser où le corps
radioactif puise cette énergie.

Des expériences de plusieurs années montrent que, pour l'uranium, le thorium, le radium, et probablement aussi pour l'actinium, l'activité radiante est rigoureusement la même toutes les

---

([1]) Mme CURIE, *Revue générale des Sciences,* 30 janvier 1899.

fois que le corps radioactif est ramené au même état chimique et physique, et cette activité ne varie pas avec le temps (¹).

Certaines expériences, mal interprétées, conduiraient à admettre une destruction partielle de la puissance du radium. Lorsqu'on dissout un sel radifère et qu'on le ramène ensuite à l'état sec, on constate une baisse considérable de l'activité radiante; mais, peu à peu, l'activité reprend sa valeur primitive, au bout d'un temps plus ou moins long, suivant les conditions de l'expérience (20 jours, par exemple).

De même, quand on chauffe longtemps au rouge un sel radifère et qu'on le ramène à la température ambiante, on constate que l'activité radiante est moindre qu'avant la chauffe; mais, peu à peu, le sel reprend spontanément son activité primitive (en 10 jours, par exemple).

Dans les deux cas, la baisse temporaire du rayonnement porte principalement sur les rayons pénétrants.

Un sel de radium qui a été chauffé au rouge a perdu en grande partie la propriété de produire la radioactivité induite; mais, pour lui rendre cette propriété, il suffit de le faire passer par l'état dissous.

Un grand nombre d'études restent encore à faire à ce sujet. Nous n'avons aucune notion sur la grandeur de l'énergie mise en jeu dans les phénomènes de radioactivité, et nous ne savons ni suivant quelles lois elle se dissipe, ni si elle varie avec l'état physique et chimique des corps radiants.

Si l'on cherche à préciser l'origine de l'énergie de radioactivité, on peut faire diverses suppositions qui viennent se grouper autour de deux hypothèses très générales : 1º chaque atome radioactif possède, à l'état d'énergie potentielle, l'énergie qu'il dégage; 2º l'atome radioactif est un mécanisme qui puise à chaque instant en dehors de lui-même l'énergie qu'il dégage.

Dans la première hypothèse, l'énergie potentielle des corps radioactifs doit s'épuiser à la longue, bien que l'expérience de plusieurs années ne nous indique jusqu'à présent aucune variation. Si, par exemple, on admet, avec Crookes et J.-J. Thomson,

---

(¹) Le polonium, au contraire, fait exception; son activité diminue lentement avec le temps. Ce corps est une espèce de bismuth actif; il n'a pas encore été prouvé qu'il contienne un élément nouveau. Le polonium se distingue à plusieurs points de vue des autres corps radioactifs : il n'émet pas de rayons déviables par le champ magnétique et il ne provoque pas de radioactivité induite.

que le rayonnement genre cathodique est matériel, alors on peut concevoir que les atomes radioactifs sont en voie de transformation. Les expériences de vérification, faites jusqu'à présent, ont donné des résultats négatifs. On n'observe au bout de 4 mois aucune variation dans le poids des substances radifères et aucune variation dans l'état du spectre.

Les théories émises par M. Perrin et par M. Becquerel sont également des théories de transformation atomique (¹). M. Perrin assimile chaque atome à un système planétaire dont certaines particules chargées négativement pourraient s'échapper. M. Becquerel explique la radioactivité induite par une dislocation progressive et complète des atomes.

Les hypothèses du deuxième groupe, dont nous avons parlé plus haut, sont celles d'après lesquelles les corps radioactifs sont des transformateurs d'énergie.

Cette énergie pourrait être empruntée, contrairement au principe de Carnot, à la chaleur du milieu ambiant qui éprouverait un refroidissement. Elle pourrait encore être empruntée à des sources inconnues, par exemple à des radiations ignorées de nous. Il est vraisemblable, en effet, que nous connaissons peu de choses du milieu qui nous entoure, nos connaissances étant limitées aux phénomènes qui peuvent agir sur nos sens, directement ou indirectement.

Dans l'étude de phénomènes inconnus, on peut faire des hypothèses très générales et avancer pas à pas avec le concours de l'expérience. Cette marche méthodique et sûre est nécessairement lente. On peut, au contraire, faire des hypothèses hardies, où l'on précise le mécanisme des phénomènes; cette manière de procéder a l'avantage de suggérer certaines expériences et surtout de faciliter le raisonnement en le rendant moins abstrait par l'emploi d'une image. En revanche, on ne peut espérer imaginer ainsi *a priori* une théorie complexe en accord avec l'expérience. Les hypothèses précises renferment presque à coup sûr une part d'erreur à côté d'une part de vérité; cette dernière partie, si elle existe, fait seulement partie d'une proposition plus générale à laquelle il faudra revenir un jour.

(¹) J. Perrin, *Revue scientifique*, février 1901; H. Becquerel, *Comptes rendus,* 9 décembre 1901.

CONDUCTIBILITÉ DES DIÉLECTRIQUES LIQUIDES

SOUS L'INFLUENCE

DES RAYONS DU RADIUM ET DES RAYONS DE RÖNTGEN.

Comptes rendus de l'Académie des Sciences, t. CXXXIV, p 420,
séance du 17 février 1902.

J'ai reconnu que les rayons du radium et les rayons de Röntgen
agissent sur les diélectriques liquides comme sur l'air en leur communiquant une certaine conductibilité électrique. Voici comment
j'ai disposé l'expérience :

Le liquide à expérimenter est placé dans un vase métallique CDEF dans lequel on plonge un tube de cuivre mince AB;
ces deux pièces métalliques servent d'électrodes. Le vase est maintenu à un potentiel connu au moyen d'une batterie de petits accumulateurs dont un des pôles est à la terre. Le tube AB est en relation avec l'électromètre. Lorsqu'un courant traverse le liquide, on
maintient l'électromètre au zéro à l'aide d'un quartz piézo-électrique qui donne la mesure du courant. Le tube de cuivre MNM'N'
relié à la terre sert de tube de garde pour empêcher le passage du
courant à travers l'air. Une ampoule contenant le sel de baryum
radifère peut être placée au fond du tube AB; les rayons agissent
sur le liquide après avoir traversé le verre de l'ampoule et les
parois du tube métallique. On peut encore faire agir le radium en
plaçant l'ampoule au-dessous de la paroi DE.

Pour agir avec les rayons de Röntgen, on fait arriver ces rayons
au travers de la paroi DE.

L'accroissement de conductibilité par l'action des rayons du radium ou des rayons de Röntgen semble se produire pour tous les diélectriques liquides; mais, pour constater cet accroissement, il est nécessaire que la conductibilité propre du liquide soit assez faible pour ne pas masquer l'effet des rayons.

En opérant avec le radium et avec les rayons de Röntgen, j'ai obtenu des résultats du même ordre de grandeur.

Quand on étudie avec le même dispositif la conductibilité de l'air ou d'un autre gaz sous l'action des rayons de Becquerel, on

Fig. 1.

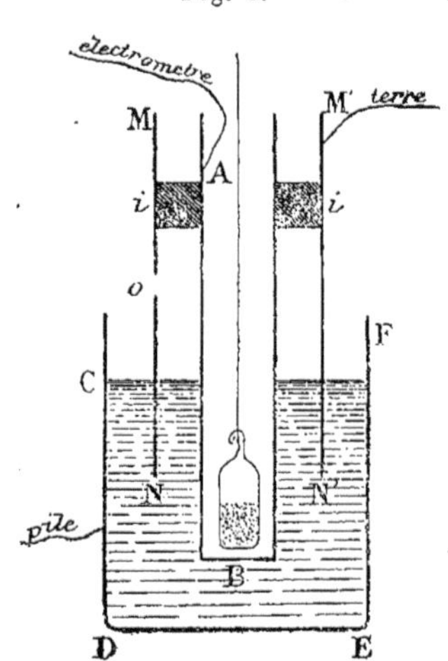

trouve que l'intensité du courant croît proportionnellement à la différence de potentiel entre les électrodes quand cette différence de potentiel est faible (de quelques volts pour l'appareil de la figure). Mais, quand on augmente de plus en plus la différence de potentiel, l'intensité du courant n'augmente plus proportionnellement à celle-ci; l'effet d'une augmentation de tension va en diminuant, et, pour des tensions élevées (100 volts), l'intensité du courant ne s'accroît plus que d'une très petite fraction de sa valeur quand on double la différence de potentiel.

Les liquides étudiés avec le même appareil et avec le même produit radiant très actif se comportent différemment; le courant est proportionnel à la tension quand celle-ci varie entre 0 et 450 volts, et cela même quand la distance des électrodes ne dépasse pas 6^{mm}.

On peut alors considérer la *conductivité* provoquée dans divers liquides par le rayonnement d'un sel de radium agissant dans les mêmes conditions. Les nombres du Tableau suivant, multipliés par 10^{-14}, donnent la conductivité en *mhos* pour 1^{cm^3} :

Sulfure de carbone	20
Éther de pétrole	15
Amylène	14
Chlorure de carbone	8
Benzine	4
Air liquide	1,3
Huile de vaseline	1,6

On peut cependant supposer que les liquides et les gaz se comportent d'une façon analogue, mais que, pour les liquides, le courant reste proportionnel à la tension jusqu'à une limite bien plus élevée que pour les gaz; la loi de proportionnalité, dans la série précédente d'expériences, ne cesserait de se vérifier que pour des tensions supérieures à 450 volts.

On pouvait, par analogie avec ce qui a lieu pour les gaz, chercher à abaisser la limite de proportionnalité en employant un rayonnement beaucoup plus faible. L'expérience a vérifié cette prévision; le produit employé était cent cinquante fois moins actif que celui utilisé dans les premières expériences. Pour des tensions de 50, 100, 200, 400 volts, j'ai obtenu des courants qui peuvent être respectivement représentés par 109, 185, 255, 335. La proportionnalité ne se maintient plus, mais le courant varie encore fortement quand on double la différence de potentiel.

Quelques-uns des liquides examinés sont des isolants à peu près parfaits quand ils sont à l'abri de l'action des rayons et qu'on les maintient à température constante. Tels sont : l'air liquide, l'éther de pétrole, l'huile de vaseline, l'amylène. Il est alors très facile d'étudier l'effet des rayons.

L'huile de vaseline est beaucoup moins sensible à l'action des rayons que l'éther de pétrole. Il convient peut-être de rapprocher ce fait de la différence de volatilité qui existe entre ces deux hydrocarbures. L'air liquide qui a bouilli pendant quelque temps dans le vase d'expérience est plus sensible à l'action des rayons que celui que l'on vient d'y verser : la conductivité produite par les rayons est d'un quart plus grande dans le premier cas.

C.   28

J'ai étudié sur l'amylène et sur l'éther de pétrole l'action des rayons aux températures de $+10°$ et de $-17°$. La conductivité due au rayonnement devient plus faible d'un dixième seulement de sa valeur quand on passe de $10°$ à $-17°$.

Dans les expériences où l'on fait varier la température du liquide, on peut soit maintenir le radium à la température ambiante, soit le porter à la même température que le liquide ; on obtient le même résultat dans les deux cas. Cela tient à ce que le rayonnement du radium ne varie pas avec la température et conserve encore la même valeur, même à la température de l'air liquide, comme je l'ai vérifié directement par des mesures.

SUR LA

CONSTANTE DE TEMPS CARACTÉRISTIQUE

DE LA

DISPARITION DE LA RADIOACTIVITÉ INDUITE PAR LE RADIUM

DANS UNE ENCEINTE FERMÉE.

Comptes rendus de l'Académie des Sciences, t. CXXXV, p. 857,
séance du 17 novembre 1902.

Dans des recherches antérieures, nous avons, M. Debierne et
moi, étudié les conditions dans lesquelles se produisent les phénomènes de la radioactivité induite (¹). Dans cette Note j'exami-
nerai la manière dont disparaît la radioactivité induite quand on a
supprimé l'action du radium.

Une enceinte fermée renferme un sel solide ou une dissolution
de sel de radium. Tous les corps placés dans l'enceinte deviennent
radioactifs. Si l'on retire de l'enceinte un corps solide qui y a été
activé, il perd à l'air libre son activité suivant une loi d'allure
exponentielle, l'activité radiante diminuant de moitié pour des
temps de l'ordre de grandeur d'une demi-heure.

Une enceinte en verre s'active intérieurement lorsqu'elle est
mise en communication par un tube avec un flacon renfermant un
sel de radium. On peut séparer l'enceinte activée du radium en
fermant à la lampe le tube de communication; l'activité des parois
de l'enceinte fermée ainsi séparée diminue aussi avec le temps,
mais suivant une loi exponentielle bien moins rapide que dans le

---

(¹) *Comptes rendus*, t. CXXXII, 1901, p. 548 et 768; t. CXXXIII, p. 276 et 931.

cas de la désactivation à l'air libre. L'activité décroît alors de moitié en 4 jours.

Dans cette deuxième expérience, de l'air radioactif a été enfermé dans l'enceinte; c'est lui qui entretient l'activité des parois. On peut se rendre compte qu'il en est bien ainsi : si l'on ouvre l'enceinte activée et que l'on chasse l'air qu'elle renferme, les parois de l'enceinte se désactivent à partir de ce moment suivant le mode rapide de désactivation, l'activité baissant de moitié en un temps de l'ordre de grandeur d'une demi-heure. On obtient encore la même loi de désactivation avec l'enceinte fermée si l'on a retiré l'air actif en faisant le vide. Le résultat est encore le même si, après avoir fait le vide, on laisse rentrer l'air non actif dans l'enceinte maintenue ensuite fermée. Donc, de toute façon, lorsqu'on a enlevé de l'intérieur du tube l'air modifié par le radium, on obtient le mode rapide de désactivation des parois.

Je ne m'occuperai dans cette Note que de la loi de désactivation dans le cas d'une enceinte close, renfermant des gaz activés. J'emploie le plus souvent, comme enceinte close, un tube de verre scellé à la lampe. Ce tube de verre est placé dans le cylindre intérieur d'un condensateur cylindrique en aluminium. Les rayons émis par le tube traversent l'aluminium et rendent conducteur l'air entre les armatures du condensateur. On mesure le courant limite que l'on obtient entre les deux armatures, lorsqu'on maintient entre elles une différence de potentiel constante ($45o$ volts). Le rayonnement, ainsi mesuré, est dû exclusivement à la radioactivité des parois, car, lorsqu'on retire rapidement l'air actif du tube, le rayonnement mesuré exactement après est le même qu'avant.

La loi de désactivation d'une enceinte fermée est remarquablement simple. L'intensité du rayonnement I est exprimée en fonction du temps t par une loi exponentielle

$$ \mathrm{I} = \mathrm{I}_0\, e^{-\frac{t}{\theta}}, $$

I_0 étant l'intensité initiale, e la base des logarithmes népériens et θ une certaine constante qui représente un temps.

En portant le logarithme de I en ordonnées et t en abscisses, les points représentatifs des expériences viennent se placer sur une droite, les écarts n'ayant pas de caractère systématique et ne dépassant pas l'erreur possible des expériences (1 pour 100 sur la valeur de I).

Certaines séries de mesures ont été poursuivies pendant 20 jours ; l'intensité du rayonnement était devenue, au bout de ce temps, 27 fois plus faible qu'au début, et la loi de désactivation s'appliquait toujours.

J'ai fait des expériences dans des conditions extrêmement variées, et cependant elles ont toutes donné la même valeur pour la constante de temps θ. La valeur moyenne, qui résulte des déterminations concordantes obtenues dans 24 séries d'expériences, est :

$$\theta = 4,970 \times 10^5 \text{ secondes } (5,752 \text{ jours}).$$

D'après cette valeur de θ, l'intensité du rayonnement baisse de moitié en 3 jours 23 heures 42 minutes, soit sensiblement en 4 jours.

La constante θ reste la même : 1° en employant, pour activer les tubes, des solutions de sels de radium d'activité très différente ; 2° en employant, pour activer, le chlorure de radium solide ; 3° en faisant varier les dimensions des enceintes activées (de 3^{cm^3} à 2000^{cm^3}), ainsi que la forme de ces enceintes ; 4° en faisant varier l'épaisseur du verre ; 5° en employant des enceintes à parois de cuivre ou d'aluminium au lieu d'enceintes en verre ; 6° en activant par l'intermédiaire de tubes larges et courts ou longs et capillaires ; 7° en faisant varier le temps de l'activation par le radium entre 15 minutes et 1 mois ; 8° en activant sous des pressions d'air plus faibles que la pression atmosphérique jusqu'à une pression de 2^{cm} de mercure et en laissant le tube se désactiver scellé sous cette pression réduite ; 9° en opérant avec de l'hydrogène ou avec de l'acide carbonique au lieu d'air à l'intérieur des tubes activés.

Enfin, j'ai opéré dans des conditions bien différentes en prenant comme mesure de l'activité l'intensité du courant électrique passant entre deux électrodes situées dans l'intérieur des tubes activés. La loi de désactivation est encore la même ; cependant, dans ce cas, la conductibilité que l'on mesure est due à la fois à la radioactivité des parois et à celle du gaz de l'enceinte.

Il résulte de ces nombreuses mesures que la constante de temps qui caractérise la diminution de l'activité d'une enceinte activée fermée n'est nullement influencée par les conditions de l'expérience, par la nature du gaz qui remplit l'enceinte ou de la matière qui en constitue les parois.

La constante de temps θ est donc une constante qui ne comporte aucun caractère spécifique, et, par suite, elle doit avoir une importance d'ordre général. Les mesures se font dans des conditions telles que j'estime que cette constante est susceptible d'être déterminée avec une très grande précision.

Dans des Notes antérieures nous avons admis, M. Debierne et moi, que chaque atome de radium fonctionne comme une source d'énergie qui se dissipe par rayonnement ou par conduction de proche en proche dans des corps fluides. Les expériences actuelles montrent que dans les gaz l'énergie est emmagasinée sous une forme spéciale qui se dissipe suivant une loi exponentielle. On peut admettre que cette énergie s'épuise parce qu'elle est utilisée à entretenir la radioactivité du gaz et des parois.

LA MESURE ABSOLUE DU TEMPS.

Bulletin des séances de la Société française de Physique, année 1902, p. 60[*].

M. Curie fait remarquer que les phénomènes de radioactivité qu'il a étudiés récemment fournissent le moyen de définir un étalon de temps. Lorsqu'on a activé à l'aide d'une solution de sel de radium l'air à l'intérieur d'un tube de verre, on peut sceller le tube et constater ensuite que le rayonnement des parois diminue avec le temps suivant une loi exponentielle. La loi se vérifie pour des intervalles de temps considérables; l'intensité du rayonnement diminue de moitié en 4 jours (plus exactement 3 jours 23 heures 40 minutes). La constante de temps définie par ce phénomène est la même quelles que soient la nature et la pression du gaz, quelles que soient la nature et les dimensions des parois du tube qui le renferme, quelle que soit la température (entre $-180°$ et $+500°$), quelle que soit la manière dont le tube ait été activé. Le temps ainsi défini est indépendant des unités adoptées pour les autres grandeurs physiques.

SUR

LA RADIOACTIVITÉ INDUITE

ET SUR

L'ÉMANATION DU RADIUM.

Comptes rendus de l'Académie des Sciences, t. CXXXVI, p. 223,
séance du 26 janvier 1903.

Dans un récent travail (^{1}), j'ai étudié les conditions de la disparition de la radioactivité induite par le radium dans une enceinte fermée que l'on soustrait à l'action du radium et que l'on maintient à la température ambiante. L'intensité du rayonnement I des parois de l'enceinte diminue en fonction du temps suivant une loi exponentielle

$$I = I_0 e^{-\frac{t}{\theta}},$$

θ étant égal à $4,97 \times 10^5$ secondes. L'intensité du rayonnement diminue de moitié en 4 jours.

J'ai trouvé que la loi de désactivation est encore la même lorsque l'enceinte, au lieu de rester à la température ambiante, est maintenue à 450° ou à — 180°.

Pour le constater, je fais d'abord, à la température ambiante, des séries de mesures sur les tubes scellés qui se désactivent, puis je porte les tubes, pendant 3 jours, à 450° dans un four électrique. Les tubes sont ensuite ramenés à la température ambiante. On mesure leur activité et l'on trouve que la perte totale, pendant le

---

(^{1}) P. Curie, *Comptes rendus*, 17 novembre 1902.

temps de chauffe, est égale à celle que le tube aurait éprouvée, pendant le même temps, à la température ambiante. J'ai représenté dans la figure ci-dessous le résultat des expériences en portant logI en ordonnées et le temps t en abscisses.

Les courbes (1), (2), (3), (4) sont relatives à quatre séries d'expériences faites à la température ambiante. Ces courbes sont des droites parallèles entre elles, de coefficient angulaire $-\frac{1}{\theta}$. La courbe (5) donne le résultat d'une expérience faite à 450° : les points de A à B représentent les mesures faites avant la chauffe; les points de C à D, les mesures faites après la chauffe. Tous ces points sont situés sur une même droite parallèle aux quatre droites précédentes.

Dans un autre essai les tubes étaient refroidis dans l'air liquide

Fig. 1.

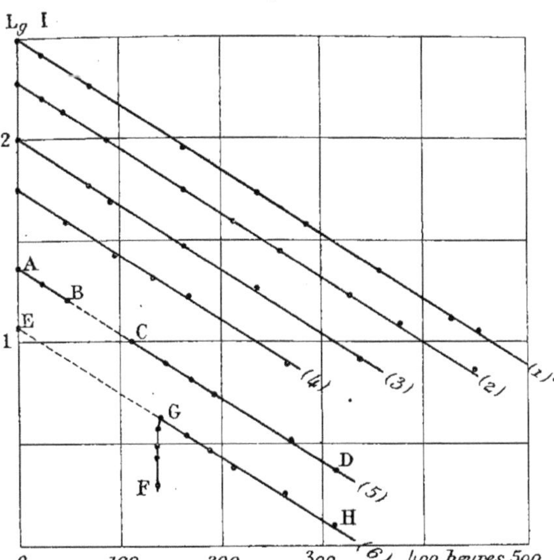

à —180°. Le point E [courbe (6)] représente une première mesure faite à la température ambiante. Puis le tube est resté plongé dans l'air liquide pendant 6 jours. On recommence ensuite les mesures à la température ambiante. La première mesure (point F), obtenue immédiatement après réchauffement du tube, a donné une valeur de rayonnement deux fois plus faible que celle qu'on aurait eue si le tube était resté constamment à la température ambiante. Mais l'activité du tube augmente ensuite rapidement pendant une demi-heure environ (points de F à G). Les mesures faites ensuite (de G à H) donnent les valeurs que l'on aurait obtenues si le tube était resté constamment à la température ambiante. La droite GH prolongée passe par le point E; cette droite a la même inclinaison que les droites (1), (2), (3), (4).

Il y a donc, après retour à la température ambiante, une perturbation que l'on peut attribuer à une modification momentanée du rayonnement de l'enveloppe de verre à la suite du refroidissement. Mais ensuite la loi de décroissement ordinaire se rétablit.

On peut admettre que l'énergie qui est contenue dans l'enceinte et qui entretient l'activité des parois décroît en fonction du temps suivant une loi qui est indépendante de la température entre $-180°$ et $+450°$. J'ai d'ailleurs montré que cette loi est également indépendante des autres conditions très variées dans lesquelles j'ai fait les expériences (nature et pression du gaz, nature des parois, etc.).

L'énergie produite par chaque atome de radium se dissipe par rayonnement ou par conduction de proche en proche dans les corps fluides. Les expériences actuelles montrent que dans les gaz l'énergie transmise de proche en proche est emmagasinée sous une forme spéciale qui se dissipe suivant une loi exponentielle en provoquant la radioactivité des corps matériels.

Pour expliquer les phénomènes de la radioactivité induite et la transmission de l'activité par les courants des gaz, M. Rutherford a admis que le thorium et le radium émettent une *émanation radioactive* qui provoque la radioactivité des corps sur lesquels elle vient se fixer. C'est cette émanation qui entretient l'activité induite dans une enceinte fermée activée. M. Rutherford semble croire à la nature matérielle de l'émanation et, dans l'un de ses Mémoires les plus récents (¹), il considère comme vraisemblable qu'il s'agit d'un gaz de la nature de ceux du groupe de l'argon.

Je pense qu'il n'y a pas actuellement de raisons suffisantes pour admettre l'existence d'une émanation de matière sous sa forme atomique ordinaire. Nous avons antérieurement, M. Debierne et

---

(¹) *Philosophical Magazine*, t. IV, novembre 1902, p. 566.

moi, vainement cherché des raies nouvelles dans les gaz radioactifs extraits du radium. Enfin l'émanation disparaît spontanément en tube scellé. Je considère aussi comme peu vraisemblable que les effets qui accompagnent l'existence de l'émanation aient leur origine dans une transformation chimique. On ne connaît en effet aucune réaction chimique pour laquelle la vitesse de réaction soit indépendante de la température entre — 180° et + 450°.

L'expression d'*émanation* est commode et M. Rutherford en a fait constamment usage dans ses nombreux et importants Mémoires relatifs à la radioactivité induite. J'emploierai également cette expression qui pour moi désigne *l'énergie radioactive émise par les corps radioactifs sous la forme spéciale sous laquelle elle est emmagasinée dans les gaz et dans le vide.* Cette forme spéciale d'énergie dans le cas du radium est essentiellement *caractérisée par la constante de temps* de la loi exponentielle suivant laquelle elle se dissipe. La radioactivité des parois solides constitue une autre forme de cette énergie radioactive qui se dissipe suivant une loi différente.

On peut faire la théorie suivante de la radioactivité : le radium n'émet pas par lui-même des rayons de Becquerel, il n'émet que de l'émanation. Dans les sels de radium solides, l'émanation, ne pouvant s'échapper, se transforme sur place en rayonnement de Becquerel. Pour une solution placée dans une enceinte, l'émanation se répand dans l'enceinte et provoque la radioactivité des parois; le rayonnement est extériorisé.

Une question importante à élucider est celle de savoir quel est le support de l'énergie qui constitue l'émanation. On peut, malgré les objections faites précédemment, admettre avec M. Rutherford que le radium émet un gaz qui sert à transporter l'émanation. On peut encore attribuer ce rôle de support pour l'émanation au gaz qui existe nécessairement dans l'espace où elle est répandue; mais il est difficile alors de comprendre pourquoi la nature du gaz, sa pression, sa température n'ont pas d'influence sur les propriétés de l'émanation. Reste une troisième hypothèse qui consiste à supposer que l'émanation n'a pas pour support la matière ordinaire, et qu'il existe des centres de condensation d'énergie situés entre les molécules du gaz et qui peuvent être entraînés avec lui.

SUR LA DISPARITION

DE LA

RADIOACTIVITÉ INDUITE PAR LE RADIUM

SUR LES CORPS SOLIDES.

En commun avec J. DANNE.

Comptes rendus de l'Académie des Sciences, t. CXXXVI, p. 364,
séance du 9 février 1903.

Les corps solides soumis à l'émanation du radium dans une
enceinte close s'activent tous de la même façon. Retirés de l'enceinte et soustraits ainsi à l'action de l'émanation, ils se désactivent suivant une loi relativement rapide qui fait l'objet de la
présente Note.

La loi de disparition de l'activité rayonnante est la même, quelle
que soit la durée du séjour du corps dans l'enceinte, pourvu que
ce séjour ait été suffisamment prolongé (durées d'activation supérieures à 24 heures). En général, la nature des corps n'intervient
pas, et, placés dans les mêmes conditions, les corps s'activent et
se désactivent tous de la même façon.

La loi de désactivation est représentée par la courbe (1) (traits
épais) des figures 1 et 2. Le temps compté à partir du moment où
l'on retire la lame de l'enceinte est porté en abscisses et le logarithme de l'intensité du rayonnement en ordonnées. On voit que
la courbe représentative du phénomène devient sensiblement une
droite après 2 heures 30 minutes de désactivation. A partir de ce
moment l'intensité I du rayonnement décroît donc en fonction du

temps suivant une loi exponentielle de la forme $I = I_0\,e^{-\frac{t}{\theta_1}}$ avec
$\theta_1 = 2420$ secondes. *L'activité diminue de moitié en 28 minutes.*
Nous considérons cette loi de diminution de l'activité comme
caractéristique de la forme sous laquelle l'énergie radioactive est
emmagasinée à la surface des corps solides.

L'intensité du rayonnement à un moment quelconque est représentée par la différence de deux exponentielles

$$I = I_0\left[ae^{-\frac{t}{\theta_1}} - (a-1)e^{-\frac{t}{\theta_2}}\right],$$

I_0 étant l'intensité initiale, $\theta_1 = 2420$ secondes étant la constante
de temps précédemment citée, $\theta_2 = 1860$ secondes une nouvelle
constante de temps. Le coefficient numérique $a = 4,20$.

L'énergie radioactive disparaît donc beaucoup plus rapidement

Fig. 1.

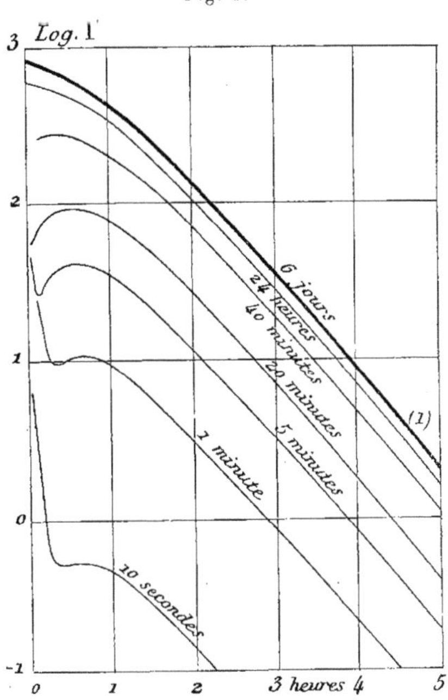

lorsqu'elle est sous la forme où elle se trouve sur un corps solide activé que lorsqu'elle est sous la forme d'émanation. Elle diminue en effet, dans ce dernier cas, de moitié en 4 jours.

Lorsque la durée d'activation est inférieure à 24 heures, la loi de désactivation pendant les premières heures est fortement altérée; on a indiqué (*fig.* 1) les courbes représentatives de désactivation. Les temps de séjour dans l'enceinte activante sont inscrits sur chaque courbe ([1]).

Pour une activation ayant duré 5 minutes, par exemple, l'intensité du rayonnement, après une baisse brusque, passe par un minimum ($t = 8$ min.), croît ensuite jusqu'à un maximum ($t = 40$ min.), puis décroît ensuite régulièrement. On voit sur la figure la manière dont se transforme la loi de désactivation en fonction du temps d'activation. Dans tous les cas, la loi de désactivation devient finalement, au bout de 2 heures 30 minutes, la loi exponentielle ordinaire avec baisse de moitié en 28 minutes. La courbe (1), qui représente la loi de désactivation après un temps long d'exposition à l'émanation, est la courbe normale limite.

Si l'on active un corps solide en le mettant *brusquement* au contact de l'émanation du radium, son rayonnement I s'établit peu à peu et tend vers une valeur limite I_1. La courbe $\mathrm{Log}(I_1 - I)$ en fonction du temps est alors identique à la courbe (1). *Ainsi, que la lame s'active ou se désactive, le rayonnement tend vers sa valeur limite suivant la même loi.* Les corps activés, lorsqu'on les sort d'une enceinte activante, ont la propriété d'émettre eux-mêmes, pendant quelque temps, de l'émanation radioactive capable d'activer d'autres corps mis dans leur voisinage. Cette propriété se perd assez rapidement et ne se manifeste plus au bout de 1 heure ou 2 heures, alors que l'activité des lames est encore très forte. Ce phénomène ne semble donc pas jouer le rôle principal dans la désactivation des lames. Peut-être est-ce dans la présence et dans la transformation d'une certaine quantité d'émanation qu'il faut rechercher l'explication des singularités des courbes au début de la désactivation.

Nous avons vu qu'en général la loi de désactivation ne dépend pas de la nature des corps activés : l'aluminium, le cuivre, le

---

([1]) M. Rutherford (*Physikal. Zeitsch.*, 15 mars 1902) a déjà signalé les anomalies du début de la courbe de désactivation.

plomb, le bismuth, le platine, l'argent, le verre, l'alun, la paraffine se comportent de même. Cependant, pour certains corps qui
ont subi une activation longue, la loi exponentielle finale de désactivation ne s'applique plus. Après quelques heures, l'activité ne
décroît plus que fort lentement et demande quelquefois plusieurs
jours pour diminuer de moitié. Le phénomène est extrêmement
manifeste avec le celluloïd et le caoutchouc. La paraffine et la cire

Fig 2.

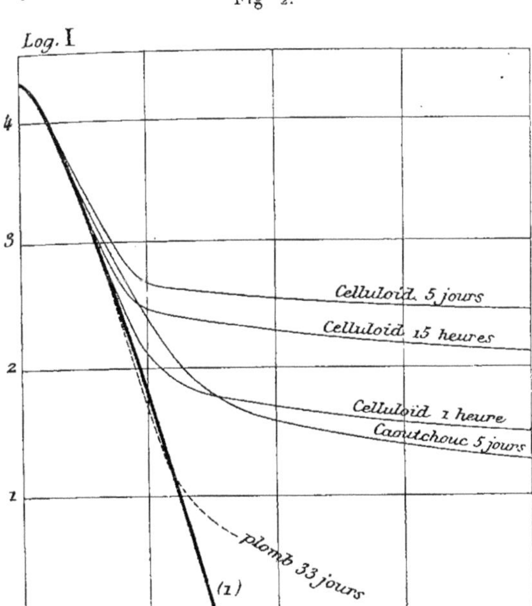

le présentent à un degré moindre; il se fait déjà sentir avec l'alun
et le plomb. On voit (*fig.* 2) comment les courbes s'écartent de
la courbe de désactivation normale (dans la construction de ces
courbes, et pour les rendre comparables, on a supposé que l'intensité du rayonnement était la même au bout de 1 heure de
désactivation). Le celluloïd a, de plus, la propriété d'émettre de
l'émanation pendant plusieurs jours; cependant, il finit par se
désactiver complètement.

CHALEUR DÉGAGÉE SPONTANÉMENT

PAR LES SELS DE RADIUM.

En commun avec A. LABORDE.

Comptes rendus de l'Académie des Sciences, t. CXXXVI, p. 673,
séance du 16 mars 1903.

Nous avons constaté que les sels de radium dégagent de la chaleur d'une manière continue.

Un couple thermo-électrique, fer-constantan, dont une des soudures est entourée de chlorure de baryum radifère, et dont l'autre est entourée de chlorure de baryum pur, accuse en effet une différence de température entre les deux corps.

Nous avons fait l'expérience avec deux petites ampoules identiques, en mettant dans l'une 1^g de chlorure de baryum radifère contenant environ $\frac{1}{6}$ de son poids de chlorure de radium, et dans l'autre 1^g de chlorure de baryum pur. Les soudures du couple thermo-électrique sont placées respectivement au centre de chaque ampoule au milieu de la matière qui les remplit. Ces ampoules sont isolées dans l'air au milieu de deux petites enceintes identiques situées elles-mêmes dans une troisième qui est isolée calorifiquement et dans laquelle la température est sensiblement uniforme. Les variations de la température ambiante se font sentir dans ces conditions de la même façon sur les deux soudures, et n'influent pas sur les indications du couple.

Nous avons constaté ainsi une différence de température de $1°,5$ entre le chlorure de baryum radifère et le chlorure de baryum pur, le sel radifère ayant la température la plus élevée. Comme contrôle, nous avons répété l'expérience dans les mêmes conditions avec deux ampoules renfermant toutes deux du chlorure de baryum pur. Les différences de température observées sont alors seulement de l'ordre de grandeur de $\frac{1}{100}$ de degré.

Nous avons cherché à évaluer quantitativement la chaleur dégagée, dans un temps donné, par le radium.

Pour cela nous avons d'abord comparé cette chaleur à celle dégagée par un courant électrique d'intensité connue, dans un fil de résistance connue.

Une ampoule renfermant le radium est enfermée à l'intérieur d'un bloc de métal auquel elle communique sa chaleur. Une des soudures du couple thermo-électrique est située dans une cavité creusée dans le bloc, l'autre soudure étant située dans un second bloc semblable, mais ne renfermant pas de radium. Lorsque le régime est établi, le bloc reçoit du radium, en un temps donné, autant de chaleur qu'il en perd par conduction et par rayonnement vers l'extérieur. Le couple indique alors une certaine différence de température entre les deux blocs.

Cette expérience une fois faite, on substitue à l'ampoule renfermant le radium une ampoule dans laquelle se trouve un fil fin de platine iridié que l'on échauffe par le passage d'un courant. On modifie l'intensité du courant jusqu'à ce que, à l'état de régime, la différence de température des deux blocs soit la même que dans l'expérience précédente. La chaleur dégagée par le radium dans la première expérience est alors égale à celle dégagée pendant le même temps par le courant dans la seconde expérience. Cette dernière quantité est facile à calculer.

Nous avons encore évalué la chaleur dégagée par le radium en faisant directement des mesures avec le calorimètre de Bunsen.

Avant de faire l'expérience, on constate d'abord que le niveau du mercure dans la tige du calorimètre reste parfaitement fixe. L'ampoule contenant le radium séjourne pendant ce temps dans

un tube maintenu à zéro dans la glace fondante. A un moment
donné on introduit l'ampoule dans le calorimètre et l'on constate
que le mercure se déplace alors dans la tige avec une vitesse parfaitement uniforme (à raison de $2^{cm},5$ à l'heure, par exemple,
avec le produit dont nous avons parlé plus haut). Lorsqu'on retire
l'ampoule contenant le radium le mercure s'arrête aussitôt.

1^g du chlorure de baryum radifère, avec lequel nous avons fait
la plupart de ces expériences, dégageait environ 14 petites calories
à l'heure, mais la composition de ce produit ne nous est pas
exactement connue. D'après l'activité radiante, il doit renfermer
environ $\frac{1}{6}$ de son poids de chlorure de radium pur. Nous avons
également fait quelques mesures avec un échantillon de $0^g,08$ de
chlorure de radium pur. Les mesures faites par les deux méthodes
conduisent à des résultats qui sont du même ordre de grandeur
sans être absolument concordants. Nous nous sommes proposé
seulement, dans ces premières recherches, de démontrer d'une
façon indiscutable l'existence du dégagement de chaleur en opérant dans des conditions variées et de donner l'ordre de grandeur
du phénomène.

1^g *de radium dégage une quantité de chaleur qui est de
l'ordre de* 100 *petites calories par heure.*

1 atome-gramme de radium (225^g) dégagerait, pendant chaque
heure, 22500^{cal}, nombre comparable à celui de la chaleur dégagée
par la combustion dans l'oxygène de 1 atome-gramme d'hydrogène.

Le dégagement continu d'une telle quantité de chaleur ne peut
s'expliquer par une transformation chimique ordinaire. Si l'on
cherche l'origine de la production de chaleur dans une transformation interne, cette transformation doit être de nature plus profonde et doit être due à une modification de l'atome de radium
lui-même. Cependant, une pareille transformation, si elle existe,
se fait avec une extrême lenteur. En effet, les propriétés du
radium n'éprouvent pas de variations notables en plusieurs années
et Demarçay n'a observé aucune différence dans le spectre d'un
même échantillon de chlorure de radium en faisant deux examens
à 5 mois d'intervalle. Si donc l'hypothèse précédente était exacte,

l'énergie mise en jeu dans la transformation des atomes serait extraordinairement grande.

L'hypothèse d'une modification continue de l'atome n'est pas seule compatible avec le dégagement de chaleur du radium. Ce dégagement de chaleur peut encore s'expliquer en supposant que le radium utilise une énergie extérieure de nature inconnue.

L'ÉMANATION DU RADIUM

ET

SON COEFFICIENT DE DIFFUSION DANS L'AIR.

En commun avec J. DANNE.

Comptes rendus de l'Académie des Sciences, t. CXXXVI, p. 1314,
séance du 2 juin 1903.

Lorsqu'on étudie le rayonnement de Becquerel émis par les
parois d'un réservoir en verre, scellé à la lampe, et contenant
l'émanation du radium (c'est-à-dire contenant de l'air activé par
une solution d'un sel de radium), on constate que l'intensité I du
rayonnement du réservoir diminue avec le temps t suivant une loi
exponentielle. L'activité diminue de moitié en 4 jours; on a

$$I = I_0 e^{-bt} \qquad \text{ou} \qquad \frac{dI}{dt} = -bI,$$

avec $b = 2{,}01 \cdot 10^{-6}$ sec^{-1}.

On peut répéter l'expérience précédente avec un réservoir en
verre qui, au lieu d'être scellé, communique avec l'atmosphère
par un tube de verre capillaire. On trouve alors que l'intensité du
rayonnement diminue plus rapidement que dans le premier cas,
mais toujours suivant une loi exponentielle caractérisée par un
coefficient b' plus grand que b. Dans cette expérience une partie
de l'émanation s'écoule par le tube capillaire, et la différence
$b' - b = a$ est caractéristique de cet écoulement. On peut admettre
que le rayonnement des parois du réservoir est proportionnel à la

quantité d'émanation qu'il contient. La loi exponentielle indique alors que la vitesse d'écoulement de l'émanation par le tube capillaire est proportionnelle à la quantité d'émanation qui se trouve dans le réservoir.

Nous avons trouvé que le coefficient a varie proportionnellement à la section s du tube capillaire, en raison inverse de la longueur l du tube, en raison inverse du volume v du réservoir, et qu'il est indépendant de la forme du réservoir.

On a donc

$$a = \frac{Ks}{lv},$$

K étant un coefficient qui caractérise la diffusion de l'émanation dans l'air. Sous la pression atmosphérique, à la température de 10° environ,

$$K = 0,100 \text{ unité C.G.S.}$$

La loi des longueurs se vérifie très bien; la loi relative à la section est aussi vérifiée d'une façon assez satisfaisante; il semble cependant que la vitesse d'écoulement croît avec la section du tube un peu moins vite que cette section. Le Tableau suivant contient le résultat des expériences (d est le diamètre du tube capillaire) :

d.	l.	v.	$10^6 b$.	$10^6 a$.	K.
0,0426	2,8	7,8	11,12	9,11	0,139?
0,0426	5,4	7,8	6,13	4,12	0,122?
0,0426	13,0	7,1	4,12	2,11	0,137?
0,0951	10,0	6,25	14,70	12,69	0,112
0,0956	13,4	6,25	11,25	9,24	0,108
0,0966	35,2	6,25	5,69	3,68	0,110
0,132	34,1	6,2	8,73	6,72	0,104
0,131	37,7	12,3	5,13	3,12	0,106
0,143	19,0	13,7	8,22	6,21	0,101
0,143	33,1	13,7	5,54	3,53	0,095
0,167	4,5	12,3	43,40	41,39	0,105
0,167	9,8	12,3	20,95	18,94	0,104
0,167	18,8	12,3	11,50	9,49	0,100
0,167	37,2	12,3	7,10	5,09	0,106

$d.$	$l.$	$v.$	$10^6 b.$	$10^6 a.$	K.
0,189	7,3	23,9	18,30	16,29	0,101
0,192	14,8	23,9	10,22	8,21	0,100
0,196	33,8	23,9	5,57	3,56	0,094
0,285	15,9	13,75	30,65	28,64	0,098
0,285	22,4	13,75	22,35	20,34	0,098
0,283	35,6	13,75	14,19	12,18	0,095
0,290	38,0	13,34	15,14	13,13	0,100
0,292	18,2	6,2	57,80	55,79	0,094
0,406	21,4	26,8	25,60	23,59	0,104
0,412	46,5	26,8	12,56	10,55	0,099

D'après les lois qui précèdent, l'émanation se diffuse comme un gaz qui serait mélangé à l'air en petite proportion. Le coefficient K représente alors le coefficient de diffusion du gaz dans l'air. Ce coefficient est voisin de ceux trouvés pour certains gaz; celui relatif à l'acide carbonique dans l'air à 10° est 0,15 environ; celui de la vapeur d'éther dans l'air est 0,09 environ.

On peut du reste remarquer que le coefficient de diffusion de l'émanation du radium dans l'air est beaucoup plus facile à mesurer que le coefficient de diffusion d'un gaz, le rayonnement du réservoir indiquant à chaque instant la quantité d'émanation qu'il contient.

M. Rutherford et miss Brooks ont déjà fait une expérience pour déterminer le coefficient de diffusion de l'émanation du radium dans l'air ([1]). Ils admettent, *a priori*, que l'émanation se comporte comme un gaz et déterminent le coefficient de diffusion par la méthode de *Loschmidt*. Ils trouvent que le coefficient de diffusion dans l'air est voisin de 0,08, résultat en accord avec nos mesures.

Nous avons constaté que, dans d'autres circonstances encore, l'émanation du radium se comporte comme un gaz :

1° Un réservoir de volume v_1, contenant de l'émanation, émet un rayonnement J; on le met en communication avec un deuxième réservoir inactif de volume v_2; une partie de l'émanation passe

---

([1]) *Chemical News*, 25 avril 1902.

dans ce deuxième réservoir, mais l'équilibre n'est établi qu'au bout d'un certain temps t. Pendant ce temps, l'émanation est détruite dans une proportion connue. Soit J' l'intensité qu'aurait émise le premier réservoir au bout du temps t, si la communication avec le deuxième réservoir n'avait pas été établie. Soit J_1 l'intensité mesurée au bout du temps t. On trouve que

$$\frac{J_1}{J'} = \frac{v_1}{v_1 + v_2},$$

c'est-à-dire que l'émanation s'est partagée entre les deux réservoirs proportionnellement à leurs volumes. L'expérience donne le même résultat avec divers degrés de vide.

2° Deux réservoirs sont activés et communiquent entre eux par un tube de verre. On porte l'un d'eux à 350°, l'autre restant à la température de 10°. L'activité rayonnante du tube resté froid augmente et l'on vérifie que l'émanation se partage entre les deux réservoirs dans la même proportion que le ferait la masse d'un gaz dans les mêmes conditions.

M. Rutherford a constaté que l'émanation du radium se condense à la température de l'air liquide; nous avons vérifié ce fait important en faisant l'expérience suivante :

Un réservoir de verre, de grand volume, contient l'émanation du radium; ce réservoir est terminé par un tube capillaire. Si l'on plonge ce tube dans l'air liquide, toute l'émanation s'y condense. En séparant à la lampe le tube capillaire, on constate que le gros réservoir est devenu inactif, et que le petit tube capillaire, devenu très actif, contient toute l'émanation.

RECHERCHES RÉCENTES

sur

LA RADIOACTIVITÉ.

Journal de Chimie physique, t. I, 1903, p. 409.

Depuis la découverte des substances fortement radioactives, les recherches sur la radioactivité ont pris un très grand développement. Je me propose dans cet article de donner un résumé de l'état actuel de nos connaissances relatives à ce sujet, en insistant particulièrement sur les résultats des travaux les plus récents (¹).

I. — Substances radioactives.

Rayons de Becquerel. Uranium et thorium. — Nous appellerons *radioactives* les substances capables d'émettre spontanément et d'une façon continue certains rayons dits *rayons de Becquerel*. Ces rayons agissent sur les plaques photographiques; ils rendent les gaz qu'ils traversent conducteurs de l'électricité; ils sont capables de traverser le papier noir et les métaux. Les rayons de Becquerel ne se réfléchissent pas, ne se réfractent pas, ne se polarisent pas.

C'est M. Becquerel qui a découvert en 1896 que l'*uranium* et ses composés émettent d'une façon continue ces nouveaux rayons. M. Schmidt et Mme Curie ont ensuite trouvé à peu près simulta-

---

(¹) Pour détails plus complets sur les travaux antérieurs à mai 1903, *voir* la thèse de Mme Curie (Paris, Gauthier-Villars, juin 1903). Ce travail paraîtra dans les *Annales de Chimie et de Physique* en 1903 et 1904.

nément que les composés du *thorium* sont aussi radioactifs. L'intensité des radiations émises par les composés du thorium est analogue à celle des radiations émises par les composés d'uranium. La radioactivité est une propriété atomique qui accompagne les atomes d'uranium et de thorium partout où ils se trouvent; dans un corps composé ou un mélange elle est, en général, d'autant plus grande que la proportion de ces deux métaux y est elle-même plus forte.

Nouvelles substances radioactives. — Mme Curie a recherché en 1898 si, parmi les corps simples alors connus, il y en avait d'autres doués de propriétés radioactives; elle n'a pu trouver aucune substance donnant un rayonnement notable, et elle a pu conclure que les propriétés radioactives des corps simples sont au moins 100 fois plus faibles que celles de l'uranium et du thorium. Elle a trouvé, au contraire, que certains minéraux contenant de l'uranium (la pechblende, la chalcolite, la carnotite) sont *plus actifs* que l'uranium métallique; l'activité de ces minéraux ne pouvait donc être attribuée ni uniquement à l'uranium, ni aux autres corps simples connus. Cette découverte a été fertile en résultats nouveaux. Nous avons établi, Mme Curie et moi, dans un travail fait en commun, que la pechblende renferme des substances radioactives nouvelles, et nous avons supposé que ces substances contiennent des éléments chimiques nouveaux.

On connaît actuellement avec certitude trois substances nouvelles fortement radioactives : le *polonium*, qui se trouve dans le bismuth que l'on extrait des minerais d'urane, le *radium* (¹), qui se trouve dans le baryum de même provenance, et l'*actinium*, qui a été trouvé par M. Debierne dans les terres rares retirées du même minerai. Toutes ces trois substances se trouvent dans les minerais d'urane en quantité infinitésimale, et toutes les trois possèdent une radioactivité environ un million de fois plus grande que celle de l'uranium et du thorium.

Récemment M. Giesel et M. Hoffmann ont signalé la présence dans les minerais d'urane d'une quatrième substance fortement radioactive qui aurait des propriétés chimiques analogues à celles

---

(¹) Découvert par M. et Mme Curie et M. Bémont.

du plomb; d'après les publications qui ont paru jusqu'ici je n'ai pu me faire une opinion sur la nature de cette substance.

On peut se demander si la radioactivité est une propriété générale de la matière. Cette question ne peut actuellement être considérée comme résolue. Les recherches de Mme Curie ont prouvé que les diverses substances connues ne possèdent pas de radioactivité atomique qui atteigne le centième de la radioactivité de l'uranium et du thorium. D'autre part, certaines réactions chimiques peuvent donner naissance à la création d'ions conducteurs de l'électricité sans que la substance active présente le caractère de radioactivité atomique. C'est ainsi que le phosphore blanc en s'oxydant rend l'air qui l'entoure conducteur de l'électricité, tandis que le phosphore rouge et les phosphates ne se montrent nullement radioactifs.

Des expériences déjà anciennes (Russel, Colson, Lengyel) montrent que certains corps agissent à la longue sur les plaques photographiques. Il est possible qu'une partie de ces phénomènes soit due à la radioactivité, mais on n'a à ce sujet aucune certitude. Des travaux récents (Mac Lennan et Burton, Strutt, Lester Cooke) conduiraient pourtant à supposer que la radioactivité appartient à toutes les substances à un degré extrêmement faible. L'identité de ces phénomènes très faibles avec les phénomènes de radioactivité atomique ne peut encore être considérée comme certaine.

Radium. — De toutes les substances fortement radioactives, le radium est la seule pour laquelle on ait réussi à prouver qu'elle constitue un élément nouveau. Le radium possède un spectre caractéristique dont la découverte et la première étude sont dues à Demarçay, et qui a été étudié depuis par MM. Runge et Precht et par Sir W. Crookes. Le radium est un élément qui vient se placer dans la série des métaux alcalino-terreux à la suite du baryum; son poids atomique déterminé par Mme Curie est égal à 225.

Le radium a été retiré jusqu'à présent d'un résidu de la fabrication qui a pour but d'extraire l'urane de son minerai (la pechblende). Ce résidu contient par tonne 0^g,2 à 0^g,3 de radium. On commence par extraire de 1^t de résidu 10^{kg} à 15^{kg} de sel de baryum radifère, d'où l'on retire ensuite le sel de radium par des cristallisations fractionnées (avec le chlorure ou le bromure), les cristaux qui se déposent dans une solution étant plus riches en radium que le sel qui reste dans la liqueur.

On peut mesurer l'activité radiante d'un sel de radium à diverses époques à partir du moment où l'on a fait cristalliser le sel et où on l'a séché à l'étuve. On constate que l'activité a une certaine valeur initiale, puis elle augmente en fonction du temps, d'abord rapidement, puis de plus en plus lentement; elle tend asymptotiquement vers une valeur limite qui est environ 5 fois plus forte que l'activité initiale. L'activité reste ensuite invariable pendant des années, si on laisse le sel dans un état invariable.

Polonium. — Le polonium est, au contraire, un corps qui perd lentement sa radioactivité à partir du moment où il a été séparé du minerai d'urane qui le contenait. Après quelques années la radioactivité du polonium a presque complètement disparu. Le polonium se comporte donc comme un corps instable. On n'a pas encore pu démontrer que le polonium est un élément nouveau, distinct du bismuth ordinaire.

On peut concentrer le polonium par fractionnement en précipitant par l'eau le sous-nitrate de bismuth à polonium, en solution acide; la partie précipitée est la plus active. On peut aussi faire une précipitation partielle d'une solution chlorhydrique très acide par l'hydrogène sulfuré; le polonium se concentre dans les sulfures précipités. Ces procédés de fractionnement sont pénibles, parce que les produits précipités ne se redissolvent que difficilement. M. Marckwald concentre l'activité en plongeant une baguette de bismuth dans une solution de bismuth à polonium; une couche de métal extrêmement actif se dépose sur la baguette.

Actinium. — La concentration de l'actinium est encore plus pénible que celle du polonium. Les sels solides renfermant de l'actinium possèdent une radioactivité qui reste complètement invariable dans l'espace de plusieurs années.

II. — Rayonnement des corps radioactifs.

Complexité du rayonnement. — Le radium est le corps radioactif dont le rayonnement a été étudié le plus complètement. On sait aujourd'hui que le radium émet un ensemble de rayons de natures différentes qui peuvent être compris dans trois groupes. Suivant la notation adoptée par M. Rutherford, je désignerai ces trois groupes de rayons par les lettres α, β, γ.

L'action du champ magnétique permet de les distinguer. Dans un champ magnétique intense, les rayons α sont légèrement déviés de leur trajet rectiligne, et la déviation se fait de la même manière que pour les *rayons canaux* de M. Goldstein dans les tubes à vide; au contraire les rayons β sont déviés comme les rayons cathodiques, et les rayons γ ne sont pas déviés et se comportent comme les rayons de Rœntgen.

Rayons β. — Les rayons β du radium, analogues aux rayons cathodiques, forment un groupe hétérogène; ils se distinguent les uns des autres par leur pouvoir pénétrant et par la déviation qu'ils éprouvent dans un champ magnétique.

Certains rayons β sont absorbés par une lame d'aluminium de quelques centièmes de millimètre d'épaisseur, tandis que d'autres traversent en se diffusant plusieurs millimètres de plomb.

Supposons que l'on ait réalisé un faisceau rectiligne de rayons de Becquerel au moyen d'une parcelle de sel de radium et d'un écran percé d'un trou. Si l'on fait naître un champ magnétique uniforme normal à la direction du faisceau, les rayons β s'incurvent et décrivent des trajectoires circulaires dans un plan normal à la direction du champ magnétique. Les rayons des circonférences décrites varient dans des limites étendues. M. Becquerel a montré que les rayons les plus pénétrants sont ceux qui sont le moins déviés et qui, par conséquent, décrivent des circonférences dont le rayon de courbure est le plus grand. En recevant le faisceau des rayons β dévié par le champ magnétique sur une plaque photographique, on obtient sur celle-ci une impression qui constitue un véritable spectre dans lequel les divers rayons β manifestent leur action séparément.

On peut supposer que les rayons β sont constitués par des projectiles (électrons), chargés d'électricité négative et lancés à partir du radium avec une grande vitesse. Soit alors m la masse d'un projectile, e sa charge, v sa vitesse initiale, ρ le rayon de courbure de la trajectoire, H l'intensité du champ magnétique (supposé normal à la direction de la vitesse initiale), μ la perméabilité magnétique du milieu. On aura la relation facile à établir

$$(1) \qquad \mu H \rho = \frac{mv}{e}.$$

Les rayons β sont aussi déviés dans un champ électrique. Supposons que l'on ait réalisé un faisceau rectiligne de ces rayons. Si l'on crée un champ électrique uniforme normal à la direction initiale du faisceau, les rayons sont déviés en sens inverse de la direction du champ, et décrivent des trajectoires paraboliques. On peut réaliser l'expérience en faisant passer le faisceau de rayons entre deux plateaux métalliques parallèles, entre lesquels on établit une différence de potentiel. La déviation est faible avec les moyens dont on dispose, et il convient d'opérer dans le vide. L'air est, en effet, rendu conducteur par les rayons; si donc on opère dans l'air, l'isolement est imparfait, et il est difficile de maintenir entre les plateaux une différence de potentiel constante et élevée. Les rayons β les plus pénétrants sont les moins déviés.

L'action du champ électrique est en accord avec l'hypothèse balistique précédemment énoncée. Plaçons-nous dans cette hypothèse, et supposons qu'un champ électrique uniforme d'intensité h et de largeur L agisse sur le projectile chargé, dont la vitesse initiale est normale au champ. La déviation y de l'extrémité de la trajectoire à la sortie du champ est donnée par la formule (2) en admettant que la déviation soit faible.

$$(2) \qquad \frac{h L^2}{2y} = \frac{m}{e} v^2.$$

Des équations (1) et (2) on peut tirer d'une part la vitesse v des projectiles, d'autre part le rapport $\frac{e}{m}$ de la charge électrique à la masse correspondante.

Les expériences de M. Becquerel ont montré que pour les rayons β les plus intenses le rapport $\frac{e}{m}$ est voisin de 10^7 unités électromagnétiques, et v a une valeur de $1,6 \times 10^{10} \frac{\text{cm}}{\text{sec}}$. Ces valeurs sont du même ordre de grandeur que pour les rayons cathodiques.

M. Kaufmann a fait des expériences précises sur le même sujet. Ce physicien a soumis un faisceau très étroit de rayons du radium à l'action simultanée d'un champ magnétique et d'un champ électrique, les deux champs étant uniformes et ayant une même direction normale à la direction primitive du faisceau. Le faisceau est reçu sur une plaque photographique placée normalement à sa direction primitive. En l'absence des deux champs l'impression sur la plaque est une petite tache circulaire que nous assimilerons à un point. Quand le champ magnétique agit seul, les divers rayons β qui sont inégalement déviés, mais restent dans un plan normal au champ, produisent sur la plaque une impression en forme de ligne droite. Quand le champ électrique agit seul, les divers rayons β sont inégalement déviés dans un même plan passant par le champ et produisent sur la plaque une impression rectiligne normale à celle obtenue précédemment. Quand les deux champs agissent simultanément, l'impression sur la plaque est une courbe. Chaque point de la courbe correspond à une espèce différente de rayons β. En prenant comme axes coordonnés sur la plaque photographique les lignes droites obtenues quand chacun des champs agit seul, les coordonnées de chaque point de la courbe représentent les déviations électrique et magnétique relatives à une même espèce de rayons.

Voici les nombres obtenus pour v et $\dfrac{e}{m}$ par M. Kaufmann, dont les mesures sont relatives surtout aux rayons les plus pénétrants du radium. J'indique, à titre de comparaison, les valeurs obtenues par M. Simon pour les rayons cathodiques :

$\dfrac{e}{m}$ en unités électromagnétiques.	$v\ \dfrac{cm}{sec}$.	
$1,865 \times 10^7$..........	$0,7 \times 10^{10}$	pour les rayons cathodiques (Simon)
$1,31 \times 10^7$..........	$2,36 \times 10^{10}$	
$1,17$ »	$2,48$ »	
$0,97$ »	$2,59$ »	pour les rayons du radium (Kaufmann)
$0,77$ »	$2,72$ »	
$0,63$ »	$2,83$ »	

On voit que certains rayons β ont une vitesse voisine de celle de la lumière. On comprend que des projectiles animés d'une telle vitesse peuvent, s'ils sont très petits, avoir un pouvoir pénétrant très grand vis-à-vis de la matière.

Le rapport $\frac{e}{m}$ semble être le même pour les rayons β du radium les moins pénétrants et pour les rayons cathodiques. Mais ce rapport va en diminuant à mesure que la vitesse des rayons augmente. MM. J.-J. Thomson et Townsend pensent que les électrons chargés en mouvement possèdent une charge qui est la même pour chacun d'eux et qui est égale à celle transportée par un atome d'hydrogène dans l'électrolyse d'une solution. S'il en est ainsi, il faut admettre que la masse des projectiles augmente en même temps que leur vitesse, quand celle-ci se rapproche de celle de la lumière.

Dans le cas de l'électrolyse le rapport $\frac{e}{m}$ est égal à 9650, tandis que ce même rapport est égal à $1,865 \times 10^7$ pour les rayons cathodiques et pour les rayons β peu pénétrants. Si l'on admet que la charge e est la même dans les deux cas, on en déduit que la masse d'un électron est environ 2000 fois plus petite que celle d'un atome d'hydrogène.

Des considérations théoriques conduisent à concevoir que l'inertie de la particule est précisément due à son état de charge en mouvement, la vitesse d'une charge électrique en mouvement ne pouvant être modifiée sans dépense d'énergie. Autrement dit, la masse de la particule chargée est, au moins en partie, une masse apparente ou masse électromagnétique. M. Abraham a donné une formule permettant de calculer la masse électromagnétique d'une particule chargée en fonction de sa vitesse. D'après cette formule, la masse due aux réactions électromagnétiques est constante pour des vitesses faibles, cette masse augmente avec la vitesse et tend vers l'infini pour des vitesses qui tendent vers celle de la lumière. Les expériences de M. Kaufmann sont en accord avec cette théorie et conduisent de plus à admettre que la masse d'un électron est entièrement de nature électromagnétique. Ces résultats ont une grande importance théorique; ils permettent de prévoir la possibilité d'établir les bases de la mécanique sur la dynamique de petits centres matériels chargés en état de mouvement.

Rayons α. — Les rayons α du radium sont très peu pénétrants;

une lame d'aluminium de quelques centièmes de millimètre d'épaisseur les absorbe presque complètement. Ils sont aussi absorbés par l'air, et ne peuvent pénétrer dans l'air à la pression atmosphérique à une distance supérieure à 10^{cm}. Les rayons α forment la partie la plus importante du rayonnement du radium, si l'on convient de mesurer le rayonnement par la grandeur de l'ionisation qu'il produit dans l'air.

Les rayons α sont très peu déviés par les champs électriques et magnétiques les plus intenses, et on les a d'abord considérés comme étant des rayons non déviables sous cette action. Cependant, indépendamment de l'action du champ magnétique, les lois de l'absorption des rayons α par des écrans superposés permettaient déjà d'en faire un groupe à part et de les distinguer nettement des rayons de Rœntgen. En traversant des écrans successifs, les rayons α deviennent en effet de moins en moins pénétrants, tandis que dans les mêmes conditions le pouvoir pénétrant des rayons de Rœntgen va en augmentant. Il semble que l'on puisse assimiler un rayon α à un projectile dont l'énergie diminue à la traversée de chaque écran. Un écran donné absorbe aussi beaucoup plus fortement les rayons α quand il est placé loin du radium, que quand il est placé tout contre le radium.

M. Strutt a fait la supposition que les rayons α sont analogues aux *rayons canaux* des tubes à vide. M. Rutherford a réussi à mettre en évidence l'action du champ magnétique sur les rayons α du radium et à faire une première mesure de la déviation. M. Becquerel a confirmé les résultats obtenus par M. Rutherford et a donné une nouvelle mesure du phénomène. M. des Coudres a fait une mesure de la déviation électrique et de la déviation magnétique des rayons α en opérant dans le vide.

Il résulte de ces recherches que les rayons α se comportent comme des projectiles animés d'une grande vitesse et chargés d'électricité positive. La déviation dans un champ magnétique et dans un champ électrique se fait en sens inverse de celle qui aurait lieu pour les rayons cathodiques.

Les rayons α forment un groupe qui semble homogène, ils sont tous déviés de la même façon par le champ magnétique et ne donnent pas alors un spectre étalé comme les rayons β. Les formules (1) et (2) de la page 46 sont encore applicables. D'après les mesures de des Coudres faites dans le vide, on trouve :

$$V = 1,65 \times 10^9, \qquad \frac{e}{m} = 6400.$$

On voit que la vitesse des projectiles est 20 fois plus faible que celle de la lumière. Si l'on admet que la charge d'un projectile est la même que celle d'un atome d'hydrogène dans l'électrolyse, on trouve que sa masse est de l'ordre de grandeur de celle d'un atome d'hydrogène $\left(\text{le rapport } \frac{e}{m} \text{ est égal à } 9650, \text{ pour l'hydrogène dans l'électrolyse}\right)$. On conçoit que ces projectiles, plus gros que les électrons et animés d'une vitesse moindre que celle des électrons, aient aussi un pouvoir de pénétration bien moindre.

D'après les expériences de M. Becquerel, la courbure de la trajectoire des rayons α qui se propagent dans un champ magnétique uniforme n'est pas constante, lorsque la propagation a lieu dans l'air à la pression atmosphérique. Tout d'abord cette courbure est la même que celle obtenue dans le vide, mais elle devient de moins en moins grande à mesure que le rayon s'éloigne de la source. On peut expliquer ce phénomène en admettant que de nouvelles particules viennent se fixer sur les projectiles qui constituent les rayons, pendant que ceux-ci accomplissent leur trajet dans l'air. Cette hypothèse rendrait compte du fait que le pouvoir absorbant d'un écran pour les rayons α augmente, quand on éloigne l'écran de la source radiante.

Les rayons α sont ceux qui sont actifs dans la très belle expérience réalisée dans le *spinthariscope* de M. Crookes. Dans cet appareil, un fragment très petit d'un sel de radium (une fraction de milligramme) est maintenu par un fil métallique à une faible distance ($0^{mm},5$) d'un écran au sulfure de zinc phosphorescent. En examinant dans l'obscurité avec une loupe la face de l'écran qui est tournée vers le radium, on aperçoit des points lumineux parsemés sur l'écran et faisant songer à un ciel étoilé; ces points lumineux apparaissent et disparaissent continuellement. Dans la théorie balistique, on peut imaginer que chaque point lumineux qui apparaît et disparaît résulte du choc d'un projectile. On aurait

C.   30

affaire pour la première fois à un phénomène permettant de distinguer l'action individuelle d'un atome.

Rayons γ. — Les rayons γ du radium sont entièrement comparables aux rayons de Rœntgen. Ils ne semblent former qu'une bien faible partie du rayonnement total. Il existe des rayons γ ayant un pouvoir de pénétration extraordinaire, et ces rayons se diffusent très peu en traversant la plupart des corps.

Diffusion des rayons du radium. — Soit un faisceau de rayons de Becquerel issu du radium et délimité par des fentes taillées dans des écrans en plomb. Si le faisceau rencontre un écran mince, les rayons α sont absorbés, les rayons β sont diffusés dans tous les sens, les rayons γ traversent partiellement l'écran à l'état de faisceau bien défini aux bords nets; les rayons γ peuvent ainsi traverser un prisme de verre épais sans que le faisceau cesse d'être rectiligne et bien limité. On s'est demandé si les rayons β sont toujours complètement diffusés en traversant un écran solide. Les expériences de M. Becquerel montrent qu'un faisceau de rayons β peut se propager à l'état bien défini dans la paraffine. M. Becquerel se sert de l'action des rayons β sur les plaques photographiques pour étudier sur une plaque la trace du trajet des rayons β dispersés par le champ magnétique. On voit sur les clichés que les rayons les plus pénétrants traversent sans se diffuser notablement 7^{mm} ou 8^{mm} de paraffine, tandis que les rayons les moins pénétrants sont complètement diffusés après un trajet de 2^{mm}. Le champ magnétique dévie les rayons β dans la paraffine comme dans l'air.

Conductibilité des liquides diélectriques sous l'action des rayons du radium. — Les liquides diélectriques deviennent légèrement conducteurs sous l'action des rayons du radium. On peut constater ce phénomène avec l'éther de pétrole, l'huile de vaseline, la benzine, l'amylène, le sulfure de carbone, l'air liquide.

Rayonnement des autres corps radioactifs. — Le *polonium* n'émet que des rayons très peu pénétrants qui semblent identiques avec les rayons α du radium. Ils possèdent à peu près le même pouvoir pénétrant et sont déviés de la même façon par le champ magnétique; enfin, avec les rayons α du polonium, on peut faire l'expérience du spinthariscope. Le polonium fournit donc une source de rayons α exempts des autres espèces de rayons, ce qui est précieux dans certaines études. Mais la source s'épuise, et au bout de quelques années le polonium séparé du minerai qui le contenait a perdu son activité.

Le *thorium*, l'*uranium*, l'*actinium* semblent émettre des rayons α et β; on a pu vérifier la déviabilité des rayons β.

Charge électrique des rayons du radium. — D'après la théorie balistique, les rayons α doivent transporter des charges électriques positives et les rayons β des charges électriques négatives. Nous avons montré, Mme Curie et moi, que, conformément à cette théorie, les rayons β du radium chargent négativement les corps qui les absorbent. Pour le montrer, on utilise une plaque de plomb en relation avec un électromètre. La plaque de plomb est entièrement recouverte d'une couche de paraffine qui est elle-même entourée d'une enveloppe d'aluminium mince reliée à la terre. Le radium, situé dans une petite cuve à l'extérieur, envoie ses rayons sur la plaque de plomb ainsi protégée. Les rayons α sont arrêtés par l'enveloppe extérieure d'aluminium; une partie des rayons β traverse l'aluminium et la paraffine et se trouve absorbée par le plomb qui se charge négativement. La paraffine est nécessaire pour obtenir un isolement suffisant de la lame de plomb, qui ne pourrait se charger si elle était entourée d'air rendu conducteur par les rayons de Becquerel.

Nous avons aussi montré qu'un sel de radium se charge positivement lorsqu'il est enveloppé d'une couche isolante et qu'il émet à l'extérieur des rayons β, tandis que les rayons α ne peuvent s'échapper.

Une ampoule de verre scellée et contenant un sel de radium se charge spontanément d'électricité comme une bouteille de Leyde. Si au bout d'un temps suffisant on fait avec un couteau à verre un trait sur les parois de l'ampoule, il part une étincelle qui perce le verre en un point où la paroi a été amincie sous le couteau; en même temps, l'opérateur éprouve une petite secousse dans les doigts par suite du passage de la décharge.

Phosphorescence des corps par l'action des rayons de Becquerel. Lumière émise par les sels de radium. Coloration des corps par l'action des rayons. — Le rayonnement du radium provoque la phosphorescence d'un grand nombre de corps : sels alcalins et alcalino-terreux, sulfate d'uranyle et de potassium, matières organiques, coton, papier, sulfate de cinchonine, peau, verre, quartz, etc. Les corps les plus sensibles sont le platino-cyanure de baryum, la willémite (silicate de zinc), le sulfure de zinc de Sidot, le diamant. Avec les rayons β pénétrants, la willé-mite et le platinocyanure sont les corps les plus sensibles, tandis qu'avec les rayons α on a avantage à employer le sulfure de zinc phosphorescent.

Les substances phosphorescentes sont altérées par 'action pro-longée des rayons du radium; elles deviennent alors moins exci-tables et sont moins lumineuses sous l'action des rayons. En même temps ces corps changent de teinte et se colorent. Le verre se colore en violet, en noir ou en brun; les sels alcalins se colorent en jaune, en vert ou en bleu; le quartz transparent devient du quartz enfumé; la topaze incolore devient jaune orangé, etc. Le verre coloré par le radium est *thermoluminescent;* en le chauffant vers 5oo° on le voit émettre de la lumière; en même temps, il se décolore et revient à son état primitif; il est alors susceptible d'être coloré à nouveau par l'action des rayons du radium.

Les sels de radium sont spontanément lumineux. On peut admettre qu'ils se rendent eux-mêmes phosphorescents par l'action des rayons de Becquerel qu'ils émettent. Le chlorure et le bro-mure de radium anhydres sont les sels qui donnent la luminosité la plus intense. On peut en obtenir d'assez lumineux pour que la lumière puisse se voir en plein jour. La lumière émise par les sels de radium rappelle comme teinte celle du ver luisant (lampyre). La luminosité des sels de radium diminue avec le temps sans jamais disparaître complètement, et en même temps les sels d'abord incolores se colorent en gris, en jaune ou en violet.

Effets physiologiques des rayons du radium. — Les rayons du radium provoquent diverses actions physiologiques.

Un sel de radium situé dans une boîte opaque en carton ou en métal, agit cependant sur l'œil et produit une sensation de lumière.

Pour obtenir ce résultat, on peut placer la boîte contenant le radium devant l'œil fermé ou contre la tempe. Dans ces expériences, les milieux de l'œil deviennent lumineux par phosphorescence sous l'influence des rayons du radium, et la lumière que l'on aperçoit a sa source dans l'œil lui-même.

Les rayons du radium agissent sur l'épiderme. Si l'on garde pendant quelques minutes une ampoule contenant du radium sur la peau, on n'éprouve aucune sensation particulière; mais, 15 à 20 jours après, il se produit sur la peau une rougeur, puis une eschare, dans la région où l'on avait appliqué l'ampoule. Si l'action des rayons a été assez longue, il se forme ensuite une plaie qui peut mettre plusieurs mois à guérir. L'action des rayons du radium sur l'épiderme est analogue à celle produite par les rayons de Rœntgen. On essaye actuellement d'utiliser cette action dans le traitement des lupus et des cancers.

Les rayons du radium agissent encore sur les centres nerveux et déterminent alors des paralysies et la mort (Danysz). Ils semblent aussi agir d'une façon particulièrement intense sur les tissus vivants en voie d'évolution (Bohn).

Emploi du radium dans l'étude de l'électricité atmosphérique. — Les rayons du radium ont été utilisés dans l'étude de l'électricité atmosphérique (Paulsen, Witkowski, Moureaux). Une petite quantité d'un sel de radium fixée à l'extrémité d'une tige métallique constitue une prise de contact pour le potentiel. On évite par ce dispositif très simple l'usage des flammes ou des appareils à gouttes d'eau pour la mesure du potentiel en un point de l'atmosphère.

III. — Chaleur dégagée par les sels de radium.

Les sels de radium dégagent continuellement de la chaleur. Ce dégagement est assez fort pour qu'on puisse le montrer par une expérience grossière, faite à l'aide de deux thermomètres à mercure ordinaires. On utilise deux vases isolateurs thermiques à vide identiques entre eux. Dans l'un de ces vases on place une ampoule de verre contenant $0^g,7$ de bromure de radium pur; dans le deuxième vase on place une ampoule de verre qui contient une substance inactive quelconque, par exemple du chlorure de baryum. La température de chaque enceinte est indiquée par un thermomètre dont le réservoir est placé au voisinage immédiat de l'ampoule. L'ouverture des isolateurs est fermée par du coton. Dans ces conditions, le thermomètre qui se trouve dans le même vase que le radium indique constamment une température supérieure de $3°$ à celle indiquée par l'autre thermomètre.

On peut évaluer la quantité de chaleur dégagée par le radium à l'aide du calorimètre à glace de Bunsen. En plaçant dans le calorimètre une ampoule de verre qui contient le sel de radium, on constate un apport continu de chaleur qui s'arrête dès que l'on éloigne le radium. La mesure faite avec un sel de radium préparé depuis longtemps montre que chaque gramme de radium dégage 80^{cal} pendant chaque heure. Le radium dégage donc pendant chaque heure une quantité de chaleur suffisante pour fondre son poids de glace. Cependant le sel de radium utilisé semble toujours dans le même état, et du reste aucune réaction chimique ordinaire ne pourrait être invoquée pour expliquer un pareil dégagement continu de chaleur.

On constate encore qu'un sel de radium qui vient d'être préparé dégage une quantité de chaleur relativement faible. La chaleur dégagée en un temps donné augmente ensuite continuellement et tend vers une valeur déterminée qui n'est pas encore tout à fait atteinte au bout d'un mois.

Quand on dissout dans l'eau un sel de radium et que l'on enferme la solution dans un tube scellé, la quantité de chaleur dégagée par la solution est d'abord faible; elle augmente ensuite et tend à devenir constante au bout d'un mois. Quand l'état limite est atteint, le sel de radium enfermé en tube scellé dégage la même quantité de chaleur à l'état solide et à l'état de dissolution.

On peut encore évaluer la chaleur dégagée par le radium à diverses températures en l'utilisant pour faire bouillir un gaz liquéfié et en mesurant le volume du gaz qui se dégage. On peut faire l'expérience avec le chlorure de méthyle ($-21°$).

L'expérience a été faite aussi par M. le professeur Dewar et par moi avec l'oxygène liquide (à $-180°$) et l'hydrogène liquide (à $-252°$). Ce dernier corps convient particulièrement bien pour

réaliser l'expérience : Un tube A (*fig.* 1), fermé à la partie inférieure et entouré d'un isolateur à vide de Dewar, contient un peu
d'hydrogène liquide H ; un tube de dégagement tt permet de
recueillir le gaz dans une éprouvette graduée, remplie d'eau. Le
tube A et son isolateur plongent tous deux dans un bain d'hydro-

Fig. 1.

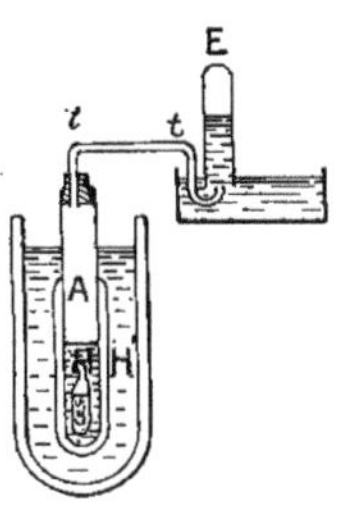

gène liquide H'. Dans ces conditions aucun dégagement gazeux ne
se produit dans le tube A. Lorsque l'on place une ampoule a contenant $0^g,7$ de bromure de radium dans l'hydrogène du tube A, il
se fait un dégagement continu de gaz hydrogène, et l'on recueille
73^{cm^3} de gaz par minute. (Le bromure de radium était préparé
depuis 10 jours seulement.)

IV. — SUR LA RADIOACTIVITÉ INDUITE ET LES ÉMANATIONS RADIOACTIVES.

Radioactivité induite. — Le radium, le thorium et l'actinium
ont la propriété d'agir à l'extérieur autrement que par les rayons
de Becquerel qu'ils émettent. Ils communiquent peu à peu leurs
propriétés radioactives aux corps qui se trouvent dans leur voisinage, et ceux-ci émettent à leur tour des rayons de Becquerel.
L'activité peut ainsi se transmettre aux gaz, aux liquides et aux
solides, et c'est là le phénomène de la *radioactivité induite.*

La radioactivité induite se propage dans les gaz de proche en
proche par une sorte de conduction, elle n'est nullement due à
l'action du rayonnement direct des corps qui la provoquent.

Quand on éloigne le corps activé du corps radioactif, la radioactivité induite sur ce corps persiste pendant un certain temps; elle diminue cependant peu à peu et finit par s'éteindre.

Émanation. — Pour expliquer ces phénomènes, M. Rutherford admet que le radium ou le thorium dégagent constamment un gaz matériel radioactif instable qu'il nomme *émanation*. L'émanation se répand dans le gaz qui entoure le corps radioactif; elle se détruit peu à peu en émettant des rayons de Becquerel et en donnant naissance à d'autres corps matériels radioactifs instables qui ne sont pas volatils; ces nouvelles matières se fixent à la surface des corps solides et les rendent radioactifs.

Sans préciser autant les hypothèses, on peut adopter le nom d'émanation pour désigner l'*énergie radioactive* sous la forme qu'elle affecte quand elle se répand dans le gaz qui entoure les corps radioactifs; on peut de plus supposer que cette énergie disparaît en créant l'*énergie de radioactivité induite des corps solides*.

Radioactivité induite par le radium et émanation du radium. — Lorsque l'on place un sel de radium solide dans une enceinte close remplie d'air, les parois intérieures de l'enceinte et tous les corps solides placés dans l'enceinte deviennent radioactifs. On peut, par exemple, introduire dans l'enceinte une lame solide d'un corps quelconque, l'y laisser un certain temps, puis la retirer et étudier son activité. On constate que l'activité de la lame augmente d'abord avec la durée du séjour dans l'enceinte, mais qu'elle atteint une valeur limite pour un séjour assez prolongé. Lorsque la lame activée est retirée de l'enceinte, elle perd son activité suivant une loi d'allure exponentielle, le rayonnement diminuant de la moitié de sa valeur pendant une période de temps de l'ordre de grandeur d'une demi-heure. D'une manière générale, tous les corps solides dans les mêmes conditions s'activent et se désactivent de la même façon.

Les phénomènes sont beaucoup plus intenses (environ 20 fois) si, au lieu de placer dans l'enceinte le sel de radium solide, on place dans celle-ci la solution du même sel dans un vase ouvert.

La nature et la pression du gaz contenu dans l'enceinte n'ont pas d'influence sur les phénomènes observés.

L'activité induite dans une enceinte est proportionnelle à la quantité de radium qui s'y trouve.

Lorsque l'enceinte contenant le radium communique par un tube avec une deuxième enceinte, les corps solides contenus dans celle-ci s'activent également au bout d'un temps suffisant. La transmission de la propriété activante peut même se faire d'une enceinte à une autre par un tube capillaire.

Lorsque le gaz qui a été activé par le séjour dans une enceinte renfermant du radium est transporté dans une autre enceinte, il conserve pendant un temps assez long la propriété de rendre radioactifs les corps solides amenés en contact avec lui. Le gaz ainsi soustrait à l'action du radium perd cependant peu à peu sa propriété activante; celle-ci disparaît en fonction du temps suivant une loi exponentielle; elle diminue de la moitié de sa valeur pendant chaque période de 4 jours.

Pour interpréter ce phénomène, on peut admettre que le radium donne lieu à un débit continu et constant d'émanation radioactive; cette émanation se répand dans l'air d'une enceinte et agit sur les corps solides en les activant. Lorsque l'air est transporté dans une autre enceinte, l'émanation est entraînée avec lui; elle se détruit

Fig. 2.

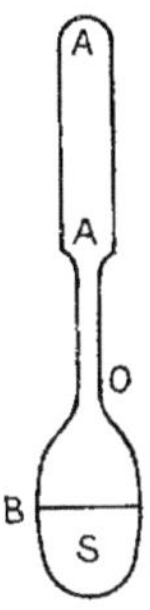

ensuite spontanément avec une vitesse telle que la quantité d'émanation répandue dans le gaz diminue de moitié pendant chaque période de 4 jours.

Dans une enceinte renfermant du radium il s'établit un état d'équilibre quand la quantité d'émanation dans l'enceinte est telle que la perte d'émanation résultant de sa destruction spontanée compense exactement l'apport continu d'émanation ayant sa source dans le radium.

On peut faire l'expérience suivante : Le récipient de verre A rempli d'air (*fig.* 2) communique par la partie rétrécie O avec l'ampoule B qui renferme une solution de radium S. Au bout d'un certain temps l'émanation s'est répandue en A, et les parois intérieures de ce récipient sont activées. On sépare le récipient A du radium en fermant en O à la lampe. On peut ensuite étudier le rayonnement extérieur du récipient A en le transportant dans le cylindre intérieur d'un condensateur cylindrique (*fig.* 3). Ce cylindre intérieur BBBB est en aluminium; on le porte à un potentiel de 5oo volts. Le cylindre extérieur CCCC du condensateur

Fig. 3.

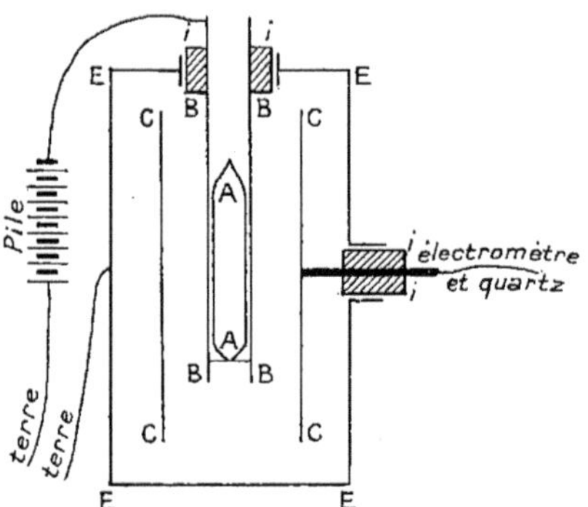

est en cuivre; il est en relation avec un électromètre et un quartz piézoélectrique. On mesure à l'aide du quartz le courant qui traverse le condensateur. Ce courant est provoqué par les rayons de Becquerel qui s'échappent du tube A, traversent le cylindre d'aluminium B et rendent conducteur l'air entre les deux cylindres. L'appareil est entouré d'une enveloppe métallique protectrice EEEE, reliée à la terre.

On constate que le rayonnement du tube A diminue avec le temps suivant une loi exponentielle rigoureuse de la forme

$$I = I_0 e^{-at},$$

I_0 étant la valeur du rayonnement à l'origine du temps, I la valeur du rayonnement à l'instant t et a un coefficient constant $(a = 2,01.10^{-6}$, en prenant comme unité de temps la seconde). Le rayonnement baisse de la moitié de sa valeur en 4 jours environ.

Dans une deuxième expérience on peut activer le tube A comme précédemment et faire ensuite le vide à l'intérieur, de manière à extraire l'air chargé d'émanation qui se trouve dans le tube. Dans ces conditions le rayonnement du récipient A diminue beaucoup plus rapidement, ce rayonnement devient deux fois plus faible en un temps de l'ordre de grandeur d'une demi-heure. Cette loi de désactivation est la même que celle suivant laquelle les corps activés perdent leur activité quand ils sont exposés à l'air libre. Le résultat est encore le même si, après avoir fait le vide dans le récipient A, on y laisse rentrer de l'air inactif.

On est donc conduit à conclure que dans la première expérience l'activité du récipient A est entretenue par l'air chargé d'émanation contenu dans ce récipient, et que la loi de diminution du rayonnement dans cette expérience représente aussi bien la loi de la disparition spontanée de l'émanation.

Lorsque l'on fait le vide dans le récipient A qui renferme de l'air chargé d'émanation, et que l'on mesure le rayonnement de ce récipient immédiatement avant et après l'extraction de l'air, on constate que ce rayonnement n'a pas changé au moment où l'on a retiré l'air actif. Le rayonnement Becquerel de l'air chargé d'émanation ne produit donc pas d'action dans cette expérience. Ce rayonnement existe probablement, mais il est formé de rayons très peu pénétrants, incapables de traverser la paroi de verre. On peut faire à ce sujet l'expérience suivante : l'une des extrémités du tube métallique AA (*fig.* 4) communique en O, au moyen d'un tube de caoutchouc, avec un récipient B où se trouve une solution de sel de radium. L'autre extrémité du tube A est fermée par un bouchon isolant i; ce bouchon est traversé par une tige métallique C reliée à l'électromètre. Le tube A et la tige C forment un condensateur cylindrique; le tube A est porté à un potentiel de 500 volts. Le tube métallique DDDD, relié à la terre, sert de tube de garde. Quand le tube A est suffisamment activé, on le sépare du radium et l'on mesure l'intensité du courant qui traverse le condensateur; puis on chasse rapidement l'air actif qui remplit le condensateur, on laisse rentrer de l'air inactif et l'on fait immédiatement une nouvelle mesure de l'intensité du courant. On constate que le courant est devenu 6 fois plus faible. Or, pendant la deuxième mesure, le rayonnement des parois activées agit seul pour ioniser l'air du condensateur, tandis que, pendant la première mesure, l'émanation agit également; on peut donc supposer qu'elle aussi

Fig. 4.

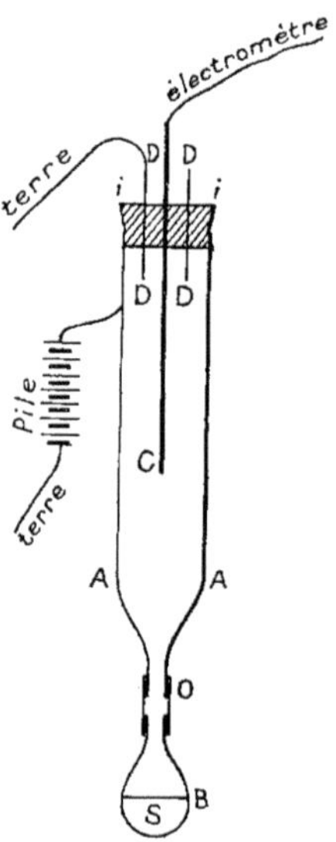

émet un rayonnement. Ce rayonnement est nécessairement très peu pénétrant puisqu'il ne fait pas sentir son action à l'extérieur.

Quand une lame solide qui a été activée par l'émanation se désactive à l'air libre, la loi de désactivation dépend du temps pendant lequel la lame a été laissée au contact de l'émanation. Si l'action de l'émanation a été prolongée (plus de 24 heures, par exemple), la loi de désactivation est donnée par la différence de deux exponentielles. L'intensité du rayonnement I peut, en ce cas, être représentée en fonction du temps t par l'équation

$$I = I_0 [K e^{-bt} - (K - 1) e^{-ct}].$$

I_0 étant l'intensité du rayonnement à l'origine du temps, c'est-à-dire au moment où l'on soustrait la lame à l'action de l'émanation;

K, b et c sont trois coefficients constants

$$K = 4,2, \qquad b = 0,000413, \qquad c = 0,000538$$

en prenant comme unité de temps la seconde.

Ces résultats ont été représentés (*fig*. 5, courbe 1); le logarithme de I a été porté en ordonnées et le temps en abscisses. Une heure et demie après le début de la désactivation, la deuxième

Fig. 5.

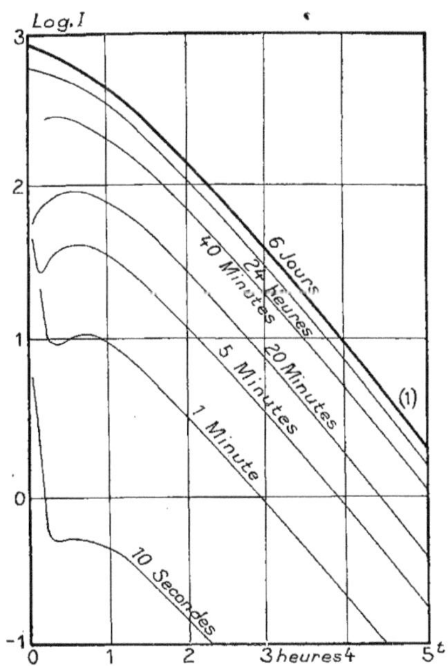

exponentielle est devenue négligeable par rapport à la première dans l'expression de I, et la courbe représentative est devenue une droite. A partir de ce moment, l'activité diminue de moitié pendant chaque période de 28 minutes.

Si la durée d'action de l'émanation a été moins longue, la loi de variation du rayonnement pendant la désactivation est bien plus complexe. On a représenté (*fig*. 5) les résultats des expériences pour divers temps d'activation, ces temps étant indiqués sur les courbes correspondantes. On voit, par exemple, que pour un temps d'activation de 5 minutes, l'intensité du rayonnement pendant la désactivation commence par baisser rapidement jusqu'à une valeur minimum; ensuite le rayonnement augmente, passe par un maximum, et recommence à diminuer; finalement la loi de désactivation tend vers une loi exponentielle simple qui est la même que la loi limite après activation prolongée. On arrive à expliquer ces phénomènes complexes en admettant que, sur la lame activée, l'énergie radioactive affecte trois états successifs distincts, mais les développements relatifs à ce sujet sont trop longs pour prendre place dans cet article.

L'émanation du radium provoque énergiquement la phosphorescence d'un grand nombre de corps. Les réservoirs de verre contenant l'air chargé d'émanation sont lumineux; le verre de Thuringe est le plus sensible. Le sulfure de zinc phosphorescent est particulièrement sensible à l'action de l'émanation du radium et donne alors une lumière intense.

Dans une enceinte activante, les corps solides s'activent d'autant plus que l'espace de gaz libre devant eux est plus grand. Quand des plaques parallèles entre elles sont placées dans une enceinte activante à une petite distance les unes des autres, chaque face de l'une des plaques s'active proportionnellement à la distance qui la sépare de la face en regard. Lorsque des tubes de verre de divers diamètres sont remplis d'émanation et communiquent entre eux, les tubes dont le diamètre intérieur est le plus grand sont en même temps ceux dont les parois sont le plus fortement radioactives; ces tubes sont aussi les plus lumineux. Pour interpréter ces faits on peut admettre que l'air chargé d'émanation agit sur les parois par un rayonnement qui prend naissance en tout point de la masse gazeuse, et que la radioactivité induite sur une paroi est proportionnelle au flux de rayonnement activant reçu par cette paroi.

Activité induite à évolution lente. — Un corps solide acquiert une radioactivité induite persistante très faible, lorsqu'il est resté pendant un mois au moins au contact de l'émanation du radium. Un corps retiré d'une enceinte activante après un long séjour au contact de l'émanation perd son activité d'abord rapidement suivant les lois que nous avons énoncées. Mais l'activité rayonnante ne disparaît pas complètement ; il reste un rayonnement plusieurs milliers de fois plus faible que celui initial ; ce rayonnement évolue avec une lenteur extrême, il continue à se produire pendant plusieurs années. (Le rayonnement passe par un minimum, il augmente ensuite lentement pendant plusieurs mois, tout en restant toujours extrêmement faible.)

Occlusion de l'émanation du radium par les corps solides. — Tous les corps solides activés au contact de l'émanation du radium ont acquis la propriété d'émettre eux-mêmes en très petite quantité cette émanation. Ils conservent cette propriété pendant 20 minutes seulement à partir du moment où on les a retirés de l'enceinte activante. Cependant, certains corps solides : le celluloïd, le caoutchouc, la paraffine ont la propriété de *s'imprégner d'émanation* et d'en émettre ensuite en abondance pendant plusieurs heures et même plusieurs jours.

Activité induite des liquides. — Un liquide placé dans une enceinte activée par le radium devient radioactif. On peut ainsi activer de l'eau, des solutions salines, du pétrole, etc. Ces liquides dissolvent une certaine quantité d'émanation. Quand un liquide activé est séparé du radium et enfermé dans une ampoule scellée, il perd lentement son activité suivant la loi de destruction de l'émanation (diminution de moitié en 4 jours). Quand le liquide est placé dans un vase ouvert à l'air, il perd son activité très rapidement, et l'émanation se répand dans l'air ambiant.

Variations d'activité des solutions des sels de radium et des sels de radium solides. — Une solution de sel de radium, exposée à l'air d'une chambre dans un vase ouvert, devient à peu près inactive. Cette solution émet de l'émanation qui se répand dans la pièce et provoque la radioactivité induite des parois. La radioactivité du radium se trouve ainsi *extériorisée.* Si l'on enferme la solution en tube scellé, son activité augmente peu à peu et tend vers une valeur limite qui n'est guère atteinte qu'au bout d'un mois. On peut admettre que l'émanation produite par le radium s'accumule dans le tube scellé, jusqu'à ce que la vitesse de sa destruction spontanée devienne égale au débit fourni par le radium.

Nous avons vu qu'un sel de radium solide qui vient d'être préparé possède une activité qui augmente avec le temps et devient environ 5 fois plus grande que l'activité initiale. On peut admettre que l'émanation émise par le radium ne peut s'échapper que difficilement du sel solide, qu'elle s'y accumule et se transforme sur place en radioactivité induite. Un équilibre de régime s'établit quand la perte spontanée devient suffisante pour compenser la production.

Lorsque l'on chauffe au rouge un sel de radium solide, toute l'émanation qui y était accumulée s'échappe; le sel ramené à la température ambiante émet alors beaucoup moins de rayons de Becquerel; cependant, peu à peu le rayonnement reprend sa valeur primitive qui est atteinte au bout de 1 à 2 mois. Le sel qui a été chauffé au rouge ne possède plus guère la propriété d'émettre de l'émanation à l'extérieur; mais cette propriété peut lui être rendue en le redissolvant et en le séchant à une température peu élevée.

Diffusion de l'émanation du radium. — Nous avons étudié, M. Danne et moi, la loi de diffusion de l'émanation du radium. Un gros réservoir en verre rempli d'air activé communique avec l'atmosphère par un tube capillaire. On mesure en fonction du temps le rayonnement de Becquerel émis par les parois du réservoir, et l'on en déduit la loi de l'écoulement de l'émanation par le tube capillaire. On trouve que la vitesse de l'écoulement de l'émanation est proportionnelle à la quantité d'émanation qui se trouve dans le réservoir; elle varie proportionnellement à la section du tube capillaire et en raison inverse de sa longueur. Ces lois sont celles que l'on obtient pour un gaz mélangé à l'air dans les mêmes conditions. Le coefficient de diffusion de l'émanation dans l'air est égal à 0,100 à la température de 10°. Ce coefficient est donc du même ordre de grandeur que celui de la diffusion de l'acide carbonique dans l'air qui est égal à 0,15 à la même température.

Radioactivité induite par le thorium et émanation du thorium. — Le thorium émet une émanation et donne lieu à des phénomènes de radioactivité induite; ces propriétés ont fait l'objet de nombreuses études de M. Rutherford. L'action du thorium est, d'ailleurs, considérablement moins intense que celle du radium.

L'émanation du thorium disparaît spontanément suivant une loi exponentielle simple, mais la disparition est beaucoup plus rapide que pour l'émanation du radium ; la quantité d'émanation du thorium diminue de moitié en 1 minute et 10 secondes environ, tandis que, dans le cas du radium, la quantité d'émanation diminue de moitié en 4 jours. Cette différence considérable amène une modification profonde dans l'aspect des phénomènes.

Dans une enceinte fermée dont les dimensions ne sont pas trop grandes, l'émanation du radium se répand à peu près uniformément dans toutes les parties de l'enceinte. Mais, dans les mêmes conditions, l'émanation du thorium se trouve accumulée dans le voisinage du thorium, parce qu'elle disparaît spontanément avant d'avoir eu le temps de se diffuser dans l'air à une distance notable.

On peut mesurer l'activité radiante d'une substance en plaçant cette substance sur le plateau inférieur d'un condensateur formé de deux plateaux parallèles horizontaux, et en mesurant la conductibilité que la substance communique à l'air situé entre les plateaux. Si l'on fait cette mesure pour l'oxyde de thorium, on constate que la conductibilité de l'air est fortement diminuée quand on envoie un courant d'air entre les plateaux. L'oxyde de thorium émet, en effet, de l'émanation qui s'accumule au-dessus de la substance et contribue par son rayonnement à ioniser l'air entre les plateaux. Un courant d'air entraîne l'émanation à mesure qu'elle se dégage, et il ne reste alors comme cause ionisante que le rayonnement de Becquerel venant directement du thorium.

Si l'on répète la même expérience avec un sel de radium, on observe que le courant d'air ne produit qu'un effet très faible. Avec l'uranium et le polonium, qui n'émettent pas d'émanation, l'effet du courant d'air est nul. Au contraire, dans le cas de l'actinium, l'action du courant d'air a pour effet de supprimer les $\frac{4}{5}$ de la conductibilité de l'air. On peut conclure que pour le thorium, et surtout pour l'actinium, le rayonnement de l'émanation est très important par rapport au rayonnement de la substance radioactive elle-même.

Quand on veut activer un corps solide à saturation avec l'émanation du thorium, il est nécessaire de faire agir l'émanation pendant un temps assez long, et pour cela il faut la renouveler con-

stamment à la surface du corps que l'on veut activer. On obtient
ce résultat en faisant barboter un courant d'air continu dans une
solution de sel de thorium, et en envoyant ce courant d'air chargé
d'émanation sur le corps à activer. Le corps solide activé par
l'émanation du thorium se désactive spontanément suivant une loi
exponentielle; le rayonnement baisse de moitié pendant chaque
période de 11 heures. Ainsi, contrairement à ce qui se passe pour
les émanations, l'activité induite par le thorium sur les corps
solides disparaît bien plus lentement que celle induite par le
radium.

*Radioactivité induite par l'actinium et émanation de l'acti-
nium.* — L'actinium émet une émanation qui donne un rayonnement très intense. Cette émanation disparaît spontanément avec
une rapidité extrême, elle diminue de moitié en un temps de
l'ordre de grandeur d'une seconde. Dans l'air à la pression atmosphérique l'émanation émise par l'actinium ne peut se propager à
plus de 7^{mm} ou 8^{mm} de distance de la substance active; elle n'active donc que les corps solides placés tout près de la source. Au
contraire, dans une enceinte vide d'air, la diffusion est rapide, et
un corps placé à 10^{cm} de distance de l'actinium peut encore s'activer. La radioactivité induite par l'actinium sur les corps solides
disparaît suivant une loi exponentielle; elle diminue de moitié en
36 minutes environ.

*Concentration de la radioactivité induite sur les corps char-
gés négativement.* — M. Rutherford a montré qu'un corps exposé
à l'action de l'émanation du thorium s'active plus fortement, quand
il est porté à un potentiel électrique négatif, que quand il est au
même potentiel que les corps environnants; au contraire il s'active
moins, s'il est porté à un potentiel électrique positif. Le même
phénomène se produit pour l'activation par le radium et l'actinium. La nature de ce curieux phénomène ne me paraît pas encore
bien établie.

Condensation des émanations du radium et du thorium.
— MM. Rutherford et Soddy ont découvert que les émanations du
radium et du thorium se condensent à la température de l'air

liquide. Un courant d'air chargé d'émanation perd ses propriétés radioactives en traversant un serpentin plongé dans l'air liquide. Les émanations restent condensées dans le serpentin; elles se retrouvent à l'état gazeux quand on réchauffe celui-ci. L'émanation du radium se condense à — 150°, celle du thorium se condense à une température comprise entre — 100° et — 150°. On peut faire l'expérience suivante : Deux réservoirs de verre, l'un gros, l'autre petit, communiquent ensemble; ils sont remplis de gaz activé par le radium. On plonge le petit réservoir dans l'air liquide. Le gros réservoir devient alors rapidement inactif, pendant que toute l'activité va se concentrer dans le petit réservoir. Si l'on supprime alors la communication entre les deux réservoirs et que l'on retire le petit réservoir de l'air liquide, on voit que le grand réservoir n'est pas lumineux, tandis que le petit est plus lumineux qu'au début de l'expérience. L'expérience est très brillante si l'on a eu soin d'enduire les parois internes des réservoirs avec du sulfure de zinc phosphorescent.

Quand on chauffe au rouge un fil de platine activé par le thorium ou le radium, ce fil perd la plus grande partie de son activité. Mlle Fanny Cook Gates a montré que cette radioactivité se transporte sur les corps solides froids placés dans le voisinage du fil; elle distille en quelque sorte à une température assez élevée, en passant par la forme intermédiaire d'une émanation gazeuse. La radioactivité induite des corps solides serait donc analogue à une émanation condensée.

Activité induite par le séjour des corps à l'état dissous dans une solution radioactive. Uranium X. Thorium X. — Certains corps sont activés temporairement quand ils ont séjourné dans une même dissolution avec des corps radioactifs. M. Giesel et Mme Curie ont ainsi préparé du bismuth actif en dissolvant un sel de bismuth dans une solution de sel de radium. M. Debierne a activé de même un sel de baryum dans une solution d'un sel d'actinium; le sel de baryum ainsi activé présentait certaines analogies avec les sels de radium et se fractionnait de la même façon; par cristallisation du chlorure l'activité se concentrait dans le sel qui s'était déposé.

On parvient aussi par divers procédés à diviser l'activité de l'uranium au moyen de précipitations chimiques (Crookes, Soddy, Rutherford et Grier, Debierne, Becquerel). On ajoute, par exemple, du chlorure de baryum à une solution d'azotate d'uranyle, et l'on précipite le baryum à l'état de sulfate en ajoutant un peu d'acide sulfurique. Le sulfate de baryum précipité, séparé et séché est radioactif ; il a entraîné une partie de l'activité de l'uranium, car le sel d'urane retiré de la solution évaporée à sec se montre moins actif qu'avant d'avoir subi cette opération. Mais, au bout de quelques mois, le sulfate de baryum a perdu sa radioactivité, tandis que le sel d'urane a repris ses propriétés primitives. On peut admettre que le sel de baryum s'était activé au contact de l'uranium, ou encore qu'il a entraîné sous une forme spéciale une partie de l'activité de celui-ci (*uranium X* de Crookes).

MM. Rutherford et Soddy ont montré que, si l'on précipite le nitrate de thorium par l'ammoniaque, l'oxyde de thorium précipité est moins actif que l'oxyde de thorium ordinaire. En revanche, la liqueur d'où il a été précipité est radioactive, et, en l'évaporant à sec, on obtient un résidu très petit, mais 2500 fois plus actif que la thorine (ils appellent *thorium X* le corps radioactif de ce résidu). Au bout de quelques semaines, le résidu a perdu son activité, le thorium X a disparu, et la thorine précipitée a, au contraire, repris son activité normale. De plus, tant que le thorium X existe, il émet en abondance *l'émanation du thorium*.

MM. Rutherford et Soddy admettent que l'uranium X et le thorium X sont des produits intermédiaires de la désagrégation de l'uranium et du thorium. Le thorium, par exemple, produirait d'une façon continue le thorium X, qui se désagrégerait en donnant l'émanation du thorium, laquelle se transformerait à son tour en activité induite.

Conductibilité de l'air atmosphérique. Émanation et radioactivité induite à la surface du sol. — MM. Elster et Geitel d'une part, M. Wilson d'autre part, ont montré que l'air atmosphérique conduit toujours légèrement l'électricité ; cet air est toujours légèrement ionisé. Cette ionisation semble due à des causes multiples. D'après les travaux de MM. Elster et Geitel, l'air atmosphérique renferme toujours en très petite proportion une émanation analogue à celle émise par les corps radioactifs. Des fils métalliques tendus dans l'air et maintenus à un potentiel négatif élevé s'activent sous l'influence de cette émanation. Au sommet des montagnes l'air atmosphérique contient plus d'émanation que dans la plaine ou au bord de la mer. L'air des caves et cavernes est particulièrement chargé d'émanation. On obtient encore de l'air très riche en émanation, en aspirant, au moyen d'un tube enfoncé dans le sol, l'air qui y est contenu. L'air extrait de certaines eaux minérales renferme de l'émanation, tandis que l'air contenu dans l'eau de la mer et des rivières en est à peu près exempt.

La conductibilité de l'air atmosphérique est encore probablement due en partie à des radiations très pénétrantes qui traversent l'espace et dont l'origine est inconnue. Enfin il est probable que tous les corps sont légèrement radioactifs, et que ceux qui sont à la surface du sol agissent pour rendre l'air qui les entoure conducteur de l'électricité.

Constantes de temps qui caractérisent la disparition des émanations et des radioactivités induites. — Nous avons vu que les émanations radioactives et les radioactivités induites des corps solides disparaissent spontanément et que la loi de leur disparition est, en général, une loi exponentielle simple. L'intensité du rayonnement 1 est donnée en fonction du temps t par une formule de la forme

$$1 = I_0 e^{-at},$$

I_0 étant l'intensité initiale du rayonnement, a une constante. Cette loi exponentielle est complètement définie par la connaissance d'une *constante de temps* qui sera, par exemple, l'inverse de a dans la formule précédente. On pourra encore prendre comme constante le temps nécessaire pour que l'intensité du rayonnement diminue de moitié.

Il est fort remarquable que ces constantes de temps semblent rester invariables dans les circonstances les plus variées. C'est ainsi que l'émanation du radium diminue de moitié pendant chaque période de 4 jours, quelles que soient les conditions de l'expérience et quelle que soit la température entre — 180° et + 450°; la vitesse de disparition est la même que l'émanation soit à l'état gazeux (température ambiante) ou à l'état condensé (à — 180°). Les propriétés de l'émanation du radium nous fournissent donc un *étalon de temps invariable* et indépendant de toute convention sur les unités.

Les constantes de temps de la radioactivité permettent de caractériser d'une façon précise la nature des diverses énergies radioactives.

Voici les temps nécessaires pour que l'activité tombe à la moitié de sa valeur :

Pour l'émanation du radium.... 4 jours.
  »   »   du thorium... 1 minute 10 secondes.
  »   »   de l'actinium.. quelques secondes.

Pour la radioactivité induite par le radium.................

$\left\{\begin{array}{l}\text{1 heure (au début de la désactivation).} \\ \text{28 minutes (pour les temps supérieurs à 2 heures après le début de la désactivation).}\end{array}\right.$

Pour la radioactivité induite par le thorium............. ..... 11 heures.

Pour la radioactivité induite par l'actinium................. 36 minutes.

Ainsi MM. J.-J. Thomson et Adam ont trouvé récemment que l'émanation de l'eau de certaines sources disparaît en diminuant de moitié pendant chaque période de 4 jours, et que cette émanation provoque une activité induite des corps solides qui disparaît de moitié en 40 minutes environ. On est donc en droit de supposer que l'émanation contenue dans ces eaux est due au radium.

Le thorium ordinaire extrait des sables monazités est faiblement radioactif. Le thorium extrait de la pechblende est fortement radioactif (thorium à actinium de Debierne). La radioactivité dans les deux cas n'est pas due à la présence de la même substance radioactive, car les constantes de temps de l'émanation et de la radioactivité induite sont différentes.

Certains corps radioactifs comme l'actinium n'ont jamais pu être séparés à l'état de corps purs, et il y a même lieu de supposer que les substances très actives étudiées n'en renferment que des traces. Les réactions chimiques des corps ne peuvent être reconnues avec certitude lorsque ces corps se trouvent seulement à l'état dilué, mélangés à d'autres substances. Il se fait alors des entraînements dans les précipitations, et l'action des réactifs n'est pas la même que celle que l'on obtiendrait avec des corps purs. Les réactions chimiques ne peuvent donc plus servir à caractériser le corps radioactif; celui-ci sera au contraire caractérisé en toute circonstance par la constante de temps de l'émanation qu'il émet et par celle de la radioactivité induite qu'il provoque sur les corps solides.

Nature de l'émanation. — Suivant M. Rutherford, l'émanation d'un corps radioactif est un gaz matériel radioactif qui s'échappe de ce corps. En effet, à bien des points de vue, l'émanation du radium se comporte comme un gaz.

Quand on met en communication deux réservoirs en verre dont l'un contient de l'émanation tandis que l'autre n'en contient pas, l'émanation se diffuse dans le deuxième réservoir et, quand l'équilibre est établi, on constate que l'émanation s'est partagée entre les deux réservoirs dans le rapport des volumes. On peut encore porter un des deux réservoirs à 350°, pendant que l'autre reste à la température ambiante, et l'on constate que dans ce cas encore l'émanation se partage entre les deux réservoirs comme le ferait un gaz parfait obéissant aux lois de Mariotte et de Gay-Lussac.

Nous avons vu aussi que l'émanation du radium se diffuse dans l'air suivant la loi de diffusion des gaz, et avec un coefficient de diffusion comparable à celui de l'acide carbonique. Enfin, les émanations du radium et du thorium se condensent à basse température comme des gaz liquéfiables.

Toutefois il convient de rappeler que l'on n'a pu observer jusqu'ici aucune pression due à l'émanation, et l'on n'a pas davantage constaté par une pesée la présence d'un gaz matériel. Toutes nos connaissances relatives aux propriétés de l'émanation résultent de mesures de radioactivité. On n'a pas encore non plus constaté avec certitude la production d'un spectre caractéristique dû à l'émanation.

L'émanation ne saurait d'ailleurs être considérée comme un gaz matériel ordinaire, puisqu'elle disparaît spontanément d'un tube scellé qui la contient, et que la vitesse de disparition est absolument indépendante des conditions de l'expérience, en particulier de la température.

Il est fort curieux que les nombreuses tentatives faites dans des conditions très variées, pour obtenir des réactions chimiques avec les émanations, sont restées infructueuses. Pour expliquer ce fait, M. Rutherford admet que les émanations sont des gaz de la famille de l'argon.

Voici encore quelques faits difficiles à interpréter : L'émanation du radium se condense à — 150°. Or à — 153° on peut, d'après Rutherford, faire passer un courant d'air continu sur l'émanation liquéfiée sans l'entraîner. Cependant la quantité d'émanation condensée doit être bien faible et, s'il existait la moindre tension de vapeur à — 153°, l'émanation ne tarderait pas à se vaporiser dans un courant d'air. De plus, la température de condensation par refroidissement devrait être fonction de la quantité d'émanation contenue dans un volume d'air donné, ce qui n'a pas été signalé.

Nous avons trouvé, M. Debierne et moi, que l'émanation passe avec une facilité extrême à travers les trous ou les fissures les plus ténues des corps solides, alors que dans les mêmes conditions les gaz matériels ordinaires ne peuvent circuler qu'avec une très grande lenteur.

M. Rutherford suppose que le radium se détruit spontanément, et que l'émanation est un des produits de sa désagrégation. Nous avons observé, M. Debierne et moi, qu'un sel de radium solide active assez rapidement, par l'émanation qu'il dégage, les parois d'un réservoir rempli d'air qui le renferme. Au contraire, si l'on a fait un vide très parfait dans le réservoir, l'activation ne se produit qu'avec une lenteur extrême ; elle réapparaît d'ailleurs rapidement dès qu'on a laissé rentrer un gaz. Cependant l'émanation se propage bien plus rapidement dans un gaz à très basse pression que dans le même gaz à la pression atmosphérique. On est donc conduit à admettre que dans le vide l'émanation éprouve une difficulté particulière à s'échapper du radium.

Dégagement de gaz par les sels de radium. Production d'hélium. — M. Giesel a remarqué que les solutions de bromure de radium dégagent constamment des gaz. Ces gaz sont formés principalement d'hydrogène et d'oxygène, la proportion relative étant la même que pour l'eau ; ils peuvent donc provenir de la décomposition de l'eau de la solution. Mais MM. Ramsay et Soddy ont de plus reconnu dans ces gaz la présence constante d'une petite quantité d'hélium qu'ils ont pu caractériser par son spectre obtenu au moyen d'un tube de Geissler. Les raies de l'hélium étaient aussi accompagnées de trois raies inconnues.

Un sel solide de radium dégage aussi constamment des gaz capables de produire une pression dans un tube fermé. On peut attribuer à ces dégagements gazeux deux accidents qui se sont produits dans mes expériences. Une ampoule de verre mince scellée, presque complètement remplie de bromure de radium bien sec, a fait explosion sous l'effet d'un faible échauffement. Une explosion s'est produite aussi avec du chlorure de radium sec que j'ai soumis *dans le vide* à un échauffement assez rapide à 300°; dans ce cas ce sont les fragments du sel solide remplis de gaz occlus qui semblent avoir fait explosion.

Au moment où l'on dissout dans l'eau un sel solide de radium préparé depuis longtemps, on constate un abondant dégagement de gaz.

La production spontanée d'hélium dans un tube scellé qui renferme du radium est évidemment un fait nouveau d'une importance fondamentale. MM. Ramsay et Soddy ont de plus accumulé de l'émanation de radium et l'ont enfermée avec de l'oxygène sous basse pression dans un tube de Geissler. Ils ont obtenu des raies nouvelles qu'ils attribuent à l'émanation, et ils ont constaté de plus que le spectre de l'hélium, primitivement absent, a pris peu à peu naissance dans leur tube. L'hélium pourrait, d'après cela, être l'un des produits de la désagrégation du radium.

A l'appui des résultats qui précèdent on peut rappeler quelques remarques que nous avions faites, Mme Curie et moi, dès le début de nos recherches. Nous avions été très frappés par le fait de la présence simultanée dans certains minéraux de l'uranium, du radium et de l'hélium. Nous avons pris 50^{kg} de chlorure de baryum du commerce, provenant de minerais ne renfermant pas d'urane, et nous avons soumis ce chlorure à une cristallisation fractionnée, pour voir s'il renfermait des traces de chlorure de radium. Après un fractionnement prolongé, la portion de tête du fractionnement, réduite à quelques grammes, ne se montrait nullement radioactive. Le baryum ne contient donc du radium que quand il provient de minerais d'urane. Ce sont encore les mêmes minerais qui contiennent de l'hélium. On peut penser qu'il y a une relation de cause à effet dans la présence simultanée de ces trois substances.

Ce résumé rapide des recherches sur la radioactivité suffit pour montrer l'importance du mouvement scientifique qui a été provoqué par l'étude de ce phénomène. Les résultats obtenus sont de nature à modifier les idées que l'on pouvait avoir sur l'invariabilité de l'atome, sur la conservation de la matière et la conservation de l'énergie, sur la nature de la masse des corps et de l'énergie répandue dans l'espace. Les questions les plus fondamentales de la Science sont donc remises en discussion. En dehors de l'intérêt théorique dont ils sont l'objet, les phénomènes de radioactivité donnent de nouveaux moyens d'action au physicien, au chimiste, au physiologiste et au médecin.

EXAMEN

DES

GAZ OCCLUS OU DÉGAGÉS PAR LE BROMURE DE RADIUM.

En commun avec DEWAR.

Comptes rendus de l'Académie des Sciences, t. CXXXVIII, p. 190,
séance du 25 janvier 1904.

Un échantillon de $0^g,4$ de bromure de radium pur desséché a été laissé pendant 3 mois dans une ampoule de verre communiquant avec un petit tube de Geissler et un manomètre à mercure. On avait, au début de l'expérience, fait un vide très parfait dans tout l'appareil. Durant ces 3 mois, il s'est produit spontanément dans l'appareil un dégagement de gaz proportionnel au temps (à raison de 1^{cm^3} de gaz à la pression atmosphérique pendant chaque mois). L'examen spectroscopique au moyen du tube de Geissler indiquait seulement la présence de l'hydrogène et celle de la vapeur de mercure. On peut admettre qu'en introduisant le sel dans l'appareil on a en même temps introduit une petite quantité d'eau, et que celle-ci a été décomposée peu à peu sous l'influence du radium (Giesel).

Le même échantillon de bromure de radium a été transporté en Angleterre dans le laboratoire de M. le professeur Dewar à la *Royal Institution*, dans le but de mesurer le dégagement de chaleur à la température d'ébullition de l'hydrogène liquide ([1]). Là,

---

[1] Nous présenterons prochainement à l'Académie les résultats obtenus dans ces expériences.

le bromure de radium a été transporté dans une ampoule en quartz, munie d'un tube de même substance. On a fait le vide dans l'ampoule, puis on a chauffé le tube de quartz au rouge, jusqu'à fusion du bromure de radium ; on a continué à faire le vide, et l'on a recueilli à l'aide de la pompe à mercure les gaz occlus dégagés pendant la chauffe. Les gaz aspirés traversaient, avant d'arriver à la pompe, trois petits tubes de verre en U plongés dans l'air liquide qui retenaient la plus grande partie de l'émanation du radium et les gaz les moins volatils.

Les gaz aspirés à la pompe à mercure et recueillis dans une éprouvette en verre sur le mercure ont été examinés par M. Dewar. Ces gaz occupaient un volume de $2^{cm^3},6$ à la pression atmosphérique ; ils avaient entraîné une partie de l'émanation du radium, et ils étaient radioactifs et lumineux. La *lumière propre* émise par l'éprouvette contenant les gaz a donné, après 3 jours d'exposition avec un spectroscope photographique en quartz, un spectre discontinu : il consiste en trois lignes coïncidant avec l'origine des trois bandes principales de l'azote 3800, 3580 et 3370 ([1]). Pendant ces 3 jours le tube de verre a pris une teinte violet foncé, et la moitié du volume du gaz a été absorbée.

En faisant passer l'étincelle au travers des gaz transportés dans un tube de Geissler on a aussi obtenu au spectroscope les bandes de l'azote. En condensant l'azote dans l'hydrogène liquide, le vide est devenu grand dans le tube de Geissler, et l'étincelle indiquait alors la présence de l'hydrogène et pas autre chose.

Le tube de quartz contenant le bromure de radium fondu et privé de tous les gaz occlus a été scellé à l'aide du chalumeau oxhydrique, pendant que l'on faisait le vide, et ramené à Paris. M. Deslandres a bien voulu l'examiner au point de vue spectroscopique (20 jours environ après la fermeture du tube). M. Deslandres nous prie d'annoncer que le gaz intérieur, illuminé par une bobine de Ruhmkorff, à l'aide de deux petites gaines de papier d'étain recouvrant extérieurement les deux bouts du tube, a donné le *spectre entier de l'hélium ;* il n'y a pas eu d'autres raies que celles

---

([1]) Ces résultats sont à rapprocher de ceux trouvés par M. et Mme Huggins, qui ont montré que le spectre de la lumière propre émise spontanément par les sels de radium dans l'air est constitué par les bandes de l'azote.

de ce gaz après une pose de 3 heures avec un spectroscope photographique en quartz (¹).

La lumière propre émise spontanément par le tube de radium (sans la bobine d'induction) a toujours donné un spectre continu sans raies noires ou brillantes se détachant sur le fond, avec un spectroscope qui, il est vrai, était peu dispersif.

(¹) Ce résultat est en accord avec ceux obtenus par M. Ramsay sur la production de l'hélium par les sels de radium dissous dans l'eau.

SUR LA DISPARITION

DE LA

RADIOACTIVITÉ INDUITE PAR LE RADIUM

SUR LES CORPS SOLIDES.

En commun avec J. DANNE.

Comptes rendus de l'Académie des Sciences, t. CXXXVIII, p. 683, séance du 14 mars 1904.

Dans un travail antérieur ([1]), nous avons étudié la loi suivant laquelle diminue en fonction du temps le rayonnement de Becquerel d'un corps solide qui a été exposé pendant un certain temps à l'émanation du radium. La figure reproduite ici (*fig.* 1) donne le résultat des expériences. Le logarithme de l'intensité I du rayonnement est porté en ordonnée; le temps porté en abscisse est compté à partir du moment où la lame est soustraite à l'action de l'émanation. Les temps pendant lesquels les corps solides sont restés sous l'action de l'émanation sont inscrits sur chaque courbe. La courbe (1) est la courbe limite que l'on obtient lorsque le corps a été soumis pendant très longtemps à l'action de l'émanation. Nous avons trouvé que dans ce cas l'intensité I du rayonnement pendant que la lame se désactive est donnée en fonction du temps t par la différence de deux exponentielles. On a

$$(1) \qquad \mathrm{I} = \mathrm{I}_0 [-(k-1)e^{-bt} + ke^{-ct}]$$

---

[1] *Comptes rendus*, 9 février 1903.

avec

$$k = 4,2, \qquad b = 0,000\,538 = \frac{1}{1860}, \qquad c = 0,000\,413 = \frac{1}{2420}.$$

On peut interpréter théoriquement ces résultats en adoptant la manière de voir de M. Rutherford et en imaginant que l'émanation agit sur les parois solides de façon à créer une substance radio-

Fig. 1.

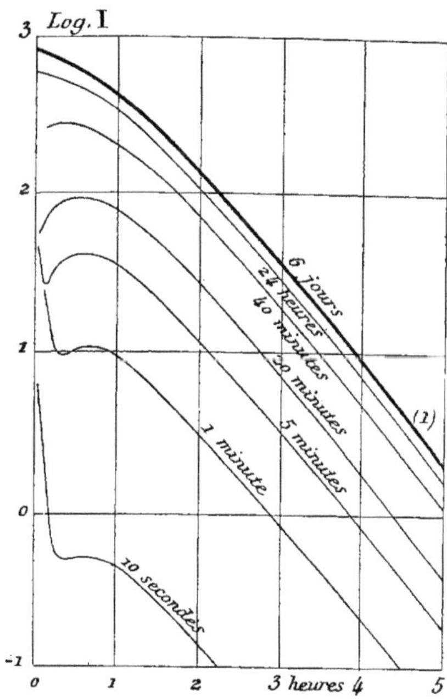

active B qui disparaît spontanément suivant une loi exponentielle simple de coefficient b. En disparaissant, la substance B donne naissance à une nouvelle substance radioactive C qui disparaît elle-même suivant une loi exponentielle simple de coefficient c. Si l'on admet que les deux substances B et C émettent des rayons de Becquerel, on trouve que le rayonnement total doit être de la forme (1). La valeur du coefficient k dépend du rapport des pouvoirs émissifs des substances B et C en rayons de Becquerel.

Dans le cas particulier où l'on suppose que la substance C

rayonne seule, on trouve que l'on doit avoir

$$k = \frac{b}{b-c} = \frac{0,000\,538}{0,000\,538 - 0,000\,4\,3} = 4,3.$$

L'expérience ayant donné 4,2 pour ce coefficient k, il y a là une coïncidence remarquable, et l'on voit que tout se passe comme si la substance B ne rayonnait pas, mais se transformait en une substance C qui seule émet des rayons de Becquerel.

Il convient de remarquer que, lorsque l'on a

$$k = \frac{b}{b-c},$$

la formule (1) est symétrique par rapport à b et c. On peut donc intervertir les valeurs de b et de c sans changer la formule. On peut donc faire l'hypothèse I avec $b = 0,000\,538$ et $c = 0,000\,4\,3$ ou l'hypothèse II avec $b = 0,000\,4\,3$ et $c = 0,000\,538$; la loi de désactivation sera également bien représentée dans les deux cas.

Dans la première hypothèse ($b > c$), la substance B inactive disparaît plus rapidement que la substance C; quelques heures après le début de la désactivation, la substance C subsiste seule à la surface du corps. Dans la deuxième hypothèse ($b < c$), la substance B se détruit plus lentement que C; mais, comme elle entretient C, les deux substances disparaissent en même temps pendant la désactivation et le mélange subsiste jusqu'à ce que toute activité ait disparu. Pour décider entre les deux hypothèses il faut étudier d'autres phénomènes, tels que ceux de la distillation de l'activité par échauffement des corps activés. Les expériences que nous publierons prochainement sont en accord avec la première hypothèse. La substance B inactive est celle qui disparaît le plus vite.

On peut étendre la théorie précédente en cherchant quelle est la loi de désactivation d'une paroi solide qui a été soumise pendant un temps déterminé θ à l'action de l'émanation du radium. On trouve que l'on doit avoir

$$(2) \qquad I = I_0 \left[-\frac{c}{b-c}(1 - e^{-b\theta})e^{-bt} + \frac{b}{b-c}(1 - e^{-c\theta})e^{-ct} \right].$$

La formule (2) ne rend pas compte de la première baisse de l'intensité du rayonnement qui se produit pendant les premières minutes de la désactivation, après activation de courte durée. En revanche, à partir de 20 minutes après le début de la désactivation et jusqu'à la fin, le rayonnement trouvé par l'expérience est parfaitement représenté par cette formule (¹). En particulier on retrouve en place sur l'échelle des temps le maximum de l'intensité du rayonnement qui se produit pendant la désactivation.

Pour retrouver toutes les particularités des courbes de désactivation il est nécessaire d'avoir recours à trois substances distinctes. On peut supposer, par exemple, que l'émanation crée une première substance A qui disparaît rapidement suivant une loi exponentielle simple de coefficient a en se transformant dans la substance B qui se transforme à son tour en C. On explique convenablement les résultats en supposant que A et C émettent des rayons de Becquerel et que B n'en émet pas. L'intensité du rayonnement est alors donnée, pendant la désactivation, par la formule

$$= I_0 \left[\lambda (1 - e^{-a\theta}) e^{-at} - \frac{c}{(b-c)} \frac{a}{(a-b)} (1 - e^{-b\theta}) e^{-bt} \right.$$
$$\left. + \frac{b}{(b-c)} \frac{a}{(a-c)} (1 - e^{-c\theta}) e^{-ct} \right],$$

θ représentant la durée d'action de l'émanation, avec $\lambda = 0,57$, $a = 0,0045$, $b = 0,000538$, $c = 0,000413$. Le temps nécessaire pour que la quantité de chaque substance ait diminué de moitié est de 2,6 minutes environ pour la substance A, de 21 minutes pour la substance B et de 28 minutes pour la substance C. Ces temps sont caractéristiques pour ces trois substances.

(¹) La quantité d'émanation qui a servi à activer les corps n'était malheureusement pas la même dans les diverses expériences; il en résulte que l'on peut seulement retrouver la forme des courbes et non leur position exacte sur l'échelle des ordonnées. De nouvelles expériences seraient utiles.

LOI DE DISPARITION

DE

L'ACTIVITÉ INDUITE PAR LE RADIUM

APRÈS CHAUFFAGE DES CORPS ACTIVÉS.

En commun avec J. DANNE.

Comptes rendus de l'Académie des Sciences, t. CXXXVIII, p. 748,
séance du 21 mars 1904.

Lorsque l'on chauffe à une température élevée un corps solide
(une lame de platine, par exemple) qui a été activé à l'aide de
l'émanation du radium, son activité disparaît beaucoup plus rapidement que si l'on avait maintenu la lame à la température ambiante. Miss Gates ([1]) a montré que l'activité se transporte alors
sur les corps voisins de la lame chauffée ; l'activité distille à température élevée. Nous avons étudié la façon dont se produit ce
phénomène. Nous avons pris d'abord des lames de platine activées
pendant longtemps par l'émanation du radium. Nous avons chauffé
ces lames pendant quelques minutes seulement à des températures
élevées, puis nous avons étudié à la *température ambiante* la loi
de désactivation.

Les résultats obtenus ont permis de construire les courbes des
figures 1 et 2. Le temps compté à partir du début de la désactivation est porté en abscisse, le logarithme de l'intensité du rayonnement (LogI) en ordonnée. On a inscrit sur chaque courbe la tem-

---

([1]) *Physical Review,* mai 1903.

pérature à laquelle la lame a été portée pendant quelques minutes au début de la désactivation.

La première courbe ($15°$) correspond à la courbe normale de désactivation d'une lame non chauffée. On voit qu'après chauffe à $215°$ et à $540°$ on obtient pour $\log I$ en fonction du temps des courbes plus aplaties que la courbe normale. Après chauffe à des températures plus élevées que $630°$, on obtient des droites, ce qui indique une loi exponentielle simple de désactivation de la forme $I = I_0 e^{-c't}$. Le coefficient angulaire des droites (proportionnel à c') caractérise la rapidité de la désactivation. c' varie avec la température de la chauffe; il augmente d'abord avec la température de la chauffe jusque vers $1100°$, puis diminue ensuite. Sur le Tableau nous avons donné le temps caractéristique θ (en minutes), c'est-à-dire le temps nécessaire pour que l'activité baisse de moitié.

Désactivation des lames chauffées.			Désactivation des lames activées par distillation.		
Température de chauffe.	c'.	θ.	Température de 2ᵉ distillation vers :	c'.	θ.
630.......	0,000394	29,3	700.....	0,000390	29,6
830.......	0,000470	24,6	1000.....	0,000490	23,4
1000.......	0,000550	21,0			
1100.......	0,000570	20,3			
1250.......	0,000480	24,1			
1300.......	0,000454	25,4	1400.....	0,00040	28,6

Nous avons également étudié la loi de désactivation des corps activés par distillation. Un fil de platine est activé longtemps avec l'émanation du radium (sous une tension négative de 500^{volts}). On le place suivant l'axe d'un cylindre en platine, et on le porte à une température élevée à l'aide d'un courant électrique. Le cylindre est alors activé; on éloigne le fil et l'on étudie la loi de désactivation du cylindre étalé sous forme de lame. Les résultats sont représentés figures 3 et 4 : les courbes 1, 2, 3, 5 montrent que la loi de désactivation ne peut pas être représentée par une exponentielle simple; l'activité passe même par un maximum.

Nous avons aussi opéré en faisant deux chauffes successives du fil dans deux cylindres différents et en étudiant l'activité distillée

lors de la deuxième chauffe. Les expériences représentées par les
courbes 4, 6 et 7 montrent que l'activité de deuxième distillation
à la suite d'une première chauffe au-dessus de 600° est représentée
par une droite, la loi de désactivation étant alors une exponentielle. On a donné, dans le Tableau qui précède, la valeur du coefficient c' de l'exponentielle et du temps caractéristique θ qui
correspondent à diverses températures de la deuxième distillation.

A la dernière séance de l'Académie, nous avons communiqué

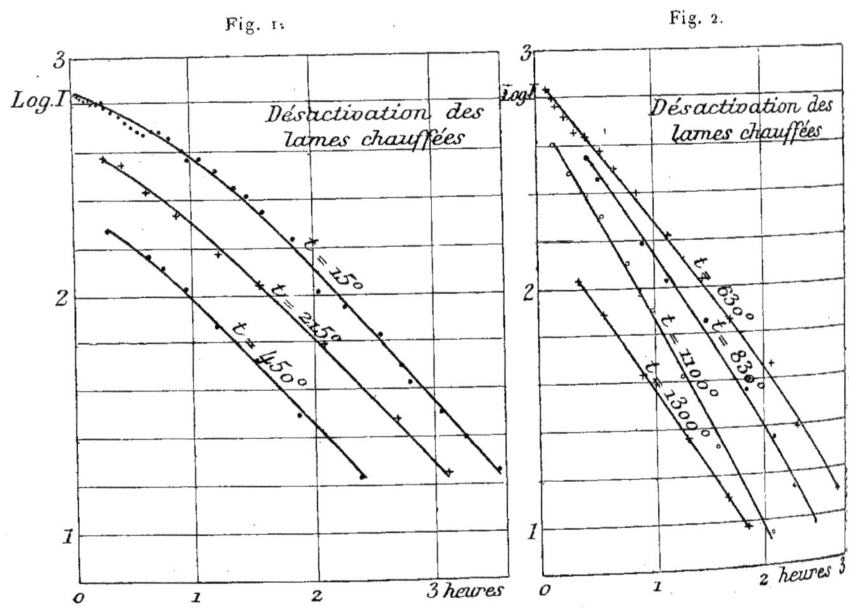

que l'on peut expliquer la loi de désactivation d'un corps activé en
supposant qu'il existe à la surface du corps trois substances A, B,
C distinctes qui se transforment en fonction du temps. Nous
avons vu que plusieurs hypothèses permettent d'expliquer les lois
de désactivation à la température ambiante. L'une d'elles convient
parfaitement pour expliquer les résultats obtenus quand on a
chauffé les lames aux températures inférieures à 650°. Voici cette
hypothèse. La substance A, qui disparaît en quelques minutes,
n'intervient pas dans les expériences actuelles. La substance B
n'émet pas de rayons de Becquerel, elle se transforme en C et elle

est plus volatile que C. La substance C émet des rayons de Becquerel. Les coefficients b et c des exponentielles qui président à la disparition de B et C sont respectivement $b = 0,000\,538$ et $c = 0,000\,413$. Lorsqu'on chauffe une lame activée à 215°, 540° et 630° par exemple, la substance B distille seule, la proportion de C va en augmentant sur la lame chauffée, les courbes de désactivation tendent à devenir des droites. Après chauffe à 630°, C existe seul sur la lame chauffée et la loi de désactivation est une loi exponentielle simple avec le coefficient $c' = 0,000\,394$ qui diffère peu du coefficient $c = 0,000\,413$. Pendant que l'on chauffe

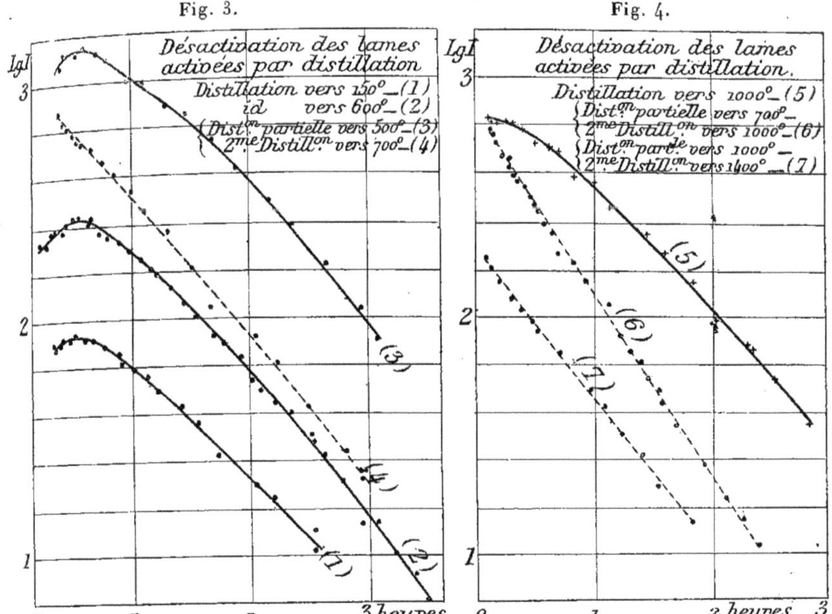

le corps activé au-dessous de 600°, B distille sur les corps voisins, il s'y transforme en C qui disparaît à son tour en émettant des rayons de Becquerel. La quantité de substance C sur le corps activé par distillation est d'abord nulle au début, elle passe par un maximum, puis tend vers zéro asymptotiquement. Il doit en être de même du rayonnement, ce que l'expérience vérifie. La théorie indique que le maximum doit se produire au bout de 35,7 minutes,

nombre peu éloigné de celui que donne l'expérience. Bien que la
substance C soit moins volatile que B, elle distille cependant en
partie vers 600°. On peut le constater (courbes 3 et 4, *fig.* 3)
à l'aide des lames activées par deux chauffes successives d'un
même fil. Le corps B a presque complètement distillé dans la
première chauffe à 500°, le corps C distille à peu près seul dans la
deuxième chauffe à 700° (courbe 4), de sorte que les lames activées
par la deuxième distillation se comportent sensiblement comme
si elles ne contenaient que le corps C.

Quand on chauffe les lames activées à des températures supérieures à 700°, on obtient des phénomènes non prévus par la
théorie qui précède. La substance C semble se modifier dans sa
nature, que nous supposerons caractérisée par le coefficient qui
indique la rapidité de la loi de désactivation. Nous avons vu que le
coefficient c' est de 0,0004 (c'est-à-dire égal à c) quand la température de la chauffe a été de 630°. Si l'on chauffe à une température plus élevée, c' augmente, passe par un maximum puis diminue.
On voit d'ailleurs (courbes 6 et 7, *fig.* 4 et Tableau) que la substance qui distille en deuxième distillation semble être de même
nature que celle de la substance qui reste sur la lame chauffée.

Les expériences qui viennent d'être décrites prouvent que la
nature de la radioactivité induite sur une lame peut se trouver
modifiée par des variations de température.

SUR

LA RADIOACTIVITÉ DES GAZ

QUI SE DÉGAGENT DE L'EAU DES SOURCES THERMALES.

En commun avec A. LABORDE.

Comptes rendus de l'Académie des Sciences, t. CXXXVIII, p. 1150,
séance du 9 mai 1904.

MM. Elster et Geitel ont montré que les gaz de l'atmosphère et
ceux extraits du sol possèdent une certaine conductibilité électrique et provoquent la radioactivité induite. Plus tard on trouva
que les gaz extraits des eaux de source présentent aussi ces propriétés, mais d'une façon beaucoup plus sensible. Enfin des
recherches récentes ont montré que ces effets proviennent de la
présence dans les gaz d'une émanation analogue à celle que dégage
le radium. La radioactivité des gaz conservés en vase clos diminue
en effet de moitié en 4 jours.

Nous avons principalement étudié la radioactivité des gaz qui se
dégagent spontanément au griffon d'un grand nombre de sources,
et nous avons essayé de faire des déterminations quantitatives :
ce n'est en effet qu'en donnant des valeurs numériques que l'on
pourra comparer les résultats obtenus dans diverses recherches.

Les Compagnies qui exploitent les sources ont bien voulu
recueillir les gaz dans des flacons bouchés et nous les envoyer
immédiatement en prenant les précautions nécessaires pour éviter
les fuites. Nous introduisons les gaz préalablement desséchés dans
une boîte cylindrique fermée en laiton ; cette boîte constitue l'ar-

mature externe d'un condensateur cylindrique dont l'armature interne est une tige en laiton isolée placée suivant l'axe de la boîte.

La boîte cylindrique étant portée à un potentiel de 200 à 300 volts et la tige intérieure étant en relation avec un électromètre, nous mesurons par la méthode du quartz piézo-électrique le courant électrique (courant de saturation) qui traverse le condensateur.

Le courant électrique s'établit dès l'introduction du gaz; il augmente ensuite assez rapidement pendant quelques heures par suite de la formation de la radioactivité induite sur les parois de la boîte. Le courant décroît ensuite lentement; et généralement, à partir de 24 heures après l'introduction du gaz, la loi de décroissance est celle de l'émanation du radium.

Nous donnons dans le Tableau ci-joint les valeurs du courant ($i \times 10^3$ en unités électrostatiques) obtenu dans notre appareil 4 jours après que le gaz a été recueilli à la source (les nombres qui figurent dans ce Tableau correspondent à des mesures faites au moins 12 heures après l'introduction du gaz dans le condensateur).

En donnant le courant et les dimensions du condensateur, on peut caractériser d'une façon suffisante la quantité d'émanation contenue dans le gaz. (Longueur du condensateur : 13^{cm}; rayon du cylindre extérieur : $3^{cm},5$; rayon du cylindre intérieur : $0^{cm},2$).

Toutefois il est préférable de définir la quantité d'émanation contenue dans le gaz par une comparaison directe avec celle qui est dégagée en un temps donné par une solution titrée de bromure de radium pur.

Dans ce but, une solution contenant $0^g,00001$ de bromure de radium pur est introduite dans un flacon laveur hermétiquement clos. Au bout d'un temps connu on entraîne par un courant d'air l'émanation qui s'est accumulée dans le flacon ([1]); l'air ainsi chargé d'émanation est introduit dans le condensateur cylindrique et l'on

---

([1]) On peut calculer la quantité d'émanation qui existe à chaque instant dans un flacon fermé contenant une solution de sel de radium en supposant : d'une part, que la production d'émanation est proportionnelle au temps; et, d'autre part, que l'émanation produite disparaît spontanément suivant la loi exponentielle connue.

mesure le courant qui traverse le condensateur comme dans le cas des gaz provenant des sources.

Nous avons fait figurer dans le Tableau ci-joint le nombre de minutes (n) pendant lequel il faudrait laisser séjourner 1^{mg} de bromure de radium pur dans 1^l d'air pour obtenir le même courant dans notre appareil qu'avec les gaz étudiés.

	$i.10^3$.	n.
Badgastein (¹) (Autriche). Source Gratenbücker.	36o	19,7
Plombières — Source Vauquelin	47	2,5
Plombières — » nº 3	29	1,53
(Vosges) — » nº 5	28	1,48
Plombières — Trou des Capucines	21	1,16
Bains-les-Bains (Vosges)	16	0,89
Luxeuil — Bain des Dames	5,7	0,29
(H^{te} Saône) — Grand Bain	2,3	0,12
Vichy (Allier). Source Chomel	4,6	0,25
Néris (Allier)	4,2	0,23
Bagnoles-de-l'Orne	3,3	0,17
Saline-Moutiers (Savoie)	3,0	0,16
Cauterets (Basses-Pyrénées)	de 0,6	0,034
Eaux-Bonnes (»)	à	à
Lamalou (Hérault)	3	0,16
Mont-Dore (Puy-de-Dôme)	de 0,6 à 3	0,034 à 0,16
Royat (»)	0	0
Châtel-Guyon (»)	0	0
Alet (Aude)	0	0

Si nous avions étudié les gaz immédiatement au sortir de la source, il est à peu près certain qu'ils auraient été deux fois plus radioactifs.

Nous avons constaté que l'on impressionne une plaque photographique en la laissant quelques heures sous une cloche remplie avec les gaz de Plombières.

Nous avons encore étudié les gaz dissous dans les eaux minérales. Nous faisons bouillir l'eau 1 ou 2 jours après sa sortie de la

---

(¹) Les gaz de Badgastein ont été étudiés 12 jours environ après le moment où ils ont été recueillis. On avait alors $i \times 10^3 = 94$. Le courant diminuait ensuite de moitié en 4 jours. On a calculé par extrapolation, en admettant cette loi, le nombre qui figure dans le Tableau.

source et nous recueillons les gaz dégagés; ces gaz sont ensuite étudiés dans le condensateur cylindrique précédemment décrit. La quantité d'émanation extraite ainsi de 10^l d'eau est, pour certaines sources (Plombières : sources du Crucifix, des Capucins; Luxeuil : Bain des Dames), de l'ordre de grandeur de la quantité d'émanation dégagée par 1^{mg} de bromure de radium pur en 1 minute.

Si l'on étudie les mêmes eaux par le même procédé 2 mois environ après leur arrivée de la source, la quantité d'émanation que l'on en extrait est beaucoup plus faible; l'on peut conclure de ce fait que la plus grande partie de la radioactivité des gaz provient d'une action lointaine et n'est pas créée par un sel de radium dissous dans l'eau elle-même.

Il ne nous appartient pas de tirer une conclusion au point de vue du rôle possible que jouerait la radioactivité dans les actions physiologiques des eaux minérales. Nous ferons seulement remarquer que la quantité d'émanation du radium trouvée est excessivement faible; si on laissait séjourner constamment en vase clos du bromure de radium avec 1^l d'air, il suffirait de $0^{mg},003$ de ce sel pour lui donner la radioactivité indiquée dans le Tableau ci-joint au sujet des gaz de Plombières, source Vauquelin. Nous nous sommes trouvés souvent dans une atmosphère considérablement plus chargée en émanations sans éprouver aucune sensation spéciale. Toutefois nous ferons remarquer que dans le Tableau ci-joint les gaz provenant de Badgastein (Autriche) et ceux provenant de Plombières et de la région des Vosges sont les plus actifs : ces sources sont d'autre part classées dans la catégorie des sources indéterminées, parce que leur composition chimique ne permet pas de prévoir qu'elles puissent avoir une action sur l'organisme; et l'on peut se demander si l'action spéciale attribuée à ces eaux n'est pas due à leur radioactivité.

Enfin la perte d'activité avec le temps est en accord avec l'affirmation souvent faite que certaines eaux minérales perdent avec le temps leurs propriétés.

ACTION PHYSIOLOGIQUE

DE

L'ÉMANATION DU RADIUM ([1]).

En commun avec Ch. BOUCHARD et V. BALTHAZARD.

Comptes rendus de l'Académie des Sciences, t. CXXXVIII, p. 1385,
séance du 6 juin 1904.

Nous étudions depuis le mois de février l'action physiologique
des émanations du radium sur les souris et sur les cobayes. Le
procédé expérimental que nous avons adopté consiste à faire
respirer les animaux dans un espace clos chargé d'émanations, en
régénérant l'air confiné sans qu'il y ait déperdition d'émanations.

Disposition de l'expérience. — Un flacon de 2^l est rodé à sa
partie supérieure qui est munie d'un tube à robinet. Le flacon est
rempli au tiers de sa hauteur de ponce potassique en gros fragments ;
on introduit ensuite un support grâce auquel l'animal, souris ou
petit cobaye, se trouve placé dans la partie supérieure du flacon.
Le flacon communique avec un tube de Cloez, relié lui-même
à un ballon de grandes dimensions, rempli d'oxygène. L'animal
en respirant produit de l'acide carbonique qui est absorbé par la
potasse ; il se produit alors une diminution de pression dans le

---

([1]) Au cours de ces expériences, London a publié les résultats qu'il a obtenus
sur la grenouille avec les émanations provenant de 10^{mg} de radium ; la mort survient en 5 jours.

flacon, qui se répercute dans le tube de Cloez, et quelques bulles d'oxygène passent du ballon dans le flacon, remplaçant l'oxygène qui a été consommé par l'animal.

La pression de l'oxygène est maintenue constante dans le ballon à l'aide du dispositif suivant : le ballon est fermé à sa partie supérieure par un bouchon percé de deux orifices, l'un est traversé par un tube qui se rend au tube de Cloez, l'autre reçoit un tube effilé à son extrémité inférieure qui provient de la tubulure inférieure d'un flacon de Mariotte. Ainsi, lorsque, par suite du passage de l'oxygène dans le flacon, la pression diminue dans le ballon, l'eau du flacon de Mariotte s'écoule dans le ballon jusqu'à ce que la pression initiale soit rétablie.

Grâce à une tubulure latérale placée entre le flacon et le tube de Cloez, il est facile, après avoir fait une dépression de quelques centimètres de mercure dans le flacon, d'y introduire les émanations au début de l'expérience.

Deux appareils semblables sont d'ailleurs branchés sur le même ballon d'oxygène, l'un d'eux étant destiné à recevoir un animal témoin à chaque expérience.

Action de l'émanation sur la souris et le cobaye. — Au bout d'un temps qui, suivant la quantité d'émanations utilisée, varie de 1 heure à quelques heures, les animaux manifestent des symptômes respiratoires. La respiration prend un type saccadé, l'expiration devient très brève, et la pause respiratoire s'allonge. En même temps l'animal se met en boule, reste immobile et son poil se hérisse. Plus tard, l'animal tombe dans une torpeur profonde et se refroidit; les mouvements respiratoires gardent leur caractère, mais leur fréquence diminue beaucoup et, dans l'heure qui précède la mort, on ne note plus que dix, huit et même six inspirations par minute. Bien que les animaux restent absolument immobiles et affaissés, il n'y a pas, à proprement parler, de paralysie, car les irritations violentes amènent toujours des mouvements réflexes; il existe même un certain degré de contracture des membres avec parfois quelques convulsions.

Expériences. — 1° Une souris est placée dans le flacon de 2^l et l'on introduit 15 grammes-heure (¹) d'émanations; la mort survient au bout de 9 heures. En réalité, les émanations sont diluées dans un espace de $1^l,5$, si l'on déduit le volume de l'animal et celui de la ponce potassique. La souris qui sert de témoin est retirée de l'autre flacon au bout de 24 heures sans avoir éprouvé aucun trouble.

2° Une souris est placée dans le flacon renfermant 28 grammes-heure d'émanations; la mort survient en 6 heures 30 minutes. Elle est remplacée par une autre souris qui meurt en 8 heures; cette survie un peu plus grande s'explique par ce fait que les émanations ont un peu diffusé hors du flacon au moment où l'on a fait la substitution de la seconde souris à la première.

3° 50 grammes-heure d'émanations sont introduits dans le flacon où a été placée une souris; celle-ci meurt en 4 heures. La souris qui sert de témoin survit.

4° Un cobaye est placé dans le flacon avec 15 grammes-heure d'émanations; il succombe en 9 heures. Le témoin survit après 24 heures de séjour dans l'autre flacon.

5° Un cobaye est soumis à l'action de 20 grammes-heure d'émanations. Il meurt en 7 heures.

On voit d'après ces expériences que, toutes conditions semblables, la mort des animaux survient d'autant plus rapidement que la tension des émanations dans le flacon est plus grande.

On pourrait penser que la mort est causée par l'action toxique de l'ozone; lorsque les émanations sont conservées en vase clos en présence de l'oxygène, il se forme en effet de grandes quantités d'ozone. Dans le flacon qui sert aux expériences, e même phénomène se produit; mais, grâce à la présence de la ponce potassique, cet ozone est ramené à l'état d'oxygène presque immédiatement. Une prise de gaz du flacon pratiquée soit au cours de l'expérience, soit à la fin, montre en effet qu'il existe des traces d'ozone perceptibles à l'odorat; mais le dosage fait en mesurant l'alcalinité d'une solution d'iodure de potassium agitée au contact du gaz prouve que la teneur en ozone ne dépasse pas 1 pour 1000. Or,

---

(¹) Le gramme-heure, unité d'émanation du radium, correspond à la quantité d'émanations émises pendant 1 heure par une solution de 1ᵍ de bromure de radium.

des expériences directes dans lesquelles l'oxygène traverse un tube ozonisateur avant d'arriver dans le flacon ont établi qu'il faut 24 heures pour tuer une souris, alors que la richesse en ozone dans l'espace clos est constamment supérieure à 2 pour 100, c'est-à-dire 20 fois plus grande que dans nos recherches sur l'action de l'émanation.

Lésions observées chez les animaux. — La lésion dominante consiste en une congestion pulmonaire intense. A l'œil nu, les poumons apparaissent à leur face externe ponctués de taches rouges séparées par des espaces rosés. Au microscope, on observe une dilatation considérable des vaisseaux et des capillaires et quelques petites vésicules d'emphysème. Toutefois, il n'existe pas d'hémorragies interstitielles ou alvéolaires; l'épithélium des alvéoles et des bronches est intact.

Le sang subit des modifications qui portent surtout sur les leucocytes, dont le nombre est très diminué; toutefois le pourcentage des diverses variétés de leucocytes n'est guère modifié. Ces leucocytes détruits se retrouvent dans les macrophages de la rate.

Il n'existe pas d'altérations microscopiques grossières au niveau du foie, des reins et du cerveau, en dehors d'une congestion assez marquée.

La rigidité cadavérique débute au moment même de la mort, et le cœur est en systole.

Radioactivité des tissus de l'organisme. — Les animaux qui ont succombé à l'action des émanations ont des tissus radioactifs. Le corps d'un cobaye, placé sur une plaque photographique entourée de papier noir, a donné une image sur laquelle les poils sont indiqués avec une grande netteté.

Nous avons recherché, 3 heures après la mort, par la méthode photographique, la radioactivité des divers tissus de l'organisme; tous sont radioactifs, mais à des degrés variables. La radioactivité atteint son maximum avec les poils; la peau rasée est peu radioactive, l'œil également. L'intensité est à peu près égale pour le rein, le cœur, le foie, la rate et le cerveau; elle est, chose curieuse, beaucoup plus grande pour les capsules surrénales, et surtout pour le poumon.

Cette action radiographique dépend de deux causes, la radio-activité induite des tissus et la présence d'émanations dissoutes dans les humeurs ; il sera intéressant de les dissocier.

En résumé, en éliminant les causes d'erreur dues au confinement de l'atmosphère et à la production d'ozone, nous avons établi la réalité d'une action toxique des émanations du radium introduites par la voie respiratoire et agissant sur le revêtement cutané. Ajoutons qu'il ne nous a pas été possible d'obtenir d'effets nocifs en injectant les émanations avec des gaz dans le péritoine de cobayes ou de lapins.

LA RADIOACTIVITÉ DES GAZ

QUI PROVIENNENT DE L'EAU DES SOURCES THERMALES.

En commun avec A. LABORDE.

Comptes rendus de l'Académie des Sciences, t. CXLII, p. 1462,
séance du 25 juin 1906.

Dans une publication antérieure ([1]) nous avions indiqué
quelques sources naturelles d'où se dégageaient spontanément des
gaz radioactifs; et nous avions classé ces sources d'après leur
radioactivité, qui avait été déterminée quantitativement.

Nous avons étudié de nouvelles sources thermales, et, pour
quelques-unes de celles dont les gaz dégagés spontanément se sont
montrés le plus radioactifs, nous avons recherché la radioactivité
de l'eau recueillie au griffon de la source.

La radioactivité des gaz a été déterminée par la méthode de
mesure électrique décrite antérieurement ([2]).

Pour extraire des eaux l'émanation radioactive qu'elles renfer-
maient en dissolution, nous avons fait bouillir ces eaux dans un
ballon de 5^l muni d'un réfrigérant ascendant, de telle façon que
les gaz chassés par ébullition pussent être recueillis sur le mercure; quand l'eau étudiée était fortement chargée d'acide carbo-

---

([1]) *Comptes rendus*, t. CXXXVIII, p. 1150.
([2]) *Loco citato.*

nique, nous empêchions ce gaz de se dégager en plaçant de la potasse dans le ballon.

Nous avons laissé bouillir ainsi les eaux pendant 1 heure environ, et, à plusieurs reprises au cours d'une opération, nous avons fait passer dans le ballon un courant d'air non radioactif qui avait pour but d'entraîner par barbotage les dernières traces d'émanation qui pouvaient subsister dans le liquide ou dans l'espace libre des tubes de dégagement. Les gaz ainsi recueillis ont été introduits dans un condensateur cylindrique à anneau de garde et leur radioactivité a été mesurée par la méthode du quartz piézo-électrique.

Nous avons pu dresser ainsi un Tableau dans lequel figurent les résultats des anciennes et des nouvelles déterminations. Comme précédemment, nous avons indiqué dans ce Tableau les valeurs du courant ($i.10^3$ en unités électrostatiques) que l'on obtient dans un condensateur cylindrique déterminé, 4 jours après que le gaz étudié a été recueilli à la source; nous avons également fait figurer dans ce Tableau des nombres qui définissent la quantité d'émanation contenue dans les gaz ou dans les eaux étudiés : cette quantité d'émanation est facile à connaître quand le condensateur cylindrique utilisé a été étalonné une fois pour toutes avec de l'émanation du radium ([1]).

Cet étalonnage a été effectué récemment dans de très bonnes conditions par Mme Curie, au cours d'un travail qui n'est pas encore publié : les résultats obtenus par Mme Curie nous ont conduits à modifier les nombres fournis à ce sujet dans notre première Communication, car ces nombres avaient été déterminés à la suite d'expériences faites avec des solutions de bromure de radium dont le titrage était, à notre insu, entaché d'erreur.

D'après Mme Curie, 1^g de bromure de radium pur dégage en 1 heure une quantité d'émanation capable de provoquer, dans un condensateur cylindrique de 450$^{cm^3}$ (longueur de condensateur : 12^{cm},65; diamètre du cylindre extérieur : 6^{cm},8; diamètre de la tige intérieure : 0^{cm},28), un courant de saturation maximum (3 heures après l'introduction de l'émanation dans le condensateur)

([1]) *Loco citato.*

C. 33

de $1,21.10^4$ unités électrostatiques. Ces mesures ont été faites à 15° C. et à la pression atmosphérique normale.

A l'aide de ces données, nous avons pu calculer que, dans nos appareils, un courant de saturation de 1 unité électrostatique est produit par la quantité d'émanation que dégage 1^{mg} de bromure de radium pur en $4,95$ minutes, ce courant étant mesuré quand l'émanation a atteint son état d'équilibre de régime avec la radio-activité induite qu'elle crée.

Dans le Tableau ci-après nous avons fait figurer :

A la colonne 1 : la date de l'extraction (mois et année);

A la colonne 2 : le courant de saturation $i.10^3$ produit par 450^{cm^3} de gaz dans un condensateur cylindrique de 450^{cm^3}, 4 jours après l'extraction, à 15° C. et à la pression atmosphérique normale ;

A la colonne 3 : le nombre n de minutes pendant lequel il faudrait laisser séjourner 1^{mg} de bromure de radium pur dans 10^l d'air pour obtenir le même courant dans notre appareil qu'avec les gaz étudiés ;

A la colonne 4 : le courant $i_1.10^3$ produit dans notre appareil par l'émanation extraite de 10^l d'eau âgée de 4 jours;

A la colonne 5 : la quantité d'émanation présente dans 10^l d'eau âgée de 4 jours, cette quantité d'émanation étant exprimée comme dans le cas de la colonne 3 par le temps n_1 pendant lequel 1^{mg} de bromure de radium pur produirait cette émanation.

Nom de la source.	Date de l'extraction.	Gaz.		Eaux.	
		$i.10^3$.	n.	$i_1.10^3$.	n_1.
	1.	2.	3.	4.	5.
Badgastein (Autriche) : source Graben-bäcker..............................	4-04	360	39,6	»	»
Plombières (Vosges). Source Vauquelin........	1-04	47	5,17	»	»
» »	3-05	52	5,72	44,6	0,22
Trou des Capucins......	3-04	21	2,31	»	»
» »	8-05	»	»	94,5	0,46
Source n° 3.............	1-04	29	3,19	»	»
» n° 5.............	1-04	28	3,08	»	»
Caldellas (Portugal).................	4-05	17	1,82	»	»
Bains-les-Bains (Vosges).............	3-04	16	1,76	»	»

Nom de la source.	Date de l'extraction.	Gaz.		Eaux.	
		$i.10^3$.	n.	$i_1.10^3$.	n_1.
	1.	2.	3.	4.	5.
Aix-les-Bains (Savoie) : source d'Alun [1].	2–05	16	1,76	56	0,27
» » .	8–05	13	1,43	31,7	0,15
Dax (Landes). { Source du Trou-des-Pauvres............	11–04	13,3	1,46	»	»
{ Source la Néhe......	11–04	2,6	0,28	»	»
Ax (Ariège) : source Vignerie........	10–05	10,6	1,16	»	»
Bagnères-de-Bigorre (Hautes-Pyrénées).	10–05	10,6	1,16	»	»
Bourbon-Lancy (Saône-et-Loire) : source Le Lymbe.....................	1–05	9,3	1,03	20,12	0,099
Maizières (Saône-et-Loire)...........	12–04	6,78	0,74	»	»
Luxeuil { Bain des Dames	2–04	5,70	0,62	»	»
(Haute-Saône). { Grand Bain........	2–04	2,3	0,25	»	»
Néris (Allier).....................	3–04	4,2	0,46	»	»
Bagnoles-de-l'Orne..................	2–04	3,3	0,36	»	»
Salins-Moutiers (Savoie)	1–04	3	0,33	»	»
Contrexéville (Vosges) : source du Pavillon...................	2–05	»	»	10	0,049
La Roche Posay (Vienne)............	3–05	»	»	10	0,049

Cauterets (Hautes-Pyrénées) : sources César, des OEufs, Le Bois, La Raillère ; Eaux-Chaudes (Basses-Pyrénées) ; Eaux-Bonnes (Basses-Pyrénées) ; Mont-Dore (Puy-de-Dôme) : sources Bardon, Madeleine ; Lamalou (Hérault) ; Royat (Puy-de-Dôme) ; Ogeu (Puy-de-Dôme) ; Source intermittente (Allier) ; Larderello (Italie) = *gaz dont la radioactivité correspond à* $i.10^3 < 3$.

Alet (Aude) ; Châtel-Guyon (Puy-de-Dôme) ; Montbrun-les-Bains ; Pougues-Saint-Léger (Nièvre) ; Vichy (Allier) : sources Boussange, Célestins, Lucas, Hôpital, Grande Grille, Chomel ; Forges-les-Eaux (Seine-Inférieure) ; Saint-Honoré-les-Bains (Nièvre) ; Spa (Belgique) = *gaz dont la radioactivité correspond à* $i.10^3 < 1$.

Vichy (Allier) : sources Chomel, Grande Grille ; Vittel (Vosges) ; Évian (Haute-Savoie) : source Cachat = *eaux dont la radioactivité correspond à* $i_1.10^3 < 3$.

Les nombres qui figurent aux colonnes 4 et 5 se rapportent

---

[1] La radioactivité des sources d'Aix-les-Bains a été observée pour la première fois par M. G.-A. Blanc (*Phil. Mag.*, janvier 1905).

tous à des eaux qui contiennent de l'émanation du radium au moment de leur extraction, mais qui ne contiennent pas de sel de radium en dissolution; en effet, nous avons constaté qu'après avoir conservé ces eaux en vase clos pendant plus de 1 mois, nous ne pouvions plus en extraire d'émanation radioactive.

Comme nous avons indiqué la radioactivité des gaz et des eaux 4 jours après leur extraction, on peut admettre qu'au griffon de la source elle aurait été deux fois plus forte.

EXPÉRIENCES DIVERSES
A FAIRE AVEC UNE BALANCE.

D'après un manuscrit inédit de P. Curie,
destiné à des manipulations (1903).

On peut, avec une balance quelconque, faire diverses expériences et se rendre compte d'une façon complète des conditions dans lesquelles elle fonctionne.

On détermine *la masse* M du fléau en pesant le fléau sur une autre balance. (La masse M étant assez forte, il n'est pas nécessaire que cette détermination soit précise.)

On détermine *la longueur moyenne* L *des bras du fléau* au bout desquels agissent les poids. Il suffit pour cela de mesurer la distance AB (*fig*. 1) des arêtes des couteaux extrêmes $L = \dfrac{AB}{2}$. La

Fig. 1.

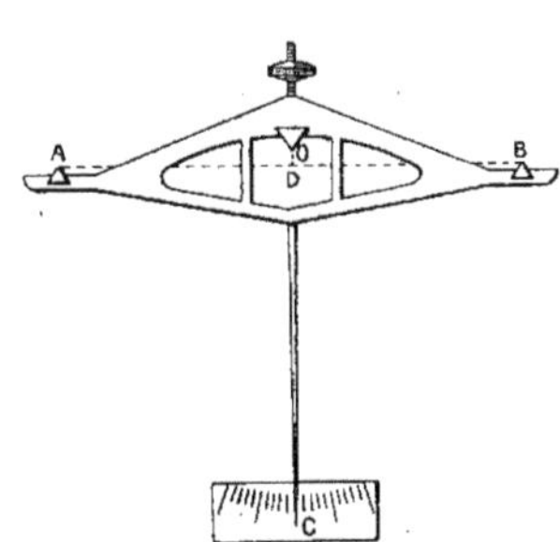

mesure de AB peut se faire, avec une précision suffisante, à l'aide d'une règle en métal ou en bois divisée en millimètres. On appréciera le $\frac{1}{10}$ de millimètre au jugé.

Sensibilité de la balance et détermination de la distance d du centre de gravité du fléau à l'axe de suspension. — La balance étant montée avec ses plateaux vides, on ajoute une petite masse connue m dans l'un des plateaux. Le fléau prend une nouvelle position d'équilibre et s'incline pour cela d'un angle α. On a la relation

$$\operatorname{tang}\alpha = \frac{m\,\mathrm{L}}{\mathrm{M}\,d}.$$

Pour mesurer $\operatorname{tang}\alpha$, on évalue le déplacement l de l'extrémité de l'aiguille sur la petite réglette divisée devant laquelle elle se déplace. On mesure, d'autre part, avec une règle divisée en millimètres, la distance $\mathrm{L}' = \mathrm{OC}$ de l'arête du couteau central à la réglette; $\operatorname{tang}\alpha = \dfrac{l}{\mathrm{L}'}\cdot$ On tire ensuite la valeur de d :

$$d = \frac{m\,\mathrm{L}}{\mathrm{M}\,\operatorname{tang}\alpha}.$$

La mesure du déplacement de l'aiguille sur la réglette est délicate, parce que cette longueur est petite. Pour opérer dans les meilleures conditions, il faut prendre m aussi grand que possible, de manière à utiliser une déviation un peu forte. On place la masse m d'abord dans le plateau de droite, puis dans le plateau de gauche, et la différence des deux positions de l'aiguille pour l'équilibre donne la longueur $2l$. On cherche à évaluer cette longueur à la précision de $\frac{1}{10}$ à $\frac{2}{10}$ de division de la réglette. Les divisions de la réglette ne sont pas toujours des millimètres; il faut alors mesurer en millimètres la longueur totale de la réglette et en déduire la longueur en millimètres d'une division et, par suite, calculer la longueur l en millimètres, connaissant le déplacement en divisions de la réglette.

La grosseur de l'extrémité de l'aiguille gêne pour déterminer avec précision l et, par suite, $\operatorname{tang}\alpha$. On peut faire une détermination bien plus précise en collant un petit miroir sur le fléau, dans le voisinage du couteau central, et en se servant de la méthode de Poggendorf (déviation d'un rayon lumineux).

Dans ces déterminations, on peut attendre, pour déterminer la position d'équilibre du fléau, que la balance soit complètement arrêtée; on peut encore, sans attendre l'arrêt complet, calculer la division n qui correspond à l'arrêt en observant les trois divisions extrêmes de la course de l'aiguille n', n'', n''', lors des élongations successives :

$$n = \dfrac{n'' + \dfrac{n' + n'''}{2}}{2}.$$

La distance du centre de gravité du fléau à l'axe de suspension est très petite dans les balances de précision. On a trouvé, par exemple, une distance voisine de $\frac{2}{100}$ de millimètre avec une balance Collot pouvant peser 500^g et précise au $\frac{1}{10}$ de milligramme. d est naturellement plus grand pour les balances moins sensibles ou de plus faible portée. d est aussi plus grand lorsqu'un dispositif spécial permet d'apprécier des déplacements angulaires très petits du fléau. Dans certaines balances, par exemple, on fixe à l'extrémité de l'aiguille ou du fléau un petit micromètre qui est entraîné dans le mouvement de la balance. Un microscope fixe, muni d'un réticule, permet d'évaluer les déplacements du micromètre. Les déviations utilisées sont alors très petites. La distance d est beaucoup plus grande, et $\tang\alpha$ est du reste connu immédiatement avec précision si l'on connaît les dimensions du micromètre.

Durée d'oscillation du fléau seul. — Soit T la période ou durée d'une oscillation double, le fléau oscillant librement autour du couteau central. T se détermine facilement avec précision à l'aide d'une montre à secondes, en évaluant le temps correspondant à un nombre connu d'oscillations. On a la relation

$$(2) \qquad\qquad T = 2\pi\sqrt{\dfrac{\mathfrak{I}}{\mathrm{M}gd}},$$

$\mathfrak{I}$ étant le moment d'inertie du fléau et g l'accélération de la pesanteur (981 en unités C. G. S., à Paris).

Pour qu'une balance fonctionne dans de bonnes conditions, il est nécessaire que T ne soit pas trop considérable, afin que les pesées ne soient pas trop lentes. Avec la balance Collot dont nous avons parlé, on avait

$$T = 19^s, 1.$$

On emploie le plus souvent des oscillations plus rapides.

La formule (2) permet de tirer la valeur du moment d'inertie,

ayant mesuré T, M et d; mais, la détermination de d étant délicate et cette grandeur variant facilement, il est préférable de
déterminer δ par une autre méthode sans utiliser la connaissance
de d, en faisant osciller la balance autour d'un axe plus éloigné
du centre de gravité.

Détermination du moment d'inertie du fléau. — Le meilleur procédé consiste à suspendre le fléau par deux fils et à déterminer la durée d'oscillation en le faisant osciller autour d'un axe
parallèle à l'arête du couteau central et situé à une distance λ
connue de ce dernier. On peut adopter le dispositif de la figure 2 :

Fig. 2.

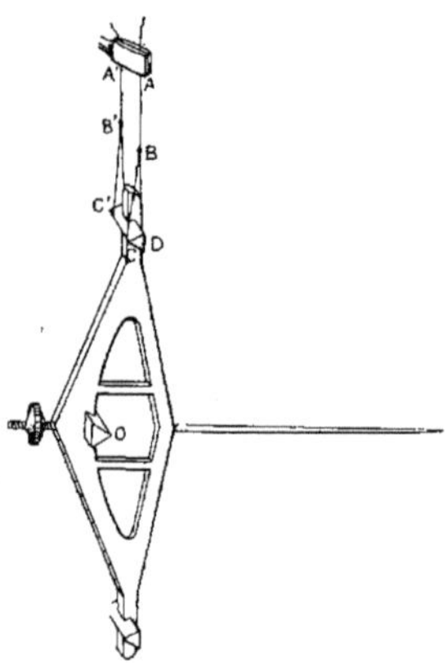

un fil ABCDB, passé autour d'un des couteaux extrêmes, soutient
le fléau d'un côté; un deuxième fil parallèle A'B'C'D'B' le soutient de l'autre. Les fils sont collés, en A et A', à un support fixe
ou pincé entre les mâchoires d'un étau renversé. La ligne horizontale AA' constitue l'axe d'oscillation; il doit être parallèle à
l'arête du couteau central. (On obtient ce résultat en réglant par
tâtonnement la longueur des fils et en regardant si le plan d'oscillation autour de AA' coïncide avec le plan du fléau.)
On peut encore suspendre le fléau avec deux fils en adoptant le
dispositif de la figure 3 : un premier fil ABCDB soutient le fléau
d'un côté en passant sous les couteaux extrêmes; un deuxième

fil $A'B'C'D'B'$ semblable soutient le fléau de l'autre côté. On fait ensuite osciller le système autour des points fixes A et A', AA' étant horizontal et parallèle à l'arête du couteau.

Dans les deux cas, on détermine avec une règle divisée la dis-

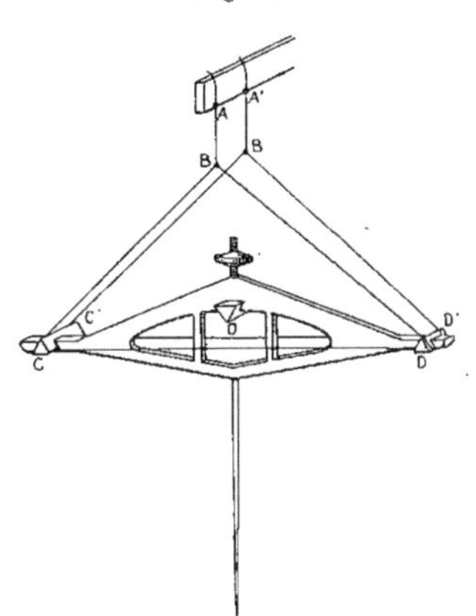

Fig. 3.

tance λ de AA' à O arête du couteau central. Cette distance est sensiblement la même que celle de AA' au centre de gravité. On écarte le fléau de sa position d'équilibre et on le fait osciller autour de AA'; on détermine, à l'aide d'un chronomètre ou d'une montre à secondes, la durée d'un certain nombre d'oscillations. Soit $\mathfrak{I}'$ le moment d'inertie du fléau lorsqu'il tourne autour de AA', soit T' la durée d'une oscillation double

$$T' = 2\pi \sqrt{\frac{\mathfrak{I}'}{M g \lambda}},$$

g étant l'accélération de la pesanteur (981 en unités C.G.S., à Paris); on tire

$$\mathfrak{I}' = \frac{M g \lambda T'^2}{4 \pi^2}.$$

On peut en déduire le moment d'inertie $\mathfrak{I}$ du fléau tournant autour de l'arête du couteau central dans le fonctionnement ordinaire de la balance. Soit $\mathfrak{I}_0$ le moment d'inertie autour d'un axe parallèle à l'arête du couteau et passant par le centre de gravité.

$\mathfrak{I}_0$ diffère à peine de $\mathfrak{I}$, puisque le centre de gravité est très voisin de l'arête; on a

$$\mathfrak{I} = \mathfrak{I}_0 + M\,d^2$$

(d distance du centre de gravité à l'arête du couteau central). De même, dans l'oscillation autour de AA', on a

$$\mathfrak{I}' = \mathfrak{I}_0 + M\lambda^2.$$

Il faut en effet, d'après un théorème connu, pour avoir $\mathfrak{I}'$, calculer le moment d'inertie $(M\lambda^2)$ comme si toute la masse était concentrée au centre de gravité et ajouter le moment d'inertie $\mathfrak{I}_0$ par rapport à un axe parallèle passant par le centre de gravité. De ces deux équations on tire

$$\mathfrak{I} = \mathfrak{I}' - M\lambda^2\left(1 - \frac{d^2}{\lambda^2}\right).$$

On peut généralement négliger $\dfrac{d^2}{\lambda^2}$ devant l'unité, et l'on a

$$\mathfrak{I} = \mathfrak{I}' - M\lambda^2.$$

Connaissant le moment d'inertie, on peut calculer le rayon de giration ρ d'après la relation $\mathfrak{I} = M\rho^2$.

Avec la balance Collot, d'une portée de 500^g, dont nous avons parlé, on avait

$$M = 361^g,2;$$

avec $\lambda = 28^{cm},3,$

$$T' = 0^s,561,$$

et l'on a trouvé

$$\mathfrak{I} = 30480\,(\text{C. G. S.}),$$

ce qui correspond à un rayon de giration de $9^{cm},18$, alors que la longueur du bras du fléau était $18^{cm},9$.

Ayant déterminé $\mathfrak{I}$ par cette méthode, la formule (2) permet de calculer d, connaissant la durée d'oscillation T du fléau autour du couteau central. Avec la balance Collot étudiée, on a, par expérience, trouvé

$$T = 19^s,1.$$

On en déduit

$$d = 0,00233.$$

En opérant par la mesure de l'angle de déviation pour un excès de charge dans l'un des plateaux, on avait trouvé $d = 0,00228$, valeur voisine.

Différence de longueur des bras du fléau. — On prend deux poids égaux de masses nominales M ; le plus souvent, ces poids marqués différeront un peu. Soient M' et M'' les masses vraies. Soient L' et L'' les longueurs des bras. La balance étant d'abord en équilibre, les plateaux vides, on place M' dans le plateau de gauche et M'' dans le plateau de droite; il faut ajouter une très petite masse m_1 dans le plateau de droite pour l'équilibre.

Dans une deuxième expérience, on intervertit la position des poids M' et M'' dans les plateaux, et il faut alors placer m_2 à droite pour l'équilibre.

On peut, avec ces deux expériences, trouver la différence de longueur des bras du fléau et la différence des masses des deux poids. On a

$$M' L' = M'' L'' + m_1 L'',$$
$$M'' L' = M' L'' + m_2 L'',$$

d'où

$$L' - L'' = \frac{m_1 + m_2}{M' + M''} L'' \quad \text{et} \quad M' - M'' = (m_1 - m_2) \frac{L''}{L' + L''}.$$

On a, avec une approximation très grande,

$$L' - L'' = \frac{m_1 + m_2}{2\,M} L \quad \text{et} \quad M' - M'' = \frac{m_1 - m_2}{2},$$

L étant la longueur moyenne des bras du fléau.

Avec la balance étudiée, on a trouvé

$$L' - L'' = 0^{mm},008.$$

Dans les balances de précision, où les couteaux sont munis de pièces de réglage, il est facile d'obtenir l'égalité dans la longueur des bras avec une précision telle que des masses égales de 500^g placées dans chaque plateau se font équilibre à $\frac{1}{10}$ de milligramme près. La différence de longueur des bras est alors de l'ordre de grandeur de $\frac{1}{100}$ de micron. Ce réglage très parfait de la longueur des bras n'est pas, du reste, un bien grand avantage, puisque l'on peut toujours faire d'excellentes pesées avec une balance dont les bras sont inégaux, soit en employant la méthode de la double pesée, soit (ce qui double la précision) en intervertissant les charges dans les plateaux et en prenant la moyenne des résultats obtenus. Pratiquement, la plupart des balances sont assez bien réglées pour que l'on puisse peser par pesées directes sans erreur sensible, en ayant soin toutefois de vérifier avant chaque pesée que la balance est en équilibre au repère initial, les plateaux vides.

Sensibilité de la balance lorsque les arêtes des trois couteaux ne sont pas dans un même plan. — Lorsque les arêtes des trois couteaux sont constamment dans un même plan, la sensibilité est indépendante de la charge. Si l'arête du couteau central est au-dessus du plan passant par les deux arêtes des couteaux extrêmes, la sensibilité diminue avec la charge. Si l'arête du couteau central est au-dessous du plan passant par les deux arêtes des couteaux extrêmes, la sensibilité augmente avec la charge.

La déviation pour un excès de charge m dans l'un des plateaux est donnée, quand la balance n'est pas chargée, par la formule

$$(1) \qquad \tang\alpha = \frac{m\,L}{M\,d}.$$

Lorsque la balance est chargée de masses M′ égales sur les arêtes extrêmes, un excès dans un plateau donne une déviation α' donnée par

$$(3) \qquad \tang\alpha' = \frac{m\,L}{M\,d + 2\,M'\,a},$$

a étant la distance OD (*fig.* 1) de l'arête du couteau central au plan passant par les arêtes des couteaux extrêmes. Les charges appliquées aux couteaux extrêmes agissent, en effet, pour ramener le fléau à la position initiale, comme si elles étaient appliquées en D.

On peut, en déterminant $\tang\alpha$ et $\tang\alpha'$, déterminer a :

$$a = \left(\frac{\tang\alpha}{\tang\alpha'} - 1 \right) \frac{M\,d}{2\,M'}.$$

Avec la balance étudiée, la sensibilité diminuait avec la charge, et l'on a trouvé

$$a = 0^{mm},011.$$

Dans le cas où le fléau fléchit sous la charge, on s'en aperçoit en répétant cette mesure de a avec diverses charges. On trouve, dans le cas où il y a flexion du fléau, que a augmente avec la charge.

Durée d'oscillation de la balance chargée. — Les masses placées dans les plateaux agissent, au point de vue de l'inertie, comme si elles étaient concentrées sur les arêtes des couteaux extrêmes. Lorsque les trois couteaux sont dans le même plan, la durée de la période d'oscillation est alors donnée par la formule

$$(4) \qquad T = 2\pi \sqrt{\frac{\mathfrak{I} + 2\,M'L^2}{M\,g\,d}},$$

$\mathfrak{I}$ étant le moment d'inertie du fléau seul, M' la masse des plateaux et de leur charge, L la longueur des bras du fléau.

Dans le cas où les trois couteaux ne sont pas dans le même plan, on a

$$(5) \qquad T = 2\pi \sqrt{\frac{\mathfrak{I} + 2\,M'L^2}{M\,g\,d + 2\,M'\,g\,a}},$$

et l'on peut se servir de la mesure T pour déterminer a.

Amortissement d'une balance. — On peut facilement transformer une balance ordinaire en balance apériodique au moyen d'un amortisseur à air que l'on peut réaliser au moyen de deux boîtes métalliques cylindriques dont les diamètres diffèrent de quelques millimètres.

La figure 4 indique en coupe le dispositif réalisé. On remplace l'un des plateaux par une des boîtes ABCD renversée et munie d'un étrier de suspension EEE formé d'un simple fil métallique soudé ou attaché à la boîte. Cette première boîte plonge à l'intérieur de la seconde A'B'C'D' sans toucher aux parois. Quand la balance se meut, l'air ne peut s'échapper immédiatement par l'espace compris entre les deux boîtes. Il en résulte en R des variations de pression qui s'opposent au mouvement de la balance et réalisent l'amortissement.

Il est nécessaire que les parois ACBD, A'B'C'D' soient bien verticales. Pour obtenir ce résultat, on règle d'abord horizontalement avec un niveau le plan qui sert de base à la balance; puis, avec une équerre placée sur ce plan comme guide, on règle la verticalité des parois de la boîte intérieure en ajoutant une petite

Fig. 4.

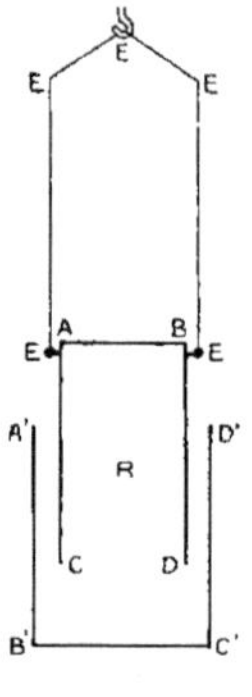

charge d'un côté ou de l'autre du plateau AB. Enfin, toujours avec l'équerre comme guide, on règle avec des cales convenables la verticalité de la boîte extérieure.

En soulevant plus ou moins la boîte inférieure, on augmente ou l'on diminue l'amortissement, et l'on peut à volonté réaliser pour la balance tous les genres de mouvements, depuis des mouvements oscillatoires à amplitudes d'oscillations décroissantes, jusqu'aux mouvements apériodiques de plus en plus lents. Le meilleur amortissement est celui juste suffisant pour rendre le mouvement apériodique.

Variation de la sensibilité d'une balance en déplaçant le centre de gravité du fléau. — On peut, dans beaucoup de balances, déplacer le centre de gravité en élevant ou abaissant une masse placée à la partie supérieure du fléau ou sur l'aiguille. On sait qu'il n'y a pas d'équilibre stable lorsque le centre de gravité du fléau est au-dessus de l'arête du couteau central. Dans le cas où le centre de gravité est au-dessous de l'arête du couteau central, l'équilibre est stable.

On a, pour la durée d'une période,

$$T = 2\pi \sqrt{\frac{\Im}{Mgd}},$$

et, pour la sensibilité,

$$s = \frac{\tang \alpha}{m} = \frac{L}{M\,d},$$

d'où

$$s = \frac{L T^2 g}{4 \pi^2 \delta}.$$

On voit que, lorsque d diminue, la sensibilité augmente ; mais la durée d'oscillation augmente aussi et la durée des pesées devient plus grande.

On peut vérifier que la sensibilité croît comme le carré de la période.

Pratiquement, il y a avantage à donner une sensibilité juste suffisante pour la précision que l'on désire, afin de pouvoir faire des pesées rapides.

Vérification du bon fonctionnement d'une balance. — Il faut que la balance soit *fidèle,* c'est-à-dire que, dans les mêmes conditions, elle donne toujours les mêmes indications. La meilleure vérification consiste à placer des poids égaux dans les plateaux (les poids les plus forts que doit porter la balance), à baisser l'arrêt de la balance et à regarder la position d'équilibre. Ceci fait, on relève l'arrêt, on change les poids de place dans les plateaux et l'on baisse de nouveau l'arrêt ; la position d'équilibre doit être la même. Si, après un certain nombre d'opérations semblables, il ne s'est produit aucune variation dans la position d'équilibre, c'est que la balance est en bon état et l'on peut faire avec d'excellentes pesées.

En général, quand la balance n'est pas fidèle, les couteaux sont abîmés ou sont mal réglés. Si les couteaux sont abîmés, on peut s'en apercevoir en les examinant à la loupe ; on peut alors voir si l'arête est ébréchée ou rouillée. L'arête du couteau est, en réalité, une petite surface cylindrique d'un rayon de courbure de l'ordre de grandeur du micron. L'axe du cylindre osculateur à cette surface cylindrique est ce qui joue le rôle de l'arête linéaire idéale que l'on considère dans les calculs. Un couteau émoussé régulièrement peut encore permettre d'assez bonnes pesées ; il n'en est pas de même d'un couteau ébréché.

Pour que la balance soit bien réglée, il faut que les projections horizontales des trois arêtes soient rigoureusement parallèles. On peut vérifier s'il en est ainsi avec une approximation très grande, si l'on a à sa disposition un porte-étrier ayant une agate creuse

Fig. 5 et 6.

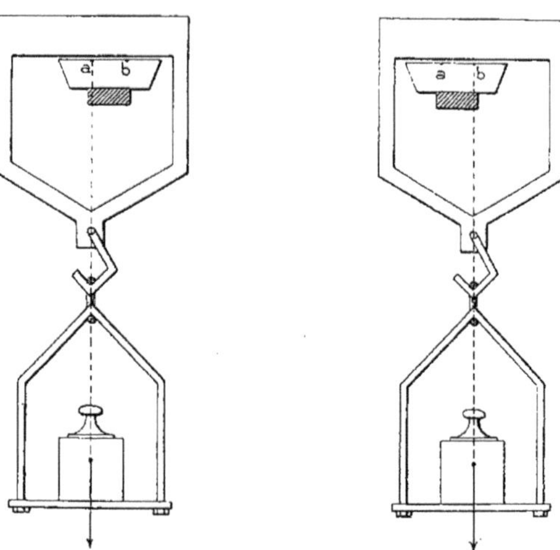

posant sur le couteau et un peu plus longue que le couteau lui-même. On regarde alors la position d'équilibre de la balance chargée de poids égaux, l'un des plateaux étant soutenu par ce porte-étrier à agate creuse. On répète ensuite l'expérience après avoir déplacé de quelques millimètres la charge avec l'agate le long de l'arête du couteau (voir *fig.* 5 et 6). Dans ces deux positions successives, la charge agit en *a* sur le couteau dans le premier cas, en *b* dans le second.

Si le couteau n'est pas rigoureusement parallèle au couteau central, on observe une différence dans la position d'équilibre. Dans ce cas, la longueur du bras du fléau dépend alors en effet du point d'application de la charge le long de l'arête.

Si la balance étudiée possède des pièces de réglage pour l'orientation des couteaux, on peut, en changeant cette orientation et par tâtonnements successifs, obtenir un réglage parfait de l'instrument.

Influence des variations de température. — Il faut éviter

qu'il ne se produise des différences de température dans les diverses parties de la cage de la balance. Ces différences de température constituent la principale cause d'erreur qui limite la précision des pesées dans un laboratoire. Il suffit, après avoir établi l'équilibre entre deux corps dans une balance, de chauffer l'un d'eux très légèrement et de le replacer sur le plateau pour constater qu'il paraît plus léger. La différence provient de l'air de la cage, qui est plus léger dans le voisinage du corps chaud. Une différence de $\frac{1}{10}$ de degré entre les températures de l'air au-dessus des deux plateaux peut donner des erreurs de l'ordre de grandeur de $\frac{1}{2}$ milligramme, en supposant qu'il y ait 1 litre d'air au-dessus de chaque plateau.

C. 34

BALANCE DE PRÉCISION APÉRIODIQUE

LECTURE DIRECTE DES DERNIERS POIDS ([1]).

Cette balance de précision ([2]), d'une disposition nouvelle, permet d'exécuter les pesées avec une très grande rapidité.

Les figures ci-contre (*fig.* 1, 2) donnent une vue d'ensemble et une coupe verticale de l'instrument.

Cette balance possède comme organes spéciaux :

1° Un *micromètre* (m, m) portant un grand nombre de divisions et fixé à l'extrémité du fléau;

2° Un *microscope* fixé dans les parois de la cage et braqué sur le micromètre; ce microscope possède un réticule et un oculaire positif;

3° Des *amortisseurs à air* (A, A). Les *cloches* ou parties mobiles des amortisseurs sont suspendues au-dessous des plateaux. Pendant le mouvement de la balance, elles pénètrent plus ou moins dans les *cuvettes* ou parties fixes des amortisseurs ([3]).

([1]) Cet article est la reproduction d'une Notice de la *Société centrale de Produits chimiques,* de l'année 1889.

Un résumé en a paru dans le *Journal de Physique,* 2ᵉ série, t. IX, 1890, p. 138, avec quelques développements sur la question des amortisseurs. Nous avons reproduit intégralement cette dernière partie de l'article du *Journal de Physique* et nous avons supprimé le paragraphe de la Notice qui y est relatif et qui ferait double emploi. (*Note des éditeurs.*)

([2]) Voir *Comptes rendus des séances de l'Académie des Sciences,* t. CVIII, 1889, p. 663.

([3]) Les amortisseurs à air ont déjà été employés avec succès par MM. Bichat et Blondlot dans leur électromètre absolu qui affecte précisément la forme d'une balance. (Voir *Journal de Physique,* 2ᵉ série, t. V, 1886, p. 325 et 457.)

Pour faire une pesée avec cet appareil, on commence comme de coutume à l'aide d'une série de poids, mais on s'arrête dans les essais successifs au poids de $0^g,1$; on laisse ensuite le fléau de la balance s'incliner sous l'influence de la petite différence de charge qui reste encore entre les plateaux; après une ou deux oscillations, le fléau atteint sa position d'équilibre, et on lit directement sur le

Fig. 1.

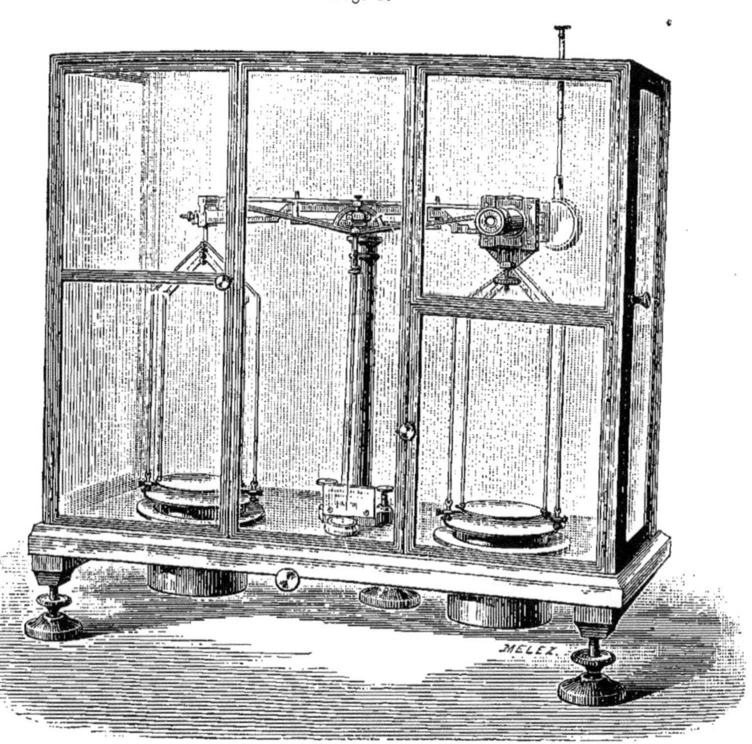

micromètre, à l'aide du microscope, le restant de la pesée à $\frac{1}{4}$ ou à $\frac{1}{10}$ de milligramme.

Les avantages de ce système sont les suivants :

1° On évite tous les essais relatifs aux plus petits poids, c'est-à-dire la partie la plus longue et la plus délicate d'une pesée ordinaire;

2° L'emploi du microscope permet de placer le centre de gravité du fléau beaucoup plus bas que dans les balances ordinaires; il en résulte une grande rapidité dans les mouvements de l'instrument;

3° Sous l'influence de l'amortissement, le fléau s'arrête en quelques secondes dans sa position d'équilibre;

4° La grande distance du centre de gravité à l'arête du couteau central permet d'obtenir facilement un réglage tel que la sensibilité soit indépendante de la charge placée dans les plateaux ([1]).

Détails de construction de la balance.

La balance est montée sur un plan de verre qui supporte à la fois la colonne centrale, la cage et les boîtes des amortisseurs.

Le micromètre, obtenu par un procédé photographique, porte des traits et des chiffres. Il est généralement disposé pour fonctionner sur une étendue de 200^{mg}. La chiffraison va de o à 200, mais chaque milligramme est divisé en $\frac{1}{2}$ (soit 400 divisions en tout). On apprécie sans hésitation la position du fil du réticule du microscope à $\frac{1}{5}$ d'une division près; on a ainsi le dixième de milligramme.

Le fléau porte diverses pièces de réglage. Une première pièce sert pour le micromètre, dont la direction doit être réglée avec soin.

Un bouton moleté situé à gauche du fléau permet d'équilibrer le fléau; des vis spéciales servent à régler la longueur des bras et la hauteur des couteaux.

([1]) Le mode de lecture à l'aide d'un microscope braqué sur un micromètre mobile, fixé à l'extrémité de l'aiguille d'un instrument, est très avantageux et peut être appliqué à tous les appareils apériodiques. Même avec un faible grossissement, on a une sensibilité beaucoup plus grande qu'avec les échelles à réflexion : le nombre des divisions sur le micromètre peut être aussi grand qu'on veut, sans qu'il en résulte la moindre gêne; enfin, avec ce mode de lecture, les instruments sont plus ramassés, ne comportent pas d'installation spéciale et ne nécessitent pas l'obscurité. Par contre, ce système présente quelques inconvénients. Pour qu'on puisse faire les lectures, il est nécessaire que l'instrument soit apériodique, ou, tout au moins, s'arrête rapidement; enfin, on est obligé d'avoir l'œil devant un oculaire, ce qui est parfois gênant. Nous avons déjà appliqué cette disposition, mon frère et moi, dans la construction d'un électromètre à bilame de quartz. (*Journal de Physique,* 2ᵉ série, t. VIII, 1889, p. 162.)

Un bouton moleté situé à la partie supérieure du fléau permet d'élever ou d'abaisser le centre de gravité.

Ces divers organes, nécessaires au constructeur pour le réglage général de l'instrument, ne doivent pas être dérangés.

Le réglage très parfait de l'instrument permet d'avoir une sensibilité invariable, quelle que soit la charge placée dans les plateaux.

Le réticule du microscope est fixé sur une pièce en cuivre qui

Fig. 2.

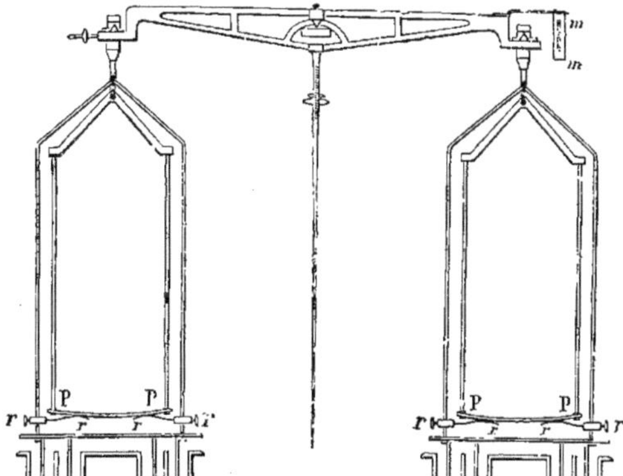

peut se déplacer dans une coulisse, sous l'action d'une vis mue par un bouton moleté.

Le micromètre peut être éclairé soit directement, soit par l'intermédiaire d'un miroir éclaireur qui est muni de deux mouvements à angle droit, et peut ainsi prendre la lumière en un point quelconque de la pièce.

Un petit cylindre recouvert de peau de chamois est livré en même temps que la balance, et sert à nettoyer l'intérieur de la gouttière de la cuvette de l'amortisseur, si l'on a lieu de craindre que des poussières ou des peluches introduites dans l'instrument n'en gênent le fonctionnement.

Installation et fonctionnement de l'instrument.

La balance doit être placée sur une tablette fixée au mur ou sur une table bien stable. *Elle ne doit à aucun moment de la journée recevoir directement les rayons du soleil.* Le fléau et le microscope étant en place, on doit tout d'abord s'assurer que, dans la position où se trouve la balance, le micromètre pourra être éclairé, soit directement si l'on se trouve en face d'une fenêtre, soit, ce qui est le cas le plus fréquent, par l'intermédiaire du miroir éclaireur convenablement orienté.

Le soir, la lumière peut être empruntée à une lampe quelconque située dans la pièce. L'éclairage sera plus uniforme si cette lampe est enveloppée par un globe de verre dépoli.

Après avoir réglé, *bien exactement,* le niveau à bulle d'air à l'aide des deux vis calantes, on place successivement de chaque côté le crochet de l'étrier, l'amortisseur (au crochet le plus élevé) et le plateau, en observant les repères pour ne pas se tromper de côté. Si l'instrument n'a pas été dérangé pendant le transport, les parties cylindriques des cloches des amortisseurs doivent pénétrer dans les gouttières correspondantes des cuvettes sans toucher en aucun point les parois de ces cuvettes.

Pour régler le microscope, on met d'abord le réticule au point à l'aide de l'oculaire, puis le micromètre au point en enfonçant plus ou moins le coulant du microscope. Il faut aussi régler une fois pour toutes la direction des traits du réticule, et pour cela tourner le coulant du microscope jusqu'à ce que l'un des deux traits rectangulaires du réticule soit exactement parallèle à la direction générale du micromètre, c'est-à-dire bien exactement parallèle à la ligne droite qui passe par toutes les extrémités gauches des divisions, par exemple. Ce premier réglage une fois fait aussi bien que possible, il est inutile de toucher jamais au coulant du microscope, et les personnes ayant diverses vues qui peuvent avoir à se servir de la balance mettent à la fois au point le réticule et le micromètre en déplaçant légèrement l'oculaire, qui est emboîté à frottement très doux.

La position d'équilibre de la balance avec égalité de charge dans les plateaux correspond au moment où le fil du réticule est sur la division 100, l'arrêt étant baissé. — Si, en baissant l'arrêt de la balance, les plateaux étant vides ou également chargés, le fil du réticule ne coïncide pas exactement avec cette division, on déplacera légèrement le réticule du microscope à l'aide de la vis qui se trouve au-dessous, jusqu'à ce que la coïncidence ait lieu bien exactement. Ce petit réglage préliminaire donne une grande économie de temps, car il permet de compenser immédiatement les très petites différences de poids accidentelles qui existent toujours entre les deux côtés d'une balance.

Il ne faut pas faire attention à la division devant laquelle se trouve le fil du réticule lorsque l'arrêt est soulevé. — Cette division, qui diffère généralement de quelques unités de la division 100, n'a aucune importance : elle dépend, en effet, de la quantité dont le fléau est soulevé et du petit changement d'orientation qu'il éprouve lorsqu'il est saisi par l'arrêt.

Pour faire une pesée par simple pesée, on place le corps à gauche et les poids à droite; après avoir fait les essais jusqu'au poids de $0^g,1$, on laisse la balance s'arrêter, ce qui a lieu après deux ou trois courtes oscillations, et on lit la position du trait horizontal du réticule sur la division micrométrique.

Pour avoir le poids exact du corps, il faut ajouter le nombre de milligrammes lu sur le micromètre aux poids placés sur le plateau de droite, puis retrancher 100 milligrammes :

Premier exemple.

	g	mg
Pour équilibrer un corps placé dans le plateau de gauche, on a mis dans le plateau de droite un poids de...	+57.700	,0
On lit sur le micromètre...	+	154,6
Il faut retrancher 100...	—	100,0
Poids du corps...	57.754	,6

Second exemple.

	g	mg
Pour équilibrer un corps, il a fallu...	+38.200	,0
On lit sur le micromètre...	+	28,2
Il faut retrancher 100...	—	100,0
Poids du corps...	38.128	,2

Lorsque l'on opère par double pesée, il faut placer la tare dans le plateau de gauche et faire de même les deux pesées nécessaires; il est seulement inutile de retrancher 100 milligrammes à chaque pesée, puisque cette opération aurait lieu pour deux poids qui se retranchent.

Une propriété importante de l'instrument est la sincérité de ses indications. — C'est ainsi que le plus petit défaut de fonctionnement peut se constater immédiatement par une simple lecture au micromètre, en plaçant un petit poids dans l'un des plateaux. Dans une balance ordinaire, il faut faire toute une étude des oscillations pour constater des irrégularités de l'ordre de grandeur des dixièmes de milligramme.

Enfin nous rappellerons que, pour peser exactement, à $\frac{1}{10}$ de milligramme près, les précautions les plus minutieuses sont nécessaires, quel que soit le système de balance employé : les pièces placées sur les plateaux doivent avoir exactement la température de l'air de la cage; il faut baisser convenablement l'arrêt de la balance, éviter les poussières, les courants d'air, etc.

Remarques. — A la suite d'un transport ou d'un accident, il peut se faire que la balance se dérègle légèrement et que 1 décigramme ne corresponde plus exactement à 100 grandes divisions de l'échelle. Il conviendra alors de monter ou de baisser le centre de gravité, en agissant sur les boutons qui se trouvent à la partie supérieure du fléau jusqu'à ce qu'on ait la sensibilité voulue.

Un accident plus grave est survenu, lorsque la sensibilité varie avec la charge; on doit alors agir sur les vis qui servent à établir la hauteur des couteaux des extrémités, mais ce réglage plus délicat doit être fait nécessairement par le constructeur

Enfin, si les cloches des amortisseurs frottent contre les parois des cuvettes (ce qui ne peut arriver qu'à la suite d'une violente secousse), on peut remédier à cet inconvénient en desserrant les écrous qui fixent les cuvettes et en replaçant celles-ci convenablement. Ce réglage doit également être fait par le constructeur.

Notice théorique sur le fonctionnement des balances.

Dans tout instrument de mesure, on doit régler convenablement :

1° La sensibilité ;
2° La précision ;
3° La rapidité des déterminations.

C'est à ce triple point de vue que nous allons passer en revue les organes de la balance.

Micromètre. — Lorsqu'une balance est en équilibre avec un excès de masse m dans l'un des plateaux, le fléau est incliné d'un angle α donné par la formule

$$(1) \qquad \tang\alpha = \frac{m\,\mathrm{L}}{\mathrm{M}\,d},$$

M étant la masse du fléau,
L la distance entre l'arête du couteau central et celle d'un des
   autres couteaux,
d la distance de l'arête du couteau central au centre de gravité
   du fléau.

L, M et d étant des constantes, on voit que la masse m est proportionnelle à la tangente de l'angle de déviation. Pour déduire exactement la masse m de la déviation, c'est donc la tangente et non l'angle qu'il s'agit de mesurer et que l'on mesure en effet dans le dispositif adopté.

Lorsque l'appareil est bien réglé, le prolongement du trait fixe horizontal du réticule du microscope doit passer par l'axe de rotation du fléau, et l'échelle micrométrique, pour égalité de poids dans les plateaux, doit être parallèle au trait vertical du réticule.

Quand la déviation s'est produite sous l'effet d'une différence de charge, le micromètre n'est plus vertical, et les traits de cette échelle sont légèrement inclinés vis-à-vis du trait horizontal du réticule du microscope. Cette circonstance ne donne aucune incertitude dans les lectures, lorsque les traits de l'échelle sont très courts et les déviations très petites.

L'expérience montre que les lectures au micromètre sont proportionnelles aux différences de charge, à une approximation au moins égale à $\frac{1}{1000}$ de l'échelle totale. Il faut toutefois pour cela que la balance soit construite avec soin (la solidité et la fixité de l'arrêt semblent être une des conditions principales pour avoir de bons résultats). Les couteaux doivent être parfaitement réglés.

Invariabilité de la sensibilité avec la charge. — La formule (1) n'est rigoureusement exacte que si les arêtes des trois couteaux sont dans un même plan. S'il en est autrement, la sensibilité dépend de la charge M_1 placée dans les plateaux.

Supposons l'arête du couteau central à une distance δ au-dessus du plan passant par les arêtes des couteaux des extrémités; on a alors sensiblement

$$(2) \qquad \tan \alpha = \frac{m\, L}{M\, d + 2\, M_1 \delta}.$$

Pour que les indications du micromètre soient les mêmes quelle que soit la charge M_1 dans les plateaux, il est de toute nécessité que δ soit nul ou très petit, de telle sorte que $2\, M_1 \delta$ soit négligeable devant $M\, d$. Ce résultat est pratiquement obtenu d'une façon parfaite au moyen des vis de réglage placées sous les couteaux. Il se trouve grandement facilité par l'emploi du microscope pour lire les déviations. En effet, les angles correspondant à une même différence de poids sont environ 100 fois plus faibles que dans les balances ordinaires. C'est-à-dire que la distance d du centre de gravité à l'arête du couteau central est environ 100 fois plus grande que d'ordinaire. Ainsi, dans une balance de 500^g avec aiguille donnant le dixième de milligramme, la distance d est seulement de $\frac{2}{100}$ de millimètre; dans la même balance avec lecture au microscope, on a $d = 2^{mm}$. Il en résulte que la même valeur de δ, négligeable devant $d = 2^{mm}$, ne l'est pas devant $d = \frac{2}{100}$ de millimètre. Un petit défaut de réglage donnant une variation de $\frac{1}{500}$ dans la sensibilité pour la charge maximum dans le premier cas donnerait une variation de sensibilité de $\frac{1}{5}$ dans le second cas.

Flexion du fléau. — La flexion doit être bien faible dans les fléaux de balance, puisque l'on parvient à avoir une sensibilité invariable avec la charge. Nous avons voulu toutefois nous rendre compte de ce fait par des expériences directes. On fixe sur le fléau d'une balance trois petits micromètres, deux dans le voisinage des couteaux extrêmes et un vers le centre du fléau. Sur ces trois micromètres sont braqués trois microscopes fixes munis de réticules ; on observe les trois micromètres avant et après avoir placé des poids dans les plateaux. On évite évidemment par cette méthode toute cause d'erreur provenant d'un mouvement d'ensemble du fléau. En opérant avec un fléau d'une balance de 500^g, on trouve que la flexion, très faible, est proportionnelle à la charge. L'arête du couteau central s'écarte seulement de 11 microns de la ligne qui joint les arêtes des couteaux extrêmes, lorsque l'on charge les plateaux avec 500^g.

Si faibles que soient des quantités de cet ordre de grandeur, elles devraient cependant avoir une action appréciable sur la sensibilité, qui devrait varier proportionnellement au carré de la charge. On peut s'en assurer par un exemple numérique et en se servant de la formule (2). Mais une compensation partielle doit se faire sans que l'on s'en doute au moment où l'on règle les couteaux ; pour obtenir le meilleur effet, on doit placer les arêtes des couteaux extrêmes un peu au-dessus de l'arête du couteau central, à une distance δ_1 ; on a alors $\delta = -\delta_1 + KM_1$, et la formule (2) devient

$$(3) \qquad \tan g\alpha = \frac{m\,L}{M\,d - 2\,M_1\delta_1 + 2\,KM_1^2}\cdot$$

où K dépend des propriétés élastiques du fléau, M_1 étant la charge variable placée dans les plateaux.

En discutant la façon dont varie la sensibilité, on voit que pour $\delta_1 = 0{,}83\,KM_2$, où M_2 représente la charge maximum et KM_2 la flexion maximum, on est dans les meilleures conditions. La sensibilité commence par augmenter quand on charge les plateaux, elle passe par un maximum, reprend sa valeur première pour une charge égale à $0{,}83$ de la charge maximum, puis devient un peu plus faible pour les charges supérieures à celle-là ; mais jamais la sensibilité ne varie plus que de $\frac{1}{6}$ de la variation qu'elle aurait éprouvée par la flexion, si les trois couteaux avaient été réglés dans un même plan au début. Ainsi cette compensation instinctive qui se produit dans le réglage rend encore 6 fois plus faibles les effets déjà presque insensibles dus à la flexion.

Influence des dimensions de l'arête des couteaux. — Les arêtes des couteaux peuvent être considérées dans une première approximation comme formées de surfaces cylindriques d'un très faible rayon de courbure. Cette circonstance ne change en rien les indications de l'instrument si les surfaces cylindriques sont bien régulières. Les trois lignes passant par les centres de courbure des sections droites de chacune des surfaces jouent le même rôle que des arêtes vives, et ce sont ces trois lignes qui doivent être dans un même plan pour que la sensibilité soit indépendante de la charge. Donc, quand les couteaux sont un peu émoussés, on peut encore avoir de très bons résultats en relevant encore un peu plus que de coutume les couteaux des extrémités au-dessus de l'arête du couteau central.

. . . .

Loi du mouvement de la balance. — Lorsque la balance fonctionne sans amortisseur, elle oscille indéfiniment comme un

Fig. 3.

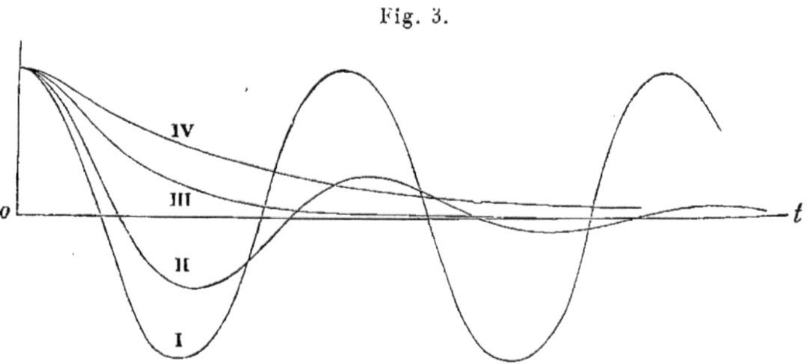

pendule. Les déviations θ, comptées à partir de la position d'équilibre, sont données en fonction du temps t par la formule

$$(6) \qquad \theta = \theta_0 \cos 2\pi \frac{t}{T},$$

représentée graphiquement figure 3 (courbe I). θ_0 est la déviation maximum et T la période ou durée d'une oscillation double. T est alors donné par la formule

$$(7) \qquad T = 2\pi \sqrt{\frac{M\rho^2 + 2\,M_1\,L^2}{M\,dg}},$$

dans laquelle M est la masse du fléau, M_1 celle de la charge sur les couteaux extrêmes, L la longueur des bras, g l'intensité de la pesanteur, d la distance du couteau central au centre de gravité, ρ le rayon de giration du fléau, $M\rho^2$ étant son moment d'inertie.

L'emploi du microscope rendant d environ cent fois plus grand que de coutume, on voit que T est environ dix fois plus petit, c'est-à-dire que, lorsque la balance fonctionne sans amortisseurs, elle oscille très vite. Ainsi une balance de 500^g, sensible à $\frac{1}{10}$ de milligramme, mettra environ 30 secondes par oscillation double avec une aiguille et 3 secondes lorsqu'on emploie le microscope.

Lorsqu'on emploie les amortisseurs, l'équation différentielle du mouvement est

$$(8) \qquad (M\rho^2 + 2\,M_1\,L^2)\frac{\partial^2\theta}{\partial t^2} + L^2\gamma\frac{\partial\theta}{\partial t} + M\,dg\,\theta = 0,$$

γ étant le coefficient d'amortissement total des deux amortisseurs.

Cette équation différentielle linéaire est de la forme

$$\frac{\partial^2\theta}{\partial t^2} + 2a\frac{\partial\theta}{\partial t} + b^2\theta = 0,$$

avec

$$a = \frac{L^2\gamma}{2(M\rho^2 + 2\,M_1\,L^2)} \qquad \text{et} \qquad b^2 = \frac{M\,dg}{M\rho^2 + 2\,M_1\,L^2},$$

a et b étant des constantes. On sait que l'équation intégrée prend trois formes différentes suivant que l'on a

$$b^2 - a^2 > 0 \qquad \text{ou} \qquad b^2 - a^2 = 0 \qquad \text{ou} \qquad b^2 - a^2 < 0;$$

dans le premier cas, on a ($fig.$ 3) (courbe II)

$$(9) \qquad \theta = \theta_0\,e^{-at}\left(\cos\sqrt{b^2 - a^2}\,t + \frac{a}{\sqrt{b^2 - a^2}}\sin\sqrt{b^2 - a^2}\,t\right);$$

dans le deuxième cas (courbe III),

$$(10) \qquad \theta = \theta_0\,e^{-at}(1 + at);$$

dans le troisième cas (courbe IV),

$$(11) \qquad \theta = \theta_0 \frac{1}{2} \left[\left(1 + \frac{a}{\sqrt{a^2 - b^2}} \right) e^{\alpha t} + \left(1 - \frac{a}{\sqrt{a^2 - b^2}} \right) e^{\beta t} \right];$$

avec

$$\alpha = -a + \sqrt{a^2 - b^2} \qquad \text{et} \qquad \beta = -a - \sqrt{a^2 - b^2},$$

on a

$$(12) \qquad b^2 - a^2 = \frac{4\,M\,dg\,(M\rho^2 + 2\,M_1\,L^2) - L^4\gamma^2}{4\,(M\rho^2 + 2\,M_1\,L^2)^2}.$$

Si l'on suppose que l'amortissement, d'abord nul, prend successivement des valeurs de plus en plus grandes, on réalisera successivement tous les types de mouvement dont quelques-uns sont représentés figure 3.

Le mouvement, d'abord pendulaire (courbe I), devient oscillatoire avec amplitudes successives décroissantes (courbe II); en même temps la pseudo-période va en augmentant. Puis, pour le mouvement critique correspondant à $a^2 = b^2$ (courbe III), le mouvement devient apériodique, c'est-à-dire que le fléau se rapproche toujours de sa position d'équilibre sans la dépasser jamais. Puis, pour des amortissements plus grands encore, le mouvement devient de plus en plus lent, et la courbe s'étale de plus en plus (courbe IV).

Quel sera le meilleur amortissement pour que la déviation se réduise définitivement, en un temps aussi court que possible, à $\frac{1}{1000}$, par exemple, de sa valeur initiale? Avec un amortissement trop faible, la balance oscillera un nombre considérable de fois avant que l'on obtienne ce résultat. Avec un amortissement trop fort, le mouvement sera trop lent. La théorie et l'expérience montrent que le meilleur mouvement est un mouvement très voisin du mouvement apériodique critique qui satisfait à la relation $a^2 = b^2$.

Si l'on ne peut réaliser exactement ce mouvement, la théorie et l'expérience montrent également qu'il vaut mieux s'en écarter dans le sens d'un amortissement un peu trop faible que dans celui d'un amortissement trop fort.

La formule (12) montre que $(b^2 - a^2)$ augmente avec la charge M_1 dans les plateaux; il est donc impossible d'avoir $b^2 - a^2 = 0$, quelle que soit la charge ; on a alors adopté la règle pratique suivante :

L'amortissement est tel que la balance non chargée réalise sensiblement le mouvement critique pour lequel $b^2 = a^2$ (courbe III).

Lorsque la balance a sa charge maximum, on doit alors attendre trois ou quatre oscillations rapides avant l'arrêt.

La formule (12) nous montre encore que l'emploi du microscope nous force à avoir un amortissement énorme pour obtenir un mouvement convenable. En effet, $(b^2 - a^2)$ étant nul pour certaines valeurs de d et γ, si l'on rend d 100 fois plus grand, il faudra rendre γ 10 fois plus grand pour conserver la relation $b^2 - a^2 = 0$ ([1]).

Des amortisseurs à cloche ([2]). — Après avoir essayé des amortisseurs magnétiques ou à liquides, j'ai fini par adopter, comme étant de beaucoup préférables, les amortisseurs à air. Ils se composent de cylindres concentriques avec fond, formant une espèce de cloche suspendue au-dessous des plateaux et entraînée comme ceux-ci dans le mouvement de la balance. Au-dessous de ce système, s'en trouve un autre analogue, mais renversé et fixe : c'est la *cuvette* de l'amortisseur. Les cylindres des systèmes supérieurs et inférieurs ont des diamètres un peu différents, de telle sorte que les cylindres du système supérieur mobile plongent dans les gouttières laissées entre les cylindres inférieurs fixes, sans jamais toucher aux parois. La coupe donne un système en chicane (*fig.* 2). Quand le fléau s'incline, la cloche pénètre plus ou moins dans la cuvette et la quantité d'air varie dans la cloche. L'air ne peut circuler instantanément par le chemin long et rétréci qu'il est obligé de suivre entre les cylindres ; il en résulte des variations de pression qui suffisent pour produire l'amortissement.

([1]) On doit signaler que le fléau long des premiers modèles a été remplacé par un fléau court beaucoup plus rigide. Le microscope est monté sur une colonne métallique indépendante des parois de la cage de verre, ce qui évite toute variation de position du microscope.

Enfin, les amortisseurs, qui primitivement débordaient au dehors, sont maintenant entièrement à l'intérieur de la cage.　　　　(*Note des éditeurs.*)

([2]) *Journal de Physique*, 2ᵉ série, t. IX, 1890, p. 146. *Voir* la note p. 530.

Détermination du coefficient d'amortissement d'après les dimensions de l'amortisseur. — Dans les amortisseurs, l'air de la cloche se met en équilibre avec l'air extérieur en un temps inappréciable vis-à-vis de la durée d'oscillation des balances; cela résulte du fait même du fonctionnement de l'appareil. En effet, les forces mises en jeu devant être de l'ordre de grandeur des centigrammes, il suffirait que le gaz restât sans s'écouler sous la cloche tandis que celle-ci se déplace de $\frac{1}{100}$ de micron seulement pour qu'il en résultât une force antagoniste de $0^g,05$ avec une cloche de 7^{cm} de diamètre et une chambre à air de 1^{cm} de hauteur.

On peut donc, à chaque instant, supposer que tout se passe comme si la cloche avait une vitesse de régime.

Soient :

V, le volume du gaz sous la cloche;
v, la vitesse verticale de la cloche;
R, le rayon de base de la cloche;
p, l'excès de pression sous la cloche;
t, le temps.

On a

$$(13) \qquad\qquad dV = \pi R^2 v \, dt.$$

On trouve, pour la variation du volume d'un gaz qui s'écoule entre deux parois planes parallèles et rapprochées,

$$-\frac{dV}{dt} = \frac{ae^3}{12\,l\eta}\, p,$$

e étant la distance entre les deux surfaces;
l, la longueur parcourue par le gaz;
a, la largeur de la section d'écoulement;
η, le coefficient de frottement intérieur de l'air.

Cette formule s'applique approximativement si, au lieu de surfaces planes, on a des surfaces cylindriques de rayon un peu grand, vis-à-vis de leurs distances ([1]).

([1]) On a exactement, pour le débit entre deux surfaces cylindriques concen-

On a ici
$$a = 2\pi R,$$

d'où

(14)
$$-\frac{dV}{dt} = \frac{\pi R e^3}{6\,l\eta}\,p.$$

Les équations (13) et (14) donnent

(15)
$$p = \frac{-6\,l\eta\,R}{e^3}\,v.$$

La force qui résulte de cette variation de pression est

$$F = \pi R^2 p = -\frac{6\pi\,l\eta\,R^3}{e^3}\,v.$$

En désignant par γ les coefficients d'amortissement $-\dfrac{F}{v}$, c'est-à-dire la force antagoniste par unité de vitesse, on a

(16)
$$\gamma = \frac{6\pi\,l\eta\,R^3}{e^3}.$$

Détermination du coefficient d'amortissement par expérience. — On peut calculer γ par la formule qui précède; on peut aussi le mesurer en étudiant le mouvement de la balance [dont l'équation différentielle est donnée par la formule (8)]. On peut vérifier facilement les conséquences de cette formule; en faisant varier la charge des plateaux M, ou la hauteur du centre de gravité, on obtiendra divers genres de mouvements à son gré.

Dans le cas où l'on veut mesurer γ, il vaut mieux choisir un mouvement oscillatoire pas trop amorti, afin d'avoir un nombre suffisant d'oscillations pour faire une bonne mesure de la pseudo-période T (durée d'une oscillation double) et du décrément logarithmique λ.

On a

(17)
$$\gamma = \frac{4\lambda}{T}\,\frac{M\rho^2 + 2M_1 L^2}{L^2}.$$

---

triques, ayant R et r comme rayons,

$$-\frac{dV}{dt} = \frac{\pi}{8\,l\eta}\left[(R^4 - r^4) - \frac{(R^2 - r^2)^2}{\text{Log nép.}\,\dfrac{R}{r}}\right]p.$$

C. 35

Le moment d'inertie $M\rho^2$ du fléau peut se déterminer soit en faisant osciller le fléau seul, après avoir déterminé d par la valeur de la sensibilité de la balance, soit en le faisant osciller autour d'un axe plus éloigné que le couteau du centre de gravité en le suspendant à l'aide de deux fils ([1]).

En faisant osciller la balance avec les plateaux seuls, on détermine aussi un petit terme de correction provenant de l'amortissement qui se fait en dehors de l'amortisseur.

Pour simplifier la construction, nous employons généralement des amortisseurs formés d'une seule cloche ABCDE (*fig.* 4) plongeant dans une gouttière cylindrique. L'amortissement est le même que le dessus BD du milieu de la caisse de l'amortisseur soit ouvert ou fermé : ce résultat est bien conforme avec la théorie, puisque le volume de la chambre à air n'intervient pas.

Voici, pour quelques amortisseurs de dimensions variées, les

Fig. 4.

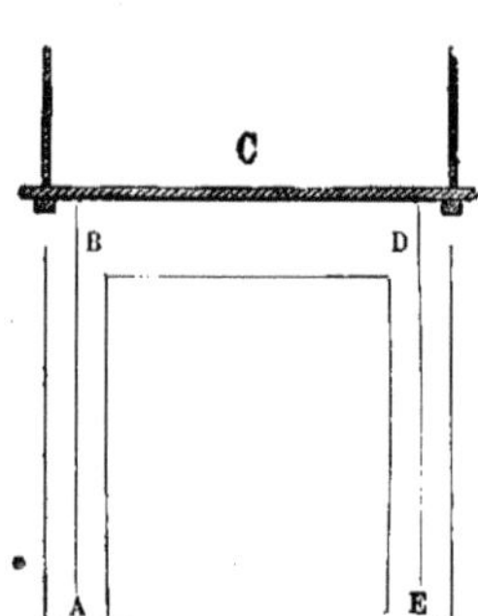

valeurs de γ mesurées par l'amortissement de la balance et calculées par la formule (16) :

$$\gamma = \frac{6\pi l \eta R^3}{e^3},$$

dans laquelle e est la distance entre la cloche et les parois, $l = 2\,AB$ est le chemin parcouru par le gaz.

Nous avons pris $\eta = 0,000\,19$ en employant toujours les

([1]) *Voir* ce Volume, p. 520 et 521.

unités C.G.S. $\left(\gamma \text{ est la force antagoniste en dynes pour une vitesse de la cloche de } 1 \frac{cm}{sec}\right)$.

$l.$	R.	$e.$	γ calculé.	γ mesuré.
14,8	2,60	0,35	21,8	20,0
7,4	2,60	0,35	10,9	10,5
21,0	5,06	0,29	400,0	390,0
15,4	3,53	0,26	138,0	125,0
15,1	3,54	0,26	136,0	130,0
14,2	2,55	0,21	90,4	80,0
14,8	2,55	0,22	82,3	94,0
7,4	2,55	0,21	46,7	49,0

La distance e est connue d'une façon très incertaine, et elle intervient par sa troisième puissance dans la formule; des différences de $\frac{1}{10}$ à $\frac{2}{10}$ de millimètre dans la valeur de e suffisent pour expliquer les écarts entre les calculs et l'expérience. On voit que ces écarts sont d'autant plus prononcés que la valeur de e est plus faible.

Tout défaut de réglage dans la position de la cloche tend à diminuer l'amortissement.

On voit qu'on peut, dans un but déterminé, choisir approximativement l'amortisseur nécessaire; par exemple, dans la construction des balances, on cherche l'amortissement qui, sans poids dans les plateaux, donne le mouvement où les deux racines de l'équation caractéristique de l'équation différentielle sont égales entre elles; on a dans ce cas

$$(17) \qquad \gamma = \frac{2}{L^2} \sqrt{M g \, d(M \rho^2 + 2 M_1 L^2)}.$$

Les quantités qui rentrent dans cette formule peuvent être évaluées approximativement avant la construction définitive, en prenant par exemple pour ρ les $\frac{2}{3}$ de L et pour M_1 le poids approximatif des plateaux et de l'amortisseur. Quant à d, il est déterminé par la sensibilité qu'on veut donner à la balance, qui elle-même dépend de la grandeur des divisions du micromètre.

Pour un modèle de balance dont le fléau pèse 100^g avec un micromètre donnant $\frac{1}{20}$ de millimètre par milligramme il nous a fallu un amortissement total de 240, soit 120 par amortisseur. Pour la même balance avec centre de gravité 100 fois moins loin du couteau (balance ordinaire), il faudrait un amortisseur 10 fois moindre. On a avantage, au point de vue de la légèreté, à prendre des amortisseurs ayant la hauteur égale au diamètre.

BALANCE APÉRIODIQUE

ET A

LECTURE PRÉCISE AU $\frac{1}{100}$ DE MILLIGRAMME.

RÉGLAGE DES COUTEAUX.

Bulletin des séances de la Société française de Physique, année 1903.

M. Curie présente à la Société une balance apériodique précise

Fig. 1.

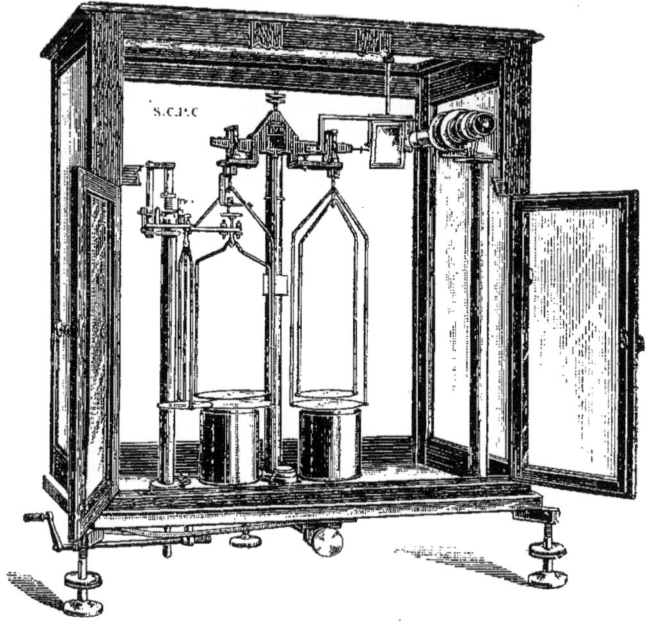

au $\frac{1}{100}$ de milligramme. On obtient sans de très grandes difficultés

un réglage des couteaux assez bon pour obtenir cette précision.
Il est, au contraire, très difficile d'éviter les variations de température de l'air de la cage pendant les pesées. Pour obtenir cette
constance dans la température, on substitue le corps à peser et les
poids marqués l'un à l'autre à l'aide d'un mécanisme qui agit de
l'extérieur sans ouvrir la cage. La rapidité des pesées est aussi un
gage de précision; la balance est à court fléau et ses mouvements
sont rapides. Cette balance peut servir à étalonner une boîte de
poids.

M. Curie décrit les procédés employés pour régler les couteaux
des balances. Il montre en particulier un petit outil qui sert à
vérifier le parallélisme des projections horizontales des arêtes des
couteaux (¹). On déplace la charge le long de l'arête de l'un des couteaux et l'on regarde si ce déplacement modifie la position d'équilibre du fléau. Ce réglage est celui qui est le plus important à réaliser d'une façon parfaite (²).

(¹) *Voir* les figures 5 et 6, p. 528.

(²) La figure 1 représente une balance Curie pouvant peser 500^g avec deux
sensibilités : au $\frac{1}{10}$ de milligramme et au $\frac{1}{100}$ de milligramme.

On change la sensibilité en enlevant ou en accrochant avec soin, à l'aide d'une
pince, un poids additionnel à l'extrémité de l'aiguille.

En tirant un bouton placé en avant de la cage, on crée une fuite à la cuvette
des amortisseurs, et l'on obtient ainsi l'amortissement plus faible qui convient à
la sensibilité au $\frac{1}{100}$ de milligramme.

On voit sur la figure le dispositif indiqué dans le texte, qui permet d'inter-
changer le corps à peser et les poids sans ouvrir la cage.

(Note des éditeurs.)

DYNAMOMÈTRE DE TRANSMISSION

AVEC SYSTÈME DE MESURE OPTIQUE.

Comptes rendus de l'Académie des Sciences, t. CIII, p. 45,
séance du 5 juillet 1886.

Cet appareil se compose d'un arbre horizontal supporté par
deux coussinets. Deux poulies assujetties aux extrémités de l'arbre
servent à transmettre le mouvement du moteur à la réceptrice.
Pour connaître le travail transmis, on mesure pendant le mouvement la torsion de l'arbre entre les deux poulies.

L'arbre est constitué par un tube métallique plus ou moins
épais dont le canal intérieur a 8^{mm} de diamètre. Les extrémités du
tube sont fermées par deux lames de quartz minces, taillées parallèlement à l'axe optique et donnant chacune une différence de
marche d'une demi-onde entre les rayons ordinaire et extraordinaire.

Un rayon de lumière monochromatique polarisée traverse l'arbre
suivant son axe, et les deux lames de quartz font tourner le plan
de polarisation d'une quantité invariable, même pendant la rotation de l'arbre, pourvu que celui-ci ne se torde pas; mais, si une
torsion d'un certain angle se produit, le plan de polarisation du
rayon émergent tournera d'un angle double. La connaissance de
cet angle α fera connaître le moment de la force de torsion, si l'on
a, par une expérience préliminaire, mesuré avec des poids le
couple de torsion c nécessaire pour produire une rotation de $1°$.

Le travail transmis par seconde sera $T = 2\pi nc\alpha$, en désignant
par n le nombre de tours par seconde.

On peut facilement se rendre compte du rôle des lames d'une
demi-onde. Supposons le faisceau lumineux normal au plan de la

figure et soit OP la trace du plan de polarisation primitif; après la première lame d'une demi-onde, dont l'axe est dirigé suivant OA, le plan de polarisation de la lumière est en OP′, symétrique de OP par rapport à OA; après la deuxième lame d'une demi-onde, dont l'axe est dirigé suivant OB, le plan de polarisation de la lumière est en OP″, symétrique de OP′ par rapport à OB. Le plan de polarisation primitif semble donc avoir tourné d'un angle $POP'' = 2\,AOB$. Lorsque l'angle AOB des axes

Fig. 1.

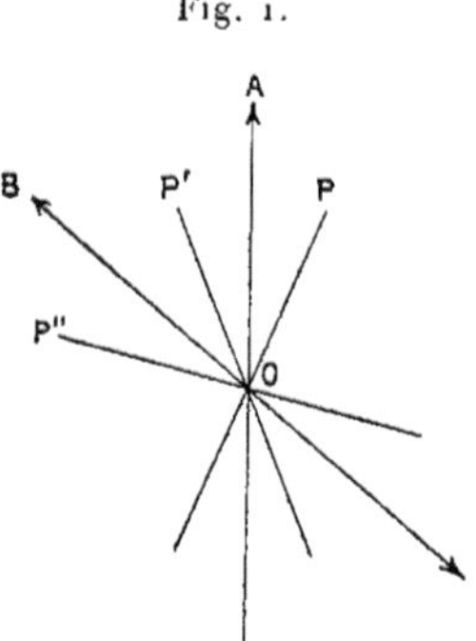

optiques des deux lames reste constant, la déviation reste elle-même constante, quelle que soit la direction du plan de polarisation primitif. Mais si, à la suite d'une torsion de l'arbre, l'angle que forment entre eux les axes optiques des deux lames augmente de α, la rotation du plan de polarisation augmentera de 2α. Pour mesurer cet angle 2α, on peut se servir de tous les procédés perfectionnés en usage dans les saccharimètres; le dispositif de M. Laurent, qui a servi dans ces premiers essais, permet de mesurer de petits angles à 3′ près, même pendant la rotation; l'arbre en cuivre, de 50ᶜᵐ de longueur, pouvait supporter des torsions supérieures à 10°, sans qu'il y eût de déformations permanentes et sans que la proportionnalité de la torsion à la grandeur du couple fût altérée. L'exactitude des mesures est donc de beaucoup supérieure à celle dont on a généralement besoin dans ce genre d'expériences.

La sensibilité de l'appareil pour une même puissance transmise croît avec le diamètre de ses poulies; aussi un même instrument peut-il servir à déterminer des puissances très différentes, s'il est muni de poulies de différents diamètres.

L'appareil peut également servir comme frein d'absorption : il suffit d'employer le travail transmis à produire un frottement dont on fait varier à volonté la grandeur (¹).

(¹) Ces premiers essais ont été faits à l'École de Physique et de Chimie industrielles.

QUARTZ PIÉZO-ÉLECTRIQUE.

Extrait de la Thèse de J. CURIE.

Annales de Chimie et de Physique, t. XVII, 1889, p. 392.

Description du quartz piézo-électrique.

Les méthodes que j'ai suivies pour l'étude de la conductibilité dans les diélectriques et pour celle des pouvoirs inducteurs spécifiques sont basées sur l'emploi d'un appareil que nous avons fait construire, mon frère et moi, il y a plusieurs années et qui a figuré aux séances annuelles de la Société de Physique, ainsi qu'à l'exposition d'électricité tenue à l'Observatoire en 1885 ([1]). Je pense qu'il est nécessaire de décrire ici cet instrument et d'en exposer les propriétés avec un certain détail : d'abord parce que toutes les mesures contenues dans ce travail ont été obtenues par son intermédiaire et qu'en conséquence les méthodes employées ne peuvent être comprises qu'une fois ses propriétés bien connues; ensuite parce que son fonctionnement est tellement régulier (jamais il n'a nécessité aucune réparation ni provoqué la répétition d'aucune expérience manquée par sa faute), qu'une fois connu il sera certainement apprécié et employé avec avantage par les physiciens dans la plupart des recherches auxquelles il peut être appliqué.

La pièce fondamentale est un quartz taillé de la façon qui va être décrite ci-dessous et fonctionnant en vertu de ses propriétés piézo-électriques.

([1]) Cet appareil a été construit par M. Bourbouze.

On sait que certains cristaux, ou plutôt en général tous les cristaux dépourvus de centre de symétrie, jouissent de la propriété de dégager en certains points situés aux extrémités d'une même direction des quantités d'électricité égales et de signes contraires, lorsqu'on les soumet à des compressions ou à des tractions suivant certaines directions ([1]). Le quartz est l'un de ces corps. L'abondance avec laquelle on le trouve dans la nature, bien plus encore la pureté et la grosseur de ses cristaux imposent son choix comme préférable de beaucoup à celui de toute autre substance piézo-électrique. Concevons un parallélépipède de quartz, taillé de manière à avoir deux faces normales à l'axe de symétrie ternaire (qui coïncide avec l'axe optique); deux faces normales aux axes de symétrie binaire (lesquels joignent les milieux de deux arêtes

Fig. 1.

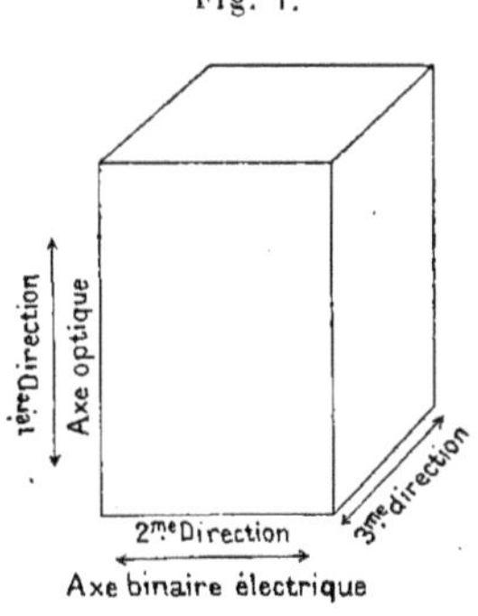

verticales du prisme e^2); deux faces parallèles aux faces du prisme, et par conséquent parallèles à la fois à l'axe ternaire et à un des axes de symétrie binaire (*fig.* 1).

Si l'on opère une traction (ou une compression) suivant l'axe binaire, il se dégage aux deux extrémités de cet axe des quantités d'électricité égales et de signes contraires, proportionnelles au poids agissant et indépendantes des dimensions du parallélépipède de quartz. Nous appellerons cette direction l'*axe électrique du quartz*. On a donc pour une traction dans cette direction

$$q = \mathrm{K}p,$$

([1]) J. et P. CURIE, *Comptes rendus*, 1880-1881 ; *Journal de Physique*, 1882.

K étant une constante caractéristique et p le poids exerçant la traction.

Si l'on opère la traction suivant la direction de l'axe optique, l'on n'observe aucun effet électrique en aucun point du cristal.

Si l'on opère la traction suivant la troisième direction, c'est-à-dire perpendiculairement à l'axe optique et à l'axe électrique, on observe encore un dégagement d'électricité polaire aux deux extrémités de l'axe électrique. La quantité d'électricité dégagée est encore proportionnelle au poids agissant, mais elle n'est plus indépendante des dimensions de la plaque. Elle est *proportionnelle à la longueur suivant la troisième direction, justement celle suivant laquelle on tire, inversement proportionnelle à l'épaisseur suivant l'axe électrique et indépendante de la dimension suivant l'axe optique;* cette quantité est donc représentée par la formule

$$q = \frac{\mathrm{K}\,lp}{e}.$$

Le coefficient K contenu dans la formule est le même que celui de la formule précédente.

Il en résulte qu'en donnant au parallélépipède une longueur suffisante suivant la troisième direction, une épaisseur très faible suivant l'axe électrique, on obtient des plaques de quartz dégageant des quantités d'électricité par traction suivant la troisième direction bien plus considérables que celles qu'elles auraient pu dégager par une traction égale faite suivant l'axe électrique.

Au point de vue pratique, on peut avoir facilement des cristaux de quartz bien purs fournissant des plaques dont la longueur est égale à une dizaine de centimètres. En leur donnant une épaisseur égale à $0^{mm},5$ suivant l'axe électrique et une largeur égale à 2^{cm} suivant l'axe optique, on peut observer des tractions montant jusqu'à 5^{kg}, tout en pouvant constater avec l'électromètre l'action de poids de $0^{g},5$.

On possède donc un instrument capable de dégager des quantités d'électricité proportionnelles aux poids et variables depuis 1 jusqu'à 10000.

En se reportant à la mesure absolue de la constante piézo-électrique du quartz, que nous avons publiée, mon frère et moi, il y a quelques années, on voit que $K = 0,062$ (p étant exprimé en kilogrammes et q en unités absolues électrostatiques C. G. S (¹). On se procure donc facilement des lames dégageant une unité absolue C. G. S. électrostatique pour 1^{kg} de traction.

Pour recueillir l'électricité, on rend conductrices les deux faces de quartz normales à l'axe électrique, en les argentant ou simplement en collant dessus deux feuilles d'étain. L'une des faces est

Fig. 2.

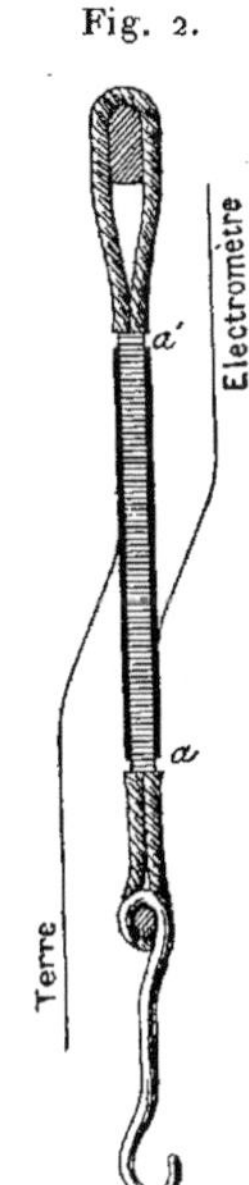

Quartz piézo-électrique.

reliée constamment à la terre; l'autre est mise en communication avec l'électromètre.

La longueur l contenue dans la formule est la distance des deux points a et a'.

L'une des extrémités de la grande longueur du quartz est fixée

---

(¹) La constante piézo-électrique en unités absolues C. G. S. (lorsque p est exprimé en dynes) est égale à $6,32 \times 10^{-8}$.

par une épaisse lame d'étain, à la fois forte et souple, à une traverse métallique qui lui permet de pendre dans l'espace. La partie
inférieure supporte un plateau destiné à recevoir les poids tenseurs. Le tout est enfermé dans une cage métallique dont l'inté-

Fig. 3.

rieur est bien desséché et où sont ménagées de petites ouvertures
par lesquelles passent :

1° Latéralement, des tiges conductrices tenues sur des pieds
intérieurs en ébonite et permettant de relier les faces du quartz à
l'électromètre ;

2° A la partie inférieure, une tige à crochet où pend le plateau des poids tenseurs.

· La figure 3 permet, du reste, de se rendre compte de la disposition générale de l'instrument (¹).

Cet instrument peut être employé pour divers usages : en particulier, pour la mesure des capacités, des pouvoirs inducteurs spécifiques, des conductibilités faibles et des forces électromotrices. On s'en sert, en général, en disposant les expériences de manière à maintenir l'image de l'électromètre au zéro. L'électromètre ne fonctionne plus alors que comme électroscope. Je décrirai plus loin l'emploi de cet appareil pour la mesure des pouvoirs inducteurs et pour celle de la conductibilité des diélectriques (²).

(¹) On voit à la partie inférieure de la figure 3 un dispositif employé par J. Curie, qui lui permettait de faire couler lentement du mercure dans un cristallisoir placé sur le plateau de l'instrument, de faire ainsi varier d'une façon continue la charge du quartz, et par suite de compenser à chaque instant l'apport d'électricité dû à la conductibilité des corps qu'il étudiait. (*Note des éditeurs.*)

(²) Le quartz piézo-électrique de J. et P. Curie a été construit, dès 1890, par la *Société centrale de Produits chimiques*.

La figure 4 indique comment a été réalisé le premier appareil. La lame de quartz (*fig.* 5) est placée dans une enceinte métallique desséchée. Un commutateur et un levier servent à soulever le plateau et les poids lorsqu'on veut déterminer la *constante de l'instrument*.

A cet effet, on cherche le poids nécessaire pour dégager la quantité d'électricité condensée dans un condensateur absolu de capacité connue, chargé à une différence de potentiel connue. La figure 6 donne le schéma de l'expérience.

La face utilisée du quartz électrique qel communique avec l'électromètre e, avec la première armature du condensateur M, enfin, avec un commutateur c'.

1° On charge la deuxième armature du condensateur avec l'étalon P, de force électromotrice connue, par le jeu du commutateur c, la première face du condensateur étant à la terre en c' (on opère généralement dans de bonnes conditions, en employant pour P de 10 à 15 volts à l'aide d'éléments Gouy, Latimer-Clark ou Daniell);

2° On isole le condensateur et le quartz en c';

3° On décharge en c le condensateur en même temps qu'on supprime brusquement la traction exercée jusque-là sur le quartz.

Pour faire l'opération précédemment décrite, on unit alors la pile P à la borne marquée de cette lettre sur le commutateur de l'appareil. On met la face du quartz en relation avec la borne marquée q et on l'unit en même temps à la première face du condensateur et à l'électromètre; on unit enfin la seconde face du condensateur à la borne marquée c. Le jeu du commutateur se comprend facilement : l'une des lames flottantes est constamment en relation avec la deuxième face du condensateur ; l'autre lame flottante est constamment en relation avec la terre par l'axe de rotation ; enfin, le levier qui soulève le plateau et les poids est mis en action au moment voulu quand on fait tourner cet axe avec la manette. En faisant quelques essais successifs, on détermine le poids nécessaire pour que l'image de

Fig. 4.

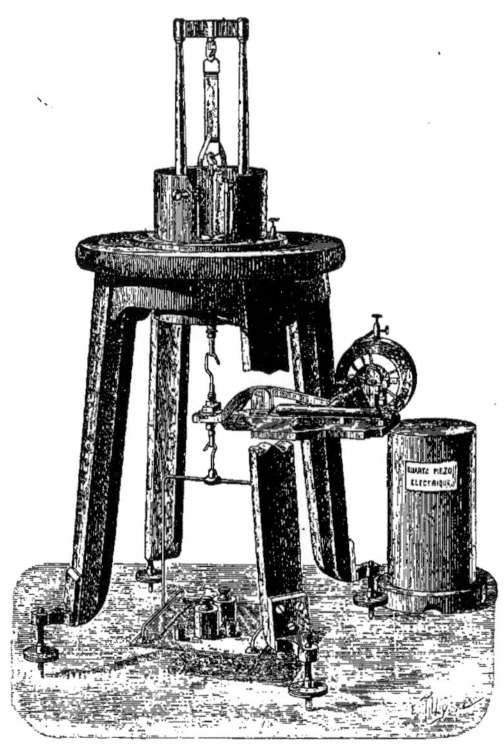

l'électromètre reste immobile. Le poids qu'on cherche est celui placé dans le plateau auquel on ajoute le poids du plateau et du crochet.

Les auteurs signalent, dans la Notice d'où nous avons extrait les lignes précédentes, les applications suivantes de leur quartz piézo-électrique :

1° Vérification des lois du dégagement piézo-électrique de l'électricité ;

2° Mesure des pouvoirs inducteurs spécifiques des diélectriques ;

3° Mesure de la conductibilité des corps très mauvais conducteurs ;

4° Mesure des phénomènes piézo-électriques et pyro-électriques des corps présentant ces propriétés ;

5° Mesure de toute charge électrique sur un corps isolé ;

6° Comparaison des forces électromotrices ; étude des variations d'un élément

Fig. 5.

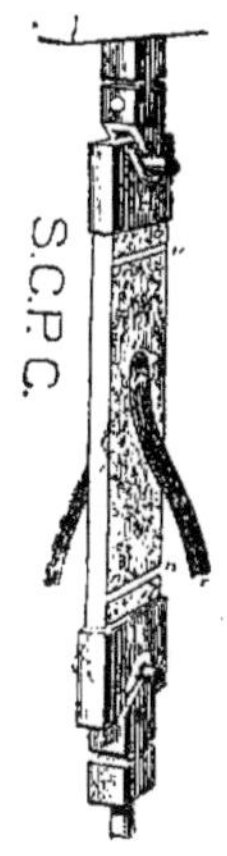

étalon, la constante du quartz n'étant modifiée ni par le temps, ni par la température. (J. et P. Curie, *Journal de Physique*, 1882. — J. Curie, *Annales de*

Fig. 6.

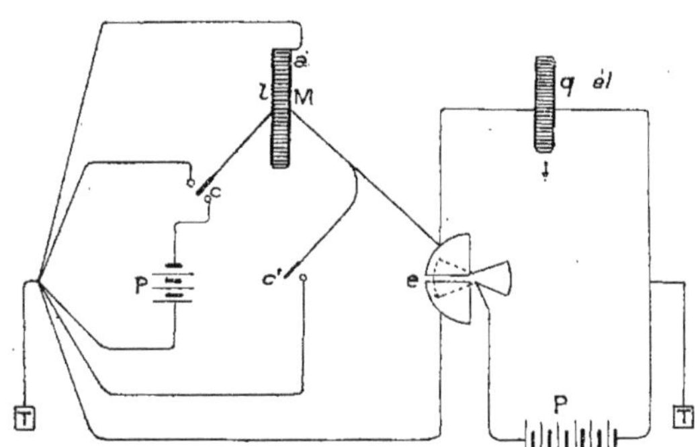

Physique et de Chimie, 1889, et *Lumière électrique*, 1888. — Mallard, *Traité
de Cristallographie*. — Soret, *Traité de Cristallographie*.)

SENSIBILITÉ DE L'APPAREIL.

Nous donnerons, par un exemple, l'ordre de grandeur des déviations qu'on
peut obtenir.

Une lame de quartz a, au moins, 6^{cm} de longueur utile et $0^{cm},06$ d'épaisseur.
Une de ses faces est reliée à la terre et l'autre à une des paires de quadrants d'un

électromètre genre Thomson. Cet électromètre est dans des conditions ordinaires

Fig. 7.

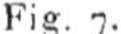

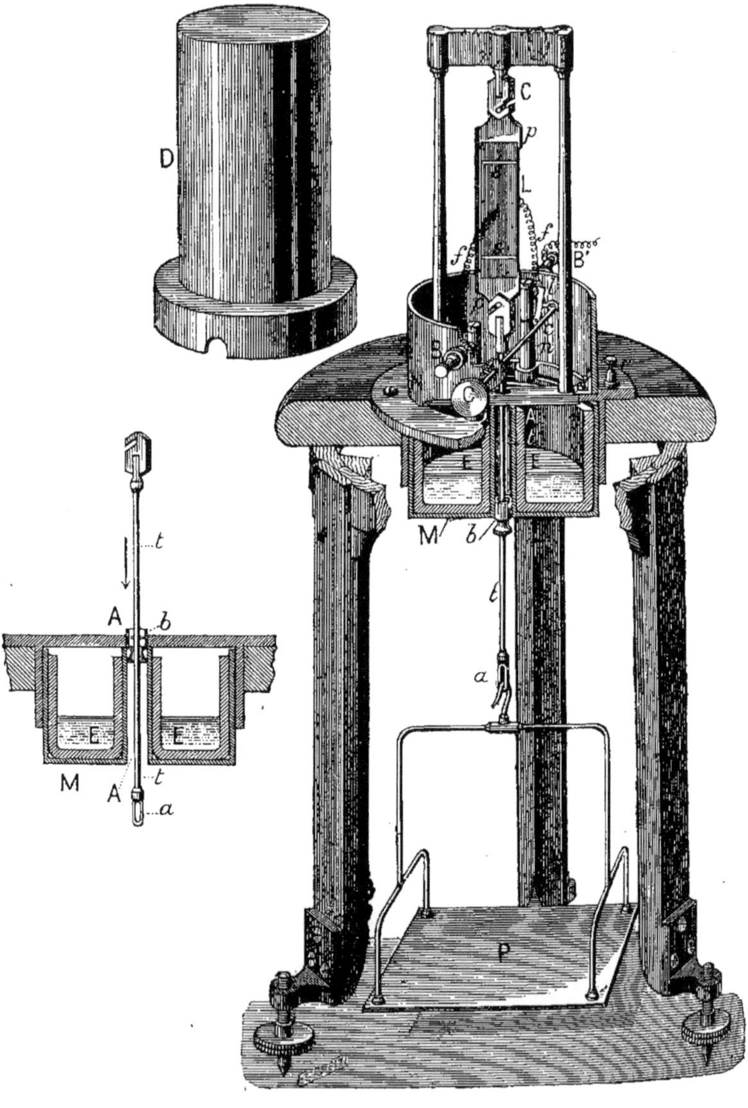

de sensibilité (15^{cm} de déviation pour 1 volt). — La deuxième paire de quadrants est reliée à la terre et l'aiguille est chargée au potentiel de 100 volts. On doit obtenir de 15^{cm} à 30^{cm} de déviation pour une variation de poids de 50^g dans le plateau ; c'est dire que l'instrument doit donner une déviation sensible pour une variation de poids de quelques décigrammes.

Sans pile de charge, l'aiguille étant à la terre, on a 15^{cm} à 30^{cm} pour une variation de poids dans le plateau de 500^g.

La sensibilité varie lorsqu'on change le potentiel de la pile de charge de l'électromètre et passe par un maximum pour une certaine valeur de ce potentiel. Dans l'exemple que nous venons de citer, la sensibilité était presque la même pour des potentiels compris entre 50 et 150 volts, le maximum avait lieu pour 80 volts. Mais, en reliant le quartz à une capacité de 100^{cm}, on avait avantage à porter à 200 volts le potentiel de l'aiguille de l'électromètre.

La sensibilité diminue lorsqu'on réunit le quartz à une capacité extérieure. Le potentiel donnant la sensibilité maximum devient aussi plus élevé.

Le modèle employé plus spécialement dans les études de radioactivité est représenté figure 7. Dans ce modèle, on rencontre les dispositions nouvelles suivantes : On a collé sur les faces de la lame recouvertes de papier d'étain (sauf aux endroits où se trouvent les sillons s, s) des petits cadres métalliques qui sont reliés par des fils souples f, f aux deux bornes B, B, isolées par des colonnes d'ambroïde. La mise à la terre s'effectue à l'intérieur de l'appareil par l'intermédiaire d'une came et d'une tige à bout de platine, qui vient reposer sur un petit plan de platine et y est maintenue par un ressort. Le mouvement de la came est commandé de l'extérieur par l'expérimentateur à l'aide de la tige horizontale dont l'extrémité porte un bouton moleté O.   (*Note des éditeurs.*)

MANOMÈTRE PIÉZO-ÉLECTRIQUE.

Voir ce Volume, p. 38.

ÉLECTROMÈTRE A BALANCE.

Voir ce Volume, p. 226.

CONDENSATEUR ABSOLU A ANNEAU. DE GARDE.

Voir ce volume, p. 224.

ÉLECTROMÈTRES A QUADRANTS APÉRIODIQUES.

Article de P.-H. LEDEBOER.

La Lumière électrique, t. XXII, 1886, p. 17, 57 et 155.

Un des grands progrès que la science électrique a réalisés, depuis ces dernières années, est certainement dû à la perfection des instruments de mesure.

Les conditions principales qu'un appareil de mesure doit remplir sont que les indications se lisent non seulement avec facilité, mais encore avec rapidité.

Le plus souvent, dans les instruments de mesure électrique, l'indication est fournie par la rotation ou la déviation d'un équipage mobile autour d'un axe vertical, fil de suspension ou pivot.

Dans les instruments de précision, c'est presque toujours par la déviation d'un petit miroir suspendu à un fil fin qu'on observe le déplacement de l'équipage mobile.

La facilité d'effectuer les mesures a atteint, depuis quelque temps, un grand degré de perfection; la lecture des déviations à l'aide des échelles transparentes se fait, en effet, avec une commodité incontestable.

Quant à la rapidité avec laquelle on peut effectuer les mesures, elle dépend, pour un équipage mobile suspendu à un fil fin, d'abord de la durée des oscillations du système, et puis, surtout, de la manière dont ces oscillations s'amortissent, c'est-à-dire le temps qu'il faut pour que le système revienne à zéro.

Dans les anciens appareils de mesure (on peut prendre pour exemple le galvanomètre de Nobili), les oscillations persistent pendant un temps très considérable; toutes les personnes qui ont eu l'occasion de se servir de ces appareils savent quelle patience et quel temps considérable il faut pour effectuer une mesure. Dans certains cas, d'ailleurs, cette persistance du mouvement s'oppose absolument à la possibilité d'arriver à un résultat déterminé.

Le *desideratum* est d'avoir des appareils qui reviennent au zéro immédiatement et sans la moindre oscillation, c'est-à-dire d'avoir des appareils apériodiques.

Pour ce qui concerne les galvanomètres, le problème a été résolu d'une manière complète et par des dispositions bien différentes. Les galvanomètres de Thomson (*deat-beat*) répondent absolument aux conditions du problème; on peut ajouter que c'est grâce à ces galvanomètres que la télégraphie sous-marine a pu se faire.

Une autre solution également heureuse, et dont le principe a été aussi trouvé par M. Thomson, est le galvanomètre apériodique Deprez-d'Arsonval. On peut dire, sans craindre d'être démenti, que toutes les personnes qui se sont servies de cet appareil n'en prendront jamais d'autre sans une nécessité absolue.

Pour ce qui concerne les électromètres à quadrants, on a essayé d'obtenir l'amortissement en faisant plonger une palette attachée à l'aiguille dans un liquide, ordinairement l'acide sulfurique concentré; mais ce mode d'amortissement ne donne pas de très bons résultats.

MM. Curie ont obtenu l'amortissement des électromètres à quadrants d'une manière toute différente et très originale; ils ont utilisé, à cet effet, les courants dits *de Foucault*.

Lorsqu'on remplace les secteurs en cuivre d'un électromètre ordinaire par des secteurs en acier aimanté, on fait flotter l'aiguille, qui est en aluminium, dans un champ magnétique, et il se créera, par le mouvement de l'aiguille, des courants dits *de Foucault* qui s'opposent au mouvement.

Avant d'entrer dans la description de la disposition adoptée, nous allons voir dans quelles conditions il faut se placer pour obtenir un amortissement convenable.

Supposons d'abord le cas où l'amortissement reste constant, c'est-à-dire où, le champ magnétique et l'aiguille restant identiques, on change uniquement le fil de suspension.

Influence du fil de suspension sur l'amortissement. — Soient :

θ la déviation au temps t;
τ le couple de torsion du fil de suspension;
Σmr^2 le moment d'inertie de tout l'équipage mobile;
A le terme correspondant à l'amortissement.

On aura, pour l'équation du mouvement de l'aiguille, lorsqu'on fait osciller librement le système,

$$\Sigma mr^2 \frac{d^2\theta}{dt^2} + A\frac{d\theta}{dt} + \tau\theta = 0,$$

ou, en posant

$$2a = \frac{A}{\Sigma mr^2} \qquad \text{et} \qquad b^2 = \frac{\tau}{\Sigma mr^2},$$

il vient

$$\frac{d^2\theta}{dt^2} + 2a\frac{d\theta}{dt} + b^2 = 0.$$

Pour déterminer le genre de mouvement donné par cette formule, il suffit de former l'équation caractéristique

$$r^2 + 2ar + b^2 = 0.$$

Tant que les racines de cette équation sont imaginaires, c'est-à-dire tant qu'on a

$$b > a,$$

le mouvement sera oscillatoire.

Si, au contraire, les racines sont réelles, c'est-à-dire

$$b < a,$$

le mouvement sera apériodique, et le système mobile, écarté de sa position d'équilibre, y reviendra sans la dépasser et sans osciller.

La limite est donnée par le cas d'égalité des racines

$$b = a.$$

Ainsi, pour que l'amortissement soit complet, c'est-à-dire pour que le système n'oscille pas, mais revienne directement au point d'équilibre, il faut avoir

$$A = 2\sqrt{\tau \Sigma mr^2}.$$

Si le terme A, qui représente l'amortissement, a une valeur plus faible que celle donnée par cette formule, l'amortissement n'est pas complet. Toutefois, dans la pratique, la valeur de A peut être légèrement inférieure à celle indiquée par cette relation, comme nous le verrons par quelques exemples.

Cette formule indique, en outre, que l'amortissement est proportionnel (dans le cas limité que nous traitons) à la racine carrée de la torsion, lorsqu'on laisse le moment d'inertie constant. Or, le couple de torsion de deux fils de même nature est proportionnel à la quatrième puissance du diamètre; donc, pour obtenir toujours l'apériodicité, il faudrait que le terme A, qui correspond à l'amortissement, soit proportionnel à la racine carrée du couple de torsion du fil, ou au carré du diamètre du fil de suspension.

Prenons par exemple deux fils de platine ayant respectivement $\frac{1}{50}$ et $\frac{1}{30}$ de millimètre de diamètre. Supposons que, pour les premiers de ces fils, le mouvement soit apériodique : il faudrait, pour obtenir également l'apériodicité dans le deuxième cas, avoir un amortissement plus fort dans le rapport de $\left(\frac{50}{30}\right)^2 = \frac{25}{9} = 3$ environ, c'est-à-dire qu'il faudrait que l'amortissement, et par conséquent le champ magnétique, soit 3 fois plus fort.

Précisons un peu cet exemple et supposons que, même dans le premier cas, l'apériodicité ne soit pas obtenue. On obtient un amortissement considérable et tout à fait suffisant dans la pratique lorsque le deuxième angle de déviation (la deuxième valeur de θ) n'est qu'une fraction de la première.

L'amortissement, dans le cas du mouvement périodique ($b > a$), est donné par le décrément logarithmique

$$\lambda = \log \text{ nép. } \frac{\theta_1}{\theta_2} = 2,3 \log \frac{\theta_1}{\theta_2},$$

θ_1 et θ_2 étant deux valeurs successives de l'angle de déviation θ.

En résolvant l'équation du mouvement, lorsque les racines sont imaginaires, c'est-à-dire le mouvement oscillatoire, on trouve les relations

$$a = \frac{\lambda}{T} \qquad \text{et} \qquad b^2 - a^2 = \frac{\pi^2}{T^2},$$

équations dans lesquelles T signifie la durée d'une oscillation simple.

On en déduit, pour le décrément logarithmique, l'expression

$$\lambda = a\,\mathrm{T} = \frac{1}{2}\,\frac{\mathrm{AT}}{\Sigma\,mr^2}$$

avec

$$\mathrm{T} = \frac{\pi}{\sqrt{b^2 - a^2}} = \frac{2\,\pi\,\Sigma\,mr^2}{\sqrt{4\,\tau\,\Sigma\,mr^2 - \mathrm{A}^2}}.$$

Il vient donc

$$\lambda = \frac{\pi}{\sqrt{\dfrac{4\,\tau\,\Sigma\,mr^2}{\mathrm{A}^2} - 1}}.$$

Si A n'a pas une valeur trop considérable, c'est-à-dire lorsque l'amortissement est assez faible, on peut écrire approximativement

$$\lambda = \frac{\pi\mathrm{A}}{2\sqrt{\tau\,\Sigma\,mr^2}},$$

et pour des valeurs données de A et de Σmr^2, ce qui correspond à un simple changement de fil de suspension, on voit que l'amortissement est inversement proportionnel à la racine carrée du couple de torsion du fil de suspension, ou inversement proportionnel au carré du diamètre du fil.

Supposons qu'avec un fil de suspension de $\frac{1}{50}$ de millimètre de diamètre, on écarte l'aiguille de 100 divisions, et que l'amortissement soit tel que la deuxième déviation soit de $\theta_2 = 20$ divisions;

Fig. 1.

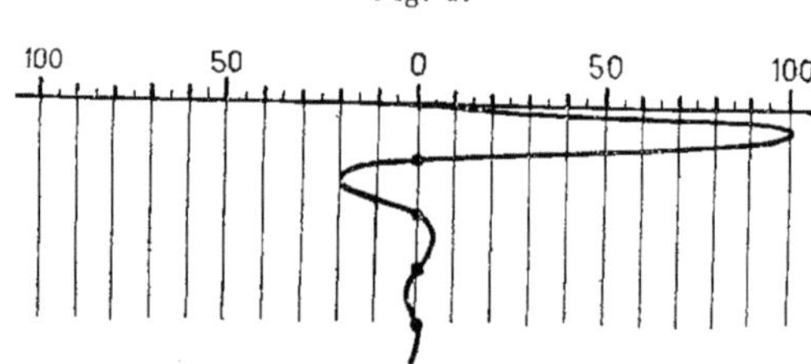

voyons ce qui arrive lorsqu'on remplace ce fil de $\frac{1}{50}$ de millimètre par un fil de $\frac{1}{30}$ de millimètre.

On a, dans le premier cas,

$$\lambda = \log\text{ nép. }\frac{100}{20} = 2,3\log 5 = 1,6.$$

Le décrément logarithmique est devenu $\frac{25}{9}$ ou 3 fois plus faible, c'est-à-dire

$$\lambda' = \frac{1}{3}\lambda = 0,5.$$

Pour chercher quelle sera, dans ces conditions, la deuxième

Fig. 2.

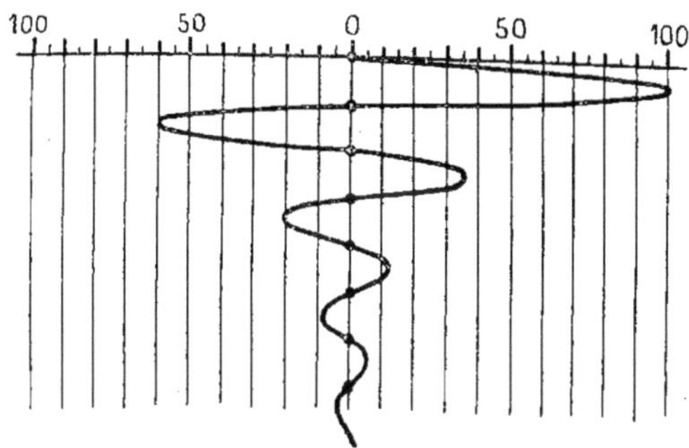

déviation θ_2, il faut résoudre l'équation

$$0,5 = \log\text{nép.}\,\frac{\theta_1}{\theta_2} = \log\text{nép.}\,\frac{100}{\theta_2},$$

d'où

$$0,5 = 2,3\log\frac{100}{\theta_2}.$$

On en déduit

$$\frac{100}{\theta_2} = 1,7 \qquad \text{et} \qquad \theta_2 = 60.$$

On trouve ainsi :

	Première oscillation.	Deuxième oscillation.	Troisième oscillation.	Quatrième oscillation.
Fil de $\frac{1}{50}$ de millimètre...	100	20	4	1
Fil de $\frac{1}{30}$ de millimètre...	100	60	35	20

On voit donc qu'avec le fil de $\frac{1}{50}$ de millimètre, les oscillations sont éteintes au bout de la quatrième oscillation, tandis qu'avec le fil de $\frac{1}{30}$ de millimètre, il n'y a presque pas d'amortissement.

Les figures 1 et 2 représentent le tracé graphique des oscillations que nous venons de considérer.

Dans le cas général, le décrément logarithmique dépend en

même temps du moment d'inertie, car on a

$$\frac{\lambda'}{\lambda} = \sqrt{\frac{4\tau\,\Sigma\,mr^2 - A^2}{4\tau'\,\Sigma\,mr^2 - A^2}}$$

et les conclusions ne sont pas rigoureusement exactes. Toutefois, on peut accepter ces résultats comme une première approximation.

Envisageons les choses à un autre point de vue; ce qu'on désire, somme toute, obtenir, c'est de mettre le moins de temps possible à faire une lecture; lorsque le fil est suffisamment fin, le mouvement de l'aiguille est presque apériodique, mais ce mouvement peut devenir tellement lent que l'on ne se trouve plus dans des conditions pratiques. Cherchons quel est le temps t nécessaire pour que l'élongation maximum soit réduite au moins au centième de sa valeur primitive, et cela quel que soit le nombre n des oscillations qu'il a fallu pour obtenir ce résultat.

On a

$$t = n\,\mathrm{T},$$

$$100 = \frac{\theta_0}{\theta_n} = e^{n\lambda},$$

d'où

$$n = \frac{1}{\lambda}\,\log\,\text{nép. }100,$$

$$\frac{\lambda}{\mathrm{T}} = \frac{A}{2\,\Sigma\,mr^2},$$

d'où

$$t = \frac{\mathrm{T}}{\lambda}\,\log\,\text{nép. }100 = \frac{2\,\Sigma\,mr^2}{A}\,\log\,\text{nép. }100.$$

On voit que t ne dépend pas du diamètre du fil; on a, au contraire, tout avantage à prendre une aiguille de très faible moment d'inertie. Cet avantage est tel qu'il faut chercher à restreindre les dimensions de l'aiguille, non seulement en épaisseur, mais aussi en surface. Si l'on diminue les dimensions de l'aiguille, il devient nécessaire de prendre un fil de moindre diamètre, afin de conserver la même sensibilité; nous sommes donc encore ramené à prendre un fil très fin et une aiguille très petite.

Nous avons effectué ces calculs pour bien montrer les différentes conditions du problème; un système qui donne de bons résultats avec un fil et une aiguille déterminés peut donner des résultats tout différents si l'on change cette aiguille ou ce fil.

Ce serait ici la place de donner quelques renseignements sur le facteur A et surtout de voir comment les courants de Foucault peuvent servir à l'amortissement.

Malheureusement, la nature de ces courants est encore peu connue et le calcul ne s'adapte que difficilement à ces phénomènes. Aussi allons-nous nous borner à donner quelques indications sans entrer dans des détails.

Si l'on néglige l'influence qui provient de la résistance de l'air, le facteur A provient uniquement de l'induction due au mouvement. Weber a montré, en effet, que l'induction est proportionnelle à la vitesse.

Dans le cas d'un cadre placé dans un champ magnétique uniforme, d'intensité F et parallèle aux lignes de force, le facteur A a pour expression

$$A = \frac{F^2 S^2}{R},$$

S étant la surface du cadre et R la résistance.

Dans le cas qui nous occupe ici, la même formule n'a plus lieu, mais on peut toujours supposer que le facteur A est proportionnel au carré de l'intensité du champ magnétique.

Description de l'électromètre apériodique.

Après ces préliminaires, nous procédons à la description du nouvel électromètre de M. Curie ([1]).

Ces électromètres sont unifilaires; le fil de suspension est en platine et a un diamètre de $\frac{1}{50}$ de millimètre; c'est le fil le plus fin qu'on trouve dans le commerce comme fil tréfilé directement. On trouve du fil à la Wollaston jusqu'à $\frac{1}{100}$ de millimètre, mais ce fil ne peut pas convenir pour cet usage.

L'aiguille (*fig*. 3) est en aluminium laminé très mince; l'épais-

---

([1]) Ces électromètres sont construits par M. Bourbouze, qui en avait déjà exposé un modèle à l'Exposition de l'Électricité, à l'Observatoire, à Pâques, en 1885.

seur est d'environ $\frac{1}{40}$ de millimètre; à cette aiguille est attaché un petit miroir très léger, d'un poids qui varie de 12^{mg} à 20^{mg}. On trouve des petits miroirs ([1]) qui donnent d'assez bonnes images et dont le poids n'excède pas le poids indiqué.

Fig. 3.

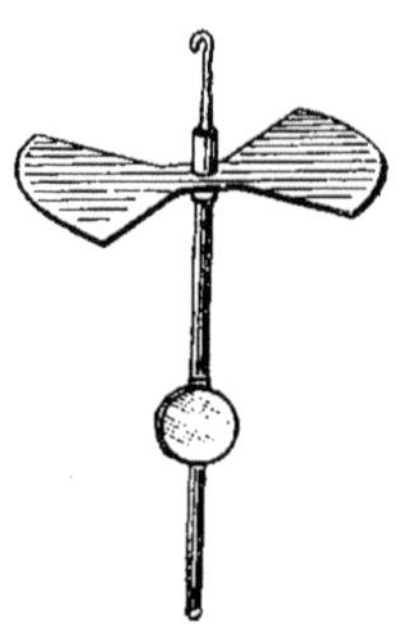

Les secteurs sont supportés par des supports d'ébonite; on a trouvé, en effet, que, convenablement desséchée, l'ébonite isole bien mieux que le verre; pour obtenir un bon isolement avec le verre, il faut une atmosphère beaucoup plus sèche qu'avec l'ébonite.

Ces secteurs sont en acier aimanté, et l'on peut se demander ici comment il faut les aimanter pour obtenir le plus fort amortissement.

Nous avons vu par ce qui précède qu'on ne peut pas traiter ce

Fig. 4.

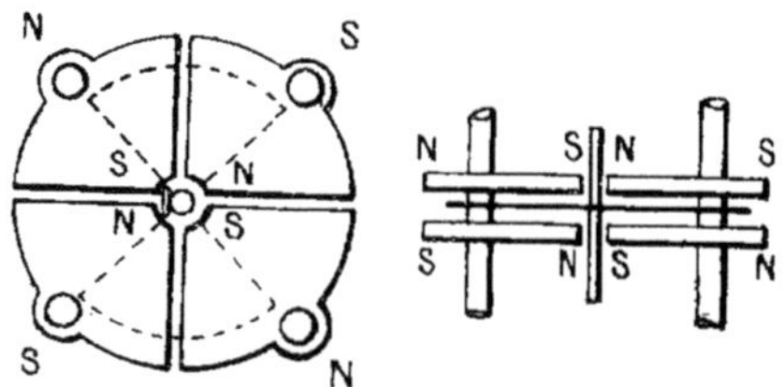

problème d'une manière générale, et nous croyons qu'en ces sortes de questions l'expérience est le meilleur guide.

([1]) Ces petits miroirs sont construits par M. Werlein.

M. Curie aimante les secteurs comme la figure ci-contre l'indique (*fig*. 4). Avec le dispositif adopté, on obtient (avec un fil de $\frac{1}{50}$ de millimètre) sinon le mouvement absolument apériodique, du moins un amortissement tout à fait suffisant dans la pratique.

Fig. 5.

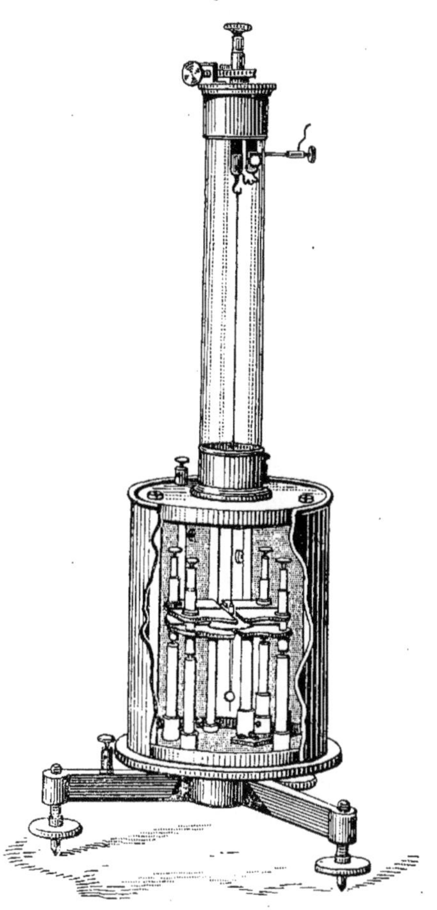

La figure 5 montre l'aspect général de l'appareil : l'enveloppe est en cuivre ; on peut enlever complètement cette enveloppe, ce qui permet de régler l'électromètre très facilement.

Comme la capacité de l'aiguille est très faible, on peut se servir avec avantage de cet appareil pour des expériences sur la capacité des corps.

Nous allons dire maintenant quelques mots sur la manière d'installer l'instrument.

On enlève la cage et, à l'aide de vis calantes, on place l'appareil dans une position bien horizontale; l'aiguille doit être alors parfaitement centrée par rapport aux secteurs. Puis on tourne l'appareil de telle façon que le miroir se trouve en face de l'échelle, soit transparente, soit opaque; lorsque l'image est au zéro, il faut que l'aiguille se trouve dans une position symétrique par rapport aux secteurt.

Pour régler l'instrument, on commence par mettre les secteurs en communication avec la terre, et l'on charge l'aiguille à l'aide d'une pile d'une vingtaine de petits éléments dont le pôle libre est en communication avec la terre.

Il faut que, dans ces conditions, l'image ne bouge pas; ordinairement, on constate un certain déplacement; on voit, en outre, que ce déplacement ne change pas de sens lorsqu'on intervertit les pôles de la pile de charge. On peut tourner alors légèrement le bouton qui se trouve en bas de la cage; ce bouton, qu'on ne voit pas sur la figure, correspond à l'une des paires de secteurs. Ce mouvement fait déplacer une des paires des secteurs et, si cela ne suffit pas pour obtenir un bon réglage, on approche ou on éloigne à la main un des secteurs, ce qui diminue l'action sur l'aiguille. Il faut écarter le secteur sur lequel l'aiguille se meut ou rapprocher le secteur opposé.

Ayant ainsi obtenu l'immobilité de l'aiguille, quelle que soit sa charge, on peut considérer l'électromètre comme étant bien réglé.

Si l'on charge alors une des paires de secteurs par le pôle positif d'une pile, d'un élément Daniell par exemple, et l'autre paire des secteurs par le pôle négatif, on constate une déviation qui doit être d'environ 10^{cm}, l'échelle étant placée à environ 1^{m}. En intervertissant soit les pôles de la pile de charge, soit les pôles de la pile d'essai, il faut que la déviation se produise en sens contraire, mais qu'elle reste égale en valeur absolue.

Remarque relative au miroir. — A propos de ces petits

miroirs légers, M. Curie m'a communiqué l'observation suivante :

« La distance focale dépend de l'humidité qui règne dans la
cage. Cette distance augmente avec l'humidité; on a ainsi un
moyen très simple pour constater l'état de sécheresse de l'air de la
cage : si l'image est trouble, on est sûr que l'air est encore
humide. »

Ce phénomène, que M. Curie a étudié avec soin, est très
constant.

Nous citerons par exemple le cas d'un petit miroir dont le rayon
de courbure variait de 75^{cm} à 100^{cm} lorsqu'on passait d'une atmosphère saturée d'humidité à une atmosphère parfaitement sèche.

La variation de courbure est voisine d'être proportionnelle à la
variation d'état hygrométrique. Lorsqu'on dessèche assez rapidement le miroir, le rayon de courbure augmente rapidement et
dépasse la valeur correspondant à la position d'équilibre sous le
nouvel état hygrométrique, puis il revient lentement à sa valeur
normale.

C'est du côté de l'argenture que le petit miroir est influencé;
en plaçant le miroir dans un tube, de telle façon qu'il divise celui-
ci comme une cloison en deux chambres distinctes qui peuvent
être séparément desséchées ou humidifiées, on remarque que c'est
seulement du côté de l'argenture que les variations d'état hygrométrique produisent de l'effet. Lorsqu'on argente le miroir, tout
est humide; en se desséchant, l'argenture se contracte et le rayon
de courbure augmente : tel est probablement le mécanisme du
phénomène. Quand le miroir a longtemps séjourné dans l'air très
humide, il suffit souvent de le dessécher brusquement pour voir
l'argenture se craqueler, puis se séparer en écailles.

Le vernissage de l'argenture semble augmenter encore les variations de courbure dues à l'humidité.

M. Samuel m'a communiqué que le même fait a été observé au
bureau des mesures de la maison Bréguet. On a constaté notam-
ment que, très souvent après une nuit fraîche, les images données
par les miroirs des galvanomètres sont troubles; elles reprennent
toute leur netteté lorsque l'humidité s'est dissipée.

Cette influence, qui constituait un inconvénient au point de vue des mesures, a été écartée par un montage convenable des miroirs.

En dehors des constantes de l'appareil et des mesures ordinaires, on peut effectuer avec l'électromètre certaines déterminations qui nous ont été indiquées par M. Curie et que nous croyons intéressant de publier ici.

Comme pour ces déterminations on se sert des propriétés électriques du quartz, nous allons d'abord entrer dans quelques détails relativement à ces propriétés.

Quartz piézo-électrique. — (*Voir* ce volume, p. 554.)

. . . .

Constantes de l'électromètre. — On peut d'abord déterminer les constantes de l'appareil.

L'expérience fournit la durée d'une oscillation T et le décrément logarithmique, en supposant, bien entendu, que le mouvement est oscillatoire; ce qui donne :

$$a = \frac{1}{2}\,\frac{A}{\Sigma\,mr^2} = \frac{\lambda}{T}, \qquad b^2 = \frac{\tau}{\Sigma\,mr^2} = \frac{\pi^2 + \lambda^2}{T^2}.$$

Ainsi, pour déterminer les trois quantités Σmr^2, A et τ, on a deux équations. Il faut donc déterminer directement une de ces quantités.

Moment d'inertie. — On choisira pour cela le moment d'inertie qu'on peut calculer d'après la forme géométrique de l'aiguille, ou bien l'on fera osciller l'aiguille additionnée de deux toutes petites masses, ce qui fournit une nouvelle relation entre les trois quantités et ce qui permet de les déterminer séparément.

Ces différentes mesures sont assez délicates, mais leur exécution ne présente aucune difficulté sérieuse.

Pour ces déterminations, on exprime toutes les mesures en unités absolues C. G. S. Quant aux dimensions, on a

$$\tau = ML^2T^{-2}, \qquad \Sigma mr^2 = ML^2, \qquad A = ML^2T^{-1}.$$

Détermination de τ, couple de torsion pour une déviation égale à 1. — Connaissant le moment d'inertie de l'aiguille à

l'aide d'une des méthodes indiquées, on mesure en outre le décrément logarithmique λ et la durée T de la période.

Avec ces trois données, on peut calculer le couple de torsion τ
correspondant à une valeur égale à 1 (arc $57°$).

Détermination d'un potentiel en valeur absolue. — Le
couple peut à son tour servir à déterminer un potentiel en valeur
absolue.

La formule qui donne la déviation est

$$\theta = \frac{\gamma}{\tau}\, 2\,(V_2 - V_1)\left(V_3 - \frac{V_1 + V_2}{2}\right),$$

dans laquelle :

γ est capacité de l'unité d'angle de l'aiguille ;
V_1 et V_2 potentiels des secteurs ;
V_3 potentiel de l'aiguille.

Si $V_2 = V_3 = 0$, on a

$$\theta = \frac{\gamma}{\tau}\, V_1^2.$$

*Détermination de γ (capacité de l'unité d'angle de l'ai-
guille).* — γ peut se calculer géométriquement.

On a, en effet,

$$\gamma = \frac{2\,r^2}{4\pi e},$$

formule dans laquelle r est le rayon de l'aiguille, e la distance des
secteurs.

Il vaut mieux déterminer γ expérimentalement : on peut se
servir pour cela d'un quartz piézo-électrique qui jouit de la propriété de donner par traction une quantité d'électricité rigoureusement proportionnelle à la grandeur de l'effort. On se sert de
poids pour produire la traction.

Pour procéder à cette détermination, on opère comme il suit :

$1°$ On charge l'aiguille avec une pile donnant un potentiel V
inconnu ; les secteurs n° **2** sont à la terre et les secteurs n° **1**,
isolés, communiquent avec le quartz piézo-électrique. Le potentiel
des secteurs n° **1** est alors différent de 0, mais on le ramène à la

valeur o à l'aide d'un poids p sur le quartz ; l'aiguille revient alors au zéro.

2° On recommence l'opération, après avoir dérangé l'aiguille d'un angle θ', en tournant le bouton du haut de l'électromètre ; soit p' le poids compensateur sur le quartz ; $p' - p$ correspond à une quantité d'électricité $\gamma V \theta'$.

Si le bouton d'en haut de l'électromètre était muni d'une graduation, il vaudrait mieux ne faire qu'une seule opération : au lieu de 1° et 2°, charger d'abord l'aiguille, tous les secteurs étant à la terre, puis isoler les secteurs, tourner le bouton de l'angle θ' et ramener l'image avec le quartz à une distance correspondant à l'angle θ' de sa position primitive.

3° Il faut connaître, par une expérience spéciale, quel poids Π est nécessaire sur le quartz pour charger une capacité connue au potentiel V. On se sert pour cela de l'électromètre fonctionnant comme électroscope. On peut prendre, pour c, un condensateur à plateau, avec anneau de garde, de capacité connue. On charge le plateau avec la pile au potentiel V, l'anneau de garde étant à la terre et la portion centrale du condensateur communiquant avec le quartz et l'électromètre ; on compense l'effet produit avec la charge Π placée sur le quartz, en ramenant au potentiel o la partie centrale.

On a donc finalement

$$\frac{p' - p}{\Pi} = \frac{\gamma v \theta'}{cv} = \frac{\gamma \theta'}{c}$$

ou

$$\gamma = \frac{c}{\theta'} \frac{p' - p}{\Pi}.$$

On peut ensuite calculer un potentiel V_1 en valeur absolue par la formule

$$\theta = \frac{\gamma}{\tau} V_1^2.$$

Détermination des constantes de l'appareil ([1]).

Dans un électromètre, l'aluminium qui a servi à construire l'ai-

---

[1] Cette détermination a été effectuée par M. Curie.

guille pesait $0^g,079$; le rayon des secteurs est de $2^{cm},75$, d'où l'on déduit pour le moment d'inertie $0,399$ C. G. S., en supposant que l'aiguille est exactement un quart de cercle (on a : moment d'inertie $= \frac{1}{2} p R^2$, p étant le poids de l'aiguille et R le rayon des secteurs). En évaluant approximativement le moment d'inertie du miroir et de la tige de verre qui le soutient, on trouve finalement

$$\Sigma\, mr^2 = 0,402 \text{ C. G. S.}$$

En faisant osciller l'aiguille, on trouve : décrément logarithmique,

$$\lambda = 1,908,$$

et durée d'oscillation,

$$T = 18^s,7.$$

On peut maintenant calculer le couple de torsion τ correspondant à un angle égal à 1 :

$$\tau = \frac{4(\pi^2 + \lambda^2)\, \Sigma\, mr^2}{T^2} = 0,062 \text{ C. G. S.}$$

Ainsi, quand on tord un fil d'un arc de $57°$, le couple de torsion incroyablement petit qui en résulte serait équilibré par $\frac{1}{20}$ de dyne (environ $\frac{1}{20}$ de milligramme), agissant au bout d'un bras du levier de 1^{cm}. Le fil a un diamètre de $\frac{1}{50}$ de millimètre.

D'autre part, il fallait charger de 24^g un quartz piézo-électrique pour compenser la charge condensée dans un angle de $0,176$ (mesure circulaire), l'aiguille étant chargée au potentiel de 12 daniells. Le même quartz électrique chargeait une capacité connue de 105^{cm} au potentiel de 1 daniell pour une traction de 138^g. Il est facile de déduire de là la capacité réciproque par unité d'angle ($57°$) de l'aiguille et des secteurs; on trouve

$$\gamma = 5^{cm} \qquad (\text{sphère d'un rayon de } 5^{cm}).$$

Enfin, en chargeant seulement deux secteurs à la tension de 14 daniells, l'aiguille et les autres secteurs étant à la terre, on avait une déviation angulaire de $0,16$. D'où l'on déduit pour l'angle donné par un seul daniell

$$\alpha = 0,000813.$$

On a alors, pour le potentiel de 1 daniell évalué en unités électrostatiques C.G.S. (¹),

$$V = \sqrt{\frac{\tau}{\gamma}\,\alpha} = 0{,}00325 \quad (^1).$$

Sir William Thomson avait trouvé $0{,}00375$; la concordance paraîtra suffisante si l'on songe que nous avons évalué assez grossièrement le moment d'inertie de l'aiguille.

Puis, pour déterminer avec exactitude le couple de torsion τ, il aurait été préférable d'enlever les secteurs aimantés et de faire osciller l'aiguille librement; on aurait trouvé ainsi, pour le décrément logarithmique λ, une valeur très faible.

On a trouvé, pour le couple de torsion du fil employé, la valeur très faible

$$\tau = 0{,}062\ \text{C.G.S.}$$

Cette valeur représente environ la traction exercée par un poids de $\frac{1}{20}$ de milligramme à l'extrémité d'un bras de levier de 1^{cm} de long. L'échelle étant placée à 1^m de distance, chaque millimètre correspond, ainsi qu'il est facile de s'en assurer par un calcul très simple, à la traction exercée par un poids de $\frac{1}{42000}$ de milligramme à l'extrémité d'un bras de levier de 1^{cm}. C'est l'ordre de grandeur des actions qui intervient dans ces phénomènes. On se rend ainsi compte de l'extrême sensibilité de cet appareil.

Sensibilité de l'électromètre. — On peut considérer, pour un électromètre, deux genres de sensibilité bien distincts : la sensibilité à une variation de potentiel et la sensibilité à une variation de charge.

C'est de la sensibilité du premier genre qu'on s'occupe ordinairement. On voit facilement que la sensibilité est proportionnelle au facteur $\frac{\gamma}{\tau}$ (rapport de la capacité de l'unité d'angle de l'aiguille au couple de torsion de l'unité d'angle du fil) et au potentiel de la pile de charge.

Avec un fil aussi fin que celui que l'on emploie dans ces électromètres, la sensibilité est considérable; elle dépend, d'ailleurs, de la pile de charge. Lorsque la pile de charge devient trop forte

---

(¹) Une unité électrostatique C.G.S. de différence de potentiel = 300 volts.

et que l'aiguille n'est pas parfaitement centrée, il peut y avoir attraction directe, avec production d'étincelles, entre l'aiguille et les secteurs. Dans ces conditions, l'électromètre ne fonctionne plus.

Avec une pile de charge de 100 volts environ, on a une déviation d'au moins 40^{cm} lorsqu'on charge l'aiguille au potentiel de 1 volt. Comme pile de charge, nous n'avons pas pu aller bien au delà de 300 volts pour la raison indiquée.

Lorsqu'on fait des mesures avec un quartz électrique, c'est la sensibilité du deuxième genre qui entre en cause.

La *sensibilité à une variation de charge* est aussi fonction de γ (capacité de l'unité d'angle de l'aiguille) et de τ (couple de torsion de l'unité d'angle).

De plus, elle dépend de la capacité extérieure du corps sur lequel se trouve l'électricité; elle dépend encore de la capacité totale de l'aiguille ou des secteurs; enfin, elle varie avec le potentiel de charge et passe par un maximum pour un potentiel déterminé.

Supposons que la pile de charge V soit à l'aiguille de l'électromètre, les secteurs n° 2 étant à la terre et les secteurs n° 1 au potentiel v et communiquant seulement avec un corps extérieur isolé de capacité C.

Soient :

S la capacité totale de la paire de secteurs n° 1 lorsque l'aiguille est immobile au zéro ;

$(-A)$ la charge que prennent les secteurs lorsque, l'aiguille étant maintenue au zéro et les secteurs au potentiel o, on donne à l'aiguille le potentiel 1.

Au début, l'aiguille est en équilibre sous la déviation θ, et le conducteur, formé des secteurs n° 1 et de la capacité C, contient une quantité d'électricité que nous représenterons par q.

On a, dans ces conditions, la relation

$$(1) \qquad q = \overbrace{(S + C + \theta\gamma)v}^{(1)} - \overbrace{(A + \theta\gamma)}^{(2)} V.$$

---

(1) Charge due au potentiel v si l'aiguille était au potentiel o dans sa position actuelle.

(2) Charge due au potentiel V de l'aiguille si le secteur était au potentiel o.

Du reste, d'après l'équation fondamentale de l'électromètre, on a

$$(2) \qquad \theta = -2\frac{\gamma}{\tau}\left(V - \frac{v}{2}\right)v.$$

Il s'agit de calculer $\dfrac{d\theta}{dq}$, sensibilité que l'on cherche.

On trouve, en différentiant l'équation (1),

$$dq = (S + C + \theta\gamma)\,dv + v\gamma\,d\theta - \gamma V\,d\theta,$$

et, en différentiant l'équation (2),

$$d\theta = -\frac{2\gamma}{\tau}\left(V - \frac{v}{2}\right)dv + \frac{\gamma}{\tau}v\,dv = -\frac{2\gamma}{\tau}(V - v)\,dv.$$

On déduit de ces expressions

$$\frac{dq}{d\theta} = -\frac{S + C + \theta\gamma}{2\frac{\gamma}{\tau}(V - v)} - \gamma(V - v)$$

ou

$$(3) \quad \left\{ \begin{aligned} \frac{d\theta}{dq} &= \frac{-2\frac{\gamma}{\tau}(V - v)}{S + C + \gamma\theta + 2\gamma\frac{\gamma}{\tau}(V - v)(V - v)} \\[2ex] &= \frac{-2\frac{\gamma}{\tau}}{\dfrac{S + C + \gamma\theta}{V - v} + 2\gamma\frac{\gamma}{\tau}(V - v)}. \end{aligned} \right.$$

Pour que la sensibilité $\dfrac{d\theta}{dq}$ soit maximum, il faut que le dénominateur de cette fraction soit minimum. Comme ce dénominateur se compose de deux termes dont le produit est constant (puisque V est la seule variable), le minimum a lieu lorsque les deux facteurs sont égaux.

La sensibilité passe donc par un maximum pour

$$V = \sqrt{\frac{S + C + \theta\gamma}{2\gamma\frac{\gamma}{\tau}} + v},$$

mais pratiquement on a toujours

$$v = 0 \qquad \text{et} \qquad \theta = 0,$$

d'où

$$V^2 = \frac{S + C}{2\frac{\gamma^2}{\tau}}.$$

On peut toujours chercher expérimentalement le potentiel V, qui donne le maximum de sensibilité. Si l'on veut le calculer théoriquement, on doit déterminer C, γ et τ. Mais S ne peut être mesuré directement, car c'est la capacité des secteurs n° 1 lorsque l'aiguille est fixe, ce qui n'arrive jamais pratiquement lorsqu'on fait varier le potentiel des secteurs n° 1. Ce que l'on peut mesurer avec le quartz, c'est la quantité $k = \frac{dq}{dv}$, c'est la variation de charge des secteurs n° 1 lorsque le potentiel et la déviation sont variables.

k est en quelque sorte la capacité à déviation variable des secteurs n° 1.

On tire de ces équations (1) et (2), où l'on fait $C = 0$, $\theta = 0$ et $v = 0$,

$$k = \frac{dq}{dv} = S + 2\frac{\gamma^2}{\tau} V^2.$$

Ainsi, la capacité à déviation variable dépend du potentiel de l'aiguille.

On peut ensuite calculer S :

$$S = k - 2\frac{\gamma^2}{\tau} V^2.$$

Lorsqu'on se trouve dans le cas du maximum de sensibilité, celle-ci, déduite de la formule (3), devient, en éliminant V,

$$\frac{d\theta}{dq} = \frac{-1}{\sqrt{2\tau(S + C)}}.$$

Dans ce cas encore, on a

$$k = 2S + C$$

ou

$$k - S = S + C,$$

et, d'autre part, pour $v = 0$,

$$dq = (S + C)\, dv - V\gamma\, d\theta = (S + C)\, dv + \left(2\frac{\gamma^2}{\tau} V^2\right) dv,$$

$$dq = (S + C)\, dv + (S + C)\, dv = 2(S + C)\, dv.$$

C'est-à-dire que la moitié de l'électricité fournie est employée à compenser l'électricité condensée mise en liberté par le déplacement de l'aiguille. L'autre moitié sert à élever le potentiel de dv.

Capacité à déviation variable des secteurs. — La capacité vraie des secteurs n'intervient jamais dans les expériences; ce qui intervient, c'est la capacité à déviation variable $k = \dfrac{dq}{dv}$.

Comme première approximation, on a

$$k = \frac{dq}{dv} = S + 2\,\frac{\gamma}{\tau}\,V^2.$$

On voit que cette sensibilité dépend du potentiel de l'aiguille; il faut donc bien se garder de la considérer comme une capacité ordinaire, invariable d'un jour à l'autre, puisque la pile de charge peut varier.

Comme deuxième approximation, on a

$$k = \frac{dq}{dv} = S + C + \theta\gamma + \frac{2\,\gamma^2}{\tau}\,(V - v)^2.$$

Cette capacité varie donc légèrement aussi avec la déviation et le potentiel des secteurs.

Dans ce qui précède, nous avons supposé que la pile de charge était à l'aiguille. Si, au contraire, la pile de charge était aux secteurs, on pourrait faire des remarques tout à fait analogues sur la capacité à déviation variable de l'aiguille ([1]).

([1]) Curie a fait subir dans la suite certains perfectionnements à ses électromètres.

Dans le modèle représenté par la figure 6 et qui est construit par la *Société centrale de Produits chimiques,* les quadrants sont en laiton ; l'amortissement de l'aiguille est simplement effectué par le frottement de l'air entre les secteurs et il est suffisant (décrément de 6 à 7); l'emploi des aimants avait, entre autres inconvénients, celui de créer des actions directrices dues au léger magnétisme de l'aiguille.

Une clef de réglage C permet d'agir, sans ouvrir la cage, sur un des secteurs en rapprochant ou en éloignant légèrement de l'aiguille la paroi supérieure d'un des quadrants. Ce mode de réglage, qui permet de corriger les légers défauts de symétrie de l'appareil, est plus efficace et plus régulier dans son action que le déplacement horizontal dont est pourvu l'appareil primitif décrit dans le texte. (*Cf.* p. 574.)

Une fois le réglage effectué, on enlève la clef C.

On voit en B un dispositif qui permet d'immobiliser l'aiguille pour le transport de l'instrument.

La sensibilité de cet appareil, avec un fil de 50^{cm} de longueur, $\frac{1}{50}$ de millimètre

Fig. 6.

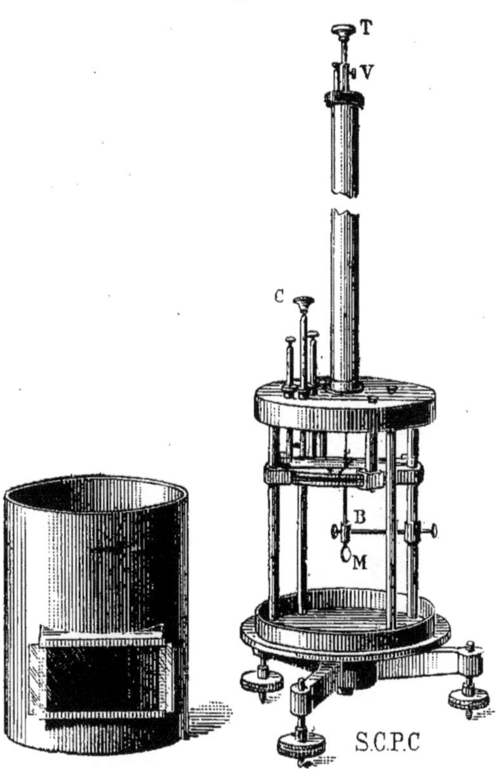

de diamètre, une aiguille de 6^{cm} de long chargée au potentiel de 50 volts, est de 30^{cm} environ par volt sur une échelle placée à 1^m.

Curie a fait aussi établir par le même constructeur un électromètre à fil de quartz plus sensible que le précédent. C'est celui qui est représenté par la figure 7. Le fil de quartz étant isolant, on opère avec une *charge constante* de l'aiguille, charge qui ne se perd qu'avec une extrême lenteur. Pour charger l'aiguille, on met celle-ci en communication avec une batterie de charge en amenant un instant au contact d'un fil fin, fixé à l'extrémité inférieure de l'axe de l'aiguille, une coupe de fer F remplie de mercure et reliée à cette batterie. On voit sur la figure le mécanisme qui permet de faire cette manœuvre de l'extérieur de la cage.

La sensibilité de cet appareil est très grande. Par exemple, avec un fil de 8^{cm} de longueur, de 7$^\mu$ à 8$^\mu$ environ de diamètre, on a obtenu une sensibilité de 2^m par volt environ sur une échelle placée à 1^m, l'aiguille ayant été chargée par 60 volts.

Dans ces appareils, l'isolement a été amélioré en remplaçant l'ébonite par

Fig. 7.

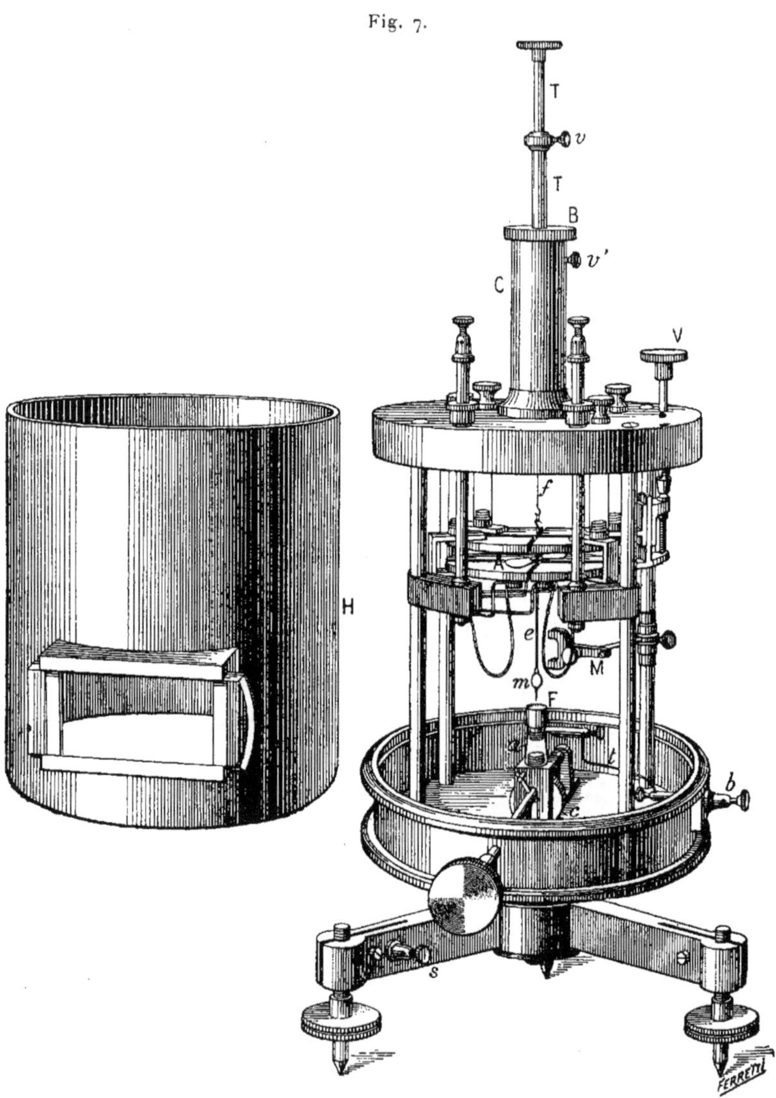

de l'*ambroïde* (déchets d'ambre agglomérés) qui est moins hygrométrique.

(*Note des éditeurs.*)

UN ÉLECTROMÈTRE ASTATIQUE

POUVANT SERVIR COMME WATTMÈTRE.

En commun avec R. BLONDLOT.

Journal de Physique, 2ᵉ série, t. VIII, 1889, p. 80.

Cet instrument est une transformation de l'électromètre à quadrants de Sir W. Thomson. L'aiguille, au lieu d'être en forme de 8, est constituée par deux demi-cercles A_1 et A_2 soutenus par une petite pièce d'ébonite; ces deux demi-cercles, solidaires dans leur mouvement, sont indépendants au point de vue électrique. Les secteurs sont remplacés par des plateaux fixes P_1 et P_2 ayant également la forme de demi-cercles.

En désignant par V_1, V_2, V_3, V_4 les potentiels respectifs de A_1, A_2, P_1, P_2, par α l'angle de déviation de l'aiguille sous l'action des forces électriques équilibrées par la torsion du fil de suspension, on a

$$\alpha = K(V_1 - V_2)(V_3 - V_4),$$

à la seule condition que l'angle des deux fentes diamétrales ne soit pas très petit. K est une constante caractéristique égale à deux fois le quotient de la capacité de l'aiguille pour l'unité d'angle par le couple de torsion du fil de suspension pour l'unité d'angle.

L'avantage de cet instrument réside non dans la substitution de demi-cercles aux secteurs de l'électromètre à quadrants, mais dans le fait que l'aiguille mobile est formée d'un système de deux conducteurs à des potentiels distincts, en tous points semblable au système des conducteurs fixes : l'appareil est ainsi rendu plus symétrique, et cette symétrie se retrouve dans la formule qui donne les déviations de l'instrument.

M. Gouy a montré récemment ([1]) que, dans l'électromètre à quadrants ordinaire, il y avait lieu de tenir compte d'un couple

Fig. 1.

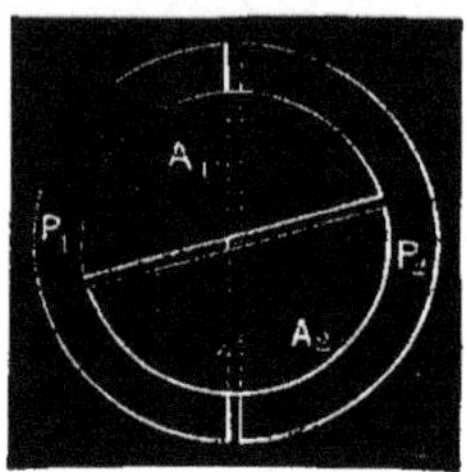

directeur électrique qui, indépendamment du fil de torsion, tend à ramener l'aiguille dans la position d'équilibre symétrique ; aussi, dans certains cas, la formule ordinairement employée pour l'électromètre n'est plus applicable.

Dans notre instrument il n'y a pas de couple directeur électrique et la formule donnée plus haut est rigoureusement vraie.

L'appareil a été construit par M. Ducretet. L'aiguille, très légère, est découpée dans une feuille d'aluminium extrêmement mince ($\frac{1}{40}$ de millimètre) qui reçoit une rigidité assez forte d'un gaufrage préalable, donnant une surface ondulée analogue à celle des tambours des baromètres anéroïdes.

La position d'équilibre de l'aiguille est déterminée par deux fils de platine très fins, tendus en dessus et en dessous de l'aiguille (comme dans le galvanomètre Deprez-d'Arsonval); ces deux fils servent à la fois à équilibrer par leur torsion les actions électriques et à établir les communications électriques respectivement avec les deux demi-cercles métalliques A_1 et A_2.

Les plateaux fixes sont au nombre de quatre, deux en dessus, deux en dessous de l'aiguille. Ceux qui sont situés l'un en dessus de l'autre sont généralement rendus solidaires au point de vue électrique. Ces plateaux sont des aimants, et les oscillations de

---

([1]) Gouy, *Journal de Physique,* 2ᵉ série, t. VII, 1888, p. 97.

l'aiguille se trouvent amorties par les courants d'induction qui naissent dans sa masse sous les influences magnétiques.

Enfin, les plateaux, soutenus par les parois de la cage qui enveloppe l'instrument, sont pourvus de tous les mouvements de réglage.

Les usages de cet instrument sont les suivants :

1° Il peut fonctionner comme un électromètre ordinaire muni d'une pile de charge. Il suffit, par exemple, de mettre les pôles de la pile de charge respectivement en communication avec chacun des demi-cercles de l'aiguille; les déviations sont alors rigoureusement proportionnelles aux différences de potentiel que l'on établit entre les plateaux.

2° Il peut servir par la méthode idiostatique, en unissant respectivement les deux paires de plateaux aux deux demi-cercles de l'aiguille; on a alors nécessairement

$$V_1 = V_3, \qquad V_2 = V_4 \qquad \text{et} \qquad \alpha = K(V_1 - V_2)^2.$$

3° Il peut servir comme wattmètre.

L'instrument donne, en effet, le produit de deux différences de potentiel. On peut prendre pour l'une d'elles la force électromotrice F aux bornes entre lesquelles on veut évaluer le travail dépensé par un courant électrique. On prendra ensuite, pour l'autre différence de potentiel, celle qui existe aux extrémités d'un fil de résistance connue, placé dans le circuit général; cette différence de potentiel est proportionnelle à l'intensité du courant.

Les déviations sont alors proportionnelles aux produits EI et permettent d'évaluer à chaque instant le travail dépensé pendant l'unité de temps.

Lorsqu'il s'agit de courants alternatifs, cet instrument est le seul qui permette d'évaluer rigoureusement le travail dépensé. On sait en effet que l'on ne peut pas mesurer séparément, dans ce cas, la force électromotrice et l'intensité du courant pour calculer le travail. Les wattmètres, basés sur les actions des courants sur les courants, ne donnent pas non plus rigoureusement le travail. Enfin, la méthode électrométrique de M. Potier ([1]), de beaucoup la meilleure parmi celles que l'on a indiquées jusqu'ici, peut être

---

([1]) POTIER, *Journal de Physique,* 1re série, t. X, 1881, p. 445.

faussée par l'insuffisance de la formule ordinairement employée pour l'électromètre ([1]).

Fig. 2.

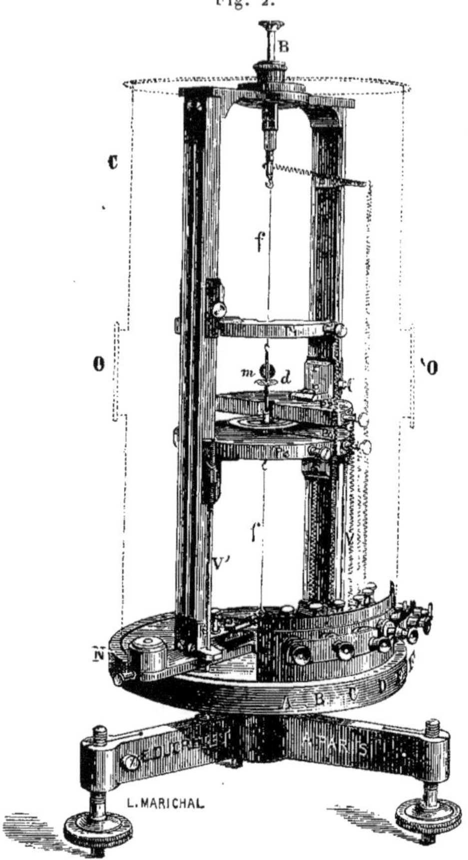

4° Enfin, l'instrument peut être employé comme électromètre différentiel, en utilisant la faculté de séparer, au point de vue électrique, les plateaux supérieurs et les plateaux inférieurs. Cette disposition permet de comparer les résistances par une méthode plus rapide que celle du pont de Thomson, en éliminant l'influence des contacts ([2]).

([1]) Ledeboer, *Lumière électrique*, 1888.
([2]) La figure 2 représente une vue perspective de l'appareil.

ÉLECTROSCOPE

POUR L'ÉTUDE RAPIDE

DES CORPS RADIOACTIFS (¹).

L'appareil se compose d'un électroscope à une seule lame mobile d'or ou d'aluminium battus L′ (*fig*. 1) fixée en D à une lame de

Fig. 1.

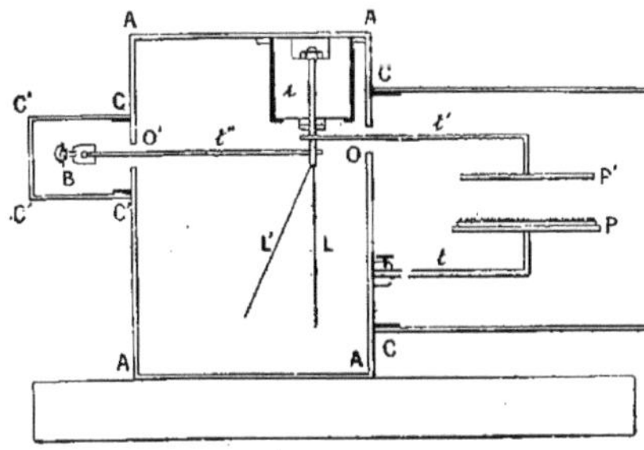

cuivre fixe L, soutenue elle-même par une pièce isolante i. On étudie la conductance de l'air entre les plateaux P et P′. Ces plateaux, soutenus par les tiges métalliques t et t', sont en relation électrique, le premier avec la cage métallique A A A A de l'instrument, le deuxième avec les lames de l'électroscope.

On charge par influence l'électroscope en agissant sur le plateau P′ avec un bâton d'ébonite électrisé. La lame L′ est déviée de la verticale et, l'appareil étant bien isolé, cette lame garde sa déviation pendant un temps considérable lorsque aucune substance

---

(¹) D'après une notice publiée par la *Société centrale de Produits chimiques*, cet appareil a été présenté à la Société française de Physique (19 janvier 1900).

radioactive n'agit. Pour étudier l'effet des substances radioactives, celles-ci, généralement réduites en poudre, sont étalées en couches minces sur le plateau P. Les radiations émises rendent l'air conducteur entre les plateaux, et, si l'on charge l'électroscope, il se décharge spontanément. La vitesse avec laquelle se déplace la lame L' pendant la décharge donne une mesure de l'intensité des radiations émises par les corps radioactifs.

Pour évaluer la vitesse de déplacement de la lame, on regarde la partie inférieure de celle-ci au moyen d'un microscope fixe (*fig.* 2) muni d'un micromètre oculaire. Au moyen d'un chronomètre ou

Fig. 2.

d'une montre à secondes, on note le temps nécessaire pour que l'image du bord antérieur de la lame se déplace sur le micromètre d'un nombre de divisions déterminé. Avec un éclairage convenable, le bord antérieur, mis au point, apparaît comme une ligne assez fine dont la position sur le micromètre peut être notée avec précision.

L'électroscope proprement dit est enfermé dans une cage métallique AAAA (*fig.* 2) fermée par deux glaces.

Les plateaux sont situés dans une autre boîte métallique CCCC, constituée par une paroi de la première et un chapeau qu'on peut retirer pour introduire la substance et charger l'électromètre et remettre ensuite pour faire la mesure. (Sur la figure 1, le cha-

peau est retiré.) On peut facilement procéder au nettoyage de
cette partie de l'appareil dans laquelle on doit éviter la présence
de poussières radioactives.

La tige t' du plateau P′ passe par un trou O au travers de la

Fig. 3.

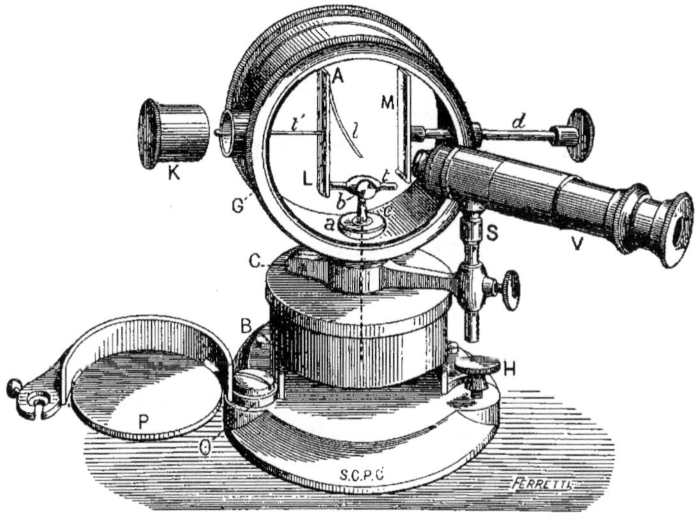

paroi métallique de la première cage sans toucher à cette paroi.
Le plateau P′ est ainsi bien isolé et les poussières radioactives ne
peuvent que très difficilement pénétrer dans la première cage où
un bon nettoyage serait difficile ([1]).

([1]) Le même constructeur a établi, sur les indications de Curie, un modèle
transportable d'électroscope pour l'étude des substances radioactives. La forme en
est plus ramassée que celle de l'appareil ci-dessus. On peut approcher de la feuille
d'aluminium une lame de laiton pour le transport.

Cet appareil est destiné aux mesures de radioactivité à exécuter sur le terrain.
Il est représenté figure 3.

(*Note des éditeurs.*)

SUR UN APPAREIL

POUR LA

DÉTERMINATION DES CONSTANTES MAGNÉTIQUES.

En commun avec C. CHÉNEVEAU ([1]).

Bulletin des séances de la Société française de Physique, séance du 3 avril 1903
et *Journal de Physique*, 4 série, t. II, 1903, p. 796.

Cet appareil est destiné à mesurer les coefficients d'aimantation spécifique des corps faiblement magnétiques et diamagnétiques ([2]).

I. — Principe et description.

On mesure à l'aide d'une balance de torsion la force qui s'exerce sur un corps lorsqu'il est placé dans un champ magnétique non uniforme créé par un aimant permanent. La force est maximum pour une certaine position du corps par rapport à l'aimant : c'est cette position que l'on utilise dans les mesures. Le champ est créé par un aimant permanent NS, de forme annulaire, à pièces polaires biseautées et à entrefer assez étroit (*fig.* 1 et 2). Le corps est placé dans un tube de verre t fixé à l'une des extrémités d'une tige

---

([1]) Communication faite à la Société française de Physique, séance du 3 avril 1903.

([2]) Nous rappellerons que le coefficient d'aimantation spécifique K est le rapport de l'intensité d'aimantation spécifique $\mathfrak{I} = \dfrac{\mathfrak{M}}{M}$ ($\mathfrak{M}$ moment magnétique: M masse) au champ magnétisant.

légère TT, en aluminium, suspendue en O à un fil de platine. A
l'autre extrémité de la tige, se trouve placé un micromètre m sur

Fig. 1.

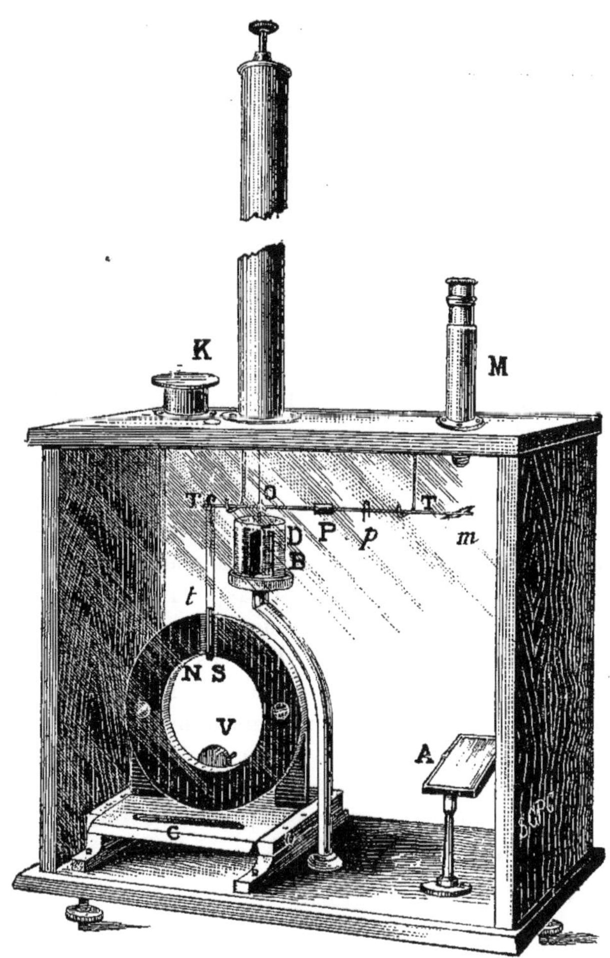

lequel est braqué un microscope M. Ce dispositif permet de suivre
et de mesurer les déplacements de la balance de torsion.

Le tube t contenant le corps est placé dans le plan de symétrie normal à la ligne des pôles, et il est attiré ou repoussé (*fig.* 2) suivant la direction ax normale à la ligne des pôles (¹).

L'aimant est mobile; on peut le déplacer par translation [dans la direction indiquée par la flèche (*fig.* 2)]. L'aimant étant d'abord

Fig. 2.

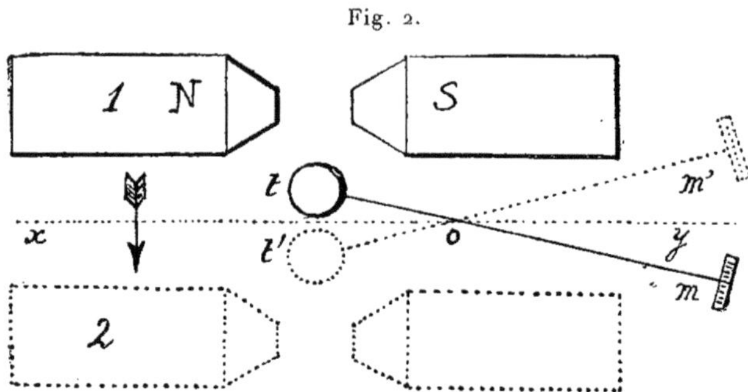

éloigné du corps, si on l'approche de celui-ci, il se produit une attraction quand le corps est paramagnétique, une répulsion quand le corps est diamagnétique, et le mouvement du micromètre indique le sens de l'effet produit.

Quel que soit l'effet initial observé, en approchant l'aimant d'une façon continue, on constate que le déplacement du micromètre va d'abord en augmentant, passe par un maximum (*fig.* 2, position 1 de l'aimant et t du tube), puis diminue pour s'annuler de nouveau quand le tube contenant le corps se trouve placé sur la ligne des pôles, entre les deux branches de l'aimant. La force s'annule en effet pour cette position symétrique. Si l'on continue à déplacer l'aimant dans le même sens, celui-ci passe de l'autre côté du corps et s'éloigne progressivement. La déviation indiquée par le micromètre change de sens, passe par un maximum (*fig.* 2, position 2 de l'aimant et t' du tube) et s'annule de nouveau quand

---

(¹) L'action du champ sur le corps est donnée par la formule $f = KMH_y \dfrac{dH_y}{dx}$, dans laquelle K est le coefficient d'aimantation spécifique, M la masse, H_y la valeur de l'intensité de champ dans la direction ay parallèle à la ligne des pôles, $\dfrac{dH_y}{dx}$ la dérivée du champ par rapport à une direction ax normale à celle du champ.

l'aimant est suffisamment éloigné du corps. On note les divisions du micromètre qui coïncident avec le réticule du microscope pour les deux positions correspondant aux déviations maxima [positions t et t' (*fig.* 2)]. Ces deux positions sont celles pour lesquelles la force passe par un maximum. La différence des lectures au micromètre est proportionnelle à la somme des deux valeurs maxima de la force, ces deux valeurs étant d'ailleurs égales entre elles, si l'appareil est symétrique.

Pour parfaire la description de l'appareil, nous indiquerons que le déplacement de l'aimant est obtenu en le rendant solidaire d'un chariot C, guidé par deux glissières fixes, obéissant au mouvement direct ou rétrograde d'une vis V qui tourne dans un écrou fixé sous le chariot. L'une des glissières porte une graduation, le chariot mobile un trait de repère. L'équilibre de la balance de torsion se règle à l'aide d'un contrepoids cylindrique en laiton P et d'un cavalier p en aluminium. L'éclairage du micromètre se fait à l'aide du miroir A mobile dans plusieurs directions. L'amortissement est assuré par le frottement d'une palette B en aluminium dans de l'huile de vaseline disposée dans le récipient D. Un bouchon K permet d'enlever ou de placer le tube de verre sans ouvrir la cage de la balance.

En ce qui concerne le tube de verre, il est suspendu par deux anneaux superposés, fixés à la tige TT. Le rebord qu'il porte s'appuie sur l'anneau supérieur, tandis que l'anneau inférieur le guide verticalement. L'appareil est réglé convenablement quand, le trait de repère du chariot coïncidant avec le zéro de la graduation de la glissière, le tube est symétriquement placé par rapport aux pièces polaires de l'aimant.

Le tube de verre de l'appareil étant soumis aux actions magnétiques aussi bien que la substance qu'il contient, il est nécessaire de faire une expérience avec le tube seul et de retrancher l'effet dû au tube de verre de l'effet total dû au tube rempli de substance. Il est avantageux de rendre cette correction faible en utilisant un verre à coefficient d'aimantation aussi petit que possible.

Le verre employé dans l'appareil est très légèrement diamagnétique à la température de 15°.

II. — Mesures.

1° *Pour des mesures relatives,* on prendra comme terme de comparaison un corps ou une solution dont le coefficient d'aimantation est connu.

Si Δ est la différence des lectures faites au micromètre pour une masse m du corps, Δ' le résultat d'une mesure faite avec une masse m' du corps de comparaison, Δ'' la mesure lorsqu'on opère avec le tube de verre seul, K et K' les coefficients d'aimantation spécifique du corps à étudier et du corps de comparaison, le rapport de ces coefficients sera donné par la formule

$$(1) \qquad \frac{\Delta - \Delta''}{\Delta' - \Delta''} = \frac{K\,m}{K'\,m'}.$$

Cette formule, vraie dans le cas où les trois corps sont paramagnétiques, sera généralisée d'après la convention suivante : on considérera les différences telles que Δ comme positives quand il s'agira d'une attraction (corps paramagnétique), et comme négatives s'il s'agit d'une répulsion (corps diamagnétique). Par exemple, la différence Δ dans le cas de l'eau est négative.

Toutefois la formule précédente n'est qu'approchée : la formule exacte doit en effet tenir compte du magnétisme de l'air.

2° *Correction due au magnétisme de l'air. Formule exacte.* — Soient $\varkappa'$, $\varkappa''$ les susceptibilités en volume du corps de comparaison, supposé magnétique, et de l'air. Soient D' la densité du corps de comparaison et A une constante de l'appareil. En réalité, l'expression de la force, quand on opère avec le corps de comparaison, est

$$(2) \qquad F' = (\varkappa' - \varkappa'')\frac{m'}{D'}\,A,$$

or

$$(3) \qquad K' = \frac{\varkappa'}{D'} = \frac{F'}{m'A} + \frac{\varkappa''}{D'}.$$

Lorsqu'on fait la mesure avec un corps paramagnétique de susceptibilité $\varkappa$ et de densité D, la valeur réelle de la force est dans ce cas

$$F = (\varkappa - \varkappa'')\frac{m}{D}A,$$

d'où

$$(4) \qquad K = \frac{\varkappa}{D} = \frac{F}{mA} + \frac{\varkappa''}{D}.$$

Divisons les équations (4) et (3) membre à membre,

$$\frac{K}{K'} = \frac{\dfrac{F}{mA} + \dfrac{\varkappa''}{D}}{\dfrac{F'}{m'A} + \dfrac{\varkappa''}{D'}} = \frac{\left(\dfrac{F}{m}\right)\dfrac{1}{A} + \dfrac{\varkappa''}{D}\dfrac{m}{F}}{\left(\dfrac{F'}{m'}\right)\dfrac{1}{A} + \dfrac{\varkappa''}{D'}\dfrac{m'}{F'}}.$$

Posons

$$(5) \qquad r = \frac{F}{F'}\frac{m'}{m} = \frac{\Delta - \Delta''}{\Delta' - \Delta''}\frac{m'}{m}.$$

C'est le rapport déterminé précédemment à l'aide de la formule (1). On a

$$\frac{K}{K'} = r\,\frac{1 + \dfrac{A\,m\varkappa''}{DF}}{1 + \dfrac{A\,m'\varkappa''}{D'F'}} = r\left[1 + A\varkappa''\left(\frac{m}{DF} - \frac{m'}{D'F'}\right)\right] \quad (^1).$$

D'où, enfin, en remplaçant A par sa valeur tirée de l'équation (2)

(^{1}) Il est inutile de faire cette approximation. En tirant $\dfrac{F}{mA}$ et $\dfrac{F'}{m'A}$ des équations (3) et (4), et en divisant, on obtient aisément pour déterminer le rapport $\dfrac{K}{K'}$ l'équation *exacte* (6') :

$$(6') \qquad \frac{K}{K'} = r\left[1 + \frac{\varkappa''}{K'}\left(\frac{1}{D\,r} - \frac{1}{D'}\right)\right]$$

qui est même plus simple que l'équation *approchée* (6). L'erreur qui résulte dans la pratique de l'emploi de cette dernière est d'ailleurs négligeable. Dans le cas où le corps de comparaison est l'eau, le coefficient numérique du terme correctif des formules de la page 601 est $\dfrac{0,0322}{0.79 + 0,03} = 0,039$ avec la formule approchée et $\dfrac{0,0322}{0,79} = 0,041$ avec la formule exacte.

(Note des éditeurs.)

et le rapport $\dfrac{F'}{F}$ par sa valeur tirée de l'équation (5),

$$\frac{K}{K'} = r\left[1 + \frac{\varkappa''}{\varkappa' - \varkappa''}\left(\frac{D'}{Dr} - 1\right)\right],$$

et, comme $K' = \dfrac{\varkappa'}{D'}$,

$$(6) \qquad \frac{K}{K'} = r\left[1 + \frac{\varkappa''}{K' - \dfrac{\varkappa''}{D'}}\left(\frac{1}{Dr} - \frac{1}{D'}\right)\right].$$

On prendra pour coefficient d'aimantation en volume de l'air $\varkappa''$ la valeur $0,0322.10^{-6}$ à 20" [1].

3° *Le corps de comparaison pourra être en particulier un corps bien défini tel que l'eau.* — Dans ce cas, la différence Δ sera négative. Si le verre est, comme nous l'avons indiqué, diamagnétique, Δ''_1 sera également négatif. Ce sont les conditions que nous avons choisies pour l'emploi de l'appareil.

La formule générale (1), qui permet de connaître la valeur approchée de $\dfrac{K}{K'} = r$, devient donc :

Pour un corps paramagnétique

$$\frac{\Delta_1 + \Delta''_1}{-\Delta'_1 + \Delta''_1} = \frac{K}{K'}\frac{m'}{m};$$

Pour un corps diamagnétique

$$\frac{-\Delta_1 + \Delta''_1}{-\Delta'_1 + \Delta''_1} = \frac{K}{K'}\frac{m'}{m},$$

formules dans lesquelles Δ_1, Δ'_1, Δ''_1 sont les valeurs numériques particulières et absolues des différences observées dans l'expérience.

Comme d'ailleurs $\Delta'_1 > \Delta''_1$ en valeur absolue, il s'ensuivra que, pour un corps paramagnétique, $r = \dfrac{K}{K'} = -r_1$ et, pour un corps diamagnétique, $r = \dfrac{K}{K'} = r_1$, r_1 étant une quantité positive.

Par suite également, la formule exacte générale (6) donnera [2] :

<hr>

[1] P. Curie, *Annales de Chimie et de Physique*, 1895, p. 344.
[2] *Voir* la note [1], p. 599.

a. Pour un corps faiblement magnétique :

$$\frac{K}{K'} = - r_1 \left[1 + \frac{0,0322}{0,79 + 0,03} \left(\frac{1}{r_1 D} + 1 \right) \right],$$

puisque $\varkappa''$ pour l'air $= 0,0322 . 10^{-6}$, et K pour l'eau peut être pris égal à $- 0,79 . 10^{-6}$ [1]; ou encore

$$\frac{K}{K'} = - r_1 \left[1 + 0,039 \left(\frac{1}{r_1 D} + 1 \right) \right];$$

b. Pour un corps diamagnétique

$$\frac{K}{K'} = r_1 \left[1 - 0,039 \left(\frac{1}{r_1 D} - 1 \right) \right].$$

Pour l'application de ces diverses formules, il sera d'ailleurs facile et commode que les masses m et m' se rapportent à un même volume : pour cela, on remplira le tube de verre jusqu'à un trait de repère.

4° *Pour des mesures absolues,* on pourra admettre que le coefficient d'aimantation spécifique de l'eau a la valeur précédemment indiquée, $- 0,79 . 10^{-6}$ à la température ordinaire, ce chiffre étant corrigé du magnétisme de l'air [2].

III. — Expériences avec les sels de radium.

Nous avons trouvé, avec cet appareil, que le chlorure de radium pur est paramagnétique. Son coefficient d'aimantation spécifique absolu, corrigé du magnétisme de l'air, comme il vient d'être indiqué, est $1,05 . 10^{-6}$, en adoptant $- 0,79 . 10^{-6}$ pour le coefficient d'aimantation de l'eau qui nous a servi de corps de comparaison.

Le Tableau suivant montre d'ailleurs qu'un produit contenant environ $\frac{1}{6}$ de chlorure de radium pour $\frac{5}{6}$ de chlorure de baryum est diamagnétique, son coefficient d'aimantation spécifique étant inférieur à celui du chlorure de baryum pur : ce qui confirme le fait précédemment énoncé :

Chlorure de baryum pur.................... $K = - 0,40 . 10^{-6}$
»   radifère............ $K = - 0,20 . 10^{-6}$

---

[1] P. CURIE, *loc. cit.,* p. 319.
[2] La figure 3 représente le modèle perfectionné de balance magnétique Curie

En 1899, M. St.-Meyer a annoncé que le carbonate de baryum

---

et Chéneveau, présenté le 19 avril 1906 à la Société de Physique et construit par la *Société centrale de Produits chimiques*.

Les auteurs ont substitué au mouvement de translation de l'aimant, un mouvement de rotation autour d'un axe O, situé dans le prolongement du fil de

Fig. 3.

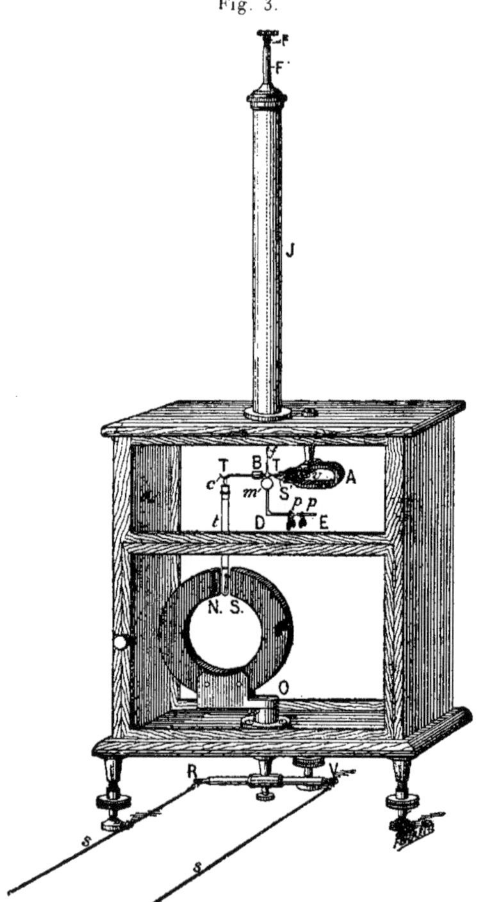

suspension. Ce nouveau mouvement est beaucoup plus doux que le premier. Il peut être commandé de l'extérieur et à distance à l'aide des deux cordons s et s, qui agissent sur le levier RV.

Ce dispositif permet d'employer la méthode par réflexion pour lire les déviations radifère était paramagnétique (^{1}). Cependant M. Meyer avait opéré avec un produit extrêmement peu riche, contenant peut-être $\frac{1}{1000}$ de radium, qui aurait dû être diamagnétique. Ce corps contenait peut-être une petite impureté ferrifère.

(à l'aide du miroir m). L'observateur placé devant l'échelle de lecture a sous la main un manipulateur formé par un levier, qui tourne autour d'un axe vertical fixé sur un lourd trépied et aux extrémités duquel sont tendus les cordons. Il agit sur ce levier à l'aide d'un bouton moleté ou mieux en manœuvrant les bouts des cordons à la façon des guides d'un cheval.

Ils ont aussi substitué à l'amortisseur à liquides du premier modèle un amortisseur magnétique réglable. Il est formé d'un secteur de cuivre S', qui se déplace dans l'entrefer d'un petit aimant A. On modifie l'amortissement en faisant tourner l'aimant de façon à changer la position du secteur dans le champ. Ce réglage de l'amortissement est nécessaire quand on change le fil de suspension pour faire varier la sensibilité.

Dans le premier modèle, on était obligé, pour cela, de modifier la nature du liquide amortisseur. Des mélanges d'huile de vaseline et de pétrole ou d'huile de ricin et d'essence de cèdre ont donné de bons résultats. Mais ce procédé était évidemment moins commode.   (*Note des éditeurs.*)

(^{1}) St.-Meyer, *Wied. Ann.*, t. LXVIII, 1899. — H. du Bois, *Propriétés magnétiques de la matière vondérable* (*Congrès de Physique,* 1900, p. 5oo).

FIN.

RÉPERTOIRE BIBLIOGRAPHIQUE

DES

PRINCIPAUX MÉMOIRES DE PIERRE CURIE.

Les Tableaux ci-dessous font correspondre aux indications bibliographiques (année, tome, page), relatives aux publications dans lesquelles les Mémoires ont paru primitivement, les numéros d'ordre et les pages qui leur sont attribués dans le présent Volume.

Dans ces Tableaux, les Mémoires sont groupés par publication et rangés par ordre chronologique. Les caractères ordinaires se rapportent à la publication primitive, les caractères gras au présent Volume.

Les numéros d'ordre sont ceux qui sont placés avant chaque titre de Mémoire dans la Table des Matières de la page 609.

Les astérisques indiquent quelques Mémoires qui n'ont pas été réimprimés dans le présent Volume par suite de double emploi, mais qui peuvent être cités dans les références bibliographiques ou qui ont un intérêt chronologique; le Tableau renvoie dans ce cas aux Mémoires réimprimés dans ce Volume, qui les remplacent.

	Nᵒˢ du présent Volume.	Pages du présent Volume.
Annales de Chimie et de Physique.		
6ᵉ série, Tome XVII, 1889, page 392 (J. Curie). .	**57**	554
7ᵉ série, Tome V, 1895, page 289............	**22**	232

<table>
<tr><td></td><td>Nᵒˢ
du
présent
Volume.</td><td>Pages
du
présent
Volume.</td></tr>
</table>

Archives des Sciences physiques et naturelles.

	Nᵒˢ du présent Volume.	Pages du présent Volume.
3ᵉ période, Tome XXVI, 1891, page 13	19	214
3ᵉ période, Tome XXIX, 1893, page 337......	16	145

Bulletin de la Société minéralogique de France.

Tome VII, 1884, page 89......	11	56
VII, 1884, 418..................	12	78
VIII, 1885, 145.................	17	153

Bulletin des séances de la Société française de Physique.

1887, page 47...........................	9	33
1892, 17 juin et 1ᵉʳ juillet, pages 261 et 277...	20	220
1894, page 76........................	15	142
*1900, 19 janvier...........................	46 / 60	passim / 591
1902, page 60*........................	41	439
1903, page 22*........................	55	549
1903, pages 129 et 21*................	61	594

Comptes rendus des séances de l'Académie des Sciences.

Tomes.	Dates.	Pages.	Nᵒˢ du présent Volume.	Pages du présent Volume.
XC.........	28 juin 1880	1506	1	1
XCI.......	2 août 1880	294	2	6
XCI........	16 août 1880	383	3	10
XCII.......	24 janvier 1881	186	4	15
XCII.......	14 février 1881	350	5	18
XCIII......	25 juillet 1881	204	6	22
XCIII......	26 décembre 1881	1137	7	26
XCV.......	13 novembre 1882	914	8	30
C..........	2 juin 1885	393	13	114
CIII	5 juillet 1886	45	56	551
*CVI......	30 avril 1888	1287	10	49
*CVII......	26 novembre 1888	864	59	587
*CVIII......	1ᵉʳ avril 1889	663	54	530
*CXV.......	14 novembre 1892	805	22	232

Comptes rendus des séances de l'Académie des Sciences
(suite).

Tomes.	Dates.	Pages.	Nos du présent Volume.	Pages du présent Volume.
*CXV........	5 décembre 1892	1068	**21**	224
*CXV.......	26 décembre 1892	1292	**22**	272
*CXVI......	23 janvier 1893	136	**22**	258
*CXVIII.....	6 avril 1894	796	**22**	289
*CXVIII......	16 avril 1894	859	**22**	289
CXXVII.. ..	18 juillet 1898	175	**23**	335
CXXVII.. ..	26 décembre 1898	1215	**24**	339
CXXIX.	6 novembre 1899	714	**25**	343
CXXIX......	20 novembre 1899	823	**26**	346
CXXX.......	8 janvier 1900	73	**27**	349
CXXX	5 mars 1900	647	**28**	353
CXXX......	9 avril 1900	1013	**29**	358
CXXX.	17 avril 1900	1072	**31**	373
CXXXII.....	4 mars 1901	548	**33**	410
CXXXII.... .	25 mars 1901	768	**34**	414
CXXXII.....	3 juin 1901	1289	**35**	417
CXXXIII....	26 juillet 1901	276	**36**	420
CXXXIII....	2 décembre 1901	931	**37**	424
CXXXIV....	13 janvier 1902	85	**38**	428
CXXXIV....	17 février 1902	420	**39**	431
CXXXV.....	17 novembre 1902	857	**40**	435
CXXXVI....	26 janvier 1903	223	**42**	440
CXXXVI....	9 février 1903	364	**43**	444
CXXXVI....	16 mars 1903	673	**44**	448
CXXXVI....	2 juin 1903	1314	**45**	452
CXXXVIII...	25 janvier 1904	190	**47**	491
CXXXVIII...	14 mars 1904	683	**48**	494
CXXXVIII..	21 mars 1904	748	**49**	498
CXXXVIII...	9 mai 1904	1150	**50**	503
CXXXVIII...	6 juin 1904	1385	**51**	507
CXLII	25 juin 1906	1462	**52**	512

	Nᵒˢ du présent Volume.	Pages du présent Volume.

Journal de Chimie physique.

Tome I, 1903, page 409	46	456

Journal de Physique.

*2ᵉ série, Tome I, 1882, page 245	5	18
	6	20
2ᵉ » VIII, 1889, 80	59	587
2ᵉ » VIII, 1889, 149	10	35
2ʳ » IX, 1890, 138	54	530
3ᵉ » II, 1893, 265	21	224
3ᶜ » III, 1894, 393	14	168
4ᵉ » I, 1902, 13	30	363
4ᵉ » II, 1903, 796	61	594

La Lumière électrique.

Tome XXII, 1886, pages 14, 57, 155 (Ledeboer).	58	564
Tome XLI, 1891, pages 201, 270, 307, 356	18	158

Rapports présentés au Congrès international de Physique.

Tome III, 1900, page 79	32	374

BIBLIOTHÈQUE NATIONALE R. F. IMPRIMÉS

TABLE DES MATIÈRES.

(*Société minéralogique*, 1885.)

III.

ÉQUATIONS RÉDUITES. — MOUVEMENTS AMORTIS.

(*Lumière électrique*, 1891.)

VI.

RADIOACTIVITÉ.

VII.

(*Manuscrit inédit*, 1903.)

Détermination de la masse et des dimensions du fléau, p. 517. — Sensibilité de la balance et détermination de la distance du centre de gravité du fléau à l'axe de suspension, p. 518. — Durée d'oscillation du fléau seul, p. 519. — Détermination du moment d'inertie du fléau, p. 520. — Différence de longueur des bras du fléau, p. 523. — Sensibilité de la balance lorsque les arêtes des trois couteaux ne sont pas dans un même plan, p. 524. — Durée d'oscillation de la balance chargée, p. 525. — Amortissement d'une balance, p. 525. — Variation de la sensibilité d'une balance en déplaçant le centre de gravité du fléau, p. 526. — Vérification du bon fonctionnement d'une balance. Réglage des couteaux, p. 527. — Influence des variations de température, p. 528.

(*Voir* aussi, pour la théorie et la construction de la *balance*, les articles nᵒ **54**, p. 530, et nᵒ **55**, p. 559, et, pour le calcul des *amortisseurs*, l'article nᵒ **18**, p. 187 et 195.)

VIII.

APPAREILS.

(*Journal de Physique*, 1890.)

Micromètre, p. 537. — Invariabilité de la sensibilité avec la charge, p. 538. — Flexion du fléau, p. 538. — Influence des dimensions de l'arête des couteaux, p. 540. — Loi du mouvement de la balance, p. 540. — Des amortisseurs à cloche, p. 543. — Détermination du coefficient d'amortissement d'après les dimensions de l'amortisseur, p. 544. — Détermination du coefficient d'amortissement par expérience, p. 545.

PLANCHES.

FIN DE LA TABLE DES MATIÈRES.

39250 PARIS. — IMPRIMERIE GAUTHIER-VILLARS,

Quai des Grands-Augustins, 55.

Vue extérieure des bâtiments où ont été faites les recherches relatives
à la découverte du radium.
(École de Physique et de Chimie de la ville de Paris.)

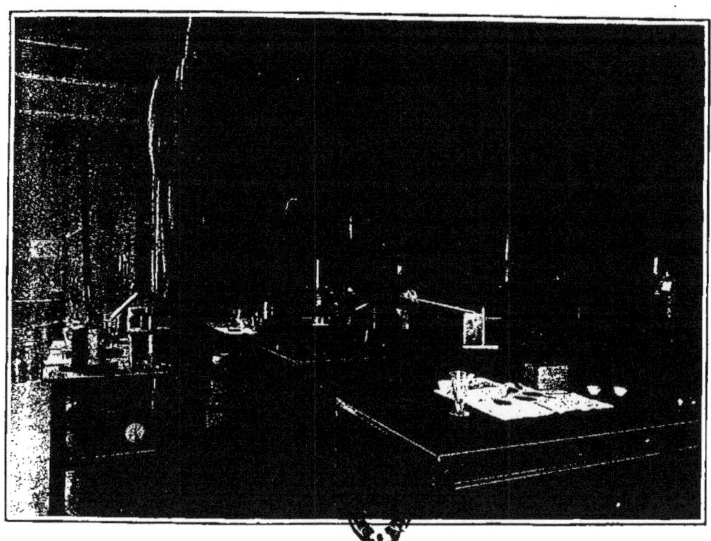

Installation des mesures de radioactivité.

Pièce dans laquelle étaient éffectués les traitements chimiques du minerai
et la concentration du radium.

Vue I.

Vue II.

www.ingramcontent.com/pod-product-compliance
Ingram Content Group UK Ltd.
Pitfield, Milton Keynes, MK11 3LW, UK
UKHW022048120726
13694UKWH00001B/33